Mechanics of Materials

재 료 역 학

조 해 용 · 김 범 준 · 서 창 민 공저

JINSAEM 진샘미디어

머리말

이 교재는 학부 수준의 재료역학(Mechanics of materials) 혹은 고체역학(strength of materials) 교육 과정으로 저술되었으며, 현장 기술자들이 참고로 활용 할 수 있게 배려하였다.

재료역학(고체역학)은 강체역학(고체물리, 정역학, 동역학)을 기초로 하는 학문이다. 강체역학은 물체에 주어진 힘과 운동 혹은 변위의 관계 즉 외적인 효과를 고려하는 반면 재료역학은 외력에 따른 내부의 응력이나 변형(변형률)의 관계등 내적인 효과를 고려한다. 즉 구조물에 외력이 가해지면 재료의 강도나 강성에 따른 파괴와 파손을 다루는 학문으로 기계나 구조물 설계의 근간을 이루는 매우 중요한 학문이다.

구조물에 걸리는 하중의 종류는 인장, 압축, 전단, 비틀림, 굽힘 등이 있으며, 구조물의 종류는 인장이나 압축을 받는 기둥(단주, 장주), 전단을 받는 부재, 비틀림을 받는 축, 굽힘을 받는 보로 대별된다. 하중들이 단독으로 혹은 조합된 형태로 구조물에 작용하게 된다. 즉 비틀림과 굽힘이 동시에 걸리는 구조물 혹은 굽힘과 인장(압축)이 동시에 걸리는 구조물 등등의 여러형태로 조합된 구조물이 될 수 있다. 이때 구조물의 역학적 거동을 파악하는 것이 중요하다. 이러한 역학적 거동을 다루어 실제 설계에 응용하는 학문이 재료역학이다. 이와같이 조합된 형태의 하중과 구조물에서 어떤 기준으로 설계를 해야할지 의문이 생길 수 있다.

본서에서는 기존의 재료역학 교재들이 취급하는 인장, 압축, 전단, 비틀림, 굽힘 등의 하중받는 구조물에 Hooke’s Law를 적용 시켜 응력-변형률관계를 취급하여 설계의 기초 자료를 계산 하는 능력을 배양 하고자 하였으며, 재료의 파손이론과 항복조건식 그리고 등가응력의 개념을 추가 하여, 실제 설계에서 충분히 응용할 수 있도록 저술하였다. 또한 평면응력과 평면 변형률의 개념을 다루었으며, 특별히 억지끼워 맞춤 설계를 위한 외압과

머리말

내압을 받는 두꺼운 벽면을 가진 실린더 설계에 관하여 취급하였다. 이는 일반적인 기계부품의 설계 이외에 각종 금형설계, 총신(포신)의 설계, 로켓과 미사일 본체 설계, 축과 베어링의 설계 등을 용이하게 할 수 있는 기초 이론이 될 수 있다.

따라서 본서에서는 학부 과정에서 배워야할 학문인 재료역학 교재로 혹은 현장설계 실무자의 참고용 도서로 알맞게 구성하였으며, 독학으로 이해 할 수 있도록 상세한 설명과 예제를 포함 시켰다. 본서는 많은 서적을 참고하였고 여러 교재에서 좋은 연습문제를 인용하였다.

본서의 원고 정리를 위해 애쓴 대학원생 박승철군과 출판을 위해 애쓴 진샘미디어 관계자 여러분께도 감사를 드립니다.

2020. 2

저 자

차례

차례

Chapter 03 조합응력과 모어원

Chapter 04 보

차례

Chapter 5 보 속의 응력

Chapter 6 보의 처짐

차례

차례

Chapter 10 재료의 기계적 성질과 설계 조건식

부록

Chapter 1

응력과 변형률

일반적으로 구조물에 작용하는 하중은 그 작용방향과 방식에 따라 인장, 압축, 전단, 비틀림 및 굽힘으로 나눈다. 따라서 모든 구조물 설계에 있어서 무엇보다도 중요한 것은 그 구조물을 구성하고 있는 각 부재의 역학적 거동을 파악하는 것이며, 이것을 다루는 것이 바로 재료(고체) 역학이다. 정역학이나 동역학에서는 주로 질점(質點)이나 강체(剛體)에 작용하는 힘과 운동을 다루지만 재료역학에서는 하중을 받아 변형을 일으키는 변형체 내부에 생기는 응력과 변형률을 취급한다. 따라서 이 장에서는 물체에 인장, 압축 혹은 전단과 같은 힘이 작용할 때 재료내부에서 발생되는 응력(應力)과 변형률(變形率)의 개념을 자유물체도와 평형방정식을 사용하여 이해한다. 또한 탄성체역학(彈性體力學)의 가장 기초가 되는 Hooke의 법칙과 그 응용을 다루고, 인장시험을 통한 재료의 기계적 성질 등을 파악한다. 또한, 경사면에서의 응력, 자중에 의한 응력, 열응력, 그리고 구조물 설계 시 고려할 응력집중에 관하여 공부한다.

1-1 강체역학의 기초

(1) 단위

본서에서는 미터계 공학단위를 주로 사용하고 SI 단위(單位) 및 인치파운드(inch, pound) 단위를 때때로 취급하기로 한다. SI란 국제단위계(Le Systéme International d'Unités or SI)로서 1960년도 국제도량형협회(CGPM)에 의하여 정식으로 채택되었다. 이것은 국제표준화기구(International Organization for Standardization: ISO)에서 추천하고 있는 단위이다. 따라서 각 나라마다 국가정책으로서 SI 단위를 권장, 사용하고 있다. 우리나라도 CGPM과 ISO의 회원국으로서 한국공업규격(Korean Industrial Standard: KS)에서 이 SI 단위를 채택하고 있다. SI 단위계의 기본단위는 길이(m), 질량(kg), 시간(s) 등이 있고, 유도단위로 힘(Newton, N = kg · m/s^2), 응력(Pascal, Pa = N/m^2) 등이 있다. 그리고 SI 단위의 10^N의 머리말 명칭이 제정되어 있으며 부록 1에 나타낸다.

SI 단위계에서는 지구 표면에서의 인력에 의한 가속도 g는 9.81m/s^{2}이므로 중량 $1kg_f$의 SI 환산값은 W($1kg_f$) = 1kg×(9.81m/s^2) =9.81N이다. 에너지의 공학단위[힘: kg_f(보통 kg), 길이: m(mm, cm 등), 시간: s(초), 질량: W/g(kg · s^2/m)]와 SI 단위의 관계는 $1kg_f$ · m =9.81J이며, 모멘트의 단위는 $1kg_f$ · m=9.81N · m이다. 또한 응력의 미터계 공학단위는 kg_f/cm^2 또는 kg_f/mm^{2}이고 인치파운드 단위로는 lb/in^2(psi)인데, SI 단위에서는 Pa(N/m^2), MPa(N/mm^2) 등의 기호가 쓰인다(부록 1의 단위 환산표를 참조).

(2) 하중

구조물에 작용하는 하중은 작용방식, 작용시간 및 분포상태에 따라 다음과 같이 분류한다.

(a) 작용방식에 따른 분류

① 축하중(axial load)

하중의 작용선이 재료의 축선과 일치하여 작용하는 경우이다. 하중의 작용방향에 따라 [그림 1-1(a)]와 같이 재료를 잡아당겨 늘리는 인장하중(tensile load, 引張荷重)과 [그림 1-1(b)]와 같이 재료를 눌러서 줄어들게 하는 압축하중(compressive load, 壓縮荷重)이 있다.

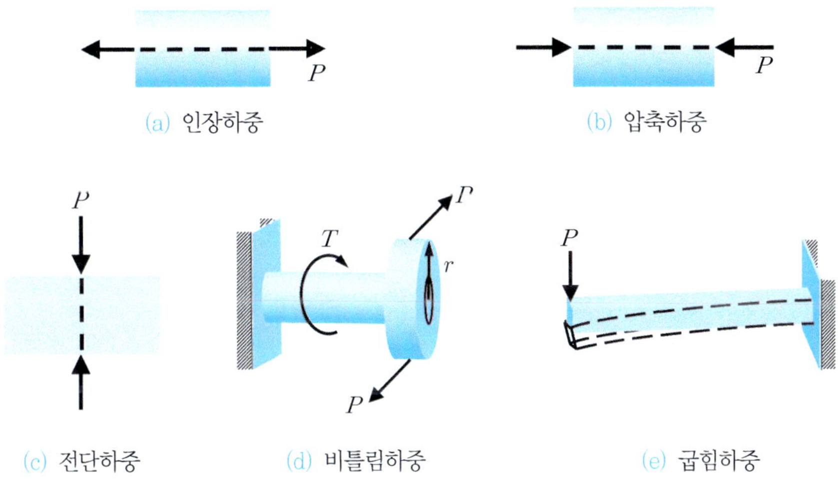

(a) 인장하중 (b) 압축하중

(c) 전단하중 (d) 비틀림하중 (e) 굽힘하중

그림 1-1 하중의 작용방식에 따른 분류

② 전단(剪斷)하중(shearing load)

[그림 1-1(c)]와 같이 하중의 작용선이 재료의 축선과 수직(단면과 평행)하게 물체를 자르는 형태로 작용하는 하중이다. 가위로 절단할 때의 하중이 이에 속한다.

③ 비틀림하중(twisting load)

[그림 1-1(d)]와 같이 하중 P가 축 중심에서 r만큼 떨어져 원주방향으로 작용하여 축에 비틀림을 일으키는 하중이다. 이 하중으로 축에는 비틀림모멘트(twisting moment)가 작용하게 된다.

④ 굽힘하중(bending load)

[그림 1-1(e)]와 같이 재료의 축선에 수직으로 작용하여 모멘트가 발생함으로 굽힘을 일으키는 하중이다. 이 하중으로 힘을 받는 부재에는 굽힘모멘트(bending moment)가 작용하게 된다.

(b) 작용시간에 따른 분류

① 정하중(static load, 靜荷重)

정지 상태에서 서서히 하중이 가해져 시간에 따라 크기가 크게 변하지 않는 하중으로 다음과 같이 하중이 이에 속한다.

- **사하중(dead load)** 자중(自重)과 같이 하중 크기와 작용방향이 일정한 경우

- **점가하중**(gradually increased load) 어떤 크기까지 하중이 점차적으로 서서히 증가하는 경우

② 동하중(dynamic load, 動荷重)

하중의 크기가 시간에 따라 변화하는 경우이며 다음과 같이 나눌 수 있다.

- **반복하중**(repeated load) 일정한 크기와 방향을 가진 하중이 반복되는 경우
- **교번하중**(alternative load) 하중의 크기와 방향이 변화하면서 상호 연속적으로 반복되는 하중
- **충격하중**(impulsive load) 외력이 순간적으로 작용하여 재료에 충격을 주는 하중

(c) 분포상태에 따른 분류

① 집중(集中)하중(concentrated load)

[그림 1-2(a)]와 같이 하중이 한 점에 집중하여 작용하거나 아주 짧은 거리에 모여 작용하는 경우

② 분포(分布)하중(distributed load)

[그림 1-2(b)]와 같이 하중이 일정한 길이 또는 면적에 분포되어 작용하는 경우

③ 이동(移動)하중(movable load)

[그림 1-2(c)]와 같이 차량이 다리 위를 이동하는 것과 같이 하중의 작용점이 시간에 따라 변하는 경우

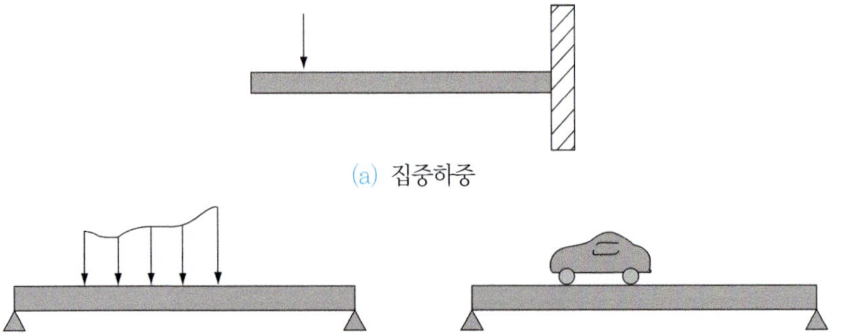

(a) 집중하중

(b) 분포하중

(c) 이동하중

그림 1-2 하중의 분포상태에 따른 분류

(3) 배리그논(Varignon)의 정리

"여러 힘(P_1, P_2, ..., P_n)들의 점 O'(임의 점)에 관한 모멘트의 총합계는 각 힘들의 합성력 (R)의 같은 점 O'에 관한 모멘트와 같다"는 것이 배리그논의 정리이다.

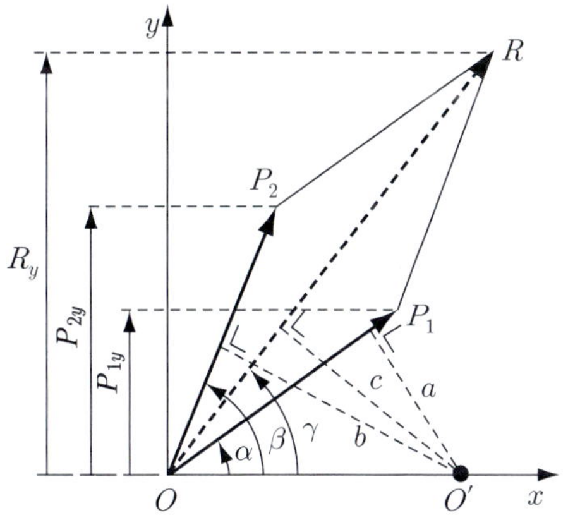

그림 1-3

[그림 1-3]에서 임의 점 O'와 원점 O를 연결하는 $\overline{OO'}$선을 x축으로 하는 직각좌표를 생각한다. 힘 P_1, P_2 및 합성력 R의 y축에 투영을 P_{1y}, P_{2y} 및 R_y라고 할 때

$$R_y = P_{1y} + P_{2y}$$

또는

$$R\sin\gamma = P_1\sin\alpha + P_2\sin\beta$$

이 식의 양변에 $\overline{OO'}$를 곱하면, [그림 1-3]에서

$$\overline{OO'}\sin\gamma = c,\ \overline{OO'}\sin\alpha = a,\ \overline{OO'}\sin\beta - b$$

의 관계이므로 식 (1-1)로 된다.

$$R \cdot c = P_1 \cdot a + P_2 \cdot b \ = \Sigma M_{o'} \qquad (1-1)$$

여기서 $M_{o'}$는 점 O'에 관한 모멘트의 총합계이며 이 식이 **배리그논의 정리**이다.

예제 1-1

[그림 1]의 외팔보에 45° 경사된 하중이 작용할 때 고정단(fixed end)에 관한 굽힘모멘트를 구하라.

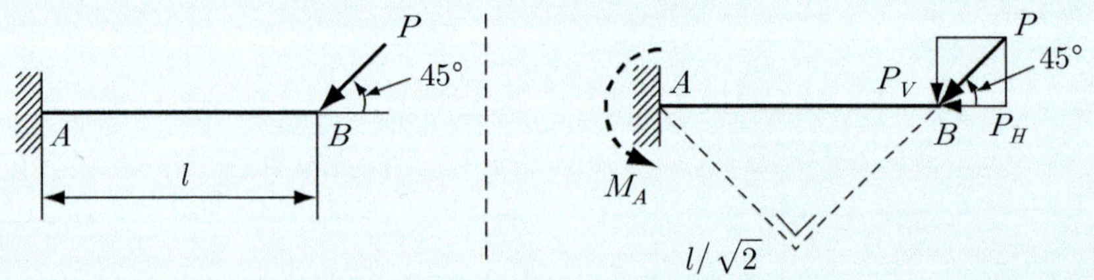

그림 1

풀이 A점에 관한 모멘트 $M_A = P\dfrac{l}{\sqrt{2}}$ 이다.

또는 배리그논 정리를 이용하면, P의 수직 및 수평분력을 P_V, P_H라 하면,

$P_V = P/\sqrt{2}$, $P_H = P/\sqrt{2}$ 이므로 $M_A = P_V \cdot l + P_H \cdot 0 = \dfrac{Pl}{\sqrt{2}}$ 이다.

(4) 도심(centroid)

[그림 1–4]의 두께 t의 얇은 판(단위 부피당 중량, 비중량 γ)에서 미소면적 dA부분의 무게는 $t \cdot dA \cdot \gamma$가 된다. 이 미소부분의 무게에 관한 모멘트는 x축에 관해서는 $(t \cdot dA \cdot \gamma)y$가 된다.

전체무게는 $A \cdot t \cdot \gamma$이며, 이것의 x축에 관한 모멘트는 $(A \cdot t \cdot \gamma)\bar{y}$이다. 배그리논의 정리에 의하여

$$\int_A (t \cdot dA \cdot \gamma)y = A \cdot t \cdot \gamma \cdot \bar{y}$$

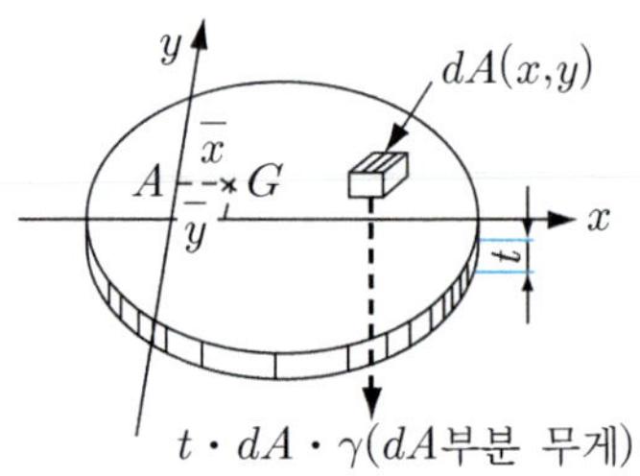

그림 1–4

가 되므로 $\bar{x}$, $\bar{y}$는 **도심**(圖心) G의 좌표이며, 식 (1–3)은 도심을 구하는 식이다.

$$\int_A y \cdot dA = A \cdot \bar{y} \tag{1–2}$$

$$\therefore \ \bar{y} = \frac{\int_A y \cdot dA}{A} \quad \text{또는} \quad \frac{\sum_{i=1}^{n} y_i \cdot A_i}{A}$$

$$\bar{x} = \frac{\int_A x \cdot dA}{A} \quad \text{또는} \quad \frac{\sum_{i=1}^{n} x_i \cdot A_i}{A} \qquad (1-3)$$

예제 1-2

[그림 2]의 삼각형단면의 도심을 구하라($\bar{y}$만 구하라).

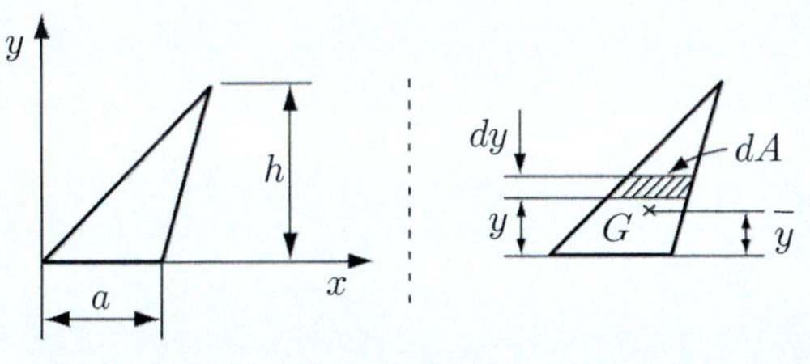

그림 2

풀이 [그림 2]에서 $dA = \dfrac{a(h-y)}{h} dy$이고, 식 (1-3)에서

$$\bar{y} = \frac{\int y \cdot dA}{A} = \frac{\int_0^h y \cdot \dfrac{a(h-y)}{h}}{ah/2} dy = \frac{ah^2/6}{ah/2} = \frac{h}{3}$$

예제 1-3

[그림 3]의 도심을 구하라(단위: cm).

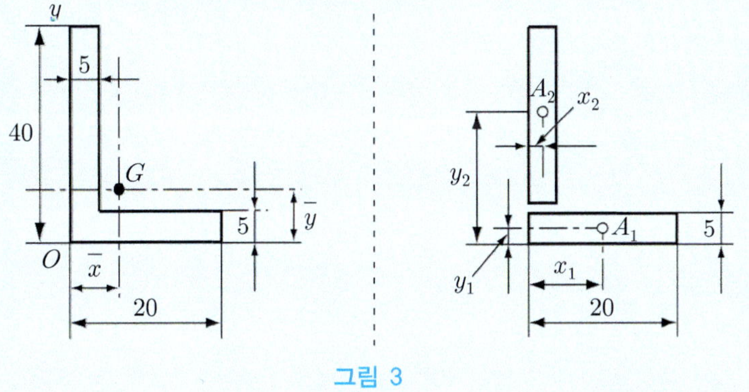

그림 3

풀이 $A_1 = 100\text{cm}^2,\ x_1 = 10\text{cm},\ y_1 = 2.5\text{cm}$

$A_2 = 175\text{cm}^2,\ x_2 = 2.5\text{cm},\ y_2 = 5 + (35/2) = 22.5\text{cm}$

$$\bar{x} = \frac{A_1x_1 + A_2x_2}{A_1 + A_2} = \frac{100\times 10 + 175\times 2.5}{100 + 175} = 5.2(\text{cm})$$

$$\bar{y} = \frac{A_1y_1 + A_2y_2}{A_1 + A_2} = \frac{100\times 2.5 + 175\times 22.5}{100 + 175} = 15.2(\text{cm})$$

예제 1-4

[그림 4]에서 빗금 친 부분의 도심을 구하라(단위: cm). 각 형상의 도심은 부록을 참고할 것.

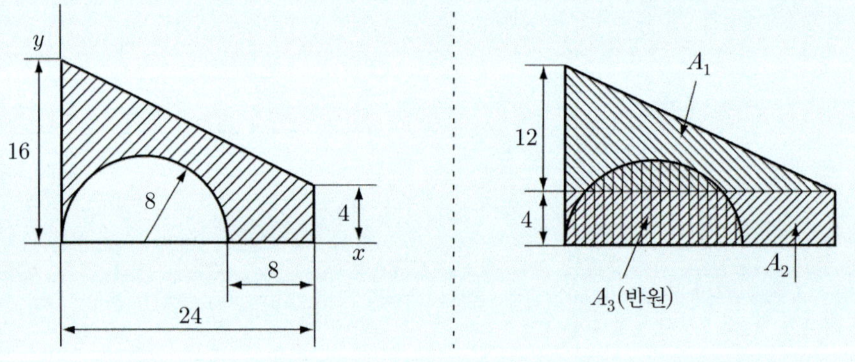

그림 4

풀이 $A_1 = 12\times\dfrac{24}{2} = 144,\ x_1 = \dfrac{1}{3}\times 24 = 8,\ y_1 = 4 + \dfrac{12}{3} = 8$

$A_2 = 4\times 24 = 96,\ x_2 = 12,\ y_2 = 2$

$A_3 = \pi\times\dfrac{8^2}{2} = 100.53,\ x_3 = 8,\ y_3 = \dfrac{4}{3}\cdot\dfrac{8}{\pi} = 3.4$

$\Sigma A = A_1 + A_2 - A_3 = 139.47(\text{cm}^2)$

$$\bar{x} = \frac{A_1x_1 + A_2x_2 - A_3x_3}{A_1 + A_2 - A_3} = \frac{144\times 8 + 96\times 12 - 100.53\times 8}{139.47} = 10.75(\text{cm})$$

$$\bar{y} = \frac{A_1y_1 + A_2y_2 - A_3y_3}{A_1 + A_2 - A_3} = \frac{144\times 8 + 96\times 2 - 100.53\times 3.4}{139.47} = 7.18(\text{cm})$$

(5) 짝힘(couple)

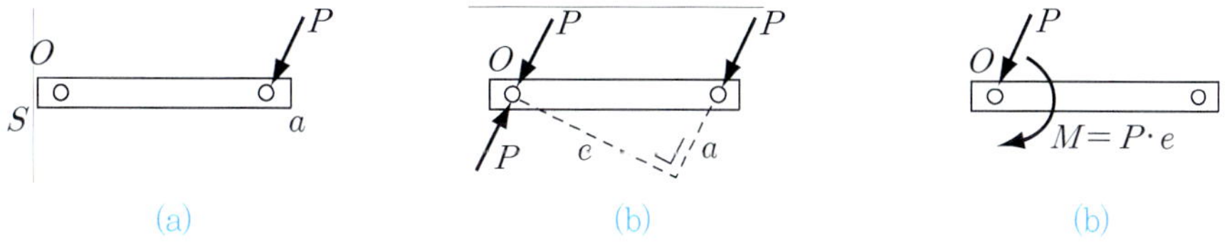

그림 1–5

[그림 1–5(a)]와 같은 물체 S에 힘 P가 위치 a에 작용할 때 임의의 점 O에 P와 평행한 작용선으로 점 O를 지나는 서로 반대되는 크기가 같은 두 개의 P를 [그림 1–5(b)]와 같이 생각해 본다. 여기서 세 개의 P가 있는데 이 중 한 쌍은 짝힘(couple)이 된다. 결국 [그림 1–5(a)]와 같은 힘이 작용하면, [그림 1–5(c)]와 같이 점 O에는 힘 P(점 a에서와 같은 방향, 같은 크기)와 짝힘 M(= P · e)이 형성되게 된다.
결국 "**한 물체 내의 임의 한 점에 작용하는 힘은 같은 물체 내의 다른 한 점에 같은 크기의 힘과 모멘트로 바꾸어 놓을 수 있다.**" 또 본서에서는 반시계방향의 모멘트를 +로, 시계방향은 –로 한다.

예제 1–5

레버(lever)가 [그림 5]와 같이 힘을 받을 때 힌지(hinge) 점 O가 받는 합성력을 구하라.

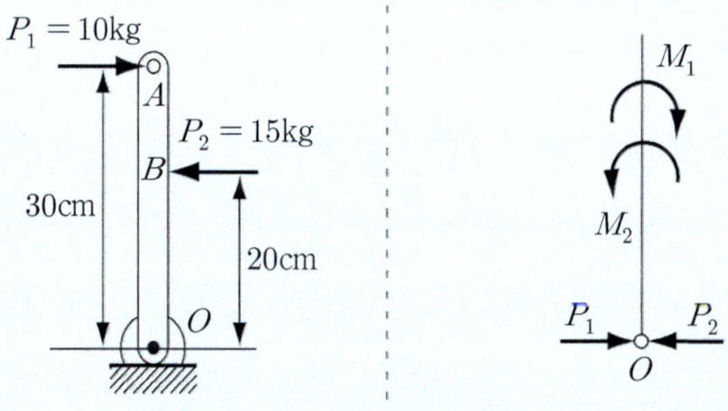

그림 5

풀이 각 힘을 점 O에서 힘과 모멘트로 바꾸어 놓으면 O점에는 P_1, P_2와 M_1, M_2가 있게 되며 $M_1 = P_1 \times 30 = 300(kg_f \cdot \text{cm})$, $M_2 = P_2 \times 20 = 300(kg_f \cdot \text{cm})$로 되어 같은 크기의 모멘트가 생기므로 O점에 대한 모멘트의 합성은 영($\therefore M_0 = 0$)이 된다. 그러나 점 O에서의 힘의 합성력은 $P_2 - P_1 = 15 - 10 = 5(kg_f)$ (왼쪽으로 향함)

예제 1-6

[그림 6]과 같이 외력 120kg_f을 받는 브래킷(bracket) S가 A, B, C에서 리벳(rivet)으로 부착되어 힘을 받고 있다. 리벳 A, B, C에 걸리는 힘을 계산하라.

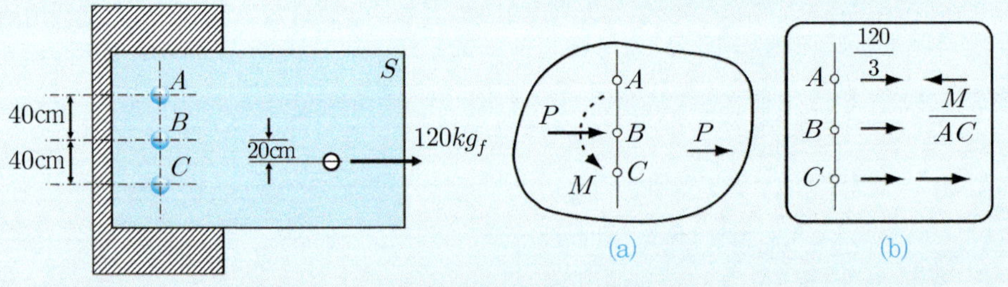

그림 6

풀이 [그림 6(a), (b)]와 같이 리벳군의 중심점을 먼저 찾는다. 외력 P 대신 중심인 점 B에 같은 방향, 같은 크기의 하나의 힘과 하나의 모멘트($M = P \times 20 = 2400 kg_f \cdot \text{cm}$)로 바꾸어 놓을 수 있다.

점 B의 힘 P는 리벳 A, B, C에 나뉘고 ($P/3 = 40kg_f$), 모멘트 M에 의한 힘이 리벳 A와 C에 $M/\overline{AC} = 2400/80 = 30\,kg_f$로 작용한다. 각 리벳마다 걸리는 힘을 대수적으로 합하면 $P_A = 40 - 30 = 10\,kg_f$, $P_B = 40\,kg_f$, $P_C = 40 + 30 = 70\,kg_f$로 된다.

여기서 이 결합 부분의 모든 계산은 제일 큰 힘 $70kg_f$을 기준으로 한다.

1-2 수직응력과 변형률

[그림 1-6]과 같이 외력 P가 작용하는 **균일단면봉**(uniform cross sectioned bar)을 생각한다. 여기서 **균일단면봉**(均一斷面棒)이란 봉의 전 길이에 걸쳐 일정한 단면을 갖는 구조용 부재를 말한다. 외력(外力) P에 의해 봉의 내부에 발생하는 응력을 고찰하기 위해 [그림 1-6]에서와 같이 단면 mn을 절단하여 **자유물체도**(free body diagram; FBD)를 그려보자. 그러면 mn 절단면에서는 평형 조건식에 의하여 **작용력**(action force)과 **반작용력**(reaction force)은 같게 되므로 [그림 1-6(b)]와 같은 자유물체도를 작성가능하다. 여기서 y 방향의 힘의 평형방정식을 적용시키면 식 (1-4)과 같은 관계를 얻을 수 있다.

$$\Sigma P_y = 0 : \sigma \cdot A - P = 0 \tag{1-4}$$

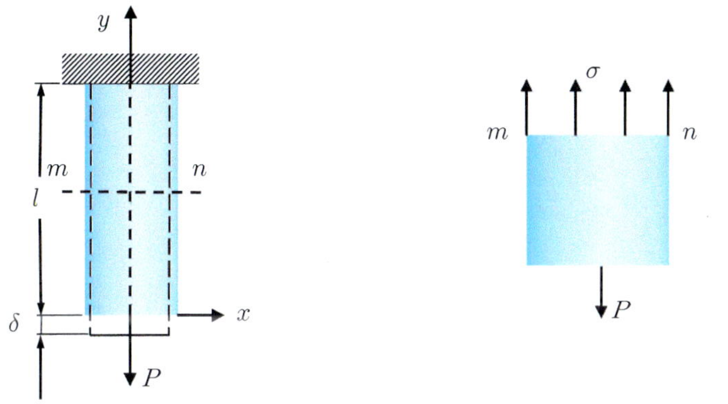

(a) 봉이 힘을 받아 늘어난 상태 (b) mn단면에서의 FBD

그림 1-6 인장을 받는 균일단면봉

여기서 σ를 **응력**(stress, 応力)**이라하며,** $m-n$ **단면에 분포하는 힘의 세기, 즉 외력에 대응하는 단위 면적당 내력의 세기로 정의된다.** 응력이 봉의 단면에 균일하게 분포한다고 가정하면 식 (1-4)에서 힘 P는 봉의 단면적 A와 응력 σ를 곱한 것과 같게 된다.

임의 단면을 갖는 균일 단면봉이 축하중을 받는 경우 그 단면에 발생하는 응력은 식 (1-4)에서 식 (1-5)와 같이 구해진다. 즉,

$$\sigma = \frac{P}{A} \tag{1-5}$$

미터계 단위	kg_f/mm^2, kg_f/cm^2
USCS* 단위	$\mathrm{lb/in}^2$(psi)
SI 단위	$\mathrm{N/m}^2$(Pascal, Pa), kPa, MPa, GPa

1psi는 약 7,000Pa이며, $1\mathrm{ksi}=10^3\mathrm{psi}$, $1\mathrm{kPa}=10^3\mathrm{Pa}$, $1MPa=10^6\mathrm{Pa}$, $1GPa=10^9\mathrm{Pa}$이다. 본서에서는 위의 3가지 단위계들을 혼용하여 사용함으로써 독자들이 여러 단위계에 익숙해지게 하고자 한다.

[그림 1-6]에서와 같이 하중 P에 의해 봉이 신장되는 경우의 응력을 **인장응력**(tensile stress, 引張応力), 봉이 압축되는 경우의 응력을 **압축응력**(compressive stress, 壓縮応力)이라 하고, 이 응력은 단면에 수직이기 때문에 **수직응력**(normal stress, 垂直応力)이라 부른다. 이와 같이 인장 또는 압축만을 받을 때 횡단면에는 균일한 수직응력이 생기며 이 수직응력의 합력이 P가 된다.

이런 응력상태를 **단순응력상태**라 하며 특별한 설명이 없는 한 보통의 응력의 상태는 이 경우에 속한다. 수직응력에 대한 부호규약은 인장응력을 양 (+)으로, 압축응력을 음 (−)으로 취급하는 것이 일반적이다. 응력을 표시하는 단위들은 다음과 같다. [그림 1−6(a)]에서와 같이 길이 l인 봉이 외력(外力) P에 의해 힘이 작용하는 방향으로 δ만큼 늘어났다고 하자. 이때 원래 길이 l에 대한 신장량 δ의 비를 **변형률**(strain, 스트레인, 變形率)이라 하며 기호를 ϵ으로 표시하고 식 (1−6)과 같이 정의된다.

$$\epsilon = \frac{\delta}{l} \tag{1-6}$$

봉이 인장상태에 있다면, 그 변형률을 **인장변형률**(tensile strain), 압축상태에 있다면, 그 변형률을 **압축변형률**(compressive strain)이라 부른다. 이때의 변형률은 수직응력과 관계되기 때문에 **수직변형률**(normal strain)이라 부르며 그 단위는 무차원량(dimensionless)으로서 어떤 단위계에 사용되든지 숫자만으로 나타나므로 사용하기 편리하다.

1-3 후크 법칙과 푸아송비

물체에 하중을 가하면 변형을 하는데 이때 그 하중을 제거하면 물체는 원상태로 돌아간다. 이 성질을 탄성(elasticity, 彈性)이라 하고 원상태로 돌아가지 않는 성질을 소성(plasticity, 塑性)이라고 한다. 이 책에서는 주로 탄성에 관하여 취급하고 일부분 소성에 관하여 배운다. **"물체에 어느 한계 이하의 외력을 가했을 때 변형량은 외력의 크기와 물체의 길이에 비례하고 그 단면적에 반비례한다."** 이를 **후크 법칙**(Hooke's law, 1678)이라 한다.

[그림 1−6]과 같은 균일단면봉에 외력 P를 가했을 때 힘이 작용하는 방향으로 $l' - l = \delta$만큼 늘어나고 옆 방향으로 $d - d'$ 만큼 줄어들며 식 (1−7)과 같은 관계로 되며, 이것이 후크 법칙이다.

$$\delta = \frac{Pl}{AE} \tag{1-7}$$

이 식에서 δ는 신량(elongation) (mm, m), 압축일 때는 축량(contraction) (mm, m), P는 외력(kg_f, N), A는 단면적(mm^2, m^2), E는 재료에 따라 정해지는 재료정수로서 **탄성**

계수, 종탄성계수 또는 **영률**(Young's modulus)이라 한다.

철강의 탄성계수 $E = 2.1 \times 10^4 kg_f/\mathrm{mm}^2$ 또는 30×10^6psi, SI단위로는 2.06×10^{11} $\mathrm{Pa} = 206\mathrm{GPa}\,(= 2.1 \times 10^{10} \times 9.8 N/m^2)$

단, **후크 법칙**은 다음과 같은 가정에 의하여 성립된다.

(1) 하중의 크기는 재료가 탄성을 잃지 않는 범위, 즉 응력이 탄성한계 이하라야 한다.
(2) 재료는 균질성(homogeneous, 均質性)을 유지해야 한다.
(3) 하중(외력)은 '영'에서 P까지 점차적으로 커지는 정하중이다.
(4) 하중은 축선과 일치한다(축선이란 단면의 중심을 이은 중심선).

본 저서에서는 상기의 4가지 가정이 성립하지 않을 경우는 예시하면서 설명한다.

압축의 경우는 인장과 마찬가지이다. 다만 부호만 음(−)이 된다.

식 (1−7)의 후크 법칙은 식 (1−5)과 (1−6)로부터 식 (1−8)과 같이 쓸 수 있다.

$$\sigma = E\epsilon \tag{1-8}$$

즉, 응력과 변형률은 서로 비례하며 E는 비례상수가 된다.

식 (1−7)에서 $EA = \dfrac{Pl}{\delta} = \dfrac{P}{\epsilon}$가 되어 EA는 '단위길이당의 변형을 일으키는 데 필요한 힘'이 되며 **축강성**(axial rigidity, 軸剛性)이라 한다.

[그림 1−6]에서 가로 방향으로 변형된 것은 $d' - d$이며, 가로로 줄어드는 변형률(lateral strain)을 ϵ_d라 하면 식 (1−9)과 같이 된다.

$$\epsilon_d = \frac{d' - d}{d} \tag{1-9}$$

또, 하중방향(축방향)의 변형률(longitudinal strain)은 식 (1−10)로 된다.

$$\epsilon = \frac{l' - l}{l} = \frac{\delta}{l} \tag{1-10}$$

그런데, ϵ와 ϵ_d는 식 (1−11)과 같이 비례관계가 성립된다.

$$\nu = \frac{|\epsilon_d|}{\epsilon}\left(= \frac{1}{m}\right) \tag{1-11}$$

여기서 ν를 **푸아송비**(Poisson's ratio), 이것의 역수 m을 **푸아송수**(Poisson's number)라고 한다. 이 ν는 E와 더불어 재료의 탄성적 성질을 나타내는 중요한 정수이다.

구조용강(構造用鋼)의 ν는 약 0.3, 고무는 완전탄성체이므로 0.5에 가깝고 콘크리트는 취성이므로 0.1이다.

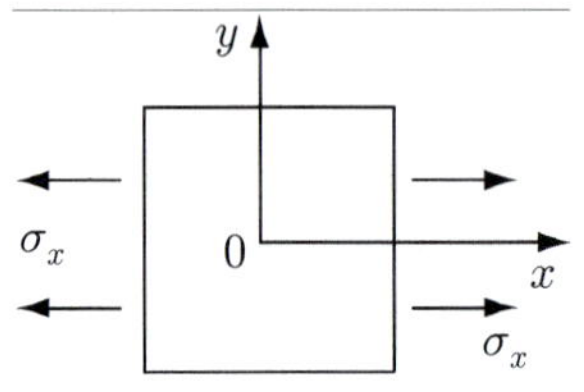

그림 1-7

[그림 1-7]에서 외력을 받고 있는 물체내의 임의 미소요소의 응력 σ_x만이 있을 때 $\epsilon_x = \sigma_x / E$, y방향의 변형률 ϵ_y는 ν만큼 수축하므로 식 (1-12)와 같게 된다.

$$\epsilon_y = -\nu\epsilon_x = -\nu\frac{\sigma_x}{E} \tag{1-12}$$

예제 1-7

원형단면(d =20mm)의 봉(봉 길이 ℓ =20cm)에 4,000kg_f의 인장력이 걸렸을 때 지름이 19.97mm, 길이는 201mm로 변형되었다. 이때 (1) 응력, (2) 변형률, (3) 푸아송비를 계산하라.

풀이 $A = \frac{\pi d^2}{4} = 314(\text{mm}^2)$, $\delta = l' - l = 1(\text{mm})$, $\delta_d = \delta - \delta' = 0.03(\text{mm})$이므로

(1) $\sigma = \frac{P}{A} = \frac{4{,}000}{314} = 12.74(kg_f/\text{mm}^2)$

(2) $\epsilon = \frac{\delta}{l} = \frac{1}{200} = 0.005$, $\epsilon_d = -\frac{0.03}{20} = -0.0015$

(3) $\nu = \frac{|\epsilon_d|}{\epsilon} = \frac{0.0015}{0.005} = 0.3$

예제 1-8

강봉이 [그림 7]과 같이 매달려 여러 힘을 받고 있다. 봉의 단면적이 5cm², $E = 2\times 10^6 kg_f/\text{cm}^2$일 때 봉의 신량을 구하라(단, 자중은 무시하고, $P_1 = 2\text{t}$, $P_2 = 1\text{t}$, $P_3 = 1\text{t}$ 이다).

풀이 그림과 같이 자유물체도를 도시하고, y 방향의 평형방정식을 적용한다.

$\Sigma P_y = 0 : 2{,}000 + 1{,}000 + 1{,}000 - R = 0$에서

반력 $R = 4{,}000 kg_f$이다.

그림에서 각 요소의 FBD에서 평형방정식을 적용시켜 힘의 관계를 구하면 봉의 신량은 각 요소의 신량의 합으로 된다.

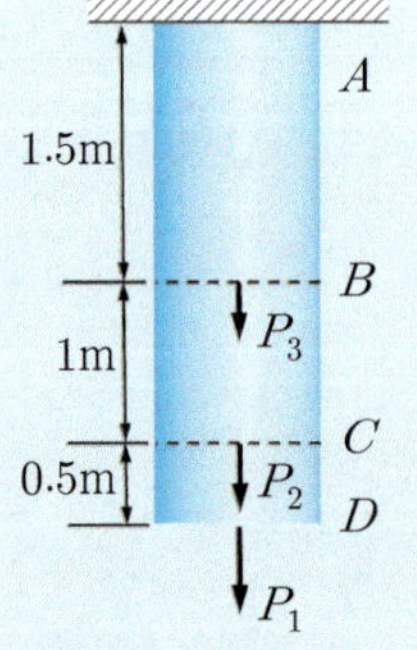

그림 7

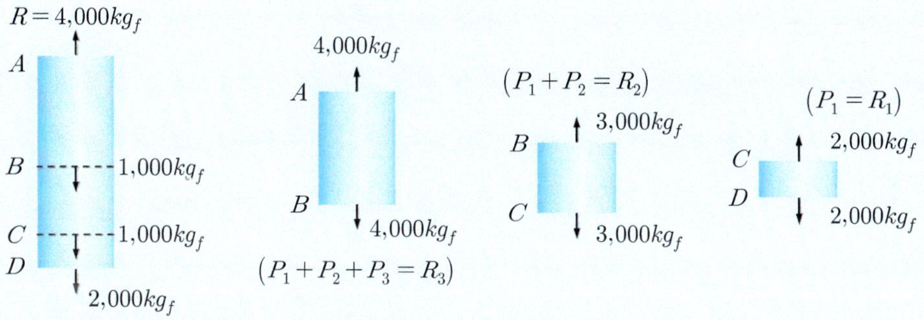

$$\delta=\delta_{AB}+\delta_{BC}+\delta_{CD}=\frac{1}{EA}(P_3l_3+P_2l_2+P_1l_1)$$

$$=\frac{1}{2\times10^6\times5}(4,000\times150\ +3,000\times100\ +2,000\times50)$$

$$=0.1(\text{cm})$$

1-4 응력–변형률선도($\sigma-\epsilon$선도)

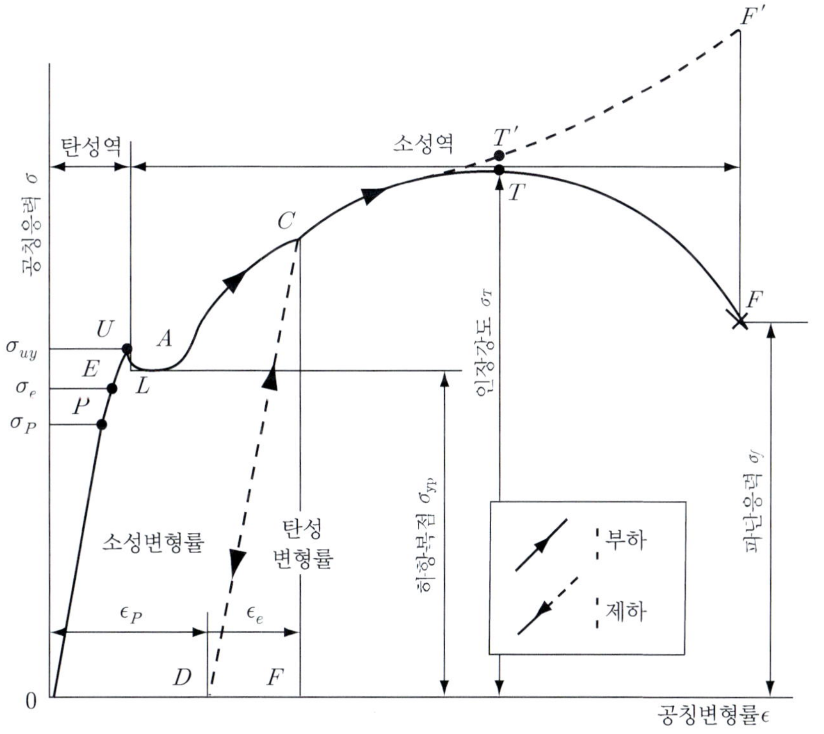

그림 1-8 연강의 응력–변형률선도

[그림 1-8]에는 응력-변형률선도를 설명할 때 가장 널리 사용하는 연강(mild steel, 軟鋼)의 응력-변형률선도(應力-變形率線圖)를 나타낸다. 인장시험기에서 측정되는 **하중 (P)-변형량(δ) 선도에서 하중(P)축의 눈금을 시험편의 처음 단면적(A)으로 나누어 응력(σ)축의 눈금으로, 변형량 축의 눈금(δ)을 처음 길이 l로 나누어 변형률(ϵ)축의 눈금으로 한 것이 응력-변형률($\sigma-\epsilon$)선도로 되며 곡선은 변함이 없고 눈금(scale)만 달라진다.**

여기서 $\sigma-\epsilon$선도의 주요부를 정리하면 〈표 1-1〉과 같다.

[그림 1-9]는 인장시험에서 $P-\delta$선도를 얻을 때 나타나는 인장시험편의 형상변화를 나타낸다. (a)는 시험전의 상태이고, (b)는 σ_u이전의 상태이며, (c)는 T점 근처에서 생기는데 $\sigma-\epsilon$ 선도에서 곡선을 그리다가 점 T에 이르러 응력의 최대값이 된다. 이때 국부적인 수축(네킹, necking)을 나타내며 [그림 1-9(d)]는 점 F에서 파단될 때의 상태이다. 이와 같이 단면은 점차 줄어지고 시험편 표점거리 L은 점차 늘어난다. 이와 같이 재료가 소성변형을 받고도 큰 응력에 견딜 수 있는 성질을 **가공경화**(work-hardening) 또는 **변형(률)경화**(strain-hardening)라 한다.

[그림 1-8]의 $\sigma-\epsilon$선도에서 실선곡선은 하중을 항상 원래의 단면적으로 나누어준 **공칭응력**(nominal stress, 公稱應力)의 곡선이다. 여기서 공칭응력, 수직응력, 공학응력(engineering stress)은 같은 의미로 널리 사용된다. 또, 점선으로 된 곡선은 하중의 증가에 따라 단면적이 점차적으로 변하므로 그때그때의 하중을 점점 변하는 단면적으로 나눈 응력인 **진응력**(true stress, 眞應力)이며 물리응력(physical stress)이라 한다.

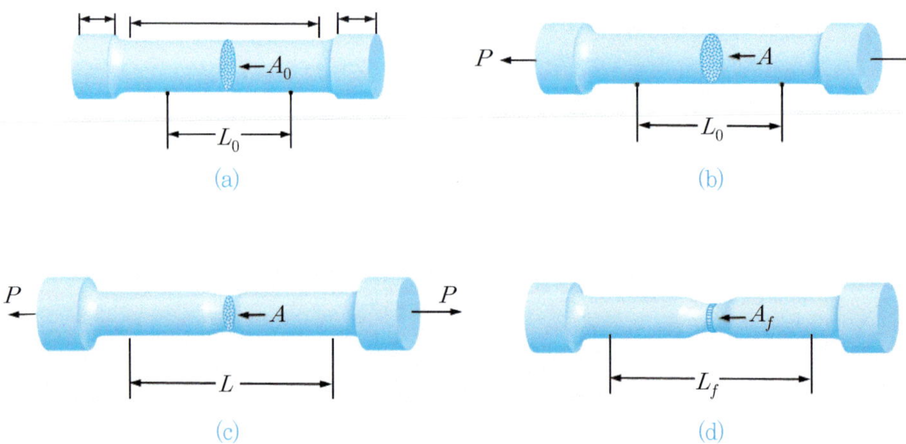

그림 1-9 $P-\delta$선도를 작성할 때 생기는 인장시험편의 형상변화

≫ 표 1-1 $\sigma-\epsilon$선도의 주요부를 정리

기호	명칭	정의
σ_P	비례한도	응력과 변형률이 비례하는 영역에서 최대응력. (proportional limit)
σ_E	탄성한도	소성변형을 일으키지 않는 탄성변형의 최대응력 (elastic limit)
σ_{uy}	상항복점	항복이 생길 때의 최대응력 (upper yield stress)
σ_{yp}	하항복점	항복개시 후 하중이 증가하지 않아도 변형률이 생기는 응력, 보통 항복점이란 이 하항복점을 말한다. (lower yield stress)
σ_T	인장강도	공칭응력-변형률선도의 최대응력, 최후강도라고 한다. (ultimate tensile strength)
σ_f	파단응력	인장시험에 있어 파단시의 공칭응력 (fracture strength)
E	영률	비례한도 이하에서 응력과 변형률의 비 (Young's modulus)
ϕ	연신율	백분율로 나타낸 파단시의 공칭 변형률 (percentage of elongation, elongation)
Ψ	단면수축률	백분율로 나타낸 파단시의 단면 수축 (reduction of area)

지금 A_0를 시험편의 처음면적, A_a를 변형된 후의 실제단면적이라 하면 공칭응력 $\sigma = P/A_0$이고 진응력 $\sigma_t = P/A_a$가 된다. 또한, **공칭변형률**(nominal strain); $\epsilon = (l_a - l_0)/l_0 = \delta/l_0$이고 항상 처음길이 l_0와의 비가 된다. 그러나 **진변형률**(true strain, natural strain)은 하중의 증가에 따른 실제길이 l_a에 대한 증분 Δl_a의 비, 즉 $\Delta\epsilon = \Delta\ell_a/\ell_a$로 표시되며 **전진변형률**(total true strain) ϵ_t는 다음과 같이 정의된다.

$$\epsilon_t = \Sigma\Delta\epsilon = \Sigma(\Delta\ell_a / \ell_a)$$

따라서 적분으로 표시하면 식 (1-13)과 같게 된다.

$$\epsilon_t = \int_{l_0}^{l_a} \frac{dl_a}{l_a} = \ln\frac{l_a}{l_0} \tag{1-13}$$

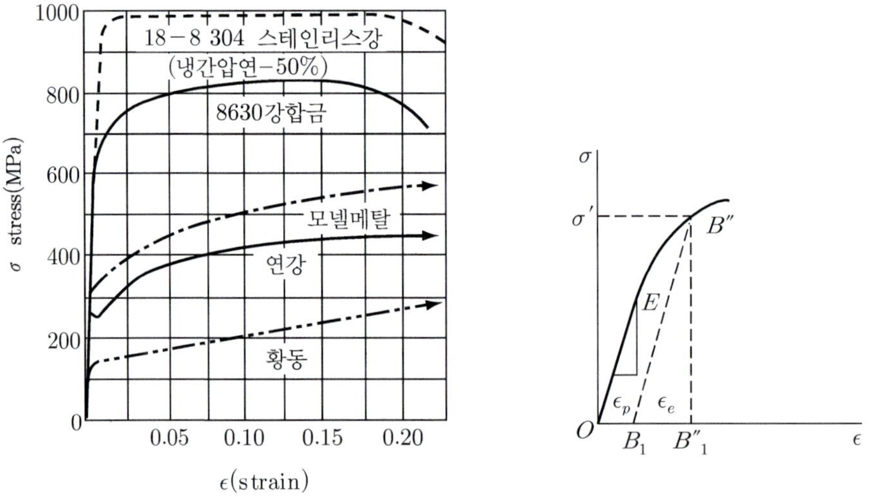

(a) 각 재료의 $\sigma-\epsilon$ 선도; 화살표는 파단 안되고 계속 변형됨을 나타냄

(b) 영구변형률

그림 1-10 각종재료의 응력변형률선도

특별한 언급이 없으면 응력, 변형률은 일반적으로 공칭응력과 공칭변형률을 의미한다. 일반적으로 금속재료의 인장시험 결과를 보면 [그림 1-10(a)]와 같이 응력과 변형률이 비례한 후 항복점이 뚜렷한 재료와 그렇지 않은 재료가 있다.

스테인리스강(냉간압연 50%)처럼 항복점과 인장강도가 비슷하면서 높은 강도를 가진 재료도 있지만 황동처럼 항복점이 낮고 변형률이 대단히 큰 재료도 있다. 그림상의 화살표는 횡축의 눈금 범위 이상으로 계속 변형된다는 것을 의미한다.

다음 [그림 1-10(b)]에서 응력 σ'를 가했을 때 변형률은 OB''_1가 된다. 만약 B''에서 응력을 제거하면 이 재료의 탄성거동에 따라 B_1점에 도달한다. 여기서 $B_1B''_1$는 탄성변형률 ϵ_e이므로 복원되었지만 OB_1은 원상으로 복귀되지 않는다. 이 OB_1을 **소성변형률** 혹은 **영구변형률**(permanent strain, 永久變形率)이라 한다. 즉, 항복점을 지나면 변형률(ϵ)은 탄성변형률(ϵ_e)과 소성변형률(ϵ_p)과의 합으로 되고 식 (1-14)과 같이 표시한다.

$$\epsilon = \epsilon_e + \epsilon_p \tag{1-14}$$

항복점이 확실치 않은 재료에서는 0.2%의 영구변형률을 가지는 점을 항복점 대신으로 생각하는데 이것을 **옵셋 항복강도**(offset yield strength) 또는 **내력**(proof stress, 耐力)이라 한다.

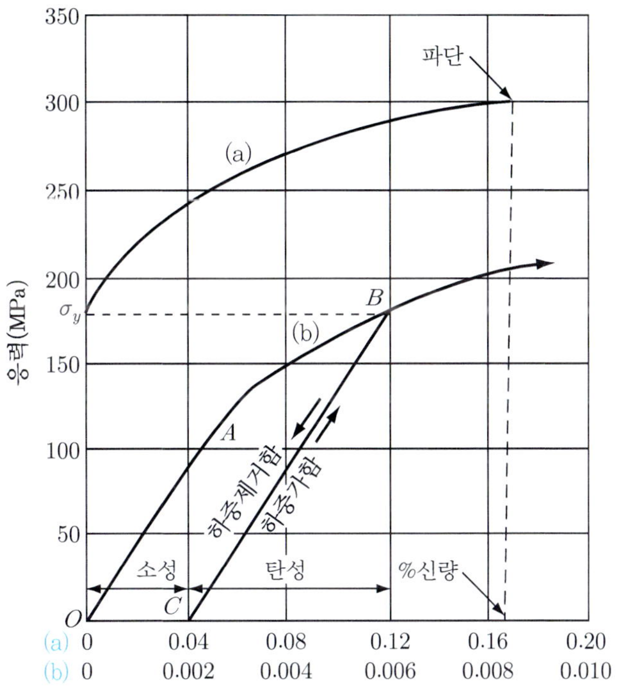

그림 1-11 $\sigma-\epsilon$ 선도와 0.2%의 항복점을 구하는 방법의 예

[그림 1-11(a)]는 실제의 $\sigma-\epsilon$ 선도를 나타내며 (b)의 그림에서는 ϵ축을 20배 확대시켜 0.2% (0.002)의 항복강도를 결정하는 예를 나타내고 있다.

즉, 곡선(a)인 경우에는 횡축의 눈금(a)로 변형률을 파악할 수 있고, 이 눈금을 20배 확대시킨 곡선(b)인 경우에는 제일 아래쪽의 눈금(b)으로 그 크기를 판단할 수 있다. 따라서 0.002의 눈금에서 OA와 평행하게 작도한 CB선상의 B점이 구하려는 항복점이 된다.

여러 재료들의 인장시험을 통한 $\sigma-\epsilon$ 곡선은 동일한 재료에서도 시험편의 온도, 하중속도에 따라 달라질 수 있다. 그러나 여러 재료의 $\sigma-\epsilon$ 곡선에서 어떤 공통적인 특성을 알아내는 것은 가능하며, 이 특성을 근거로 하여 두 가지로 대별할 수 있다.

즉, **연성재료**(ductile material, 延性材料)와 **취성재료**(brittle material, 脆性材料)로 구별되어진다. 파단이 일어나기까지 큰 변형률에 견디는 재료를 연성재료라 부르고 인장할 때 비교적 작은 변형률 값에서 파단을 일으키는 재료를 취성재료라 한다.

연성재료의 장점은 하중이 아주 클 때 눈에 현저하게 보이는 재료의 변화가 일어나기 때문에 실제 파단이 일어나기 직전에 예방조치가 가능하다. 연성재료는 연강, 알루미늄, 구리 및 그 합금 등이며 취성재료는 콘크리트, 주철, 세라믹 재료 등이다.

인장을 받는 경우 재료의 **연성**(ductility)은 신장률(연신율)과 파단면의 단면적 감소에 따라 그 특징이 정해지며, 연신율(elongation)과 **단면수축(감소)률**(reduction in area)로 연성의 척도를 나타낸다.

$$연신율 = \frac{l_f - l_0}{l_0} \times 100 \tag{1-15}$$

여기서 l_0는 최초의 표점길이(gage length), l_f는 파단시 시험편의 표점간의 길이이다.

$$단면수축률 = \frac{A_0 - A_f}{A_0} \times 100 \tag{1-16}$$

여기서 A_0는 최초의 단면적, A_f는 파단면의 단면적을 나타낸다.

식 (1-15)에서 신장량은 시험편의 전 길이에 걸쳐 균일하지 않고 네킹영역에서 크게 일어나기 때문에 신장량은 표점길이 l_0에 의해 좌우된다. 따라서 연신률을 계산할 때는 표점길이가 주어져야 한다. 일반적으로 인장시험시의 표점길이는 50mm를 사용하며, 이 경우, 성분에 따라 강은 10~40% 범위의 연신률을 가지며 구조용강은 25~30%, 알루미늄 합금의 경우에는 그 성분과 열처리 조건에 따라 1~45%의 값을 가진다.

1-5 허용응력

기계 또는 구조물의 각 부재에 실제로 작용하는 응력은 안전을 위해서는 탄성한계 이하의 값이어야 한다. 이와 같이 탄성한계 내에서 각 부재에 실제로 생겨도 무방한 또는 의도적으로 고려해 주는 응력을 **허용응력**(allowable stress) 또는 **사용응력**(working stress)이라 한다. 이 허용응력은 σ_{al}은 정하중에서 식 (1-17)로 나타낸다.

$$\left.\begin{aligned} \sigma_{al} &= \frac{\sigma_y}{n} \quad (\text{a}) \\ \sigma_{\text{al}} &= \frac{\sigma_{\text{t}}}{\text{n}} \quad (\text{b}) \end{aligned}\right\} \tag{1-17}$$

연성재료에서는 식 (a)를, 취성재료에서는 식 (b)를 사용하는데 σ_y는 항복점, σ_t는 최후강도, n은 **안전율**(安全率) 또는 **안전계수**(safety factor, 安全係數)라고 한다. 이 n은 재료의 성질, 하중, 사용장소, 환경 등 여러 조건에 따라 다른 값을 취한다.

안전계수가 너무 작으면 파단될 확률이 높아지기 때문에 구조물은 불안전하게 되고, 반대로 안전계수가 너무 크면 구조물의 재료가 낭비되어 비경제적으로 되어, 그 기능을 발휘함에 있어 부적합할 것이다. 따라서 안전계수를 결정할 때는 공학적으로 합리적인 판단이 필요하며, 다른 설계자들이 사용하는 규정이나 시방서를 토대로 하여 검토, 결정되어야 한다.

예제 1-9

세 가지의 다른 재료 A, B, C에 대해 직경 0.505in, 표점길이 2.0in인 표준시험편을 가지고 인장시험을 하였다. 시험편이 파단된 후의 표점길이가 각각 2.13, 2.48, 2.78in 이었고, 직경이 0.484, 0.398, 0.253in이었다. 각 시험편에 대한 연신률과 단면감소율의 백분율을 구하고, 취성인가 연성인가를 구분하여라.

풀이 식 (1-15), 식 (1-16)에서 구할 수 있다.

재료 A:

$$\text{신장률} = \frac{2.13-2.00}{2.00}\times 100 = 6.5\%$$

$$\text{단면감소율} = \frac{(0.505)^2-(0.484)^2}{(0.505)^2}\times 100 = 8.1\% \quad \therefore \text{ 취성}$$

재료 B:

신장률$=24\%$

단면감소율$=38\%$ $\therefore$ 연성

재료 C:

신장률$=39\%$

단면감소율$=75\%$ $\therefore$ 연성

예제 1-10

[그림 8]의 트러스에서 강재의 항복점이 4,000kg_f/cm^2, 인장을 받는 부재의 안전계수가 2라면 부재 AC, AD의 단면적을 얼마로 할 것인가?(단, 압축부재의 좌굴은 무시한다)

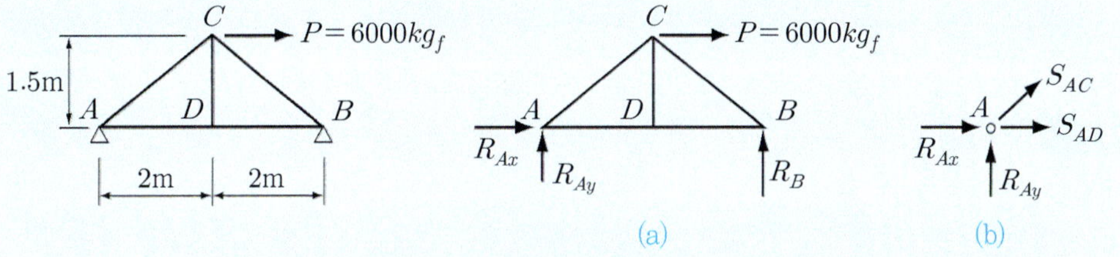

그림 8

풀이 [그림 8(a)]와 같이 전체 FBD를 그리고, 평형방정식을 적용시켜 반력을 구한다.

$$\begin{cases} \Sigma P_y = 0 : R_{Ay} + R_B = 0,\ R_B = -R_{Ay} \\ \Sigma P_x = 0 : R_{Ax} + P = 0,\ R_{Ax} = -P = -6{,}000kg_f \\ \Sigma M_A = 0 : R_B \times 4 - P \times 1.5 = 0 \end{cases}$$

$$\therefore \begin{cases} R_B = \dfrac{1.5}{4}P = 2{,}250(kg_f) \\ R_{Ay} = 2{,}250(kg_f) \end{cases}$$

[그림 8(b)]에서 AC, AD부재의 축력을 S_{AC}, S_{AD}라 하고, 점 A의 FBD를 나타내고 점 A에서 평형방정식을 적용시킨다.

$$\Sigma P_y = 0 : R_{Ay} - S_{AC}\frac{\overline{CD}}{\overline{AC}} = R_{Ay} - S_{AC} \times \frac{3}{5} = 0$$

$$\therefore S_{AC} = 3{,}750kg_f(\text{인장})$$

$$\Sigma P_x = 0 : R_{Ax} - S_{AC}\frac{4}{5} - S_{AD} = 0$$

$$\therefore S_{AD} = 3{,}000kg_f(\text{인장})$$

$$\therefore \begin{cases} \text{부재 } AC\text{의 단면적 } A_{AC} = \dfrac{S_{AC}}{\sigma_{al}} = \dfrac{3{,}750}{4{,}000/2} = 1.9\text{cm}^2 \\ \text{부재 } AD\text{의 단면적 } A_{AD} = \dfrac{S_{AD}}{\sigma_{al}} = \dfrac{3{,}000}{2{,}000} = 1.5\text{cm}^2 \end{cases}$$

연습문제 ①

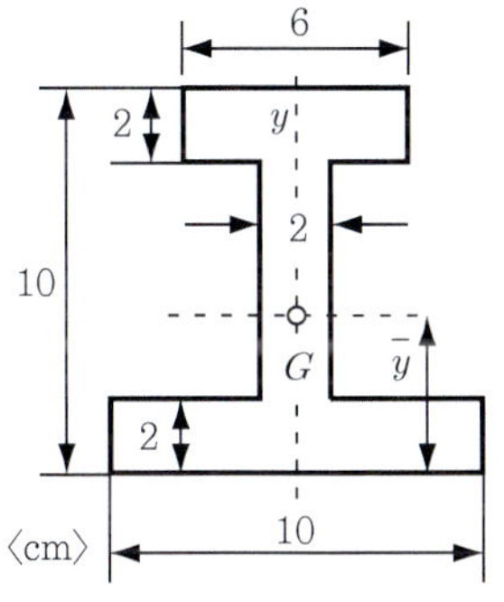

그림 1

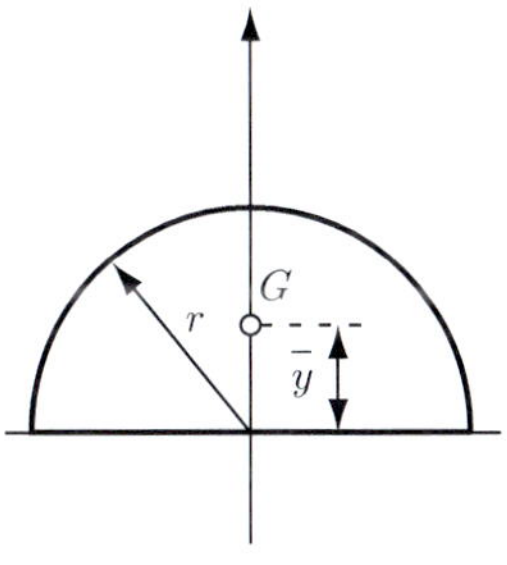

그림 2

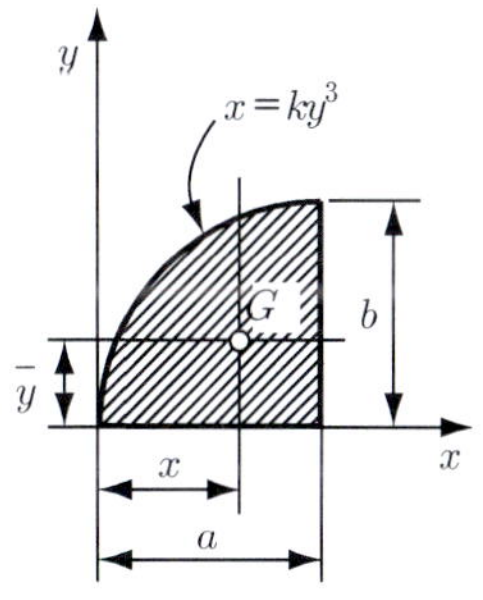

그림 3

1-1 [그림 1]에서 y축에 대칭인 **I**형 단면의 도심 $\bar{y}$를 구하라.

답: 4.27cm

1-2 [그림 2]에서 반원(반지름 r)의 도심을 구하라.

답: $\frac{4}{3}\frac{R}{\pi}$

1-3 [그림 3]에서 빗금친 부분의 도심을 구하라.

답: $\bar{x}=\frac{4}{7}a$, $\bar{y}=\frac{2}{5}b$

1-4 [그림 4]에서 빗금친 부분의 도심 $\bar{x}$를 구하라.

답: $\bar{x}=\frac{4r\sin^3\beta}{3(2\beta-\sin2\beta)}$

1-5 [그림 5]의 부채꼴 도심을 구하라.

답: $\bar{y}=\frac{2r\sin\alpha}{3\alpha}$

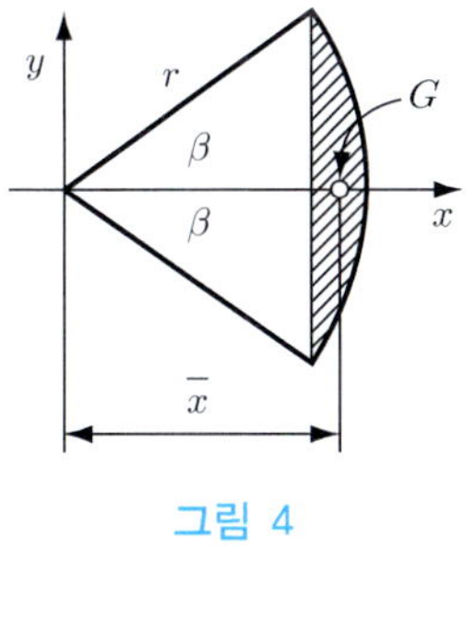

그림 4

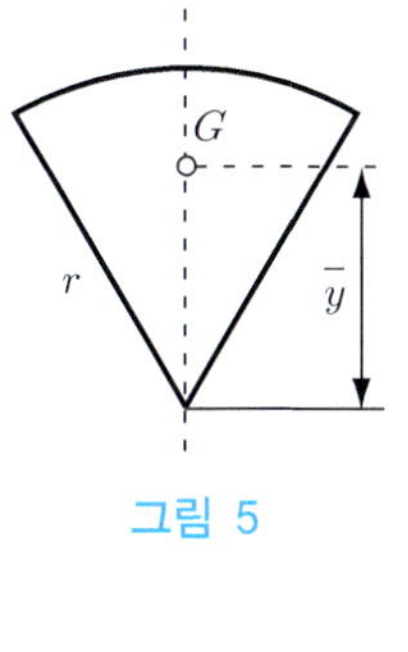

그림 5

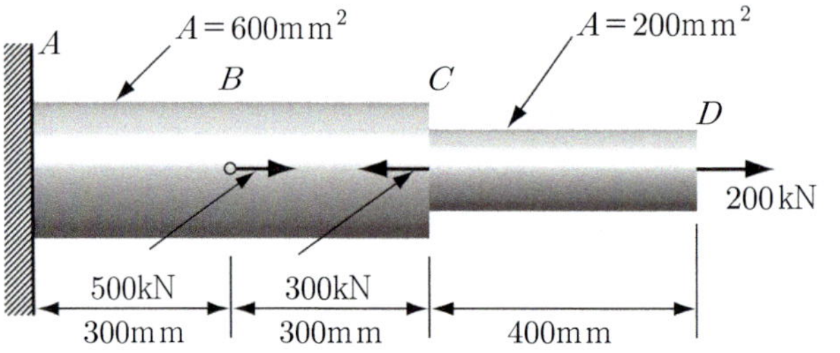

그림 6

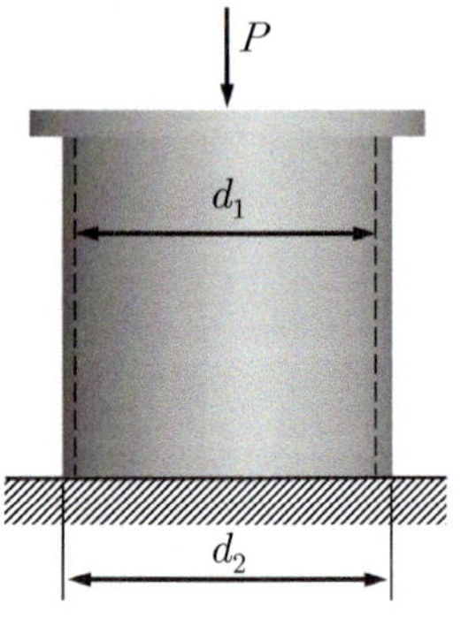

그림 7

1-6 강봉이 [그림 6]과 같은 하중을 받고 있다. 강봉의 변형량을 구하라. 단, $E=200\text{GPa}$

답: 2.75mm

1-7 [그림 7]과 같이 내경이 $d_1=4.0\text{in}$, 외경이 $d_2=4.5\text{in}$인 원통이 축하중 $P=55000\ell\text{b}$를 받고 있다. 이때 원통에 작용하는 평균압축응력을 구하라.

답: 16.5ksi

1-8 직경 1in인 단면을 가진 강철봉($E=30\times10^6\text{psi}$)에서 변형률 $\epsilon=70\times10^{-6}$을 얻을 수 있는 인장하중 P를 구하라.

답: 1,650lb

1-9 인장시험편의 공칭변형률 ϵ, 진변형률 ϵ_t라 하면 $\epsilon_t=\ln(1+\epsilon)$이 됨을 유도하여라.

1-10 공칭응력 σ, 진응력 σ_t라 하면 공칭응력과 진응력 사이의 관계식 $\sigma_t=\sigma(1+\epsilon)$이 됨을 유도하여라.

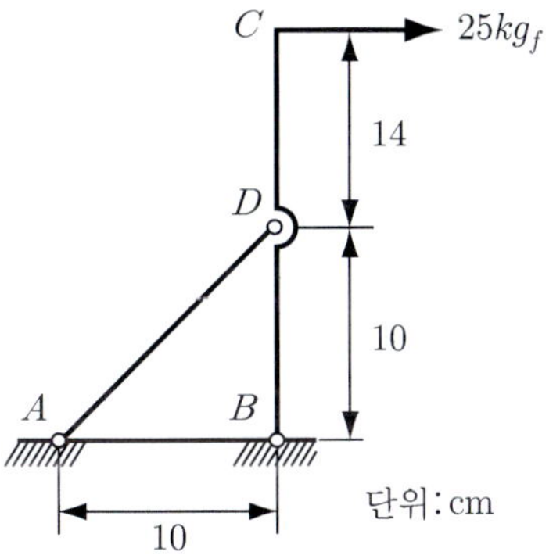

그림 8

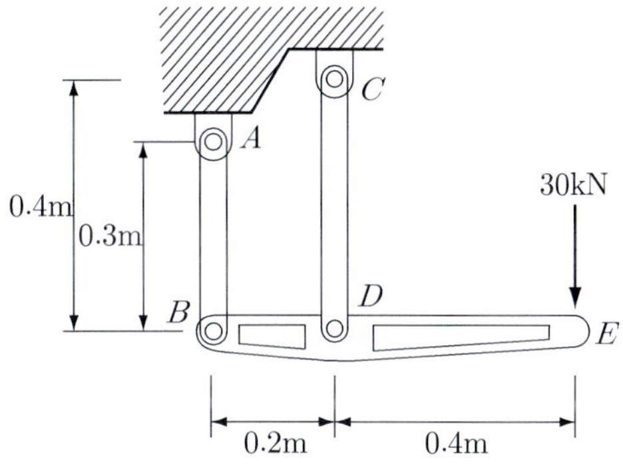

그림 9

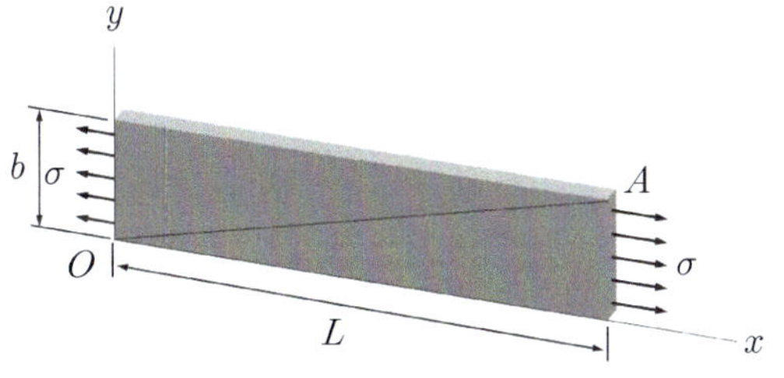

그림 10

1-11 [그림 8]에서 AD부재(쇠줄)의 안전지름을 구하라. 이 재료의 허용응력은 500kg_f/cm^{2}이다.

답: 4.64mm≒5mm

1-12 [그림 9]와 같이 강봉 BDE가 두 개의 링크 AB와 CD에 지지되어 있다. 링크 AB는 알루미늄(E=70GPa)이며 단면적은 500mm^{2}이고, 링크 CD는 강봉(E=200GPa)으로 단면적은 600mm^{2}봉이다. E점은 30kN의 힘이 작용할 때 B, D, E점의 변위량을 구하라.

답: δ_B=0.514mm, δ_D=0.300mm, δ_E=1.928mm

1-13 [그림 10]과 같이 길이 L, 폭 b인 철판의 양 끝단에 균일 인장응력이 작용하고 있다. 하중을 가하기 전에는 대각선의 경사, 즉 기울기 OA가 b/L이다. 응력 σ가 작용했을 때의 기울기를 구하라.

답: $\dfrac{b(1-\dfrac{\nu\sigma}{E})}{L(1+\sigma/E)}$

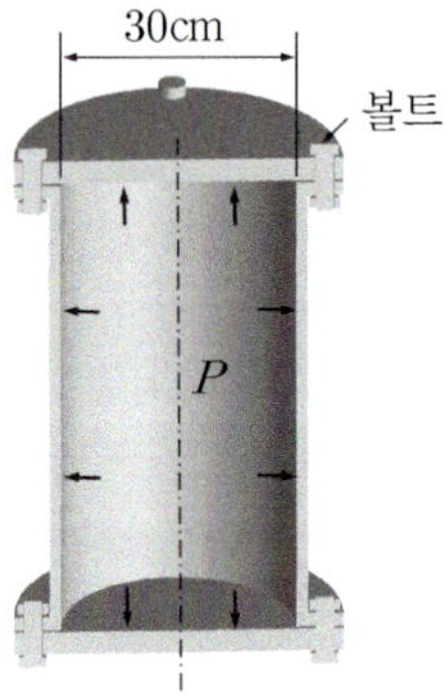

그림 11

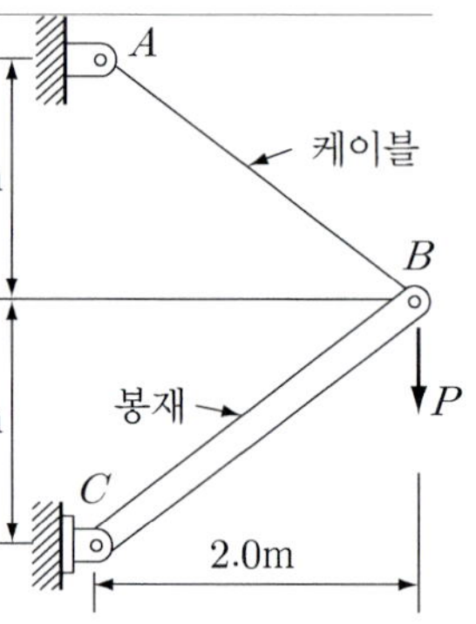

그림 12

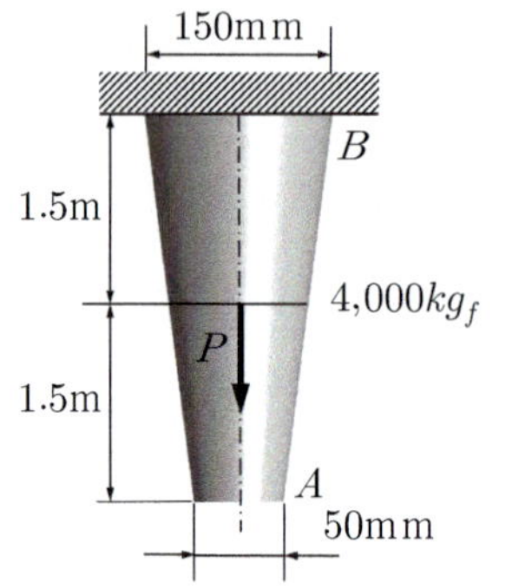

그림 13

1-14 [그림 11]과 같은 원형탱크 내부에 $P=10$기압의 압력을 받고 있다. 지름 12mm의 볼트로 뚜껑을 고정시키려고 한다면 몇 개의 볼트가 필요한가? 단, 탱크 지름은 30cm이고 볼트의 허용응력은 $600\,kg_f/\text{cm}^2$이다.

답: 11개 이상

1-15 [그림 12]와 같이 봉재와 케이블로 조합된 ABC가 수직하중 $P=15$kN을 지탱하고 있다. 케이블의 단면적 120mm^{2}이며, 봉재의 단면적 250mm^{2}이다. 케이블과 봉재에 작용하는 수직응력들을 구하고, 각 부재는 인장 혹은 압축인가를 구분, 계산하여라.

답: $\sigma_{ab}=104MPa$(인장), $\sigma_{bc}=-50MPa$(압축)

1-16 [그림 13]의 봉이 두께가 25mm이고 폭이 직선적으로 변하며 중간에 힘 $4{,}000\,kg_f$을 받을 때 봉의 신량을 구하라. 단, $E=2.1\times10^4\,kg_f/\text{mm}^2$

답: 0.093mm

1-17 1cm 두께의 두 개의 봉이 [그림 14]와 같을 때 같은 하중을 받고 신량이 같아지려면 ℓ_a/ℓ_b의 비는 얼마로 할 것인가? 단, 자중은 무시하고 $Ea=Eb$로 할 것.

답: ln3

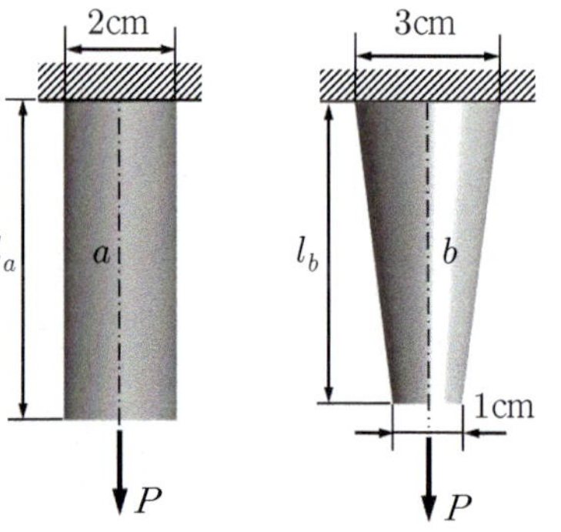

그림 14

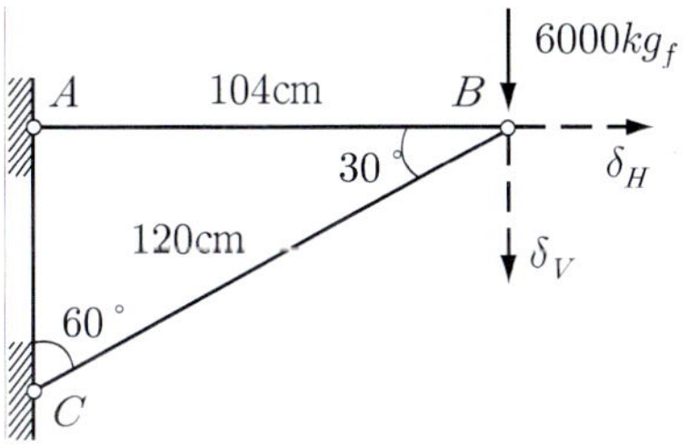

그림 15

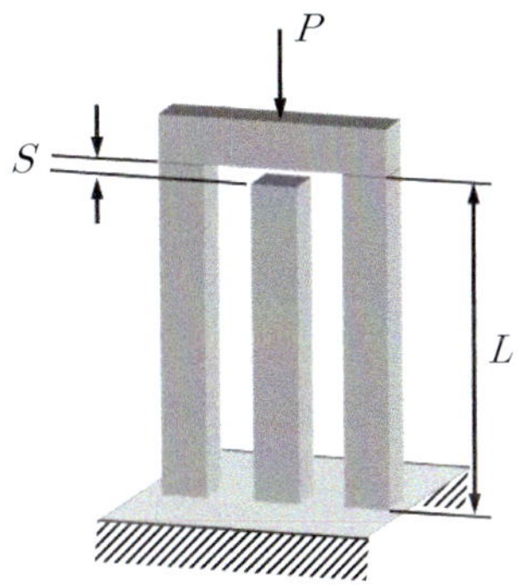

그림 16

1-18 [그림 15]에서 부재의 항복점 $\sigma_{yp}=2{,}000 kg_f/\text{cm}^2$, 인장을 받는 부재의 안전계수 $n=2$, 압축부재는 $n=3.5$, $E=2.1\times10^6 kg_f/\text{cm}^2$일 때 각 부재의 안전단면적과 점 B의 변위 δ_H(수평), δ_V(수직)를 구하라.

답: $\delta_H=0.02\text{cm}$, $\delta_V=0.016\text{cm}$

1-19 [그림 16]과 같은 200mm×200mm인 강판의 정사각형 단면이 길이 $L=2\text{m}$인, 세 개의 고강도 콘크리트 기둥에 의하여 지지되어 있다. 하중 P가 작용되기 전에 가운데 기둥은 다른 기둥보다 $s=1\text{mm}$만큼 짧았다. 콘크리트의 탄성계수 $E_C=30\text{GPa}$이고 압축 허용응력 $\sigma_w=18\text{MPa}$일 때 최대허용하중 P를 구하라.

답: $P=1.56\text{MN}$

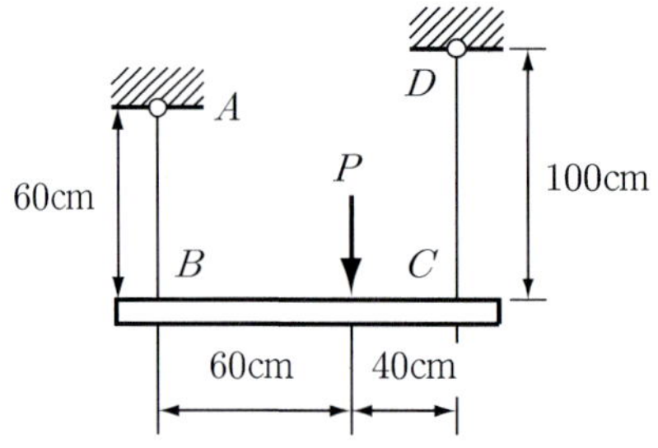

그림 17

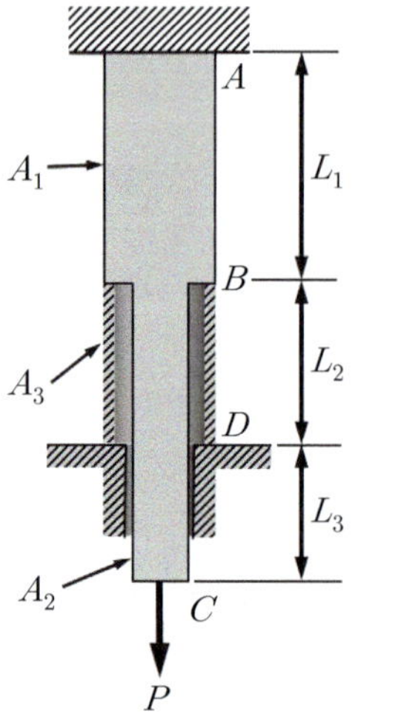

그림 18

1-20 [그림 17]에서 봉 AB는 황동($L=$60cm, $E_C= 1.6\times 10^6 kg_f$/cm^2) DC는 강봉 ($L=$100cm, $A_S= 2\times 2$cm^2, $E_S= 2\times 10^6 kg_f$/cm^2)이다. 강체보 BC가 하중 $P=$ 1,000kg_f을 받고 그대로 수평을 유지하려면 황동봉의 단면적을 얼마로 할 것인가?

답: $A_C= 2.0$cm^2

1-21 [그림 18]과 같은 강봉 ABC($E= 30\times 10^6 psi$)는 A로부터 B까지는 단면적 A_1을, B로부터 C까지는 단면적 A_2를 갖는다. 이 봉재는 A에서 고정되고, C단에 하중 $P=$12,000lb를 받으며, 단면적 A_3인 강제 칼러 BD가 B에서 봉재를 지지한다. 하중이 없을 때 칼러가 B에서 잘 맞고 있었다고 가정하고, 봉재 하단에서의 처짐 δ_C를 구하라($L_1= 2L_2= 10$in, $L_3 = 4$in, $A_1 = 2A_3 = 1.6$in^2, $A_2 = 0.5$in^2 라고 가정한다).

답: δ_C =0.00845in

1-6 전단응력과 전단변형률

[그림 1-12]와 같이 리벳(rivet) 연결부에 인장력 P를 가하면 리벳의 허리 부분인 ab 단면에는 수평으로 자르려는 힘 P가 전단력(shearing force, 剪斷力)으로 작용하여 리벳의 단면 ab에는 응력이 발생된다. 이 응력을 **전단응력**(剪斷應力)이라 하고, A를 ab 단면의 단면적이라 하면 리벳의 전단응력 τ는 식 (1-18)로 표현되며 **평균전단응력**(平均剪斷應力)이 된다.

$$\tau = \frac{P}{A}(kg_f/\text{cm}^2,\ \text{N/m}^2) \tag{1-18}$$

식 (1-18)로부터 전단응력의 단위도 수직응력의 단위와 같으며, USCS 단위계에서는 psi, ksi, SI 단위계에서는 Pa, MPa을 쓴다. [그림 1-12]에서 보는 바와 같이 전단응력이 리벳을 직접 자르게 되는 경우를 **단순전단**(simple shear)이라 한다. 또 [그림 1-13(a)]는 평판 A와 U형 링크된 볼트(clevis bolt) B를 연결할 때를 예시한 것이다. [그림 1-13(b), (c)]는 힘을 전달하는 부분의 요약도이고, [그림 1-13(d)]는 FBD, [그림 1-13(e)]는 볼트 단면에

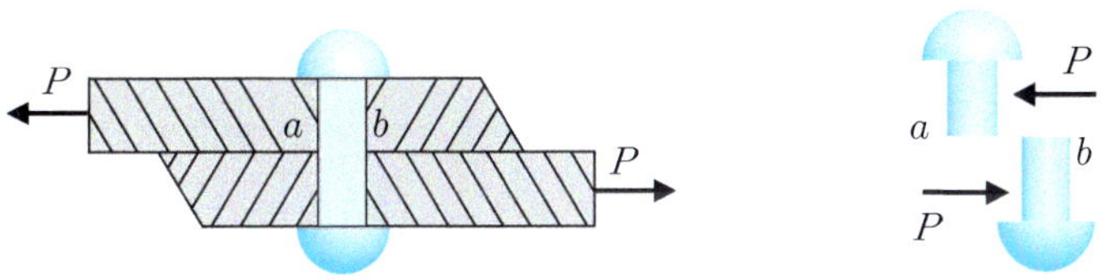

그림 1-12 리벳의 전단

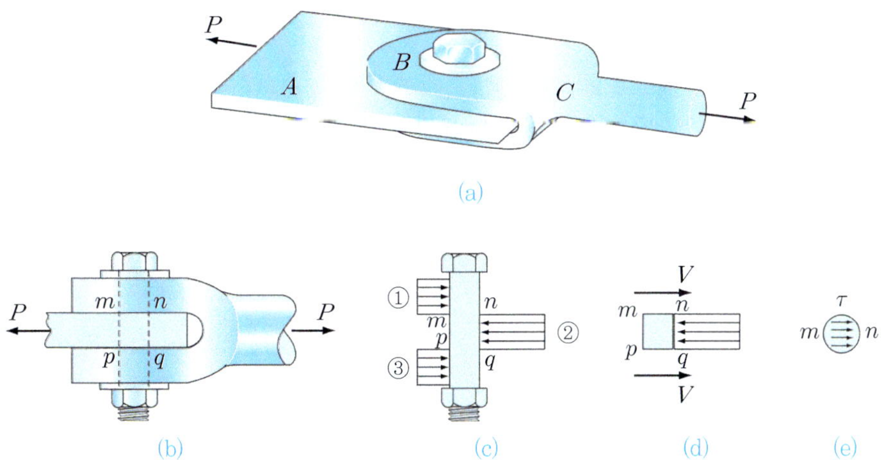

그림 1-13 U형 링크된 볼트(clevis bolt)의 이중전단 상태

생기는 전단응력 τ를 도시한 것이며, 전단은 두 평면 mn와 pq 내의 볼트에서 일어날 것이다. 이와 같은 경우에 볼트는 **이중전단**(double shear) 상태에 있다. 따라서 [그림 1-13]의 자유물체도로부터 볼트에 작용하는 평균전단응력은 $P=2V$이므로 식 (1-19)와 같다.

$$\tau=\frac{V}{A}=\frac{P}{2A} \tag{1-19}$$

다음에는 전단응력에 의한 변형을 알아보기 위하여 ab 선상의 재료의 미소 정육면체 요소를 [그림 1-14]와 같이 확대하여 생각한다.

여기서 전단응력 τ가 요소의 윗면(上面)에 균일하게 작용한다고 가정하면 이 요소가 수평방향의 평형을 유지하기 위해서는 크기가 같고 방향이 반대인 전단응력이 아랫면(下面)에 존재해야 한다. 이와 같이 전단응력만을 받는 요소를 순수전단(pure shear) 상태에 있다고 한다. 순수전단 상태에 있는 요소의 변형을 고려하기 위하여 정육면체 요소의 전면 $ABDC$를 나타낸 것이 [그림 (b)]이다. 이 요소에는 수직응력이 작용하지 않으므로 각 변의 길이 AB, CD, AC 및 BD는 변하지 않는다. 그러나 전단응력에 의해 정사각형 $ABDC$는 $ABD'C'$의 마름모꼴로 변형된다. 이때 윗면의 상대적인 변화량 δ는 아래 식으로 된다.

$$\delta=l\tan\gamma \fallingdotseq l\gamma,\ \ \tan\gamma=\frac{\sin\gamma}{\cos\gamma}\fallingdotseq\frac{\gamma}{1}=\frac{\delta}{l}\ (\gamma : \text{단위길이에 대한 미끄럼변화량})$$

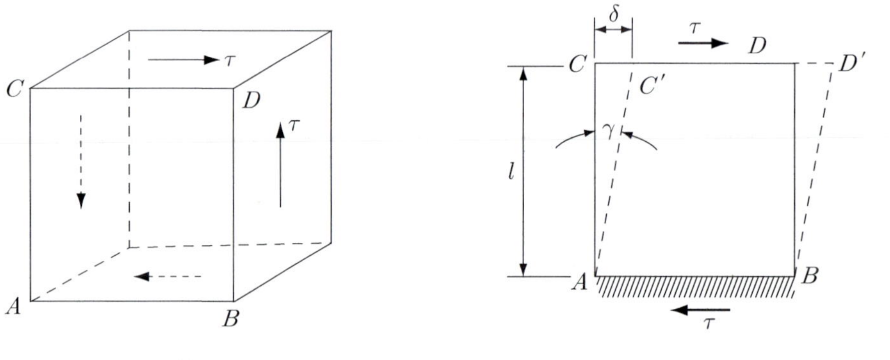

그림 1-14 리벳의 전단면의 확대

공업재료에서 각(角) γ(radian 값)는 매우 작은 양이며, 이때 $\cos\gamma \fallingdotseq 1$, $\sin\gamma \fallingdotseq \gamma$이다. 즉, 이때 γ는 단위길이에 대한 변화량(미끄럼량)이므로 변화율이 된다. 이것을 전단변형률(shearing strain)이라 한다. 전단을 받을 때도 Hooke의 법칙은 성립하여 인장(압축)때와 마찬가지로 식 (1–20)로 된다.

$$\tau = G \cdot \gamma \tag{1–20}$$

여기서 G는 **전단탄성계수**(shear modulus), **횡탄성계수** 또는 **강성률**(modulus of rigidity)이라 하며 E, ν와 더불어 재료의 탄성적 성질을 나타내는 중요한 정수로서 실험에서 정해진다. 구조용강의 전단탄성계수 $G = 0.81 \times 10^4 kg_f/\text{mm}^2$이다. 또, SI 단위로는 $G = 0.81 \times 10^{10} \times 9.8\text{N/m}^2 = 0.79 \times 10^{11}\text{N/m}^2 = 79\text{GPa}$이다.

일반적으로, '**재료의 요소에 작용하는 전단응력은 서로 직각인 면에서는 그 크기가 같고 방향이 반대이다.**'

위면(DCGH)에 τ_1이 작용하면 미소요소(직육면체)를 생각하여 보자. 이 윗면의 전단력은 $\tau_1 dx \cdot dy$이고, 물론 아랫면(ABFE)에도 평형방정식으로 부터 같은 크기의 전단력이 반대방향으로 작용하게 된다. 이것들은 짝힘 $[(\tau_1 \cdot dx \cdot dy) \cdot dz]$이 되어 시계방향으로 돌게 된다. 그러나 이 미소요소가 평형이 되려면 이와 반대방향에 같은 크기의 짝힘이 있어야 한다. 즉 τ_1의 작용면에 수직인 면(BCGF)와 면(ADHE)에도 τ_2가 존재하여 $\tau_2 dy \cdot dz$의 전단력이 생기고, 이는 $[(\tau_2 \cdot dy \cdot dz) \cdot dx]$의 짝힘이 되어 식 (1–21)처럼 서로 평형을 유지해야 한다.

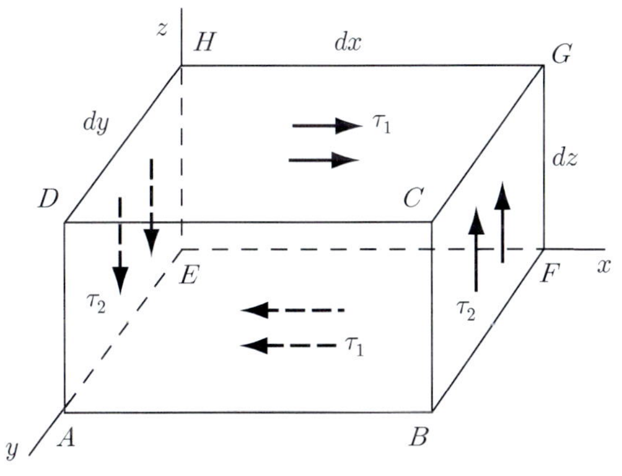

그림 1–15 짝힘으로 작용하는 전단응력

$$(\tau_1 dx\, dy) \cdot dz = (\tau_2 dy\, dz) \cdot dx$$
$$\therefore \tau_1 = \tau_2 \tag{1–21}$$

따라서 '한 면에 τ가 있으면 이와 직각인 면에는 반드시 크기가 같고 작용방향이 반대인 τ가 존재하게 된다.' 이를 '우력평형(couple, 偶力平衡)'이라 한다.

예제 1-11

펀치를 사용해서 두께 4mm의 연강판에 지름 15mm의 구멍을 내고 싶다. 필요한 하중 P 및 펀치에 작용하는 평균압축응력 σ를 구하라. 단, 연강의 전단강도 τ = 220MPa이다.

풀이 판의 두께 t, 원공의 지름 d라면 하중 P는 다음 식으로 된다.

$p = \pi d \cdot t \cdot \tau$

SI 단위로 고쳐 쓰면

$\tau = 220\text{MPa} = 220 \times 10^6 \text{N/m}^2$

$t = 4\text{mm} = 4 \times 10^{-3}\text{m}, \; d = 15\text{mm} = 15 \times 10^{-3}\text{m}$

윗 식에 대입하면 하중 P는 다음과 같이 된다.

$p = 3.14 \times 15 \times 10^{-3}\text{m} \times 4 \times 10^{-3}\text{m} \times 220 \times 10^6 \text{N/m}^2$

$= 4.15 \times 10^4 \text{N} = 41.5\text{kN}$

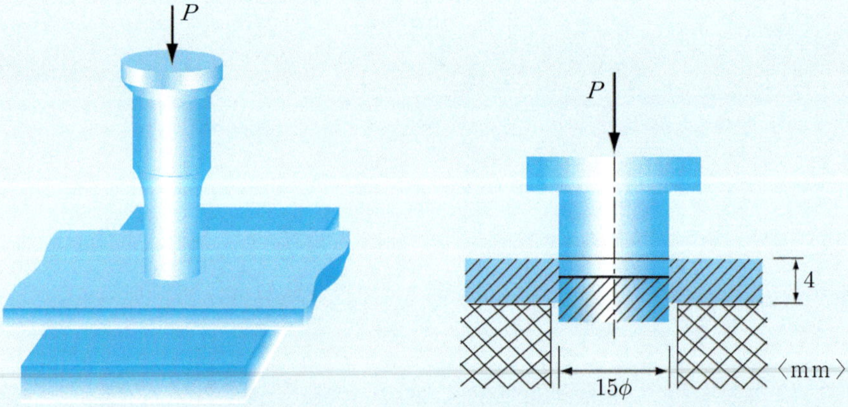

그림 9

평균압축응력 σ은 다음과 같다.

$$\sigma = \frac{p}{\pi\left(\frac{d}{2}\right)^2}$$

$$= \frac{4.15 \times 10^4 \text{N}}{3.14 \times \left(\frac{15}{2}\right)^2 \times 10^{-6}\text{m}^2}$$

$$= 0.0235 \times 10^{10} \text{N/m}^2 = 235 \times 10^6 \text{Pa} = 235\text{MPa}$$

예제 1-12

[그림 10]과 같이 네 개의 볼트로 플렌지 이음을 한 두 개의 축에 비틀림 모멘트 $T_0=$ 10kN · m가 전달되고 있다. 볼트 중심거리 $d=$150mm라면, 각 볼트($d_b=$20mm)에 걸리는 평균전단응력 τ는 얼마인가?

풀이 볼트 한 개에 걸리는 힘을 P, 볼트의 단면적을 A라 하면

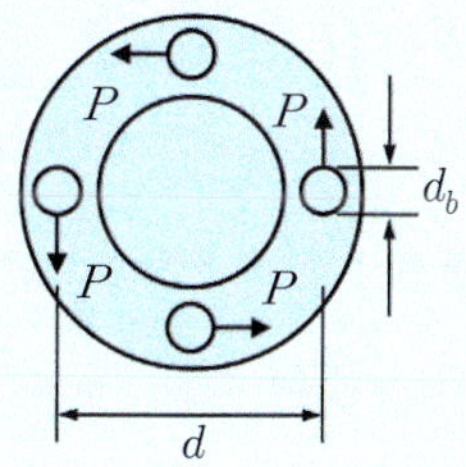

$$T=P\times\frac{d}{2}\text{(볼트 한 개에 대한 것)}$$

$$T_0=T\times 4=\frac{P\cdot d}{2}\times 4\text{(볼트 네 개에 대한 것)}$$

$$A=\frac{\pi d_b^2}{4}$$

$$\therefore \tau=\frac{P}{A}=\frac{\dfrac{T_0}{2d}}{\dfrac{\pi d_b^2}{4}}=\frac{2T_0}{\pi d d_b^2}=\frac{2(10\text{kN}\cdot\text{m})}{\pi(150\text{mm})(20\text{mm})^2}=106\text{ MPa}$$

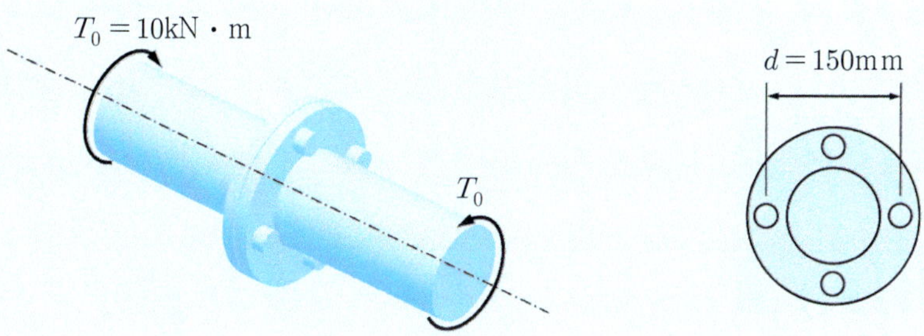

그림 10

1-7 자중, 열응력 및 크리프

(1) 자중(dead weight, 自重)

길이가 길거나 부피가 큰 부재는 재료의 자중을 고려해 주어야 한다. 지금 재료의 비중을 γ라고 할 때, [그림 1-16]에서 y 위치의 단면(단면적 A_y, 단면 길이에 걸쳐서 불균일할 때)이 받는 힘은 외력 P와 y 부분의 무게 W_y가 된다.

$\left(W_y=\int_0^y A_\xi\cdot d\xi\cdot\gamma\right)$. 이 단면의 응력($W$: 전체무게) σ_y는 식 (1-22)과 같다.

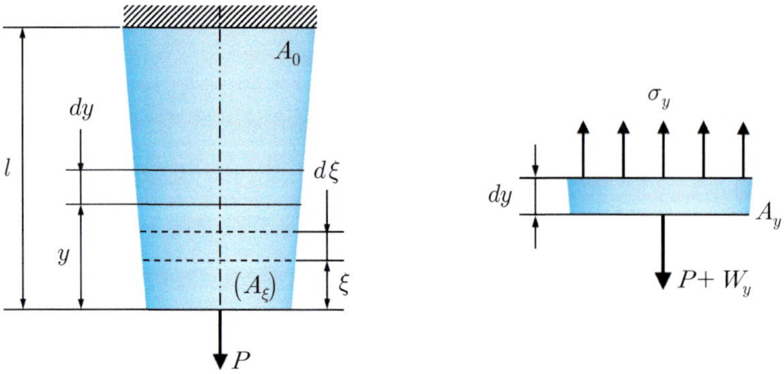

그림 1-16 자중을 고려할 때 테이퍼진 봉의 FBD

$$\sigma_y = \frac{P+W_y}{A_y} \tag{1-22}$$

처짐은 단면 위치에 따라서 자중이 달라지므로 지금 y위치의 요소 dy부분의 변형량을 계산하여 전 길이에 걸쳐서 합해 주면 전체 신량이 된다. dy부분의 신량 $d\delta$는 후크 법칙에 의하여 식 (1-23)로 된다.

$$d\delta = \frac{(P+W_y)dy}{A_y E} = \frac{\sigma_y}{E}dy \tag{1-23}$$

$$\delta = \int_0^l \frac{(P+W_y)dy}{A_y E}$$

단면이 균일할 때는 $\sigma_y = \dfrac{P+Ay\gamma}{A}$, $\sigma_{\max} = \dfrac{P+Al\gamma}{A}$, 안전단면적 $A = \dfrac{P}{\sigma_{al}-\gamma l}$이다.

(2) 열응력

물체는 온도에 따라서 팽창 또는 수축한다. 그러나 자유단이 구속되어 있는 물체가 열을 받거나 잃으면 물체 내부에 압축 또는 인장응력이 생긴다. 이런 응력을 **열응력**(thermal stress, 熱應力)이라 한다. 열을 받는 구조물은 매우 많은데 구조물이 커짐에 따라 열응력은 복잡한 문제를 야기 시킨다. 큰 힘을 받는 물체는 두껍게, 즉 단면적을 크게 해주면 되겠지만 열응력의 경우는 두꺼우면 온도차가 커져서 더 큰 열응력이 생기므로 어려운 문제로 된다.

예로서 [그림 1-17]과 같은 양단 고정보의 온도가 T_1에서 T_2로 상승했을 경우를 생각해 보자. 재료의 선팽창계수를 α라 하고, 구속되지 않고 팽창했다면 보의 길이 l 이 l'으로 된다.

$$l' = l(1+\alpha \cdot \Delta T) = l + l \cdot \alpha \cdot \Delta T, \ (\Delta T = T_1 - T_2)$$

여기서 $l \cdot \alpha \cdot \Delta T$는 팽창량 δ_T이다. 그런데 이 팽창량은 실제는 구속되어 있어서 팽창할 수 없으므로 이것은 보를 l'에서 l로 되도록 P로 압축했다는 뜻과 같다. 즉, P로 그림처럼 δ_P만큼 압축한 것과 같은 형태이다. 따라서 후크 법칙에서 $\delta_P = \dfrac{Pl}{AE}$이므로 부재는 평형을 유지해야 되므로 전체 변형은 식 (1-24)과 같이 되어야 한다.

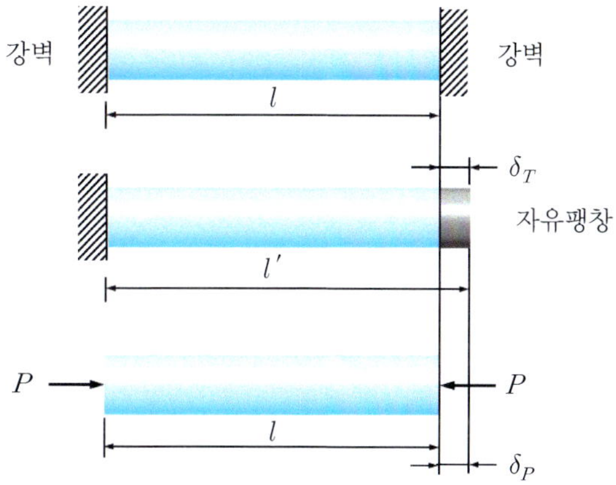

그림 1-17 열응력 상태

$$\therefore \ \delta = \delta_T + \delta_P = l \cdot \alpha \cdot \Delta T + \frac{Pl}{AE} = 0$$

$$\sigma = \frac{P}{A} = -E \cdot \alpha \cdot \Delta T \tag{1-24}$$

여기서 σ가 **열응력**이며, 이 경우 압축응력이 된다. 즉, 구속이 되어 팽창하지 못하므로 압축 변형을 받게 된다. 이 **압축 열변형률**(compressive thermal strain)은 식 (1-25)과 같이 된다.

$$\epsilon = \frac{l \cdot \alpha \cdot \Delta T}{l} = \alpha \cdot \Delta T \tag{1-25}$$

만일, 반대로 온도가 강하한다면 인장 열변형률이 생긴다.

(3) 크리프

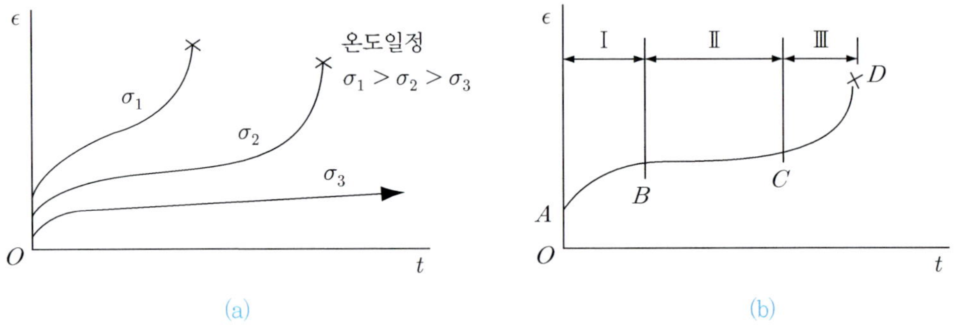

그림 1-18 크리프 곡선

응력을 일정하도록 해 놓았지만 시간이 지남에 따라 변형률이 점점 증가해 가는 현상을 크리프(creep)라 한다. 철강 재료의 경우는 고온에서 크리프 현상이 일어나고, 융점이 낮은 납(Pb)은 상온에서도 일어난다. 따라서 고온에서 작동되는 고온기기(高溫機器)에는 이 크리프 현상은 매우 중요하므로 잘 고려해야 한다.

[그림 1-18]은 크리프 곡선을 나타내며 응력과 온도에 좌우된다. 응력이 클수록 크리프 속도(creep rate, 변형률의 증가속도)는 큰 것을 알 수 있다.

크리프 곡선은 보통 파괴될 때까지 [그림 1-18(b)]와 같이 세 부분으로 나뉜다. OA는 하중을 가한 순간 늘어난 초기변형률 (또는 순간변형률), AB(Ⅰ기)는 **천이(遷移)크리프**(transient creep)라 하여 가공경화 때문에 변형률속도가 감소하면서 늘어나는 영역이다. BC(Ⅱ기)는 **정상(定常)크리프**(steady creep)라 하며 곡선의 경사가 거의 일정한데, 이것은 가공경화와 그 온도에서의 풀림효과가 비슷해서 변형률속도가 일정한 단계라고 생각된다. CD(Ⅲ기)는 **가속(加速)크리프**(accelerating creep)의 영역이며 재료 내의 미소균열의 성장, 소성변형에 의한 단면적 감소에 따른 응력증가 등의 원인으로 크리프 속도는 시간과 함께 가속된다.

크리프의 강도를 표시하는 용어로 **크리프 한도**(creep limit)가 있는데 이것은 어느 특정한 시간 후에 특정한 크리프 속도가 되는 응력을 가리킨다.

크리프와 밀접한 관계가 있는 현상으로 변형률을 일정하게 유지하도록 하중을 주었을 때 응력이 시간과 더불어 감소되는 현상을 응력이완(stress relaxation, 応力弛緩)이라 한다. 이것은 고온에서 사용되는 스프링, 고정용 볼트 등에서 생기는 현상이며, 패킹(packing)이 느슨해지는 원인은 고온에서 체결 볼트의 죄는 힘이 감소하기 때문이다.

예제 1-13

[그림 11]과 같은 원추형 봉을 매달았을 때 자중으로 인한 처짐을 구하라. 단위부피의 무게 γ, 탄성계수 E인 경우로 한다.

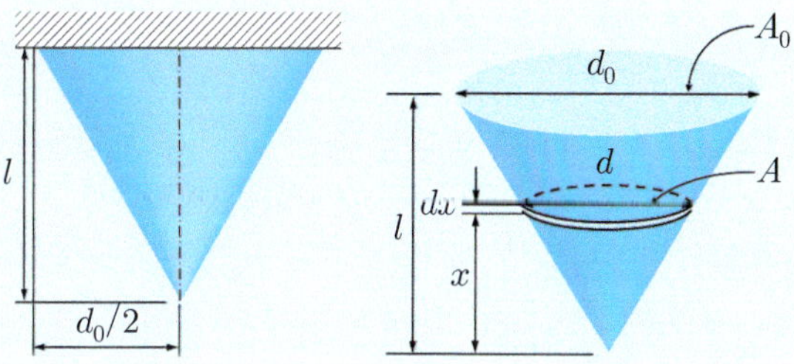

그림 11

풀이 $d = d_0 \dfrac{x}{l}$, $A = \dfrac{\pi d^2}{4} = \dfrac{\pi}{4}\left(d_0 \dfrac{x}{l}\right)^2$

x부분의 무게 W_x는 원추형이므로 다음과 같다.

$$W_x = \frac{\gamma}{3}\left(\frac{\pi d_0{}^2 x^2}{4l^2}\right)x = \frac{1}{3}A \cdot x \cdot \gamma$$

요소 d_x의 변위량 $d\delta$는 Hooke의 식에서 구한다.

$$d\delta = \frac{W_x \cdot dx}{AE} = \frac{\frac{\gamma}{3}\frac{\pi}{4}\frac{d_0{}^2 x^2}{l^2}x}{\frac{\pi}{4}d_0{}^2\frac{x^2}{l^2}E}dx = \frac{\gamma x}{3E}dx$$

$$\therefore \delta = \int_0^l \frac{\gamma x}{3E}dx = \frac{\gamma l^2}{6E}$$

예제 1-14

[그림 12]와 같이 양단이 고정되고 지름이 d_1, d_2인 강봉이 t_0에서 t_1으로 온도가 상승했을 때, l_1 부분 및 l_2 부분의 열응력을 구하라. 단, $t_0 = 20°$, $t_1 = 100°$, $l_1 = 100$cm, $l_2 = 200$cm, $d_1 = 30$cm, $d_2 = 20$cm, $\alpha = 1.1 \times 10^{-5}/℃$, $E = 2.1 \times 10^6 kg_f/\text{cm}^2$이다.

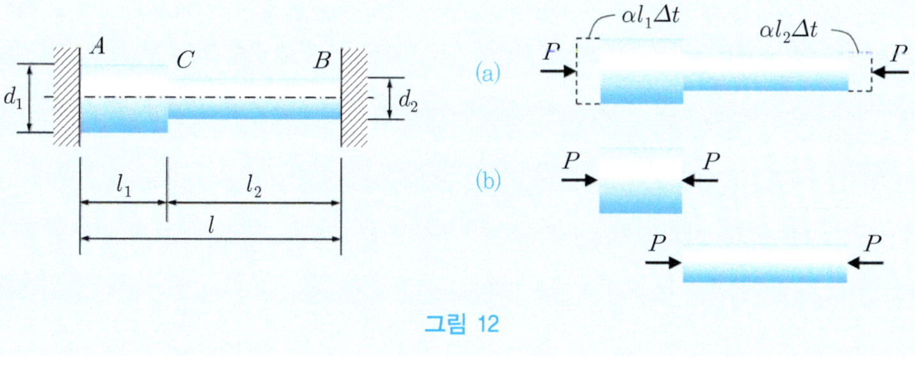

그림 12

풀이 봉은 온도 상승 때문에 생기는 신량과 양단의 구속 때문에 생기는 P로 인한 수축량은 같으므로 [그림 12(a)]에서 평형방정식을 적용시킨다.

$$\alpha l_1(t_1-t_0)+\alpha l_2(t_1-t_0)=\frac{P\,l_1}{A_1E}+\frac{P\,l_2}{A_2E}$$

$$\therefore P=\frac{\pi E\,\alpha(t_1-t_0)\,l}{4\left(\frac{l_1}{{d_1}^2}+\frac{l_2}{{d_2}^2}\right)}$$

따라서 열응력 $\sigma=P/A$이므로 수치를 각각 대입시키면 다음과 같이 σ_1, σ_2를 구할 수 있다.

$$\therefore \sigma_1=\frac{l}{l_1+l_2\left(\frac{d_1}{d_2}\right)^2}E\alpha(t_1-t_0)=\frac{300\times2.1\times10^6\times(1.1\times10^{-5})\times80}{100+200\left(\frac{30}{20}\right)^2}$$

$$=1{,}010kg_f/\text{cm}^2(\text{압축})$$

$$\therefore \sigma_2=\frac{l}{l_1\left(\frac{d_2}{d_1}\right)^2+l_2}E\alpha(t_1-t_0)=2{,}270kg_f/\text{cm}^2\ \text{압축}$$

1-8 경사면의 응력

[그림 1-19(a)]에서 축력에 수직인 단면에 생기는 응력 $\sigma_x=\dfrac{P}{A}$(x축 방향의 응력)가 됨은 이미 알고 있는데 여기서는 임의 경사면(oblique section)에 생기는 응력을 생각해 보기로 한다.

임의 경사면(법선을 n으로 하는 mm면)의 면적 A'는 [그림 1-19(b)]의 FBD와 같이 $A/\cos\theta$이고 이 면의 응력 S는 P방향에서 식 (1-26)과 같다.

$$S=\frac{P}{A'}=\frac{P}{A/\cos\theta}=\sigma_x\cos\theta \qquad (1\text{-}26)$$

응력 S를 [그림 1-19(c)]와 같이 다시 경사면에 수직인 σ_n과 접하는 면의 τ 로 분해하면 식 (1-27)로 된다.

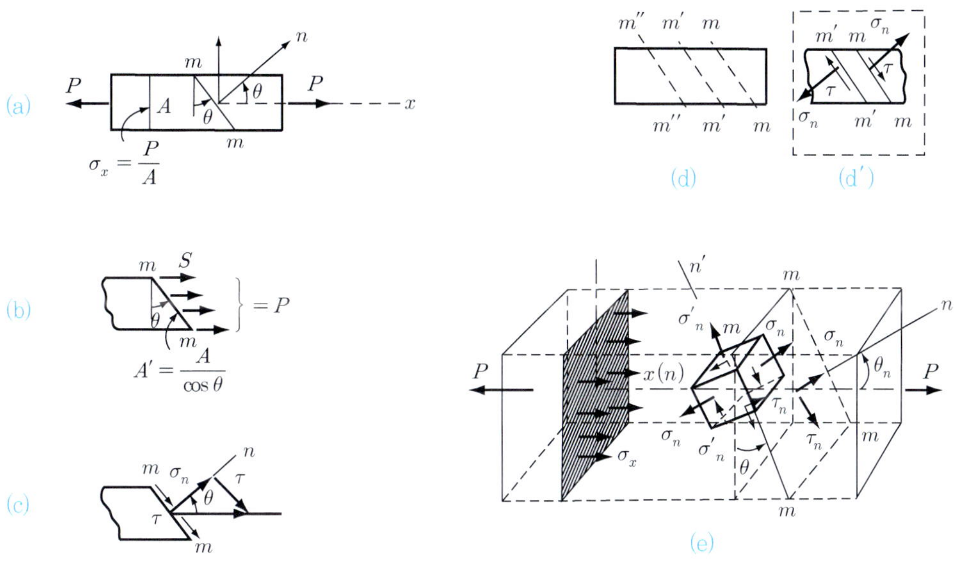

그림 1-19 경사면상의 응력분석

$$\left.\begin{aligned} \sigma_n &= S \cdot \cos\theta = \sigma_x \cdot \cos^2\theta \\ \tau &= S \cdot \sin\theta = \frac{\sigma_x}{2} \cdot \sin 2\theta \end{aligned}\right\} \qquad (1-27)$$

이 식에서 식 (1-28)과 같이 각각의 최대치를 구할 수 있다. 즉, σ_n은 $\cos\theta$의 함수이므로 각도가 0인 x축 방향에서 최대치를 갖는다. 또, 전단응력은 $\sin 2\theta$의 함수이므로 $\sin 2\theta$는 90°에서 최대가 되므로 따라서 최대전단응력은 45°에서 발생한다.

$$\begin{aligned} \sigma_{n,\max} &= \sigma(x\text{축 방향}) \\ \tau_{\max} &= \frac{\sigma_x}{2}(x\text{축과 } 45^\circ \text{ 방향}) \end{aligned} \qquad (1-28)$$

이상의 45°에서 최대전단응력이 발생하는 것은 [그림 1-20(a)]와 [그림 1-20(b)]에서 설명할 수 있다. [그림 1-20(a)]는 압축력을 받은 목재가 45°로 파괴된 예를 나타내며, [그림 1-20(b)]는 인장력을 받는 연마된 판재에서 소성변형이 형성되는 예이다. 즉, 전단변형이 45°로 형성되면서 결정이 가지는 특유한 결정면에 따라 미끄럼(slip)현상에 생긴 것을 나타낸다. 이 선을 뤼더밴드(Lüder's band)라 하며 하항복점에서 시험편 전체에 퍼지면서 그 폭과 수가 점차 증가하며 전체 표면을 덮게 된다.

모든 힘들은 위와 같이 면에 수직인 힘과 접하는 방향으로 나누어서 취급한다. 위의 응력 S도 면에 수직인 수직응력(인장 또는 압축) σ_n과 그 면에 평행한 접선응력(tangential stress) 또는 전단응력(shearing stress) τ로 분해해서 취급한다. σ_n은 힘을 받는 물체의 치수를 변화시키고(신장 혹은 축소), τ는 물체의 모양만을 변형시킨다.

식 (1-27)은 θ만큼 경사진 면의 응력인데 이것과 90° 회전된 θ'경사진 면의 것은 θ대신 θ'을 위 식에 대입하면 될 것이다. 지금 θ'을 $\left(\frac{\pi}{2}+\theta\right)$로 대입하면 식 (1-27)은 식 (1-29)로 된다.

그림 1-20(a) 압축력을 받은 목재가 45°로 파괴된 예

그림 1-20(b) 강판재에 생긴 뤼더밴드 (Lüder's band)

$$\left.\begin{aligned} \sigma'_n &= \sigma_x \cos^2\left(\frac{\pi}{2}+\theta\right) = \sigma_x \sin^2\theta \\ \tau' &= \frac{\sigma_x}{2}\sin 2\left(\frac{\pi}{2}+\theta\right) = -\frac{\sigma_x}{2}\sin 2\theta \end{aligned}\right\} \tag{1-29}$$

여기서, 식 (1-27)과 식 (1-29)을 합하여 비교하면 식 (1-30)을 얻는다.

$$\left.\begin{aligned} \sigma_n + \sigma'_n &= \sigma_x = const. \\ \tau' &= -\tau \end{aligned}\right\} \tag{1-30}$$

즉, σ_n과 $\sigma_n{}'$을 합하면 일정한 값이 되는 공칭응력 σ_x와 같고 전단응력도 식 (1-30)과와 같이 크기는 같고 방향만이 다르다.

[그림 1-19(d)]에서와 같이 mm단면과 나란히 있는 $m'm'$면, $m''m''$면에서도 당연히 같은 응력상태에 있을 것이고 [그림 1-19(d')]에서 요소 $mmm'm'$의 양면은 또한 같은 응력상태가 되어야 평형상태가 될 것이다.

[그림 1-19(e)]에서 mm면을 포함하는 작은 육면체를 생각하면 mm면에는 σ_n, τ, $m'm'$면에는 $\sigma_n{}'$, τ'가 있고, 서로 대하는 면은 같은 응력상태가 되며 이 응력들은 θ에 따라 달라지는 값이 된다.

예제 1-15

[그림 13]과 같이 단면적 A인 균일단면인 봉재가 인장응력 $\sigma_x = \dfrac{P}{A}$를 받고 있다. 경사평면 pq상의 응력이 $\sigma_n = 81$ MPa, $\tau = 27$ MPa일 때 축응력 σ_x와 각도 θ를 구하라.

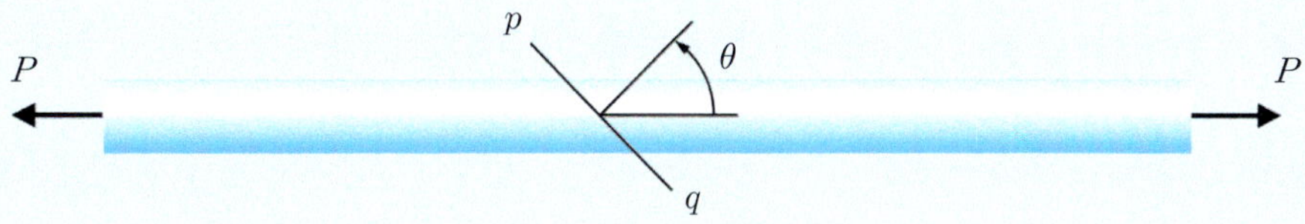

그림 13

(풀이) 식 (1-27)로부터 다음 결과를 얻는다.

$$\left.\begin{aligned} \sigma_n &= \sigma_x \cos^2\theta \\ \tau &= \sigma_x \sin\theta\cos\theta \end{aligned}\right\}$$

$$\sigma_x = \frac{\sigma_n}{\cos^2\theta}, \quad \tau = \sigma_n \tan\theta$$

$$\tan\theta = \frac{\tau}{\sigma_n} = \frac{27\text{MPa}}{81\text{MPa}} = \frac{1}{3}$$

$$\therefore\ \theta = 18.4^\circ$$

$$\therefore\ \cos\theta = 0.949$$

$$\therefore\ \sigma_x = \frac{\sigma_n}{\cos^2\theta} = \frac{81\text{MPa}}{(0.949)^2} = 90\text{MPa}$$

1-9 힘의 평형과 부정정문제

지금까지 본 저서에서는 ① **자유물체도를 도시하고**, ② **평형방정식 6개**($\Sigma P_x = 0$, $\Sigma P_y = 0$, $\Sigma P_z = 0$, $\Sigma M_x = 0$, $\Sigma M_y = 0$, $\Sigma M_z = 0$) **중 2~3개를 선택하여 적용시키므로 미지반력의 해를 구할 수 있는 정정문제(靜定問題)를 취급하였다.**

그러나 본 절에서는 **미지반력의 수가 정역학적 평형방정식의 수보다 많은 부정정문제**(problem of statically indeterminate, 不靜定問題)를 취급한다. 이 경우에는 평형방정식과 탄성 변형된 구조물의 기하학적인 형상에서 필요한 미지수만큼의 조건식을 구해내어야 해를 구할 수 있으며, 미지반력을 구하는 방법을 예제를 통해서 설명하기로 한다.

예제 1-16

[그림 14]와 같이 양단이 고정된 봉의 중간 mn단면에 하중 P를 가할 때 mn단면의 변위량을 구하라.

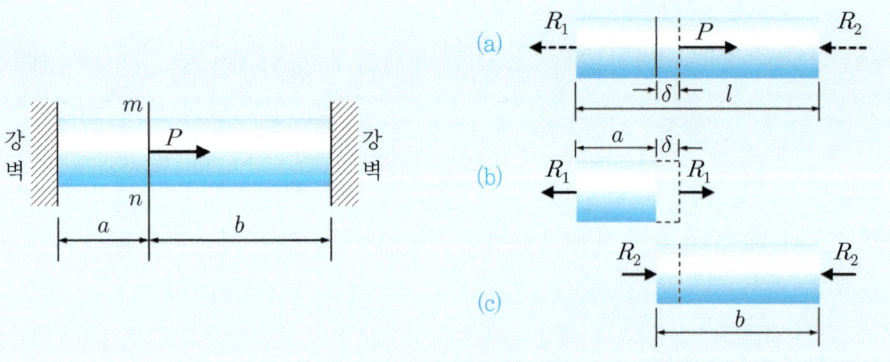

그림 14 부정정문제

풀이 P에 의하여 반력 R_1, R_2가 생기므로 [그림 14(a)]와 같이 FBD를 작성하여 그림과 같이 평형방정식을 적용시킨다.

$$P - R_1 - R_2 = 0 \tag{1}$$

그런데, 미지수가 R_1, R_2 두 개이지만 나머지 평형방정식들은 적용할 수 없는 부정정문제이다. 따라서 P로 인한 변형은 길이 a부분은 δ만큼 늘어나고, 길이 b는 δ만큼 줄어들게 되어 Hooke의 법칙을 적용시키면 다음과 같이 된다.

$$\delta = \frac{R_1 a}{AE} = \frac{R_2 b}{AE} \tag{2}$$

식 (1), (2)에서 반력 R_1, R_2를 식 (3)처럼 구한다.

$$\therefore\ R_1 = \frac{b}{l}P,\ R_2 = \frac{a}{l}P \tag{3}$$

따라서 탄성변형량 δ는 식 (2)에서 식 (4)처럼 구한다.

$$\therefore \ \delta = \frac{abP}{AEl} \tag{4}$$

이와 같이 부정정문제에서는 평형방정식의 수보다 많은 미지반력을 과잉반력(redundant reaction)이라 한다.

예제 1-17

[그림 15]와 같은 강봉의 A점과 B점에서의 반력을 구하라.

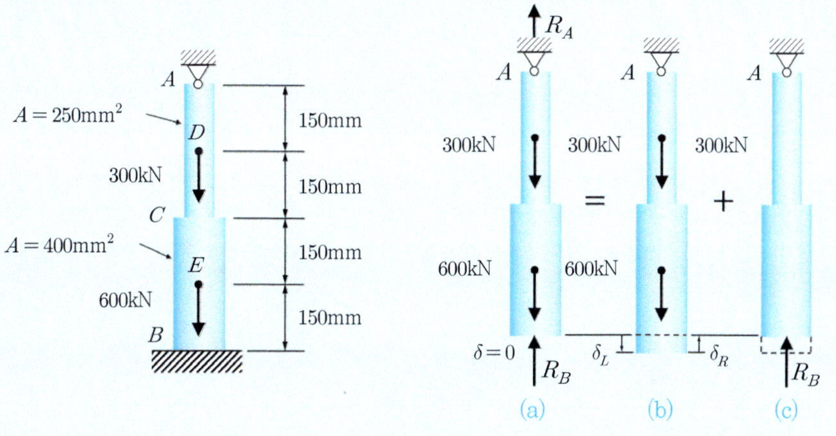

그림 15

풀이 과잉반력을 R_B라 두면 [그림 15(a)]와 같이 FBD를 작성할 수 있다. 이 그림에서 평형방정식을 적용시키면 다음 식을 얻는다.

$$\sum F_y = 0: \ R_A - 300kN - 600kN + R_B = 0$$

그러나 추가로 평형방정식을 적용할 수 없으므로 이 문제는 부정정문제이다. 따라서 [그림 15(b)]와 같이 주어진 하중에 의한 변형량 δ_L과 과잉반력 R_B에 의한 변형량 δ_R을 고려한다. 즉, 작용하는 힘에 의한 신량 δ_L은 Hooke의 법칙에 의하여 아래와 같이 구할 수 있다.

$$\delta_L = \left(\frac{600 \times 10^3 \mathrm{N}}{400 \times 10^{-6} \mathrm{m}^2} + \frac{600 \times 10^3 \mathrm{N}}{250 \times 10^{-6} \mathrm{m}^2} + \frac{900 \times 10^3 \mathrm{N}}{250 \times 10^{-6} \mathrm{m}^2} \right) \frac{0.15\,\mathrm{m}}{E}$$

$$= \frac{1.125 \times 10^9}{E}$$

[그림 15(c)]와 같이 반력 R_B에 의한 수축변형량 δ_R을 구한다.

$$\delta_R = \left(-\frac{R_B(0.3\mathrm{m})}{400 \times 10^{-6} \mathrm{m}^2} - \frac{R_B(0.3\mathrm{m})}{250 \times 10^{-6} \mathrm{m}^2} \right) \frac{1}{E} = -\frac{(1.95 \times 10^3)}{E} R_B$$

결과적으로 신량과 수축량은 같아야 한다.

$\delta = \delta_L + \delta_R = 0$

$$\therefore \delta = \frac{1.125 \times 10^9}{E} - \frac{(1.95 \times 10^3) R_B}{E} = 0$$

$\therefore R_B = 577 \times 10^3 \mathrm{N} = 577 \mathrm{kN}$

$\therefore R_A = 323 \mathrm{kN}$

예제 1-18

[그림 16]에서 봉 1과 봉 2의 단면적 A, 탄성계수 E일 때 각 봉에서 생기는 반력 R_1과 R_2를 구하라. 또, 점 C의 수직변위를 구하라. 단, 보 BD는 강체이다(정정문제의 예제임).

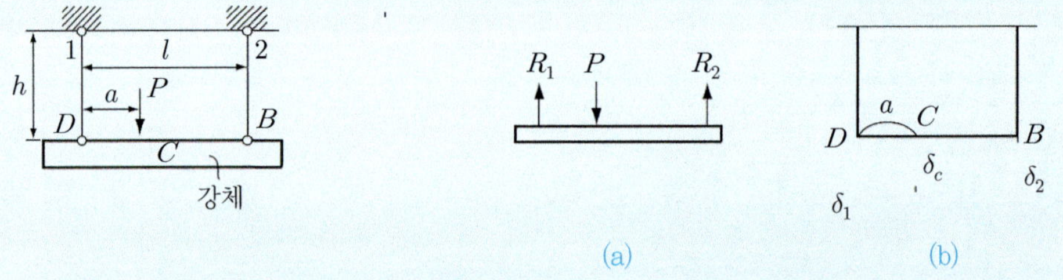

그림 16

풀이 [그림 16(a)]처럼 FBD를 작성한다. 여기서 봉 1, 봉 2의 힘을 R_1, R_2라 하면 평형방정식을 적용한다. 그러면 두 미지수를 구할 수 있으므로 이 문제는 정정문제이다.

$$\sum P_y = 0: \; R_1 + R_2 = P \tag{1}$$

$$\sum M_c = 0: \; -R_1 a + R_2 (l-a) = 0 \tag{2}$$

또한, R_1, R_2는 구했지만, δ_c는 [그림 16(b)]와 같은 탄성변형에서 구할 수 있다.

$$\delta_c = \delta_2 + (\delta_1 - \delta_2)\frac{(l-a)}{l} \tag{3}$$

여기서 δ_1, δ_2는 후크 법칙에서 구하여 위 식에 대입한다.

$$\delta_1 = \frac{R_1 h}{AE}, \; \delta_2 = \frac{R_2 h}{AE} \tag{4}$$

$$\therefore \delta_C = \frac{R_2 h}{AE} + \left(\frac{R_1 h}{AE} - \frac{R_2 h}{AE}\right)\frac{(l-a)}{l} = \frac{h}{AE}\left[R_2 + \frac{(R_1 - R_2)(l-a)}{l}\right]$$

1-10 응력집중계수

힘을 받는 부재중에 그 단면의 형상이 변하는 부분이 있으면 단면의 변화가 없는 곳에 비하여 상당히 큰 응력이 발생하게 된다([그림 1-21]). 이 현상을 응력집중(stress concentration, 應力集中)이라 한다. 즉, 기계 및 구조물에는 구조상 부득이 홈, 구멍, 단, 돌기, 자국 등 단면의 치수와 형상이 급격히 변화하는 부분이 많이 형성된다. 이것들을 노치(notch)라 한다.

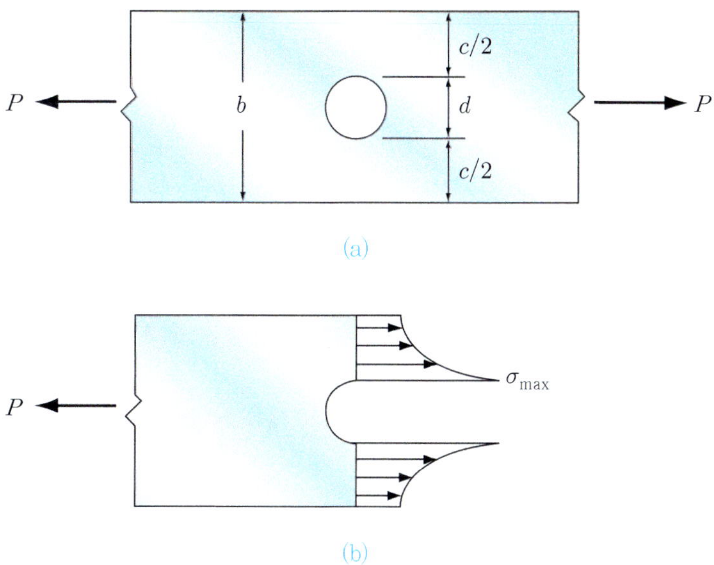

그림 1-21 노치부의 응력집중 현상

일반적으로 노치 근방에 생기는 응력은 노치를 고려하지 않은 공칭응력보다 매우 큰 응력이 분포된다. 즉, 노치가 있는 단면에는 최대응력 σ_{max}이 생긴다. 이 최대응력과 공칭응력 $\sigma = \dfrac{P}{A}$(단, A는 정미단면적(net section))와의 비 K_t를 응력집중계수(stress concentration factor, 應力集中係數) 또는 형상계수(形狀係數)라 하며 식 (1-31)로 된다.

$$K_t = \frac{\sigma_{max}}{\sigma}\left(= \frac{\tau_{max}}{\tau}\right) \tag{1-31}$$

부재 내부에 구멍이 있어도 응력집중이 일어나며 노치의 모양, 크기에 따라 K_t의 값이 달라진다. 이 응력집중은 정하중일 때 연성재료에서는 크게 문제되지 않으나, 취성재료에서는 그

영향이 크다. 또한, 반복하중(repeated load, 反復荷重)을 받는 경우에는 노치에 의한 응력집중 때문에 피로현상이 생긴다. 이 결과 피로균열이 발생, 성장하여 불의의 파괴가 생긴다. 이 피로파괴에 의한 사고가 의외로 많이 발생되므로 응력집중현상은 기계 및 구조물의 설계상 대단히 중요하다. 또한, 여러 노치현상에 관한 응력집중계수의 예를 부록 7에 나타내었다.

예제 1-19

[그림 17]과 같은 강철로 된 두께 $t=2$cm의 봉이 힘 P를 받고 0.04cm 늘어날 때 최대응력을 구하라. 다만 응력집중에 의한 신량의 영향은 무시한다. 또 구멍과 필릿 부분의 응력집중계수 K_t는 각각 3과 2.5이다.

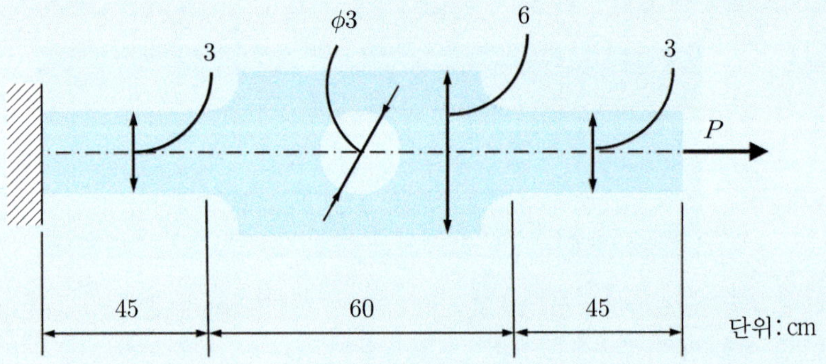

그림 17

풀이 구멍이 있는 부재와 없는 부재로 나누어서 δ를 구하여 합한다.

$$\delta=\frac{P\times 45}{2\times 3\times E}\times 2+\frac{P\times 60}{2\times 6\times E}=\frac{20P}{E}$$

$$P=\frac{E\delta}{20}=\frac{2.1\times 10^6\times 0.04}{20}=4{,}200(kg_f)$$

필릿부의 응력 : $\sigma=K_t\dfrac{P}{A}=2.5\dfrac{4{,}200}{2\times 3}=1{,}750(kg_f/\text{cm}^2)$

구멍이 있는 단면의 응력 : $\sigma=3\dfrac{P}{2(6-3)}=2{,}100(kg_f/\text{cm}^2)$

최대응력은 구멍이 있는 단면에서 생기며 $\sigma_{\max}=2{,}100(kg_f/\text{cm}^2)$이다.

예제 1-20

[그림 18]과 같이 리벳이음(rivet joint)에서 극한하중 P_L을 구하라. 리벳의 지름은 d이다.

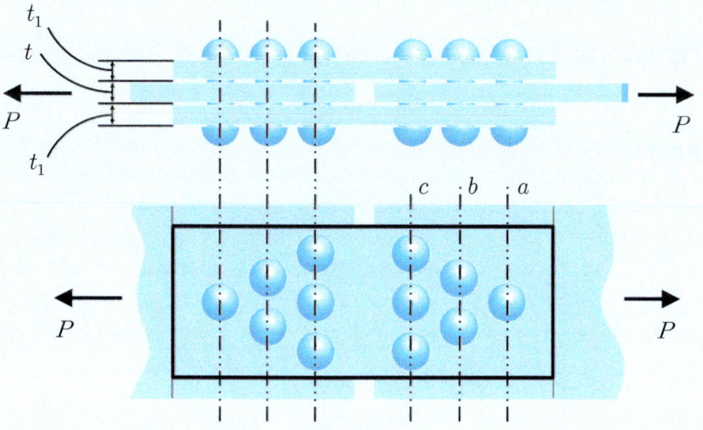

그림 18

풀이 탄성계산에 의하면 리벳군에서 a열의 리벳에 가장 큰 힘이 작용하게 되며 다음 b열, c열의 순으로 걸리는 힘이 적어진다. 따라서 극한설계에서 P가 증가 할 때 a열의 리벳이 먼저 τ_{yp}에 도달하고 다음 b열, c열 순으로 전파되어 전체가 τ_{yp}에 이르게 되면 이음부는 붕괴된다. 이때 극한하중 P_L은(리벳 하나의 전단면은 두 개) 다음과 같다.

$$P_L = \left(\tau_{yp} \cdot \frac{\pi d^2}{4}\right) \times 2 \times 6$$

여기서 2는 리벳 하나의 전단면 수이고 6은 리벳 수이다.

안전(허용)하중 P_{al}은 극한하중 P_L을 안전계수 n으로 나눈 값이다. 즉

$$P_{al} = \frac{P_L}{n}$$

연습문제 ②

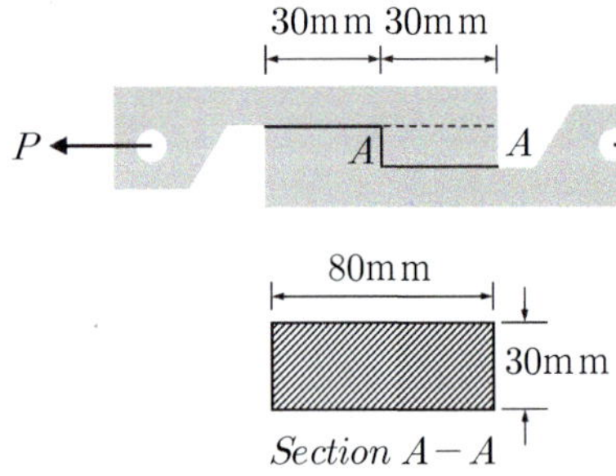

그림 19

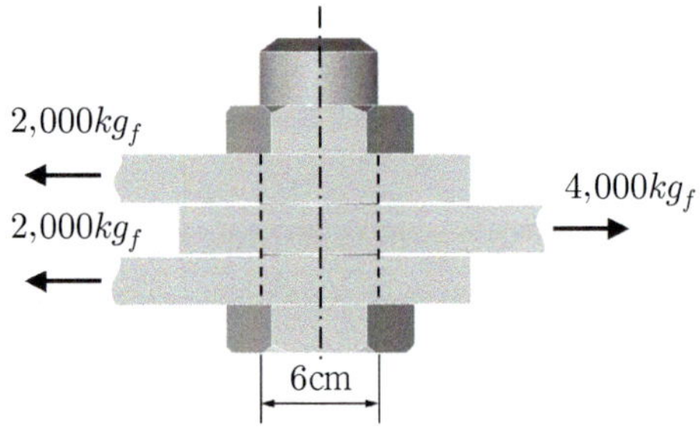

그림 20

1-23 [그림 19]와 같이 두 개의 재료가 하중 P에 의해 당겨지고 있다. 재료의 최대전단응력이 38MPa이라면, 전단에 의해 재료가 파괴가 일어날 때의 하중 P는 얼마인가?

답: 91kN

1-24 [그림 20]에서 볼트의 전단응력을 구하라.

답: 70.78kg_f/cm^2

1-25 [그림 21]에서와 같이 인장하중 P를 받고 있는 두 개의 평평한 봉의 직경이 5mm인 두 개의 리벳에 의해 이어져 있다. 봉의 최대응력은 400MPa이고, 리벳의 최대전단응력은 180MPa이다. 최대하중에 대한 안전율이 3.0일 때 허용하중 P를 구하라. 단, 봉은 리벳을 통과하는 단면에서 인장시 파괴가 되지 않으며, 봉 사이에 마찰이 없다고 가정하라.

답: 21.2kN

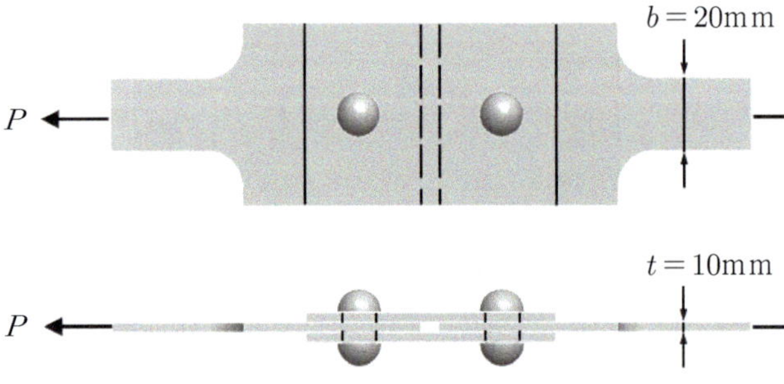

그림 21

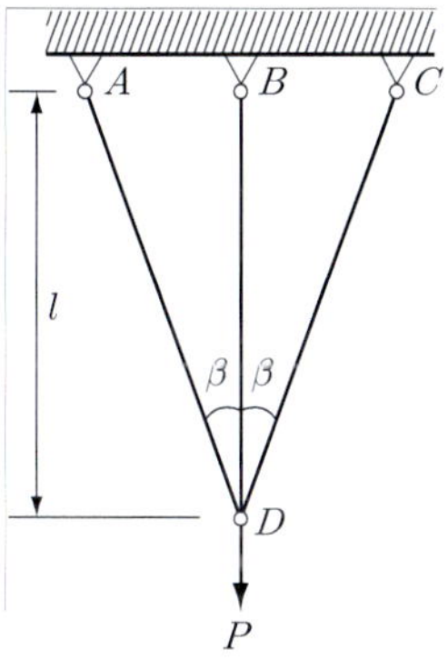

그림 22

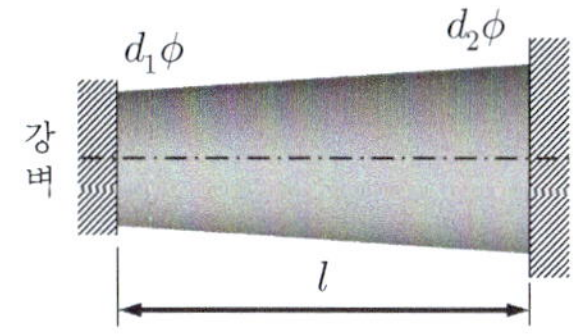

그림 23

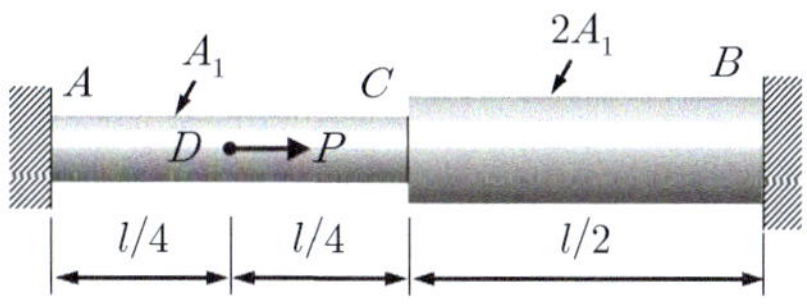

그림 24

1-26 [그림 22]와 같은 트러스가 하중 P를 받을 때 각 부재에 걸리는 힘을 구하고 D점의 처짐 δ_d를 구하라.

답: $F_{DB}=\dfrac{P}{1+2\cos^3\beta}$, $F_{AD}=F_{DC}=\dfrac{P\cos^2\beta}{1+2\cos^3\beta}$, $\delta_d=\dfrac{PL}{AE(1+2\cos^3\beta)}$

1-27 [그림 23]과 같이 양단이 고정되어 있을 때. 이 봉이 t_0에서 t_1으로 온도가 상승될 경우 봉 속의 열응력을 구하라. 선팽창계수는 α이다.

답: $\sigma_{\max}=\dfrac{P}{\pi d_1^2/4}$, $\sigma_{\min}=\dfrac{P}{\pi d_2^2/4}$ 여기서 $P=\dfrac{1}{4}E\pi d_1 d_2 \alpha(t_1-t_0)$

1-28 [그림 24]와 같이 강벽 사이에 있는 봉재가 D점에서 하중 P를 받고 있다. D점의 δ_d, A와 B점에서의 반력을 구하라.

답: $R_A=\dfrac{2P}{3}$, $R_B=\dfrac{P}{3}$

1-29 [그림 25]와 같이 원통형 봉(지름 50cm)에 원환 A를 용접하여 이 원환에 합계 10,000kg_f의 하중(원둘레에 분포된 것)이 작용할 때 용접부분의 평균전단응력을 계산하여라.

답: 45kg_f/cm^2

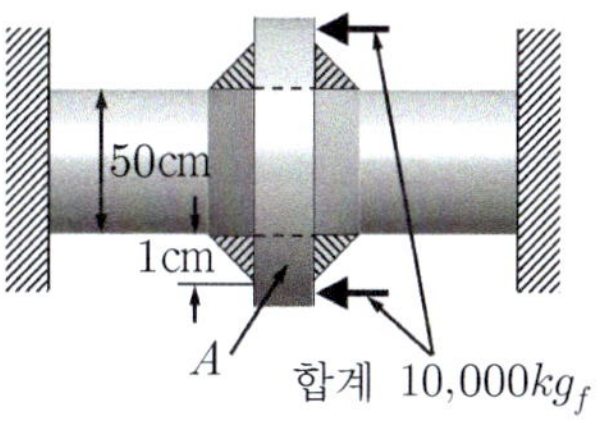

그림 25

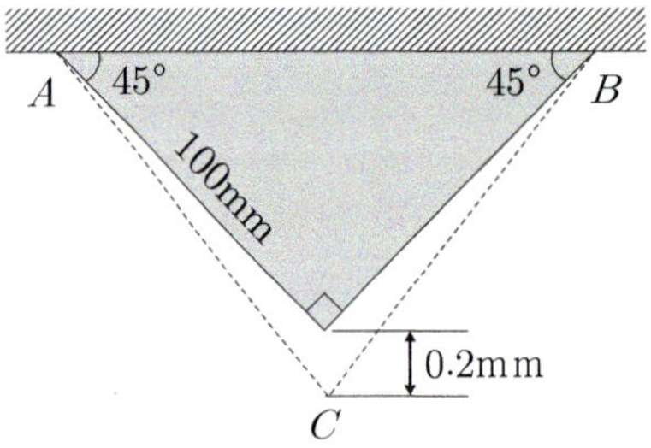

그림 26

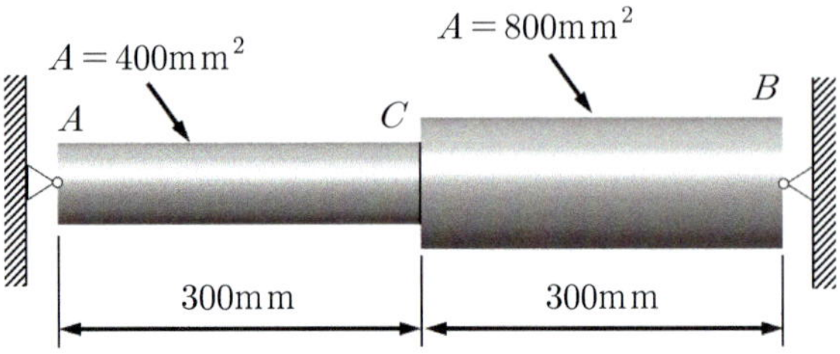

그림 27

1-30 [그림 26]과 같이 얇은 삼각형 철판이 균일하게 변형했을 때 점 C의 전단변형률을 계산하라.

답: $\frac{\gamma}{2}=0.0014rad$

1-31 [그림 27]과 같은 강봉이 온도 $t_0=25$℃에서 $t_1=-50$℃로 온도가 하강했을 때 강봉의 AC부분과 BC부분의 열응력을 구하라. 단, $E=200$GPa, $a=12\times10^{-6}$/℃이다.

답: AC부분 : 240Mpa
BC부분 : 120Mpa

1-32 인장을 받는 [그림 28]의 균일단면 봉재의 단면적 $A=1{,}600\text{mm}^2$이고, 하중 $P=160$kN을 받고 있다. $\theta=30°$로 경사된 요소에 작용하는 응력을 구하라.

답: $\sigma_\theta=75$MPa, $\tau_\theta=43.3$MPa

1-33 위 문제에서 하중 P가 인장하중 대신에 압축하중일 때, 문제를 풀어라.

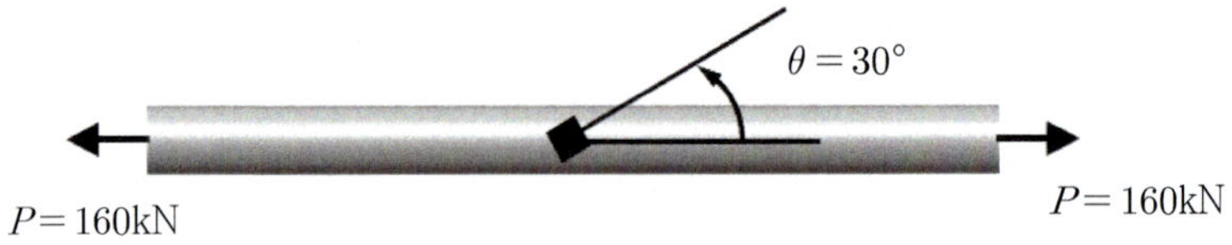

그림 28

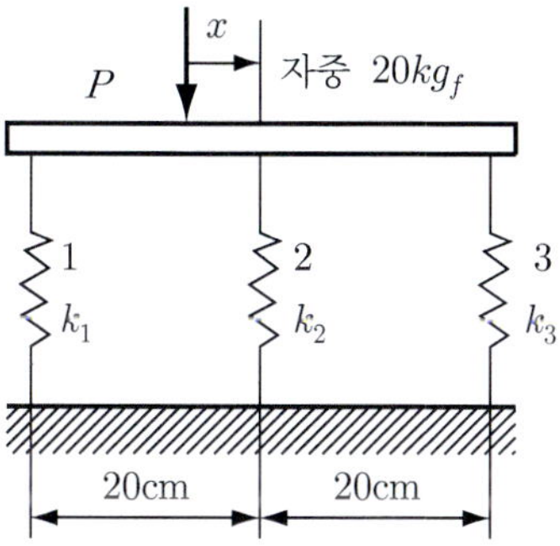

그림 29

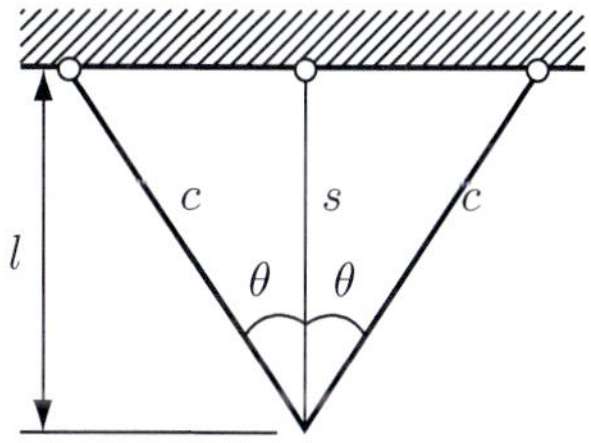

그림 30

1-34 [그림 29]와 같이 $80kg_f$의 집중하중을 받고 있는 강체의 보(자중 $20kg_f$)가 세 개의 같은 길이의 스프링(스프링상수 $k_1 = 100kg_f$/cm, $k_2 = 60kg_f$/cm, $k_3 = 40kg_f$/cm)으로 지지되어 있다. 하중을 받은 후에도 보 AB가 수평을 유지하려면 x는 얼마로 되어야 하는가?

답: $x = 7.5$cm

1-35 [그림 30]의 구조물을 온도 Δt만큼 상승시켰을 때 각 봉의 응력을 구하라. 강봉은 E_S, A_S, α_S, 양쪽의 동봉은 같으며 E_C, A_C, α_C,이다. 단, $\alpha_C > \alpha_S$이다.

답: $\dfrac{\sigma_S = \dfrac{X}{A_S},\ \sigma_C = \dfrac{X}{2A_C\cos\theta_S}\Big)}{\left(1+\dfrac{A_S E_S}{2E_C A_C \cos^3\theta}\right)}$ 단, $X = \dfrac{A_S \cdot E_S \cdot \Delta_t\left(\dfrac{\alpha_C}{\cos^2\theta} - \alpha_S\right)}{\left(1+\dfrac{A_S E_S}{2E_C A_C \cos^3\theta}\right)}$

1-36 [그림 31]과 같이 구리판이 두 개의 강철판 사이에서 견고하게 접합되어 만들어진 바이메탈(bimetal) 봉재가 균일하게 ΔT만큼 가열되었다. 봉재의 폭이 b이고, 길이가 L, 각 층의 두께가 t라 할 때, 강철과 구리에 발생하는 응력 σ_S와 σ_C를 각각 구하라. 또한, 세 판재의 자유물체도를 각각 그려라. 단 강철과 구리에 대한 선팽창계수는 각각 α_S와 α_C이고, $\alpha_C > \alpha_S$이며, 탄성계수는 E_S와 E_C이다.

답: $\sigma_s = \dfrac{E_C E_S(\alpha_C - \alpha_S)\Delta T}{E_C + 2E_S}$, $\sigma_C = 2\delta_S$

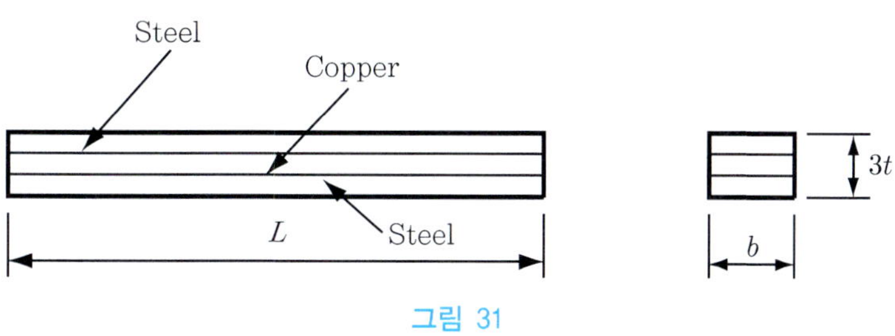

그림 31

1-37 [그림 32]와 같이 강(E_S, A_S)의 양쪽에 같은 크기의 강(E_C, A_C, 선팽창계수 α_C)를 배치하여 상, 하 양쪽에 강체로 고정시켰을 때(응력은 0상태에서) 양쪽의 동을 Δt상승시켰다면 각 재료의 응력은 어떻게 될 것인가?

답: $\sigma_C = \dfrac{X}{A_C}$, $\sigma_S = \dfrac{X}{A_S}$ 단, $X = \dfrac{\alpha_C \cdot \Delta t}{\dfrac{1}{A_C E_C} + \dfrac{1}{A_S E_S}}$

1-38 [그림 33]의 구조물에서 각 쇠줄은 같은 크기, 같은 재료로 되어 있다. 각 쇠줄은 단면적 $A = 80\,\text{mm}^2$, $E = 200 \times 10^9$Pa이다. 하중을 받은 후 각 쇠줄에 작용되는 힘을 구하라.

답: 83.3N, 333.3N, 583.3N

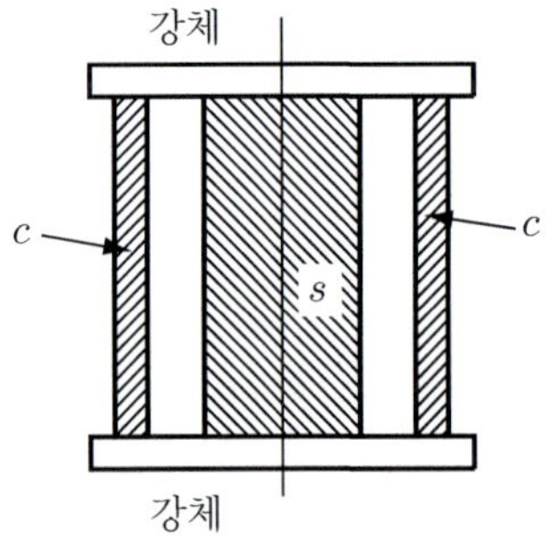

그림 32

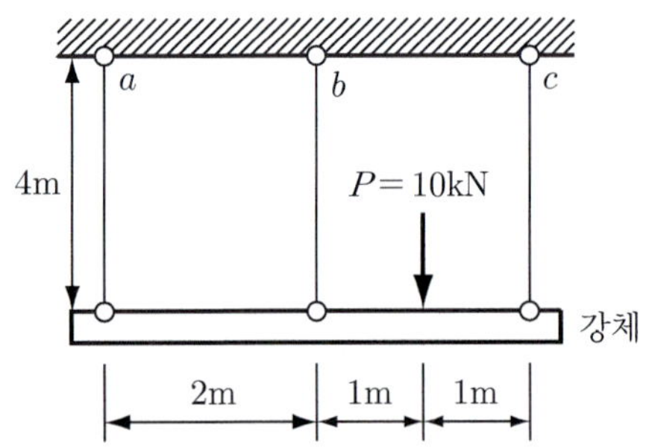

그림 33

1-39 천정에 거꾸로 매달린 원추형(밑변의 지름 d, 높이 dh)의 자중으로 인한 최대인장응력 σ_{max}과 신량 δ를 구하라. 탄성계수 E, 단위체적의 무게 γ이다.

답: $\sigma_{max} = \dfrac{\gamma h}{3}$, $\delta = \dfrac{\gamma h^2}{6E}$

Chapter 2

비틀림

2장에서는 동력을 전달하는 경우에 많이 생기는 비틀림(torsion)상태를 배운다. 즉 기계의 축 또는 회전축의 응력과 변형률에 관계되는 식을 Hooke의 법칙이 성립되는 탄성한계 내에서 유도하며 임의 단면에 관한 비틀림에 대해서도 알아본다.

2-1 원형 단면봉의 비틀림

[그림 2-1]과 같이 봉 AD를 비틀었을 때 단면 A와 단면 D 사이의 상대적인 비틀림을 생기게 하는 모멘트 T를 **비틀림모멘트**(twisting moment) 또는 **회전모멘트**(torque)라 한다.

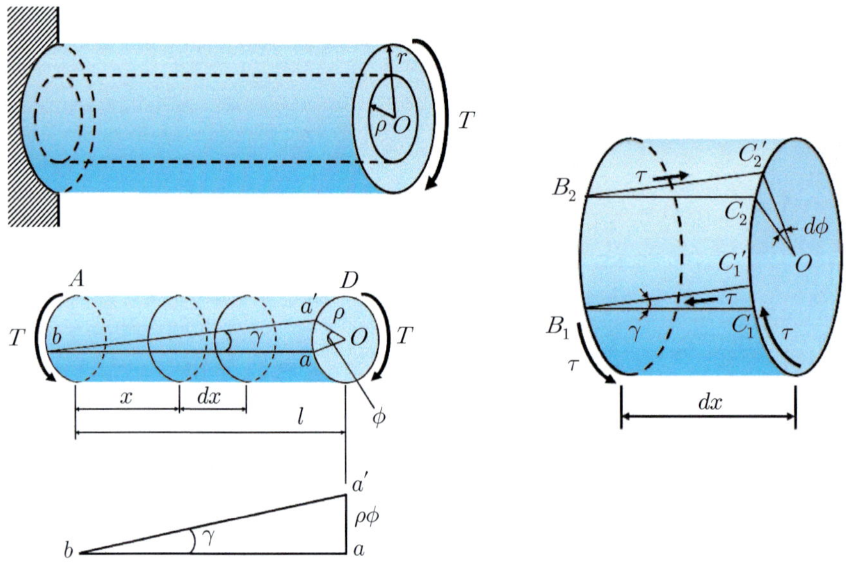

(a) (b)

그림 2-1 비틀림과 전단응력

이와 같은 상태로 하중을 받고 있는 봉(棒)을 **순수비틀림**(pure torsion)상태에 있다고 한다. 원형단면일 때는 비틀어진 후에도 평면이고 원형단면이라고 가정한다(즉, 단면의 강체적 회전뿐이라고 생각함). 따라서 횡단면상에 그은 반지름은 비틀어진 후에도 직선을 유지하고 있다. [그림 2-1(a)]에서 D단면의 회전각, 즉 반지름 oa의 회전각($\angle aoa'$)을 **비틀림각**(angle of twist) ϕ라고 한다. 모선(generating line, 母線) ba는 비틀어진 후에는 ba'의 나선(helix, 螺線)이 되지만 원통표면을 펴보면 $\triangle baa'$이 되어 $aa' = \rho\phi$가 되어 식 (2-1)이 된다,

$$\tan\gamma \fallingdotseq \gamma = \frac{\rho\phi}{l} \quad (\gamma\text{는 공업재료에서 미소함}) \tag{2-1}$$

[그림 2-1(b)]에서 미소요소 dx를 생각하면 비틀림을 받는 동안 점 C_1, C_2는 각각 $C_1{}'$, $C_2{}'$로 이동하며 이 요소는 순수 전단상태에 있고 전단변형률 γ는 다음과 같이 표시된다.

$$\gamma = \frac{C_1 C_1{}'}{B_1 C_1} = \frac{C_2 C_2{}'}{B_2 C_2}$$

여기서 $C_2 C_2{}' = \rho \cdot d\phi$이고 $B_2 C_2 = dx$이므로 식 (2-2)로 된다.

$$\gamma = \rho \frac{d\phi}{dx} \tag{2-2}$$

여기서 $\dfrac{d\phi}{dx}$는 비틀림각 ϕ의 변화율을 나타내며 이를 **단위(單位)길이당 비틀림각**(angle of twist per length)이라하며 기호 θ로 나타낸다. 따라서 γ는 식 (2-3)과 같이 표기된다.

$$\gamma = \frac{\rho d\phi}{dx} = \rho\theta \tag{2-3}$$

모든 단면이 같은 크기의 비틀림을 받는 경우, 변화율 $\dfrac{d\phi}{dx}$는 봉의 길이방향에 따라 일정하므로, $\theta = \dfrac{\phi}{l}$가 되며 식 (2-3)은 순수비틀림의 식으로, 식 (2-4)로 표현되고 식 (2-1)과 일치하게 된다.

$$\gamma = \rho\theta = \frac{\rho\phi}{l} \tag{2-4}$$

식 (1-20)로부터 전단응력은 식 (2-5)로 된다.

$$\tau = G\gamma = G\rho\theta \tag{2-5}$$

따라서 식 (2-4)과 (2-5)와 같이 전단변형률 및 전단응력은 축의 중심으로부터 반지름 방향의 거리 ρ에 따라 선형적으로 변하며 최대값 τ_{max}는 [그림 2-2(a)]와 같이 바깥 표면상에 존재함을 의미한다.

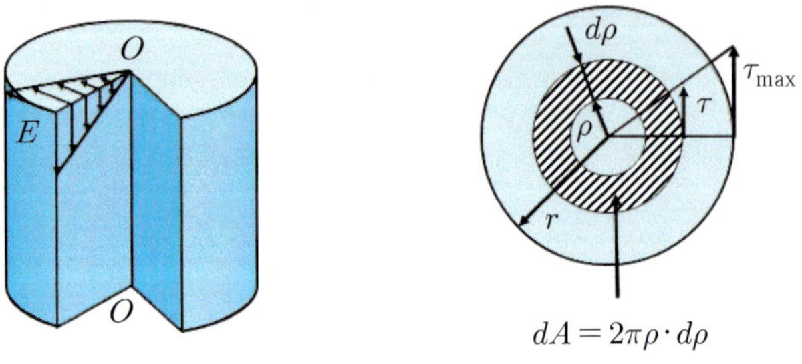

(a) (b)

그림 2-2 비틀림 전단응력의 분포

[그림 2-2(b)]에서 미소원환에 작용하는 전단력(τdA)에 ρ를 곱하면 비틀림모멘트 T가 되므로 식 (2-6)이 성립된다.

$$T = \int_0^r (\tau \cdot dA) \cdot \rho = \int_0^r G\rho\theta dA \cdot \rho = G\theta \int_0^r \rho^2 dA = G\theta \cdot I_p \qquad (2\text{-}6)$$

여기서 I_p는 원형단면의 극관성모멘트이다. 직경이 d인 원형 단면봉의 I_p는 다음과 같이 구한다.

$$I_P = \int_A \rho^2 dA = 2\pi \int_0^{\frac{d}{2}} \rho^3 d\rho = \frac{\pi d^4}{32} = \frac{\pi r^4}{2} \qquad (2\text{-}7)$$

단위 길이당 비틀림각 θ는 식 (2-8)으로 표기된다.

$$\theta = \frac{\phi}{l} = \frac{T}{GI_P} \qquad (2\text{-}8)$$

또 전체길이의 비틀림각 ϕ는 식 (2-9)로 되고 널리 사용된다.

$$\phi = \frac{Tl}{GI_P} \qquad (2\text{-}9)$$

이 식은 인장・압축의 경우에 널리 사용한 Hooke의 법칙 $\delta = \dfrac{Pl}{AE}$에 대응되는 식이다. 식 (2-8)에서 $GI_P = \dfrac{T}{\theta}$가 되는데 이 GI_p는 단위길이당 1rad을 비트는데 필요한 토크

(torque)값을 표시하므로 **비틀림 강성**(torsional rigidity, 剛性)이라 한다(이것은 Hooke의 법칙에서 축강성 AE에 대응한다).

식 (2-5)와 (2-8)에서 전단응력과 T와의 관계 식 (2-11)을 유도할 수 있다.

즉, $\tau = G\rho\theta$에 $\theta = \dfrac{T}{GI_P}$를 대입하여 정리하면

$$\tau = \frac{T}{I_P}\rho \tag{2-10}$$

$I_P = \int_A \rho^2 dA$에서 원형단면의 I_P는 $I_P = \dfrac{\pi d^4}{32} = \dfrac{\pi r^4}{2}$이다. 따라서 최대 전단응력은 다음과 같다.

$$\tau_{\max} = \frac{T}{I_p}r = \frac{T}{Z_t} = \frac{16}{\pi d^3}T \text{ 또는 } T = \frac{\pi d^3}{16}\tau_{\max} \tag{2-11}$$

단, $Z_t = \dfrac{I_p}{r}$이며, Z_t를 **비틀림의 단면계수**(torsional section modulus)라 한다.

만일 [그림 2-3]과 같이 내경 d_1, 외경 d_2인 중공원형 단면 봉이 비틀림을 받을 때의 극관성 모멘트 I_P는 식 (2-12)와 같다.

$$I_P = \frac{\pi}{2}(r_2^4 - r_1^4) = \frac{\pi}{32}(d_2^4 - d_1^4) \tag{2-12}$$

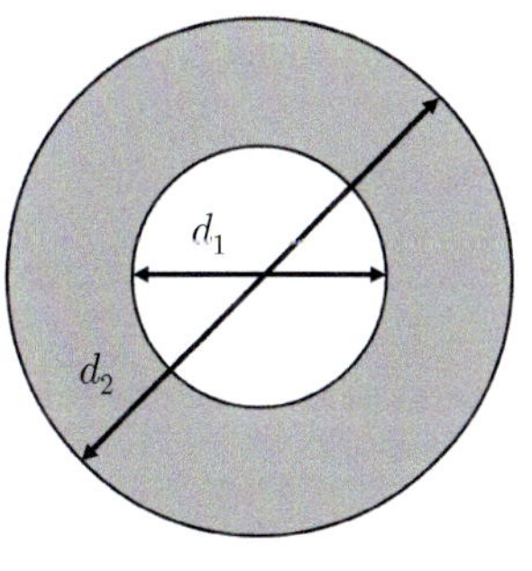

그림 2-3

만일, 중공축의 두께가 얇으면(즉, 두께 t가 반지름에 비해 작다면), 식 (2-13)과 같은 근사식이 이용된다.

$$I_P \approx 2\pi r^3 t = \pi d^3 t/4 \tag{2-13}$$

여기서 r과 d는 각각 평균 반지름과 지름이다.

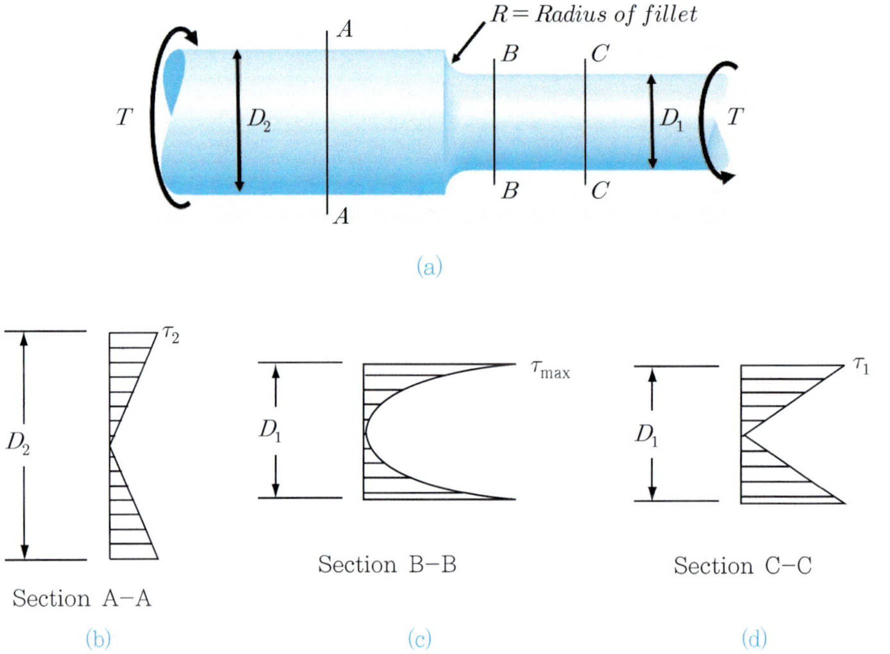

그림 2-4 단이 있는 부재에 비틀림을 받을 때 각 위치에 따른 전단 응력분포의 변화

[그림 2-4]는 직경 D_1, D_2로 단(段)이 있는 부재가 비틀림모멘트 T를 받을 때 생기는 전단응력이 부재의 위치 A, B, C에 따라 변함을 잘 나타내는 예이다. 단면 A와 C에는 선형적인 τ가 생기지만 직경이 변하는 B 근처의 응력집중부에서는 탄소성전단응력 $\tau_{\max}$가 생기므로 이 부분의 파괴가 예상된다.

2-2 마력

[그림 2-5]는 원주력 P를 가하면서 반지름 r인 원주를 따라 1회전 시키면 $P\times 2\pi r$의 일을 한다. n rpm(rotation per minute)일 때 하는 일은 $P\times 2\pi rn$(1분간의 일)이다. 회전모멘트를 $T(=P\cdot r)$라 하면 이 회전모멘트에 의해서 1초당 행해진 일 W는 식 (2-14)로 된다.

$$\mathrm{W}=\frac{2\pi Tn}{60} \tag{2-14}$$

이때 T의 단위는 N · m 또는 $kg_f\cdot$m(혹은 $ft-lb$)인데 T가 N · m 단위일 때는 W는 와트(Watt)의 단위가 된다. 이것을 마력으로 표시하면 마력(HP, PS)=75$kg_f\cdot$m/sec이고 KW=102$kg_f\cdot$m/s이므로 마력수를 N, KW수를 N'이라 하면 식 (2-15)로 된다.

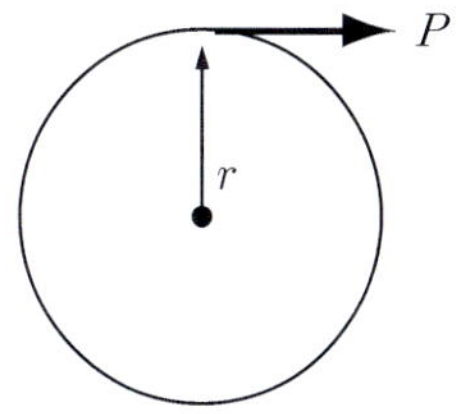

그림 2-5

$$N=\frac{2\pi T\cdot n}{60\times 75},\quad N'=\frac{2\pi T\cdot n}{60\times 102} \tag{2-15}$$

또는

$$\begin{aligned} T&=\frac{60\times 75}{2\pi}\frac{N}{n}=716.2\frac{N}{n}(kg_f\cdot \mathrm{m}),\ 974\frac{N'}{n}(kg_f\cdot \mathrm{m}) \\ &=71,620\frac{N}{n}(kg_f\cdot \mathrm{cm}),\ 97400\frac{N'}{n}(kg_f\cdot \mathrm{cm}) \\ &=716,200\frac{N}{n}(kg_f\cdot \mathrm{mm}),\ 974000\frac{N'}{n}(kg_f\cdot \mathrm{mm}) \end{aligned} \tag{2-16}$$

미국에서는 공학용으로 마력(HP)이 공률의 단위로 많이 쓰이는데 이것은 550 $ft-lb$/sec이다. 즉, 전달되는 마력수 N는 식 (2-17)로 된다.

$$T=\frac{33,000\times 12}{2\pi}\frac{N}{n}(=lb\cdot in)\fallingdotseq 63,000\frac{N}{n}(=lb\cdot in) \tag{2-17}$$

1마력은 근사적으로 735와트이다(75$kg_f\cdot$m/s=75×9.8N · m/s=735W).

가령 축(shaft, 軸)이 동력을 전달할 때 마력과 회전수를 알면 축에 작용하는 회전모멘트가 계산된다. 축의 지름이 d(mm)이고 허용전단응력이 τ_{al}일 때 식 (2-11)과 식 (2-16)에서 축의 안전지름 d에 관련된 식 (2-18)을 유도할 수 있다.

$$T = \frac{\pi d^3}{16}\tau_{al}\left(\frac{1}{1,000}\right) = 716.2\frac{N}{n} \tag{2-18}$$

단, T: $kg_f \cdot$ m, N: PS, d: mm, τ_a: kg_f/mm^2(단위에 주의할 것)

$$d = \sqrt[3]{\frac{716.2N}{n} \cdot \frac{16 \times 1,000}{\pi \cdot \tau_{al}}}\ (\text{mm})$$

예제 2-1

지름 60mm의 중실강봉이 허용전단응력 τ_{al}=40MPa와 단위길이당 허용비틀림 각 θ=1°/m로 설계되었다. G=80GPa로 가정할 때 축(軸)이 받을 수 있는 최대허용토크 T를 구하라.

풀이 허용토크 T_1은 식 (2-11)로부터 구한다.

$$T_1 = \pi d^3 \tau_{al}/16 = \frac{\pi}{16}(0.060\text{m})^3(40\text{MPa}) = 1,700\text{N} \cdot \text{m}$$

단위 길이 당 허용비틀림각을 rad.으로 변경하면서 식 (2-8)로부터 허용토크 T_2를 구한다.

$$T_2 = GI_p\theta = (80\text{GPa})\left(\frac{\pi}{32}\right)(0.060\text{m})^4\left(1 \times \frac{\pi}{180}\text{rad}\right) \cdot \left(\frac{1}{1.0\text{m}}\right) = 1,780\text{N} \cdot \text{m}$$

위의 T_1, T_2 중 작은 값이 최대허용토크로 되어, T=1,700N · m로 된다.

예제 2-2

한쪽을 고정한 길이 700mm, 지름 20mm의 환봉이 있다. 자유단에 200N · m의 토크가 작용할 때, 환봉에 생기는 최대전단응력 τ_{max} 및 자유단의 비틀림각 ϕ를 구하라. 단, 횡탄성계수 G=85GPa이다.

풀이 τ_{max}는 식 (2-11)로, ϕ는 식 (2-9)으로부터 구한다.

$$\tau_{max} = \frac{16 \times 200(\text{N} \cdot \text{m})}{3.14 \times 8 \times 10^{-6}(\text{m}^3)} = 127 \times 10^6(\text{N/m}^2) = 127\text{MPa}$$

$$\phi = \frac{32 \times 200(\text{N} \cdot \text{m}) \times 7 \times 10^{-1}(\text{m})}{3.14 \times 16 \times 10^{-8}(\text{m}^4) \times 85 \times 10^9(\text{N} \cdot \text{m}^{-2})} = 0.105\text{rad}$$

예제 2-3

[그림 1]과 같은 양단이 고정된 보의 중간단면에 비틀림모멘트 T가 작용할 때 허용전단응력을 τ_{al}이라 하며 비틀림 각 ϕ와 안전지름 d는 얼마인가?

풀이 T에 대한 양 고정단의 저항 비틀림모멘트를 각각 T_A, T_B라 하면 [그림 1(a)]의 전체 FBD를 도시할 수 있고 평형방정식을 적용시키면 식 (1)을 얻는다.

$$T = T_A + T_B \tag{1}$$

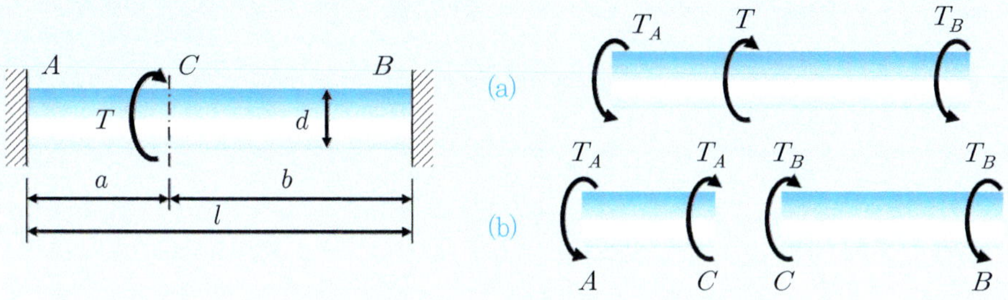

그림 1

식 (1) 이외에는 평형방정식을 적용시킬 수 없으므로 이 문제도 비틀림 문제에서 부정정문제에 속한다. 따라서 구조물의 특징에서 C단면의 비틀림 각 ϕ는 같아야 하므로 식 (2)가 된다.

$$\phi = \frac{T_A a}{GI_P} = \frac{T_B b}{GI_P} \tag{2}$$

$$T_A / T_B = b/a$$

식 (1), (2)에서 식 (3)을 얻는다.

$$\therefore T_A = \frac{b}{l} T, \quad T_B = \frac{a}{l} T \tag{3}$$

$b > a$이면 $T_A > T_B$이므로 AC부분에서 안전지름을 구하면 된다.

식 (2-11)에서 d는 식 (4), ϕ는 식 (5)에서 구한다.

$$T_A = \frac{\pi d^3}{16} \tau_{al}, \quad d^3 = \frac{16 T_A}{\pi \tau_{al}} = \frac{16}{\pi \tau_{al}} \cdot \frac{b}{l} T$$

$$\therefore d = \sqrt[3]{\frac{16b \cdot T}{\pi l \tau_{al}}} \tag{4}$$

$$\therefore \phi = \frac{T_A \cdot a}{GI_P} = \frac{a}{GI_P} \cdot \frac{b}{l} T = \frac{T}{GI_P} \cdot \frac{ab}{l} \tag{5}$$

2-3 중공원형 단면봉의 비틀림

중실단면봉의 최대전단응력은 바깥표면에 작용하고, 그 중심에서는 '영'이다. 그러므로 중실단면봉의 재료의 대부분은 그 허용전단응력보다 작은 전단응력을 받고 있다. 따라서 중량의 절감이나 재료의 절약을 고려해야 할 경우에는 [그림 2-6]과 같은 중공축을 사용하는 것이 바람직하다.

중실 봉에 대해서 지금까지 유도했던 여러 식들은 중공 봉이라도 본질적으로는 같다. 따라서 전단변형률 γ와 전단응력 τ의 기본적인 표현식은 그대로 적용된다. 물론 지금까지의 식에 사용된 반경 ρ는 [그림 2-6]과 같이 r_1과 r_2의 범위로 제한된다.

여기서 r_1은 내반경, r_2는 외반경이다. 또한, 원환 모양의 극관성모멘트 I_p는 식 (2-19)와 같다.

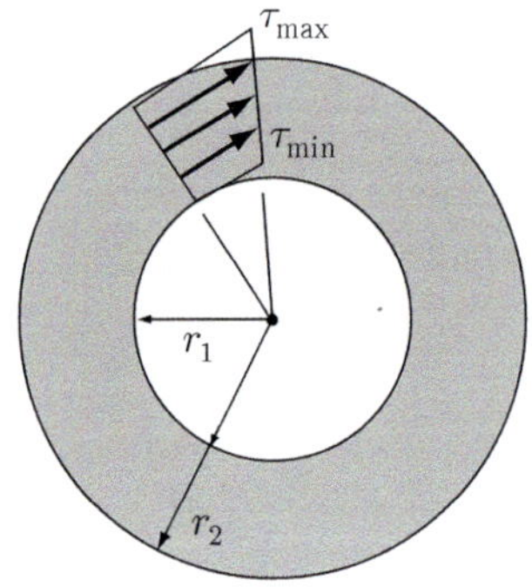

그림 2-6

$$I_p = \frac{\pi}{2}(r_2^4 - r_1^4) = \frac{\pi}{32}(d_2^4 - d_1^4) \tag{2-19}$$

만일, 중공 봉이 얇다면(즉, 두께가 반지름에 비해 작다면), 식 (2-20)과 같은 근사식이 이용된다.

$$I_P \approx 2\pi r^3 t = \pi d^3 t/4 \tag{2-20}$$

여기서 r와 d는 각각 평균 반지름과 지름이다. 중실 봉에 대한 식 θ와 ϕ에 식 (2-19)으로 계산되는 I_p를 대입하면 그대로 중공 봉에 관한 식이 된다. 물론 중공축의 벽두께는 벽의 좌굴(buckling)이나, 찌그러짐을 방지할 수 있도록 충분히 커야 한다.

예제 2-4

[그림 2]와 같이 길이와 반경 r이 같고, 재료가 같은 중공축과 중실축이 있다. 중공축의 안쪽 반지름은 $0.6r$이다. 양축이 같은 비틀림을 받을 경우 최대전단응력을 비교하라. 또한, 두 축의 중량과 비틀림각을 비교하라.

(풀이) T와 r이 같으므로 최대전단응력은 I_p에 반비례한다.

중실축에서는

$$I_P = \pi d^4/32 = 0.5\pi r^4$$

또 중공축에서

$$I_P = \frac{\pi r^4}{2} - \frac{\pi}{2}(0.6r)^4 = 0.4352\pi r^4$$

최대전단응력비$=0.5/0.4352=1.15$

- 중실축의 중량 : $\gamma\pi r^2 l$
- 중공축의 중량 : $\gamma\pi l(r^2 - 0.6r^2) = 0.64\pi r^2 l\gamma$

중공축응력과 비틀림각은 15% 더 크지만 중량은 36% 가볍다. 이 예제에서 중공축이 중실축에 비하여 중량 면에서 유리함을 알 수 있다. 이러한 비율은 내축과 외축의 반경비에 의존하므로 적절한 비를 선택하면 유익하다.

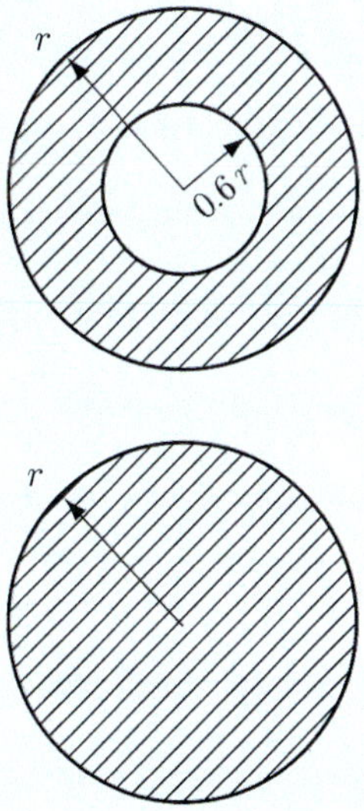

그림 2

2-4 비균일 비틀림(선택)

[그림 2-7]과 같이 봉의 직경이 길이에 따라 균일하지 않거나 작용하는 토크가 봉의 길이에 따라 변하는 경우 비균일(非均一) 비틀림(nonuniform torsion)이라 하며 앞 절의 순수비틀림과 다르다.

그러나 직경이 같은 봉의 각 부분은 순수비틀림을 받고 있다. 따라서 앞에서 유도된 식 (2-9)과 식 (2-11)을 사용하여 식 (2-21)과 같이 비틀림각과 최대전단응력을 계산할 수 있다.

$$\phi = \sum_{i=1}^{n} \frac{T_i l_i}{G I_{Pi}} \tag{2-21}$$

식에서 첨자 i는 각 부분의 번호, n은 전체 수이다.

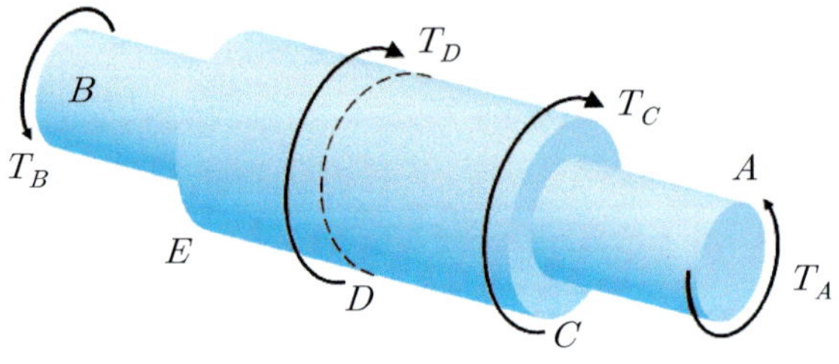

(a)

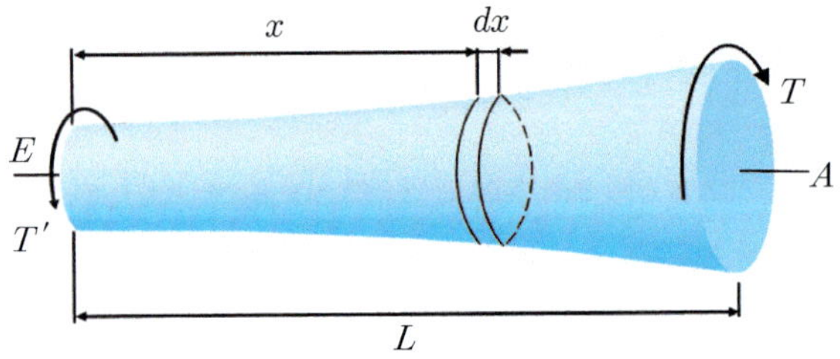

(b)

그림 2-7 비균열 단면의 비틀림

만약, 토크와 단면이 [그림 2-7]과 같이 연속적으로 변화하면 위식은 적분형태로 바뀌어야 한다. 즉, 봉의 단면이 x의 연속함수이면, 비틀림 식으로부터 그 단면의 최대전단응력을 구할 수 있다. 그림과 같이 길이가 dx인 한 요소의 미소 비틀림각은 식 (2-22)으로 된다.

$$d\phi = T_x dx / GI_{Px} \tag{2-22}$$

여기서 I_{Px}는 거리 x만큼 떨어진 단면의 극관성 모멘트이며, 봉의 두 끝 사이의 전체 비틀림각은 식 (2-23)과 같다.

$$\phi = \int d\phi = \int_0^{\ell} \frac{T_x dx}{GI_{Px}} \tag{2-23}$$

2-5 임의 단면의 비틀림(선택)

(1) 얇은 두께로 된 관(tube, 管)의 비틀림

얇은 두께를 가진 임의 단면의 관(원형단면이 아닌 폐단면)의 비틀림 계산에서는 **전단응력은 두께의 중심선에 접하는 방향으로 두께에 걸쳐서 균일**하다고 가정한다.

[그림 2-8(a)]에서 두께가 균일하지 않는 미소 부분을 생각하여 FBD를 도시하고 이 요소에 평형방정식을 적용하면 식 (2-24)로 된다.

$$\sum F_x = 0;\ F_A - F_B = 0$$

$$F_A = \tau_A(t_A dx),\ F_B = \tau_B(t_B dx)$$

$$\therefore \tau_A t_A = \tau_B t_B \tag{2-24}$$

즉, 전단응력과 관의 두께와의 곱은 그 단면의 모든 점에서 일정함을 알 수 있고 이 $\tau \cdot t$을 전단흐름(shear flow)이라 하며 식 (2-25)과 같이 표시한다.

$$f = \tau \cdot t = \text{일정} \tag{2-25}$$

따라서 가장 큰 전단응력은 관의 두께가 가장 얇은 곳에서 일어나며, 두께가 일정한 부분에서는 전단응력도 일정함을 알 수 있다.

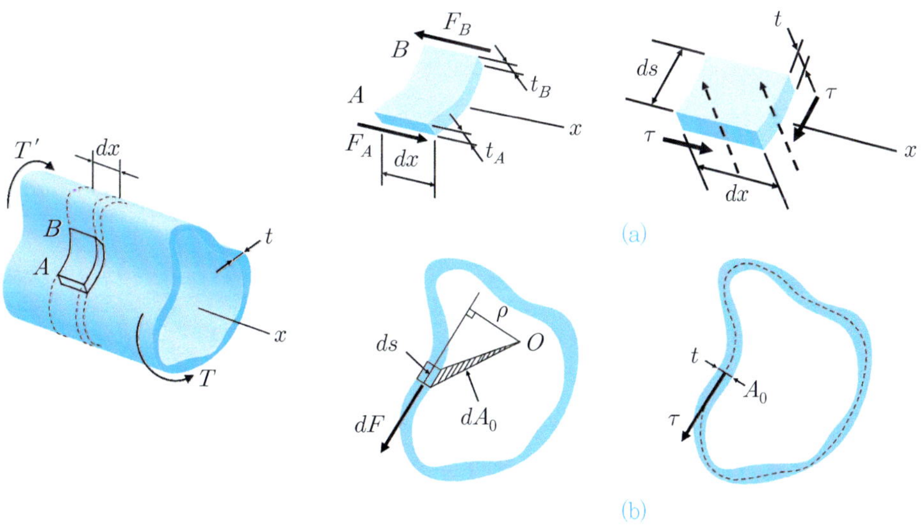

그림 2-8 임의 단면으로 된 관의 비틀림

[그림 2-8(b)]에서 요소 면적은 tds이며 ρ는 ds에 수직한 거리이다. 이 요소에 일어나는 전단력 dF와 임의 점 O에서의 모멘트 dM_o는 식 (2-26)과 같다. 즉,

$$dF = \tau dA = \tau t ds = f ds$$

$$dM_0 = \rho dF = f \rho ds = f(2dA_0)\left(\because dA_0 = \frac{1}{2}\rho ds\right)$$

$$T = \oint dM_0 = \oint f(2dA_0) \tag{2-26}$$

따라서 임의 단면의 비틀림모멘트 T는 중심선 S에 따라 한 바퀴 도는 선적분이 되며 식 (2-27)로 표기된다.

$$T = f\oint 2dA_0 = 2fA_0 = 2\tau t A \tag{2-27}$$

여기서 A_0는 [그림 2-8(b)]에서 보는 바와 같이 단면의 평균 중심선으로 둘러싸인 면적을 의미하므로 τ는 식 (2-28)으로 된다.

$$\tau = \frac{T}{2tA_0} \tag{2-28}$$

(2) 규칙적인 단면(타원, 사각형, 삼각형)형상을 갖는 봉의 비틀림

규칙적인 단면의 형상을 가진 봉의 단위 길이당의 비틀림각 θ와 τ_{max}는 식 (2-29)와 같고 〈표 2-1〉로 정리하였다. θ와 τ_{max}는 각각 원형단면에 관한 식과 닮은꼴이다.

$$\theta = \frac{d\phi}{dx} = \frac{T}{GC},\quad \tau_{max} = \frac{T}{D} \tag{2-29}$$

단, D는 극단면계수이다.

(3) 얇은 두께의 형재

개단면(open loop section, 開斷面)의 경우로서 ㄷ형, I형, L형 단면의 비틀림은 폭이 좁은 사각형의 집합으로 구성되었다고 생각하고 사각형 식의 C값을 사각형 수만큼 합산

해 준다고 근사적으로 생각한다. 즉, 외부에서의 비틀림모멘트 T가 각 사각형에 나뉘어서 걸린다고 생각하면 식 (2-30)이 된다.

$$T = T_1 + T_2 + T_3 + \cdots = \sum T_i \tag{2-30}$$

식 (2-19)과 〈표 2-1〉에서(두께가 얇으므로 $\beta=1$, $\gamma=1$로 본다.)

$$T_i = \theta GC = G\theta \frac{1}{3} h_i b^3{}_i$$

따라서 T는 식 (2-31)이 된다.

$$T = \sum T_i = G\theta \frac{1}{3} \sum h_i b^3{}_i, \ \theta = \frac{d\phi}{dx} = \frac{T}{G\frac{1}{3}\sum h_i b^3{}_i} \tag{2-31}$$

» 표 2-1 각 단면의 C 및 τ_{max}(◦표에서 최대응력이 일어난다.)

	원	타원	정삼각형	사각형			
단면	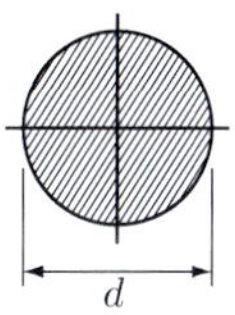	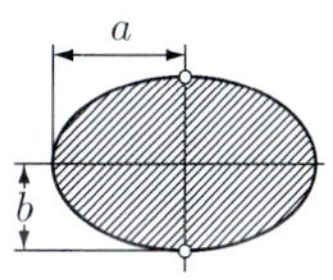	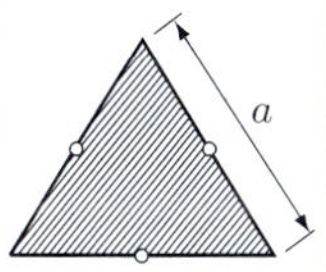	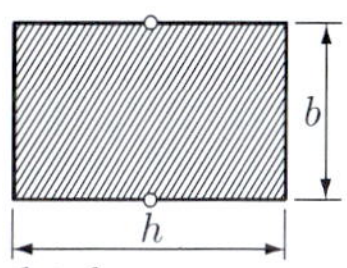 $h > b$			
C	$\frac{\pi d^4}{32}(=I_p)$	$\frac{\pi a^3 b^3}{a^2+b^2}$	$\frac{\sqrt{3}}{8}a^4$	$\frac{1}{3}\frac{hb^3}{\beta}$	h/b	β	γ
τ_{max}	$\frac{16T}{\pi d^3}$	$\frac{2T}{\pi ab^2}$	$\frac{20T}{a^3}$	$\gamma \cdot \frac{Tb}{\frac{1}{3}hb^3}$	1	2.70	1.61
					1.5	1.70	1.43
					2	1.47	1.35
					3	1.12	1.24
					∞	1.00	1.00

그러므로 C 및 τ_{max}는 식 (2-32)로 표기된다.

$$C = \frac{1}{3}\sum h_i b^3{}_i, \ \tau_{max} = \frac{T}{\frac{1}{3}\sum h_i b^3{}_i} b' \tag{2-32}$$

사각형으로 구성된 모양은 [그림 2-9]와 같다(b'은 폭이 가장 큰 사각형의 폭).

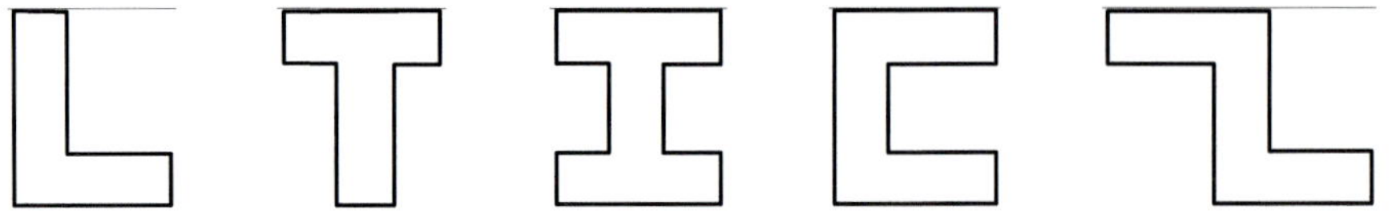

(1) (2) (3) (4) (5)

그림 2-9 강형재의 사각형 구성

위 식들은 약간 수정하면 식 (2-33)으로 된다.

$$\left.\begin{aligned} &C = a\left(\frac{1}{3}\right)\sum h_i b^3{}_i,\ \frac{d\phi}{dx} = \frac{T}{a\left(\frac{1}{3}\right)G\sum h_i b^3{}_i} \\ &\tau_{\max} = \zeta\frac{T}{a\left(\frac{1}{3}\right)\sum h_i b^3{}_i}\cdot b' \fallingdotseq \frac{T}{\frac{1}{3}\sum h_i b^3{}_i}\cdot b' \end{aligned}\right\} \tag{2-33}$$

단, a의 값은 실험값으로, L형 단면 : $a=1.0$, ㄷ형 단면 : $a=1.1$, I형 단면 : $a=1.3$ 이다.

연습문제

2-1 비틀림을 받는 봉이 최대비틀림응력 1,000kg_f/cm^2, 비틀림 각 1°가 된다면 봉의 길이 L와 반지름 R과의 비는 얼마인가? $G= 0.8\times 10^6 kg_f$/cm^{2}이다.

답: R/L=0.07

2-2 길이 500cm, 지름 20cm, 120rpm으로 회전하는 축의 1m당 비틀림 각이 1°일 때 이 축의 비틀림응력, 비틀림모멘트 및 전달마력을 구하라.

$G= 0.8\times 10^6 kg_f$/cm^{2}이다.

답: τ=280kg_f/cm^2, T=438649.08kg_f · cm, 735마력

2-3 지름이 $2''$인 중실강축($G= 11.5\times 10^6 psi$)이 있다. 만일, 비틀림 각이 3°인 경우 최대전단응력이 13,500psi라면 이 봉의 길이는 얼마인가?

답: 44.6in

2-4 [그림 1]과 같이 두 단으로 된 원형단면 봉이 매달려 있다.

$G= 0.8\times 10^6 kg_f$/cm^2, B단면의 응력집중을 무시하기로 하고 AB, BC 부분의 전단응력, B와 C면의 비틀림각을 구하라.

답: ϕ_B =0.00382rad(0.22°), ϕ_C =0.0185rad(1.06°)

2-5 [그림 2]와 같이 양단이 고정된 지름 d인 중실원형축 AB에 원형판이 그림과 같이 부착되어 있다. 허용전단응력을 $\tau_{a\ell}$이라 하고, $a > b$라 하면 판의 최대허용비틀림각 ϕ는 얼마인가?

답: $\phi = \dfrac{2b\,\tau_{al}}{Gd}$

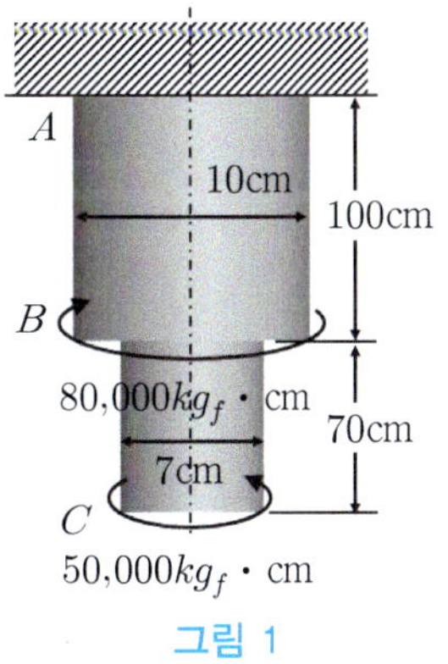

그림 1

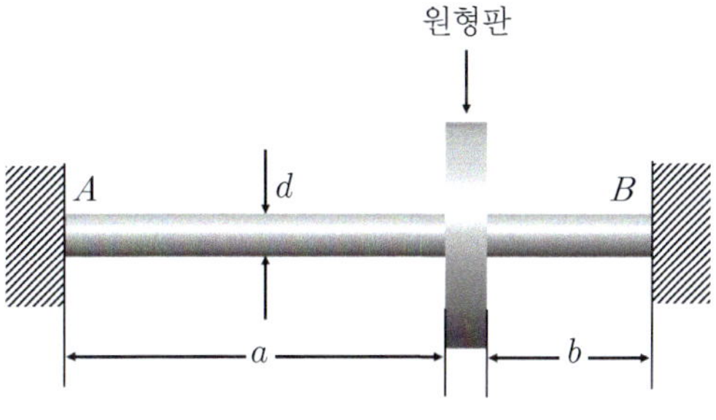

그림 2

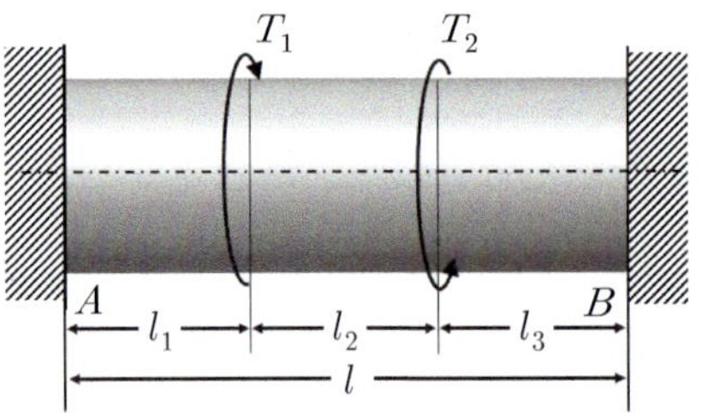

그림 3

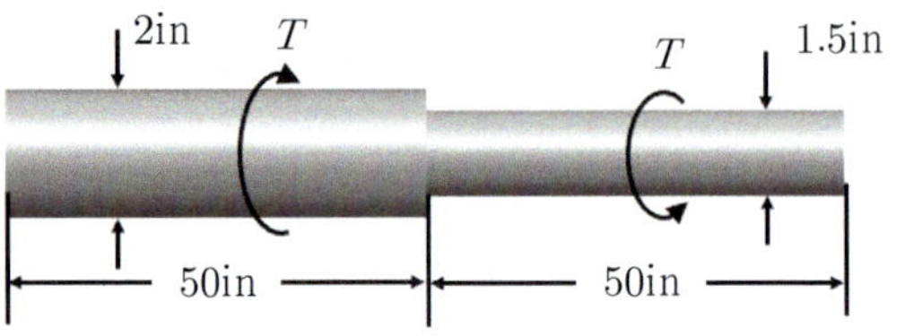

그림 4

2-6 [그림 3]과 같이 양단이 고정된 원형단면보가 T_1, T_2의 회전모멘트를 받을 때 고정단의 반회전 모멘트를 구하라.

답: $T_A = T_1\left(\frac{l_2+l_3}{l}\right) - T_2\left(\frac{l_3}{l}\right)$, $T_B = T_1\left(\frac{l_1}{l}\right) + T_2\left(\frac{l_1+l_2}{l}\right)$

2-7 [그림 4]와 같이 두 단으로 된 봉의 각단의 지름이 각각 2in, 1.5in이고 전체길이가 100in인 봉이 있다. 비틀림각 ϕ가 0.02rad을 초과하지 않을 때 허용비틀림모멘트 T는 얼마인가? ($G = 12 \times 10^6$ psi로 가정하여라)

답: T=2385lb · in

2-8 지름 50mm, 길이 2m인 중실금속축이 시험기 안에서 한쪽 끝이 다른 끝에 대하여 비틀림 각 $\phi = 5°$ 될 때까지 비틀어지고 있다. 이때의 비틀림 토크 T=750N · m로 측정되었다. 축에서 발생되는 최대전단응력 τ_{max}과 전단탄성계수 G를 계산하라.

답: τ_{max} =30.6MPa, G=28.0Gpa

2-9 내경과 외경이 각각 3.5in과 4in인 8ft 길이의 중공 알루미늄 축($G = 4 \times 10^6$psi)이 있다.

(a) 만일 이 축의 한 끝에 비틀림 토크가 작용하여 최대전단응력이 8,000psi가 될 때 전체 비틀림 각 ϕ는 얼마인가?

(b) 같은 비틀림 토크, 같은 최대전단응력을 받을 수 있기 위하여 요구되는 중실축의 직경은 얼마인가?

답: ϕ=0.096rad, d=2.98in

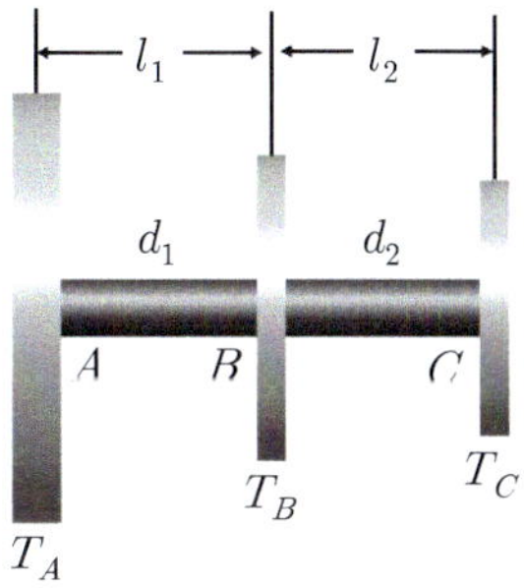

그림 5

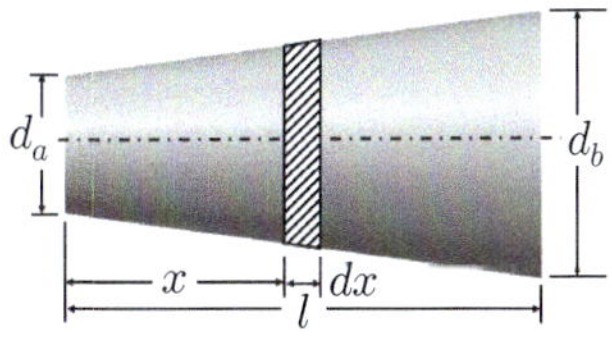

그림 6

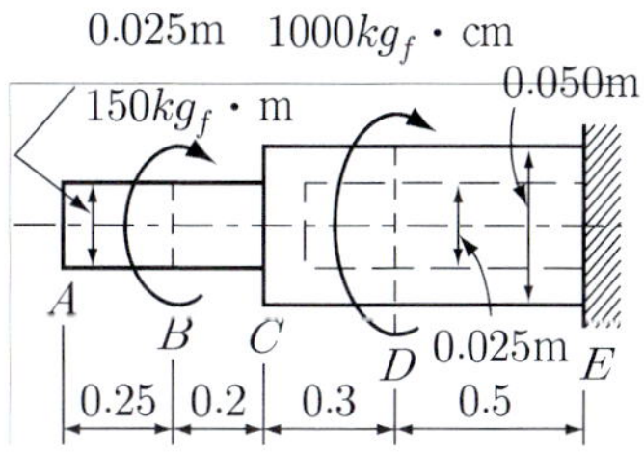

그림 7

2-10 [그림 5]와 같은 풀리(pulley) A, B 및 C에 있어서 A에서 200rpm으로 500마력의 동력을 B에 200마력, C에 300마력을 전달하려 할 때 축의 강도가 같아지도록($\tau_{al} = 1.2\,kg_f/\text{mm}^2$) d_1, d_2를 계산하여라.

답: d_1 =197mm, d_2 =166mm

2-11 중공원형축의 내경이 외경의 3/4이 되도록 만들어졌다. 이 봉은 허용전단응력 6,000psi를 초과함이 없이 75rpm의 속도에서 400HP를 전달시켜려 한다. 이때 요구되는 최소직경 d를 계산하여라.

답: d=7.47in

2-12 [그림 6]의 원추형 봉을 비틀었을 때와 평균지름을 가진 봉을 비틀었을 때 비틀림각의 비를 구하라. 단, $d_b = 1.2 d_a$이다.

답: $\dfrac{\Phi}{\Phi_m}$=1.028

2-13 [그림 7]의 단축의 B와 D단면에 토크가 걸릴 때 자유단 A의 비틀림각을 계산하라. 단, $G = 8.0 \times 10^9\,kg_f/\text{m}^2$

답: 0.233rad

2-14 직경 d인 원형단면을 가진 [그림 8]과 같은 프로펠러 축이 같은 재료로 만들어진 이음재로서 이어져서 축의 두 부분이 견고하게 부착되어 있다. 이때 그 이음부분이 중실봉과 같은 동력을 전달하기 위하여 요구되는 이음재의 직경 d_1을 구하라.

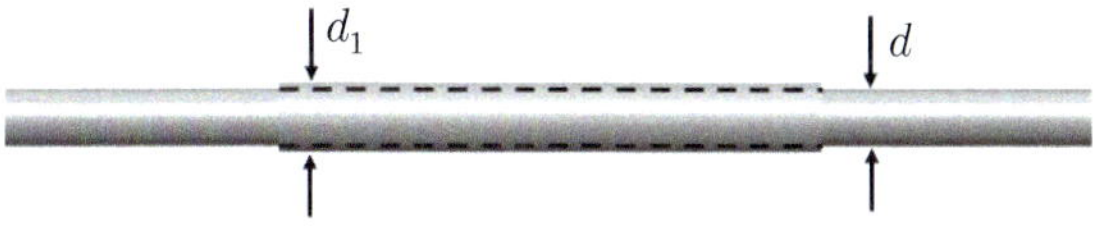

그림 8

답: d_1 =1.189d

2-15 전체 길이 $L=0.4$m인 강봉 ($G_S = 80GPa$)이 그 길이의 반은 강봉과 견고하게 부착되어 있는 황동관($G_S = 40GPa$)에 [그림 9]와 같이 끼어져 있다. 축과 관의 지름은 각각 $d_1 = 70$mm, $d_2 = 90$mm이다.

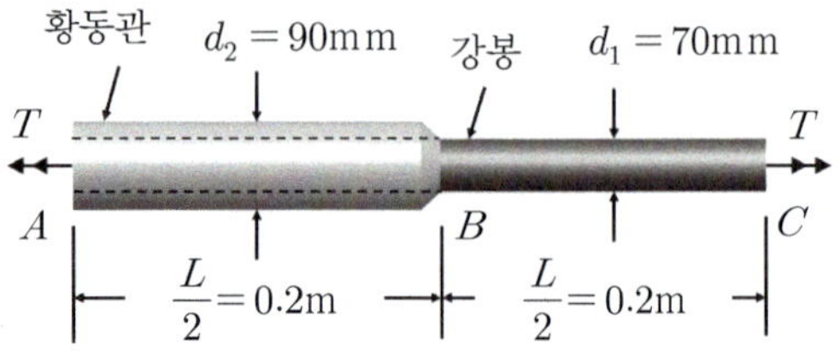

그림 9

(a) 만일 A와 C사이의 비틀림각이 $\phi = 1.2°$로 제한된다고 할 때 허용비틀림토크 T_1을 결정하라.

(b) 만일 황동의 전단응력이 $\tau_b = 100$MPa로 제한된다고 할 때 허용비틀림토크 T_2를 결정하라.

(c) 만일 강의 전단응력이 $\tau_s = 80$MPa로 제한된다고 할 때 허용비틀림토크 T_3를 결정하라.

(d) 만일 앞서의 모든 조건이 만족되야 한다고 할 때 허용비틀림 토크는 얼마인가?

답: (a) $T_1 = 12.9$kN · m, (b) $T_2 = 9.075$kN · m, (c) $T_3 = 5.39$kN · m, (d) $T = 5.39$kN · m

2-16 [그림 10]과 같은 두께가 얇은 관에서 근사식에 의해서 비틀림각 ϕ_1가 정확한 식 $\phi = TL/GIp$로 구한 비틀림각 ϕ_2를 비교하라. ϕ_1, ϕ_2의 비를 무차원의 비 $\beta = r/t$의 항으로 나타내어라.

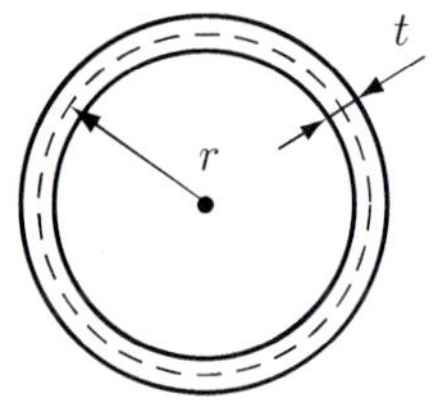

답: $\phi_1/\phi_2 = 1 + \frac{1}{4\beta^2}$

그림 10

2-17 [그림 11]과 같이 균일하고 얇은 벽두께 t를 가진 직사각형관이 있는데 단면 두께 중심선을 따른 크기가 $a \times b$이다. 두께의 중심선의 전체길이를 ℓ이라 하고, 비틀림토크 T가 일정하다고 할 때 전단응력 τ는 비 $\beta = a/b$에 따라 어떻게 변화하는가? 산출된 결과로부터 이 관이 정사각형($\beta = 1$)일 때 전단응력이 가장 작게 됨을 보여라.

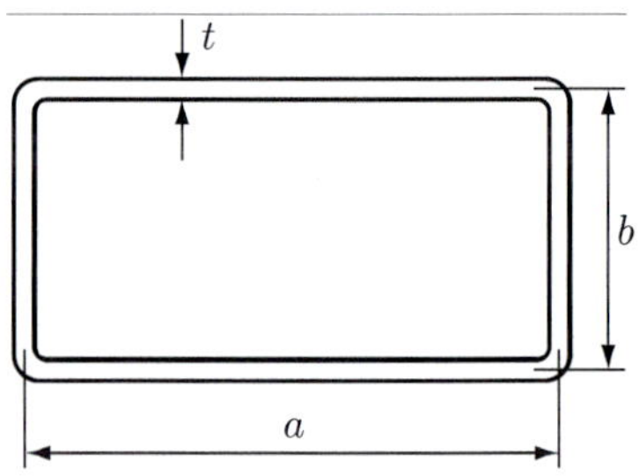

그림 11

답: $2\beta(1+\beta) - (1+\beta)^2 = 0$

Chapter

3

조합응력과 모어원

하중을 받는 구조물 내부에 생기는 응력은 인장응력, 압축응력, 전단응력, 비틀림에 의한 전단응력, 보 내의 굽힘응력, 굽힘에 의한 전단응력 등이 있는데 실제로는 이런 응력 등이 조합되어 일어나는 경우가 많다. 이를 조합응력(combined stress, 組合應力)이라 한다. 본 장에서는 조합응력이 작용할 때의 탄성체에 생기는 응력상태를 실용상 중요한 평면응력(plane stress)상태와 평면변형률(plane strain) 상태로 나누어서 공부한다. 또한, 좌표변환에 따른 최대응력 및 최대변형률과 그 방향을 구하는데 편리한 모어 원(Mohr's circle)을 동시에 배우며, 변형률을 측정하는데 널리 사용되는 스트레인 게이지를 소개한다.

3-1 평면응력

비교적 두께가 얇은 물체가 힘을 받으면 평면응력(plane stress, 平面應力) 상태인 2축응력 상태에 있다고 한다.

힘을 받고 평형상태에 있는 물체 내에는 σ_x, σ_y, τ_{xy}가 존재하지만 이 응력에 의하여 생긴 최대응력과 방향상태를 알아보기 위하여 [그림 3-1(a)]와 같이 미소부분 $dx \cdot dy(dz = 1)$를 고려한다.

즉, 알고 있는 σ_x, σ_y, τ_{xy}에 의하여 생긴 최대응력과 그 방향을 이 경사면의 법선 x'과 이와 수직인 y' 방향에서 세 가지 응력을 찾게 되는 것이다. 이는 현재의 $x-y$ 좌표에서 각도가 있는 $x'-y'$ 좌표로의 변환이다. 이 좌표변환은 역학에서 매우 중요하므로 공업수학에도 잘 정리 되어 있다. 이런 계산은 평형에 관한 계산이므로 대개는 계산이 쉽도록 삼각형 요소로 계산한다. 여기서 τ_{xy}의 첨자 x는 x방향에 수직한 단면, y는 응력이 작용하는 방향을 의미한다.

[그림 3-1(a)]와 같이 요소의 FBD를 작성하고 [그림 3-1(b)]의 경사면을 포함한 요소에서 힘의 평형방정식을 적용시키면 식 (a)를 얻는다. 특히 경사면에 생기는 $\sigma_{x'}$, $\tau_{x'y'}$ 성분은 x축과 y축 성분으로 다시 나누어서 식 (a)에 각각 사용한다.

$$\Sigma P_x = 0 : \sigma_{x'} \cdot dy' \cdot dz \cdot \cos\theta - \tau_{x'y'} \cdot dy' \cdot dz \cdot \sin\theta - \sigma_x \cdot dy \cdot dz - \tau_{xy} \cdot dx \cdot dz = 0$$

$$\Sigma P_y = 0 : \sigma_{x'} \cdot dy' \cdot dz \cdot \sin\theta + \tau_{x'y'} \cdot dy' \cdot dz \cdot \cos\theta - \tau_{xy} \cdot dy \cdot dz - \sigma_y \cdot dx \cdot dz = 0 \quad \text{(a)}$$

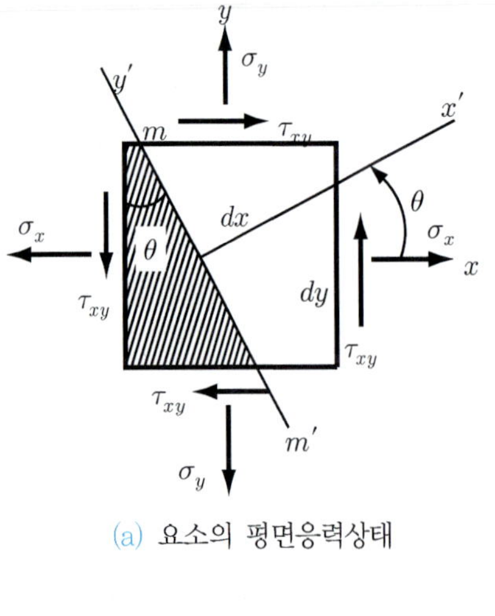

(a) 요소의 평면응력상태

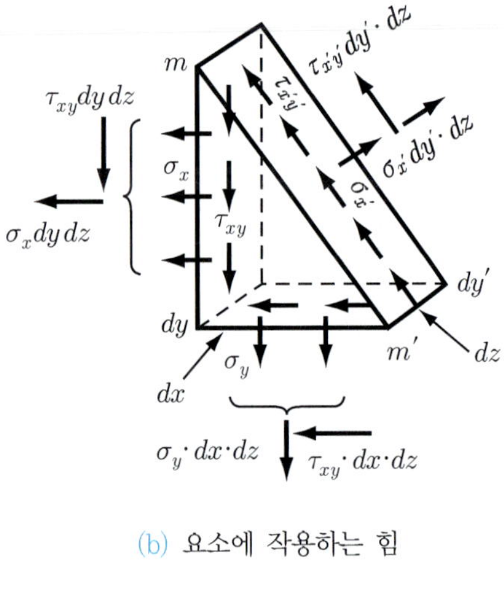

(b) 요소에 작용하는 힘

그림 3-1

여기서 $\dfrac{dx}{dy'} = \sin\theta$, $\dfrac{dy}{dy'} = \cos\theta$ 이므로 식 (a)는 식 (b)로 된다.

$$\begin{aligned} \sigma_{x'}\cos\theta - \tau_{x'y'}\sin\theta &= \sigma_x\cos\theta + \tau_{xy}\sin\theta \\ \sigma_{x'}\sin\theta + \tau_{x'y'}\cos\theta &= \sigma_y\sin\theta + \tau_{xy}\cos\theta \end{aligned} \tag{b}$$

이것을 경사면에 생기는 미지의 응력성분 $\sigma_{x'}$과 $\tau_{x'y'}$으로 풀면 아래 식을 얻는다.

$$\begin{aligned} \sigma_{x'} &= \sigma_x\cos^2\theta + \sigma_y\sin^2\theta + 2\tau_{xy}\sin\theta\cos\theta \\ \tau_{x'y'} &= -(\sigma_x - \sigma_y)\sin\theta\cos\theta + \tau_{xy}(\cos^2\theta - \sin^2\theta) \end{aligned}$$

이 식을 다시 정리하면 식 (3-1)을 얻을 수 있다.

$$\left.\begin{aligned} \sigma_{x'} &= \frac{\sigma_x + \sigma_y}{2} + \frac{\sigma_x - \sigma_y}{2}\cos 2\theta + \tau_{xy}\sin 2\theta \\ \tau_{x'y'} &= -\frac{(\sigma_x - \sigma_y)}{2}\sin 2\theta + \tau_{xy}\cos 2\theta \end{aligned}\right\} \tag{3-1}$$

위 식은 하나의 좌표축에서 다른 좌표축으로 응력을 변환하기 때문에 **평면응력의 변환공식**(transformation equations for plane stress)이다. 지금까지 취급한 mm'면에 직각인 경사면의 응력은 식 (3-1)에 θ 대신에 $\dfrac{\pi}{2} + \theta$를 대입하면 식 (3-2)로 된다.

$$\left.\begin{aligned} \sigma_{y'} &= \frac{\sigma_x + \sigma_y}{2} - \frac{\sigma_x - \sigma_y}{2}\cos 2\theta - \tau_{xy}\sin 2\theta \\ \tau_{y'x'} &= \left(\frac{\sigma_x - \sigma_y}{2}\right)\sin 2\theta - \tau_{xy}\cos 2\theta \end{aligned}\right\} \tag{3-2}$$

식 (3-1)과 식 (3-2)를 연관시키면 식 (3-3)으로 된다.

$$\begin{aligned} \sigma_{x'} + \sigma_{y'} &= \sigma_x + \sigma_y = \text{일정한 값} \\ \tau_{x'y'} &= -\tau_{y'x'} \end{aligned} \tag{3-3}$$

주응력과 최대전단응력

식 (3-1)의 최대치는 θ의 함수이므로 미분하면 식 (c)와 같은 극치조건을 만들 수 있다.

$$\frac{d\sigma_{x'}}{d\theta} = -(\sigma_x - \sigma_y)\sin 2\theta + 2\tau_{xy}\cos 2\theta = 0 \tag{c}$$

이 식을 만족하는 θ를 θ_n이라고 한다면 식 (3-4)로 된다.

$$\tan 2\theta_n = \frac{2\tau_{xy}}{\sigma_x - \sigma_y} \tag{3-4}$$

이 θ_n은 $0 \leq 2\theta_n \leq 2\pi$에서만 고려하면 되므로 위식의 θ_n의 두 개의 값을 식 (3-1)에 대입하면 $\sigma_{x'}$의 극치가 계산된다. 이때 $\pi/2$를 사이에 두고 최대치, 최소치가 된다([그림 3-2] 참조). 따라서 식 (3-4)를 식 (3-3)에 대입하면 식 (3-5)가 얻어진다.

$$\left.\begin{matrix}\sigma_1 \\ \sigma_2\end{matrix}\right\} = \frac{1}{2}(\sigma_x + \sigma_y) \pm \sqrt{\left(\frac{\sigma_x - \sigma_y}{2}\right)^2 + \tau_{xy}^2} \tag{3-5}$$

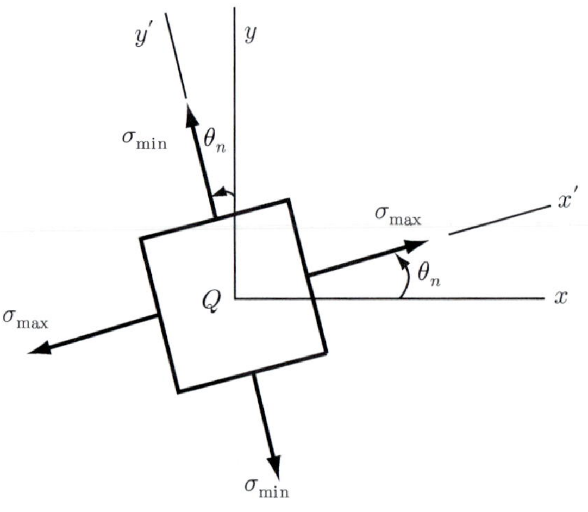

그림 3-2

$\sigma_1 > \sigma_2$이면 σ_1은 $\sigma_{x'}$의 최대치, σ_2는 최소치이다. 이 σ_1, σ_2를 주응력(principal stress, 主應力)이라 하며 각도가 다른 여러 경사면에 일어나는 $\sigma_{x'}$ 중에서 $\tau_{x'y'}$ 이 없고 서로 직각인 면에서 최대와 최소의 값을 가지는 응력을 말한다. 이 주응력이 일어나는 면을 주응력면

또는 응력의 주면(principal plane of stress), 주응력이 작용하는 방향을 응력의 주축(principal axis)이라 한다.
또 전단성분의 최대 $\tau_{x'y',\,\max}$은 식 (c)를 구할 때와 같은 원리로 구하면 식 (d)로 된다.

$$\frac{d\tau_{x'y'}}{d\theta} = -2 \cdot \frac{\sigma_x - \sigma_y}{2}\cos 2\theta - 2\tau_{xy} \cdot \sin 2\theta = 0 \tag{d}$$

이 식을 만족하는 θ를 θ_t라 하면 식 (3-6)으로 된다.

$$\tan 2\theta_t = -\frac{\sigma_x - \sigma_y}{2\tau_{xy}} \tag{3-6}$$

이 θ_t도 $0 \le 2\theta_t \le 2\pi$ 범위 내에서만 고려하며 $\pi/2$의 차이를 두고 두 값이 있다. 그러나 식 (3-4)와 식 (3-6)에서 식 (e)가 성립하므로, 두 식은 서로 직교함을 알 수 있다.

$$\tan 2\theta_n \cdot \tan 2\theta_t = -1 \tag{e}$$

즉 주응력의 방향과는 45° 경사되어 있다. 따라서 식 (f)가 성립된다.

$$\left.\begin{array}{l} \tau_1 = \tau_{x'y',\max} \\ \tau_2 = \tau_{x'y',\min} \end{array}\right\} = \pm\sqrt{\left(\frac{\sigma_x - \sigma_y}{2}\right)^2 + \tau_{xy}^2} = \pm\frac{\sigma_1 - \sigma_2}{2} \tag{f}$$

여러 응력이 동시에 작용할 때는 각각의 응력보다 조합된 응력의 주응력과 최대전단응력이 최대인 σ_1과 $\tau_{\max}(\tau_1)$를 찾는 계산이 중요하며, 이를 설계의 기준으로 삼아야한다. 보통 연성재료(ductile material, 延性材料)에서는 τ_1, 취성재료(brittle material, 脆性材料)에서는 σ_1이 설계에 필요한 계산에 사용된다.

예제 3-1

[그림 1]과 같은 평면응력상태에서 (a) 주응력면, (b) 주응력, (c) 최대전단응력을 구하라.

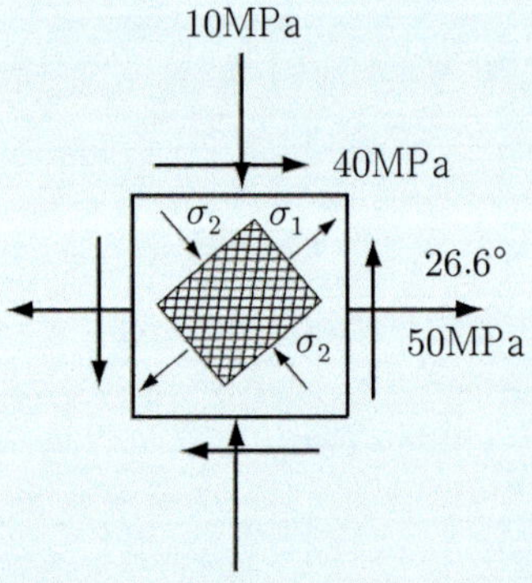

그림 1

풀이 (a) 주응력면은 식 (3-4)에서 구한다.

$$\tan 2\theta_n = \frac{2\tau_{xy}}{\sigma_x - \sigma_y} = \frac{2(40)}{50-(-10)} = \frac{80}{60}$$

$$2\theta_n = 53.1°, \quad \therefore \theta_n = 26.6$$

(b) 주응력은 식 (3-5)에서 구한다.

$$\sigma_{1,2} = \frac{\sigma_x + \sigma_y}{2} \pm \sqrt{\left(\frac{\sigma_x - \sigma_y}{2}\right)^2 + \tau_{xy}^2}$$

$$= 20 \pm \sqrt{(30)^2 + (40)^2}$$

$$\therefore \sigma_1 = 20 + 50 = 70\,\text{MPa}, \ \sigma_2 = 20 - 50 = -30\,\text{MPa}$$

이러한 주응력은 [그림 1]에 나타내었다. 또 이 값은 식 (3-1)로부터 아래와 같이 구할 수 있다.

$$\sigma_{x'} = \frac{50-10}{2} + \frac{50+10}{2}\cos 53.1° + 40\sin 53.1°$$

$$= 20 + 30\cos 53.1° + 40\sin 53.1° = 70\,\text{MPa} = \sigma_1$$

(c) 최대전단응력은 다음과 같이 구한다.

$$\tau_{\max} = \sqrt{\left(\frac{\sigma_x - \sigma_y}{2}\right)^2 + \tau_{xy}^2} = 20 \pm \sqrt{(30)^2 + (40)^2} = 50\text{MPa}$$

혹은 $\tau_{\max} = \dfrac{\sigma_1 - \sigma_2}{2} = \dfrac{70+30}{2} = 50\text{MPa}$

3-2 모어(Mohr)의 응력원

평면응력에 대한 변환식인 식 (3-1)을 Mohr 원(Mohr's circle)으로 알려진 도형으로 나타낼 수 있다. 이러한 표현은 응력을 받는 물체 내의 어떤 점에서 여러 가지 경사평면 위에 작용하는 수직응력과 전단응력과의 관계를 눈으로 볼 수 있다는 점에서 대단히 유용하다. Mohr 원을 작도하기 위하여 식 (3-1)을 다음과 같이 재배열한다.

$$\left(\sigma_{x'} - \frac{\sigma_x + \sigma_y}{2}\right)^2 = \left(\frac{\sigma_x - \sigma_y}{2}\cos 2\theta + \tau_{xy}\sin 2\theta\right)^2$$

$$\tau_{x'y'}^2 = \left(-\frac{\sigma_x - \sigma_y}{2}\sin 2\theta + \tau_{xy}\cos 2\theta\right)^2 \qquad \text{(g)}$$

식의 오른쪽을 전개하고 이 두 식을 합하면 식 (3-7)이 된다.

$$\left(\sigma_{x'} - \frac{\sigma_x + \sigma_y}{2}\right)^2 + \tau_{x'y'}{}^2 = \left(\frac{\sigma_x - \sigma_y}{2}\right)^2 + \tau_{xy}{}^2 = R^2 \qquad (3\text{-}7)$$

이 식은 [그림 3-3]과 같이 $\sigma_{x'}$와 $\tau_{x'y'}$에 관한 원의 방정식이다. σ와 τ의 수직축에서 원의 중심 O_1은 σ축 상에 $\frac{\sigma_x + \sigma_y}{2}$의 위치에 있고 $R = \sqrt{(\frac{\sigma_x - \sigma_y}{2})^2 + \tau_{xy}^2}$ 인 반지름이다. 이 원이 모어의 응력원(Mohr's stress circle)이며 원주상의 좌표가 각 경사면의 응력을 표시한다.

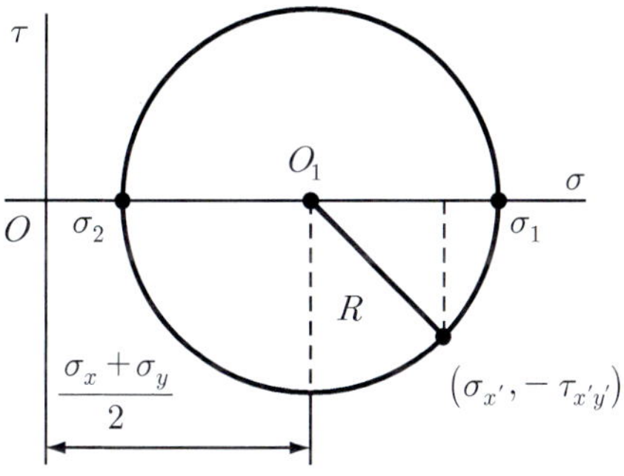

그림 3-3 모어의 응력원

이 응력원에서 σ의 최대치(σ_1)와 최소치(σ_2)는 σ축 상에 있으므로 $\tau_{x'y'}$가 0이다. 이것은 주응력인데 식 (3-7)에서 $\tau_{x'y'} = 0$으로 놓고 정리하면 앞 절에서 구한 식 (3-5)와 같아짐을 알 수 있다.

$$\left.\begin{matrix}\sigma_1 \\ \sigma_2\end{matrix}\right\} = \frac{\sigma_x + \sigma_y}{2} \pm \sqrt{\left(\frac{\sigma_x - \sigma_y}{2}\right)^2 + \tau_{xy}^2} \qquad (3\text{-}5)$$

모어의 응력원 작도법

알고 있는 응력상태 (σ_x, σ_y, τ_{xy})에서 응력원을 그리려면 σ축상에 $\frac{\sigma_x + \sigma_y}{2}$의 중심을 먼저 잡고 반지름이 $R = \sqrt{\left(\frac{\sigma_x - \sigma_y}{2}\right)^2 + {\tau_{xy}}^2}$의 원을 그리면 된다. 즉, [그림 3-4(a)]에 주어진 응력상태($\sigma_x > \sigma_y$)일 때

(1) $(\sigma_x, -\tau_{xy})$를 $\sigma-\tau$ 좌표 평면상에 점 A로 정한다.
(2) (σ_y, τ_{xy})을 점 B로 정한다.
(3) AB를 직경으로 하는 원을 나타내면 O_1이 원점이 된다.

$$OO_1 = \frac{\sigma_x + \sigma_y}{2},\ AO_1 = R = \sqrt{(\frac{\sigma_x - \sigma_y}{2})^2 + \tau_{xy}^2},\ \sigma_1, \sigma_2 = \overline{OO_1} \pm R$$

단, **모어의 응력원에서는 항상 각도는 두 배로 해야 한다**[즉 [그림 3-4(a)]에서 θ_n 각은 [그림 3-4(b)]의 응력원에서는 $2\theta_n$이다]. 따라서 x면과 y면은 직각이지만 응력원에서는 점 A와 점 B는 180°가 된다. 다음, [그림 3-4(b)]와 같이 x면과 θ_1만큼 경사진 mm'면의 응력상태를 응력원에서 구해보자. 응력원에서 x면에 대응하는 점 A에서 $2\theta_1$을 같은 방향으로 회전하면 점 G인데 이 점의 좌표가 요소의 mm'면의 응력 $\sigma_{x'}$와 $\tau_{x'y'}$가 되며 정리하면 식 (g)로 된다. 여기서 GG'은 모어원에서 좌표변환의 영향을 유도할 수 있다. 이렇게 응력원에서 구한 결과는 앞서 구한 식 (3-1)과 같음을 알 수 있다.

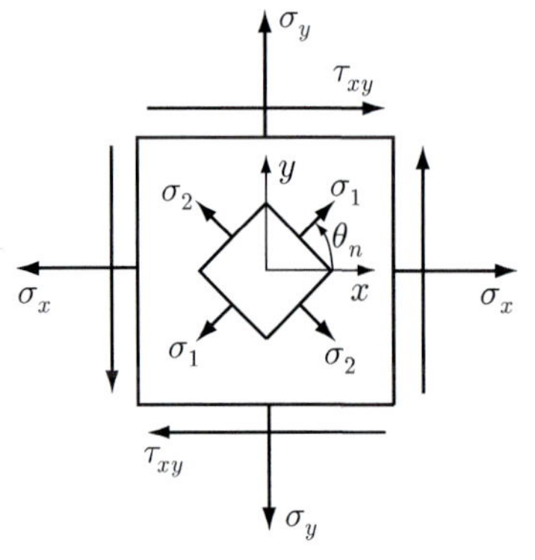

(a) $\sigma_x > \sigma_y$

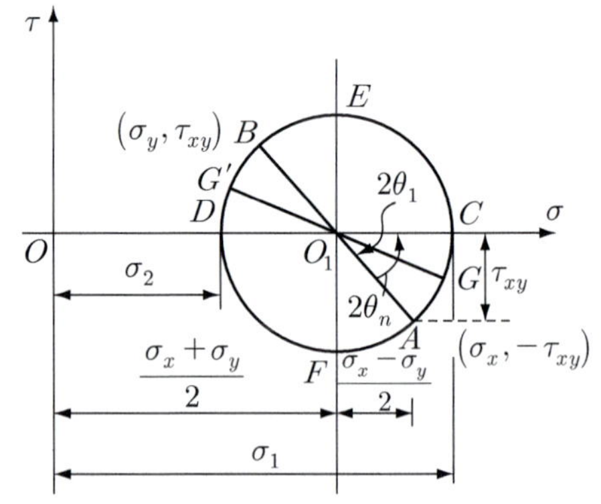

(b)

그림 3-4 모어의 응력원의 작도법

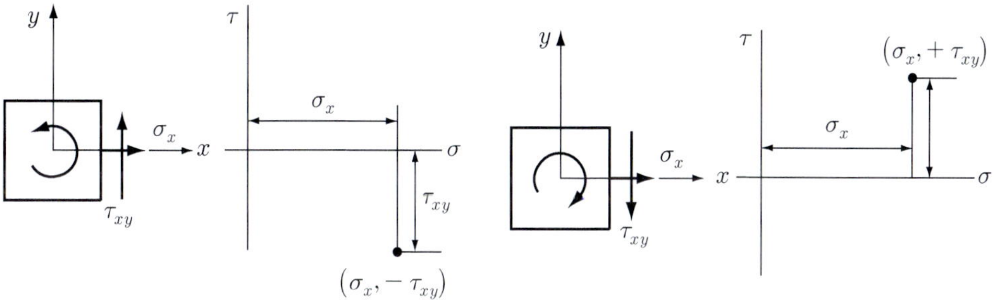

(a) 반시계방향 → 아래 (b) 시계방향 → 위

그림 3-5

$$
\begin{aligned}
\sigma_{x'} &= \overline{OO_1} + R\cos(2\theta_n - 2\theta_1) \\
&= \frac{\sigma_x + \sigma_y}{2} + \sqrt{\left(\frac{\sigma_x - \sigma_y}{2}\right)^2 + \tau_{xy}^2} \cdot \cos(2\theta_n - 2\theta_1)
\end{aligned}
$$

단,

$$
\left\{
\begin{aligned}
&\cos(2\theta_n - 2\theta_1) = \cos 2\theta_n \cdot \cos 2\theta_1 + \sin 2\theta_n \cdot \sin 2\theta_1 \\
&\qquad\qquad = \left(\frac{\sigma_x - \sigma_y}{2R}\right)\cos 2\theta_1 + \frac{\tau_{xy}}{R}\sin 2\theta_1 \\
&\cos 2\theta_n = \frac{\sigma_x - \sigma_y}{2} / R, \quad \sin 2\theta_n = \frac{\tau_{xy}}{R}, \quad R = \sqrt{\left(\frac{\sigma_x - \sigma_y}{2}\right)^2 + \tau_{xy}^2}
\end{aligned}
\right\}
$$

$$
\begin{aligned}
\sigma_{x'} &= \frac{\sigma_x + \sigma_y}{2} + \frac{\sigma_x - \sigma_y}{2}\cos 2\theta_1 + \tau_{xy}\sin 2\theta_1 \\
\tau_{x'y'} &= R\sin(2\theta_n - 2\theta_1) = R[\sin 2\theta_n \cdot \cos 2\theta_1 - \cos 2\theta_n \cdot \sin 2\theta_1] \\
&= -\frac{\sigma_x - \sigma_y}{2}\sin 2\theta_1 + \tau_{xy}\cos 2\theta_1
\end{aligned}
\tag{g}
$$

모어의 응력원을 작성할 때 x면의 응력상태는 [그림 3-5]의 부호규약에 따른다. 즉, [그림 3-7]과 같이 반시계 방향을 +로 잡는다.

3-3 평면변형률

평면응력 때는 얇은 두께의 물체가 대상이 되었지만 평면변형률(plane strain, 平面變形率)은 두꺼운 물체가 대상이다. 이 경우에도 3-1절의 경우와 같이 기존의 $x-y$좌표에서 변환된 $x'-y'$좌표에 관한 변형률을 계산하여 각 식에서의 최대, 최소값을 구하며, 주변형률을 찾는다.

지금 [그림 3-6]에서 $x-y$평면 내에 dx, dy를 변으로 하는 미소요소 $abdc$가 변형하여 $a'b'd'c'$의 자리로 바꾸어질 때 x, y축 방향의 변위를 u 및 v라 한다. 점 a'의 변위성분은 u, v, 점 b'의 변위성분은 dx의 미소변위 때문에 $u+\frac{\partial u}{\partial x}dx$, $v+\frac{\partial v}{\partial x}\cdot dx$가 된다.

이때 $\overline{a'b'}=dx+\frac{\partial u}{\partial x}dx$, $\overline{ab}$의 x축 방향의 변형률 $\varepsilon_x=\frac{(\overline{a'b'}-\overline{ab})}{\overline{ab}(=dx)}$이므로 식 (a)으로 된다.

$$\varepsilon_x=\frac{\left(dx+\frac{\partial u}{\partial x}dx\right)-dx}{dx}=\frac{\partial u}{\partial x} \tag{a}$$

$\overline{ac}$에 대한 $\overline{a'c'}=dy+\frac{\partial v}{\partial y}dy$, $\overline{ac}$의 y방향 변형률은 식 (b)로 된다.

또 전단변형률은 처음에는 직각인 $\angle bac$가 $\angle b'a'c'$로 변했기 때문에 생긴 각의 변화량으로 식 (c)로 된다.

$$\varepsilon_y=\frac{\partial v}{\partial y} \tag{b}$$

$$\gamma_{xy}=\angle bac-\angle b'a'c'=\left(\frac{\partial v}{\partial x}+\frac{\partial u}{\partial y}\right) \tag{c}$$

결국 위 식은 평면변형률상태에 있는 물체 내의 한 점에서의 변위성분과 변형률성분 사이의 관계를 나타내는 식이다. 지금 $x-y$축에 얻어진 ϵ_x, ϵ_y, τ_{xy}의 성분의 최대, 최소치를 구하기 위하여 3-1절의 공부한 좌표변환, 즉 θ 기울어진 $x'-y'$축에 관하여 $\epsilon_{x'}$, $\epsilon_{y'}$, τ'_{xy}를 [그림 3-7]과 같이 구하면 위의 세 가지 식은 식 (d)으로 된다.

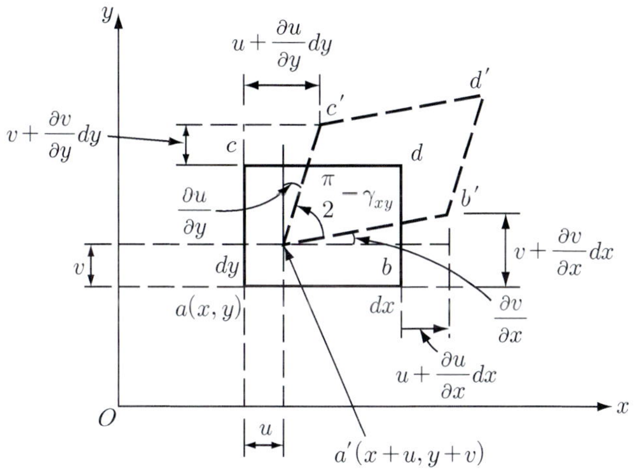

그림 3-6 평면변형률 상태

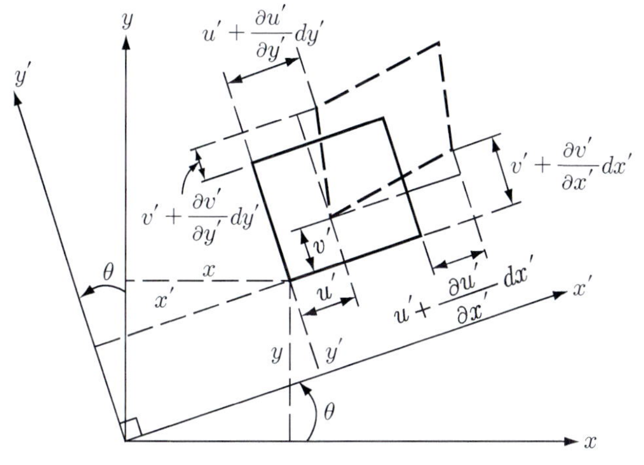

그림 3-7 평면변형의 좌표변환

$$\left.\begin{aligned} \varepsilon_{x'} &= \frac{\partial u'}{\partial x'} \\ \varepsilon_{y'} &= \frac{\partial v'}{\partial y'} \\ \gamma_{x'y'} &= \left(\frac{\partial v'}{\partial x'} + \frac{\partial u'}{\partial y'}\right) \end{aligned}\right\} \tag{d}$$

(참고 강제회전은 $\frac{\partial v'}{\partial x'} - \frac{\partial u'}{\partial y'} = w_Z$ 즉, Vortex)

식 (a)과 식 (d)과의 관계를 조사하여 보면 u', v'은 x', y'의 함수, 또는 x, y의 함수로 표시할 수 있다. 따라서 식 (d)는 chain's rule 즉, 연쇄법칙에 의해 식 (e)로 변환할 수 있다.

$$\varepsilon_{x'} = \frac{\partial u'}{\partial x'} = \frac{\partial u'}{\partial x} \cdot \frac{\partial x}{\partial x'} + \frac{\partial u'}{\partial y} \cdot \frac{\partial y}{\partial x'}$$

$$\varepsilon_{y'} = \frac{\partial v'}{\partial y'} = \frac{\partial v'}{\partial x} \cdot \frac{\partial x}{\partial y'} + \frac{\partial v'}{\partial y} \cdot \frac{\partial y}{\partial y'}$$

$$\gamma_{x'y'} = \left(\frac{\partial v'}{\partial x'} + \frac{\partial u'}{\partial y'}\right) = \left(\frac{\partial v'}{\partial x} \cdot \frac{\partial x}{\partial x'} + \frac{\partial v'}{\partial y} \cdot \frac{\partial y}{\partial x'}\right)$$

$$+ \left(\frac{\partial u'}{\partial x} \cdot \frac{\partial x}{\partial y'} + \frac{\partial u'}{\partial y} \cdot \frac{\partial y}{\partial y'}\right) \qquad \text{(e)}$$

또한 좌표축을 변환시킬 때 [그림 3-7]의 관계식에서 식 (f)로 정리된다.

$$\left.\begin{aligned} x &= x'\cos\theta - y'\sin\theta \\ y &= x'\sin\theta + y'\cos\theta \\ u' &= u\cos\theta + v\sin\theta \\ v' &= -u\sin\theta + v\cos\theta \end{aligned}\right\} \qquad \text{(f)}$$

식 (e)에 식 (f)를 대입하면 식 (g)로 변환된다.

$$\left.\begin{aligned} \varepsilon_{x'} &= \left(\frac{\partial u}{\partial x}\cos\theta + \frac{\partial v}{\partial x}\sin\theta\right)\cos\theta + \left(\frac{\partial u}{\partial y}\cos\theta + \frac{\partial v}{\partial y}\sin\theta\right)\sin\theta \\ &= \frac{\partial u}{\partial x}\cos^2\theta + \frac{\partial v}{\partial y}\sin^2\theta + \left(\frac{\partial v}{\partial x} + \frac{\partial u}{\partial y}\right)\sin\theta \cdot \cos\theta \end{aligned}\right\} \qquad \text{(g)}$$

이 방식으로 식 (g)를 정리하면 식 (3–8)로 된다.

$$\left.\begin{aligned} \varepsilon_{x'} &= \varepsilon_x\cos^2\theta + \varepsilon_y\sin^2\theta + \gamma_{xy}\sin\theta \cdot \cos\theta \\ &= \frac{\varepsilon_x + \varepsilon_y}{2} + \frac{\varepsilon_x - \varepsilon_y}{2}\cos 2\theta + \frac{\gamma_{xy}}{2}\sin 2\theta \\ \varepsilon_{y'} &= \frac{\varepsilon_x + \varepsilon_y}{2} - \frac{\varepsilon_x - \varepsilon_y}{2}\cos 2\theta - \frac{\gamma_{xy}}{2}\sin 2\theta \\ \frac{\gamma_{x'y'}}{2} &= -\frac{\varepsilon_x - \varepsilon_y}{2}\sin 2\theta + \frac{\gamma_{xy}}{2}\cos 2\theta \end{aligned}\right\} \qquad \text{(3–8)}$$

이 식에서 ε_x, ε_y, γ_{xy}는 알고 있는 값이므로 각 θ로 경사된 좌표축 방향의 변형률을 계산할 수 있다. 또, 이 식은 평면응력에 관한 식 (3–1)에 대응하는 식이고, 다만 τ_{xy}만은 $\gamma_{xy}/2$로 대응된다. 식 (3-8)에서 식 (h)가 유도된다.

$$\varepsilon_{x'} + \varepsilon_{y'} = \varepsilon_x + \varepsilon_y \tag{h}$$

$\varepsilon_{x'}$ 또는 $\varepsilon_{y'}$의 최대치 또는 최소치도 $d\varepsilon_{x'}/d\theta = 0$ 또는 $d\varepsilon_{y'}/d\theta = 0$에서 구할 수 있으며 역시 $\gamma_{x'y'} = 0$의 조건과 같음을 알 수 있다. 이때의 θ를 θ_n이라 하면 $\tan 2\theta_n = \gamma_{xy}/(\varepsilon_x - \varepsilon_y)$이며 θ_n의 값이 두 개 있어서 직교하는 두 방향을 나타낸다. $\varepsilon_{x'}$의 최대치, 최소치를 식 (3-9)와 같이 각각 ε_1, ε_2라 하면 이것을 주변형률(principal strain, 主變形率)이라 한다.

3-4 모어의 변형률원과 스트레인 게이지

모어의 응력원을 구하는 방법과 같이 두꺼운 물체가 대상인 경우에는 평면변형률이 생기는데 모어의 변형률원에서 구할 수 있다. 식 (3-8)을 3-2절과 같은 방식으로 활용하면 [그림 3-8]과 같이 변형률원을 그릴 수 있다. 이 원에서 ϵ_x의 최대치, 최소치를 각각 $\epsilon_!$, ϵ_2이다.

$$\left.\begin{aligned} \left.\begin{matrix} \varepsilon_1 \\ \varepsilon_2 \end{matrix}\right\} &= \frac{1}{2}(\varepsilon_x + \varepsilon_y) \pm \sqrt{\left(\frac{\varepsilon_x - \varepsilon_y}{2}\right)^2 + \left(\frac{\gamma_{xy}}{2}\right)^2} \\ \tan 2\theta_n &= \frac{\gamma_{xy}}{(\varepsilon_x - \varepsilon_y)} \end{aligned}\right\} \tag{3-9}$$

주변형률의 방향을 변형률의 주축(principal axis of strain)이라 하며, 이 주축에 대해서 45° 기울어진 축이 전단변형률이 최대가 되는 직교축이며 이 축을 최대 전단변형률 축(axis of maximum shear strain, 最大 剪斷變形率 軸) 이라 한다. 주축방향인 θ_n과 주축 1과 2는 [그림 3-8]과 같다.

이상의 결과를 평면응력과의 대응을 생각하면 이 변형률도 모어의 원으로 표시할 수 있음을 알 수 있다. 이 경우의 작도요령은 응력원의 경우와 같으며 수평축은 ε, 수직축은 $\gamma/2$이다.

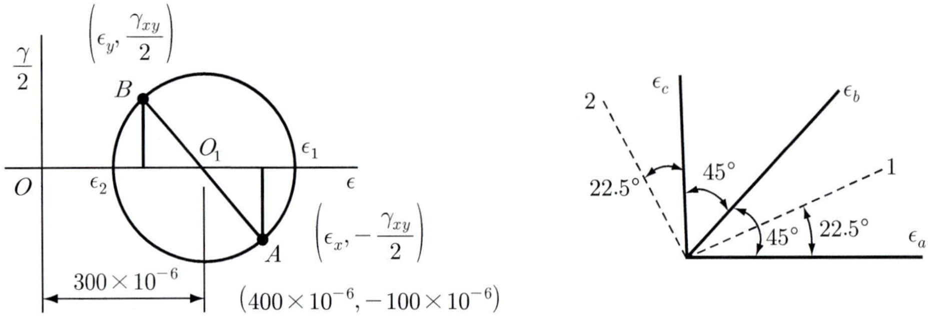

그림 3-8 모어의 변형률 원

[그림 3-8]과 같이 $(\varepsilon_x, -\gamma_{xy}/2)$는 A점, $(\varepsilon_y, \gamma_{xy}/2)$는 B점으로 정하고 AB가 지름이 되는 원을 작도하여 AB와 ε축과의 교점을 중심(점 O_1)으로 그리면 된다. 주축의 방향은 점A에서 반시계방향으로 ε_1까지 각도의 1/2이다. 따라서 주변형률 ε_1과 ε_2는 $\overline{OO_1}\pm$반지름이 됨을 알 수 있다.

변형률을 측정하는 방법에는 여러 가지가 있지만, 가장 많이 쓰이는 방법이 스트레인게이지(strain gage)를 사용하는 것이다. 이 방법은 크기가 작고 편리하며 정밀도가 좋아서 실용적으로 널리 보급되고 있으며, 여러 측정 장치 내에 부착되어 널리 사용되고 있다.
ε_x, ε_y 등 x, y축 방향의 ε은 스트레인 게이지로 쉽게 측정되지만 γ_{xy}는 아주 작은 양이라서 측정하기 어려워 x, y축 이외에 또 하나의 방향의 ε을 측정하여 세 방향의 스트레인을 측정한다. 이와 같이 한 점에서 세 방향(또는 그 이상)의 변형률을 측정하도록 조립되어 있는 스트레인 게이지의 짝을 **로제트(rosette)게이지**라 한다.

참고 ϵ_1, ϵ_2가 구해지면 Hooke의 법칙에 의하여 식 (3-10)과 같이 주응력 σ_1, σ_2을 얻을 수 있다.

$$\sigma_1 = \frac{E}{1-\nu^2}(\epsilon_1 + \nu\epsilon_2)$$
$$\sigma_2 = \frac{E}{1-\nu^2}(\epsilon_2 + \nu\epsilon_1) \qquad (3\text{-}10)$$

예제 3-2

응력을 받는 물체 내의 한 점의 평면변형률 상태에서 $\varepsilon_x = 500\times10^{-6}$, $\varepsilon_y = 140\times10^{-6}$, $\gamma_{xy} = 360\times10^{-6}$이다. 모어의 변형률 원을 작도하고 주변형률의 크기와 방향을 구하라.

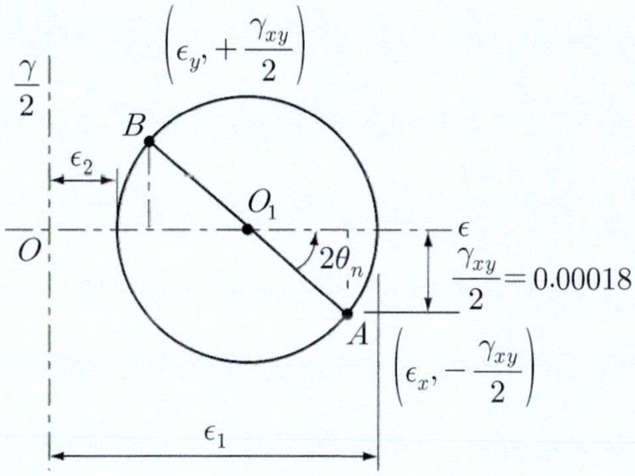

그림 2

풀이 중심점의 좌표

$$\frac{\varepsilon_x + \varepsilon_y}{2} = \frac{500+140}{2}\times10^{-6} = 320\times10^{-6}$$

$$\text{반지름} = \sqrt{\left(\frac{\varepsilon_x - \varepsilon_y}{2}\right)^2 + \left(\frac{\gamma_{xy}}{2}\right)^2} = 255\times10^{-6}$$

$$\begin{cases} \varepsilon_1 = 320\times10^{-6} + 255\times10^{-6} = 575\times10^{-6} \\ \varepsilon_2 = 320\times10^{-6} - 255\times10^{-6} = 65\times10^{-6} \\ \tan 2\theta_n = \dfrac{\gamma_{xy}}{\varepsilon_x - \varepsilon_y} = 1, \quad \theta_n = 22.5°(\text{반시계방향}) \end{cases}$$

예제 3-3

45°각의 로제트 게이지로 측정한 결과 $\varepsilon_x = 400\times10^{-6}$, $\varepsilon_y = 200\times10^{-6}$, $\gamma_{xy} = 200\times10^{-6}$이다. 주응력과 그 방향을 구하라. 단, $\nu = 0.3$, $E = 2.1\times10^4 kg_f/\text{mm}^2$

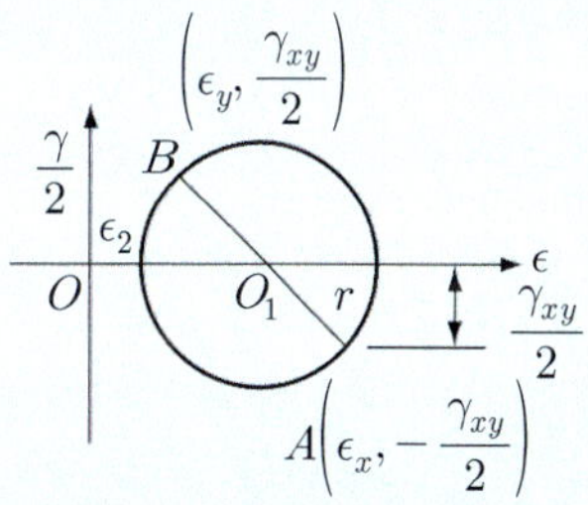

그림 3

풀이 주변형률을 아래와 같이

$\overline{OO_1} = \left(\dfrac{400+200}{2}\right)\times10^{-6}$, $R = 140\times10^{-6}$에서

주변형률을 구한다.

$$\varepsilon_1 = (300+140)\times10^{-6} = 440\times10^{-6}$$

$$\varepsilon_2 = (300-140)\times10^{-6} = 160\times10^{-6}$$

$\tan 2\theta_n = 1$, $\theta_n = 22.5°$로 반시계 방향의 곳에 ε_1이 있다.

주응력은 식 (5-10)에서 구한다.

$$\sigma_1 = \frac{E}{1-\nu^2}(\varepsilon_1 + \nu\varepsilon_2) = \frac{2.1\times10^4}{1-0.3^2}(440\times10^{-6} + 0.3\times160\times10^{-6}) = 11.3 kg_f/\text{mm}^2$$

$$\sigma_2 = \frac{E}{1-\nu^2}(\varepsilon_2 + \nu\varepsilon_1) = \frac{2.1\times10^4}{1-0.3^2}(160\times10^{-6} + 0.3\times440\times10^{-6}) = 6.7 kg_f/\text{mm}^2$$

3-5 탄성계수와 전단탄성계수와의 관계

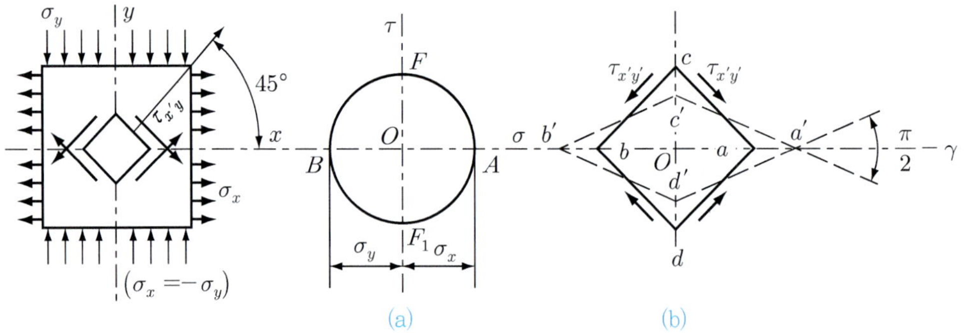

그림 3-9

[그림 3-9]와 같은 $\sigma_x = -\sigma_y$인 2축 응력상태에 있어 전단탄성계수 G, 영계수 E 및 푸아송비 ν의 관계식을 알아보자.

이 경우 모어의 응력원으로 도시하면 [그림 3-9(a)]와 같다. 즉, 최대전단응력은 두 주응력과 같고 이 주응력의 45° 경사진 요소 $acbd$의 측면에는 [그림 3-9(b)]와 같이 전단응력만이 작용하는 순수전단이 되어 마름모 $acbd$는 $a'c'b'd'$로 되므로 식 (3-11)이 성립된다. 단, $\sigma = \tau$이다.

$$Oa' = Oa + aa' = Oa(1+\varepsilon_x) = Oa[1+\frac{\sigma}{E}(1+\nu)]$$

$$\left.\begin{aligned} &= Oa[1+\frac{\tau}{E}(1+\nu)] \\ Oc' = Oc - cc' = Oc(1-\varepsilon_y) &= Oc[1-\frac{\tau}{E}(1+\nu)] \end{aligned}\right\} \tag{3-11}$$

$\Delta c'Oa'$의 기하학적 관계를 이용하면 $Oa = Oc$이므로 식 (3-12)가 성립된다.

$$\tan Oa'c' = \tan(\frac{\pi}{4} - \frac{\gamma}{2}) = \frac{Oc'}{Oa'} = \frac{Oc(1-\varepsilon_y)}{Oa(1+\varepsilon_x)} = \frac{1-\frac{\tau}{E}(1+\nu)}{1+\frac{\tau}{E}(1+\nu)}$$

$$\tan\left(\frac{\pi}{4} - \frac{\gamma}{2}\right) = \frac{\tan\frac{\pi}{4} - \tan\frac{\gamma}{2}}{1 + \tan\frac{\pi}{4} \cdot \tan\frac{\gamma}{2}} \fallingdotseq \frac{1-\frac{\gamma}{2}}{1+\frac{\gamma}{2}} \tag{3-12}$$

위 식을 비교하면 E, G, ν를 연결하는 식 (3-13)의 중요한 식을 얻을 수 있다. 철강의 경우 $E = 2.1 \times 10^4 kg_f/\mathrm{mm}^2$, $\nu = 0.3$이므로 $G = 0.8 \times 10^4 kg_f/\mathrm{mm}^2$가 된다.

$$\frac{1-\frac{\gamma}{2}}{1+\frac{\gamma}{2}} = \frac{1-\frac{\tau}{E}(1+\nu)}{1+\frac{\tau}{E}(1+\nu)}, \quad \frac{\tau}{E}(1+\nu) = \frac{\gamma}{2}$$

$$\gamma = \frac{\tau}{G}, \quad \frac{\gamma}{2} = \frac{\tau}{2G} = \frac{\tau}{E}(1+\nu)$$

$$\therefore G = \frac{E}{2(1+\nu)} \tag{3-13}$$

예제 3-4

예제 3-1과 같은 응력상태에서 모어의 원을 작도하고, 주응력과 최대전단응력을 구하라.

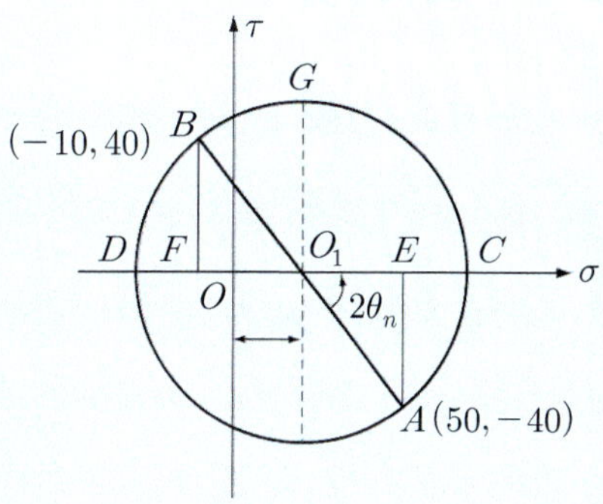

그림 4

풀이 [그림 4]와 같은

(1) $\sigma-\tau$ 좌표에서 x면의 응력상태, σ_x, τ_{xy}를 A점에 잡는다.

(2) y면의 응력상태 σ_y, τ_{xy}를 B점에 잡는다.

(3) 선분 $\overline{AB}$를 그어 모어원의 중심 O_1을 구한다.

$\overline{OO_1} = \dfrac{\sigma_x + \sigma_y}{2} = \dfrac{50-10}{2} = 20\,\mathrm{MPa}$

$\overline{O_1E} = 50 - 20 = 30\,\mathrm{MPa}$

$\overline{AE} = 40\,\mathrm{MPa}$

$R = AO_1 = \sqrt{(30)^2 + (40)^2} = 50\mathrm{MPa}$

주응력

$\sigma_1 = \overline{OC} = \overline{OO_1} + \overline{O_1C} = 20 + 50 = 70\,\mathrm{MPa}$

$\sigma_2 = \overline{OD} = \overline{OO_1} - \overline{O_1D} = 20 - 50 = -30\,\mathrm{MPa}$

$\tan 2\theta_n = \dfrac{\overline{AE}}{\overline{O_1E}} = \dfrac{40}{30} = \dfrac{4}{3}$

$2\theta_n = 53.1° \quad \therefore \theta_n = 26.6°$

최대전단응력은 주응력과 수직을 이루는 $\overline{O_1G}$가 된다.

즉, $\overline{O_1G} = 50\mathrm{MPa}$이다.

예제 3-5

일반적으로 연성재료는 전단에 약하고 취성재료는 인장에 약하다. 취성재료로 된 원형 단면봉을 비틀었을 때 축과 45° 방향으로 파단면이 생기는데, 그 이유를 알아보자.

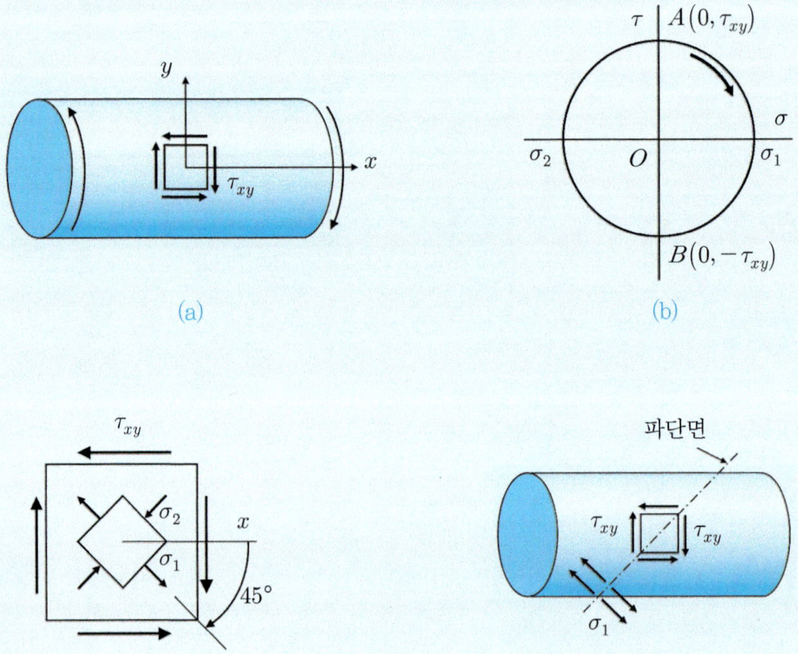

(a) (b) (c) (d)

그림 5

풀이 이 경우는 [그림 5]와 같은 비틀림에 의한 순수전단(pure shear) 상태가 되며, 모어의 응력원으로 다음과 같이 구해보자.

(1) $\sigma - \tau$ 좌표에 x면의 응력상태$(0,\ \tau_{xy})$를 점 A로 잡는다.

(2) y면의 응력상태를 $(0,\ -\tau_{xy})$를 점 B로 한다.

(3) $\overline{AB}$를 지름으로 하는 원을 그리면 [그림 5(b)]처럼 모어의 응력원이 된다.

(4) 주응력 $\sigma_1 = \tau_{xy}$, $\sigma_2 = -\tau_{xy}$, σ_1과 σ_2는 점 A에서 90°, 따라서 A에서 σ_1쪽으로, [그림 5(c)]처럼 x축에서 45° 방향에 σ_1이 있다. 취성재료는 인장에 약하므로 σ_1의 방향으로 σ_1이 커지면 파단이 생긴다. 따라서 [그림 5(d)]의 점선에 따라 파단면이 생긴다.

(5) [그림 5(d)]는 45°로 파단된 취성재료의 실물의 형상을 예시한 것이다.

3-6 탄성법칙

등방성(isotropic, 等方性)인 탄성체에 있어서 응력성분 σ_x, σ_y, σ_z, τ_{xy}, τ_{yz}, τ_{zx}와 변형률 성분 ε_x, ε_y, ε_z, γ_{xy}, γ_{yz}, γ_{zx}와의 사이에는 식 (3-14)와 같은 일반화된 후크 법칙이 성립한다.

$$\left.\begin{aligned} \varepsilon_x &= \frac{1}{E}(\sigma_x - \nu\sigma_y - \nu\sigma_z),\ \gamma_{xy} = \frac{1}{G}\tau_{xy} \\ \varepsilon_y &= \frac{1}{E}(\sigma_y - \nu\sigma_z - \nu\sigma_x),\ \gamma_{yz} = \frac{1}{G}\tau_{yz} \\ \varepsilon_z &= \frac{1}{E}(\sigma_z - \nu\sigma_x - \nu\sigma_y),\ \gamma_{zx} = \frac{1}{G}\tau_{zx} \end{aligned}\right\} \tag{3-14}$$

$$G = \frac{E}{2(1+\nu)} \tag{3-15}$$

식 (3-14)는 행렬(matrix)의 형으로 식 (3-16)과 같이 표시된다.

$$\begin{Bmatrix} \varepsilon_x \\ \varepsilon_y \\ \varepsilon_z \\ \gamma_{xy} \\ \gamma_{yz} \\ \gamma_{zx} \end{Bmatrix} = \frac{1}{E}\begin{bmatrix} 1 & -\nu & -\nu & 0 & 0 & 0 \\ -\nu & 1 & -\nu & 0 & 0 & 0 \\ -\nu & -\nu & 1 & 0 & 0 & 0 \\ 0 & 0 & 0 & 2(1+\nu) & 0 & 0 \\ 0 & 0 & 0 & 0 & 2(1+\nu) & 0 \\ 0 & 0 & 0 & 0 & 0 & 2(1+\nu) \end{bmatrix}\begin{Bmatrix} \sigma_x \\ \sigma_y \\ \sigma_z \\ \tau_{xy} \\ \tau_{yz} \\ \tau_{zx} \end{Bmatrix} \tag{3-16}$$

또, 이를 간단히 표시하면 식 (3-17)과 같다.

$$\{\varepsilon\} = \frac{[\nu]}{E}\{\sigma\} = [C^e]\{\sigma\} \tag{3-17}$$

식 (3-17)을 역변환해서, $\{\sigma\}$를 $\{\varepsilon\}$으로 나타내는 관계를 구해보면 간단히 식 (3-18)으로 된다.

$$\{\sigma\} = E[\nu]^{-1}\{\varepsilon\} = [D^e]\{\varepsilon\} = [C^e]^{-1}\{\varepsilon\} \tag{3-18}$$

여기서 $[D^e]$는 $[C^e]$의 역매트릭스에 해당한다. $[C^e]^{-1}$의 윗 첨자 (−1)은 역(逆)매트릭스의 기호이며, $[D^e]$는 응력 변형률 매트릭스(stress strain matrix)라 부른다.

(1) 평면응력

z방향의 주응력 $\sigma_z = 0$인 경우($\tau_{zx} = \tau_{yz} = 0$)를 평면응력(plane stress, 平面應力) **의 상태라 한다(단 평면응력은 $\sigma_z = 0$이지만 $\varepsilon_z \neq 0$인 것에 주의할 것).** 이 경우를 **2축 응력상태**라 하며 이때 식 (3-14)에서 $\sigma_z = 0$를 취하면 식 (3-19)로 된다.

$$\left.\begin{aligned} \varepsilon_x &= \frac{1}{E}(\sigma_x - \nu\sigma_y) \\ \varepsilon_y &= \frac{1}{E}(\sigma_y - \nu\sigma_x) \\ \gamma_{xy} &= \frac{1}{G}\tau_{xy} \\ \varepsilon_z &= -\frac{\nu}{E}(\sigma_x + \sigma_y) \end{aligned}\right\} \tag{3-19}$$

또한, 이를 식 (3-16)과 같이 매트릭스로 표시하면 식 (3-20)과 같다.

$$\begin{Bmatrix} \varepsilon_x \\ \varepsilon_y \\ \gamma_{xy} \end{Bmatrix} = \frac{1}{E}\begin{bmatrix} 1 & -\nu & 0 \\ -\nu & 1 & 0 \\ 0 & 0 & 2(1+\nu) \end{bmatrix} \begin{Bmatrix} \sigma_x \\ \sigma_y \\ \tau_{xy} \end{Bmatrix} \tag{3-20}$$

이 식을 간단히 표시하면 식 (3-21)로 된다.

$$\begin{aligned} \{\varepsilon\} &= [C^e]\{\sigma\} \\ \{\sigma\} &= [D^e]\{\varepsilon\} \end{aligned} \tag{3-21}$$

두께가 비교적 얇은 물체가 힘을 받는 경우는 해석상 평면응력으로 취급되며 지금까지 배워왔던 문제는 모두 평면응력의 문제이었고, 앞으로도 특별히 기술하는 3축응력 상태를 제외하고는 모두 이에 해당한다.

(2) 평면변형률

z방향의 주변형률 $\varepsilon_z = 0$인 경우를 평면변형률((plane strain, 平面變形率) 상태에 있다고 한다(평면변형률은 $\varepsilon_z = 0$이지만 $\sigma_z \neq 0$인 것에 주의할 것). 즉, 재료의 한 요소가 ε_x, ε_y 및 γ_{xy}만을 받고 있을 때를 말한다. 이때 시 (3-14)의 ε_z식에서 σ_z를 구해보면

식 (a)으로 된다.

$$\sigma_z = \nu(\sigma_x + \sigma_y) \tag{a}$$

이것을 식 (3-14)의 ε_x식에 대입하면 식 (b), (c)로 된다.

$$\begin{aligned}\varepsilon_x &= \frac{1}{E}\left[\sigma_x - \nu\sigma_y - \nu^2(\sigma_x + \sigma_y)\right] = \frac{1}{E}\left[(1-\nu^2)\sigma_x - (\nu+\nu^2)\sigma_y\right] \\ &= \frac{1-\nu^2}{E}\left(\sigma_x - \frac{\nu}{1-\nu}\sigma_y\right)\end{aligned} \tag{b}$$

$$E' = \frac{E}{1-\nu^2}, \quad \nu' = \frac{\nu}{1-\nu} \tag{c}$$

식 (b)는 식 (3-19)의 식과 같은 형으로 되고, 식 (d)으로 된다.

$$\left.\begin{aligned}\varepsilon_x &= \frac{1}{E'}(\sigma_x - \nu'\sigma_y) \\ \varepsilon_y &= \frac{1}{E'}(\sigma_y - \nu'\sigma_x), \quad \gamma_{xy} = \frac{1}{G}\tau_{xy}\end{aligned}\right\} \tag{d}$$

$$\frac{E'}{2(1+\nu')} = \frac{E}{1-\nu^2}\,\frac{1}{2\left(1+\dfrac{\nu}{1-\nu}\right)} = \frac{E}{2(1+\nu)} = G \tag{e}$$

식 (d)는 식 (3-19)와 동일한 성질의 식이다. 이와 같이 평면변형률을 해석해 보면 그 결과가 평면응력의 경우가 닮았음을 알 수 있으며, σ_z의 값이 $\varepsilon_z = 0$임에도 불구하고 0이 아니다. **두께가 얇은 물체가 평면응력으로 취급하는데 반하여 두꺼운 물체는 평면변형률, 즉 3축 응력상태로 취급하여 해를 구한다.**

〈표 3-1〉에는 평면응력과 평면변형률의 관계를 요약, 비교하여 정리하였다.

» 표 3-1 평면응력과 평면변형률의 비교

	평면응력	평면변형률
	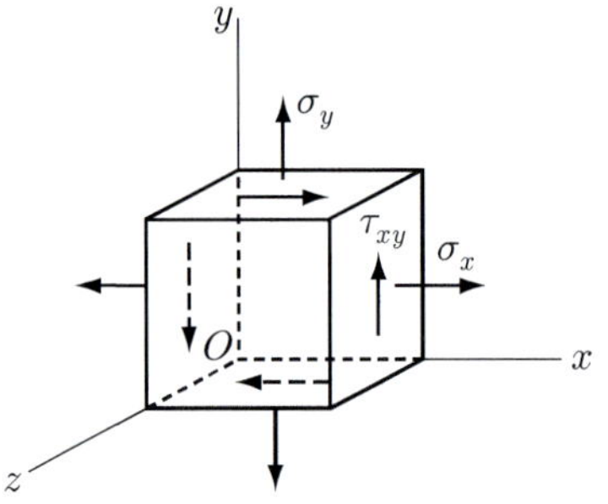	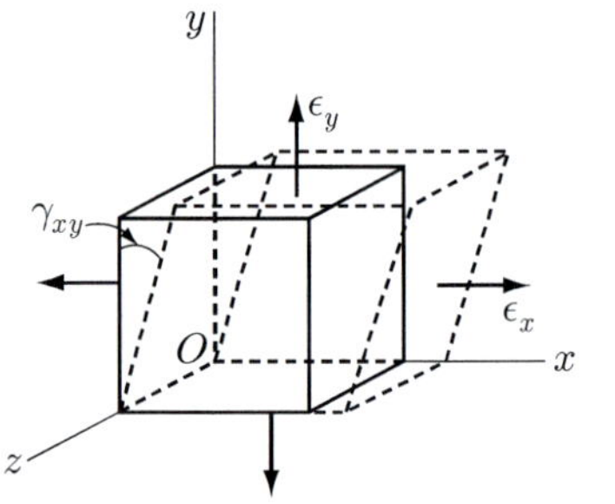
응력성분	$\sigma_z=0,\ \tau_{xz}=0,\ \tau_{yz}=0$ $\sigma_x,\ \sigma_y,\ \tau_{xy}\neq 0$	$\tau_{xz}=0,\ \tau_{yz}=0$ $\sigma_x,\ \sigma_y,\ \sigma_z,\ \tau_{xy}\neq 0$
변형률 성분	$\gamma_{xz}=0,\ \gamma_{yz}=0$ $\epsilon_x,\ \epsilon_y,\ \epsilon_z,\ \gamma_{xy}\neq 0$	$\epsilon_z=0,\ \gamma_{xz}=0,\ \gamma_{yz}=0$ $\epsilon_x,\ \epsilon_y,\ \gamma_{xy}\neq 0$

예제 3-6

미소입방체에 x방향으로 σ_x의 인장응력이 있을 때 z방향은 변형이 자유로우나 y방향은 구속되어 움직이지 못할 때 σ_x/ε_x와 $\varepsilon_z/\varepsilon_x$를 계산하라.

풀이 z방향에는 주어진 응력이 없고 자유로이 움직일 수 있으므로 저항력도 없다. y방향은 주어진 응력은 없으나 구속되어 있으므로 수축되지 않고 인장인 평면응력상태로 된다.

$$\left.\begin{aligned} \varepsilon_x &= \frac{1}{E}(\sigma_x-\nu\sigma_y-0) \\ \varepsilon_y &= \frac{1}{E}(\sigma_y-0-\nu\sigma_x)=0 \\ \varepsilon_z &= \frac{1}{E}(0-\nu\sigma_x-\nu\sigma_y) \end{aligned}\right\} \quad \begin{aligned} &\sigma_y=\nu\sigma_x \\ &\varepsilon_x=\frac{1}{E}(\sigma_x-\nu^2\sigma_x)=\frac{1-\nu^2}{E}\sigma_x \end{aligned}$$

$$\varepsilon_z=-\frac{\nu}{E}(\sigma_x+\nu\sigma_x)=-\frac{\nu(1+\nu)}{E}\cdot\frac{E\varepsilon_x}{(1-\nu^2)}=-\frac{\nu\varepsilon_x}{1-\nu}$$

$$\therefore \frac{\sigma_x}{\varepsilon_x}=\frac{E}{1-\nu^2},\quad -\frac{\varepsilon_z}{\varepsilon_x}=\frac{\nu}{1-\nu}$$

예제 3-7

입방체 요소에 x, y, z축 방향으로 σ_x, σ_y, σ_z의 응력이 있을 때 체적증가률을 응력으로 표시하라.

(풀이) 미소요소의 체적 $V = dx \cdot dy \cdot dz$이 요소의 팽창된 체적 V'

$$V' = dx(1+\varepsilon_x) \cdot dy(1+\varepsilon_y) \cdot dz(1+\varepsilon_z) \fallingdotseq [1+(\varepsilon_x+\varepsilon_y+\varepsilon_z)]dxdydz$$

(단, 고차량은 생략)

체적팽창률은 식 (1)로 된다.

$$\frac{\Delta V}{V} = \frac{V'-V}{V} = \frac{(1+\varepsilon_x+\varepsilon_y+\varepsilon_z)dxdydz - dxdydz}{dxdydz} = \varepsilon_x+\varepsilon_y+\varepsilon_z \quad (1)$$

이 식에 식 (3-14)를 대입하면 식 (2)로 된다.

$$\varepsilon_x+\varepsilon_y+\varepsilon_z = \frac{(1-2\nu)}{E}(\sigma_x+\sigma_y+\sigma_z) \quad (2)$$

특수한 경우로서 유체압 같은 등압의 경우는 식 (3), (4)로 되고 식 (5)인 체적탄성계수(bulk modulus) k가 성립된다.

$$\sigma_x = \sigma_y = \sigma_z = -p : \varepsilon_x = \varepsilon_y = \varepsilon_z = -\frac{p}{E}(1-2\nu) \quad (3)$$

$$\varepsilon_x+\varepsilon_y+\varepsilon_z = -\frac{3(1-2\nu)}{E}p = -\frac{p}{k} \quad (4)$$

$$k = \frac{E}{3(1-2\nu)} \quad (5)$$

3-7 얇은 원통 및 구형의 압력용기

(1) 내압을 받는 원통형 압력용기

[그림 3-10(b)]과 같이 두께가 얇은 원통이 내압 p를 받고 있는 경우, 축 대칭으로 균일하게 팽창하므로 전단응력은 없고 사각형요소에는 원주방향응력(circumferential stress) σ_1과 축방향응력(axial stress) σ_2가 모두 인장응력으로 [그림 3-10(b)]와 같이 있게 된다.

(참고 압력 $p(kg_f/\text{cm}^2, \text{lb/in}^2, \text{N/m}^2)$은 응력과 같은 차원이므로 하중 $P(kg_f$, lb, N)과 구별할 것)

먼저 원주방향 응력 σ_1을 구하기 위하여 [그림 3-10(c)]와 같이 요소의 FBD를 작도하고 식 (3-22)와 같이 평형방정식을 적용시킨다. $d\theta$ 사이에 있는 원통은 내압 p로 인한 작용력(action force)은 $prd\theta$(단위길이의 원통에서 원주길이 $r \cdot d\theta$가 되는 요소의 표면적은 $rd\theta \cdot 1$)은, 요소의 원주방향 반력(reaction force) S(인장력)와 같다.

이 S의 n방향 분력은 $S \cdot \sin\frac{d\theta}{2}$, 좌우 두 개가 있고, $d\theta$는 미량이므로 $S \cdot \sin\frac{d\theta}{2}$ $\fallingdotseq S \cdot d\theta$이다.

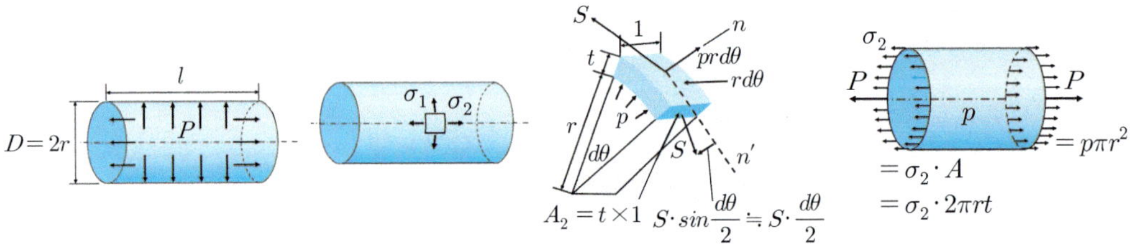

(a) (b) (c) (d)

그림 3-10 얇은 원통의 응력

따라서 n방향의 평형방정식은 식 (3-22)로 된다.

$$\sum P_n = 0 : S \cdot d\theta = prd\theta \qquad \therefore S = pr$$

$$\sigma_1 = \frac{S}{A_2} = \frac{pr}{t \times 1} = \frac{pr}{t} \tag{3-22}$$

이 σ_1값은 [그림 3-11]과 같이 또 다른 방법으로 구할 수 있다. 즉, FBD에서 z축에 관한 힘의 평형조건을 생각하면 된다.

$$\sum F_z = 0 : \sigma_1(2tdx) - p(2rdx) = 0 \quad \therefore \ \sigma_1 = \frac{pr}{t} \tag{3-23}$$

다음 [그림 3-10(d)]에서 힘의 평형관계를 적용한다. 즉 작용력인 축방향 힘 $P = p\pi r^2$이고, 이 힘에 대한 반력은 단면적 $A_1 = 2\pi r \cdot t$에서 생긴다. 따라서 축방향응력 σ_2는 식 (3-24)과 같다.

$$\therefore \ \sigma_2 = \frac{P}{A_1} = \frac{p\pi r^2}{2\pi r \cdot t} = \frac{pr}{2t} \tag{3-24}$$

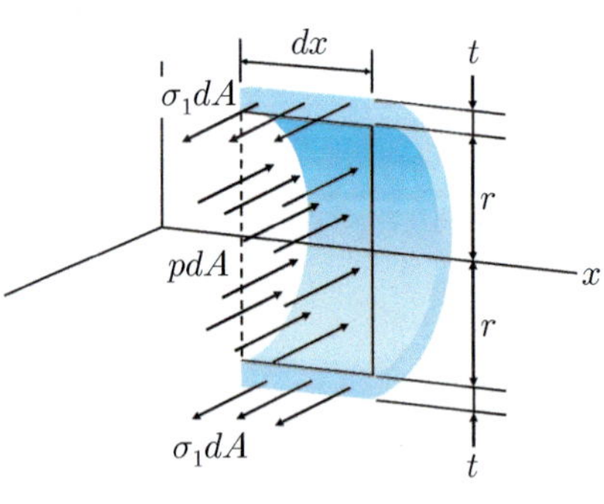

그림 3-11

즉, 원주방향응력 σ_1은 축방향응력 σ_2의 2배가 됨을 알 수 있다.

$$\sigma_1 = 2\sigma_2 \tag{3-25}$$

따라서 **고압으로 작동되는 원통형 보일러나 압력용기의 설계에는 반드시 원주방향의 응력이 축방향 응력의 2배가 되도록 제작하게 된다.**

(2) 구형의 압력용기

[그림 3-12(a)]와 같이 내경 r, 벽두께 t인 구형 압력용기가 내부압력 p를 받는 경우를 생각해 보자. 구형 용기는 대칭성 때문에 구의 바깥 표면에 작용하는 응력은 모두 식 (3-26)과 같다.

$$\sigma_1 = \sigma_2 \tag{3-26}$$

[그림 3-12(b)]와 (b′)로부터 FBD에서 수평방향의 힘의 평형을 취하면 식 (3-27)를 얻는다.

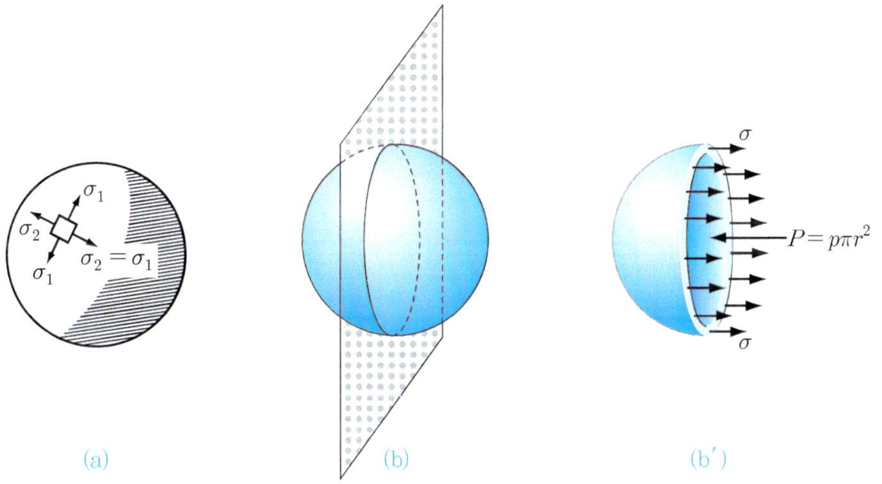

그림 3-12 구형의 압력용기

$$\sum P_x = 0\,;\ \sigma_2(2\pi rt) - p(\pi r^2) = 0 \quad \therefore \sigma_1 = \sigma_2 = \frac{pr}{2t} \tag{3-27}$$

따라서 **구형 압력용기는 원통형 압력용기보다 2배의 큰 힘을 견딜 수 있으므로, 고압형 가스 저장고, LNG수송선에는 구형의 용기가 널리 사용되고 있다.**

(3) 얇은 원통이 회전하는 경우

[그림 3-13]과 같이 원통축이 각속도 ω로 회전 할 때 단위면적의 원심력을 f라 하면 내압을 받는 원통의 문제와 똑같다. 따라서 내압 p 대신 원심력 f로 바꾸어 생각하면 된다. 지금 원통재료의 비중량을 $\gamma kg_f/\mathrm{cm}^3$라 하면, f의 값은 식 (3-28)로 된다.

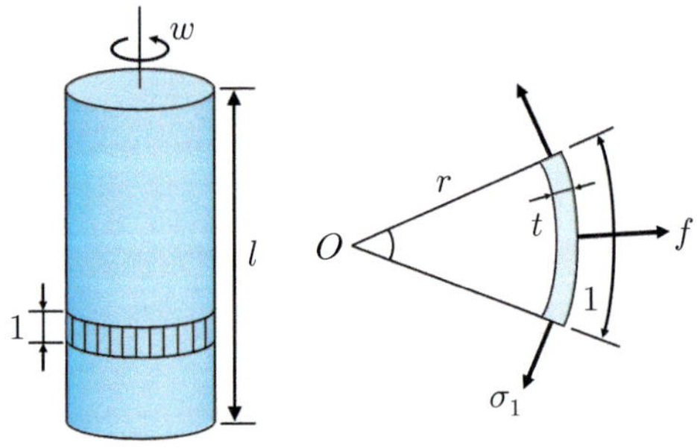

그림 3-13 얇은 원통의 회전

$$f = \frac{\gamma t}{g} r\omega^2 \tag{3-28}$$

단, g는 중력가속도 $\mathrm{cm/sec^2}$이다. 식 (3-22)에서 σ_1은 식 (3-29)로 된다.

$$\sigma_1 = \frac{fr}{t} = \frac{\gamma}{g} r^2\omega^2 = \frac{\gamma}{g} v^2 \tag{3-29}$$

단, $v = rw$, 회전수를 n rpm이면 아래 식으로 된다.

$$w = 2\pi n/60\ (\mathrm{rad/sec})$$

$$v = r \cdot w = \frac{\pi r n}{30} (\mathrm{cm/sec})$$

따라서 식 (3-29)은 식 (3-30)로 된다.

$$\sigma_1 = \frac{\gamma \pi^2 r^2 n^2}{900g} \tag{3-30}$$

(4) 외압을 받는 얇은 원통

외압을 받을 때는 식 (3-22), (3-24)의 p대신 $-p$를 대입되고 이때 σ_1, σ_2는 압축응력이 된다. 그러나 이렇게 생각할 수 있는 것은 외압 p가 작은 경우일 뿐이고 외압 p가 어느 크기가 되면 **σ의 값이 비록 탄성한계 이하일지라도 탄성변형을 일으켜 일부는 회복되지만 나머지는 남아서 [그림 3-14]와 같은 형태로 원형이 찌그러지게 되는 좌굴**

(buckling) **현상**이 생긴다. 이러한 얇은 원통의 좌굴을 **압궤**(collapse)라고 하며, 이때 외압 p의 한계치는 압궤압력 p_k라 한다.

압궤는 원통의 지름 D와 길이 l의 비 l/D에 따라 변화하며 [그림 3-14]와 같은 모양으로 분류한다. [그림 3-14(a)]는 l/D가 클 때, [그림 3-14(c)]는 l/D가 작을 때의 모양이다. p_k를 구하는 방법은 생략하고 식 (3-31)처럼 몇 가지 실험결과와 식을 소개한다.

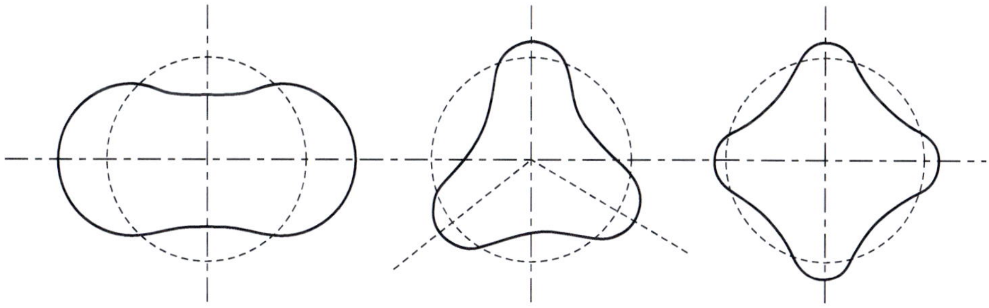

그림 3-14 얇은 원통의 압궤형태

$$\left.\begin{aligned} p_k &= \frac{3}{8}\frac{E}{1-\nu^2}\left(\frac{t}{D}\right)^3 (Unwin-Morley\text{의 식}) \\ p_k &= 5,700\frac{t^{2.19}}{lD}(l<6D\text{의 범위에서})(\text{Fair}-\text{Bairn의 식}) \end{aligned}\right\} \quad (3-31)$$

단, t : 원통 두께(cm), l : 원통 길이(cm), D : 원통 지름(cm), p_k : 압궤 압력(kg_f/cm^2), ν : 푸아송 비

3-8 두꺼운 벽면을 가진 실린더

내압, 외압을 받는 두꺼운 벽면을 가진 실린더는 반경방향 응력, 접선방향 응력을 받고, 또한 실린더는 길이방향 응력도 받을 수 있다. 즉, 총기의 총열, 고압의 유압 실린더, 고압액체를 수송하는 파이프 등은 두꺼운 벽 두께가 고려되어야 한다. 반경방향 응력 $\sigma_r(=\sigma_1)$, 접선방향 응력 $\sigma_t(=\sigma_2)$를 결정하기 위해 실린더의 길이방향을 따라 변형량은 일정하다고 가정한다. 또 다른 표현으로 응력을 받은 후에 실린더의 오른쪽 영역의 평면은 변하지 않고 평면으로

남아있다고 가정한다. [그림 3-15(a)]는 실린더의 내부 반지름을 a, 바깥반지름 b, 내부압력 p_i, 외부압력 p_o로 표시한 그림이다. [그림 3-15(b)]와 같이 실린더의 중심으로부터 반경 r만큼 떨어진 위치에서 단위 두께를 갖는 반원 링 형상의 미소 요소를 고려해보자. 수직방향의 힘의 합을 0이라 하면 다음과 같은 식을 얻는다.

$$2\sigma_t dr + 2\sigma_r r - 2(\sigma_r + d\sigma_r)(r + dr) = 0 \qquad \text{(a)}$$

크기가 작은 고차항을 무시하여 단순화 하면 다음과 같다.

$$\sigma_t - \sigma_r - r\frac{d\sigma_r}{dr} = 0 \qquad \text{(b)}$$

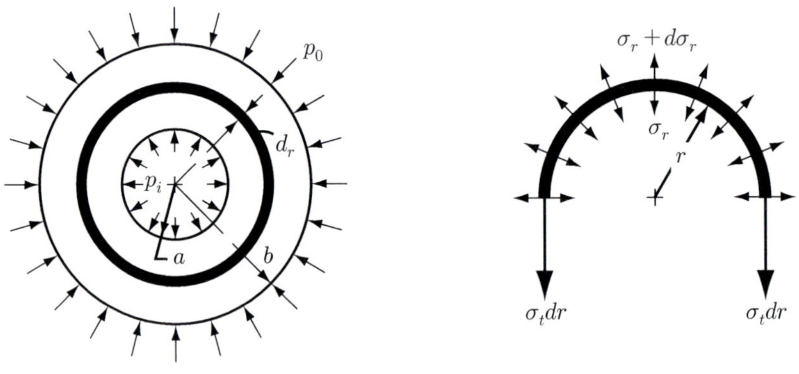

그림 3-15 두꺼운 벽면을 갖는 실린더

식 (b)에는 두 개의 미지수 σ_t, σ_r가 있기 때문에 한 개의 식이 더 필요하다. 또 하나의 식은 길이방향의 변형이 일정하다는 가정으로부터 얻을 수 있다. σ_t, σ_r이 인장일 때 양의값이고 응력과 변형률의 관계식은 다음과 같다.

$$\epsilon_l = -\frac{\nu\sigma_t}{E} - \frac{\nu\sigma_r}{E} \qquad \text{(c)}$$

ν는 프와송비이고 ϵ_l는 축 방향 변형률이다. 이 값들은 일정하기 때문에 식 (c)는 다음과 같이 형태로 재배열될 수 있다.

$$-\frac{E\epsilon_l}{\nu} = \sigma_t + \sigma_r = 2C_1 \tag{d}$$

식 (b)와 (d)를 이용하여 σ_t를 제거하면 다음과 같다.

$$r\frac{d\sigma_r}{dr} + 2\sigma_r = 2C_1 \tag{e}$$

식 (e)에 r을 곱하면 다음과 같다.

$$r^2\frac{d\sigma_r}{dr} + 2r\sigma_r = 2rC_1 \tag{f}$$

$r^2\sigma_r$을 미분하면 다음과 같다.

$$\frac{d}{dr}\left(r^2\sigma_r\right) = r^2\frac{d\sigma_r}{dr} + 2r\sigma_r \tag{g}$$

그러므로 방정식 (f)는 다음과 같이 바꿀 수 있다.

$$\frac{d}{dr}(r^2\sigma_r) = 2rC_1 \tag{h}$$

위 식을 적분하면 다음과 같다.

$$r^2\sigma_r = r^2C_1 + C_2 \tag{i}$$

C_2는 적분상수이다. 양 변을 r^2로 나누어 주면 다음과 같다.

$$\sigma_r = C_1 + \frac{C_2}{r^2} \tag{j}$$

이 값을 식 (d)에 대입하면 다음을 얻는다.

$$\sigma_t = C_1 - \frac{C_2}{r^2} \tag{k}$$

적분상수의 값을 구하기 위해 실린더의 경계조건을 이용한다.

$$\sigma_r = \begin{cases} -p_i & at\ r = a \\ -p_o & at\ r = b \end{cases}$$

이 값들을 식 (j)에 대입하면 다음과 같이 표현된다.

$$-p_i = C_1 + \frac{C_2}{a^2} \qquad -p_o = C_1 + \frac{C_2}{b^2} \tag{l}$$

두 식을 이용하여 적분상수를 구하면 다음과 같다.

$$C_1 = \frac{p_i a^2 - p_o b^2}{b^2 - a^2} \qquad C_2 = \frac{a^2 b^2 (p_o - p_i)}{b^2 - a^2} \tag{m}$$

이 값을 식 (j)와 (k)에 대입하면 다음과 같다.

$$\sigma_t = \frac{p_i a^2 - p_o b^2 - a^2 b^2 (p_o - p_i)/r^2}{b^2 - a^2} \tag{3-32}$$

$$\sigma_r = \frac{p_i a^2 - p_o b^2 + a^2 b^2 (p_o - p_i)/r^2}{b^2 - a^2} \tag{3-33}$$

위 식은 Lamé에 의해 유도 되었으며, Lamé의 방정식이라고도 부른다. 이 식의 양의 응력은 인장, 음의 응력은 압축을 나타낸다. 외부 압력이 0일 경우를 고려해보자. $p_o = 0$을 방정식 (3-32), (3-33)에 대입하면 다음을 얻는다.

$$\sigma_t = \frac{a^2 p_i}{b^2 - a^2}\left(1 + \frac{b^2}{r^2}\right) \tag{3-34}$$

$$\sigma_r = \frac{a^2 p_i}{b^2 - a^2}\left(1 - \frac{b^2}{r^2}\right) \tag{3-35}$$

[그림 3-16]은 위 식에 따른 두꺼운 벽면의 응력분포를 나타낸다. 최대 응력은 $r = a$인 안쪽벽면에서 발생하고 그 크기는 다음과 같다.

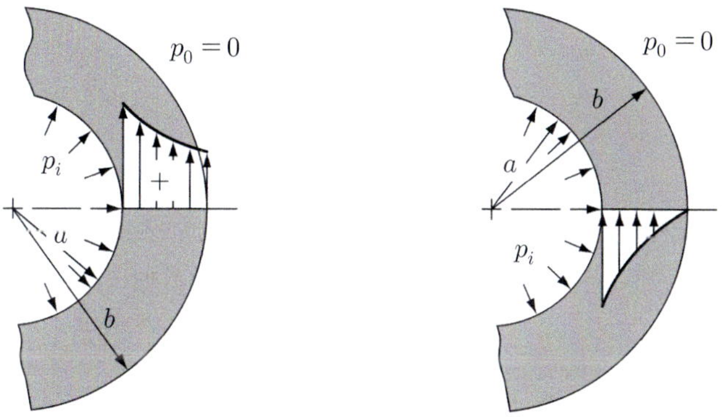

(a) 접선방향 응력 분포 (b) 원주방향 응력 분포

그림 3-16

$$\sigma_t = p_i \frac{b^2 + a^2}{b^2 - a^2} \qquad \sigma_r = -p_i$$

오직 외부압력만 받을 때 즉, $p_i = 0$일 때 각 응력은 다음과 같다.

$$\sigma_{it} = \frac{-p_o b^2 - a^2 b^2 \cdot p_0 / r^2}{b^2 - a^2} = \frac{-p_0 b^2}{b^2 - a^2}\left(1 + \frac{a^2}{r^2}\right)$$

$$\sigma_{ir} = \frac{-p_o b^2 + a^2 b^2 \cdot p_0 / r^2}{b^2 - a^2} = \frac{-p_0 b^2}{b^2 - a^2}\left(1 - \frac{a^2}{r^2}\right)$$

$$\sigma_t = -p_o \frac{b^2 + a^2}{b^2 - a^2} \qquad \sigma_r = -p_o$$

프레스 압입 및 열박음의 경우

[그림 3-17]과 같이 두 개의 실린더를 열박음(가열끼워 맞춤, shrinkage fit) 또는 프레스 압입(press fit)에 의해 조립되었을 때, 접촉응력은 두 부품 사이에서 생긴다. 그 압력으로 생기는 응력은 앞 식에서 계산될 수 있다. 접촉압력 p는 반지름 b에서 서로 요소사이에 발생하고, 각 요소에 맞닿는 부분에서 반경방향 응력 $\sigma_r = -p$가 발생한다. 이때 내부요소의 접선방향응력은 식 (3-36), 바깥쪽 요소의 내부표면의 접선방향응력은 식 (3-37)이 된다.

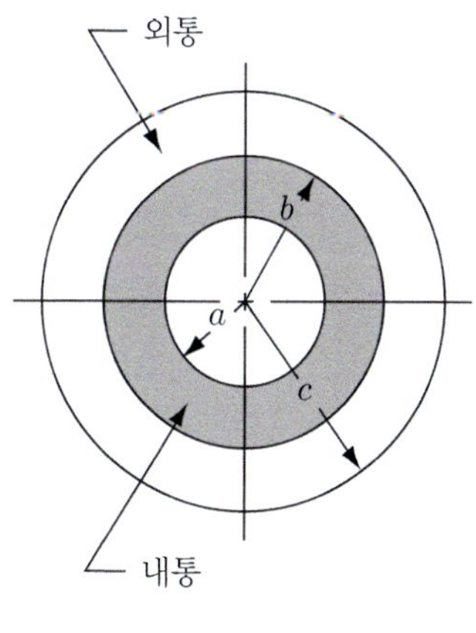

그림 3-17

$$\sigma_{it} = -p\frac{b^2 + a^2}{b^2 - a^2} \tag{3-36}$$

$$\sigma_{ot} = p\frac{c^2 + b^2}{c^2 - b^2} \tag{3-37}$$

열박음 할 때 인서트(insert, male)의 직경이 링(ring, female) 직경보다 미소량 δ만큼 크며, 이 차이를 간섭(interference)이라 하며 보통 경험에 의하여 정한다.

- **가열끼워맞춤 : 상온에서 내통의 외경이 외통의 내경보다 미소하게 큰 원통은 상온 상태에서 조립되지 않는다. 그러나 외통을 가열시켜 끼워 맞춘 후 냉각시키면 외통이 수축하면서 일체로 조립되어 외통은 내통에 압축응력을 생기게 하는 것으로 공업적으로 대포, 총신의 끝부분 등 여러 분야에 응용된다.**

δ_o = hole반경의 증가

δ_i =내부 실린더 반경의 감소

바깥 실린더의 내부직경에서 접선방향의 변형률 $\epsilon_{ot} = \dfrac{2\pi(b+\delta_o) - 2\pi b}{2\pi b} = \dfrac{\delta_o}{b}$이다.

$$\delta_o = b\epsilon_{ot} \tag{a}$$

$\epsilon_{ot} = \dfrac{\sigma_{ot}}{E_o} - \dfrac{\nu\sigma_{or}}{E_o}$이면

식 (3-36), (3-37)으로부터 $\delta_o = \dfrac{bp}{E_o}\left(\dfrac{c^2+b^2}{c^2-b^2} + \nu\right)$ (b)

이것은 바깥쪽 실린더의 반경 증가량이다. 비슷한 방법으로 감소량을 구할 수 있다.

$$\delta_i = -\frac{bp}{E_i}\left(\frac{b^2+a^2}{b^2-a^2} - \nu\right) \tag{c}$$

따라서 총 변형량 δ는 식 (3-38)로 된다.

$$\delta = \delta_o - \delta_i = \frac{bp}{E_o}\left(\frac{c^2+b^2}{c^2-b^2}+\nu_o\right)+\frac{bp}{E_i}\left(\frac{b^2+a^2}{b^2-a^2}-\nu_i\right) \tag{3-38}$$

이 방정식은 δ가 주어졌을 때 압력 p를 구할 수 있다. 만약 두 요소가 같은 재질이면, $E_o = E_i = E$이고 관계식은 식 (3-39)처럼 간단해진다.

$$p = \frac{E\delta}{b}\left[\frac{(c^2-b^2)(b^2-a^2)}{2b^2(c^2-a^2)}\right] \tag{3-39}$$

식 (3-36), (3-37)에 p를 대입하면 바깥 실린더의 내부 표면, 내부 실린더의 바깥표면에서의 접선방향 응력이 구해진다. 그리고 식 (3-32), (3-33)에 둘 중 어느 실린더의 어떤 점에서 얻은 응력으로 p를 알기위하여 식 (3-38), (3-39)도 사용될 수 있다.

예제 3-8

[그림 6]은 두 개의 링이 가열끼워맞춤 되어있는 것을 나타낸 것이다. 바깥쪽 링의 내부표면의 접선방향응력(σ_{ot})이 10kpsi일 때, 다음을 구하여라. (단, $E = 30\times 10^6$)

(a) 바깥쪽 링의 초기 치수를 구하여라.

(b) 각 링의 응력분포를 도시하여라.

풀이 (a) 식 (3-37)로부터 접촉압력을 구할 수 있다.

$$p = \sigma_{ot}\frac{c^2-b^2}{c^2+b^2} = (10000)\frac{(1.5)^2-(1)^2}{(1.5)^2+(1)^2} = 3850psi$$

식 (3-39)를 변형시키면 변형량을 구할 수 있다.

$$\delta = \frac{bp}{E}\frac{2b^2(c^2-a^2)}{(c^2-b^2)(b^2-a^2)} = \frac{(1)(3850)(2)(1)^2[(1.5)^2-(0.5)^2]}{(30)(10)^6[(1.5)^2-(1)^2][(1)^2-(0.5)^2]} = 0.000548\,in$$

각 링의 치수는 다음과 같다.

안쪽 링의 외경 $= 2.00000\,in$

바깥쪽 링의 내경 $= 2.00000-(2)(0.000548) = 1.998904\,in$

(b) 우선 바깥쪽 링의 응력을 구해보면, 바깥쪽 링은 내부압력 $p_i = 3850psi$와 외부압력 $p_o = 0psi$인 상태이다. 식 (3-34)와 (3-35)를 이용하여 응력을 구할 수 있다. 이 식에서 $a = 1in$, $b = 1.5in$이고 r은 1과 1.5 사이의 값이다. 예를 들어, $r = 1.1$을 대입하여 응력을 구하면 다음과 같다.

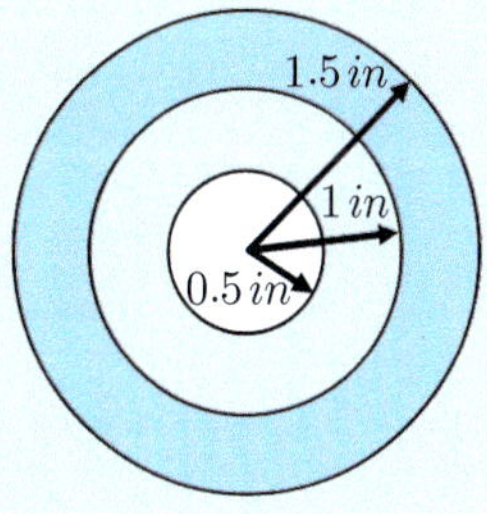

그림 6

$$\sigma_{ot} = \frac{a^2 p_i}{b^2 - a^2}\left(1 + \frac{b^2}{r^2}\right) = \frac{(1)^2(3850)}{(1.5)^2 - (1)^2}\left[1 + \frac{(1.5)^2}{(1.1)^2}\right] = 8810psi$$

$$\sigma_{or} = \frac{a^2 p_i}{b^2 - a^2}\left(1 - \frac{b^2}{r^2}\right) = \frac{(1)^2(3850)}{(1.5)^2 - (1)^2}\left[1 - \frac{(1.5)^2}{(1.1)^2}\right] = -2650psi$$

같은 방식으로 다른 r값에 대한 응력의 값은 〈표 3-2〉와 같다.

» 표 3-2 바깥 링의 접선방향응력과 반경방향응력

반경(r, in)	접선방향응력(σ_{ot}, psi)	반경방향응력(σ_{or}, psi)
1.0	10000	-3850
1.1	8810	-2650
1.2	7900	-1740
1.3	7180	-950
1.4	6630	-460
1.5	6160	0

마찬가지로, 식 (3-32)와 (3-33)를 이용하여 안쪽 링의 응력을 구할 수 있다. 이 식에 내부압력 $p_i = 0$이고 외부압력 $p_o = p$을 대입하면 다음과 같은 식을 얻을 수 있다.

$$\sigma_{it} = -\frac{pb^2}{b^2 - a^2}\left(1 + \frac{a^2}{r^2}\right)$$

$$\sigma_{ir} = -\frac{pb^2}{b^2 - a^2}\left(1 - \frac{a^2}{r^2}\right)$$

이 식에서 $a = 0.5in$, $b = 1in$이고 r은 0.5와 1 사이의 값이다. 접촉압력은 $p = 3850psi$이다. r값에 따른 각 응력의 값은 〈표 3-3〉과 같다. 또한, 각 링의 응력분포는 [그림 7]과 같다.

» 표 3-3 안쪽 링의 접선방향응력과 반경방향응력

반경(r, in)	접선방향응력(σ_{it}, psi)	반경방향응력(σ_{ir}, psi)
0.5	-10300	0
0.6	-8720	-1570
0.7	-7750	-2520
0.8	-7160	-3130
0.9	-6730	-3560
1.0	-6420	-3850

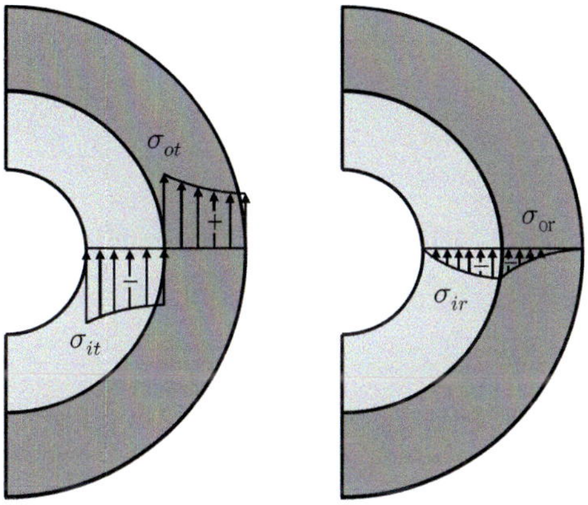

그림 7

예제 3-9

내압 p를 받는 지름 $d=2r$인 얇은 원통의 원주방향응력을 식 (3-22)와 다른 별법으로 구하라.

풀이 [그림 8]과 같이 압력 p로 인한 연직방향(위로)의 힘의 총합계 P는 식 (a)와 같다.

$$2\int_0^{\frac{\pi}{2}} p \cdot rd\theta \cdot \sin\theta = 2pr \tag{a}$$

이러한 힘에 대하여 원통벽은 B와 C 단면에서 인장력 P가 생겨 저항한다. 즉, 식 (b)로 되어 평형을 이룬다.

$$2P = 2pr \tag{b}$$

따라서 원통벽의 원주응력 σ_1(B 또는 C 단면의 단면적 $A=t\times 1$)은 식 (c)로 된다.

$$\therefore \sigma_1 = \frac{P}{A} = \frac{pr}{t} \tag{c}$$

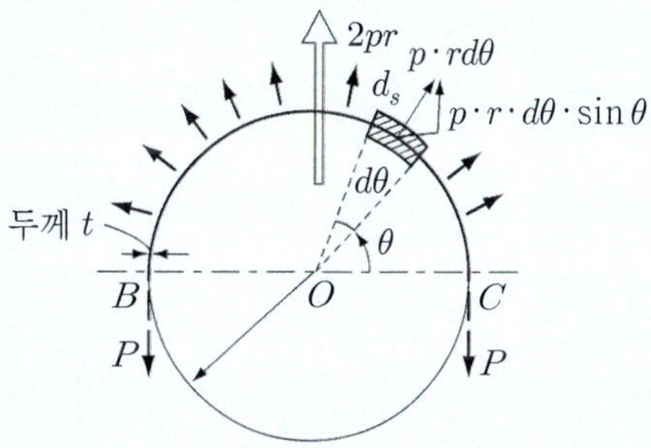

그림 8

예제 3-10

내통이 동, 외통이 강으로 된 얇은 조합원통이 있다. 외통의 안지름은 내통의 바깥지름보다 δ만큼 작아서 가열끼워맞춤(shrinkage fit)하여 조립하였다. 따라서 두 개 원통 사이에 압력 p가 생기는데 그 때 두 원통의 응력을 Lamé의 방정식을 이용하여 구하라. 동과 강의 원통의 두께를 각각 t_C, t_S(접촉면의 지름 d)라 한다.

풀이 동과 강 원통의 응력은 각각 σ_C, σ_S라 하면 식 (1)이 성립된다.

$$\sigma_C = \frac{p}{t_C}\left(\frac{d}{2}\right), \quad \sigma_S = \frac{p}{t_S}\left(\frac{d}{2}\right) \tag{1}$$

내통의 바깥지름 감소량은 후크 법칙을 응용하면 식 (2), (3)으로 된다.

$$\left.\begin{aligned} \delta_1 &= \frac{\sigma_C}{E_C}\, d = \frac{pd^2}{2t_C E_C} \\ \delta_2 &= \frac{\sigma_S}{E_S}\, d = \frac{pd^2}{2t_S E_S} \text{ (외통의 안지름 증가량)} \end{aligned}\right\} \tag{2}$$

$$\delta = \delta_1 + \delta_2 = \frac{pd^2}{2}\left(\frac{1}{t_C E_C} + \frac{1}{t_S E_S}\right) \tag{3}$$

여기서 원통 사이의 압력 p는 식 (3)에서 식 (4)로 유도된다.

$$\therefore p = \frac{2\delta t_S E_S}{d^2\left(1 + \dfrac{t_S E_S}{t_C E_C}\right)} \tag{4}$$

Lamé 식 (3-32)와 (3-33)을 정리한 것이 식 (5)와 (6)이다.

$$\sigma_{it} = -p_o \frac{b^2 + a^2}{b^2 - a^2} \qquad \sigma_{ir} = -p_o \tag{5}$$

$$\sigma_{ot} = p_i \frac{b^2 + a^2}{b^2 - a^2} \qquad \sigma_{or} = -p_i \tag{6}$$

$$a = d - t_C \qquad b = d \qquad c = d + t_S$$

따라서 식 (4)의 p를 식 (5), (6)에 대입하면 외통과 내통의 응력이 다음과 같이 구해진다.

$$\sigma_{it} = -\frac{2\delta t_S E_S}{d^2\left(1 + \dfrac{t_S E_S}{t_C E_C}\right)} \frac{d^2 + (d - t_C)^2}{d^2 - (d - t_C)^2} \qquad \sigma_{ir} = -\frac{2\delta t_S E_S}{d^2\left(1 + \dfrac{t_S E_S}{t_C E_C}\right)}$$

$$\sigma_{ot} = \frac{2\delta t_S E_S}{d^2\left(1 + \dfrac{t_S E_S}{t_C E_C}\right)} \frac{d^2 + (d - t_C)^2}{d^2 - (d - t_C)^2} \qquad \sigma_{or} = -\frac{2\delta t_S E_S}{d^2\left(1 + \dfrac{t_S E_S}{t_C E_C}\right)}$$

예제 3-11

지름 25cm의 얇은 링이 회전하고 있다. $\sigma_{al}=98\,\mathrm{MPa}$로 해서 링에 주어지는 최대각속도 ω를 구하라. 또 이때의 n 및 원주속도 v를 구하라. 단, 재료의 밀도를 7.8로 한다.

풀이 $\sigma_1=\dfrac{\gamma}{g}r^2\omega^2=\sigma_{al}$, 이 식에서 ω^2를 구한다.

$$\sigma_1=98\mathrm{MPa}=98\times10^6\mathrm{N/m^2}=98\times10^6 kg_f/\mathrm{m}\cdot\mathrm{s}^2$$

$$\gamma=\rho g=1{,}000\times7.8\times9.8=76{,}440\mathrm{N/m^3}$$

$$\omega^2=\frac{4\times98\times10^6(kg_f\cdot\mathrm{m}^{-1}\cdot\mathrm{s}^{-2})}{76{,}440(\mathrm{N/m^3})\times25^2\times10^{-4}(\mathrm{m}^2)}=0.8041\times10^6\mathrm{s}^{-2}$$

$$\therefore\ \omega=897rad/s,\ \omega=\frac{2n\pi}{60},\ v=\frac{d\omega}{2}\ \text{단, } n=\mathrm{rpm}$$

$$\begin{cases} n=\dfrac{60\omega}{2\pi}\equiv8{,}563\,\mathrm{rpm} \\[2ex] v=\dfrac{25\times10^{-2}\mathrm{m}\times897\mathrm{s}^{-1}}{2}=112\mathrm{m/s} \end{cases}$$

3-9 코일스프링(coiled helical spring)

전단과 비틀림을 동시에 받는 경우가 코일 스프링이다. 이 스프링은 축하중을 받았을 때 스프링의 각 단면이 [그림 3-18]과 같이 힘 P와 모멘트 $P\cdot r$를 받게 되는데 P는 전단력이고 $\mathrm{P}\cdot\mathrm{r}$는 비틀림모멘트가 되며 스프링은 비틀림을 받게 된다. 전단면의 응력은 P로 인한 전단응력과 τ_1과 $T(=\mathrm{P}\cdot\mathrm{r})$로 인한 표면의 전단응력 τ_2가 된다.

$$\tau_1=\frac{4P}{\pi d^2},\quad \tau_2\left(=\frac{T}{Z}\right)=\frac{16\mathrm{Pr}}{\pi d^3} \tag{3-40}$$

이 두 응력은 코일 안쪽에서 합쳐져서 식 (3-41)처럼 최대전단응력이 된다[그림 3-18(c)].

$$\tau_{\max}=\tau_1+\tau_2=\frac{16\mathrm{Pr}}{\pi d^3}\left(\frac{d}{4r}+1\right) \tag{3-41}$$

그림과 같이 스프링 중간에 ds의 미소부분을 생각하여 이 ds부분의 T로 인한 비틀림각을 $d\phi$라 한다. ds의 단면과 스프링 끝점 B를 연결하는 길이를 e라 할 때 $d\phi$로 인한 회전길이 BB'은 $e\cdot d\phi$이다.

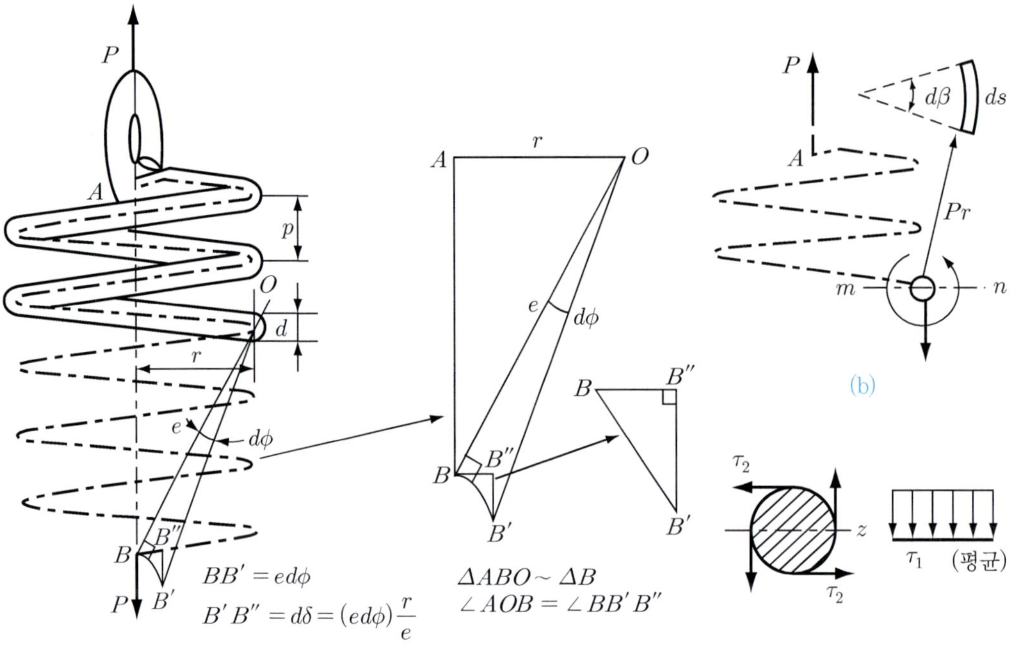

그림 3-18 부하후의 코일 스프링

이것이 수직변위 $\overline{B'B''}$ $(e : r = BB' : B'B'')$인 $d\delta = (e \cdot d\phi)(r/e) = r \cdot d\phi$가 된다. 즉, ds가 비틀어지면서 스프링 끝점이 $d\delta$만큼 수직으로 변위하였다. 이 ds의 코일중심각 (수평면에서)을 $d\beta$라 하면 $ds = r \cdot d\beta$이므로(코일 한 바퀴의 $\beta = 2\pi$) 코일의 전체 변위 δ는 식 (3-42)로 된다.

$$\delta = \int r \cdot d\phi = \int_0^1 r \frac{T \cdot ds}{G \cdot I_p} = \int_0^{2\pi n} r \frac{\Pr \cdot r \cdot d\beta}{G \frac{\pi d^4}{32}} = \frac{64nP\,r^3}{Gd^4} \tag{3-42}$$

단, l : 코일의 길이, n : 감은 수$(l = 2\pi r \cdot n)$

스프링의 능력을 말할 때는 단위길이의 변위에 (하중방향으로) 요하는 힘으로 표시하는데 이 값은 식 (3-43)과 같으며 스프링상수(spring constant) k라고 하며 스프링의 강성을 나타낸다.

$$k = \frac{P}{\delta} = \frac{Gd^4}{64nr^3} \tag{3-43}$$

예제 3-12

지름 4cm의 원형단면보가 [그림 9]와 같이 압축력과 토크를 받을 때 C단면 점 D의 주응력과 최대전단응력을 구하라.

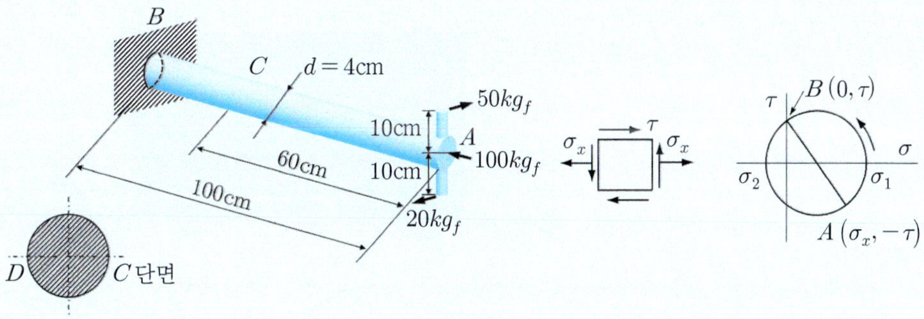

그림 9

풀이 압축력 $P = 100kg_f$, 비틀림모멘트 $T = 50 \times 10 + 20 \times 10 = 700\,kg_f \cdot \text{cm}$, C단면의 굽힘모멘트는 다음과 같이 구한다.

$$M_C = (50 - 20) \times 60 = 1{,}800(kg_f \cdot \text{cm})$$

$$\sigma_x = -\frac{P}{A} + \frac{M}{Z} = -\frac{4 \times 100}{\pi(4)^2} + \frac{32 \times 1{,}800}{\pi(4)^3} = 278.7(kg_f \cdot cm)$$

$$\tau = \frac{16T}{\pi d^3} = \frac{16 \times 700}{\pi(4)^3} = 55.7(kg_f/\text{cm}^2)$$ (단, 굽힘에 의한 τ는 0이다.)

모어원을 그려보면, 점 $A(\sigma_x, -\tau)$, 점 $B(0, \tau)$로 되고

중심 $= \sigma_x/2 = 139.3$, 반지름$= \sqrt{(139.3)^2 + (55.7)^2} = 150.1$

$$\begin{cases} \sigma_1 = 139.3 + 150.1 = 289.4(kg_f/\text{cm}^2) \\ \sigma_2 = -10.73(kg_f/\text{cm}^2) \\ \tau_{\max} = 150.1(kg_f/\text{cm}^2) \\ \Phi_n = \frac{1}{2}\tan^{-1}\frac{55.8}{139.3} = 10.89°(\text{반시계방향}, x\text{축에서}) \end{cases}$$

연습문제

3-1 예제 3-1에서 최대전단응력이 작용하는 단면에서의 수직응력을 구하라.

답: 20MPa

3-2 문제 1에서 최대전단응력이 발생하는 면을 구하라.

답: θ_t =-18.4°

3-3 평면응력상태에 있는 요소가 [그림 1]과 같이 응력 σ_x=−10,500psi, σ_y=3,400psi, 그리고 τ_{xy}=5,800psi를 받고 있다. x축으로부터 각 θ=60° 회전한 요소에 작용하는 응력을 결정하라.

답: $\sigma_{x'}$= 4,950psi, $\tau_{x'y'}$= 3,120psi, $\sigma_{y'}$= -12,050psi

3-4 [그림 2]와 같은 응력상태에서 다음을 구하라.

(1) 주응력면과 주응력

(2) 주어진 요소를 x축에서 반시계방향으로 30° 회전시켜 얻어진 요소의 응력성분

답: (1) $\theta_n = 33.7°$ ↷, $\sigma_1 = 132\text{MPa}$, $\sigma_2 = 28\text{MPa}$ (2) $\sigma_{x'} = 48.4\text{MPa}$, $\sigma_{y'} = 11.6\text{MPa}$, $\tau_{x'y'} = 41.3\text{MPa}$

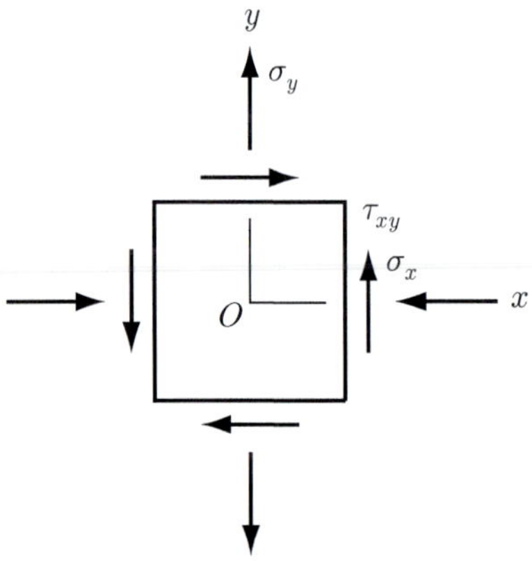

그림 1

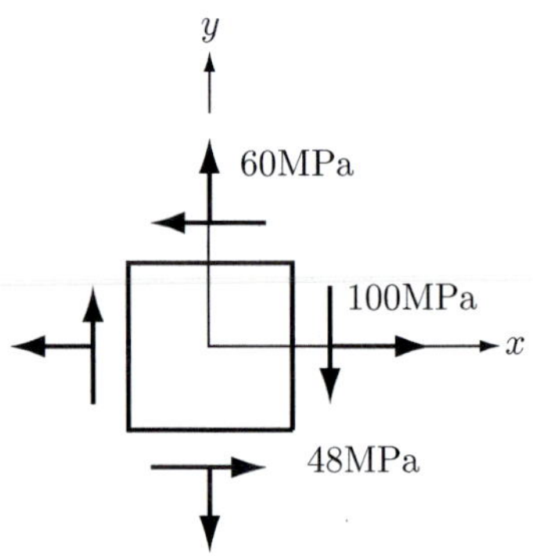

그림 2

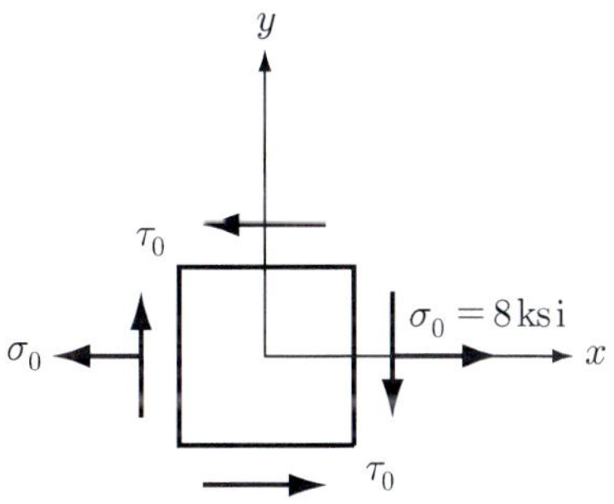

그림 3

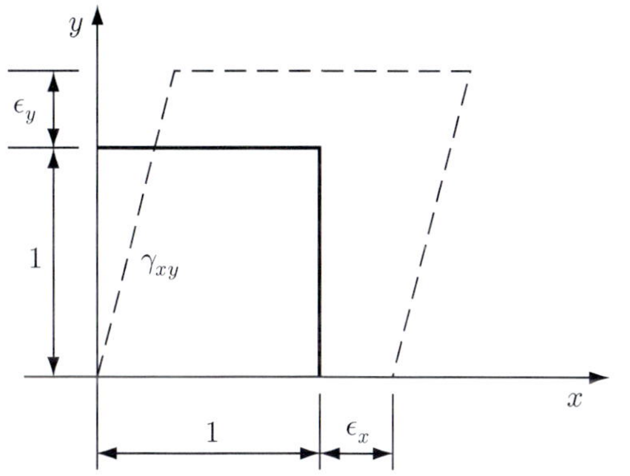

그림 4

3-5 [그림 3]과 같은 응력상태에서 최대수직응력이 10ksi일 때 전단응력 τ_0를 구하고 최대전단응력을 구하라. $\tau_0 = 4.47\,\text{ksi}$, $\tau_{max} = 6\,\text{ksi}$

3-6 평면변형을 받는 재료의 요소가 [그림 4]와 같은 변형률을 가진다.

$\varepsilon_x = 230 \times 10^{-6}$, $\varepsilon_y = 510 \times 10^{-6}$, $\gamma_{xy} = 180 \times 10^{-6}$, $\theta = 40°$

만큼 반시계 방향으로 회전한 요소에 대한 변형률을 계산하라.

답: $\varepsilon_{x'} = 434 \times 10^{-6}$, $\varepsilon_{y'} = 306 \times 10^{-6}$, $\gamma_{x'y'} = 307 \times 10^{-6}$

3-7 문제 3-6을 $\varepsilon_x = 430 \times 10^{-6}$, $\varepsilon_y = -170 \times 10^{-6}$, $\gamma_{xy} = 310 \times 10^{-6}$에 대해서 풀어라.

답: $\varepsilon_{x'} = 335 \times 10^{-6}$, $\varepsilon_{y'} = -75 \times 10^{-6}$

3-8 식 (3-14)의 변형률성분을 응력성분으로 나타내어라.

3-9 체적탄성계수 $k = \dfrac{E}{3(1-2\nu)}$로부터 푸아송비의 이론적인 최대값은 얼마인가?

3-10 단면에 관한 도심의 주축이란 무엇인가?

3-11 도심을 지나는 임의 직교축 z, y에 관한 단면의 관성모멘트 I_z, I_y와 주축 I_1, I_2 사이에는 $I_z + I_y = I_1 + I_2$의 관계가 있음을 증명하여라.

3-12 [그림 5]의 단면에서 도심주축을 구하라.

답: $I_1 = 33,600\text{mm}^4$, $I_2 = 3,800\text{mm}^4$, $42°17'$

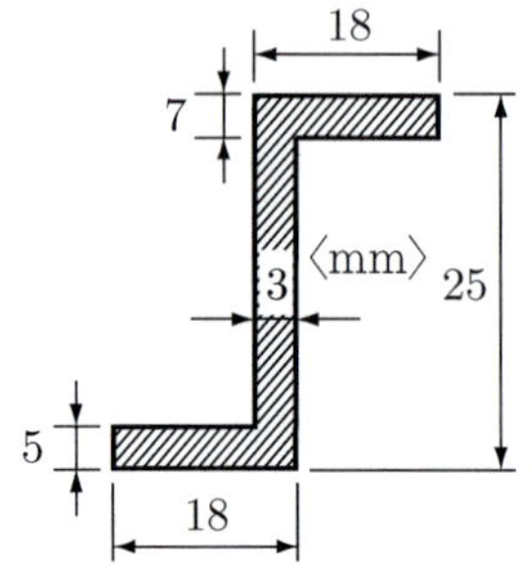

그림 5

3-13 평면응력상태에 있는 요소가 알고 있는 각 θ만큼 회전되었다. 회전된 요소상에 수직응력과 전단응력은 [그림 6, 7]에서 보는 바와 같은 크기와 방향을 가진다. xy 축에 평행한 요소의 면에 작용하는 수직응력과 전단응력을 결정하라. 즉, σ_x, σ_y 그리고 τ_{xy}를 결정하라.

[그림 6] $\begin{bmatrix} \sigma_x = -30,000\text{psi}, \\ \tau_{xy} = -7,000\text{psi}, \\ \sigma_y = -10,000\text{psi} \end{bmatrix}$

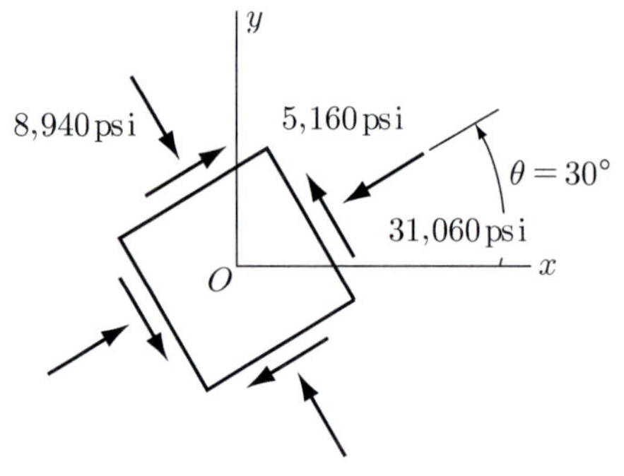

[그림 7] $\begin{bmatrix} \sigma_x = +30\text{MPa}, \\ \tau_{xy} = -12\text{MPa}, \\ \sigma_y = -10\text{MPa} \end{bmatrix}$

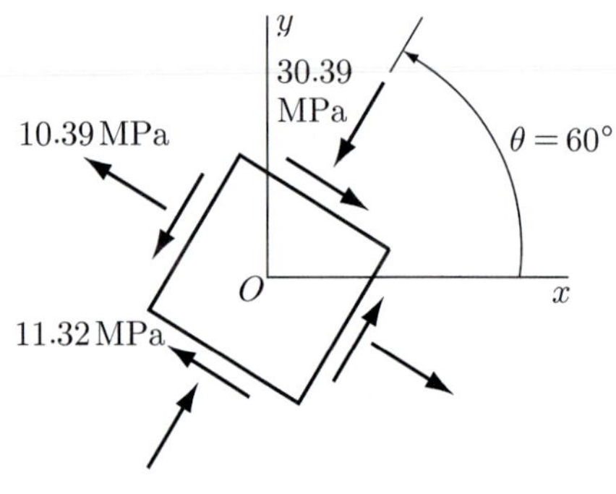

3-14 문제 3-13을 모어의 응력원으로 풀어라.

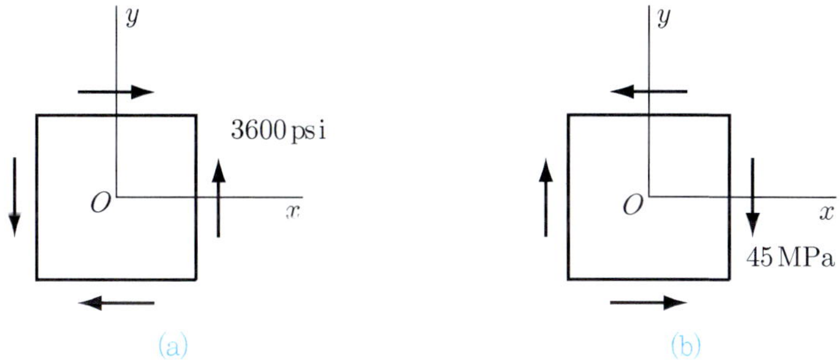

그림 8

3-15 순수전단상태에 있는 요소가 [그림 8(a), (b)]에서 보는 바와 같이 응력τ_{xy}를 받고 있다. 모어응력원을 사용하여, (1) x축으로부터 $\theta = 75°$만큼 회전한 요소에 작용하는 응력과 (2) 주응력을 결정하라. 그 결과를 적당히 회전시킨 요소의 그림에 그려 보여라.

답: (a) $\sigma_{x'} = 1,800\text{psi}$, $\sigma_{y'} = -1,800\text{psi}$, $\tau_{x'y'} = -3,120\text{psi}$
$\tau_{x'y'} = 3,120psi$, $\sigma_1 = 3,600\text{psi}$, $\sigma_2 = -3,600\text{psi}$
(b) $\sigma_{x'} = -22.5\text{MPa}$, $\sigma_{y'} = 22.5\text{MPa}$, $\tau_{x'y'} = 39.0\text{MPa}$
$\sigma_2 = 45\text{MPa}$, $\sigma_1 = 45\text{MPa}$, $\tau_{x'y'} = -39\text{MPa}$

3-16 다음 [그림 9]와 [그림 10]에서 두 평면응력상태를 각각 중첩한 평면응력상태에 대한 주응력면과 주응력을 구하라.

답: (A) $\theta_n = \frac{1}{2}\theta$, $\sigma = \sigma_0(1 \pm \cos\theta)$, (B) $\theta_n = 18.4°$, $\sigma_1 = 100\text{MPa}$, $\theta_n = 71.6$, $\sigma_2 = 0$

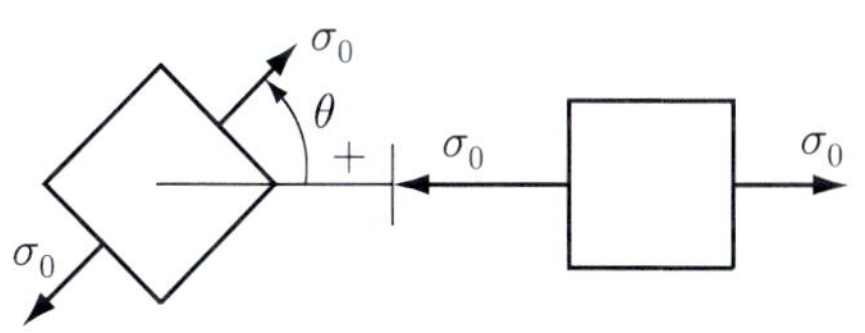

그림 9

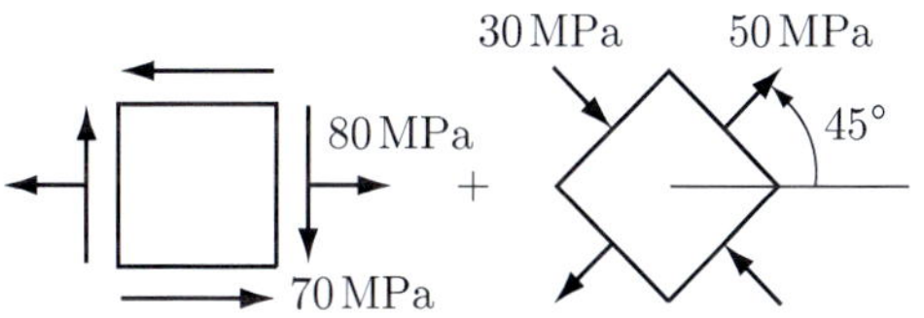

그림 10

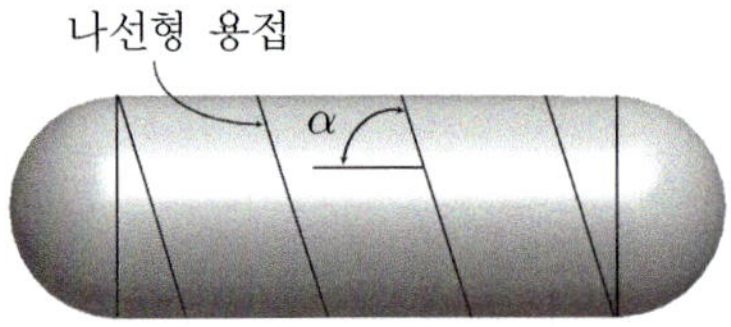

그림 11

그림 12

3-17 원통형 탱크가 종방향축과 $\alpha=75°$를 이루는 나선용접으로 제작되었다. [그림 11]의 탱크의 내부반경 $r=$ 20in, 벽두께 $t=$ 0.6in, 내압 $p=$240psi이다. 탱크의 원통부에 대해서 다음을 결정하라.

(a) 원주방향과 종방향응력

(b) 평면내의 최대전단응력

(c) 최대전단응력

(d) 용접부에 수직평면과 평행한 평면에 작용하는 수직응력과 전단응력

답: (a) $\sigma_1=8{,}000$psi, $\sigma_2=4{,}000$psi (b) $\tau=2{,}000$psi (c) $\tau=4{,}120$psi
(d) $\sigma_{x'}=4{,}270$psi, $\tau_{x'y'}=1{,}000$psi, $\sigma_{y'}=7{,}730$psi

3-18 내부반경 r인 얇은 벽을 가진 [그림 12]의 원통형탱크가 내부가스 압력 p와 양단에서의 압축력 F을 동시에 받고 있다. 원통 벽에 순수전단이 발생하기 위해서는 힘 F의 크기가 얼마가 되어야 하는가?

답: $F=3\pi pr^2$

3-19 주어진 평면변형률 상태에 대하여 주어진 각도 θ만큼 회전된 축에 대한 변형률 상태를 결정하라(단, $\mu=10^{-6}$이다).

	ε_x	ε_y	γ_{xy}	θ
A	-360μ	0	$+150\mu$	30° ↘
B	-640μ	$+360\mu$	$+160\mu$	25° ↘

답: (A) $\varepsilon_{x'}=-335\mu$, $\varepsilon_{x'}=-25.0\mu$, $\gamma_{x'y'}=-237\mu$ (B) $\varepsilon_{x'}=-523\mu$, $\varepsilon_{y'}=+243\mu$, $\gamma_{x'y'}=-633\mu$

3-20 문제 3-19를 모어의 원을 이용해서 풀어라.

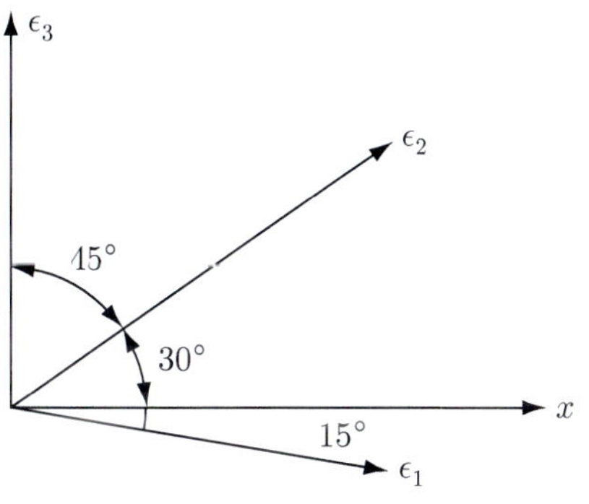

그림 13

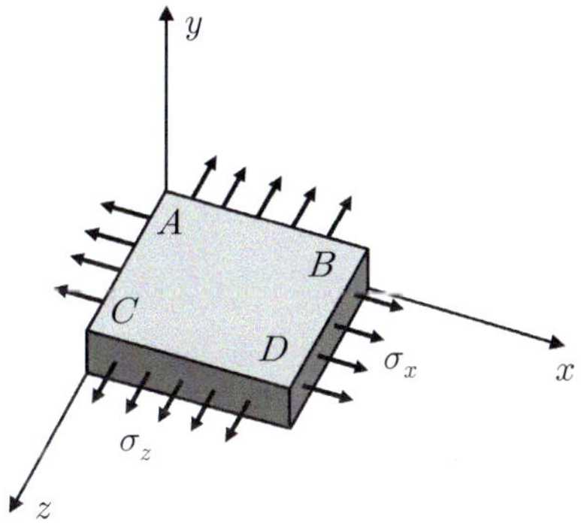

그림 14

3-21 [그림 13]과 같은 상태에서 $\varepsilon_1 = +480\mu$, $\varepsilon_2 = -120\mu$, $\varepsilon_3 = +80\mu$로 주어질 때 ε_x를 결정하라.

답: $\varepsilon_x = +253\mu$

3-22 [그림 14]와 같은 균질인 평판 $ABCD$가 2축하중을 받고 있다. $\sigma_Z = \sigma_0$이고 x방향으로 평판의 길이변화가 없다면, (1) σ_x를 구하고 (b) σ_0/ε_z의 비를 구하라. 단, 영계수 E, 푸아송비 v이다.

답: $\sigma_x = \nu\sigma_0$, $\sigma_0/\varepsilon_z = \dfrac{E}{1-\nu^2}$

Chapter

4

보

보는 구조물 및 기기의 구성요소로서 필수적인 중요한 부분이므로 재료(고체)역학에서 취급되는 비율은 대단히 크다. 4장에서 보의 종류를 배우고 보에 힘이나 모멘트가 작용할 때 보의 임의 단면에 발생하는 전단력과 모멘트의 일반식을 자유물체도와 평형방정식을 적용시켜 구하는 방법을 익히고 또 전단력선도(SFD) 및 굽힘모멘트선도(BMD)를 작성하는 방법을 배운다.

4-1 보의 종류

보(beam)라 함은 보의 축선(軸線, 중심선)에 수직인 힘이 작용하고 보의 길이가 단면높이보다 훨씬 긴 부재로 주로 굽힘을 전달한다.

보에 작용하는 하중은 집중(集中)하중(concentrated load)과 분포(分布)하중(distributed load)이 있는데 모두 보의 하중면 내에서 작용한다. 가령 [그림 4-1]과 같이 보 위에 눈이 쌓여도 이 눈은 하중면이라는 평면내에 모아놓았다고 생각하기로 하며 분포하중의 단위를 kg_f/cm으로 한다.

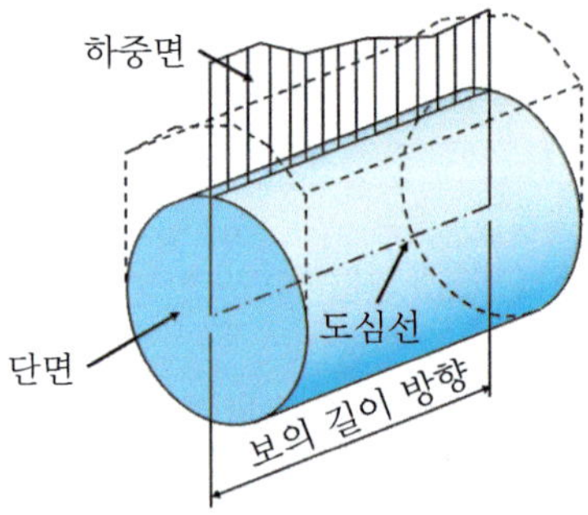

그림 4-1

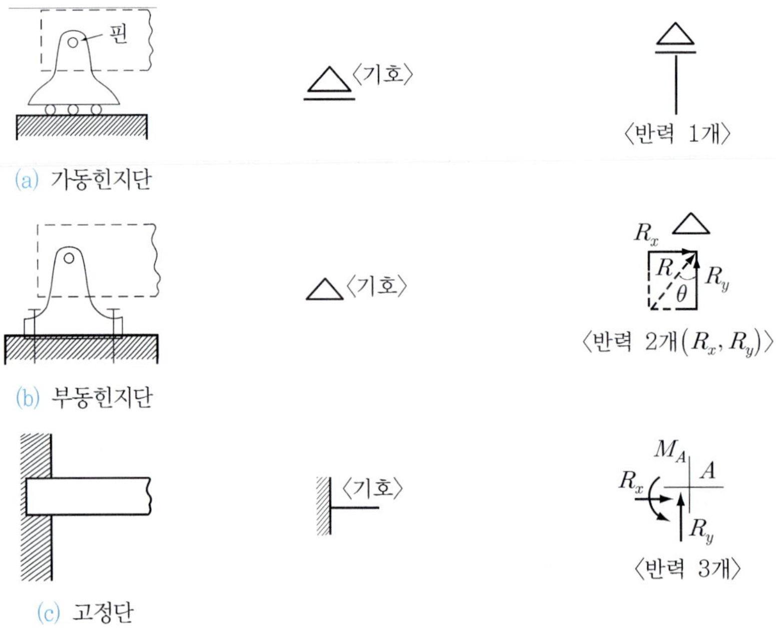

그림 4-2 지지점의 종류

보나 구조물을 받치고 있는 지지점(support, 支持點)은 [그림 4-2]와 같은 것들이 있고 이것에 생기는 반력(reaction, 反力)도 아울러 그림에 표시하였다. 가동힌지단은 횡축으로는 저항이 없으므로 반력이 생기지 않고 부동힌지단은 횡축과 수직방향에서 반력이 생긴다. 또한, 고정단에서는 짝힘(couple)에 의하여 모멘트를 포함해서 세 개의 반력이 [그림 4-2(c)]와 같이 생기므로 FBD상에 세 개의 화살표로 그 반력을 나타낸다.
보에서 정정(靜定)보(statically determinate beam)와 부정정(不靜定)보(statically indeterminate beam)가 있다. **정정보**란 평형조건식만으로 미지의 반력들이 풀리는 보를 말한다. 또한, 부정정보는 미지반력이 세 개 이상 있을 때는 평형조건식만으로는 풀리지 않으므로 별도로 미지수의 수만큼 구조물의 특징에서 조건식을 세워야 하는 보를 말한다. 이런 보를 **부정정보**라 한다.

[그림 4-3]에 나타낸 단순보(simple beam), 외팔보(cantilevel beam), 내다지보(over hanging beam) 등은 정정보에 속한다. 또한, [그림 4-4]와 같이 양단고정보(build-up beam), 연속보(continuous)는 부정정보이다.
양단고정보는 미지반력이 6개, [그림 4-4(e)]의 연속보에는 미지반력이 6개 있다. 따라서 조건식이 6개 있어야 이 미지수들이 풀리는데 평형방정식 세 개 외에 세 개의 조건식이 더 있어야 한다. 이렇게 미지반력에다 3(평형방정식)을 뺀 나머지 반력을 **과잉반력** 또는 **부정정수**(不靜定數)라 한다.

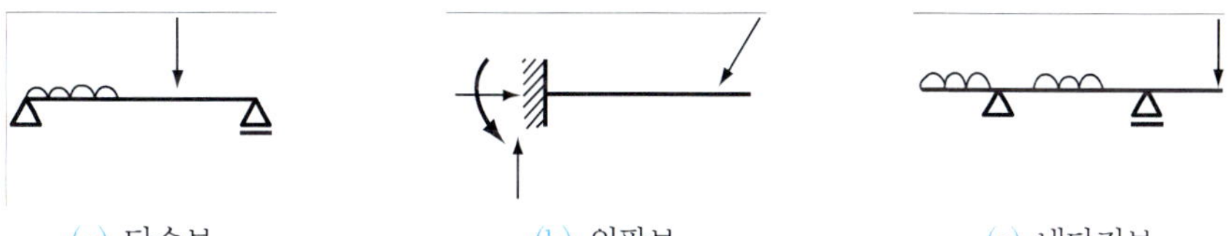

(a) 단순보 (b) 외팔보 (c) 내다지보

그림 4-3 정정보

(d) 양단고정보 (e) 연속보

그림 4-4 부정정보

4-2 전단력과 굽힘모멘트

[그림 4-5]와 같은 단순보(단순지지보)의 기본형에서 P의 작용력에 의하며 A, B 점에서 반작용력으로 R_A, R_B가 생기며, [그림 4-5(a)]와 같이 전체 FBD이 도시된다. 만일 A점에서 x인 곳 D점을 기준으로 생각하여 보자. 즉, 평형방정식을 적용시키면 아래 식으로 된다. 그리고 D점을 중심으로 정리하면 F_D인 D점의 전단력을 얻을 수 있다.

$$\sum P_y = 0 : R_A + R_B - P = 0$$

$$R_A = (P - R_B) = F_D(\text{단면 } D\text{의 전단력})$$

이 식에서 임의 단면 D의 왼쪽 힘의 합계와 오른쪽에 있는 힘의 합이 서로 같음을 알 수 있고, 또한 방향은 서로 반대임을 알 수 있다. 이렇게 **임의 단면의 어느 한 쪽의 힘의 합성력을 전단력**(shear force, 剪斷力)이라 한다. 또, 평형방정식을 이용하여 D점의 모멘트의 합을 구하여 0으로 하면 아래식이 얻어진다.

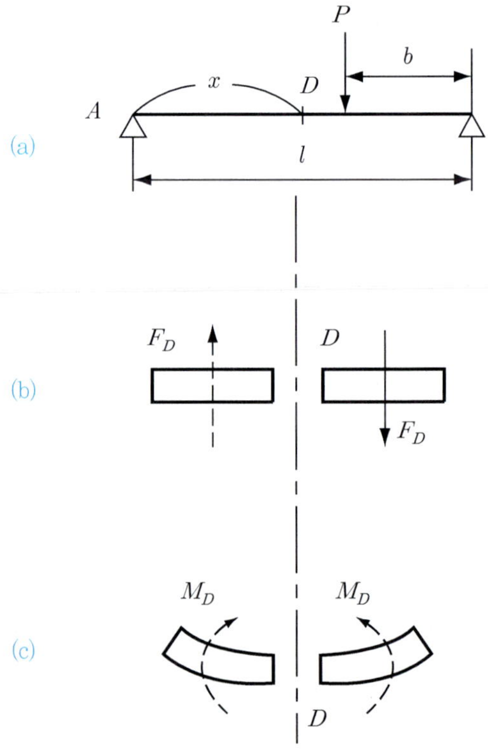

그림 4-5 전단력과 굽힘모멘트

$$\sum M_D = 0: -R_A x - P(l-b-x) + R_B(l-x) = 0$$

$$R_A x = -P(l-b-x) + R_B(l-x) \text{ (단면 } D\text{의 굽힘모멘트)}$$

이 식에서 단면 D의 오른쪽 모멘트의 합성과 왼쪽 모멘트의 합성이 같은 값임을 알 수 있고, 방향도 [그림 4-5(c)]와 같이 서로 반대임을 알 수 있다. 즉, 보 전체가 아래로 굽히게 된다. 이때 단면 E에 대해서 **한 쪽에 있는 모멘트의 합성을 굽힘모멘트**(bending moment)라 한다.

본 저서에서는 [그림 4-6]과 같이 mn단면을 중심으로 전단력 F와 굽힘모멘트 M의 부호가 정해지면 정방향(+)이라고 약속한다. 따라서 보의 임의 단면에서 전단력 F와 굽힘모멘트 M은 단면의 양쪽 부분에서 작용하는 전단력인 내력(內力)과 모멘트들이 [그림 4-7]과 같을 때 그 부호를 정방향(+)이라고 한다.

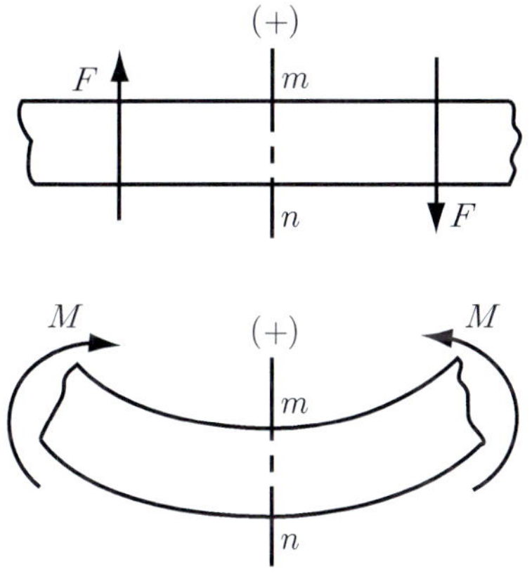

그림 4-6 부호의 약속

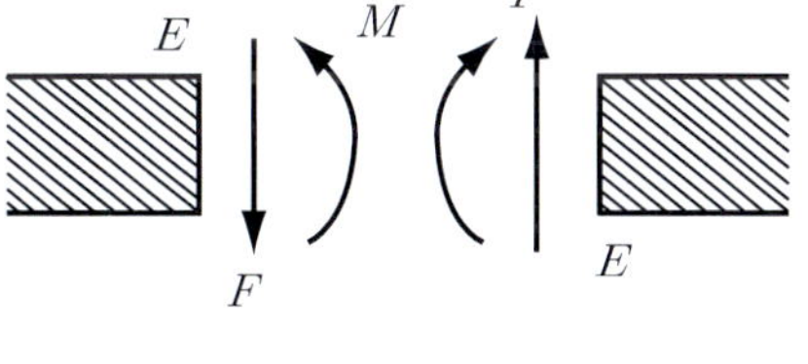

그림 4-7 양(+)의 전단력과 모멘트

4-3 전단력선도(SFD)와 굽힘모멘트선도(BMD)

(1) 단순지지보에 집중하중이 있는 기본형인 경우([그림 4-8])

[그림 4-8]과 같이 단순보의 기본형으로 집중하중에 P가 작용하면 [그림 4-8(a)]와 같이 반력 R_A, R_B를 병기시킨 전체 FBD를 작성한다. 그리고 [그림 4-8(a)]를 근거로 평형방정식을 적용시키면 반력 R_A, R_B를 차례로 식 (4-1), (4-2)처럼 구해진다. 이때 모멘트는 반시계 방향을 +로 잡는다.

$$\sum M_B = 0 : -R_A \cdot l + P \cdot b = 0$$
$$\therefore R_A = \frac{Pb}{l} \tag{4-1}$$

$$\sum P_y = 0 : R_A + R_B - P = 0$$
$$\therefore R_B = \frac{P(l-b)}{l} \tag{4-2}$$

또, 구간별로 F와 M을 구하기 위하여 A점에서 x_1 떨어진 곳($0 \le x_1 \le l-b$구간)의 FBD를 작성시켜 이곳에서 생기는 F_1, M_1을 FBD에 나타낸 것이 [그림 4-8(b)]이다.

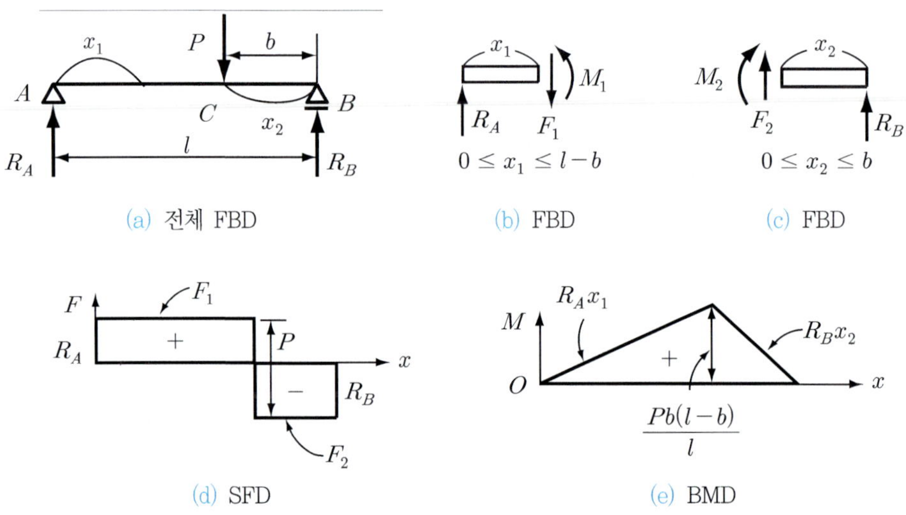

그림 4-8 단순보에 집중하중이 작용하는 기본형

이 그림에서 다시 식 (4-1), (4-2)를 구할 때와 같은 방법으로 평형방정식을 적용시키면 x_1거리인 곳의 F_1과 M_1을 구할 수 있으며 각각 전단력과 굽힘모멘트의 일반식이 된다.

$$\sum P_y = 0 : F_1 = R_A = \frac{Pb}{l} \tag{4-3}$$

$$\sum M = 0 : M_1 = R_A \cdot x_1 = \frac{Pb}{l} x_1 \tag{4-4}$$

(A지점을 원점으로 하는 x_1의 1차식)

x_1은 $l-b$보다 짧은 구간이므로 이 값을 식 (4-3), (4-4)에 적용시키면 F_1은 무관하지만 M_1은 1차로 비례한다. 이것을 그림으로 도시하면, [그림 4-8(d), (e)]의 왼쪽 부분에 각각 해당한다.

다음으로 B점에서 x_2 떨어진 곳($0 \le x_2 \le b$구간)의 FBD를 작성하면 [그림 4-8(c)]와 같다. 이 경우도 식 (4-3), (4-4)와 동일한 방법으로 평형방정식을 적용시키면 식 (4-5), (4-6)을 얻을 수 있다.

$$\sum P_y = 0 : F_2 = -R_B = -\frac{P(l-b)}{l} \tag{4-5}$$

$$\sum M = 0 : M_2 = R_B \cdot x_2 = \frac{P(l-b)}{l} x_2 \tag{4-6}$$

(B지점을 원점으로 하는 x_2의 1차식)

이 두 식에 x_2의 조건을 대입하여 도시하면 [그림 4-8(d), 4-8(e)]의 오른쪽 부분이 된다. 이와 같이 작성된 [그림 4-8(d)]가 **전단력선도**(剪斷力線圖)(shearing force diagram : SFD)이며, [그림 4-8(e)]가 **굽힘모멘트선도**(bending moment diagram : BMD)이다.

이러한 선도를 그릴 때는 반드시 변화가 있는 곳의 치수를 표시해야 한다. M_{max}(최대굽힘모멘트)는 집중하중이 있는 곳에 생기며, 이 경우 $M_{max} = Pb(l-b)/l$이다.

하중이 여러 개 작용할 때는 하중 하나하나에 대한 각 값들(즉 R, F, M 등)을 대수적으로 합해주면 된다. 이것을 **중첩법**(method of superposition, 重疊法)이라고 하며 기본형에서 구한 SFD, BMD를 하나하나 중첩해 주면 된다.

(2) 단순지지보에 균일분포하중이 있는 경우([그림 4-9])

[그림 4-9]와 같이 단순보의 기본형으로 등분포하중에 의하여 R_A, R_B를 표시한 것이 전체 FBD이다. 여기서 $\Sigma P_y = 0$라는 평형방정식을 적용시키면 R_A, R_B가 대칭이므로 반력 $R_A = R_B = w_o \frac{\ell}{2}$을 얻을 수 있다.

그리고 A점에서 거리 x떨어진 곳의 FBD를 작성하면 [그림 4-9(a)]와 같이 F, M의 +값으로 표시된다. 여기서 평형방정식을 적용시키면 전단력과 모멘트의 일반식을 식 (4-7), (4-8)을 얻는다.

$$\sum P_y = 0 : R_A - F - w_0 x = 0$$

$$F = \frac{w_0 l}{2} - w_0 x \; (x\text{의 1차식}) \tag{4-7}$$

$$\sum M_B = 0 : -R_A x + M + w_0 x \cdot \frac{x}{2} = 0$$

$$M = \frac{w_0 l}{2} x - \frac{w_0 x^2}{2} \; (x\text{의 2차식}) \tag{4-8}$$

위 두 식에서 각각 $x=0$, $x=l$, $x=\frac{l}{2}$를 대입하여 SFD와 BMD를 작성한 것이 [그림 4-9(b), (c)]이다. 이 그림에서 최대치는 식 (4-9)와 같다. 즉, 최대모멘트 M_{max}는 $F=0$인 $x=\frac{l}{2}$에 있음을 그림에서 알 수 있어서 식 (4-8)의 M의 일반식에 $x=\frac{l}{2}$을 대입하여 구한 것이다.

$$F_{max} = R_A = R_B = \frac{w_0 l}{2} \; (\text{최대 전단력})$$

$$M_{max} = \frac{w_0 l^2}{8} \; (\text{최대 모멘트}) \tag{4-9}$$

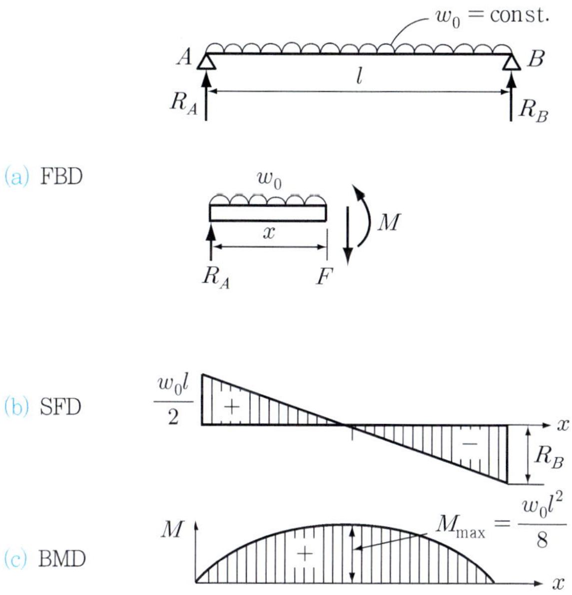

그림 4-9 단순보에 분포하중이 작용하는 기본형

예제 4-1

[그림 1]과 같이 외팔보상에 집중하중 P_1과 P_2가 작용할 때 SFD와 BMD를 그려라.

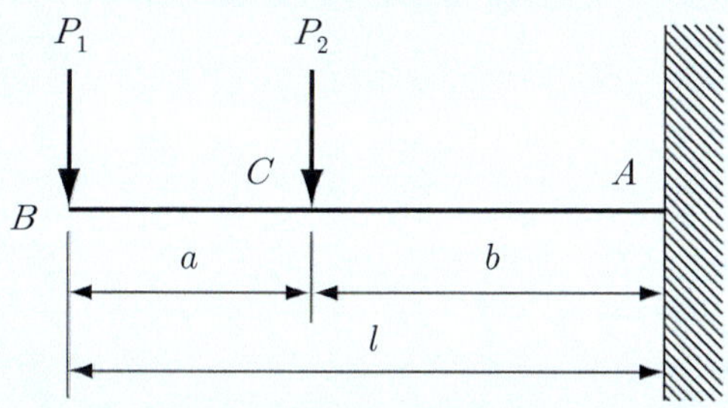

그림 1

풀이 ① 제 1도와 같은 P_1만이 있는 외팔보의 기본형을 고려해본다 : 제 1도와 같이 FBD를 도시하고 F_1과 M_1의 일반식을 구하여 적용시키면 식 (1)과 같게 된다. 식 (1)에서 각각의 선도를 그리면 제1도와 같게 된다.

$$F = -P \cdots\cdots \text{상수}$$
$$M = -Px \cdots\cdots x\text{의 1차식} \qquad (1)$$

② 제 2도와 같이 P_2만이 있을 때 : 길이 b의 외팔보라 생각하면 ①의 경우와 같게 되므로 제 2도와 같은 SFD와 BMD 작도가 가능하다.

③ P_1과 P_2가 같이 작용할 때 : ①과 ②에서 얻은 각각의 SFD와 BMD를 제 3도와 함께 중첩하면 된다.

④ ③과 같이 중첩하지 않고 [그림 1(a), (b)]와 같이 처음부터 구간별로 F와 M을 구하면서 F, M의 일반식을 식 (2), (3)처럼 각각 구해도 된다 :

BC구간 :

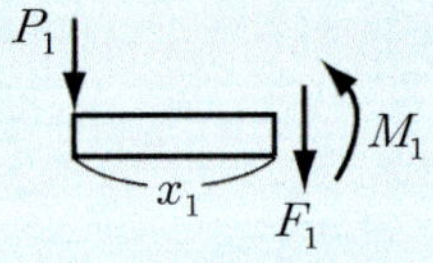

(a)

$$F_1 = -P_1$$

$$M_1 = -P_1 x_1 (x_1 = a\text{에서 } M_C = -P_1 a) \quad (2)$$

AC구간 :

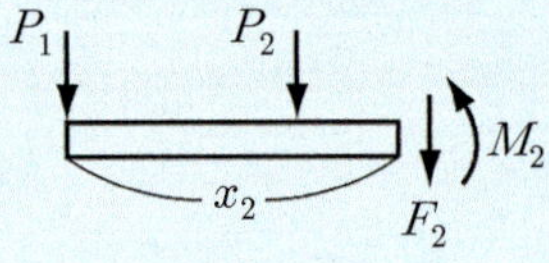

(b)

$$F_2 = -P_1 - P_2$$

$$M_2 = -P_1 x_2 - P_2(x_2 - a) \quad (3)$$

$$\begin{pmatrix} x_2 = a: & M_C = -P_1 a \\ x_2 = l: & M_A = -P_1 l - P_2 b \end{pmatrix}$$

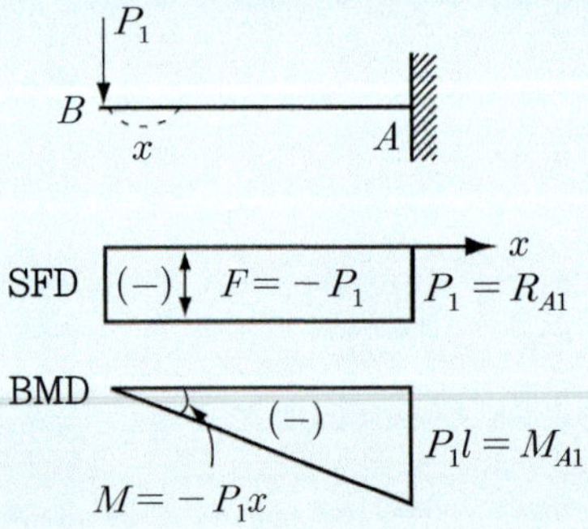

(제1도)

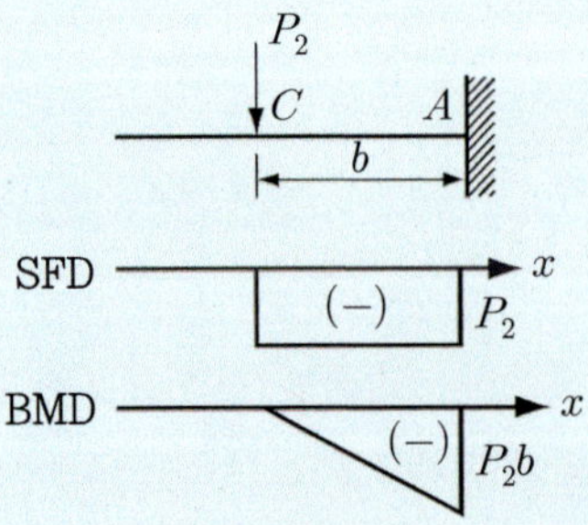

(제2도)

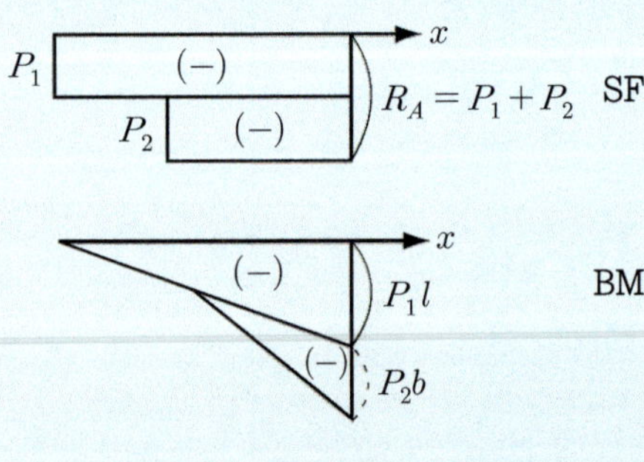

(제3도)

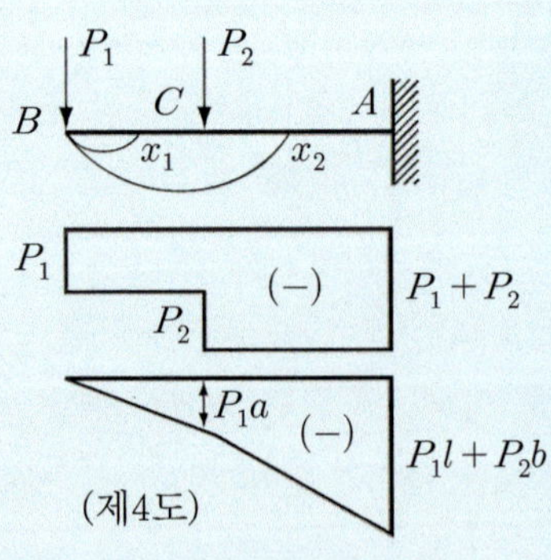

(제4도)

예제 4-2

외팔보에 균일한 분포하중 w_o가 작용하는 기본형을 벗어난 [그림 2]의 경우 SFD와 BMD를 그려라.

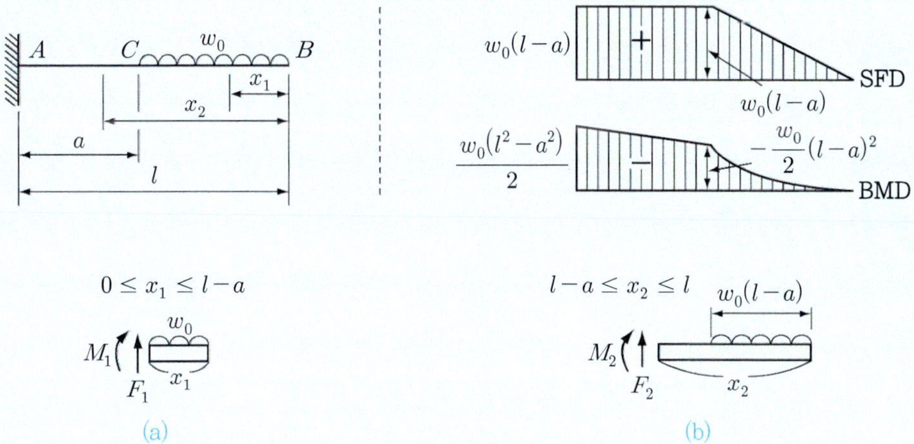

그림 2

풀이 각 구간별 FBD는 [그림 2(a), (b)]와 같다. 이 FBD에 평형방정식을 적용시켜 F, M의 일반식을 구하면 아래와 같다. 이 F, M의 일반식에 각 수치를 대입하여 도시화시키면 SFD, BMD가 얻어진다.

(1) 전단력(원점을 자유단에 둔다)

BC 구간$(0 \le x_1 \le \ell - a)$: $F_1 = w_o x_1$

AC 구간$(\ell - a \le x_2 \le \ell)$: $F_2 = w_o(l - \alpha)$

A 지점의 반력 $R_A = w_o(l-\alpha) = F_2$

(2) 굽힘모멘트

BC 구간$(0 \le x_1 \le l-a)$: $M_1 = -\dfrac{w_0 x_1^2}{2} \cdots$ 포물선

$$x_1 = 0 : M_1 = 0,$$

$$x_1 = l-a : M_{1,C} = -\frac{w_0(l-a)^2}{2}$$

AC 구간$(l-a \le x_2 \le l)$: $M_2 = -w_0(l-a)\left(x_2 - \dfrac{l-a}{2}\right) \cdots$ 직선

$$x_2 = l-a : M_{2,C} = -\frac{w_0(l-a)^2}{2},$$

$$x = l \ : \ M_{2,A} = -\frac{w_0(l^2-a^2)}{2}$$

(3) 고정단모멘트

$$M_A = -\frac{w_0}{2}(l^2 - a^2) = M_{\max}$$

예제 4-3

[그림 3]처럼 외팔보의 자유단에 모멘트가 작용하는 기본형의 경우 SFD와 BMD를 그려라.

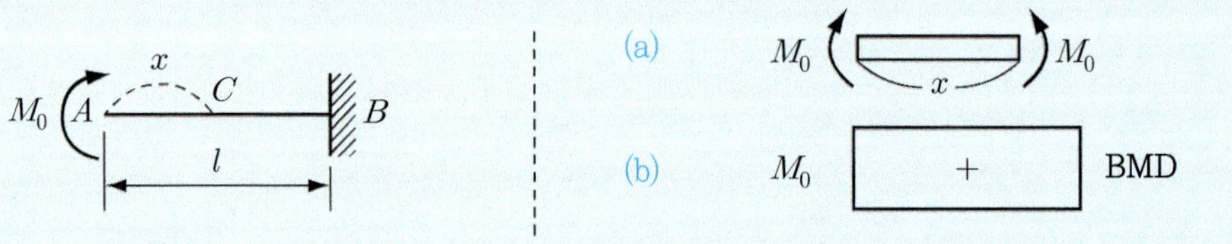

그림 3

풀이 자유단에서 x가 되는 위치에서 FBD를 도시하면 [그림 3(a)]와 같다.
이때 F는 이 경우에는 없다. 왜냐하면 작용력이 없고 M_0만 작용하기 때문이다. 따라서 SFD도 없고 BMD선도가 (b)처럼 된다. 고정단모멘트(fixing moment) : $M_B = M_0$

4-4 전단력 F와 모멘트 M과의 관계

여러 하중을 받고 있는 [그림 4-10]과 같은 보에서 하중이 없는 구역의 미소요소 dx를 a, 분포하중이 있는 구역의 미소요소 dx를 b, 집중하중 직하점의 요소 dx를 c로 하여 이들 각각의 평형조건을 자유물체도로 분리하여 고려해 본다.

(1) a요소

보에 작용하중이 없으므로 dx 떨어진 곳에서 전단력은 F이지만, 모멘트는 거리가 증가하므로 $M+dM$으로 되어 FBD를 작성할 수 있다. 이 FBD에 mn단면에서 $\sum M = 0$를 적용하면 식 (4-10)을 유도할 수 있다.

$$\sum M_{mn} = 0 : -F \cdot dx - M + (M + dM) = 0$$

$$\frac{dM}{dx} = F \qquad (4\text{-}10)$$

즉, 이 식은 굽힘모멘트를 거리에 따라 미분하면 전단력이 구해진다는 것이다.

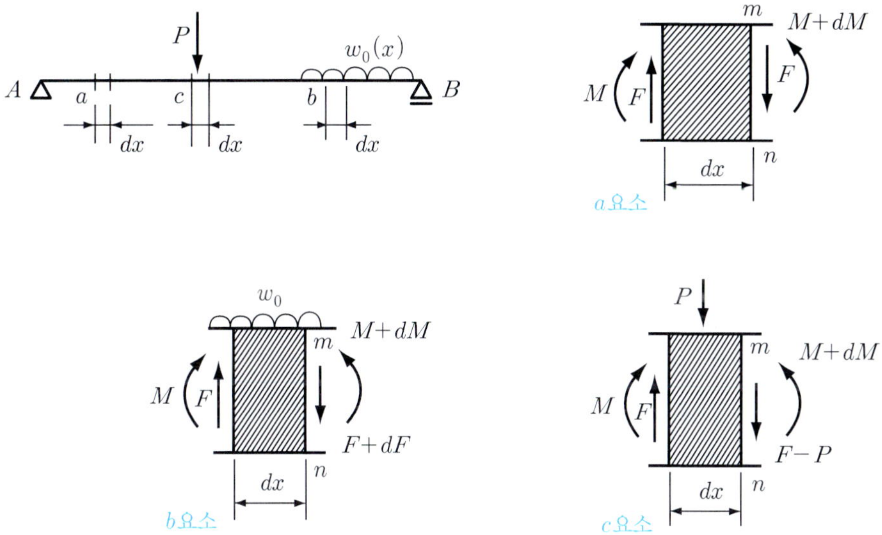

그림 4-10 F와 M과의 관계

(2) b요소

보에 등분포하중이 작용하고 있으므로 F와 M의 증가분이 있어 $F+dF$와 $M+dM$이 mn단면에 생겨 b요소와 같이 FBD가 작성된다. 이 FBD에서 평형방정식을 적용시키면 식 (4−11), (4−12)을 구할 수 있다.

$$\sum P_y = 0 : F - w_0(x)dx - (F+dF) = 0$$

$$\frac{dF}{dx} = -w_0(x) \qquad (4-11)$$

$$\sum M_{mn} = 0 : -F \cdot dx - M + \frac{w_0}{2}(dx)^2 + (M+dM) = 0$$

이 식에서 미소량의 2차항은 너무 적어서 무시하면 식 (4−10)과 동일 식이 얻어진다.

$$\frac{dM}{dx} = F$$

식 (4−10)과 (4−11)에서 식 (4−12)가 성립된다.

$$\frac{d^2M}{dx^2} = -w_0(x) \qquad (4-12)$$

식 (4−10)과 (4−11)는 식 (4−13)으로 표현해도 되며, 이때 C는 적분상수이다.

$$F = \int -w_0(x)dx + C_1$$
$$M = \iint -w_0(x)dx \cdot dx + C_1 x + C_2 \qquad (4-13)$$

(3) c요소의 평형

이 요소에서는 P를 사이에 놓고 왼쪽 단면과 오른쪽 단면 사이에 F나 M이 모두 급격한 변화(불연속)가 있어서 윗 식의 관계는 성립되지 않는다. 따라서 보에 관한 계산에서 집중하중이 있을 때는 이곳이 계산의 경계가 된다.

이렇게 해서 w_o, F 및 M 사이의 상호관계를 알게 되었으며, 특히 F와 M 사이의 관계는 전단력이 없는 곳($dM/dx = F = 0$)에서 M_{max}의 크기를 계산할 수 있다.

예제 4−4

[그림 4]와 같이 선형분포하중이 작용할 때의 SFD, BMD를 도시하라.

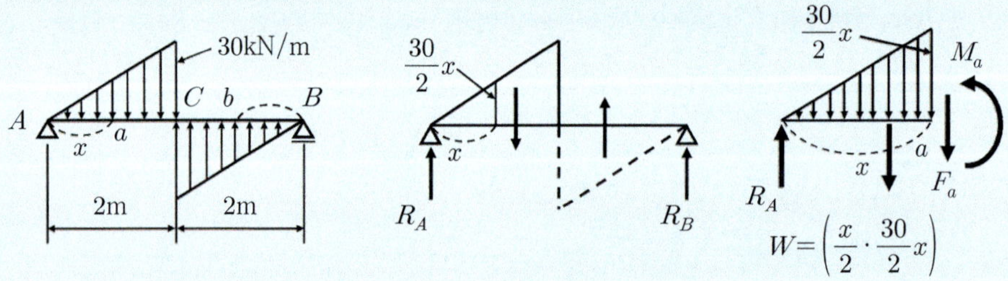

그림 4 (a) (b)

풀이 그림 (a)가 전체 FBD이고 그림 (b)가 a 단면상의 FBD를 나타낸다. 그림 (a)에 대하여 평형방정식을 적용하여 식 (1), (2)에서 반력 R_A, R_B를 구한다.

$$\Sigma M_B = 0 : R_A \times 4 - 30 \times \frac{2}{2}\left(2 + 2 \times \frac{1}{3}\right) + 30 \times \frac{2}{2} \times \left(2 \times \frac{2}{3}\right) = 0 \qquad (1)$$

$$R_A = 10\text{kN}$$

$$\Sigma P_y = 0 : R_A + R_B - 30 \times \frac{2}{2} + 30 \times \frac{2}{2} = 0 \qquad (2)$$

$$R_B = -R_A = -10\text{kN}$$

그림 (b)에 대하여 평형방정식을 적용시키면, F와 M의 일반식 F_a, M_a를 구한다.

$$F_a = R_A - \frac{1}{2} \times x \times \frac{30}{2}x = 10 - \frac{15}{2}x^2 \qquad (3)$$

$$M_a = R_A \cdot x - \frac{1}{2} \times x \times \frac{30}{2} x \times \frac{x}{3} = 10x - \frac{5}{2} x^3 \quad (4)$$

식 (3), (4)에 $x=0$, $x=2\mathrm{m}$, $x=4\mathrm{m}$를 각각 대입시켜 작도하면 그림 (c)가 완성된다. 그러나 $M_{\max}$는 F=0인 곳에서 생기므로 식 (3)에서 $F_a=0$을 구하면 $x=\frac{2}{\sqrt{3}}$를 얻고, 이것을 식 (4)에 대입하면 $M_{\max}$가 얻어진다.

$$M_{\max} = 10\left(\frac{2}{\sqrt{3}}\right) - \frac{5}{2}\left(\frac{2}{\sqrt{3}}\right)^3 = \frac{40}{3\sqrt{3}} kN \cdot m$$

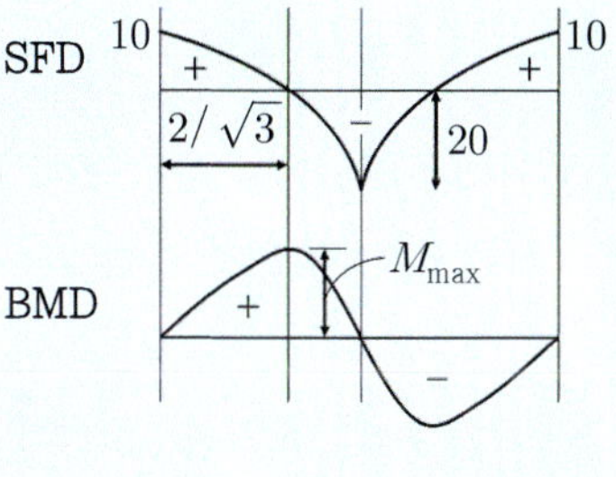

(c)

예제 4-5

[그림 5]에서 x 위치의 단면에서 생기는 F, M을 구하라.

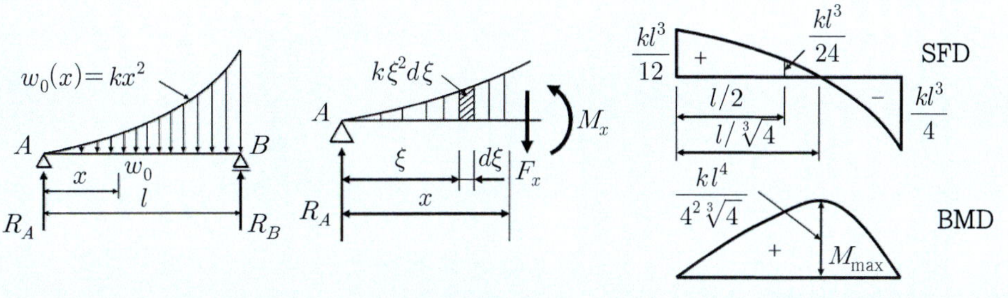

(a) (b) (c)

그림 5

풀이 그림 (a)가 주어진 문제이면서 반력을 표시했으므로 전체 FBD이다. 그림 (b)가 x만큼 떨어진 곳의 FBD이므로 이 그림에서 평형방정식을 적용시켜 F, M의 일반식 (1), (2)를 얻는다.

$$F_x = R_A - \int_0^x (k\xi^2) d\xi = \frac{k}{12}(l^3 - 4x^3) \quad (1)$$

$$M_x = R_A \cdot x - \int_0^x (k\xi^2) d\xi (x - \xi) = \frac{kx}{12}(l^3 - x^3) \quad (2)$$

$$\text{단, } \begin{cases} R_B = \frac{1}{l}\int_0^{\ell} (kx^2 \cdot dx)x = \frac{kl^3}{4} \\ R_A = \int_0^{\ell} kx^2 dx - R_B = \frac{kl^3}{12} \end{cases}$$

식 (1), (2)에서 중요 위치의 값을 대입하면 그림 (c)의 SFD, BMD선도가 작성된다.

(별법) $\frac{d^2M}{dx^2} = -w_0(x) = -kx^2$에서 적분하면 식 (3)을 얻고 다시 적분하면 식 (4)를 얻는다.

$$\frac{dM}{dx} = F = -\frac{k}{3}x^3 + C_1 \tag{3}$$

$$M = -\frac{k}{12}x^4 + C_1 x + C_2 \tag{4}$$

그리고 아래와 같이 보의 특징에서 적분상수를 구하면 된다.

$x=0$에서 $M=0 \rightarrow C_2 = 0$

$x=l$에서 $M=0 \rightarrow C_1 = \frac{k}{12}l^3$

$$\therefore \begin{cases} F = -\frac{k}{3}x^3 + \frac{k}{12}l^3 = \frac{k}{12}(l^3 - 4x^3) \\ M = -\frac{k}{12}x^4 + \frac{k}{12}l^3 x = \frac{k}{12}x(l^3 - x^3\} \end{cases}$$

예제 4-6

[그림 6]의 경우 각 구간의 전단력과 모멘트의 일반식을 구하고, SFD와 BMD 선도를 작성하라.

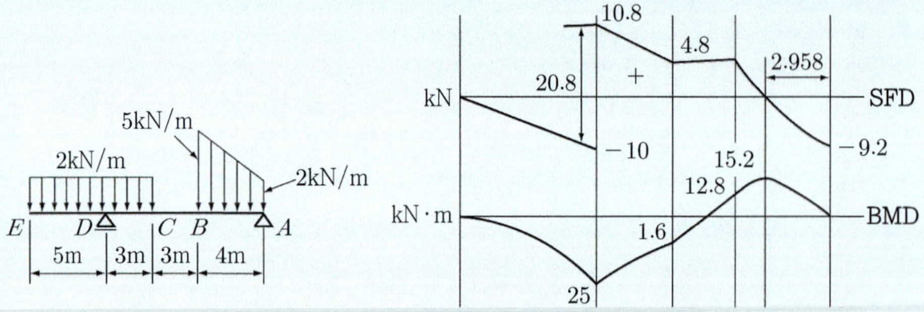

그림 6

(풀이) 전체 FBD에서 반력 R_D, R_A를 식 (1), (2)에서 구한다.

$$\sum M_A = 0 : -10R_D + 2\times 8\times 11 + 32 = 0 \tag{1}$$

$$\sum P_y = 0 : R_D + R_A - 2\times 8 - (5+2)\frac{4}{2} = 0 \tag{2}$$

$\therefore R_D = 20.8\text{kN},\ R_A = 9.2\text{kN}$

그리고 각 구간별 (네 개의 구간)의 F, M의 일반식을 (a), (b), (c) 및 (d)와 같은 FBD를 각각 그려 평형방정식을 적용시켜 구한다.

(a) 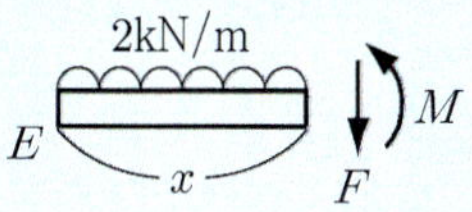

$0 < x < 5$

$\therefore F = -2x\,(\text{kN})$ $\begin{cases} F_{x=0} = 0 \\ F_{x=5} = -10 \end{cases}$

$\therefore M = -x^2\,(kN \cdot m)$ $\begin{cases} M_{x=0} = 0 \\ M_{x=5} = -25 \end{cases}$

(b) 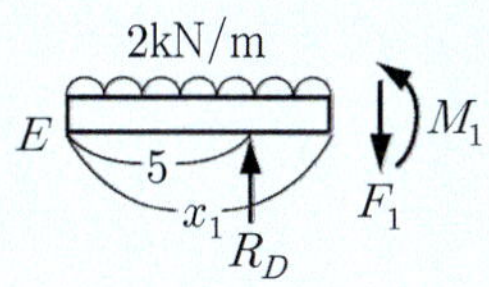

$5 < x_1 < 8 \quad R_D - F_1 - 2x_1 = 0$

$\therefore F_1 = R_D - 2x_1\,(kN)$ $\begin{cases} F_{x=5} = 10.8 \\ F_{x=8} = 4.8 \end{cases}$

$-R_D(x_1 - 5) + M_1 + 2x_1 \cdot \dfrac{x_1}{2} = 0$

$\therefore M_1 = R_D(x_1 - 5) - {x_1}^2\,(\text{kN} \cdot \text{m})$

$\therefore M_1 = R_D(x_1 - 5) - {x_1}^2$ $\begin{cases} M_{x_1=5} = -25 \\ M_{x_1=8} = -1.6 \end{cases}$

(c) 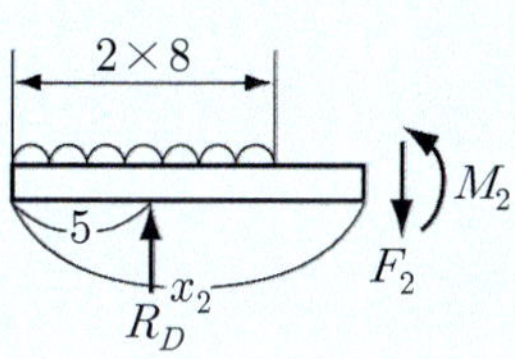

$8 \le x_2 \le 11 \quad R_D - F_2 - 16 = 0$

$\therefore F_2 = R_D - 16 = 4.8\,(\text{kN})$

$-R_D(x_2 - 5) + M_2 + 16 \times (x_2 - 4) = 0$

$\therefore M_2 = R_D(x_2 - 5) - 16(x_2 - 4)\,(\text{kN} \cdot \text{m})$

$\begin{cases} M_{x2} = 8 = -1.6 \\ M_{x2} = 11 = 12.8 \end{cases}$

(d) 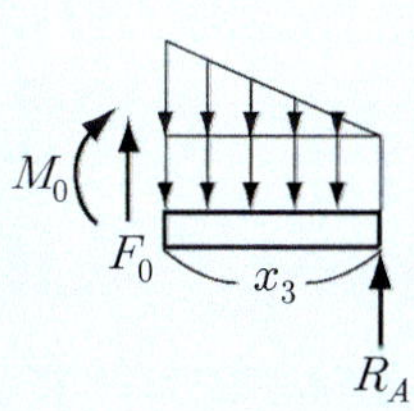

$0 \le x_3 \le 4 \begin{cases} F_{AB} = \dfrac{3}{8}x_3^2 + 2x_3 - 9.2 & \begin{cases} F_{x=0} = -9.2 \\ F_{x=4} = 4.8 \end{cases} \\ M_{AB} = 9.2x_3 - x_3^2 - \dfrac{x_3^3}{8} & \begin{cases} M_{x=0} = 0 \\ M_{x=4} = 12.8 \end{cases} \end{cases}$

$F_{AB} = 0$인 곳에서 $M_{\max} = 15.2\text{kN} \cdot \text{m}$가 생긴다.

예제 4-7

[그림 7]와 같이 양단지지보에 5ton의 하중 P가 A점에서 B점까지 이동할 때,
(a) 지지점 A, B의 반력은 어떻게 변화하는가?
(b) C점의 굽힘모멘트는 어떻게 변화하는가?

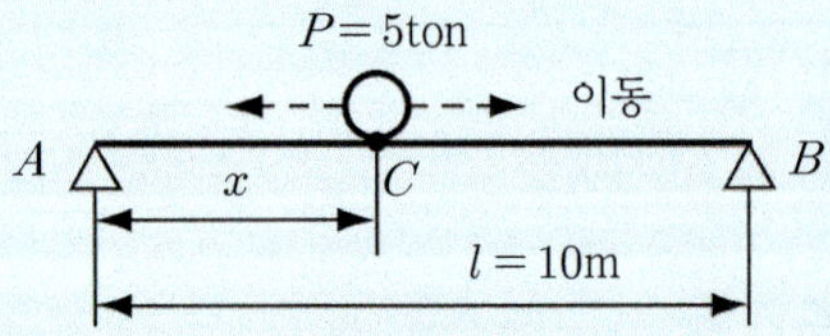

그림 7

(풀이) 이동하중 W가 A점에서 거리 x에 있을 때 FBD처럼 계산하면 된다.

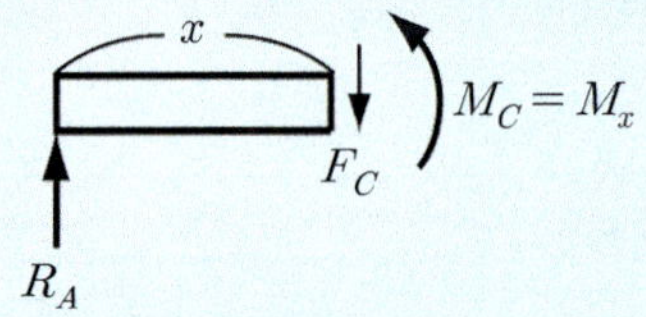

$$R_A = \frac{W(l-x)}{l} = \frac{5{,}000(10-x)}{10} = (5{,}000-500x)\,kg_f$$

$$R_B = W - R_A = 5{,}000-(5{,}000-500x) = 500x\,kg_f$$

$$F_C = R_A = (5{,}000-500x)\,kg_f$$

$$M_x = M_C = R_A \times x = (5{,}000-500x)\times x = 5{,}000x - 500x^2$$

$$M_{\max} = M_{\frac{l}{2}} = M_5 = R_A x = \frac{W\left(l-\frac{l}{2}\right)}{l}\cdot\frac{l}{2}$$

$$= \frac{wl}{4} = \frac{5{,}000\times 10}{4} = 12{,}500[kg_f\cdot \mathrm{m}]$$

$$x=0:\ R_A = W = 5{,}000\,kg_f$$

$$x=l:\ R_A = \frac{W(l-l)}{l} = 0 \quad R_B = 5{,}000\,kg_f$$

예제 4-8

[그림 8]과 같이 단순보 AB에 삼각형의 분포하중이 작용할 때, 최대 굽힘 모멘트가 작용하는 지점과 크기를 구하여라.

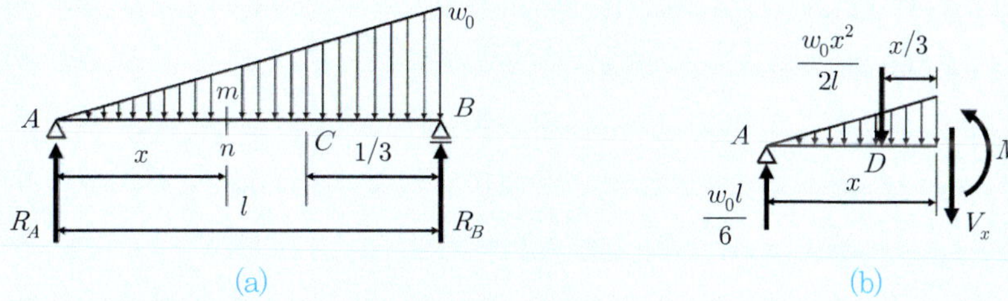

그림 8

풀이 보에 작용하는 합력은 $\frac{w_0 l}{2}$이고 B점으로부터 왼쪽으로 $\frac{1}{3}$만큼 떨어진 지점 C에 작용한다. B점에서 모멘트에 대한 평형방정식을 세우면 (1)과 같이 R_A를 구할 수 있다.

$$\Sigma M_B = 0 : R_A = (w_0 l/2)(1/3) = 0, R_A = \frac{w_0 l}{6} \tag{1}$$

보의 m-n 단면을 기준으로 왼쪽 부분을 자유물체도로 나타내면 그림 (b)와 같다. 이 부분에서 분포하중의 합력은 $\frac{w_0 x^2}{2l}$이고 m-n단면으로부터 왼쪽으로 $\frac{x}{3}$만큼 떨어진 D점에 작용한다.

m-n단면에 작용하는 양의 전단력 V_x와 양의 굽힘모멘트 M_x는 그림(b)와 같이 표현된다.

평형방정식으로부터 전단력과 굽힘모멘트를 구하면 다음과 같다.

$$\begin{cases} V_X = \frac{w_0 l}{6} - \frac{w_0 x^2}{2l} \\ M_X = \frac{w_0 l x}{6} - \frac{w_0 x^3}{6l} \end{cases} \tag{2}$$

$$M_X = \frac{w_0 l x}{6} - \frac{w_0 x^3}{6l} \tag{3}$$

구한 식들은 (4)와 같이 전단력과 굽힘모멘트의 관계를 만족한다.

$$\frac{dM_x}{dx} = \frac{w_0 l}{6} - \frac{w_0 x^2}{2l} = V_x \tag{4}$$

$\frac{dM_x}{dx} = 0$을 이용하여 최대 굽힘모멘트가 작용하는 지점을 구할 수 있고 그 값은 $x = \frac{l}{\sqrt{3}}$이다. 이 식을 (1)식에 대입하면 최대 굽힘모멘트의 값을 구할 수 있다.

$$M_{\max} = \frac{w_0 l^2}{9\sqrt{3}} \tag{5}$$

예제 4-9

원호로 이루어진 [그림 9]의 보에서 C단면의 전단력과 굽힘모멘트를 x의 함수로 나타내어라.

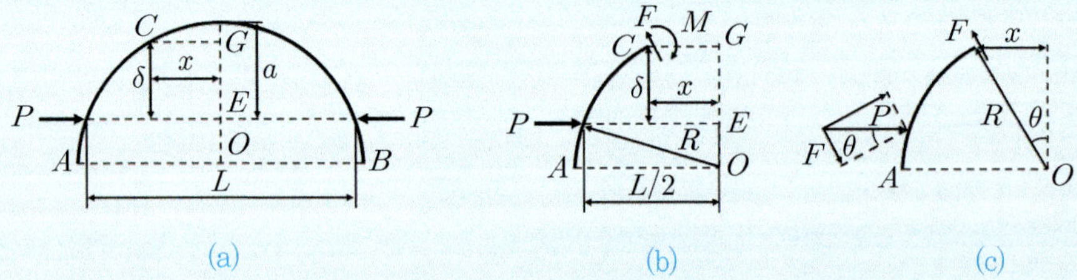

그림 9

풀이 C점을 자르면 (b)와 같다. 잘려진 단면에는 전단력 F와 굽힘모멘트 M이 작용한다. 전단력 F를 구하기 위해 그림 (c)와 같이 힘 P를 분해한다. 그러면 힘의 평형에 의해 전단력 F는 다음과 같다.

$$F = Psin\theta = P \cdot \frac{x}{R} \tag{1}$$

R값을 구하면 다음과 같다.

$$R^2 = \left(\frac{L}{2}\right)^2 + (R-a)^2 \rightarrow 2aR = a + \frac{L^2}{4} \rightarrow R = \frac{1}{2}\left(a + \frac{L^2}{4a}\right) = \frac{a^2 + L^2/4}{2a} \tag{2}$$

구한 R값을 (1)식에 대입하면 전단력 F는 다음과 같다.

$$F = P \cdot \frac{x}{\frac{1}{2}\left(a + \frac{L^2}{4a}\right)} = \frac{2Pax}{a^2 + L^2/4} \tag{3}$$

C점에서의 모멘트는 다음과 같다.

$$M = P \cdot \delta \tag{4}$$

δ의 크기는 다음과 같다.

$$\delta = \overline{GO} - \overline{EO}$$

$\overline{GO}$는 다음과 같다.

$$\overline{GO} = \sqrt{R^2 - x^2}$$

$\overline{EO}$는 다음과 같다.

$$\overline{EO} = R - a = \frac{a^2 + L^2/4}{2a} - a = \frac{L^2 - 4a^2}{8a}$$

$\overline{GO} - \overline{EO}$는 다음과 같다.

$$\delta = \overline{GO} - \overline{EO} = \sqrt{R^2 - x^2} - \left(\frac{L^2 - 4a^2}{8a}\right) = \sqrt{\left(\frac{a^2 + L^2/4}{2a}\right)^2 - x^2} + \frac{4a^2 - L^2}{8a}$$

C점에서의 모멘트는 다음과 같다.

$$M = P \cdot \delta = P\left\{\sqrt{\left(\frac{a^2 + L^2/4}{2a}\right)^2 - x^2} + \frac{4a^2 - L^2}{8a}\right\}$$

연습문제

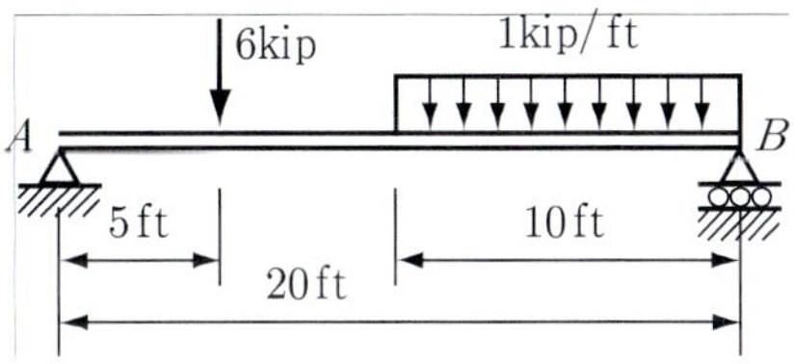

그림 1

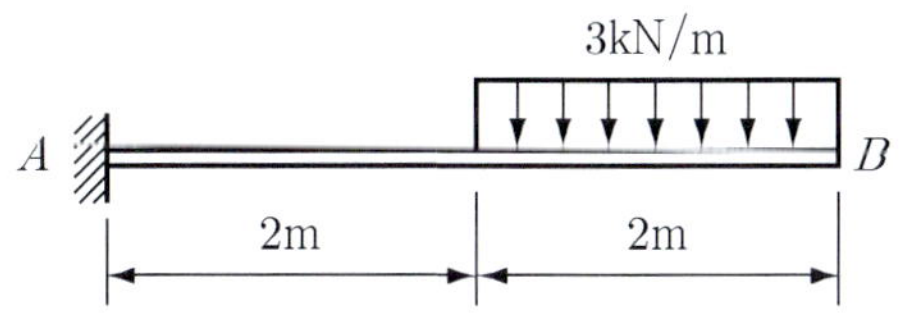

그림 2

4-1 [그림 1]의 단순보 AB의 중앙점에서의 전단력 F와 굽힘모멘트 M을 구하고 SFD 및 BMD 선도를 도시하라.

답: F=1kip, M=40ft-k

4-2 [그림 2]의 외팔보에서 고정지점 A로부터 1m되는 단면에서의 전단력 F와 굽힘모멘트 M을 계산하라.

답: F=6kN, M=-12kN · m

4-3 [그림 3]과 같은 돌출보(내닫이 보) 중앙 단면에서의 전단력 F와 굽힘모멘트 M은 얼마인가?

답: F=2Pa/b, M=0

4-4 [그림 4]의 경우 전단력 및 굽힘모멘트를 구하라. 단, $\left(0 \le x \le \frac{\ell}{2}\right)$.

답: $F = -w_0 x + \frac{w_0}{2\ell}x^2 + \frac{w_0}{6}\ell$, $M = -\frac{w_0}{2}x^2 + \frac{w_0}{3\ell}x^3 + \frac{w_0}{6}x$

4-5 단순보가 [그림 5]와 같은 분포하중을 받을 때 보 중앙 단면의 F와 M를 구하라. 전체분포하중의 합은 6,000kN이다.

답: F=-1,000kN, M=-135,000kN · m

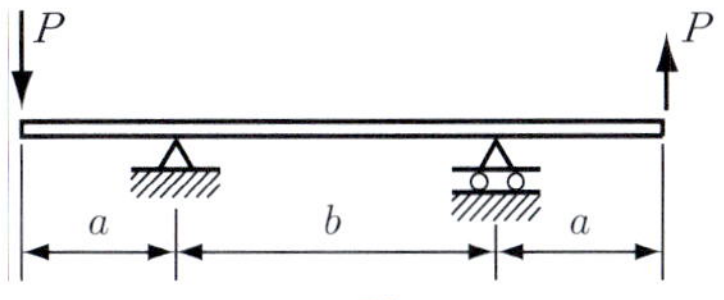

그림 3

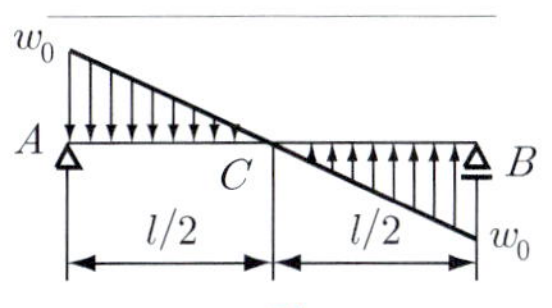

그림 4

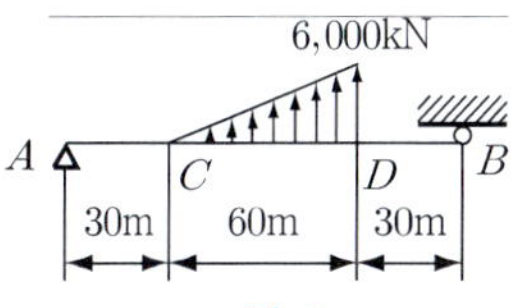

그림 5

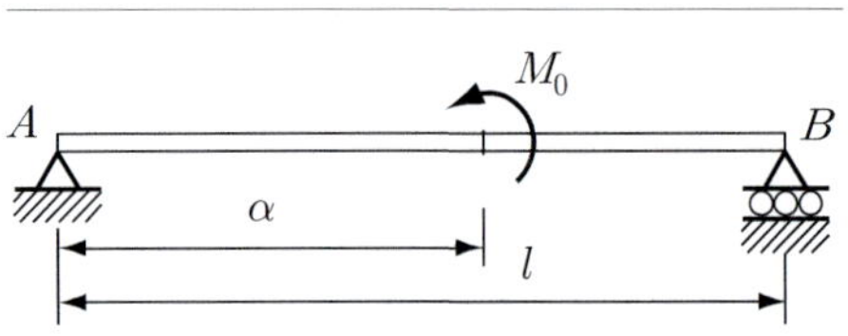

그림 6

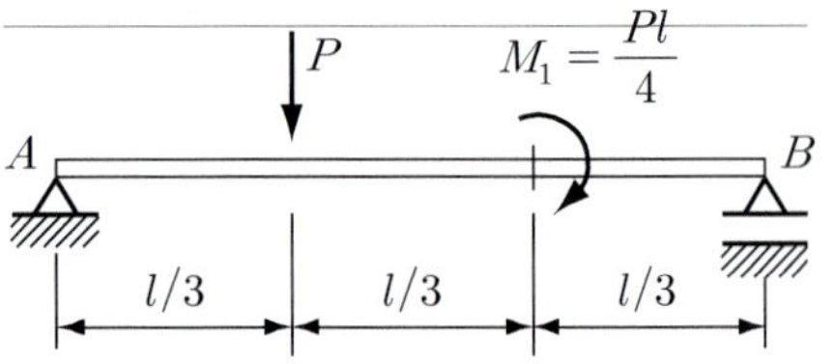

그림 7

4-6 단순보 AB가 [그림 6]과 같이 왼쪽 지점으로부터 거리 a인 위치에 모멘트 M_0을 받고 있다. 이 보에 대하여 전단력선도와 굽힘모멘트선도를 그려라.

4-7 [그림 7]의 단순보 AB가 지시된 위치에 집중하중 P와 모멘트 $M_1 = P\ell/4$를 받고 있다. 이 보에 대하여 전단력선도와 굽힘모멘트선도를 그려라.

4-8 [그림 8]의 단순보 양단에 M_A, M_B의 모멘트가 걸리는 경우 SFD, BMD를 그려라.

4-9 [그림 9]의 단순보 중간에 모멘트 M_0가 있는 경우 SFD와 BMD를 그려라.

4-10 단순보 AB가 [그림 10]에서와 같이 두 개의 굽힘모멘트를 받고 있다. 이 보에 대한 전단력선도와 굽힘모멘트 선도를 그려라.

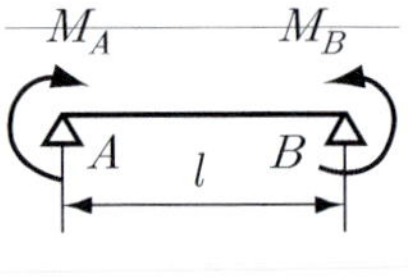

그림 8

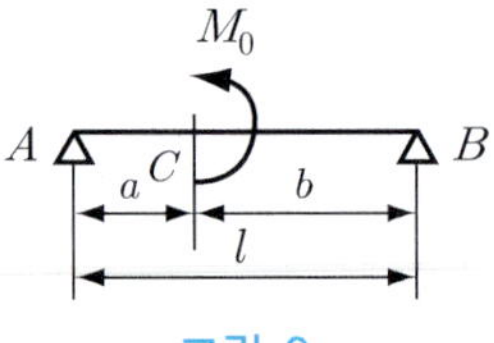

그림 9

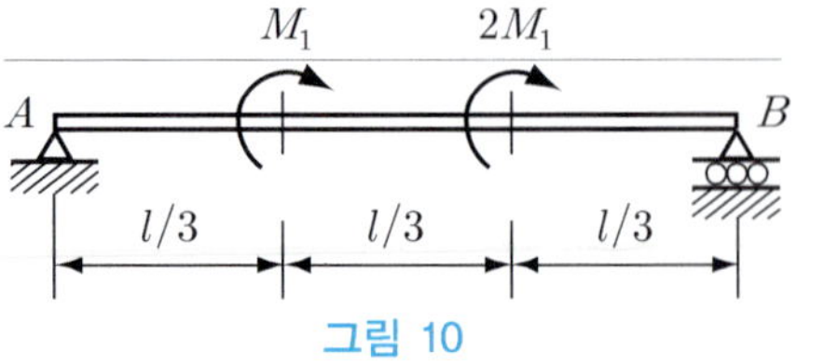

그림 10

4-11 [그림 11]의 보에 힌지가 있는 경우 BMD를 그려라.

참고 $R_A = \frac{P}{2}$, $R_C = \frac{P}{2}$

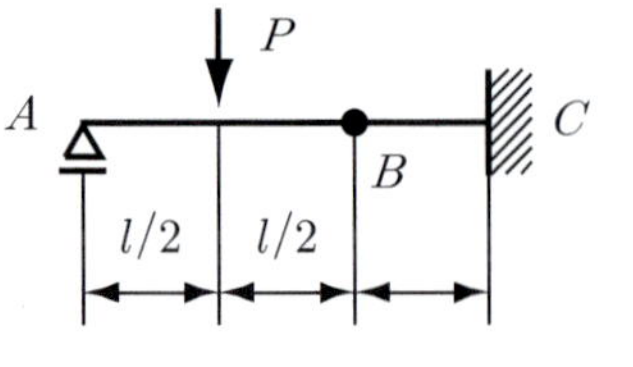

그림 11

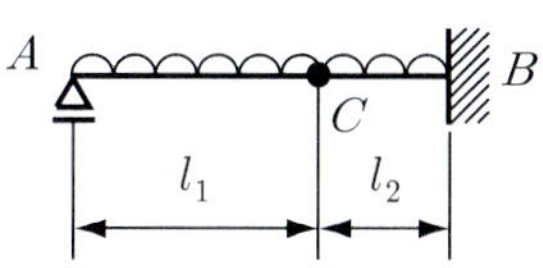

그림 12

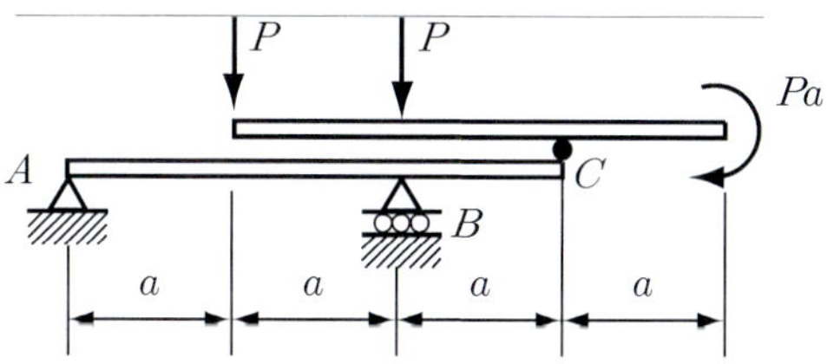

그림 13

4-12 힌지가 있는 [그림 12]의 보의 반력 $M_{\max}$, BMD 등을 구하라.

참고 $M_B = -\dfrac{wl_1l_2}{2} - \dfrac{wl_2^2}{2}$

4-13 [그림 13]과 같이 하중을 받고 있는 보 ABC에 대하여 전단력선도와 굽힘모멘트 선도를 그려라.

4-14 [그림 14]에서 [그림 19]까지의 보에 대하여 전단력선도와 굽힘모멘트선도를 그려라.

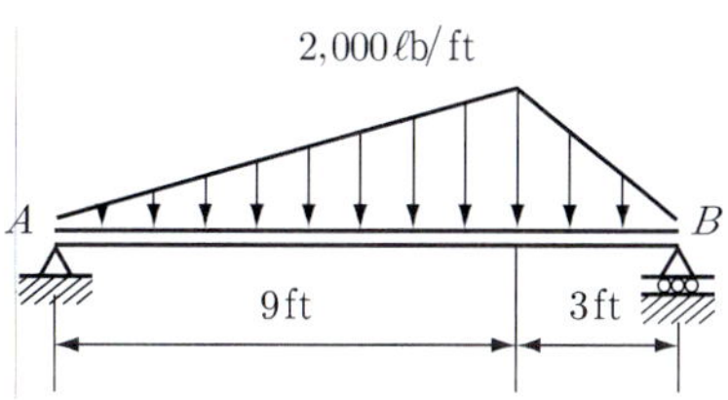

그림 14

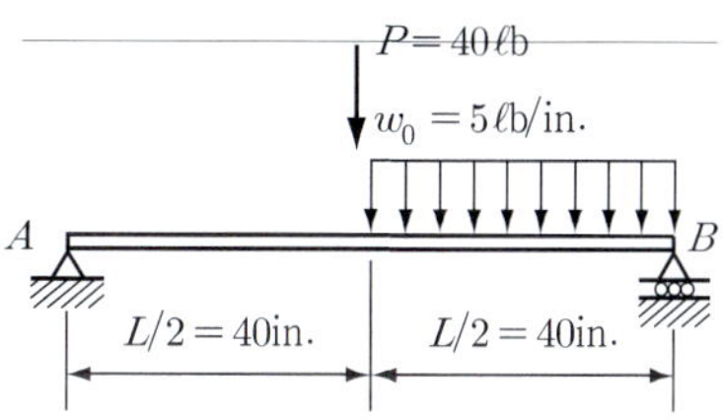

그림 15

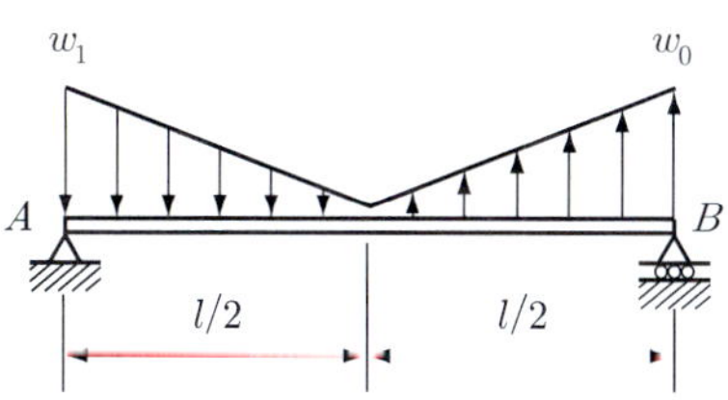

그림 16

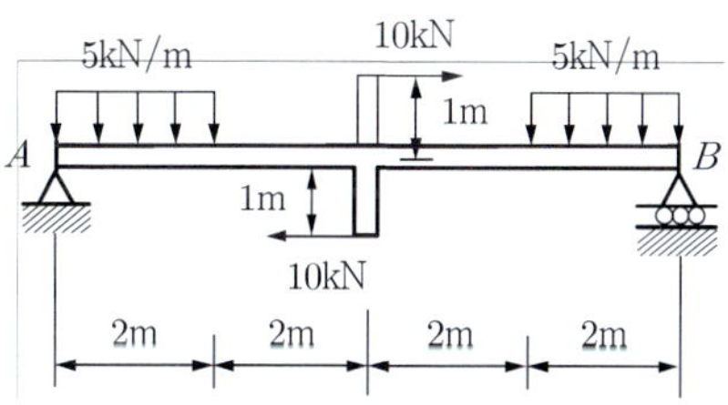

그림 17

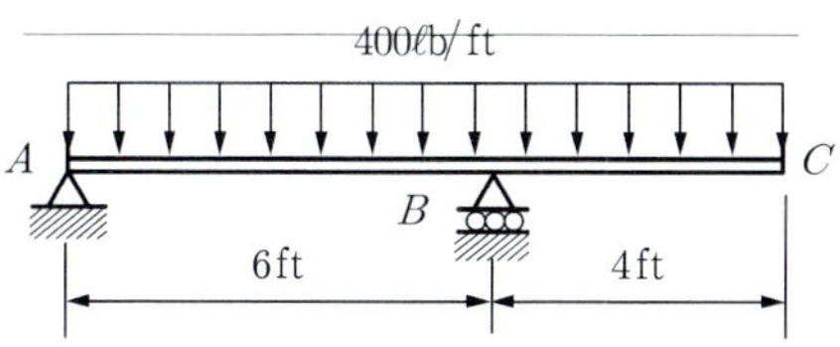

그림 18

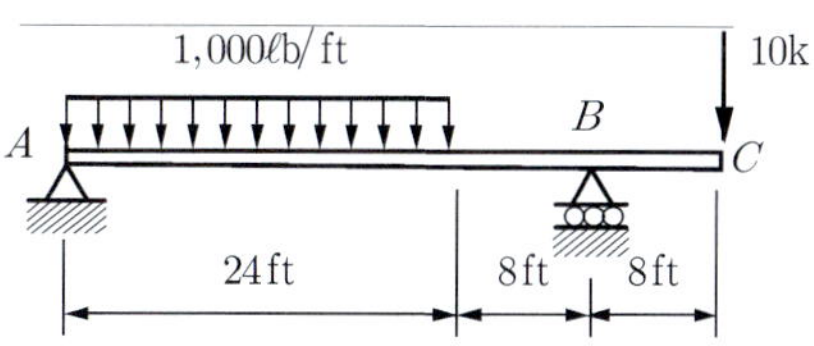

그림 19

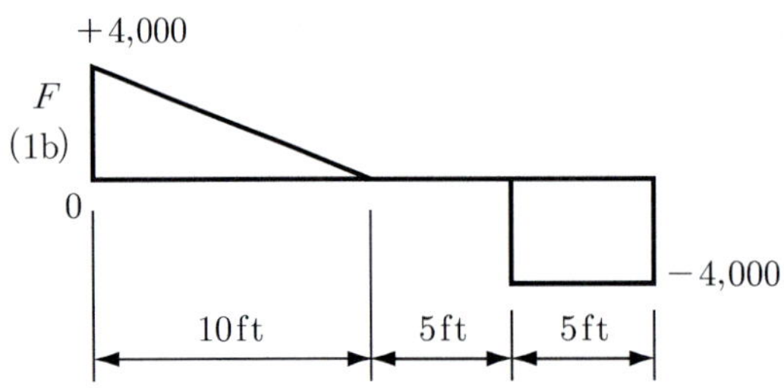

그림 20

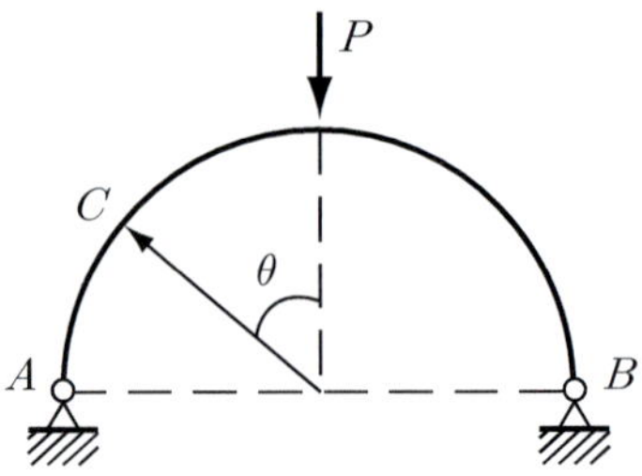

그림 21

4-15 어떤 단순보의 전단력선도가 [그림 20]과 같다. 보에 하중으로서 모멘트가 작용하지 않는다고 가정하고, 보에 작용하는 하중상태를 구하고, 굽힘모멘트선도를 그려라(전단력의 단위는 pound).

4-16 [그림 21]과 같은 반원 모양의 곡선보 중앙에 하중 P가 작용할 때 임의 단면 C에 생기는 전단력과 굽힘모멘트를 θ로 표시하여라.

답: $F=\frac{P}{2}\cos\theta,\ M=\frac{P}{2}r(1-\sin\theta)$

4-17 [그림 22]와 같이 단순보 AB는 x값에 따라 변하는 연속분포하중을 받고 있다. 보 속에 작용하는 최대 굽힘 모멘트를 구하여라.

답: $\frac{w_o l^2}{\pi^2}$

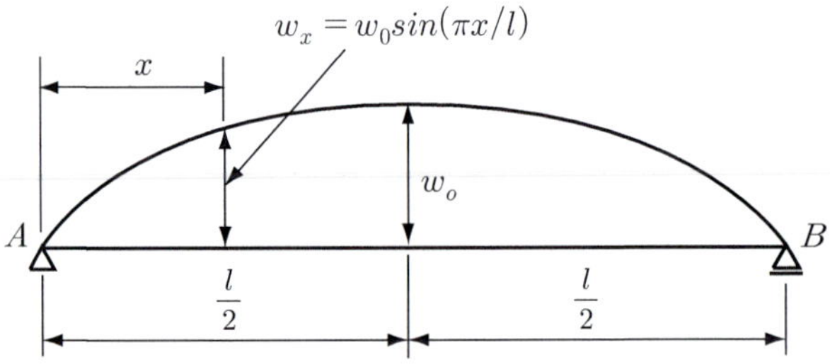

그림 22

Chapter

5

보 속의 응력

앞 장에서 설명한 바와 같이, 보는 단면의 높이에 비해 길이가 긴 부재로서 굽힘을 전달하는 부재이다. 하중은 전단력과 굽힘모멘트의 형태로 내적 작용 또는 합응력을 일으킨다. 이 장에서는 전단력 굽힘모멘트와 관계있는 응력과 변형률을 취급하고, 또한 보의 해석과 설계상의 실제로 중요한 여러 주제를 다루게 된다. 여기서는 초기에 길이방향의 곧은 축을 가진 보 만을 고려하게 된다.

5-1 굽힘응력

[그림 5-1(a)]와 같이 단순지지보에 두 개의 동일한 크기의 집중하중 P가 작용하는 $\overline{12}$구간 사이에는 SFD처럼 전단력 F가 존재하지 않고, BMD처럼 균일한 굽힘모멘트만이 생긴다. 또는 [그림 5-1(a)″]처럼 단순지지보의 양단에 같은 크기의 모멘트만이 작용할 경우에는 보 전체에 균일한 굽힘모멘트가 생긴다. 이와 같이 **보에서 같은 크기의 굽힘모멘트만이 작용하고 전단력(剪斷力)이 없는 경우를 순수굽힘**(pure bending)이라 한다.

보내에 생기는 굽힘응력은 복잡하므로 쉽게 풀기 위하여 순수굽힘하에 다음과 같은 가정을 두어 해를 구하는데, 이 방법은 오차가 적어서 실제 보의 설계에는 아무런 지장이 없다(참고 (2), (4), (5)번의 조건은 Hooke의 법칙의 가정과 동일함).

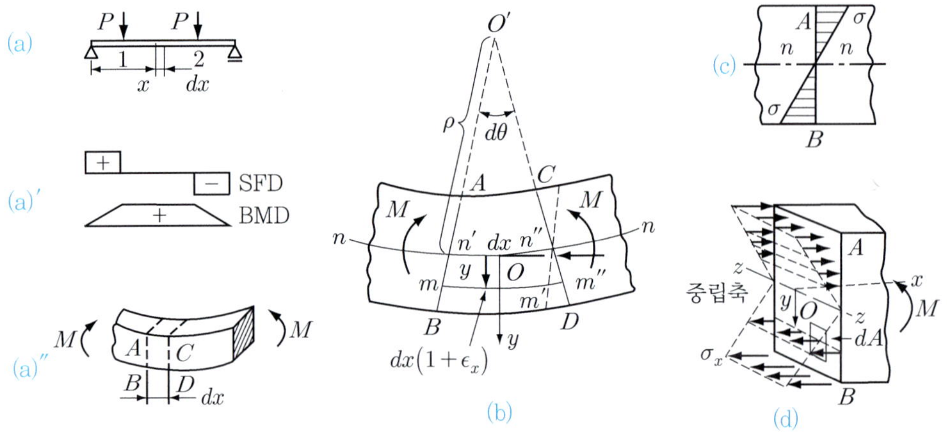

그림 5-1 굽힘응력(사각형단면의 예)

(1) 여기서는 균일단면의 곧은 보의 문제만 취급한다.
(2) 정하중(靜荷重)을 받는 경우만 생각한다.
(3) 보의 단면은 하중면([그림 3-1] 참조)에 대해서 대칭이다.
(4) 보의 재료는 균질이다.
(5) 탄성한계 이하에서 취급한다.
(6) 인장(引張)이나 압축(壓縮)의 탄성계수는 동일하다.
(7) 변형(變形)은 작아서 항상 원래의 치수를 그냥 사용한다.
(8) 굽히기 전의 보의 횡단면은 굽히고 난 후에도 평면이다.

[그림 5-1(b)]와 같이 순수굽힘이 생기는 $\overline{12}$ 구간에서 dx의 미소부분의 평형관계를 생각하여 본다. 이때 보는 아래가 인장, 위는 압축이 되며 그 중간에 nn축은 인장도 압축도 아닌 길이의 변화가 없는 곳이 있게 된다. 이 면을 중립면(neutral surface, 中立面)이라 한다. 이 중립면상의 한 점을 원점 O로 하는 좌표축을 생각한다. 이때 굽히고 난 후의 AB, DC의 단면은 $n-n$과는 수직이고 평면인 채로 약간 경사지게 된다. 중립면에서 y만큼 떨어진 mm'' 면은 $m'm''$만큼 늘어난다. 처음 길이는 dx이므로 $(m'm''/dx)=\epsilon_x$이다. 여기서 n'의 수직선 n'' 된 두 부채꼴 $n'o'n''$와 $m'n''m''$는 상사형이므로 식 (5-1)이 성립된다.

$$\epsilon_x = \frac{\widehat{m'm''}}{\widehat{n'n''}} = \frac{y \cdot d\theta}{dx} = \frac{y \cdot d\theta}{\rho d\theta} = \frac{y}{\rho}$$

$$\sigma_x = E\,\epsilon_x = E\,\frac{y}{\rho} \tag{5-1}$$

이때 σ_x가 굽힘모멘트 M가 작용할 때 보에 생기는 굽힘응력(bending stress)이며 그 크기의 변화를 [그림 5-1(c)]에 나타내었다. 즉, 중립면에는 σ_x가 '영'이 되고 보의 상, 하에서 각각 최소치와 최대치를 갖는다.

그런데 식 (5-1)로는 σ_x의 성질은 알 수 있어도 미지수 ρ가 있어서 실제 σ_x의 크기는 알 수 없다. 이 σ_x의 크기와 중립축의 위치 등을 구하기 위하여 단면에 관한 힘의 평형을 생각한다. 중립축(neutral axis, 中立軸)이란 중립면과 횡단면과의 교차선 $z-z$축이며, [그림 5-1(d)]에서 순수굽힘이므로 전단력은 없어 식 (5-2)가 성립된다. 즉, 중립축에는 힘이 없다는 것이다.

$$\sum P_x = 0 : \int_A \sigma_x \cdot dA = 0,\quad \int E\frac{y}{\rho}dA = \frac{E}{\rho}\int ydA = 0$$

$$\therefore \int ydA = 0 \tag{5-2}$$

이 식은 z축에 관한 면적모멘트가 0이므로 z축은 도심을 지나는 축이다. 즉, 중립축은 도심축과 일치한다는 것을 알게 된다. 또한, 힘에 거리를 곱하면 모멘트가 되며 식 (5-3)이 성립된다.

$$\sum M_{z-z} = 0 : \int_A (\sigma_x \cdot dA) \cdot y = M \tag{5-3}$$

이 식은 단면 내의 미소(微小) 힘 $\sigma_x \cdot dA$에서 거리 y를 곱한 것으로 $z-z$축에 관한 모멘트의 총합을 뜻하며, 저항모멘트(resisting moment)인 셈이다. 즉, 이 모멘트는 단면의 외부에서 작용하는 굽힘모멘트 M과 같다는 것이다. 다시 이 식은 식 (5-4)와 같이 되고,

$$\int_A \frac{y}{\rho} E \cdot dA \cdot y = \frac{E}{\rho} \int_A y^2 \cdot dA = M \tag{5-4}$$

식 (5-5)을 I_z로 표기하면 식 (5-4)는 식 (5-6)으로 된다.

$$\int_A y^2 \, dA = I_z \tag{5-5}$$

$$\frac{1}{\rho} = \frac{M}{EI_z} \text{(Bernoulli-Euler의 법칙)} \tag{5-6}$$

이때 EI_z는 굽힘강성(flexural rigidity)으로서 단위의 곡률변화를 나타내는 데 필요한 굽힘모멘트를 뜻한다(GI_P : 비틀림강성, AE : 축강성에 대응하는 식). 이 식을 식 (5-1)에 대입하면 보의 굽힘응력 σ_x와 M을 연관시키는 중요한 식 (5-7)이 된다.

$$\sigma_x = \frac{M}{I_z} y \tag{5-7}$$

I_z는 단면의 치수에 관한 계산이므로 단면의 모양, 크기에 대해서 따로 계산하면 된다. 이것을 단면 2차 모멘트(second moment of area) 또는 단면의 관성모멘트(moment of inertia)라고 하며, I_z의 첨자 z는 z축에 관한 관성모멘트라는 뜻이다.

식 (5-7)에서 최대 굽힘응력은 식 (5-8)로 된다.

$$\sigma_{\max} = \frac{M}{I_z} c_1, \quad \sigma_{\min} = \frac{M}{I_z}(-c_2) \tag{5-8}$$

이 식은 변형하면 식 (5-9)로 된다.

$$\left.\begin{aligned} &\sigma_{\max} = \frac{M}{Z_1},\ \sigma_{\min} = -\frac{M}{Z_2} \\ \text{단,}\quad &Z_1 = \frac{I_z}{c_1},\ Z_2 = \frac{I_z}{c_2} \end{aligned}\right\} \tag{5-9}$$

c_1, c_2 : 중립축과 인장, 압축측 단면 끝까지의 거리

이 Z_1, Z_2를 보의 단면계수(section modulus, 斷面係數)라고 한다. $\sigma_{\max}$ 대신 σ_{al}(허용응력)을 넣으면 단면계수 Z와 최대 굽힘모멘트 $M_{\max}$를 연관시키는 중요한 식 (5-10)이 된다.

$$Z = \frac{M_{\max}}{\sigma_{al}} \tag{5-10}$$

5-2 단면의 관성모멘트

$r^2 = I / A$(A : 단면적)라 할 때 r을 관성반지름(radius of gyration) 또는 단면 2차 반지름이라 한다($r_z = \sqrt{I_z / A}$, $r_y = \sqrt{I_y / A}$).

[그림 5-2]와 같이 $A = A_1 - A_2$일 때는 전체 A의 I_z를 구하고 A_2의 것을 제외하면 식 (a)처럼 된다.

$$I_z = \int_{A1} y^2\, dA - \int_{A2} y^2\, dA \tag{a}$$

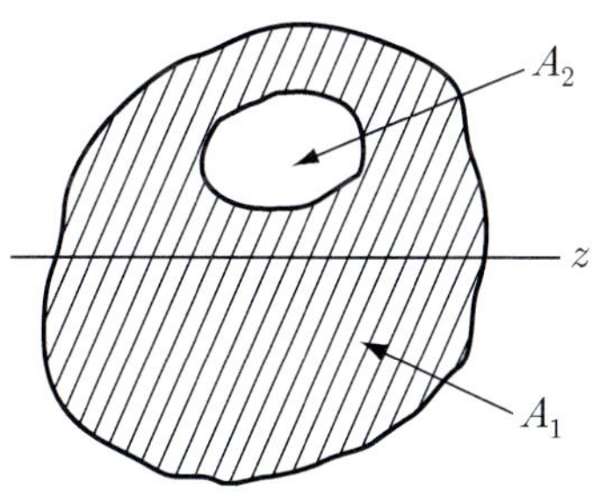

그림 5-2 면적을 분할 시킬 때

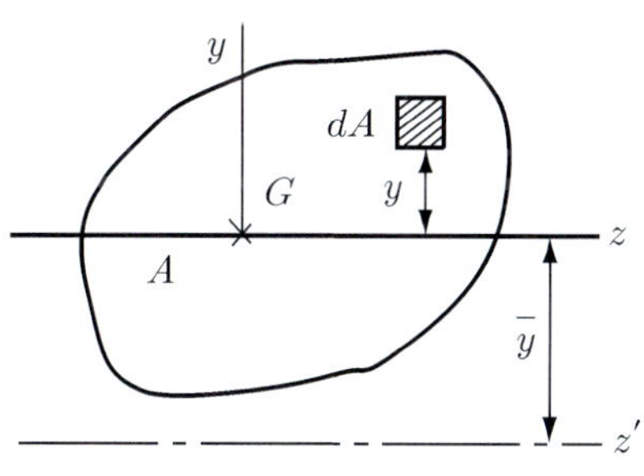

그림 5-3 z에 평행축 z'

정리1 평행축의 정리(parallel axis theorem)

관성모멘트는 모두 도심(centroid, 圖心)를 지나는 축을 기점으로 식 (5-5)처럼 구하지만, [그림 5-3]처럼 그렇지 못한 경우 (즉 z′축을 기점으로 할 때)에는 이 정리를 사용한다. 도심을 지나는 축을 z, 이것과 $\bar{y}$ 만큼 떨어진 z축에 평행이 되는 z'축에 대하여 I_z를 구해 본다.

$$I_{z'} = \int_A (y+\bar{y})^2 dA = \int_A y^2 dA + 2\bar{y}\int_A y\, dA + \bar{y}^2 \int_A dA = I_z + \bar{y}^2 A \quad (5\text{-}11)$$

단,

$$\int_A dA = A,\ \int_A y dA = 0 \quad (5\text{-}2)$$

정리2 극관성모멘트(polar inertia moment)

단면내의 임의 직교축(z, y축), 또 그 단면에 수직인 축을 P축이라면 P축에 관한 단면 A의 관성모멘트는 다음과 같다. 즉 같은 원점을 지나는 또 다른 직교축 z_1, y_1축에 대해서도 마찬가지로 $I_p = I_z + I_y$가 된다. 이 I_p 를 극관성모멘트라고 한다.

$$I_P = \int_A r^2 dA = \int_A (z^2+y^2) dA = \int_A z^2 dA + \int_A y^2 dA = I_y + I_z \quad (5\text{-}12)$$

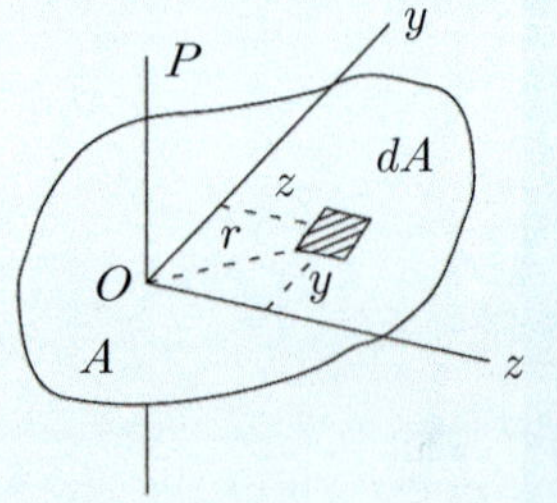

그림 5-4 단면에 수직인 P축

예제 5-1

[그림 1]과 같은 차축이 12톤(W)의 하중을 받을 때 허용굽힘응력 $\sigma_B = 4.7\,kg_f/\text{mm}^2$으로 하여 축의 직경을 구하라.

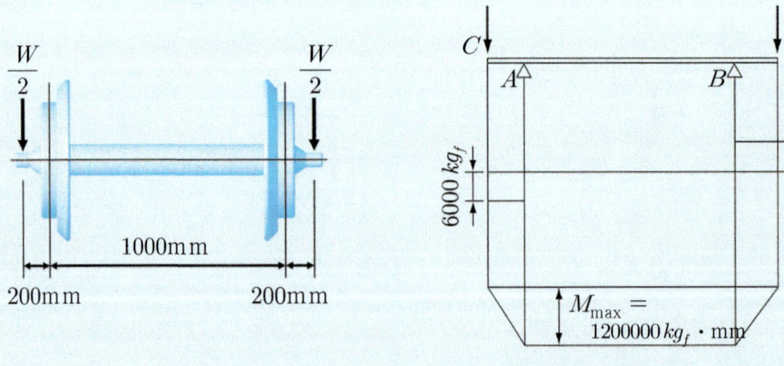

그림 1

(풀이) $R_A \times 1{,}000 - 6{,}000 \times (1{,}000 + 200) + 6{,}000 \times 200 = 0$

$$R_A = \frac{6{,}000 \times 1{,}200 - 6{,}000 \times 200}{1{,}000} = 6{,}000(kg_f)$$

$$R_A + R_B - 6{,}000 - 6{,}000 = 0$$

$$R_B = 6{,}000(kg_f)$$

$$M_{\max} = M_{A\sim B} = -6{,}000 \times 200 = -1{,}200{,}000(kg_f \cdot \mathrm{mm})$$

$$M_{\max} = \sigma_b Z = \frac{\pi d^3}{32}\sigma_b$$

$$\therefore\ d = \sqrt[3]{\frac{32M_{\max}}{\pi\sigma_b}} = \sqrt[3]{\frac{32 \times 1200000}{\pi \times 4.7}} ≒ 137.5(\mathrm{mm})$$

예제 5-2

[그림 2]와 같은 외팔형 크랭크축에서 핀(pin)에 $W=1{,}800kg_f$의 수직하중이 걸릴 때 크랭크 핀의 직경 d와 길이 l을 구하라. 단 $l/d=1.5$이고 허용굽힘응력 $\sigma_b=6kg_f/\mathrm{mm}^2$이다.

(풀이) 크랭크 핀에 가해지는 하중 W는 핀에 등분포하중으로 작용하는 것으로 생각하여 등분포하중을 받는 외팔보의 문제로 아래와 같이 처리한다.

$$M_{\max} = \frac{1}{2}Wl = \frac{1}{2}W\left(\frac{l}{d}\right) \times d$$

$$M_{\max} = \sigma_b Z,\ \ Z = \frac{\pi}{32}d^3 = \frac{\pi}{32}d^3 \times \sigma_b$$

$$\therefore\ \frac{1}{2}W\left(\frac{l}{d}\right)d = \frac{\pi}{32}d^3\sigma_b$$

$$d = \sqrt{\frac{16W\left(\frac{l}{d}\right)}{\pi\sigma_b}}$$

$W=1{,}800kgf$, $l/d=1.5$, $\sigma_b=6kg_f/\mathrm{mm}^2$이므로

$$\therefore \begin{cases} d = \sqrt{\dfrac{16 \times 1{,}800 \times 1.5}{\pi \times 6}} ≒ 48\mathrm{mm} \\ \ell = 1.5\mathrm{d} = 1.5 \times 48 = 72(\mathrm{mm}) \end{cases}$$

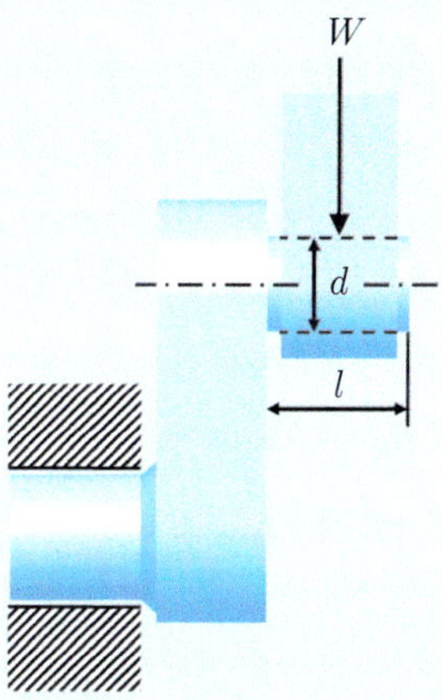

그림 2

5-3 단면계수의 비교

보는 가능한 큰 굽힘강성을 가져야 하지만 설계시에는 경제적인 측면에서도 고려해야 한다. 동일한 단면계수를 갖는 조건하에서 가능한 단면적이 작아지도록 설계해야한다. 예로서 널리 사용되는 사각형, 원형, I형 단면에 대하여 단면계수를 비교하여 검토한다.

(1) 사각형단면

$$Z=\frac{bh^2}{6}=\frac{Ah}{6}\ \text{(예제 5-4에서)} \tag{a}$$

b는 폭, h는 높이인 사각형단면에서 Z를 크게 하려면 $A/6$은 상수이므로 h를 크게 할수록 더욱 효과적임을 알 수 있다. 즉, 정사각형보다 높이가 큰 직사각형이 유리하지만 그렇다고 너무 높게 하면 좌굴을 일으킨다.

(2) 원형단면

$$Z=\frac{\pi d^3}{32}=\frac{1}{8}Ad=0.125Ad\ \text{(예제 5-7에서)} \tag{b}$$

식 (a), (b)를 서로 비교하기 위해서 원형단면과 면적이 같은 정사각형에서 구한다. 즉, 한 변의 길이 $h=\frac{\sqrt{\pi}\,d}{2}$일 때 면적이 같으므로 식 (a)에서 사각형 단면의 $Z=0.148Ad$로 된다. 이것을 식 (b)와 비교하면 정사각형의 단면이 원형단면보다 18.4% 효과적임을 알 수 있다.

(3) I 형 단면

우선 이상적인 경우로 그림과 같이 단면적을 두 부분으로 나누어 중립축에서 먼 곳에 배치한다. 즉, $\frac{A}{2}$를 $\frac{h}{2}$의 거리에 있도록 하는 일이다. 이때는 I_z는 식 (c)와 같다.

$$I_z=2\times\frac{A}{2}\times\left(\frac{h}{2}\right)^2=\frac{Ah^2}{4},\quad Z=\frac{1}{2}Ah \tag{c}$$

식 (c)는 이상적인 경우이다. 실제로 이와 비슷한 단면이 I형 단면이며 점선부에 웨브(web)가 있어야 하므로 식 (d)로 되는 경우가 많다.

$$Z \fallingdotseq 0.3Ah \qquad \text{(d)}$$

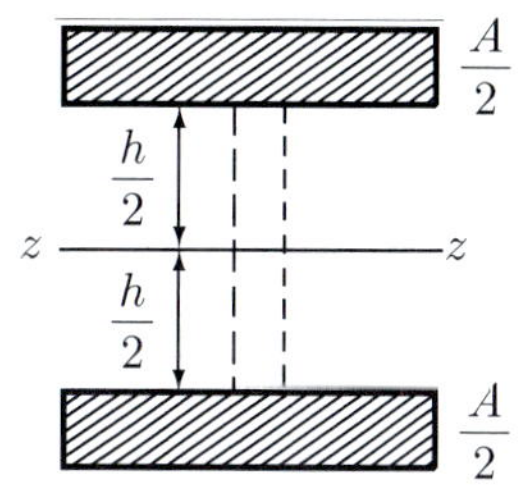

I 형 단면

이상 세 가지 단면에서 비교하여 보면 I형 단면이 Z가 가장 크므로 경제적이며 그 다음으로 사각형 단면임을 알 수 있다. 또한, I형 단면에서는 위의 다른 단면에 비하여 좌굴(bucking, 挫屈)도 생기기 어렵기 때문에 보의 단면의 형태로 널리 사용된다. 이러한 결과에서 기차 레일이 I형 단면의 예이며, 구조물에는 I형 빔(beam)을 널리 사용한다.

$Z = I/C$를 단면계수라고 했는데 [그림 5-5]와 같이 돌기(突起)된 빗금부분이 단면의 위나 아래에 있을 때는 이 돌기 부분을 제거하면 단면계수가 더 커지게 된다. 이것은 작은 면적을 제거함으로써 생긴 I_z의 감소가 단면높이의 감소보다 작기 때문이다. 또한 작은 면적 부분에 큰 힘을 집중적으로 받게 되는 것을 방지하게 된다.

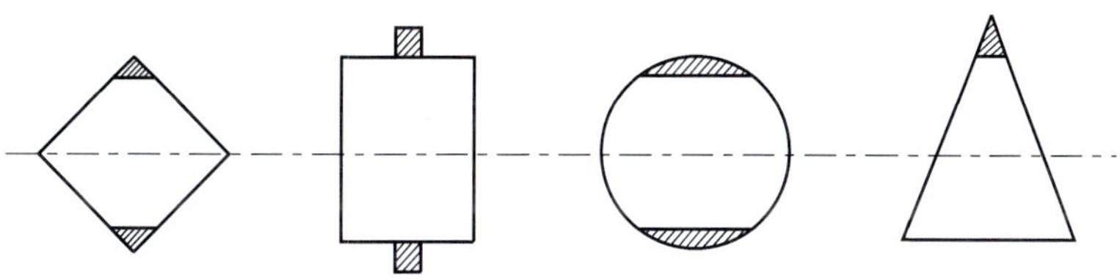

그림 5-5 단면의 돌기 부분의 제거(빗금부분)

예제 5-3

[그림 3]은 사각형단면 보의 일부분을 나타낸다. (a), (b), (c) 및 (d)의 명칭을 써보라.

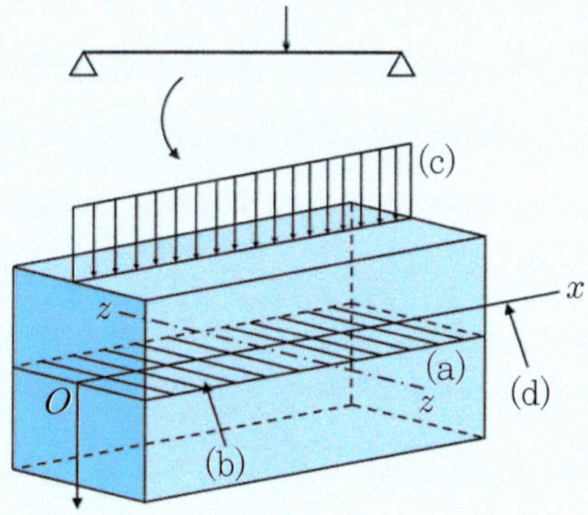

그림 3

풀이 (a) 중립축(모멘트축, $z-z$축)
(b) 중립면
(c) 하중면
(d) 중심축(축심, $O-x$축)

예제 5-4

[그림 4]의 사각형단면의 관성모멘트를 구하라.

풀이 $$I_z=\int_{-\frac{h}{2}}^{\frac{h}{2}} y^2 dA=\int_{-\frac{h}{2}}^{\frac{h}{2}} y^2\cdot b\cdot dy=\frac{bh^3}{12}$$

또는 $$2\times\int_0^{\frac{h}{2}} y^2\cdot bdy=\frac{bh^3}{12}$$

여기서 $z-z$는 도심축

$$I_{z'-z''}=\begin{cases}\int_0^h y^2\cdot b\ dy=\dfrac{bh^3}{3} \quad \text{또는} \\ I_z+\bar{y}^2A=\dfrac{bh^3}{12}+\left(\dfrac{h}{2}\right)^2\cdot bh=\dfrac{bh^3}{3}\end{cases}$$

$$\therefore Z=\frac{I_z}{h/2}=\frac{bh^2}{6}$$

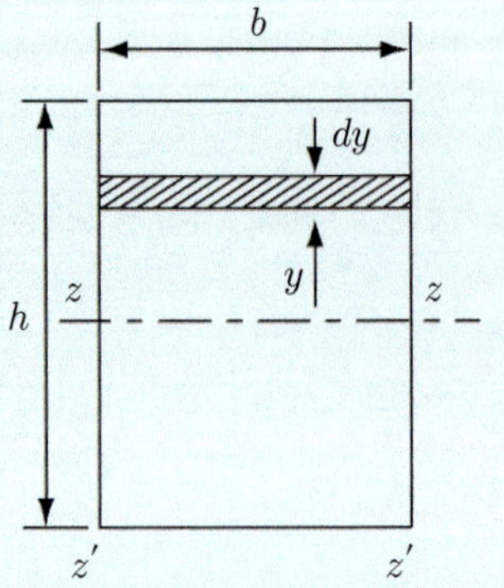

그림 4

예제 5-5

[그림 5]과 같이 속이 빈 사각형 단면의 빗금친 부분의 I_z를 구하라.

풀이 $$I_z=\frac{20\times30^3}{12}-\frac{8\times20^3}{12}=39{,}667\text{cm}^4$$

단위 : cm

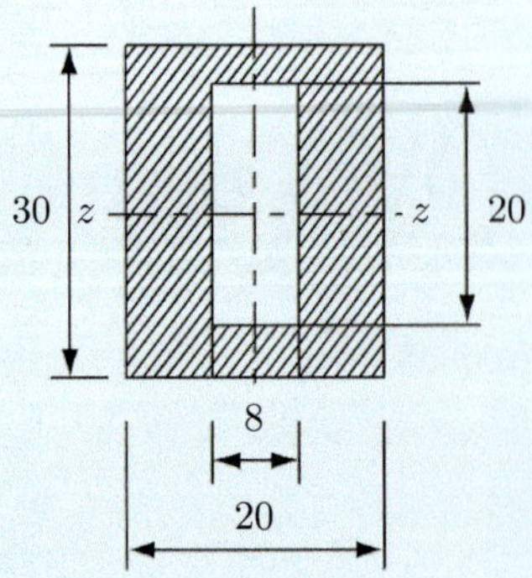

그림 5

참고 아래 단면의 I_z도 모두 같은 값이다. 그러나 I_y는 모두 다르다.

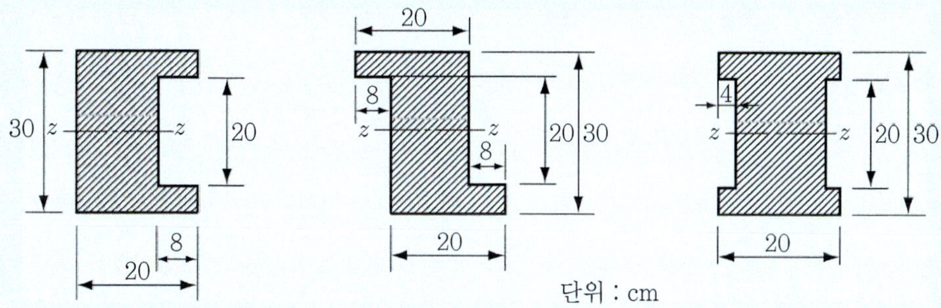

예제 5-6

[그림 6]의 L형단면의 도심축인 z축에 관한 I_z를 구하라.

풀이 [그림 6(a)]처럼 분할하여 각 형상의 중립축을 구한다.

$$\bar{y}=\frac{8\times1\times4+5\times1\times0.5}{8\times1+5\times1}=2.65\text{cm}$$

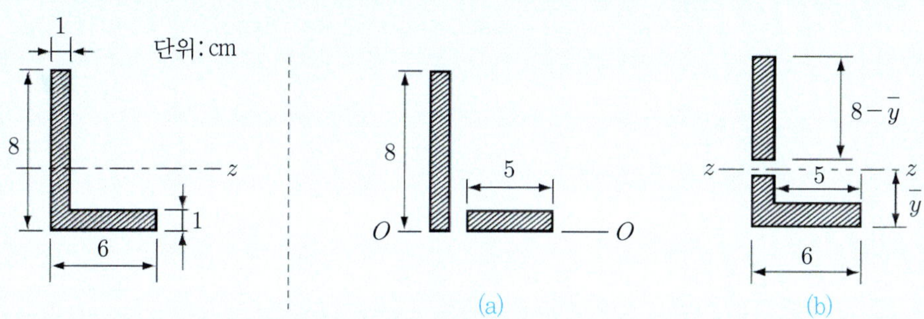

그림 6

[그림 6(b)]처럼 중립축을 기준하여 분할하고 I_z를 구한다.

$$I_z=\frac{1\times(8-\bar{y})^3}{3}+\frac{6\times\bar{y}^3}{3}-\frac{5\times(\bar{y}-1)^3}{3}=81\text{cm}^4$$

예제 5-7

원형단면([그림 12])의 관성모멘트를 구하라.

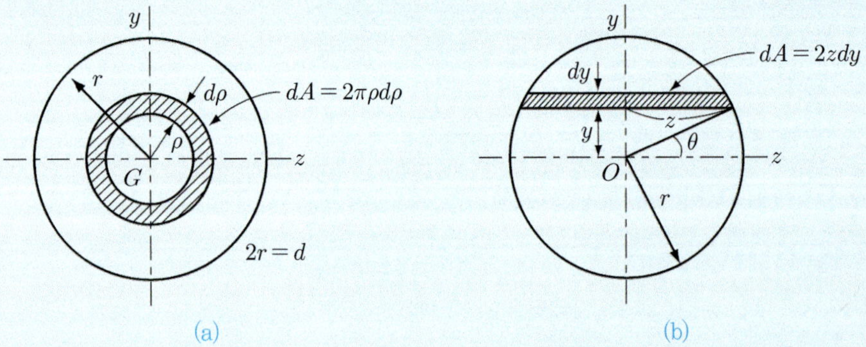

그림 7

풀이 [그림 7(a)]에서 I_p를 구한다.

$$I_p = \int_0^{\frac{d}{2}} \rho^2 dA = \int_0^{\frac{d}{2}} \rho^2 \cdot 2\pi\rho d\rho = \frac{\pi d^4}{32}$$

원형단면에서 $I_y = I_z$(= I는 임의 지름의 관성모멘트)

$$I_p = 2I_y = 2I_z = 2I = \frac{\pi d^4}{32}$$

$$\therefore\ I = \frac{\pi d^4}{64}\left(= \frac{\pi r^4}{4}\right)$$

$$\therefore\ Z = \frac{\pi d^4}{64} / \frac{d}{2} = \frac{\pi d^3}{32}$$

속이 빈 중공원형단면의 I_z는 바깥지름 $d_0 = 2r_0$, 안지름 $d_i = 2r_i$일 때

$$I_z = \frac{\pi d_0^4}{64} - \frac{\pi d_i^4}{64} = \frac{\pi(d_0^4 - d_i^4)}{64},\quad Z = \frac{\pi(d_0^4 - d_i^4)}{32d_0}$$

[그림 7(b)]에서 I_z를 구해도 된다.

$$I_z = 2\int_0^r y^2 \cdot dA$$

$$= 2\int_0^r y^2 \cdot 2zdy$$

$$= 2\int_0^{\frac{\pi}{2}} (r\sin\theta)^2 \cdot [2r\cos\theta \cdot r\cos\theta d\theta]$$

$$= 4r^2 \int_0^{\frac{\pi}{2}} \sin^2\theta \cdot \cos^2\theta d\theta = \frac{\pi r^4}{4}$$

5-4 상승모멘트(선택)

(1) 단면의 관성상승모멘트

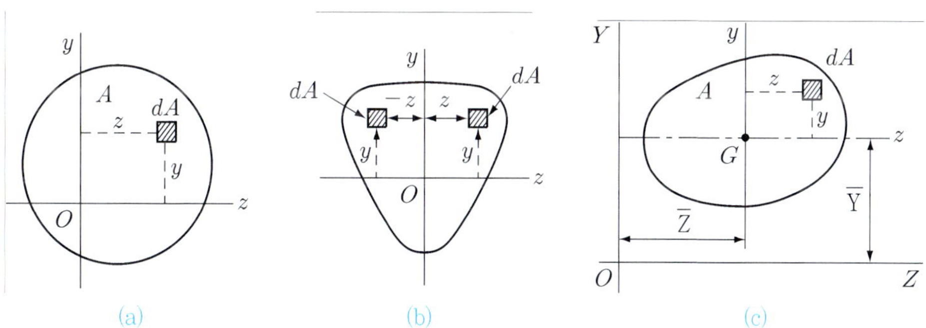

그림 5-6 상승모멘트

비대칭단면의 굽힘을 알기 위하여 관성상승모멘트(product of inertia moment)를 알아본다. [그림 5-6(a)]에서 임의 직교축 z, y에 관하여 식 (5-13)은 단면의 z, y축에 관한 것이다.

$$I_{zy} = \int_A zydA \tag{5-13}$$

특히 두 축의 하나가 대칭축일 때는 I_{zy}는 0이다. [그림 5-19(b)]에서 y축이 대칭축이라면 y축의 우측면적에 대해서는 $\int_A zydA$, 좌표면적에 대해서는 $\int_A y(-z)dA$가 되므로 합이 0이 된다.

- **평행축의 성리** 임의 도형의 도심을 지나는 z, y축에 관한 I_{zy}를 알 때 이 z, y축에 각각 평행한 Z, Y축의 상승 모멘트는 [그림 5-19(c)]에서 식 (5-14)을 유도할 수 있다.

$$\begin{aligned} I_{ZY} &= \int_A (z+\overline{Z})(y+\overline{Y})dA \\ &= \int_A zydA + \overline{Z}\int_A ydA + \overline{Y}\int_A zdA + \overline{Z}\,\overline{Y}\int_A dA \\ &= I_{zy} + \overline{Z}\,\overline{Y} \cdot A \end{aligned} \tag{5-14}$$

단, $\overline{Z}\int_A ydA$, $\overline{Y}\int_A zdA$는 z, y축이 각각 도심축이 되므로 0이다.

(2) 단면의 주축

z, y축에 관해서 $I_z = \int_A y^2 dA$, $I_y = \int_A z^2 dA$, $I_{zy} = \int_A zydA$를 알고, 그 값에 의한 최대치, 최소치, 방향을 알기 위하여 z', y'축에 관한 $I_{y'}$, $I_{z'}$, $I_{z'y'}$를 계산해 보자.

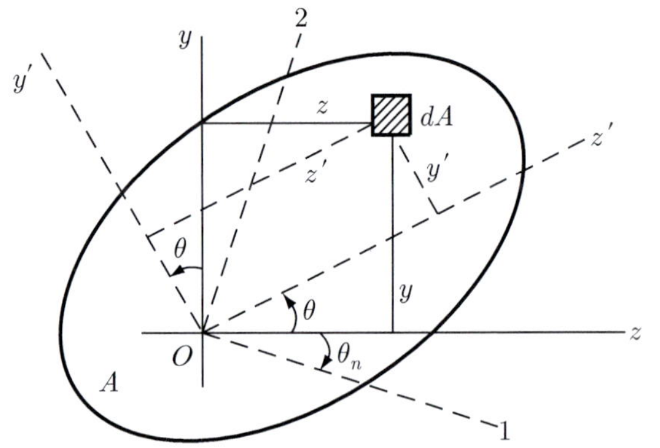

그림 5-7 좌표변환

[그림 5-7]의 단면 A내의 미소면적 dA의 좌표$(y,\ z)$와 $(y',\ z')$사이에 관계는 식 (5-15)와 같다.

$$\left.\begin{aligned} y' &= y\cos\theta - z\sin\theta \\ z' &= z\cos\theta + y\sin\theta \end{aligned}\right\} \tag{5-15}$$

따라서 $I_{y'}$, $I_{z'}$ 및 $I_{z'y'}$은 식 (5-16)으로 정리된다.

$$\begin{aligned} I_{z'} &= \int y'^2 dA = \int_A (ycos\theta - z\sin\theta)^2 dA \\ &= I_z\cos^2\theta + I_y\sin^2\theta - I_{zy}\sin 2\theta \\ &= \frac{1}{2}(I_z + I_y) + \frac{1}{2}(I_z - I_y)\cos 2\theta - I_{zy}\sin 2\theta \end{aligned}$$

$$I_{y'} = \int z'^2 dA = \int_A (zcos\theta + y\sin\theta)^2 dA$$
$$= I_y \cos^2\theta + I_z \sin^2\theta + I_{zy} \sin 2\theta$$
$$= \frac{1}{2}(I_z + I_y) - \frac{1}{2}(I_z - I_y)\cos 2\theta + I_{zy}\sin 2\theta$$

$$I_{z'y'} = \int_A (z\cos\theta + y\sin\theta)(y\cos\theta - z\sin\theta)dA$$
$$= \frac{1}{2}(I_z - I_y)\sin 2\theta + I_{zy}\cos 2\theta \qquad (5-17)$$

즉 기존의 좌표계에서 알고 있는 I_y, I_z, I_{zy} 는 새로운 좌표계에서 $I_{y'}$, $I_{z'}$, $I_{z'y'}$를 구할 수 있다. 식 (5-17)의 $I_{y'}$와 $I_{z'}$을 합하면 식 (a)로 된다.

$$I_{y'} + I_{z'} = I_y + I_z = I_p = \text{const.} \qquad (a)$$

여기서 I_p는 극관성모멘트이다. 이 $I_{y'}$, $I_{z'}$의 최대, 최소치는 식 (b)에 의하여 식 (5-18)일 때 생긴다.

$$\frac{dI_{y'}}{d\theta} = 0 : (I_z - I_y)\sin 2\theta + 2I_{zy}\cos 2\theta = 0 \qquad (b)$$

$$\tan 2\theta_n = \frac{-2I_{zy}}{I_z - I_y} \qquad (5-18)$$

이 $2\theta_n$의 값에서 $I_{z'}$, $I_{y'}$은 최대, 최소로 되며 θ_n의 값을 식 (5-17)에 대입하면 식 (5-19)을 얻는다.

$$\left.\begin{matrix} I_1 \\ I_2 \end{matrix}\right\} = \frac{1}{2}(I_z + I_y) \pm \sqrt{\left(\frac{I_z - I_y}{2}\right)^2 + I_{zy}^2} \qquad (5-19)$$

이 I_1, I_2를 주관성모멘트(principal moment of inertia)라 하고 I_1은 최대치, I_2는 최소치이며, 축(1, 2축)을 관성주축(principal axis of inertia, 慣性主軸)라 한다. 이 주축은 식 (5-18)에서 그 방향을 알 수 있으며, 또한 식 (5-17)의 제 3식을 0으로 놓아도 식 (5-20)처럼 얻어진다.

$$I_{z'y'} = 0 : \tan 2\theta_t = -\frac{2I_{zy}}{I_z - I_y} \tag{5-20}$$

이와 같이 직교축 z, y축을 θ만큼 방향을 전환시킨 z', y'축의 상승모멘트가 0이 될 때($I_{z'y'} = 0$)이 z', y'축에 관한 $I_{z'}$, $I_{y'}$는 최대, 최소가 되어 주관성모멘트(I_1, I_2)가 되며, 이러한 z', y'축을 주축이라고 한다.

식 (5-17)은 식 (5-1), (5-2)과 (5-9)와 같은 형임을 알 수 있으며, [그림 5-21]과 같이 모어원을 그릴 수 있다. σ와 τ, ε과 $\gamma_{zy}/2$와 같이 I와 I_{xy}가 각각 대응된다. 따라서 모어의 관성원으로 I_1, I_2를 식 (5-19)과 같이 구할 수 있고, 식 (5-21)과 같이 $I_{z'y',\ \max}$ 및 방향도 모어의 응력원과 같은 방법으로 구할 수 있다.

$$I_{z'y'\max} = \frac{I_1 - I_2}{2} = \sqrt{\left(\frac{I_z - I_y}{2}\right)^2 + I_{zy}^2} \tag{5-21}$$

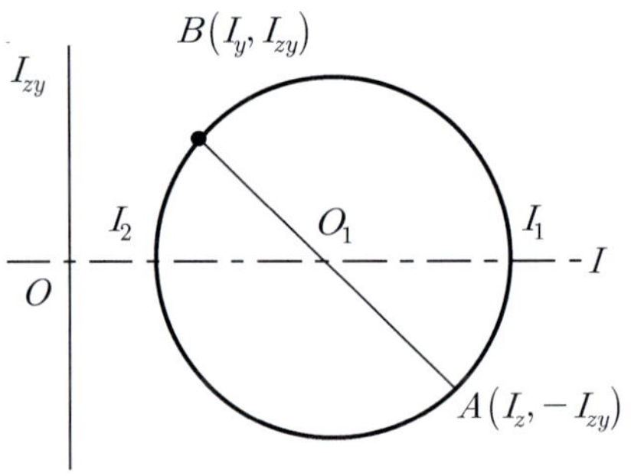

그림 5-8 모어의 관성원

예제 5-8

사각형 단면(폭b×높이h)의 한 모서리에 관한 상승모멘트를 구하라.

(풀이) 식 (5-15)에서 구한다.

즉 $I_{ZY} = I_{zy} + \overline{ZY} \cdot A = 0 + \frac{h}{2} \cdot \frac{b}{2} \cdot hb = \frac{b^2h^2}{4}$, I_{zy}는 도심축 zy에 관한 것이므로 0이다.

(별법) $I_{ZY} = \int zydA = \iint zy dY \cdot dZ$ ([그림 8(b)])

$$I_{ZY} = \int_0^h \int_0^b zy\, dZ \cdot dY = \int_0^h Y\left[\frac{1}{2}Z^2\right]_0^b dY$$

$$= \frac{1}{2}b^2\int_0^h Y\,dY = \frac{1}{2}b^2\left[\frac{1}{2}Y^2\right]_0^b = \frac{1}{4}b^2h^2$$

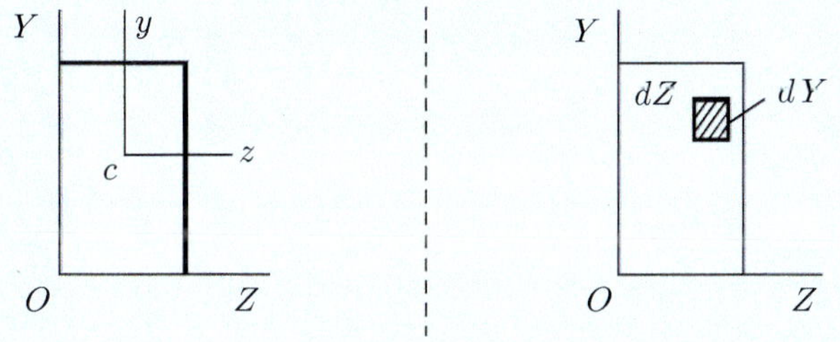

(a) (b)

그림 8

예제 5-9

$h\times b$인 [그림 9]의 직각삼각형 단면의 도심축에 관한 상승모멘트를 구하라.

풀이 $I_{zy} = I_{ZY} - \overline{Z}\overline{Y}\cdot A$에서 구한다. 단, $\overline{Y} = \frac{h}{3}$, $\overline{Z} = \frac{b}{3}$ 이다.

[그림 9(a)]의 미소면적에 대하여 아래와 같이 구한다.

$$dI_{ZY} = 0 + [Y]\left[\frac{b(h-Y)}{2h}\right]dA$$

$$= [Y]\left[\frac{b(h-Y)}{2h}\right]\left[\frac{b(h-Y)dY}{h}\right] = \frac{b^2}{2h^2}(h-Y)^2 Y dY$$

$$I_{ZY} = \frac{b^2}{2h^2}\int_0^h (h-Y)^2 Y dY = \frac{b^2h^2}{24}$$

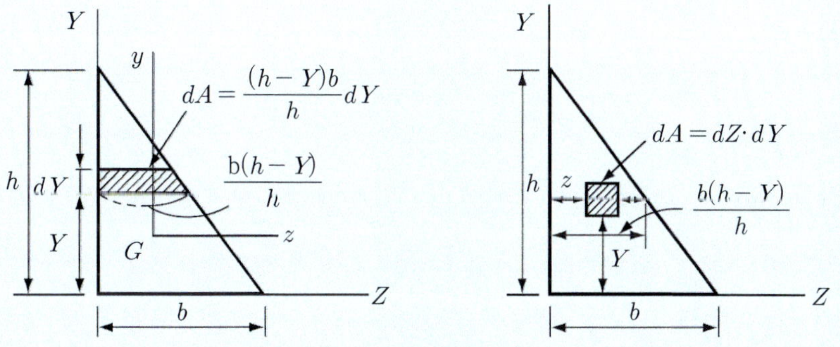

(a) (b)

그림 9

도심축의 상승모멘트 I_{zy}는

$$I_{zy} = I_{ZY} - \overline{Z}\overline{Y}\cdot A = \frac{b^2h^2}{24} - \left(\frac{b}{3}\right)\left(\frac{h}{3}\right)\frac{bh}{2} = -\frac{b^2h^2}{72}$$

별법 I_{ZY}를 구하는 별법

$$I_{ZY}=\int_A ZY\,dA=\int_0^h\int_0^{\frac{(h-Y)}{h}b} ZY\,dZ\cdot dY=\int_0^h Y\left[\frac{Z^2}{2}\right]_0^{b\frac{(h-Y)}{h}} dY$$

$$=\frac{b^2}{2h^2}\int_0^h (h^2Y^2-2hY^2+Y^3)\,dY=\frac{1}{24}b^2h^2$$

예제 5-10

$h\times b$인 직각삼각형 단면의 도심축에 관한 주축과 방향을 구하라.

풀이 예제 5-14의 결과와 부록 3에서 I_z, I_y를 얻는다.

$$I_z=\frac{bh^3}{36},\ I_y=\frac{hb^3}{36},\ I_{zy}=-\frac{b^2h^2}{72} \tag{1}$$

I_z와 I_{zy}가 A점, I_y와 $-I_{zy}$가 B점인 모어의 관성원을 [그림 12]와 같이 작성한다. 이 관성원에서 I_1, I_2는 식 (2), I_{zy}는 식 (3)처럼 구한다.

$$\left.\begin{matrix}I_1\\ \\ I_2\end{matrix}\right\}=\frac{\frac{bh^3}{36}+\frac{hb^3}{36}}{2}\pm\sqrt{\left(\frac{\frac{bh^3}{36}-\frac{hb^3}{36}}{2}\right)^2+\left(\frac{b^2h^2}{72}\right)^2} \tag{2}$$

$$=\frac{bh}{72}(h^2+b^2)\pm\frac{bh}{72}\sqrt{(h^2-b^2)^2+b^2h^2}$$

$$I_{zy,\max}=\frac{bh}{72}\sqrt{(h^2-b^2)^2+b^2h^2}$$

주관성모멘트의 방향은 식 (3)과 같다.

$$\tan 2\theta_n=\frac{\frac{b^2h^2}{72}}{\frac{\left(\frac{bh^3}{36}-\frac{hb^3}{36}\right)}{2}}=\frac{bh}{h^2-b^2} \tag{3}$$

$$\theta_n=\frac{1}{2}\tan^{-1}\frac{bh}{h^2-b^2}$$

(I_1의 축까지 반시계방향)

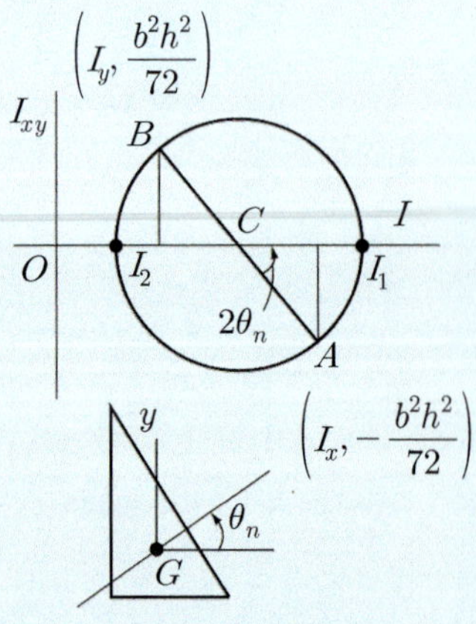

그림 10

예제 5-11

[그림 11]과 같은 4분원의 직교하는 (반지름 r)에 관한 상승모멘트를 구하라.

풀이 (1) [그림 11(a)]와 같이 극좌표로 구한다.

$$Z = \rho\cos\theta,\ Y = \rho\sin\theta$$

$$I_{ZY} = \int ZY\,dA$$

$$= \int_0^{\frac{\pi}{2}}\int_0^r (\rho\cos\theta)(\rho\sin\theta)\rho\,d\rho\,d\theta$$

$$= \int_0^{\frac{\pi}{2}}\left[\frac{\rho^4}{4}\right]_0^r \frac{1}{2}\sin 2\theta\,d\theta$$

$$= \frac{r^4}{8}\left[-\frac{1}{2}cos\,2\theta\right]_0^{\frac{\pi}{2}} = \frac{r^4}{8}$$

(2) [그림 11(b)]와 같이 직각좌표로 구한다.

$$I_{ZY} = \int ZY$$

$$dA = \int_0^r\int_0^{\sqrt{r^2-Y^2}} ZY\,dY\cdot dZ$$

$$= \int_0^r\left[\frac{1}{2}Z^2\right]_0^{\sqrt{r^2-Y^2}} Y\,dY$$

$$= \frac{1}{2}\int_0^r (r^2-Y^2)\,Y\,dY = \frac{r^4}{8}$$

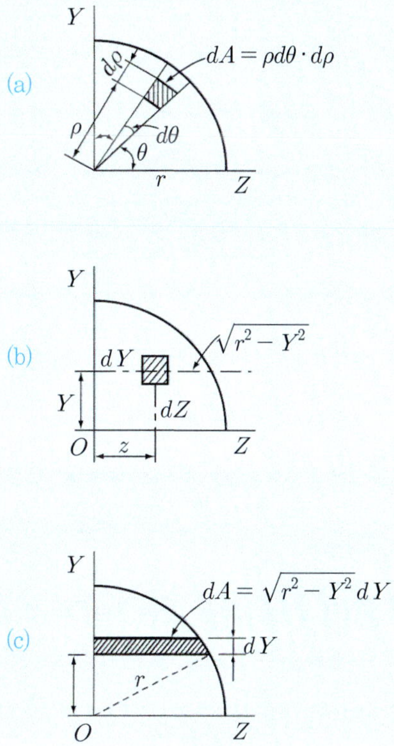

그림 11

(3) [그림 11(c)]와 같이 평행축의 정리를 이용하여 Y위치에서 미소요소(4각형)를 생각한다.

$$dI_{ZY} = O + (Y)\left(\frac{\sqrt{r^2-Y^2}}{2}\right)(\sqrt{r^2-Y^2}\,dY)$$

$$\therefore\ I_{ZY} = \int_0^r \frac{1}{2}(r^2-Y^2)\,Y\,dY = \frac{r^4}{8}$$

예제 5-12

[그림 12]의 L형 단면(125×100×25)의 도심주축과 그 위치를 구하라.

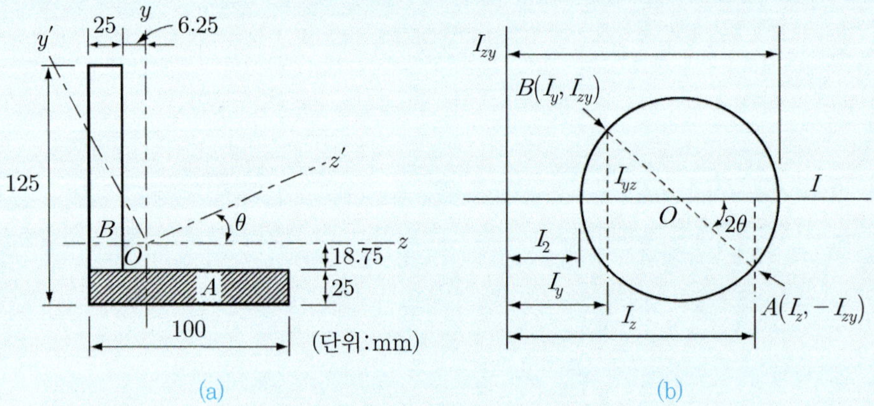

그림 12

풀이 그림과 같이 z, y축을 잡고 먼저 도심을 구한 후 I_{zy}를 구한다.

이때 면적은 [그림 12(a)]와 같이 A, B로 나눈다.

A면적의 $I_{zy \cdot A} = 0 + (-31.25)(18.75)(100 \times 25) = -1{,}465{,}000(\text{mm}^4)$

B면적의 $I_{zy \cdot B} = 0 + (31.25)(-18.75)(100 \times 25) = -1{,}465{,}000(\text{mm}^4)$

전체 I_{zy}는 아래와 같다.

$I_{zy} = -1{,}465{,}000 - 1{,}465{,}000 = -2{,}930{,}000(\text{mm}^4)$

다음의 I_y, I_z는 아래 해와 같다.

$$A\text{면적의 } I_{y \cdot A} = \frac{(25)(100)^3}{12} + (18.75)^2(100 \times 25) = 2{,}962{,}000(\text{mm}^4)$$

$$A\text{면적의 } I_{z \cdot A} = \frac{(100)(25)^3}{12} + (31.25)^2(100 \times 25) = 2{,}572{,}000(\text{mm}^4)$$

$$B\text{면적의 } I_{y \cdot B} = \frac{(100)(25)^3}{12} + (18.75)^2(100 \times 25) = 1{,}009{,}000(\text{mm}^4)$$

$$B\text{면적의 } I_{z \cdot B} = \frac{(25)(100)^3}{12} + (31.25)^2(100 \times 25) = 4{,}525{,}000(\text{mm}^4)$$

따라서 전체의 I_y, I_z는 아래와 같다.

$I_y = 2{,}962{,}000 + 1{,}009{,}000 = 3{,}971{,}000(\text{mm}^4)$

$I_z = 2{,}572{,}000 + 4{,}525{,}000 = 7{,}097{,}000(\text{mm}^4)$

주축의 경사각은 식 (5-48)에서 구한다.

$$\tan 2\theta_n = \frac{-2(-2{,}930{,}000)}{7{,}097{,}000 - 3{,}971{,}000} = 1.875, \quad 2\theta_n = 61^\circ 56'$$

$\therefore \theta_n = 30^\circ 78'$, 반시계 방향

주관성 모멘드는 식 (5-19)에서 구한다.

$$I_1 = I_{z'(\max)}$$
$$= \frac{7{,}097{,}000+3{,}971{,}000}{2} + \frac{7{,}097{,}000-3{,}971{,}000}{2} \times 0.4705 + 2{,}930{,}000 \times 0.8824$$
$$= 8{,}854{,}000(\text{mm}^4)$$
$$I_2 = I_{y'(\min)}$$
$$= \frac{7{,}097{,}000+3{,}971{,}000}{2} - \frac{7{,}097{,}000-3{,}971{,}000}{2} \times 0.4705 - 2{,}930{,}000 \times 0.8824$$
$$= 2{,}214{,}000(\text{mm}^4)$$

모어의 관성원을 이용하여 같은 결과를 얻을 수 있음을 [그림 12(b)]에서 알 수 있다.

5-5 비대칭 굽힘(선택)

[그림 5-9]와 같이 대칭이 아닌 임의 단면이 도심 O를 지나는 직각축 z, y에 대해서 z축을 축으로 순수 굽힘을 받을 때 z축 아랫부분의 굽힘응력으로 인한 합성력이 점 C_1에, 윗부분의 합성력이 점 C_2에 각각 있으면 이 단면을 가진 보는 xy평면 (축선)내에서도 굽히고, xz면(수평면) 내에서도 굽히게 되어 두 방향으로 휘게 되므로 결국 중립축으로 z축이 아니고 따로 있게 된다. 이렇게 대칭이 아닌 단면의 굽힘은 복잡하여 이 절에서는 대칭이 아닌 단면, 또는 대칭이라도 하중면이 대칭축과 일치하지 않는 비대칭 굽힘(asymmetrical bending) 문제를 취급한다.

물론 대칭일 때는 C_1, C_2점은 모두 대칭축인 y축상에 있게 된다. y축과 z축은 원점이 도심이지만 주축은 아니다. 가장 일반적인 경우, 굽힘모멘트 M_y와 M_z가 작용할 때 보의 굽힘은 xy평면과 xz평면에서 일어나게 된다. 지금 xy평면과 xz평면에서의 곡률 반경을 각각 ρ_z, ρ_y라 두면 단면 내 한 점의 변형률과 응력은 식 (5-1)에 의해 중첩하면 식 (5-22)와 같이 된다.

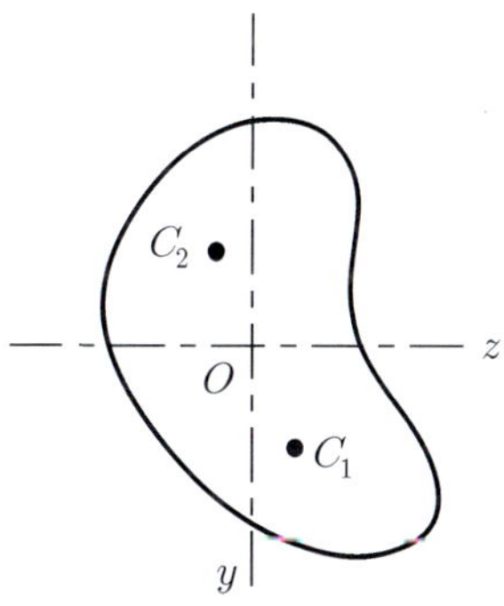

그림 5-9

$$\epsilon_x = \frac{y}{\rho_z} + \frac{z}{\rho_y}$$
$$\sigma_x = \frac{Ey}{\rho_z} + \frac{Ez}{\rho_y} \tag{5-22}$$

여기서 곡률반경 ρ_z, ρ_y과 모멘트 M_z, M_y는 3장의 부호규약에 따르며, 임의 단면에 관한 힘의 평형방정식으로부터 식 (a), (b)가 성립된다.

$$\sum P_x = 0 : \int \sigma_x dA = 0$$
$$\therefore \frac{E}{\rho_z}\int y\, dA + \frac{E}{\rho_y}\int z\, dA = 0 \tag{a}$$

따라서

$$\int y\, dA = 0,\quad \int z\, dA = 0 \qquad \text{(b)}$$

그러므로 중립축은 도심을 지남을 알 수 있다([그림 5-10]을 참조).

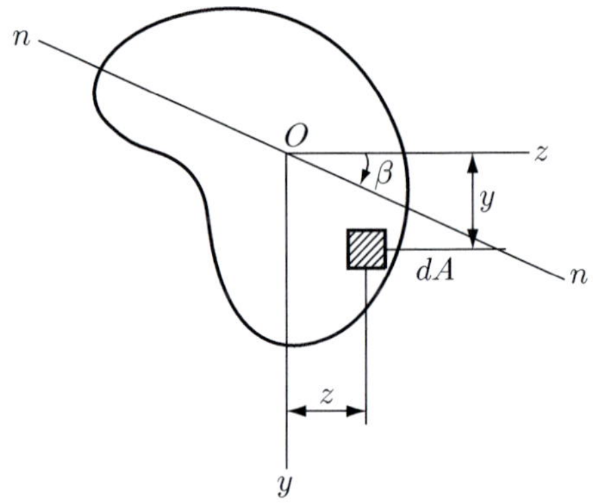

그림 5-10

한편, 중립축에 관한 내력의 모멘트는 외부에서 작용한 모멘트와 같아야 하므로 식 (5-23)로 된다.

$$\int_A \sigma_x dA \cdot y = M_z$$
$$\int_A \sigma_x dA \cdot z = M_y$$

$$\frac{EI_z}{\rho_z} + \frac{EI_{yz}}{\rho_y} = M_z$$
$$\frac{EI_{yz}}{\rho_z} + \frac{EI_y}{\rho_y} = M_y \tag{5-23}$$

위식의 해를 구하면 식 (c)가 된다.

$$\frac{1}{\rho_z} = \frac{M_z I_y - M_y I_{yz}}{E(I_z I_y - I_{yz}^2)} \qquad \frac{1}{\rho_y} = \frac{M_y I_z - M_z I_{yz}}{E(I_z I_y - I_{yz}^2)} \tag{c}$$

이 곡률을 식 (5-22)에 대입하여 σ_x를 구하면 식 (5-24)으로 된다.

$$\sigma_x = \frac{(M_z I_y - M_y I_{yz})y + (M_y I_z - M_z I_{yz})z}{I_z I_y - I_{yz}^2} \tag{5-24}$$

이 식은 비대칭 보내 임의 점에서 모멘트 M_y와 M_z를 알 때 그 점의 굽힘응력을 구하여 이용할 수 있는 일반화된 굽힘 공식이다. 이 모멘트가 작용하는 y축, z축은 서로 직교하는 도심축이지만 주축은 아니다.

따라서 중립축 nn의 방향은 $\sigma_x = 0$로 두어 구할 수 있으므로 식 (5-25)로 된다.

$$(M_z I_y - M_y I_{yz})y + (M_y I_z - M_z I_{yz})z = 0$$

$$\therefore \tan\beta = \frac{y}{z} = \frac{M_z I_{yz} - M_y I_z}{M_z I_y - M_y I_{yz}} \tag{5-25}$$

여기서 β는 z축과 중립축이 이루는 각이다.

중립축의 위치를 알아냄으로써 최대응력 발생점을 찾는데 도움이 되며, 굽힘평면은 중립축에 수직하므로 중립축의 방향을 보아 처짐이 일어나는 방향을 알 수 있게 된다.

만약 굽힘모멘트 중 어느 하나가 0이 되면 앞의 공식은 간단하게 된다.

즉, $M_y = 0$ 이면 식 (5-26)로 된다.

$$\sigma_x = \frac{M_z(I_y y - I_{yz} z)}{I_y I_z - I_{yz}^2}$$

$$\tan\beta = \frac{y}{z} = \frac{I_{yz}}{I_y} \tag{5-26}$$

또, $M_z = 0$이면 식 (5-27)이 성립된다.

$$\sigma_x = \frac{M_y(I_z z - I_{yz} y)}{I_y I_z - I_{yz}^2}, \quad \tan\beta = \frac{y}{z} = \frac{I_z}{I_{yz}} \tag{5-27}$$

즉 M_z만이 존재하는 경우에는 하중선이 y축과 일치되며, M_y만이 존재하는 경우에는 z축과 일치하므로 위의 공식은 실제 여러 경우에 편리하게 적용할 수 있다. 또 특수한경우로 y, z축이 주축인 경우, $I_{yz} = 0$이므로 식 (5-28)으로 된다.

$$\left.\begin{aligned}\sigma_x &= \frac{M_z}{I_z}y + \frac{M_y}{I_y}z \\ \tan\beta &= \frac{y}{z} = -\frac{M_y I_z}{M_z I_y}\end{aligned}\right\} \tag{5-28}$$

예제 5-13

[그림 13]과 같이 비대칭인 L형 앵글(폭 15×높이 10×1.2(cm))이 z축 방향으로 굽힘 모멘트 620kg_f/m를 받는다. 이때 보의 단면 a, b. c에 작용하는 굽힘응력을 구하고 중립축의 경사각을 구하라.

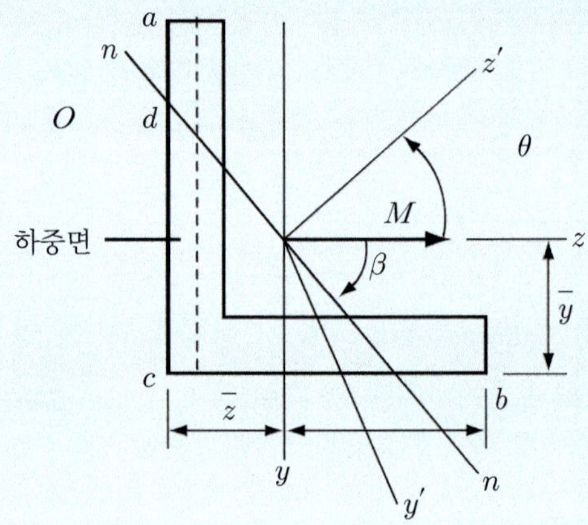

그림 13

풀이 먼저 도심 $\bar{y}$, $\bar{z}$를 구한다.

$$\bar{y} = \frac{10\times1.2\times(0.6)+13.8\times1.2\times8.1}{10\times1.2+13.8\times1.2} = 4.95(\text{cm})$$

$$\bar{z} = \frac{10\times1.2\times5+13.8\times1.2\times0.6}{28.56} = 2.45(\text{cm})$$

$$I_z = \frac{1}{3}[10\times(4.95)^3 - 8.8\times(3.75)^3 + 1.2(10.05)^3] = 655.63(\text{cm}^4)$$

$$I_y = \frac{1}{3}[15(2.45)^3 - 13.8(1.25)^3 + 1.2(7.55)^3] = 236.69(\text{cm}^4)$$

$$\begin{aligned}I_{yz} &= 10\times1.2\times\left(\frac{10}{2}-\bar{z}\right)\left(\bar{y}-\frac{1.2}{2}\right)+13.8\times1.2 \\ &\quad\times\left[-\left(\frac{15-1.2}{2}\right)-(\bar{y}-1.2)\right]\left[-\left(\bar{z}-\frac{1.2}{2}\right)\right] \\ &= (10)(1.2)(2.55)(4.35)+(13.8)(1.2)(-3.15)(-1.85) \\ &= 133.11+96.50=229.61(\text{cm}^4)\end{aligned}$$

식 (5-27)에서 σ를 구한다.

$$\sigma_a = \frac{M_z(I_y y_a - I_{yz} z_a)}{I_z I_y - I_{yz}^2}$$

$$= \frac{(-62,000)[(236.69)(-10.05)-(229.61)(-2.45)]}{(655.63)(236.69)-(229.61)^2}$$

$$= 1,099(kg_f/\text{cm}^2)(\text{인장})$$

$$\sigma_b = \frac{(-62,000)[(236.69)(4.95)-(229.61)(7.55)]}{(655.63)(236.69)-(229.61)^2}$$

$$= 340.04(kg_f/\text{cm}^2)(\text{인장})$$

$$\sigma_c = \frac{(-62,000)[(236.69)(4.95)-(229.61)(-2.45)]}{(655.63)(236.69)-(229.61)^2}$$

$$= -1,049.36(kg_f/\text{cm}^2)(\text{압축})$$

따라서 도심축 z축과 중립축이 이루는 각 β는 아래와 같다.

$$\tan\beta = \frac{I_{yz}}{I_y} = \frac{229.61}{236.69}$$

$$\therefore \beta = 44.1°$$

5-6 균일강도의 보

보에서는 최대굽힘모멘트를 받는 단면에서만 최대굽힘응력이 생기고 나머지 다른 단면에서는 σ_{max}보다 작은 값의 응력이 생기므로, 재료의 경제적인 관점에서 손실이 크다. 따라서 보의 모든 단면에서 σ_{max}과 같은 응력이 생기도록 단면을 정해주려면 그 치수가 보의 길이에 따라 변하게 된다. 이런 보를 **균일강도**(uniform strength, 均一強度)**의 보**라고 하며 아래에 그 예를 들어 본다.

(1) 원형단면의 외팔보([그림 5-11])

고정단의 지름 d_0임의 단면의 지름 d일 때 M과 Z는 다음과 같다.

$$M = -Px, \; Z = \frac{\pi d^3}{32}$$

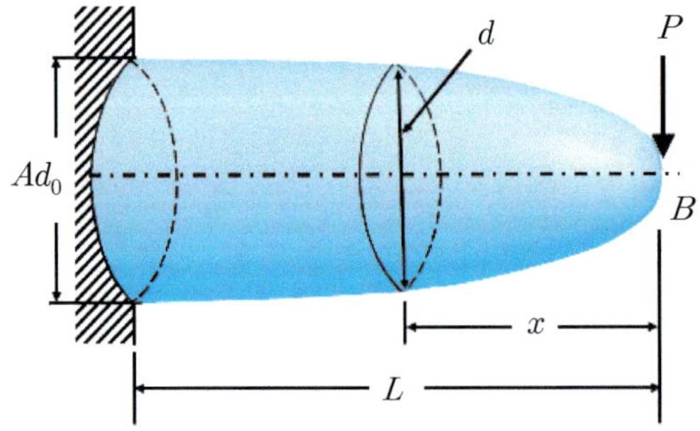

그림 5-11 균일강도의보(원형단면)

균일응력을 σ_{al}(허용응력)로 하면 식 (5-29)의 조건을 찾을 수 있다.

$$\sigma_{al} = \frac{M}{Z} = \frac{-Px}{\pi d^3/32} = \frac{-P\ell}{\pi d_0^3/32} \tag{5-29}$$

$$\therefore d = d_0 \sqrt[3]{\frac{x}{\ell}} \quad 단, \; d_0 = \sqrt[3]{\frac{32P\ell}{\pi\sigma_{al}}}$$

예제 5-14

등분포하중을 받는 사각형단면의 단순지지보[그림 14] : 사각형단면의 폭 b가 일정, h가 변하는 경우 M, Z를 구하라.

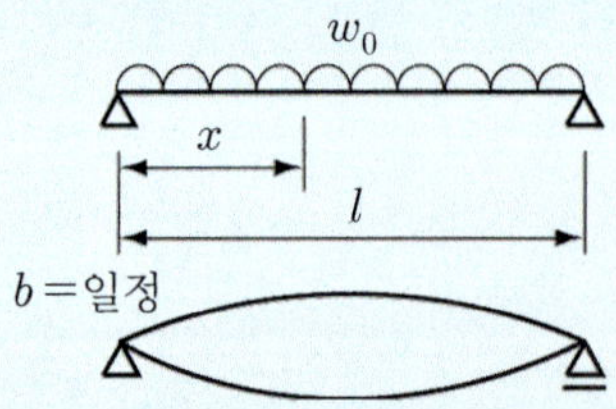

그림 14 균일강도의 보(사각형단면)

풀이 $M = \frac{w_0\ell}{2}x - \frac{w_0x^2}{2}, \; Z = \frac{bh^2}{6}$ (1)

균일응력을 $\sigma_{a\ell}$이라 하면

식 (1)의 조건식을 구할 수 있다.

$$\sigma_{a\ell} = \frac{M}{Z} = \frac{\frac{w_0\ell}{2}x - \frac{w_0x^2}{2}}{\frac{bh^2}{6}}$$

$$\therefore h = \sqrt{\frac{3w_0(\ell x - x^2)}{b\sigma_{a\ell}}} \tag{2}$$

(2) 높이가 일정한 사각형단면의 외팔보([그림 5-12])

높이 h가 일정, 폭 b가 변하는 경우 역시 균일응력을 허용응력 σ_{al}로 하고, 고정단 단면의 폭은 b_0라 하면 식 (5-30)의 조건을 구할 수 있다.

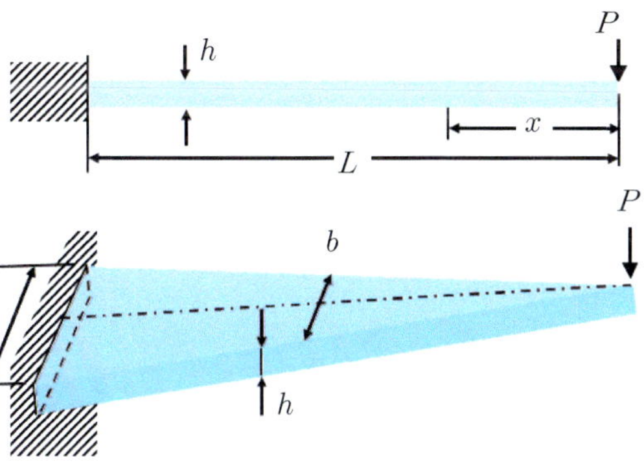

그림 5-12 균일강도의 보(h가 일정한 사각형)

$$M = -Px,\ \sigma_{a\ell} = \frac{-Px}{bh^2/6} = \frac{-P\ell}{b_0 h^2/6} \qquad (5-30)$$

$$\therefore\ b = b_0 \frac{x}{\ell}$$

(3) 균일강도의 판스프링

b_0를 $2n$등분하여 이것을 n개의 짝으로 한 것을 [그림 5-13(b)]와 같이 겹친 것을 판스프링(leaf spring)이라 한다. 겹칠 때 각 판마다 곡률(曲率)을 달리하고 이때 각 판의 끝이 $\frac{\ell}{n}$씩 짧아진다. 각 판 끝이 접촉점에서 받는 힘은 P가 됨을 [그림 5-13(c)]에서 알 수 있다.

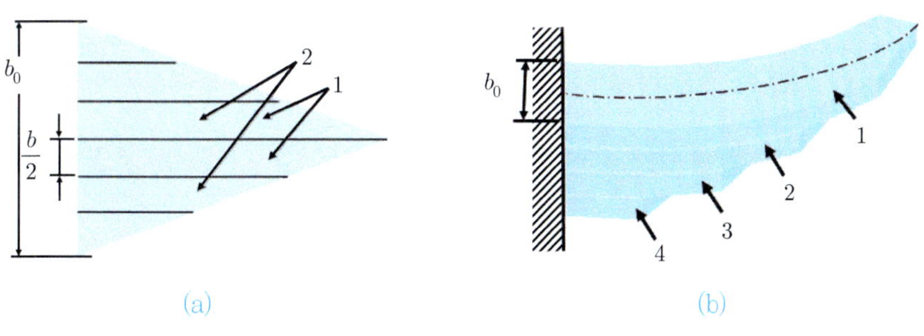

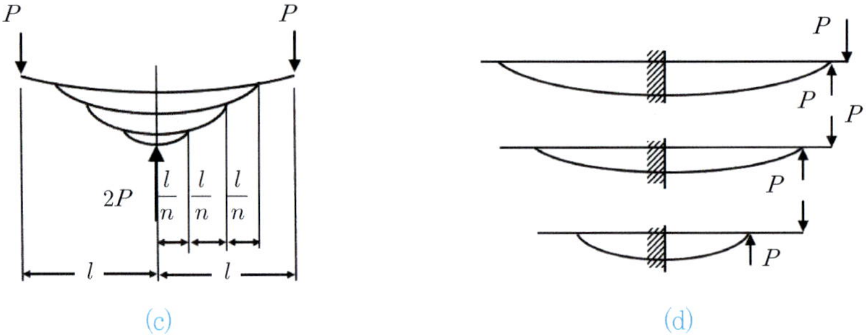

그림 5-13 판스프링

첫째 판은 첫 접점에서 $M = P \cdot \ell/n$

둘째 판은 둘째 접점에서 $M = P \cdot \ell/n$, 즉 각 판의 첫 마디마다 모멘트가 일정하다. 각 판의 끝 부분은 (ℓ/n 부분) 삼각판이므로 Z는 M에 비례하고 굽힘응력 σ는 위와 같이 일정하며 식 (5-31)과 같게 된다.

$$\sigma = \frac{P \cdot \dfrac{\ell}{n}}{\dfrac{(b_0/n)h^2}{6}} = \frac{6P\ell}{b_0 h^2} \tag{5-31}$$

[그림 5-10(d)]는 [그림 5-10(c)]의 힘의 관계를 스프링 한 개씩 FBD로 나타낸 것이다.

예제 5-15

[그림 15]과 같이 단면의 폭 b가 일정할 때 등포하중을 받는 균일강도인 외팔보의 단면 높이를 구하라.

풀이 단면의 폭이 일정하고 높이가 변하므로 단면은 사각형이다.

폭 b는 일정하고 $h = h(x)$이다.

$M = \dfrac{w_0 x^2}{2}$, $Z = \dfrac{bh^2}{6}$

균일강도의 보이므로 $\sigma_{a\ell}$이 일정하므로, 다음식이 성립되어야 한다.

$\sigma_{al} = \dfrac{M}{Z} = \dfrac{w_0 x^2}{2} \Big/ \dfrac{bh^2}{6} =$ 일정

$\therefore h = x\sqrt{\dfrac{3w_0}{b \cdot \sigma_{al}}}$: 높이는 직선적으로 변함.

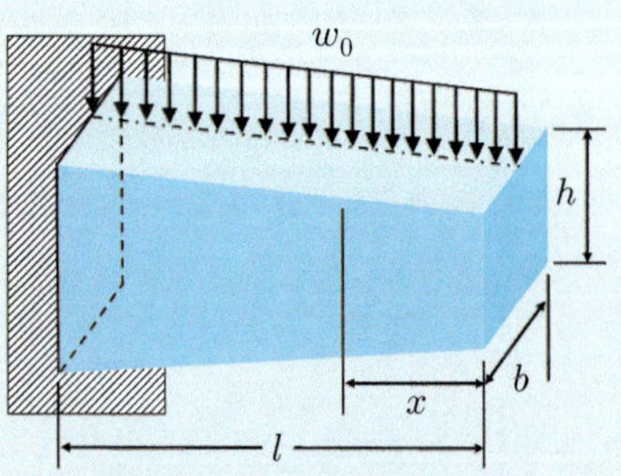

그림 15

예제 5-16

[그림 16]과 같은 차축에 12ton의 하중이 작용하며, 양단이 베어링으로 지지될 때 축의 치수를 구하라. 단 양단의 베어링 및 하중이 작용하는 부분의 길이, 직경의 비는 1.5:1, 허용굽힘응력은 400kg_f/cm^{2}으로 한다.

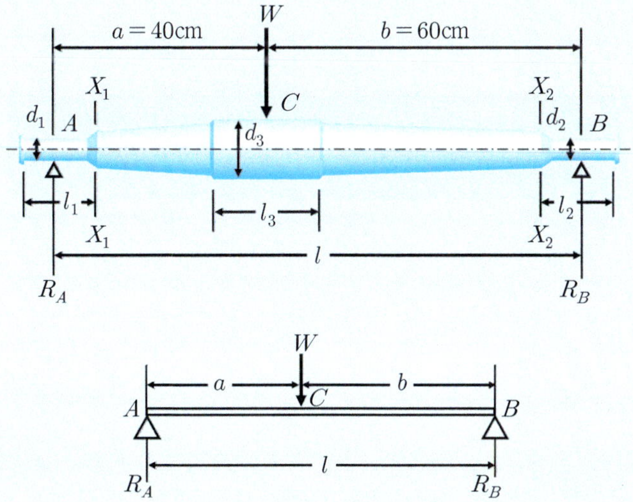

그림 16

$Z=\dfrac{\pi}{32}d_3$, $M_{\max}=\sigma_b Z$

$d_3=\sqrt[3]{\dfrac{32M_{\max}}{\pi\sigma_b}}=\sqrt[3]{\dfrac{32\times 288{,}000}{\pi\times 400}}\fallingdotseq 19.5(\text{cm})$

$l_3=1.5d_3=1.5\times 19.5\fallingdotseq 29.3(\text{cm})$

베어링부의 반력 R_A, R_B

$R_A=\dfrac{W_b}{l}=W\times\dfrac{b}{(a+b)}=12{,}000\times\dfrac{60}{40+60}=7{,}200(kg_f)$

$R_B=\dfrac{W_a}{l}=W\times\dfrac{a}{(a+b)}=12{,}000\times\dfrac{40}{40+60}=4{,}800(kg_f)$

여기서 베어링 A의 크기를 정하려면 X_1단면을 고정단으로 해서 R_A인 집중하중을 받는 외팔보로 생각한다. $l_1/d_1=1.5$이므로

$M_{X_1}=R_A\times\dfrac{l_1}{2}=R_A\times\dfrac{1}{2}\times 1.5d_1=0.75d_1R_A$

$=0.75\times 7{,}200d_1=5{,}400d_1(kg_f\cdot\text{cm})$

$\sigma_b=\dfrac{M_{X_1}}{\dfrac{\pi}{32}d^3}=\dfrac{32M_{X_1}}{\pi d_1^3}=\dfrac{32\times 5{,}400}{\pi d_1^2}$

$\therefore d_1=\sqrt{\dfrac{32\times 5{,}400}{\pi\times 400}}\fallingdotseq 11.7(\text{cm})$

베어링 A의 길이 $l_1 = 1.5d_1 = 17.6\,\text{cm}$. 다음에 베어링 B의 치수를 결정하려면 X_2단면을 고정단으로 해서 R_2되는 집중하중을 받는 외팔보로 생각하면 된다. 즉 이 굽힘 모멘트 M_{X_2}는 베어링 B의 길이와 직경의 비 $l_2/d_2 = 1.5$이므로 다음과 같이 구한다.

$$M_{X_2} = R_B \times \frac{l_2}{2} = R_B \times \frac{1.5}{2} d_2 = 0.75\, d_2 R_B = 0.75 \times 4{,}800\, d_2$$

$$= 3600\, d_2 (kg_f \cdot \text{cm})$$

$$\sigma_b = \frac{M_{X_2}}{\frac{\pi}{32} d_2^3} = \frac{32 \times M_{X_2}}{\pi d_2^3} = \frac{32 \times 3{,}600}{\pi d_2^2}$$

$$\therefore d_2 = \sqrt{\frac{32 \times 3{,}600}{\pi \sigma_b}} \fallingdotseq 9.6(\text{cm})$$

베어링 B 길이: $l_2 = 1.5d_2 = 1.5 \times 9.6 = 14.4(\text{cm})$

5-7 이종재료의 보

여러 가지 종류의 재료로 된 이종재료(異種材料)의 보를 복합(複合)보(composite beam)라 하며 공업적으로 널리 사용되고 있다. 복합보의 원리를 설명하기 위하여 먼저 두가지 재료로 된 보의 굽힘응력을 계산한다. 이때 가정할 것은

(1) 직선보로서 굽힐 때 비틀어지지 않고(대칭굽힘을 함),
(2) 두 가지 재료 사이에 미끄럼이 없으며,
(3) 각 재료는 탄성한계 이하의 힘을 받아,
(4) 변형 후에도 단면은 평면을 유지한다는 것들이다.

이러한 가정하에 **두 가지 재료로 된 보이지만 한 가지 재료로 환산하면 앞서 배운 단일재료의 보 취급을 하도록 하는 것이다.**

[그림 5-14]에서 재료 ②의 부분을 재료 ①의 부분으로 바꾸어서 [그림 5-14(b)]로 나타낸다. 즉, 단일재료로 하되 단면높이는 그림과 같이 그대로 두고 폭만 바꾸도록 한다. 중립축으로부터 y거리에 있는 미소면적에서는 굽힌 후에도 가정 (4)에 의하여 평면이므로, 재료 ①,

②의 모든 양을 $\epsilon_1, \epsilon_2, \sigma_1, \sigma_2, \mathrm{E}_1$ 및 E_2 등으로 표시하면 식 (5-32)로 된다.
즉, 두 재료의 변형량 $\epsilon_1 = \epsilon_2$는 같다.

$$\epsilon_1 - \epsilon_2\left(-\frac{y}{\rho}\right), \quad \frac{\sigma_1}{E_1} = \frac{\sigma_2}{E_2} \qquad \therefore \sigma_2 = \frac{E_2}{E_1}\sigma_1 \tag{5-32}$$

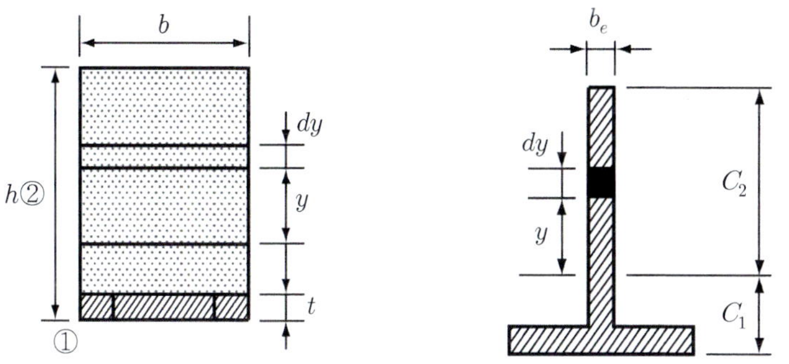

(a) 이종재료의 보의 단면　　(b) 동일재료로 환산한 경우

그림 5-14

다음 y거리에 있는 dy부분의 미소면적에 작용하는 힘은 재료 ①부분에서는 $\sigma_1 \cdot bdy$, ②부분에는 $\sigma_2 \cdot bdy$, 재료 ②를 재료 ①로 바꾸어 놓았을 때 이 바꾸어진 부분의 폭을 b_e라 하면 $\sigma_1 \cdot b_e dy$로 된다. 이때 재료 ②부분이 받는 힘과 이 부분을 재료 ①로 환산했을 때 받는 힘은 같아야 하므로 식 (5-33)로 된다.

$$\sigma_2 \cdot bdy = \sigma_1 . b_e dy \tag{5-33}$$

식 (5-32)과 식 (5-33)에서 식 (5-34)이 성립된다.

$$\frac{E_2}{E_1}\sigma_1 \cdot bdy = \sigma_1 \cdot b_e dy \qquad \therefore b_e = \frac{E_2}{E_1}b \tag{5-34}$$

즉, 재료 ②의 폭 b를 b_e로 바꾸면 전체가 재료 ①의 단일재료의 보가 되어 지금까지 공부한 이론대로 풀이할 수 있다. 이렇게 재료 ①로 바꾸어진 보의 단면을 등가단면(transformed equivalent cross section, 等價斷面)이라 한다.
여기서 특히 주의할 것은 ②의 부분을 재료 ①로 바꾸어 계산했으나 응력산출에서는 다시 재료 ②에 대한 응력을 식 (5-32)로 산출해야 한다.

세 가지 이상의 재료에서도 같은 요령으로 취급하면 된다. 가령 E_1, E_2, E_3의 3층 재료로 된 $b_1 \times h$ 의 사각형 단면 보에서 각층의 보의 높이는 일정한 상태로 E_1의 단일재료로 변환하려고 할 때 각 층의 폭을 b_1, b_2, b_3 등으로 하면 식 (5-34)으로 적용하면 식 (5-35)와 같이 된다.

$$b_2 = b_1 \frac{E_2}{E_1}, \quad b_3 = b_1 \frac{E_3}{E_1} \tag{5-35}$$

예제 5-17

[그림 17]과 같이 강과 구리로 된 보의 최대굽힘응력을 구하라. 단, 길이 4m의 단순보 중앙에 집중하중 1,500kg_f이 작용하고 있다.

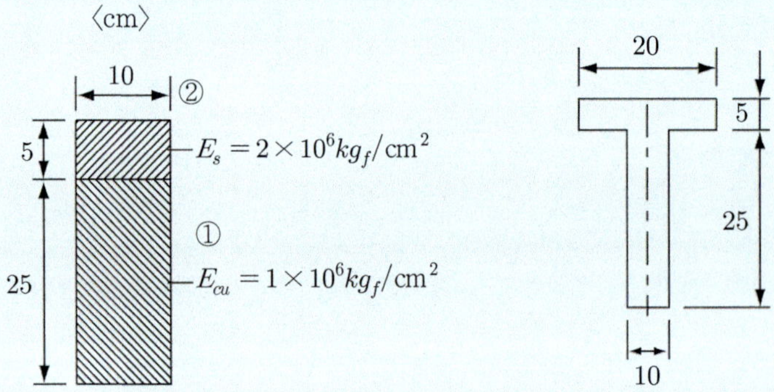

그림 17

풀이 단일재료의 보로 환산한다. 식 (5-34)에서 재료 2의 폭 b_e는 다음과 같다.

$$b_e = \frac{E_2}{E_1} b = \frac{2 \times 10^6}{1 \times 10^6} \times 10 = 20(\text{cm})$$

단면도 T형이 되며 $\bar{y}$는 아래와 같이 구한다.

$$\bar{y} = \frac{10 \times 25 \times \frac{25}{2} + 20 \times 5 \times (25 + \frac{5}{2})}{10 \times 25 + 20 \times 5} = 16.8(\text{cm})$$

최대굽힘응력 σ_1은 식 (5-7)에서 구한다.

$$\therefore \sigma_1 = \frac{M}{I_z} c_1 = \frac{150{,}000 \times 16.8}{29{,}300} = 86\ (kg_f/\text{cm}^2)$$

$$\left\{ \begin{aligned} I_z &= \frac{10 \times 16.8^3}{3} + \frac{20 \times (30 - 16.8)^3}{3} - \frac{10 \times (25 - 16.8)^3}{3} \\ &= 29{,}300(\text{cm}^4) \\ M &= \frac{Pl}{4} = 150{,}000(kg_f \cdot \text{cm}) \end{aligned} \right\}$$

$$\therefore \sigma'_2 = \frac{M}{I_z}(-c_2) = \frac{-150{,}000 \times (30-16.8)}{29{,}300} = -67.6(kg_f/\mathrm{cm}^2)$$

이 σ'_2는 재료 1로서의 응력이므로 재료 2의 응력으로 식 (5-32)을 사용하여 다시 환산해야만 한다.

$$\sigma_2 = \frac{E_2}{E_1}\sigma'_2 = \frac{2\times10^6}{1\times10^6}\times(-67.6) = -135.2(kg_f/\mathrm{cm}^2)$$

5-8 굽힘보 내의 전단응력

보 내에는 순수굽힘이 아닐 때에는 보에 전단력이 발생하므로 전단응력(shearing stress, 剪斷應力)이 생기게 된다. 일반적으로 보는 순수굽힘이 아니므로 [그림 5-15(a)]의 BMD처럼 보의 길이에 따라 굽힘모멘트 값이 달라진다. 보의 임의 요소 dx에서 [그림 5-15(d)]처럼 A면에 M, B면에 $M+dM$의 굽힘모멘트가 있다. 이때 중립면 $n-n$에서 거리 y_1에 있는 층(중립면과 평행면)의 굽힘응력은 A면에서 σ_x, B면에서 σ'_x라 하면 다음식이 성립된다.

$$\sigma_x = \frac{M}{I_z}y, \quad \sigma'_x = \frac{M+dM}{I_z}y$$

지금 중립면에서 거리 y_1에 있는 면 abdc보다 아랫 부분의 A면과 B면의 힘, H, H'는 식 (5-36)으로 된다.

$$H = \int_{y1}^{c_1} \sigma_x dA = \int_{y_1}^{c_1} \frac{M}{I_z} y \cdot dA$$

$$H' = \int_{y_1}^{c_1} \sigma'_x dA = \int_{y_1}^{c_1} \frac{M+dM}{I_z} y \cdot dA \qquad (5-36)$$

$$\Delta H = H' - H = \frac{dM}{I_Z}\int_{y_1}^{c_1} ydA$$

이때 [그림 5-15(b)]처럼 $\Delta H = H' - H$인 힘의 차이때문에 면 $abdc$ 아랫부분은 전단되면서 한 쪽으로 움직이려고 한다. 그러나 보가 평형상태에 있으니 이 부분도 평형상태에 있을 것이므로 면 $abdc$에 저항력인 ΔH의 전단력이 있게 된다. 면 $abdc$의 면적은 $b \cdot dx$이고 ΔH로 인하여 면 $abdc$상에 분포되는 전단응력 τ는 식 (5-34)로 된다.

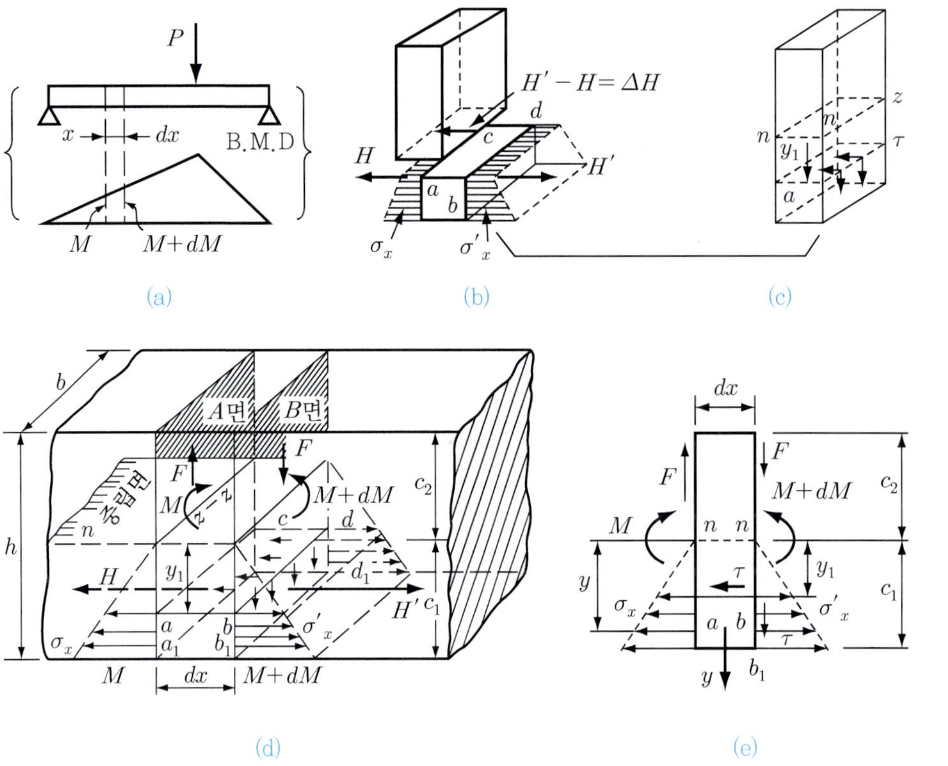

그림 5-15 보 속의 전단응력(사각형단면의 예)

$$\tau = \frac{\Delta H}{b \cdot dx} = \left\{ \frac{dM}{I_z} \int_{y_1}^{c_1} (ydA) \right\} / (bdx) = \frac{dM}{bdxI_z} \int_{y_1}^{c_1} ydA = \frac{FQ}{bI_z} \tag{5-37}$$

단,

$$\Delta H = \frac{dM}{I_z} \int_{y_1}^{c_1} y\,dA, \qquad \frac{dM}{dx} = F$$

$Q = \int_{y_1}^{c_1} y \cdot dA$: 그림에서 면 bdd_1b_1의 단면 1차모멘트

이때 면 $abdc$와 직각이 되는 면 B에도, bd선에 따라 균일한 크기의 τ가 있다. 이와 같이 직사각형 단면에서 형성되는 굽힘응력과 전단응력의 상태를 [그림 5-16]에 잘 도시하여 나타내고 있다. 이 그림에서 (a) 보의 각 위치에 따라, (b) 수직응력 및 전단응력 (c) 주응력 및 (d) 최대전단응력상태가 위치에 따라 변함을 잘 비교한 것이다.

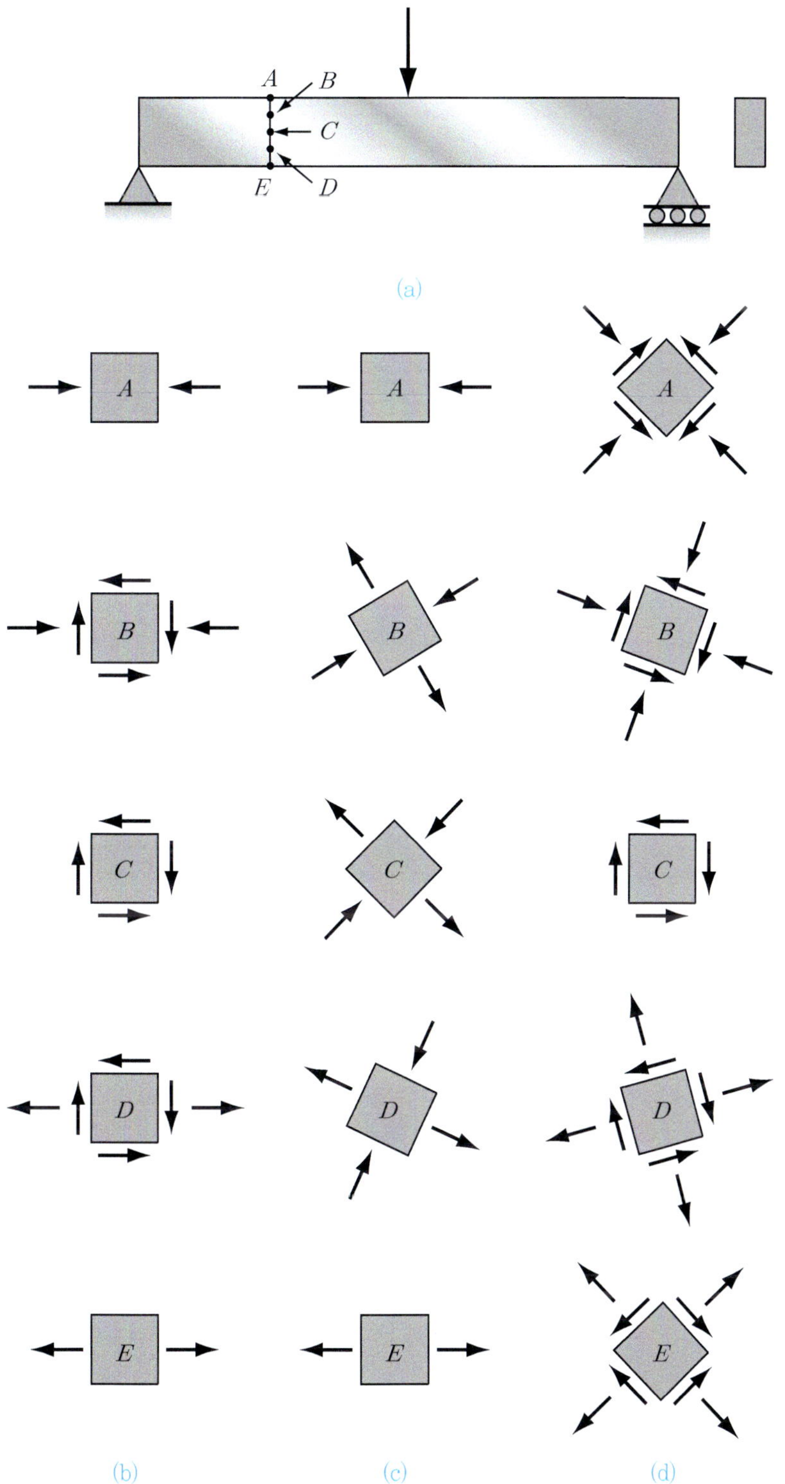

(a) 단순보의 각위치, (b) 수직응력과 전단응력, (c) 주응력, (d) 최대전단응력

그림 5-16 보의 높이 방향의 순서에 따라 변하는 수직 및 전단응력상태

예제 5-18

[그림 18]의 사각형단면의 최대 전단응력을 구하라.

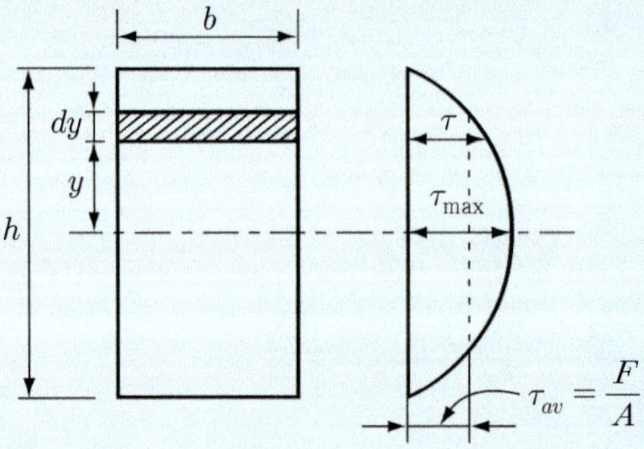

그림 18

(풀이) $b \times h$의 사각형단면에서

$c_1 = c_2 = \dfrac{h}{2}$, $dA = b\,dy$이므로 식 (5-14)에서 τ를 구한다.

$$Q = \int_y^{\frac{h}{2}} y \cdot b \cdot dy = \frac{b}{2}\left(\frac{h^2}{4} - y^2\right)$$

$$\therefore \tau = \frac{F}{b \cdot \dfrac{bh^3}{12}} \cdot \frac{b}{2}\left(\frac{h^2}{4} - y^2\right) = \frac{6F}{bh^3}\left(\frac{h^2}{4} - y^2\right) \qquad (1)$$

이 τ는 y의 함수가 된다. τ의 분포는 그림과 같이 포물선으로 변하며 단면 상하의 끝에서는 0이다. $\tau_{\max}$은 $y_1 = 0$인 중립면에 생기며 그 크기는 식 (2)와 같다.

$$\tau_{\max} = \frac{3F}{2A} = 1.5\tau_{av} \quad \text{단,} \quad \tau_{av} = \frac{F}{A} \qquad (2)$$

예제 5-19

[그림 19]의 역 T형 단면에서 웨브(web)에 생기는 $\tau_{\max}$을 구하라. 이 단면의 전단력은 600kg_f이다.

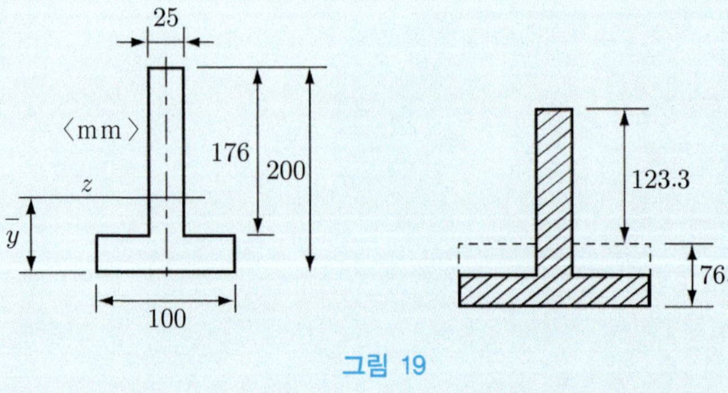

그림 19

풀이 $\tau = \dfrac{FQ}{bI_z}$의 식으로 해를 구하기 위하여 각 값을 구한다.

$$\therefore \bar{y} = \frac{10\times 2.4\times \dfrac{2.4}{2}+2.5\times 17.6\times \left(2.4+\dfrac{17.6}{2}\right)}{10\times 2.4\times +2.5\times 17.6} = 7.67(\text{cm})$$

$$I_z = \frac{2.5\times(20-7.67)^3}{3}+\frac{10\times 7.67^3}{3}-\frac{(10-2.5)\times(7.67-2.4)^3}{3} = 2{,}700(\text{cm}^4)$$

$$Q = 2.5\times(20-7.67)\times\frac{(20-7.67)}{2} = 190(\text{cm}^3)$$

$$\therefore \tau_{\max} = \frac{F\cdot Q}{b\cdot I_z} = \frac{600\times 190}{2.5\times 2{,}700} = 16.9(kg_f/\text{cm}^2)$$

예제 5-20

[그림 20]의 이등변 삼각형단면에 대한 전단응력분포를 구하라.

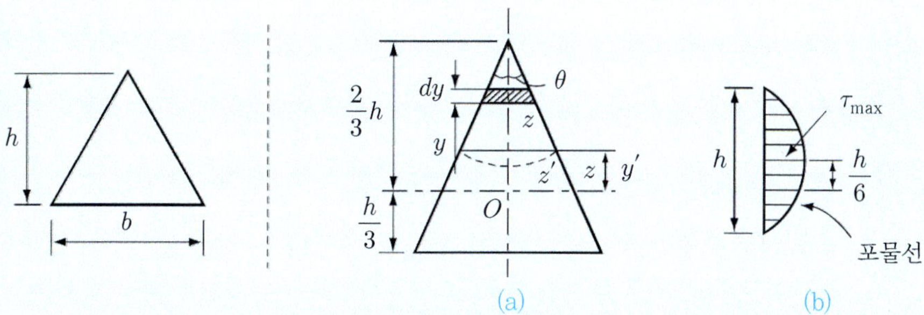

그림 20

풀이 식 (5-34)에서 해를 구한다. [그림 20(a)]에서 식 (1), (2)의 관계를 얻는다.

$$\frac{b}{h} = \frac{z'}{\dfrac{2}{3}h-y'} \tag{1}$$

$$z' = \frac{b}{h}\left(\frac{2}{3}h-y'\right),\quad z = \frac{b}{h}\left(\frac{2}{3}h-y\right) \tag{2}$$

$$A = \frac{bh}{2},\quad I_z = \frac{bh^3}{36}$$

$$Q = \int_{y'}^{\frac{2}{3}h} z\cdot dy\cdot y = \frac{b}{h}\int_{y'}^{\frac{2}{3}h}\left(\frac{2}{3}h-y\right)y\,dy = \frac{b}{81h}(4h^3-27hy'^2+27y'^3)$$

$$\tau = \frac{FQ}{z'I_z} = \frac{4}{3}\frac{F}{bh^3}\frac{4h^3-27hy'^2+27y'^3}{2h-3y'} = \frac{2}{3}\tau_{av}\left(2+3\frac{y'}{h}-9\frac{y'^2}{h^2}\right)$$

양 변의 전단응력은 식 (3)으로 된다.

$$\tau_1 = \frac{\tau}{\cos\theta} = \frac{\sqrt{b^2+4h^2}}{2h}\tau \tag{3}$$

정점 및 밑변에서 $\tau=0$, τ 또는 τ_1의 최대값은 $\frac{d\tau}{dy'}=0$에서 $y'=\frac{h}{6}$이다. 이것은 높이의 중앙이다. 이때 $\tau_{\max}=\frac{3}{2}\tau_{av}$이고, 전단응력의 분포는 포물선이 된다.

예제 5-21

사각형단면을 갖는 [그림 21]의 보의 중앙에 작용하는 굽힘응력 σ_{max}와 보의 최대전단응력 $\tau_{\max}$를 비교하라.

(풀이) 굽힘응력의 최대값 $\sigma_{\max}$은 중앙단면에서 생기며 크기는 식 (3-10)과 같다.

$$\sigma_{\max}=\frac{M_{\max}}{Z}=\frac{w_0 l^2/8}{bh^2/6}=\frac{3w_0 l^2}{4bh^2}$$

전단응력의 최대값은 전단력의 최대값이 있는 중립축에서 생긴다.

$$\tau_{\max}=\frac{3}{2}\frac{F_{\max}}{A}=\frac{3}{2}\frac{w_0 l/2}{bh}=\frac{3}{4}\frac{w_0 l}{bh}$$

$$\therefore \frac{\sigma_{\max}}{\tau_{\max}}=\frac{l}{h}$$

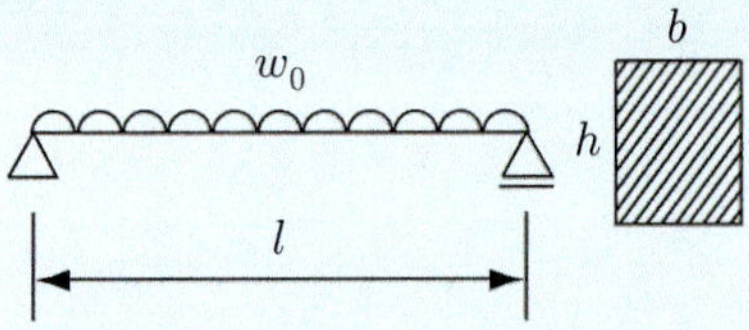

그림 21

5-9 임의 형상의 전단 중심(선택)

대칭단면을 갖는 보가 하중면 내에서 굽힘을 받을 때 보에 작용하는 굽힘응력 σ_x과 전단응력 τ는 다음과 같이 정의되었다.

$$\sigma_x=\frac{My}{I_z}$$

$$\tau=\frac{FQ}{bI_z}$$

여기에는 대칭단면이 아닌 두께가 얇은 단면이 축하중을 받을 때의 경우를 생각한다.

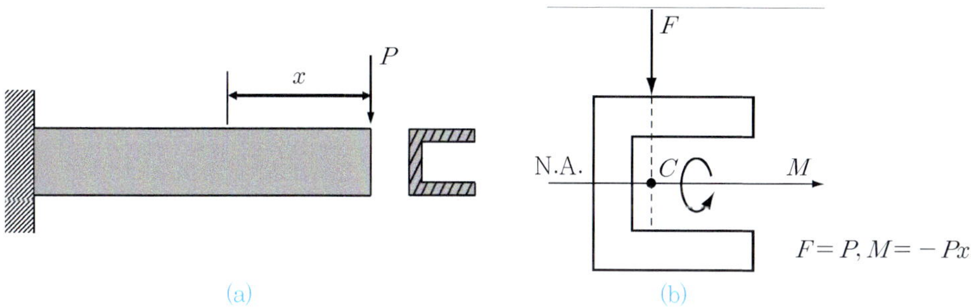

그림 5-17

지금 [그림 5-17(a)]와 같은 ㄷ형 채널단면을 갖는 보가 도심축 내에 하중 P를 받을 때 x인 위치에서의 단면에 걸리는 하중상태는 [그림 5-17(b)]와 같다. 이때 단면에 발생하는 수직응력은 식 (5-7)으로 계산될 수 있으나 전단응력은 식 (5-34)으로 구할 수 없다. 왜냐하면 수직단면이 대칭이 아니기 때문이다. 즉 이 보는 하중 P에 의해 굽힘과 동시에 비틀림이 수반되어 전단응력 상태가 식 (5-34)에 의해 정의되는 것과는 다르게 된다. 따라서 [그림 5-22(a)]의 ㄷ형 채널 단면 보에 하중 P가 작용할 때 어떻게 하면 비틀림을 수반하지 않는 굽힘상태, 즉 단순굽힘(simple bending)상태가 되도록 할 것인가? 단순굽힘 상태가 되도록 하려면 P를 어느 위치에 작용시켜야 하는가?

이 위치를 전단중심(shear center, 剪斷中心)이라 하고, 이 중심에 P가 작용하면 보는 비틀림 없는 굽힘만을 받게 되고 전단응력도 식 (5-34)로서 계산할 수가 있다.

예로서 [그림 5-18]과 같은 임의 단면을 생각해 보자. 얇은 두께의 단면에 생기는 τ는 두께 사이에서는 균일하고 두께의 중심선 방향을 향한다고 가정한다.

보의 dx부분을 생각하여 이 양 단면에 외력 P에 의하여 M_x와 $M_x + dM_x$의 굽힘모멘트가 생겼다면 이 단면의 같은 위치 y위에 있는 굽힘응력 σ_x와 σ'_x는 식 (5-38)로 된다.

$$\sigma_x = \frac{M_x}{I_z} y, \quad \sigma'_x = \frac{M_x + dM_x}{I_z} y \tag{5-38}$$

지금 단면 상단에서 s만큼 떨어진 A부분의 FBD에서 평형방정식을 적용하면 식 (5-39)으로 된다.

$$H = \int_0^s \sigma_x dA = \frac{M_x}{I_z} \int_0^s y\, dA \tag{5-39}$$

$$H + dH = \int_0^s \sigma'_x dA = \frac{M_x + dM_x}{I_z} \int_0^s y\, dA$$

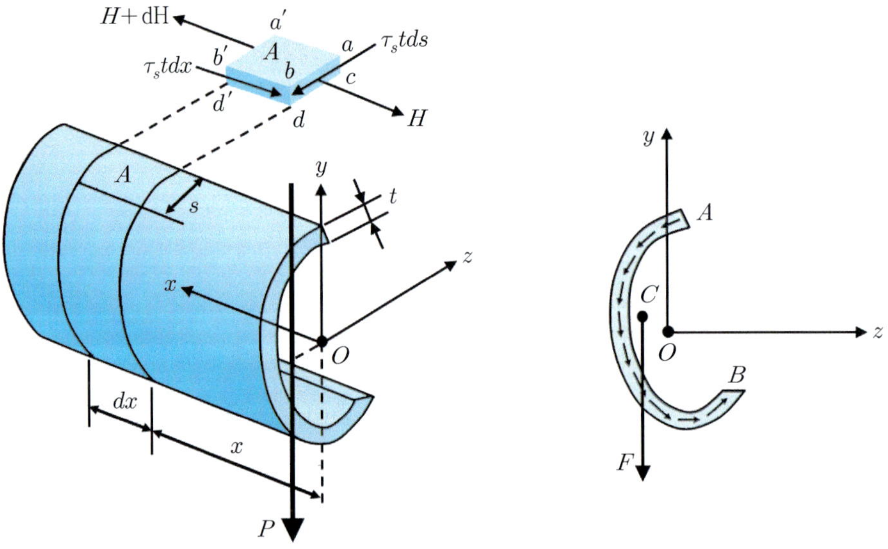

(a) (b)

그림 5-18 전단 중심

여기서 힘의 차는 식 (b)를 얻게 된다.

$$dH = \frac{dM_z}{I_z}\int_0^s y\,dA \tag{a}$$

$$dH = \frac{F \cdot dx}{I_z}\int_0^s y\,dA \tag{b}$$

이 힘의 차 dH가 $bdd'b'$ 면의 전단력 $\tau_s t\ dx$와 같아야 평형이 유지되므로 식 (5-40)으로 된다. 이 식은 식 (5-34)에 대응하는 식이다.

$$\begin{aligned} \tau_s t\ dx &= \frac{Fdx}{I_z}\int_0^s y\,dA \\ \tau_s &= \frac{F}{I_z t}\int_0^s y\,dA = \frac{FQ}{I_z t} \end{aligned} \tag{5-40}$$

이 τ_s는 s의 함수이므로 [그림 5-18(a), (b)]의 경우가 같이 s가 클수록 켜져서 s가 중립축에서 최대치가 된다. 그런데 식 (5-37)의 전단응력에서 계산되는 전단력 F는 단면 내의 미소요소의 전단력 $\tau_s t\ ds$의 합성력이다. 즉 F는 $\tau_s t\ ds$의 합성력이 되며 식 (c)과 같이 $\tau_s t\ ds$의 섬 O에 관한 모멘트 M의 종합을 전단력 F로 나눈 값이 작용선의 위치가 된다.

이 위치를 전단중심(shear center)라고 한다.

$$M = \int_{\text{단면길이}} (\tau_s t\, ds) \cdot r = F \cdot \overline{r_0} \tag{c}$$

단, $\overline{r_0}$: 도심에서 전단중심까지의 거리

또한, $\tau_s t$에 해당하는 값은 식 (d)로 되고 전단류(shear flow, 剪斷流)라 하며 [그림 5-18(b)]에 그 흐름을 나타내고 있다.

$$\tau_s t = \frac{F}{I_z}\int_0^s y\, dA \tag{d}$$

예제 5-22

[그림 22]와 같은 얇은 두께의 H형 단면의 전단 중심을 구하라(z축에 대칭).

풀이 단순굽힘이 되는 조건하에서 힘 F가 작용하면 플랜지 1이나 2는 같은 곡률반지름으로 휘게 된다. 한편, F는 웨브(web)부분에서의 전단력 부담은 적으므로 플랜지(flange) 1과 2에서 부담한다고 생각된다. 양 플랜지에 부담되는 전단력을 F_1, F_2 굽힘모멘트도 각각 M_1, M_2라고 할 때 식 (1)이 성립된다.

$$F = F_1 + F_2$$
$$\sum Mc_s = 0 : F_1 \cdot h_1 = F_2 \cdot h_2 \tag{1}$$

또 단순굽힘에서 식 (2), (3), (4)가 성립된다.

$$\frac{1}{\rho} = \frac{M_1}{EI_1} = \frac{M_2}{EI_2}$$

(단 I_1, I_2는 플랜지 1, 2의 I_z)

$$\frac{dM_1}{I_1} = \frac{dM_2}{I_2} \tag{2}$$

$$dM_1 = F_1 dx,\ dM_2 = F_2 dx \tag{3}$$

$$\frac{F_1}{I_1} = \frac{F_2}{I_2} \tag{4}$$

위식에서 식 (5)가 성립된다.

$$\therefore \frac{F_1}{F_2} = \frac{h_2}{h_1} = \frac{I_1}{I_2} \tag{5}$$

즉 전단중심 C_s는 플랜지의 관성모멘트에 반비례되는 점, 즉 내분하는 점의 위치이다.

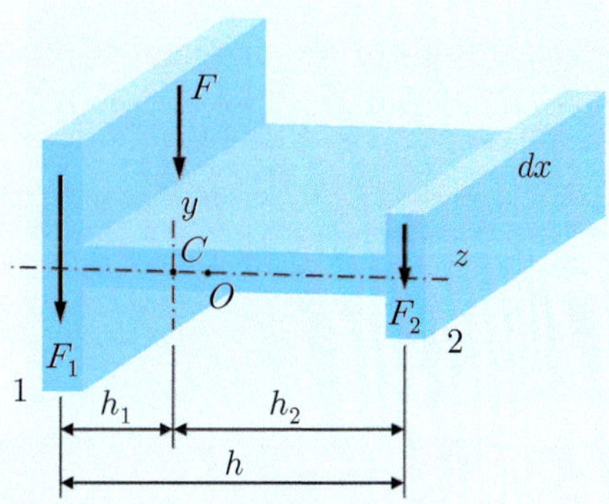

그림 22

예제 5-23

[그림 23]과 같은 ㄷ형 단면의 전단중심을 구하라.

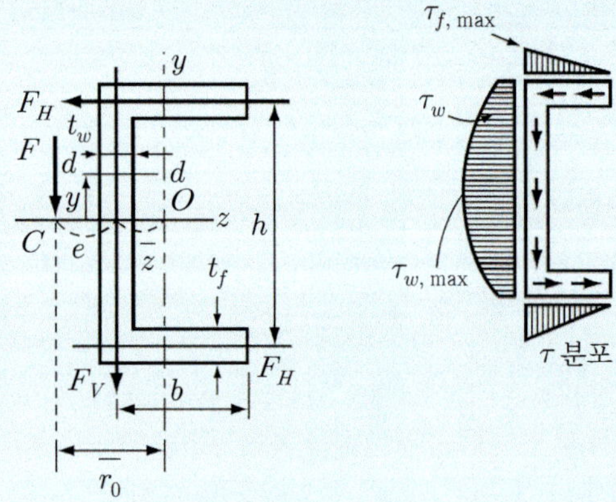

그림 23

풀이 (1) 플랜지의 전단응력 τ_f는 식 (a)로 된다.

단, $\tau_f = \dfrac{FQ}{t_f I_z}$, $Q = t_f s \dfrac{h}{2}$, τ_f는 s의 1차식으로 직선적으로 변화한다.

$$\tau_f = \frac{Fhs}{2I_z},\quad F_H = \int_0^b \tau_f \cdot t_f\, ds = \frac{Fht_f b^2}{4I_z} \tag{a}$$

(2) 웨브의 전단응력 τ_w는 식 (b)로 된다.

$$\tau_w = \frac{FQ}{t_w I_z} \tag{b}$$

중립축으로부터 거리 y만큼 떨어진 위치의 단면 dd에서 구한다.

$$Q = \left[t_f \cdot \frac{bh}{2} + \frac{(h/2)^2 - y^2}{2} t_w\right]$$

$$y = \frac{h}{2} : \tau_w = \frac{F\,bht_f}{2t_w I_z}$$

$t_f = t_w$이면

$$\tau_w = \frac{F\,bh}{2I_z} = \tau_{f,\ max}(\text{같은 장소})$$

$$y = 0 : \tau_{w,max} = \frac{F\,h}{2t_w I_z}\left(bt_f + \frac{ht_w}{4}\right)$$

$$I_z = I_{web} + 2\,I_{flange} = \frac{t_w h^3}{12} + 2\left[\frac{bt_f^3}{12} + bt_f\left(\frac{h}{2}\right)^2\right]$$

두께 t_f가 아주 얇다고 생각하면 t_f^3은 무시할 수 있으므로 아래 식으로 된다.

$$I_z = \frac{t_w h^3}{12} + \frac{bh^2 t_f}{2}$$

웨브에 작용하는 전단력을 F_v라 하면 아래 식으로 된다.

$$F_V=\int_{-\frac{h}{2}}^{\frac{h}{2}}\tau_w\cdot(t_w\cdot dy)=\frac{F}{I_z t_w}\int_{-\frac{h}{2}}^{\frac{h}{2}}\left[\frac{t_f bh}{2}+\frac{1}{2}\left(\frac{h^2}{4}-y^2\right)t_w\right]t_w dy$$

$$=\frac{F}{I_z}\left(\frac{bh^2t_f}{2}+\frac{t_wh^3}{12}\right)=F\ \left(I_z=\frac{bh^2t_f}{2}+\frac{t_wh^3}{12}\right)$$

외부에서 적용되는 이 단면의 전단력 F는 단면내에 생긴 전단력의 총합과 같아야 한다. 즉 $F=F_V$, 또 외력으로 인한 모멘트 $F\cdot\overline{r_0}$는 응력에 관한 모멘트 총합과 같아야 하므로($\bar{z}$는 도심에서 웨브 중심부 F_v까지의 거리)

$$F\overline{r_0}=F_Hh+F_V\bar{z}$$

$$\therefore\ \overline{r_0}=\frac{F_Hh+F_V\bar{z}}{F}=\frac{F_Hh}{F}+\bar{z}$$

$$\therefore\ e=\overline{r_0}-\bar{z}=\frac{F_Hh}{F}$$

이 $\overline{r_0}$가 도심에서 전단중심까지의 거리이다.

연습문제

5-1 사각형단면($b \times h$)을 세웠을 때와 눕혔을 때의 관성모멘트의 크기를 비교하라.

답: h^2/b^2

5-2 반원의 밑변(지름선)에 관한 관성모멘트를 구하라.

답: $\pi d^4/128$

5-3 원형단면의 보에서 사각형단면을 도려내려고 한다. 순수굽힘에 대하서 최대강도를 갖도록 하려면 도려내는 사각형단면의 높이 h와 폭 b의 비를 얼마로 하면 되는가?

답: $h/b = \sqrt{2}$

5-4 [그림 1]과 같은 두께 1/32in, 길이 10in인 얇은 강제자($E = 30 \times 10^6$ psi)가 양 끝에 작용하는 모멘트 M_0에 의해서 그림과 같이 중심각이 60°인 원호로 휘어져 있다. 이 자의 최대응력 σ_{max}는 얼마인가?

답: $\sigma_{max} =$ 49,100psi

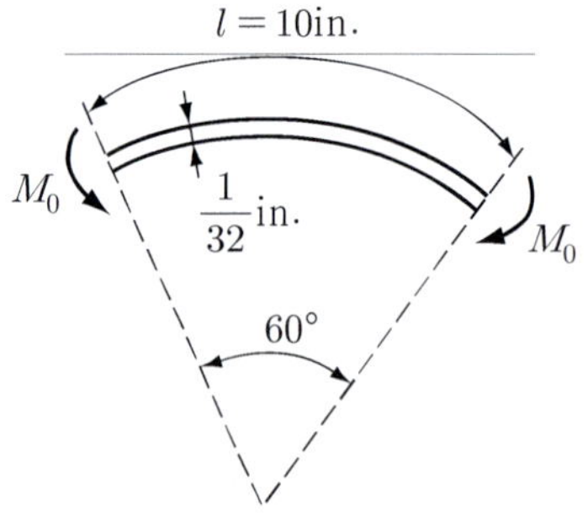

그림 1

5-5 [그림 2]에서 빗금친 부분의 I_Z를 구하라.

답: I_Z=29,854cm^4

5-6 [그림 3]의 **I**형 단면의 I_Z와 r_Z를 구하라.

답: I_Z=39,560cm^4, r_Z=11cm

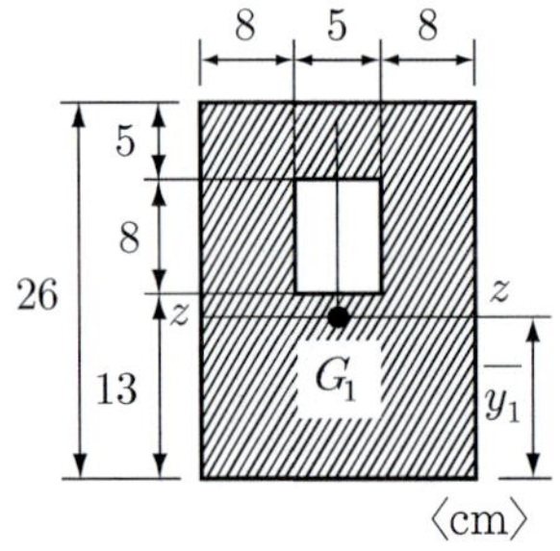

그림 2

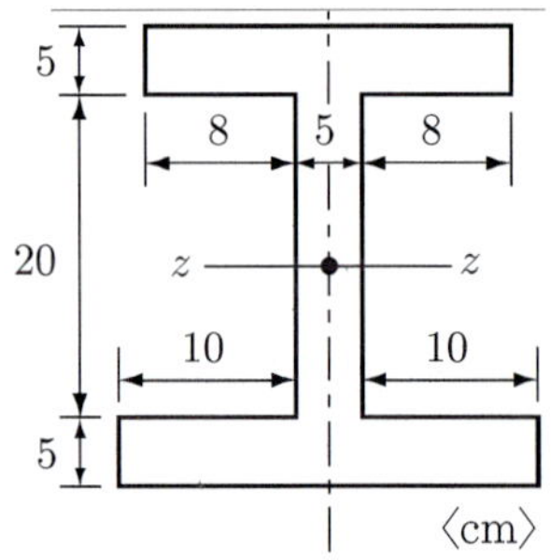

그림 3

5-7 [그림 4]의 타원단면의 도심축에 관한 I_Z를 구하라.

답: $I_z = \frac{\pi}{4}ab^3$

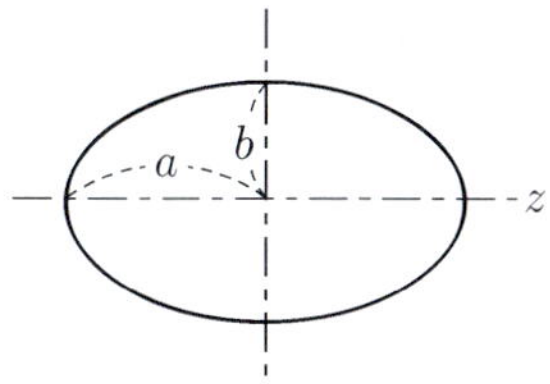

그림 4

5-8 [그림 5]와 같은 ㄷ형재(channel) 단면을 갖는 보가 z축에 대하여 작용하는 굽힘모멘트를 받고 있다. 보의 상부와 하부에서의 굽힘응력이 7:3의 비가 되기 위한 ㄷ형 단면의 두께 t를 계산하여라.

답: t =2in

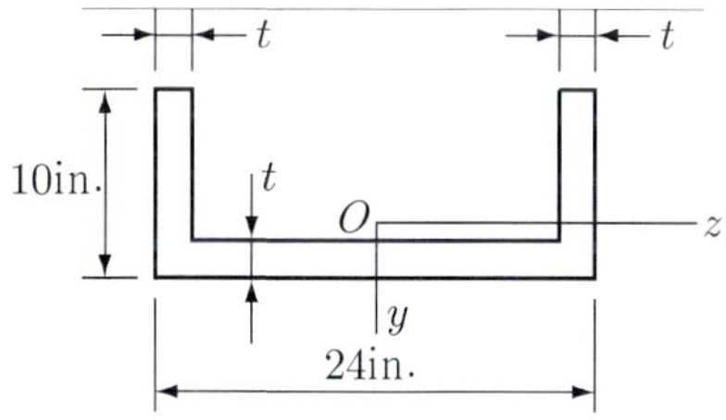

그림 5

5-9 보의 상부와 하부에서의 수직응력이 각각 3:1의 비가 되도록 [그림 6]과 같은 T형보의 플랜지축의 폭 b를 구하라(h =120mm, t =20mm).

답: b=200mm

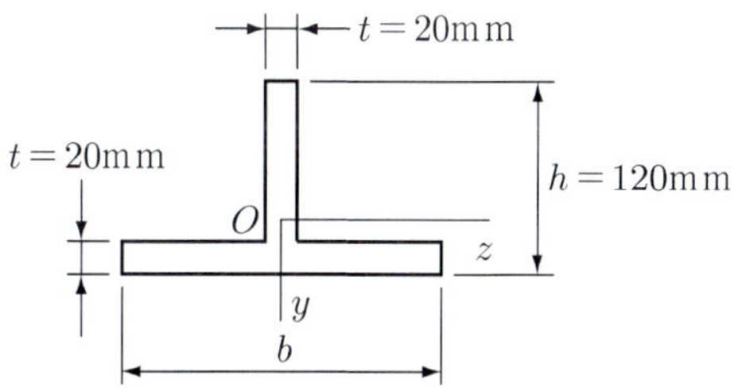

그림 6

5-10 [그림 7]의 단면이 ㄷ형일 때 최대 굽힘응력을 계산하라.

답: 27kg_f/cm^2

5-11 원형단면의 강철보가 [그림 8]과 같이 하중을 받고 있다. 허용응력 σ_{al} =1,400kg_f/cm^{2}이라고 할 때 안전지름을 구하라.

답: 10.3cm

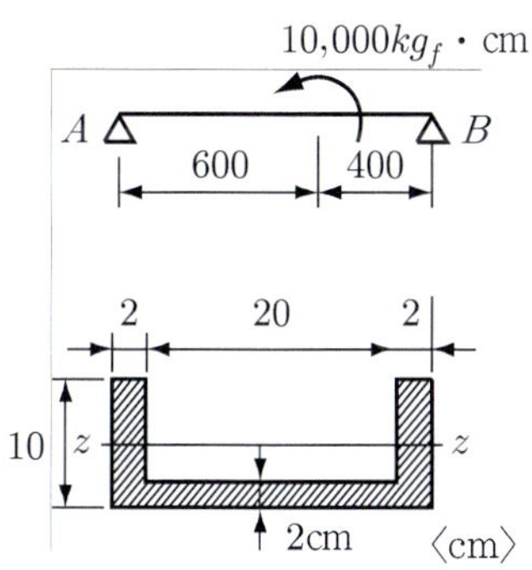

그림 7

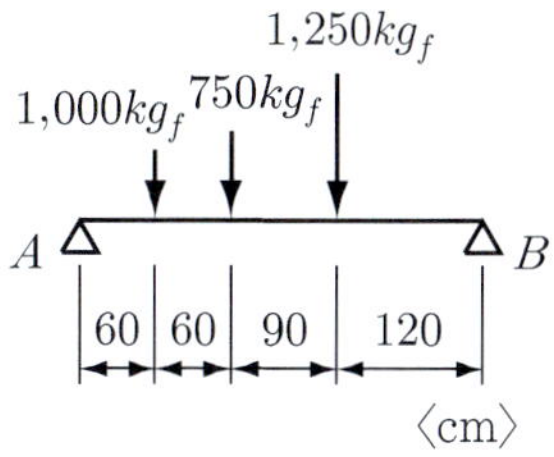

그림 8

5-12 I형 단면보가 [그림 9]와 같이 직선적으로 변하는 분포하중을 받고 있다. 허용응력 $\sigma_{al}=1,260\,kg_f/\text{cm}^2$일 때 최대 분포하중 w_0을 구하라. 단, $I_Z=10,800\text{cm}^4$이고 단면의 높이는 25cm이다.

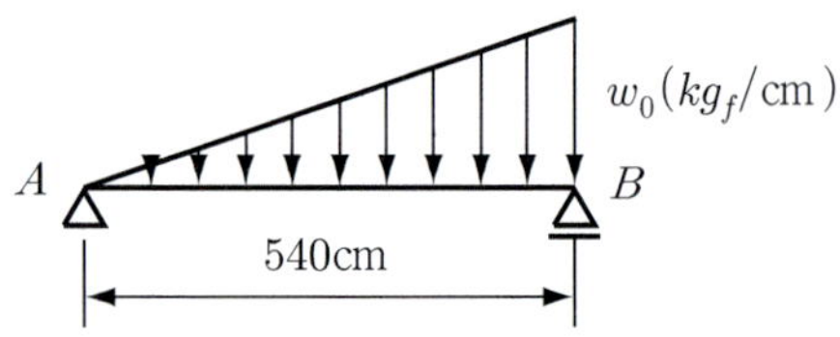

그림 9

답: $58\,kg_f/\text{cm}$

5-13 [그림 10]과 같은 I형 단면의 돌출보가 등분포하중을 받고 있다. 이 보의 최대굽힘응력을 구하라. $I_Z=2,500\text{cm}^4$이다.

답: $114\,kg_f/\text{cm}^2$

5-14 [그림 11]의 원추형 보에서 최대 굽힘응력이 생기는 장소를 구하라.

답: $\dfrac{d_a}{2(d_b-d_a)}\cdot l$

5-15 정사각형단면의 두 변이 직선적으로 변하는 [그림 12]의 보에 집중하중이 작용할 때 최대응력이 생기는 곳과 $\sigma_{\max}$를 구하라.

답: 위치 : $\dfrac{a_0}{2}\left(\dfrac{1}{a_1-a_0}\right)l$, $\delta_{\max}=\left(\dfrac{8Pl}{9a^2(a_1-a_0)}\right)$

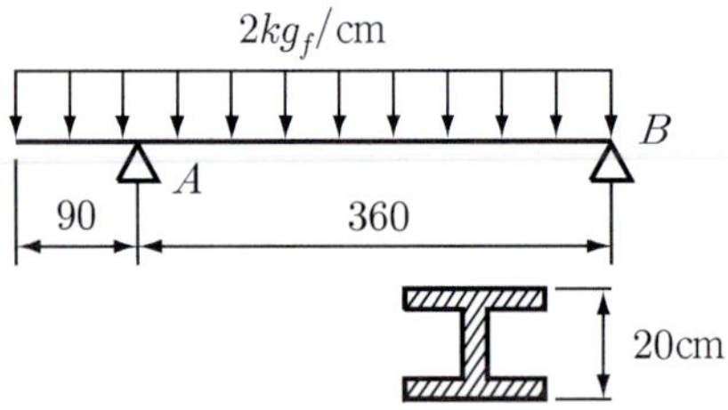

그림 10

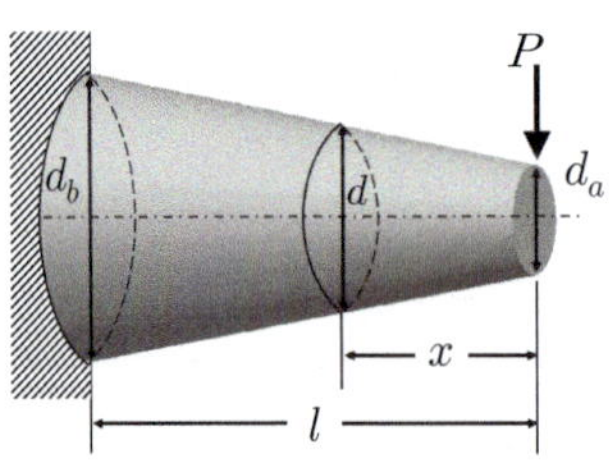

그림 11

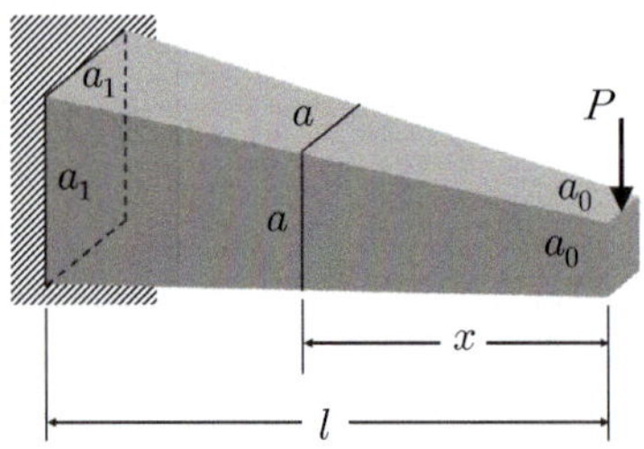

그림 12

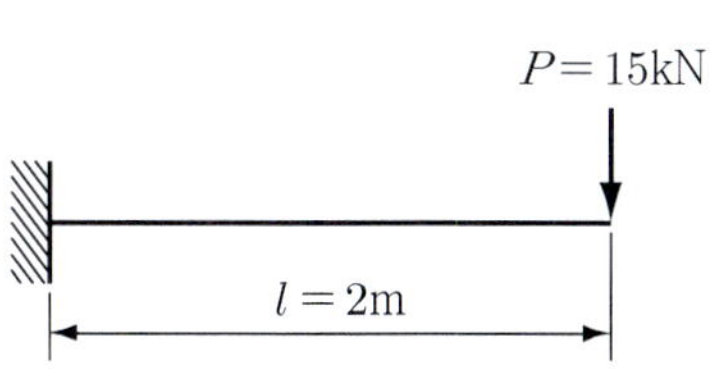

그림 13

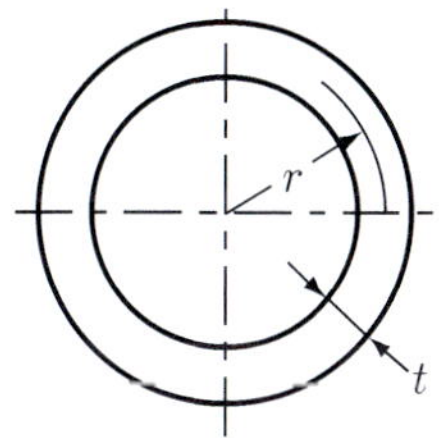

그림 14

5-16 [그림 13]과 같이 길이 2m의 외팔보가 하중 15kN을 받고 있다. 보는 단면치수가 150mm×200mm인 목재이다. 보의 단면 상부로부터 25mm, 50mm, 75mm, 100mm에 위치한 점에서 하중 P로 인하여 일어나는 전단응력을 계산하라. 이 결과로서 보의 상부부터 하부까지의 전단응력분포도를 그려라.

5-17 [그림 14]와 같이 두께가 얇은 파이프형 단면이 굽힘을 받고 있을 때 최대 전단응력을 계산하라. 단, 전단력은 F이다.

답: $F/\pi rt$

5-18 [그림 15]의 보에서 $\tau_{\max}$을 계산하라. 또 D지점의 단면 위에서 1.5cm인 곳의 τ도 계산하여라.

답: $\tau_{\max} = 117 kg_f/\text{cm}^2$, $\tau_D = 20.3 kg_f/\text{cm}^2$

5-19 [그림 16]의 단순보에서 단면은 목재에다 철판을 양쪽에서 붙였다. 두 재료의 최대굽힘응력을 계산하라.

단, $E_w = 1 \times 10^5 kg_f/\text{cm}^2$, $E_s = 2 \times 10^6 kg_f/\text{cm}^2$, $w_0 = 6 kg_f/\text{cm}$이다.

답: 목재 $67 kg_f/\text{cm}^2$, 철재 $1{,}340 kg_f/\text{cm}^2$

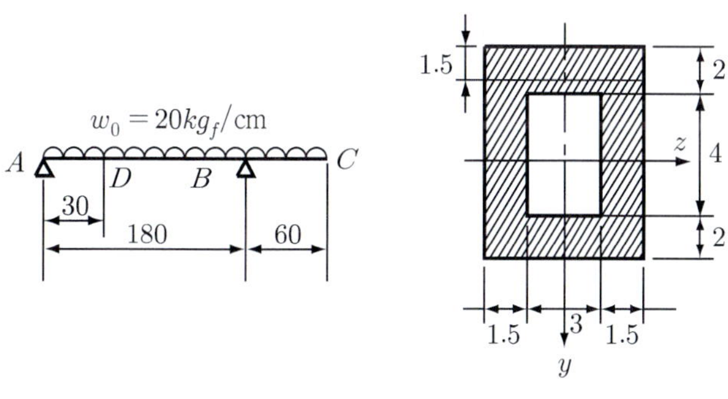

그림 15

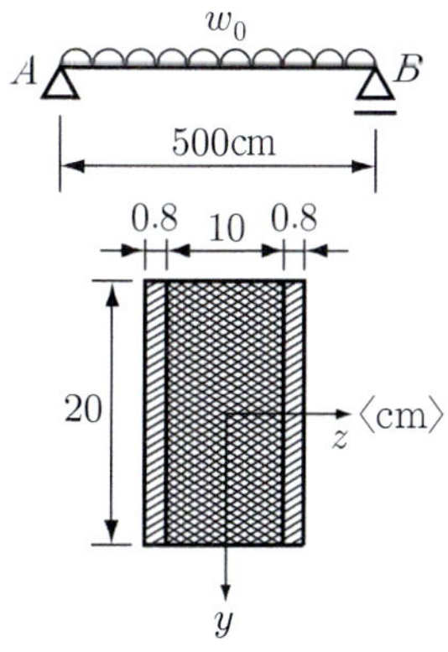

그림 16

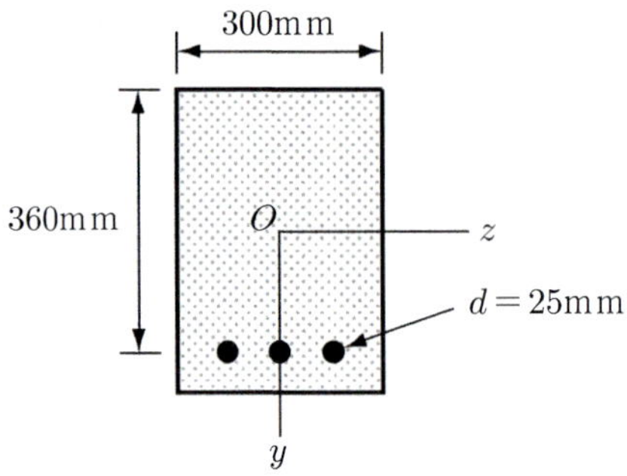

그림 17

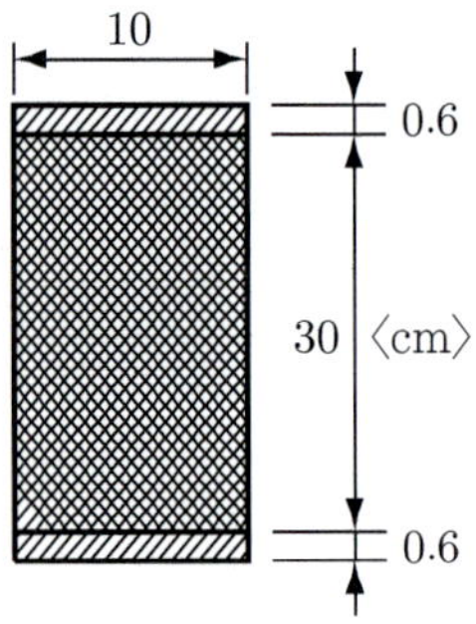

그림 18

5-20 철근 콘크리트 보의 단면이 [그림 17]과 같다. 세 개의 보강 철근 지름은 25mm이고 계수비 $n = \dfrac{E_s}{E_c} = 12$이다. 콘크리트에서의 허용압축응력 $\sigma_c = 12MPa$이고, 철근에서의 허용인장응력은 110MPa이다. 이 보의 허용굽힘모멘트를 계산하여라(콘크리트는 압축만을 부담하는 것으로 하고 철근의 면적은 수평선상에서의 보의 상부 아래 360mm 거리에 집중되어 있다).

답: M_{max} =49.9kN · m

5-21 사각형단면의 높이가 15cm인 외팔보의 자유단이 3톤의 하중을 받고 있다. 이때 보의 길이는 3m이다. 허용굽힘응력이 1,000kg_f/cm^{2}일 때 (a) 고정단에서 단면의 폭, (b) 균일강도의 보일 때 중앙단면의 폭, (c) 사용전단응력이 600kg_f/cm^{2}일 때 자유단에서의 최소단면의 폭을 계산하여라.

답: (a) 24cm, (b) 12cm, (c) 0.5cm

5-22 주철로 된 균일강도의 단순보가 있다. 폭(6cm)이 일정하고 보의 길이는 120cm이며 중앙에 2,000kg_f의 하중을 받고 있을 때 (a) 하중 직하점의 단면높이, (b) 지지점의 단면높이, (c) 지지점에서 30cm 떨어진 곳의 단면의 높이를 계산하여라(단, 굽힘과 전단의 허용응력 σ_{al}, τ_{al}은 500kg_f/cm^2).

답: (a) 11cm, (b) 0.5cm, (c) 7.74cm

5-23 [그림 18]과 같은 단면의 단순보가 있다. 목재의 상하에 알루미늄 재료로 보강되어 있는 데 단순보의 길이는 5m이고, w_0 =15kg_f/cm의 등분포하중을 받고 있다. 최대응력을 구하라.

목재의 E_w =7×10^4kg_f/cm^2, 알루미늄의 E_{A1} =7.2×10^5kg_f/cm^{2}이다.

답: $\sigma_{max, A1}$ =1,464.8kg_f/cm^2

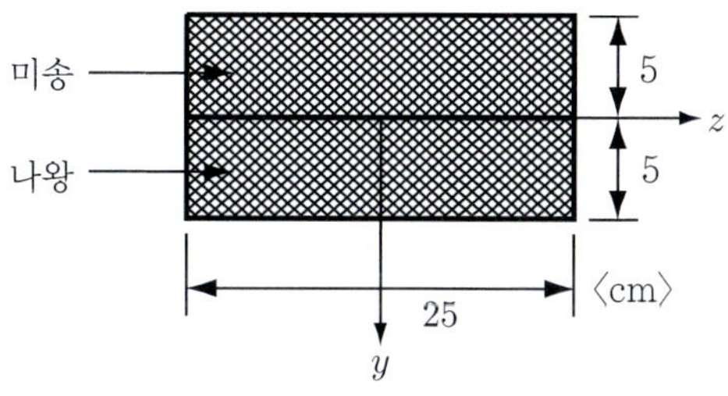

그림 19

5-24 [그림 19]와 같이 미송과 나왕이 접착된 널판의 외팔보(길이 3m)가 있다. $3kg_f$/cm의 등분포 하중을 받을 때 각 재료의 최대굽힘응력을 계산하라. $E_{미송} = 7 \times 10^4 kg_f/\text{cm}^2$, $E_{나왕} = 7.5 \times 10^4 kg_f/\text{cm}^2$이다.

답: 미송 : 125.2kg_f/cm^2, 나왕 : 134kg_f/cm^2

5-25 단순굽힘(simple bending) 상태와 순수굽힘(pure bending) 상태를 구별하라.

5-26 [그림 20]의 등변 L형 단면이 대칭축인 y축 방향으로 작용하는 전단하중 P를 받고 있다. 각 변의 길이 b, 두께 t이다. 단면에 작용하는 전단응력을 다음과 같이 검토하라.

(a) 최대전단응력을 구하라.

(b) 단면의 중심선에 대한 전단응력 τ의 변화를 그래프로 그려라.

(c) 전단응력들의 합이 P와 동일함을 증명하라.

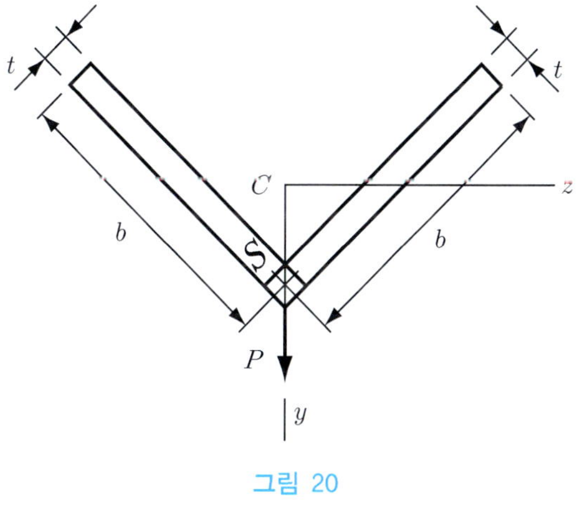

그림 20

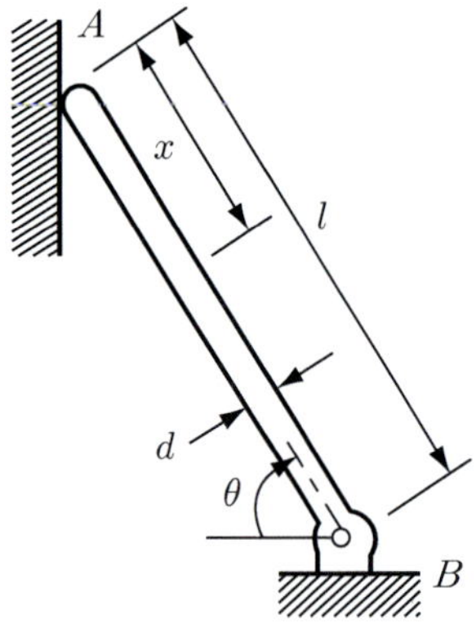

그림 21

5-27 [그림 21]의 원형단면보 AB가 B에서 힌지로, A에서는 마찰이 없는 미끄러운 벽(수직면)에 지지되어 있을 때 자중으로 인한 압축응력이 최대가 되는 단면의 위치 x를 구하라. 봉의 길이 l, 단위길이당의 무게 q이다.

답: $x = \frac{l}{2} + \frac{d}{8}\tan\theta$

5-28 [그림 22]과 같은 ㄷ형 단면의 전단중심 O에 수직전단력 800N이 작용할 때 단면에 발생하는 전단응력의 분포를 결정하여라.

답: $\tau_B =$ 1.422MPa, $\tau_{\max} =$1.956MPa

5-29 [그림 23]과 같은 균일단면을 갖는 보의 전단중심 O의 위치를 구하라.

답: $e =$0.727in

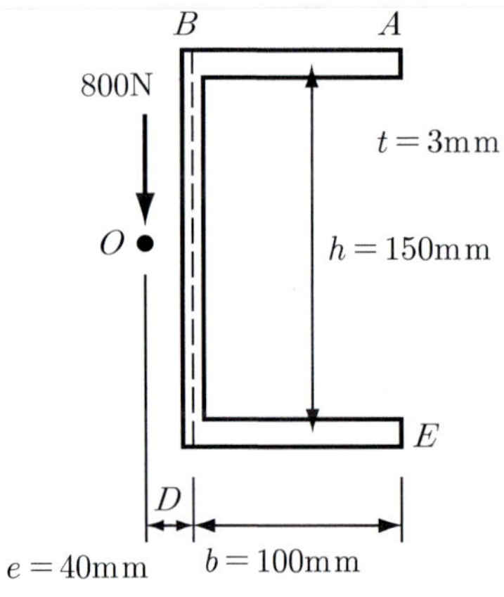

그림 22

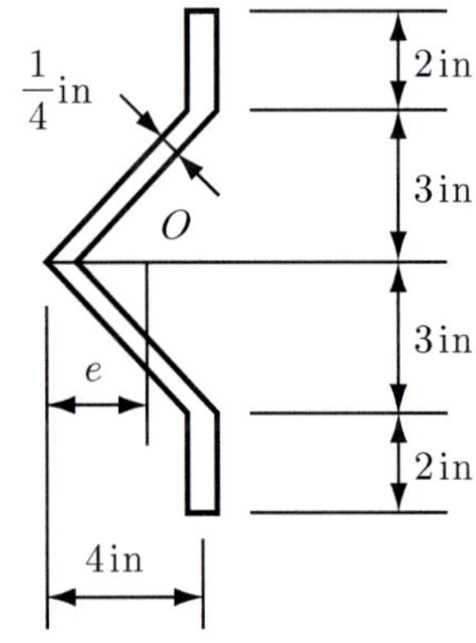

그림 23

Chapter

6

보의 처짐

4장과 5장에서 굽힘을 받는 보에서 생기는 전단력 및 굽힘모멘트, 굽힘 응력을 구하는 방법에 대하여 공부했다. 이 장에서는 굽힘을 받는 보의 변형, 즉 임의 단면의 경사각과 처짐을 미분방정식법, 중첩법, 면적모멘트법, 특이함수법으로 구하는 방법에 대하여 공부한다. 이 보의 처짐의 계산은 기계부품 또는 구조물의 부재를 설계할 때 응력과 더불어 매우 중요하다. 주응력은 강도에 관한 설계이고 처짐변형은 강성에 관한 설계로 매우 중요한 의미를 갖는다.

6-1 탄성곡선의 미분방정식

이 장에서는 보의 단면이 하중면에 대해서 대칭이고 단순굽힘을 받는 직선보 만을 다루기로 한다. 변형은 아주 작고 휘는 변형곡선은 연속이다. 굽힘 후에 중립면과 하중 면이 만나는 선을 **탄성곡선**(elastic curve, elastic line, 彈性曲線) 또는 **처짐곡선**(deflection curve)이라 한다.

다음으로 탄성곡선의 미분방정식(微分方程式)을 유도해 보자. [그림 6-1]에서 처짐곡선 AB 중 x 위치에 있는 dx(곡선에서는 ds)부분을 생각한다. 이 ds의 곡률반지름을 ρ라 하면, 식 (a)가 성립된다.

$$\frac{1}{\rho}=\frac{d\theta}{ds},\quad \tan\theta=\frac{dy}{dx} \tag{a}$$

일반적으로 보는 하중을 받으면 탄성한계 이하에서는 아주 작은 변형을 일으키기 때문에 탄성곡선의 곡률은 거의 직선과 같은 평평한 모양이 되어 각 θ는 아주 미소하다. 따라서 식 (b)와 같이 된다.

$$ds \approx dx,\ \tan\theta \approx \theta \tag{b}$$

위의 관계로부터 식 (c)가 유도된다.

$$\frac{1}{\rho} \approx \frac{d\theta}{ds} = \left|\frac{d^2y}{dx^2}\right| \tag{c}$$

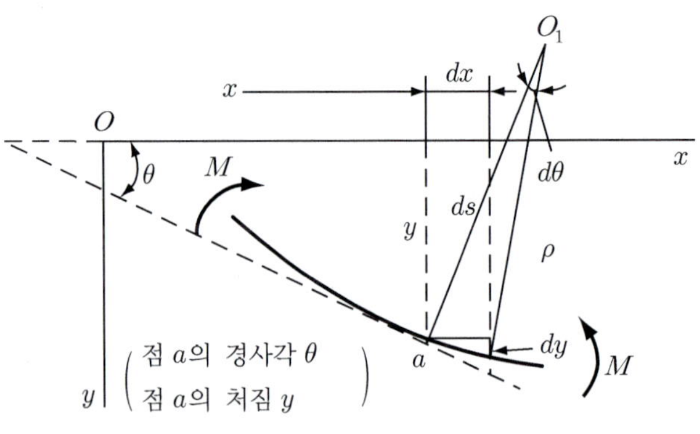

그림 6-1 탄성곡선

그림에서 x가 증가하면 θ는 감소하므로 $\dfrac{d\theta}{dx}$는 음(-)의 부호가 되어야 실제적인 보의 굽힘과 일치하게 된다. 식 (4-6)으로부터 식 (d)가 유도된다.

$$\frac{1}{\rho}=\frac{M}{EI_z}=-\frac{d\theta}{dx}=-\frac{d^2y}{dx^2} \tag{d}$$

따라서 식 (d)는 식 (6-1)로 유도된다.

$$\frac{d^2y}{dx^2}=-\frac{M}{EI_z} \tag{6-1}$$

식 (6-1)이 처짐(탄성)곡선의 미분방정식이며 이 식을 적분함으로써 임의 단면의 경사각 및 처짐을 계산 할 수 있다. 단면의 굽힘모멘트가 $M(x)$ 즉, x에 관한 함수일 때 식 (e)와 같이 된다.

$$\begin{Bmatrix} \dfrac{dy}{dx}=\theta=-\displaystyle\int\frac{M}{EI_z}dx+C_1 \\ y=-\displaystyle\iint\frac{M}{EI_z}dxdx+C_1x+C_2 \end{Bmatrix} \tag{e}$$

단, C_1, C_2는 보의 경계조건에서 구한다.
또 식 (4-10), (4-11)을 고려하면, 식 (6-1)은 식 (6-2)로 유도된다.

$$EI_z\frac{d^3y}{dx^3}=-F, \quad EI_z\frac{d^4y}{dx^4}=w_0(x) \tag{6-2}$$

그리고 식 (6-2)을 적분함으로써 경사각 θ와 처짐 y를 구할 수 있다.

(1) 외팔보의 경우

외팔보 자유단에 집중하중이 작용하는 기본형의 경우

[그림 6-2]의 x위치에서 굽힘모멘트는 FBD에서 $M=-P(l-x)$로 되며, 이 M을 식 (6-1)에 대입하면 식 (f)로 된다.

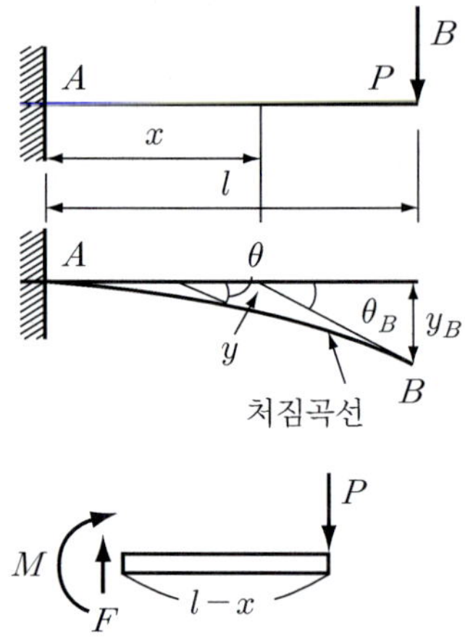

그림 6-2 집중하중의 기본형

$$EI_z \frac{d^2y}{dx^2} = -M = P(l-x) \qquad \text{(f)}$$

이것을 적분하면 식 (g), (h)로 된다.

$$EI_z \frac{dy}{dx} = -\frac{P(l-x)^2}{2} + C_1 \qquad \text{(g)}$$

$$EI_z y = \frac{P(\ell-x)^3}{6} + C_1 x + C_2 \qquad \text{(h)}$$

외팔보의 경계조건은 고정단에서 $\theta_A = 0$, $y_A = 0$이 되는 것이 고정단을 가진 보의 특징이다. 이 조건에서 상수 C_1, C_2를 구한다.

$$x = 0: \frac{dy}{dx} = 0 \rightarrow \text{ 식 (g)}, \ C_1 = Pl^2/2$$

$$x = 0: \ y = 0 \rightarrow \text{ 식 (g)}, \ C_2 = -Pl^3/6$$

이 상수로 식 (g), (h)에 대입하면 일반식 (6-3), (6-4)로 된다.

$$EI_z \frac{dy}{dx} = -\frac{P(l-x)^2}{2} + \frac{Pl^2}{2} = \frac{Px}{2}(2l-x) \qquad \text{(6-3)}$$

$$EI_z y = \frac{P(l-x)^3}{6} + \frac{Pl^2}{2}x - \frac{Pl^3}{6} = \frac{Px^2}{6}(3l-x) \qquad \text{(6-4)}$$

위의 식에서 일반식 θ_{max}, y_{max}는 $x = l$인 B단면 (자유단)에서 생긴다.

$$\therefore \begin{cases} \theta_B = \left(\dfrac{dy}{dx}\right)_B = \dfrac{Pl^2}{2EI_z} & \text{(6-5)} \\ y_B = \dfrac{Pl^3}{3EI_z} & \text{(6-6)} \end{cases}$$

예제 6-1

외팔보 중간에 집중하중이 작용하는 경우 θ_B, y_B, y_D를 구하라.

풀이 AC구간은 [그림 6-2]의 경우와 꼭 같다. 즉, 모든 식에서 l대신 a를 대입하면 된다. 가령 점C 에서는 식 (i)와 같게 된다.

$$\theta_C = \frac{P\,a^2}{2\,EI_z},\quad y_C = \frac{P\,a^3}{3\,EI_z} \tag{i}$$

BC구간에서는 힘과는 무관하므로 이 부분의 탄성곡선은 [그림 1]과 같이 직선이므로 같은 θ_c이다.

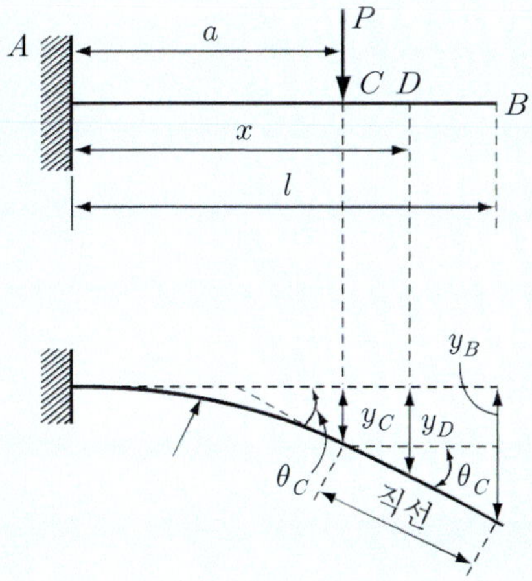

그림 1

$$\left.\begin{aligned}\theta_B &= \theta_C = P\,a^2/(2EI_z)\\ y_B &= y_C + \overline{BC}\times\theta_C\\ &= \frac{P\,a^3}{3\,EI_z} + (l-a)\frac{P\,a^2}{2\,EI_z}\\ &= \frac{P\,a^2}{6\,EI_z}(3l-a)\end{aligned}\right\} \tag{6-7}$$

x거리에 있는 D단면의 처짐 y_D는 식 (6-8)로 된다.

$$\therefore y_D = y_C + (x-a)\theta_C = \frac{Pa^3}{3EI_z} + (x-a)\frac{Pa^2}{2\,EI_z} = \frac{P\,a^2}{6\,EI_z}(3x-a) \tag{6-8}$$

예제 6-2

[그림 2]의 외팔보에 등분포하중이 작용하는 기본형의 경우 $y_{\max}$를 구하라.

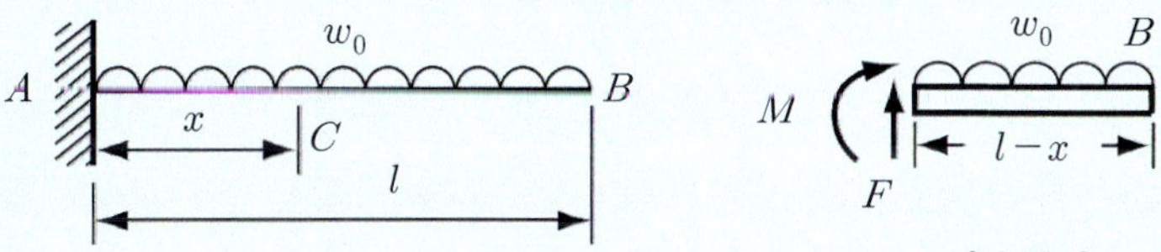

그림 2 외팔보에 분포하중이 작용할 경우(기본형)

풀이 M의 일반식은 FBD에서 평형방정식을 적용하면 $M = -\dfrac{w_0(l-x)^2}{2}$이다. 이 M을 식 (6-1)에 대입한 후 적분하면 된다.

$$\left.\begin{aligned} EI_z\frac{d^2y}{dx^2} &= -M = \frac{w_0(l-x)^2}{2} \\ EI_z\frac{dy}{dx} &= -\frac{w_0(l-x)^3}{6} + C_1 \\ EI_zy &= \frac{w_0(l-x)^4}{24} + C_1x + C_2 \end{aligned}\right\} \quad \begin{aligned} &x=0\text{에서} \\ &\frac{dy}{dx}=0, y=0\text{이므로,} \\ &C_1 = \frac{w_0l^3}{6},\ C_2 = -\frac{w_0l^4}{24} \end{aligned}$$

위의 적분상수를 대입하여 정리하면 아래식이 된다.

$$EI_z\frac{dy}{dx} = -\frac{w_0(l-x)^3}{6} + \frac{w_0l^3}{6} = \frac{w_0}{6}(3l^2x - 3lx^2 + x^3) \tag{6-9}$$

$$EI_zy = -\frac{w_0(l-x)^4}{24} + \frac{w_0l^3}{6}x - \frac{w_0l^4}{24} = \frac{w_0x^2}{24}(6l^2 - 4lx + x^2) \tag{6-10}$$

$$\therefore \theta_{\max} = \theta_B = \frac{w_0l^3}{6EI_z} \tag{6-9)'$$

$$\therefore y_{\max} = y_B = \frac{w_0l^4}{8EI_z} \tag{6-10)'$$

예제 6-3

[그림 3]의 외팔보에 M_0가 작용하는 기본형의 경우 θ_B, y_B를 구하라.

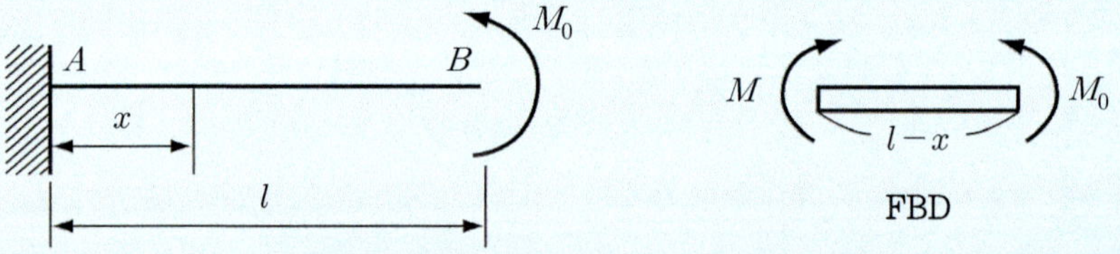

그림 3 외팔보에 M_0가 작용하는 경우(기본형)

풀이 FBD에서 M의 일반식을 구하면 식 (j)와 같다. 이 경우에는 순수굽힘상태로 어느 단면에서나 굽힘모멘트는 M_0로 같다.

$$M = M_0 \tag{j}$$

이 M을 식 (6-1)에 대입한 후 적분하면 다음과 같다.

$$\left.\begin{aligned} EI_z\frac{d^2y}{dx^2} &= -M_0 \\ EI_z\frac{dy}{dx} &= -M_0x + C_1 \\ EI_zy &= -\frac{-M_0x^2}{2} + C_1x + C_2 \end{aligned}\right\} \quad \begin{aligned} &\theta(0)=0,\ y(0)=0\ \text{에서} \\ &C_1 = 0 \\ &C_2 = 0 \end{aligned} \tag{k}$$

$$\therefore \begin{cases} \dfrac{dy}{dx} = -\dfrac{M_0 x}{EI_z} (-\text{는 반시계방향}) \\ y = -\dfrac{M_0 x^2}{2EI_z} (-\text{는 위로 처짐}) \end{cases} \begin{cases} \theta_B = -\dfrac{M_0 l}{EI_z} \\ y_B = -\dfrac{M_0 l^2}{2EI_z} \end{cases} \tag{1}$$

위의 3가지 외팔보에 대한 기본형 θ, y의 일반식, θ_{max}, y_{max}는 부록 6에 정리하였다.

(2) 단순보의 경우

단순지지보의 3가지 기본형(집중하중, 분포하중, 모멘트가 작용하는 경우)의 θ, y는 외팔보와 같은 식 (6–1)을 사용하지만 풀이방식이 조금 복잡하므로 외팔보와 비교할 필요가 있다.

단순지지보에 집중하중이 작용하는 기본형의 경우

이 경우 보의 AC 구간과 BC 구간의 M 식이 다르므로 [그림 6–3(a), (b)]와 같이 FBD를 도시하고 평형방정식을 적용시켜 각 구간의 M식을 세우고 식 (6–1)에 대입한 후 구간별로 적분하여 일반식을 구한다.

AC 구간 : $[0 \le x \le (l-b)]$, $M = R_A x = \dfrac{Pb}{l} x$

$$EI_z \frac{d^2y}{dx^2} = -\frac{Pb}{l} x, \quad EI_z \frac{dy}{dx} = -\frac{Pb}{2l} x^2 + C_1 \tag{a}$$

$$EI_z y = -\frac{Pb}{6l} x^3 + C_1 x + C_2 \tag{b}$$

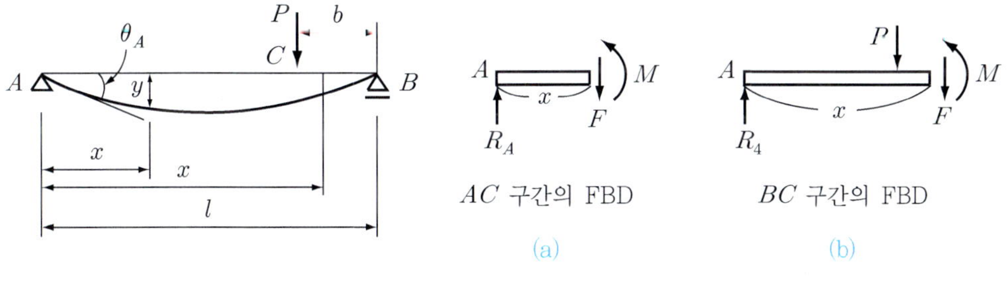

그림 6–3 단순보에 집중하중이 작용하는 기본형

BC 구간 : $[(l-b) \leq x \leq l]$, $M = R_A x - P[x-(l-b)]$

$$EI\frac{d^2y}{dx^2} = -\frac{Pb}{l}x + P[x-(l-b)]$$

$$EI_z\frac{dy}{dx} = -\frac{Pb}{2l}x^2 + \frac{P}{2}[x-(l-b)]^2 + C_3 \quad \text{(c)}$$

$$EI_z y = -\frac{Pb}{6l}x^3 + \frac{P}{6}[x-(l-b)]^3 + C_3x + C_4 \quad \text{(d)}$$

위 식에서 나타난 적분상수(積分常數) $C_1 \sim C_4$를 결정하기 위하여 단순보의 특징에서 얻을 수 있는 4개의 조건식을 세운다.

① $y(0)=0(x=0$은 식 (b)를 적용)에서 $\rightarrow C_2=0$

② $y(l)=0(x=l$은 식 (d)를 적용)에서 $0=-\frac{Pbl^2}{6}+\frac{Pb^3}{6}+C_3l+C_4$

③ (C점에서 두 구간의 기울기는 같다.)

$x=l-b$: $\left(\frac{dy}{dx}\right)_{C,\,AC} = \left(\frac{dy}{dx}\right)_{C,\,BC}$

$-\frac{Pb}{6l}(l-b)^2 + C_1 = -\frac{Pb}{2l}(l-b)^2 + \frac{P}{2}[(l-b)-(l-b)]^2 + C_3$

$\therefore C_1 = C_3$

④ (C점에서 두 구간의 처짐은 같다.) $x=l-b$: $(y)_{C,\,AC}=(y)_{C,\,BC}$

$-\frac{Pb}{6l}(l-b)^3 + C_1(l-b) + C_2$

$= -\frac{Pb}{6l}(l-b)^3 + \frac{P}{6}[(l-b)-(l-b)]^3 + C_3(l-b) + C_4$

$\therefore C_2 = C_4 = 0$(조건 ①에서)

$C_3 = \frac{Pb}{6l}(l^2-b^2) = C_1$(조건 ②에서)

①~④에서 얻는 C_1~의 결과를 식 (a)~(b)에 대입하여 정리하면 θ, y의 일반식이 C_4된다.

AC 구간 : $[0 \leq x \leq (l-b)]$

$$\theta = \frac{dy}{dx} = \frac{1}{EI_z}\left[-\frac{Pb}{2l}x^2 + \frac{Pb}{6l}(l^2-b^2)\right] = \frac{Pb}{6lEI_z}(l^2-b^2-3x^2) \quad (6\text{–}11)$$

$$y = \frac{1}{EI_z}\left[-\frac{Pb}{6l}x^3 + \frac{Pb}{6l}(l^2-b^2)x\right] = \frac{Pbx}{6lEI_z}(l^2-b^2-x^2) \tag{6-12}$$

BC 구간 : $[(l-b) \le x \le l]$

$$\theta = \frac{dy}{dx} = -\frac{Pbx^2}{2lEI_z} + \frac{P}{2EI_z}[x-(l-b)]^2 + \frac{Pb}{6lEI_z}(l^2-b^2) \tag{e}$$

$$y = -\frac{Pbx^3}{6lEI_z} + \frac{P}{6EI_z}[x-(l-b)]^3 + \frac{Pb}{6lEI_z}(l^2-b^2)x \tag{f}$$

경사각(傾斜角)의 최대치는 양 지점 A, B에 있으며 다음 식을 얻는다.

식 (6−11)에서 $x=0$: $\theta_A = \frac{Pb}{6lEI_z}(l^2-b^2)$ (+이므로 시계방향) (g)

식 (e)에서 $x=l$: $\theta_B = -\frac{Pb}{6lEI_z}(2l-b)(l-b)$ (− 반시계방향) (h)

처짐(deflection)의 최대치는 단순보에서 $(l-b) > b$일 때 $(l-b)$구간에서 일어난다. 즉 처짐의 1차 미분 값인 경사각이 영 $\left(\frac{dy}{dx}=0\right)$인 곳에 y_{max}이 되므로 식 (6−11)에서 식 (i)와 같이 정리한다.

$$\frac{dy}{dx} = 0:\ l^2 - b^2 - 3x^2 = 0 \qquad \therefore x = \sqrt{(l^2-b^2)/3} \tag{i}$$

지금 $b \to 0$의 경우, 즉 하중 P가 B지점에 아주 가까워질 때 $x = \frac{\ell}{\sqrt{3}} = 0.577l$이 되어 y_{max}는 보 중앙에 있다고 보고 식 (6−12)에서 $x \approx \frac{\ell}{2}$로 하면 식 (j)를 얻는다.

$$y_{max} = \frac{Pb}{48EI_z}(3l^2 - 4b^2) \tag{j}$$

또 보에서 일어날 수 있는 y_{max}값은 $b = \frac{\ell}{2}$일 때이며 식 (6−13)으로 된다.

$$\therefore y_{\max_{b=0.5}} = \frac{Pl^3}{48\,EI_z} \tag{6-13}$$

예제 6-4

[그림 4]의 단순보에 분포하중(分布荷重)이 작용하는 기본형의 경우 θ_A, $y_{\max}$를 구하라.

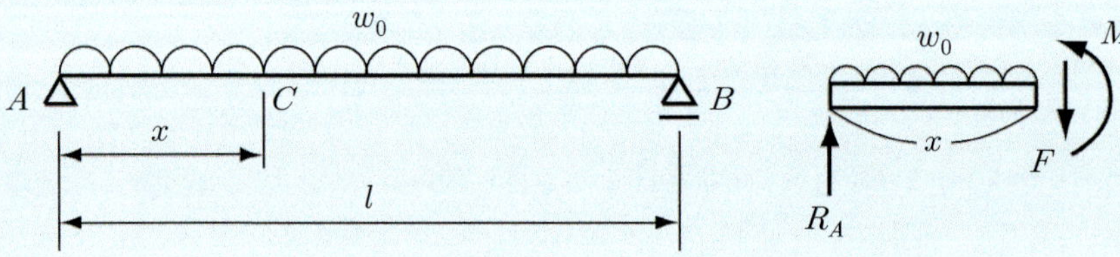

그림 4 단순보에 분포하중이 작용하는 기본형

풀이 FBD에서 M의 일반식을 얻어서 식 (6-1)에 대입한 후 정리한다.

$$M = \frac{w_0 l}{2}x - \frac{w_0 x^2}{2}, \quad \left(R_A = R_B = \frac{w_0 l}{2}\right)$$

$$\left.\begin{aligned} EI_z\frac{d^2y}{dx^2} &= -\frac{w_0 l}{2}x + \frac{w_0 x^2}{2} \\ EI_z\frac{dy}{dx} &= -\frac{w_0 l}{4}x^2 + \frac{w_0 x^3}{6} + C_1 \\ EI_z y &= -\frac{w_0 l}{12}x^3 + \frac{w_0 x^4}{24} + C_1 x + C_2 \end{aligned}\right\} \tag{k}$$

$$\left.\begin{aligned} y(0) &= 0 \\ y(l) &= 0 \end{aligned}\right\} C_2 = 0,\ C_1 = \frac{w_0 l^3}{24}$$

$$\left\{\begin{aligned} EI_z\frac{dy}{dx} &= \frac{w_0}{24}(l^3 - 6lx^2 + 4x^3) \\ EI_z y &= \frac{w_0 x}{24}(l^3 - 2lx^2 + x^3) \end{aligned}\right\} \tag{6-14}$$

$$\therefore \left\{\begin{aligned} x = 0 &\rightarrow \theta_A = \frac{w_0 l^3}{24\,EI_z} \\ x = l &\rightarrow \theta_B = -\frac{w_0 l^3}{24\,EI_z} \\ x = \frac{1}{2} &\rightarrow y_{\max} = \frac{5w_0 l^4}{384 EI_z} \end{aligned}\right\} \tag{6-15}$$

예제 6-5

[그림 5]의 단순보에 모멘트가 작용하는 기본형의 경우 θ_A, θ_B, $y_{\frac{l}{2}}$ 을 구하라.

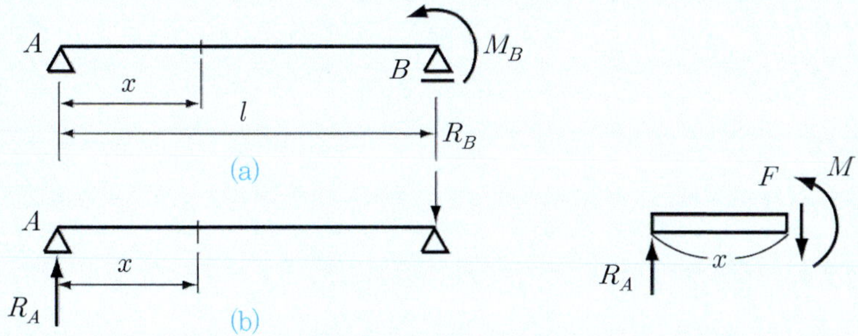

그림 5 단순보에 모멘트가 작용하는 기본형

풀이 전체 FBD에서 반력을 구하면 다음과 같다.

$$R_A = \frac{M_b}{l},\quad R_B = -\frac{M_B}{l}$$

또, 임의 구간의 FBD를 도시하여 x의 위치에서의 모멘트 M을 구하면 식 (l)와 같게 되고 식 (6-1)에 대입, 정리하면 식 (m)으로 된다.

$$M = R_A x = \frac{M_B x}{l} \tag{l}$$

$$\left.\begin{aligned} EI_z\frac{d^2y}{dx^2} &= -\frac{M_B}{l}x \\ EI_z\frac{dy}{dx} &= -\frac{M_B}{2l}x^2 + C_1 \\ EI_z y &= -\frac{M_B}{6l}x^3 + C_1 x + C_2 \end{aligned}\right\} \tag{m}$$

$$\left.\begin{aligned} y(0) &= 0 \\ y(l) &= 0 \end{aligned}\right\} \text{에서}\ \ C_2 = 0,\ \ C_1 = \frac{M_B l}{6}$$

적분상수를 대입, 정리하고 양단의 기울기와 중앙의 처짐을 구하면 식 (6-16)으로 된다.

$$\frac{dy}{dx} = \frac{M_B}{EI_z}\left(\frac{\ell}{6} - \frac{x^2}{2\ell}\right) = \frac{M_B}{6lEI_z}(l^2 - 3x^2)$$

$$y = \frac{M_B x}{6lEI_z}(l^2 - x^2)$$

$$\therefore \theta_A = \frac{M_B l}{6EI_z},\ \ \theta_B = -\frac{M_B l}{3EI_z},\ \ y_{\frac{1}{2}} = \frac{M_B l^2}{16EI_z} \tag{6-16}$$

6-2 중첩법

여러 가지 다른 하중들이 동시에 작용할 때 보의 처짐은 각각의 하중이 따로 작용할 때의 처짐을 중첩하여 구할 수 있다. 이러한 개념은 역학분야에 널리 사용되며 구하고자 하는 값이 작용하중의 선형함수이기만 하면 언제나 사용할 수 있다. 따라서 중첩법(superposition, 重疊法)은 보에 작용하는 하중들에 대한 개별적인 처짐(혹은 경사각)을 알 수 있는 하중상태로 분해할 수 있을 때 아주 유용하다.

(1) 외팔보에 두 개의 집중하중이 작용하는 경우

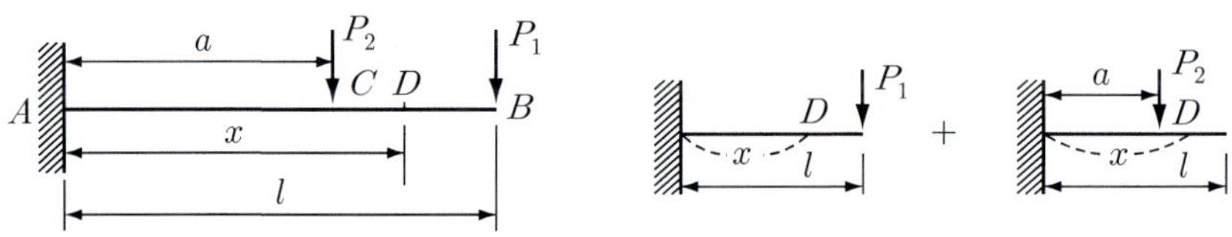

그림 6-4 외팔보에 두 개의 집중하중이 중첩되는 경우

이 경우는 기본형 P_1과 위치가 변화한 P_2가 각각 작용하는 경우를 중첩하는 것과 같다. 따라서 D단면의 경사각은 P_1에 대한 식 (6-3)과 P_2에 대한 식 (6-7)의 합이다.

$$\therefore\ \theta_D = \frac{dy}{dx} = \theta_{D_1} + \theta_{D_2} = \frac{1}{EI_z}\left[\frac{P_1 x(2l-x)}{2} + \frac{P_2 a^2}{2}\right]$$

처짐도 식 (6-4)와 식 (6-8)의 합이다.

$$\therefore\ y_D = y_{D_1} + y_{D_2} = \frac{1}{EI_z}\left[\frac{P_l x^2}{6}(3l-x) + \frac{P_2 a^2}{6}(3x-a)\right]$$

(2) 단순보에 여러 개의 집중하중이 작용하는 경우([그림 6-5])

두 개 하중의 경우 E단면의 θ_E, y_E를 구하려 할 때 P_1하중에 의한 θ_{E_1}, y_{E_1}, P_2에 의한 θ_{E_2}, y_{E_2}를 각각 구하여 중첩하면 되므로 집중하중이 작용하는 기본형의 해 식 (6-11), (6-12)을 이용한다.

$$\theta_E = \theta_{E_1} + \theta_{E_2} = \frac{P_1 b_1}{6l EI_z}(l^2 - b_1^2 - 3x^2) + \frac{P_2 b_2}{6l EI_z}(l^2 - b_2^2 - 3x'^2)$$

x'은 필요하면 $x' = l - x$로 바꾸어 주면 되고, b_1, b_2는 계산이 편리한 대로 정하면 된다. 위의 방식으로 처짐 y도 아래와 같이 합하면 된다.

$$y_E = y_{E_1} + y_{E_2}$$

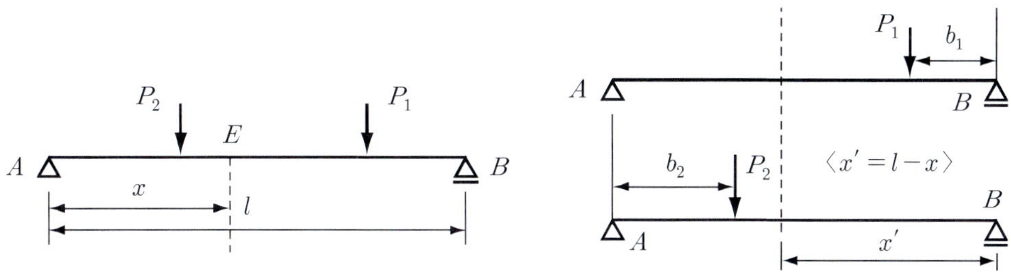

그림 6-5 단순보에서 집중하중의 중첩인 경우

예제 6-6

단순보의 일부분에 분포하중이 작용하는 [그림 6]의 경우 E점의 θ, y를 구하라.

풀이 부분적인 분포하중인 문제는 미소집중하중으로 생각하여 구한 값을 합산하면 된다. 즉 [그림 6(b)]와 같이 미소길이 db 위에 작용하는 미소하중은 $w_0 db$이다. 이 미소하중을 미소집중하중이라 생각하며 [그림 6-3] 기본형에 적용시켜 P대신 $w_0 db$를 써서 식 (6-11), (6-12)를 사용한다. 이때 $w_0 db$가 BC사이에 연속되어 있어서 이 식들을 b에 관해서 0에서 a까지 적분(중첩)하면 전체분포하중에 대한 x단면의 θ_E, y_E가 계산된다.

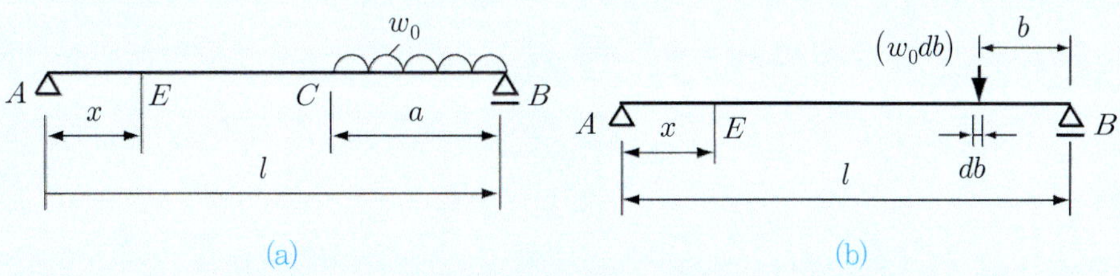

그림 6 부분적인 분포하중이 작용하는 경우

$$\therefore \begin{cases} \theta_E = \dfrac{dy}{dx} = \dfrac{1}{EI_z}\displaystyle\int_0^a \dfrac{(w_0 \cdot db)b}{6l}(l^2 - b^2 - 3x^2) \\ \quad = \dfrac{w_0 a^2(2l^2 - a^2 - 6x^2)}{24\ell EI_z} \\ y_E = \dfrac{1}{EI_z}\displaystyle\int_0^a \dfrac{(w_0 \cdot db)bx}{6l}(l^2 - b^2 - x^2) \\ \quad = \dfrac{w_0 x a^2(2l^2 - a^2 - 2x^2)}{24\ell EI_z} \end{cases}$$

이 방법은 특히 분포하중이 보 전체에 작용하지 않고 부분적으로 작용할 때 유리한 방법이다.

예제 6-7

단순보 AB가 [그림 7]과 같이 양단에 모멘트 M_A, M_B를 받고 있다. 보의 양단에서의 회전각 θ_A, θ_B 및 중앙에서의 처짐을 구하라.

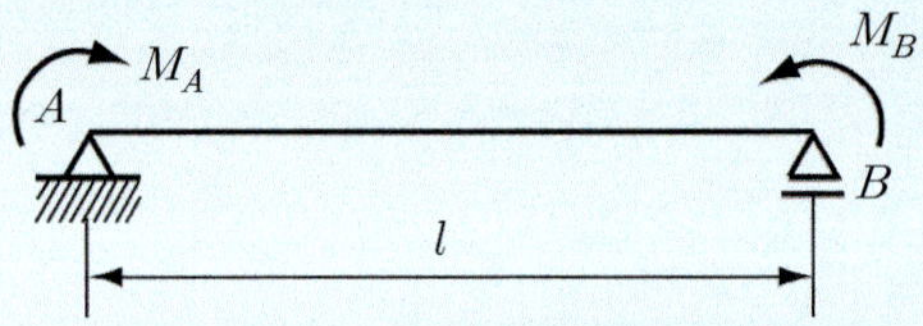

그림 7 양단에 M이 작용하는 경우

풀이 M_B만이 작용하는 기본형인 [그림 5]의 값을 중첩하면 된다.

(1) M_A만이 작용하는 경우 식 (6-16)으로부터

$$\theta_{A_1} = +\frac{M_A l}{3EI_z} \quad \theta_{B_1} = -\frac{M_A l}{6EI}, \quad (y_{\frac{1}{2}})_1 = \frac{M_A l^2}{16EI_z}$$

(2) M_B만이 작용하는 경우

$$\theta_{A_2} = \frac{M_B l}{6EI}, \ \theta_{B_2} = -\frac{M_B l}{3EI}, \ (y_{\frac{1}{2}})_2 = \frac{M_B l^2}{16EI_z}$$

$$\therefore \begin{cases} \theta_A = \theta_{A_1} + \theta_{A_2} = \dfrac{M_A l}{3EI_z} + \dfrac{M_B l}{6EI_z} \\ \theta_B = \theta_{B_1} + \theta_{B_2} = -\left(\dfrac{M_A l}{6EI} + \dfrac{M_B l}{3EI}\right)(-\text{는 반시계방향을 의미}) \\ y_{\frac{1}{2}} = \dfrac{M_A l^2}{16EI_z} + \dfrac{M_B l^2}{16EI_z} = \dfrac{l^2}{16EI_z}(M_A + M_B) \end{cases}$$

예제 6-8

외팔보 AB가 [그림 8]과 같이 우측단에 걸쳐 등분포하중 w_0를 받고 있을 때 자유단에서의 처짐과 경사각을 구하라.

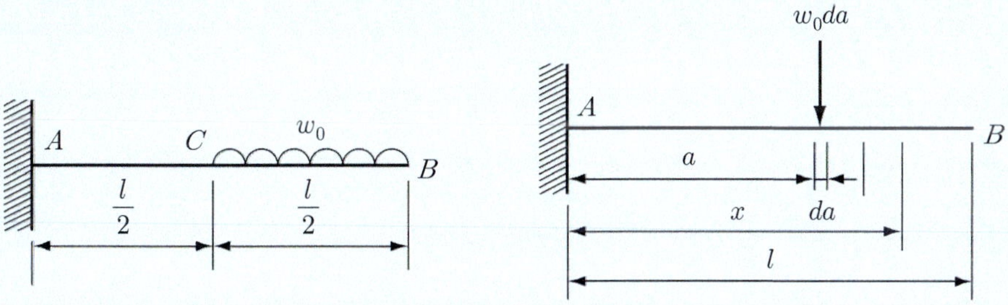

그림 8

풀이 예제 6-6과 같은 방법으로 고정단에서 거리 a만큼 떨어진 곳에 작용하는 하중요소 $w_0 da$를 집중하중으로 생각하여 적분하면 된다.

즉 식 (6-7)으로부터 다음 결과를 얻을 수 있다.

$$d\theta = \frac{(w_0 da)a^2}{2EI_z} \rightarrow \theta_B = \int_{\frac{\ell}{2}}^{l} \frac{w_0 a^2}{2EI_z} da = \frac{7w_0 l^3}{48EI_z}$$

$$dy = \frac{(w_0 da)a^2}{6EI_z}(3x - a) \rightarrow y_B = \int_{\frac{\ell}{2}}^{l} \frac{w_0 a^2}{6EI_z}(3x - a)da = \frac{41w_0 l^4}{384EI_z}$$

6-3 면적모멘트법(Moment-Area Method)

보의 임의 지점의 θ, y를 구하는 또 하나의 편리한 방법으로 면적모멘트법이 있는데 이것은 굽힘모멘트선도 BMD를 이용한다. 이때 BMD가 아니고 EI_z로 나누어 준 BMD/EI_z의 선도를 취급한다. [그림 6-6]에서 곡선 AB는 보가 휜 후의 탄성곡선이며, 이 곡선 AB내 미소부분 $ds(\widehat{ab})$에서 곡률변경 ρ와M의 관계는 식 (5-6)에서 얻는 결과이다.

$$\frac{1}{\rho}=\frac{M}{EI_z} \tag{5-6}$$

위 식으로부터 식 (a)를 얻는다.

$$d\theta = \frac{M}{EI_z}ds \tag{a}$$

작은 변형에서는 $ds \approx dx$ 이므로 식 (a)는 식 (b)로 되고 이를 적분하면 식 (6-17)이 된다.

$$d\theta \approx \frac{1}{EI_z}(Mdx) = (\text{면적 } a_1,\ a_2,\ b_2,\ b_1) \tag{b}$$

$$\theta = \int_B^A \frac{M}{EI}dx = (A\text{점과 } B\text{점 사이의 } \frac{BMD}{EI_z} \text{ 면적}) \tag{6-17}$$

이 식은 처짐곡선의 임의 두 점 A와 B'에서 그은 접선의 경사각 θ는 BMD/EI_z선도에서 A와 B사이의 면적과 같음을 의미한다. 이것을 **면적모멘트 제 1정리(the first monent area theorem)**라 한다.

다음 식 (b)의 양쪽에 x를 곱하면 식 (c)로 된다.

$$xd\theta = x\frac{(Mdx)}{EI_z} \tag{c}$$

여기서 $xd\theta = \overline{a'b'}$, 식 (c)의 우변은 면적 $a_1a_2b_2b_1$의 B_1B_2선에 관한 1차 모멘트이다. 식 (c)를 적분하면 즉, 식 (6-18)과 같다.

$$\therefore \delta = \overline{BB'} = \int_B^A \frac{1}{EI_z}(Mdx)x = \begin{pmatrix} \text{면적 } A_1 A_2 B_2 B_1 \text{의 } B_1 B_2 \\ \text{선에 관한 1차 모멘트} \end{pmatrix} \qquad (6\text{-}18)$$

$\overline{a'b'}$는 ds인 $\widehat{ab}$의 a와 b에서의 각 접선이 점 B에서의 연직선인 BB'선상에서 만나는 길이이고 $\widehat{AB}$ 사이의 모든 ds에 대한 이 길이를 합해 준 것이 δ인 $B'B''$이 된다. 결국 BB'는 점A의 접선과 AB'에의 점 B'에서의 연직선상의 거리가 되며, 이는 AB사이에 끼여 있는 BMD/EI_z면적의 $B_1 B_2$축에 관한 1차 모멘트가 된다. 이것을 **면적모멘트 제 2정리**(the second moment area theorem)라고 한다.

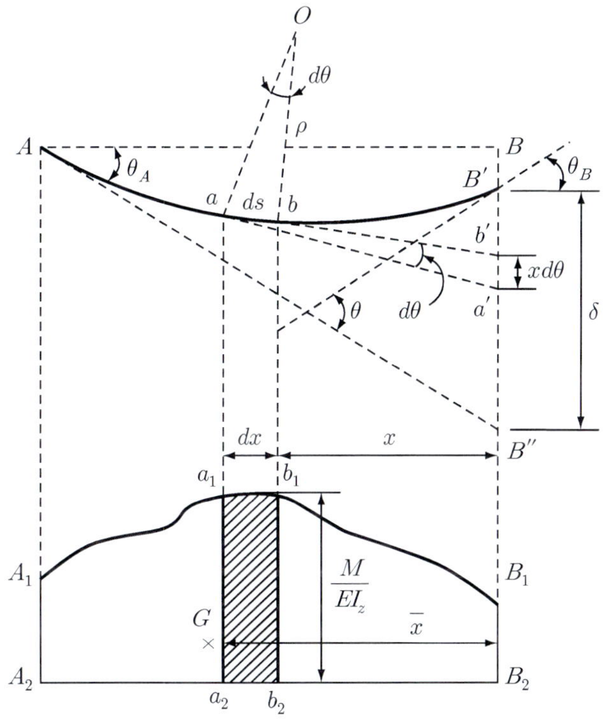

그림 6-6 면적모멘트법

임의 축에 관한 면적의 1차 모멘트는 그 축에서 도심축까지의 거리에 그 면적을 곱한 것과 같으므로 면적모멘트 제 2정리는 식 (6-19)와 같이 표현된다.

$$\delta = (\text{면적 } A_1 A_2 B_1 B_2) \times \bar{x} \qquad (6\text{-}19)$$

여기서 $\bar{x}$는 점 B를 통하는 수직축에서 그 면적의 도심까지의 거리이다.

[그림 6-7]의 (a)는 CD 사이의 면적에서 C점에서의 처짐 ($\overline{x_1}$는 C점에서 도심까지 거리)을 구하는 경우로서 식 (d)로 표시된다.

$$\delta_C = (CD \text{ 사이의 면적}) \times \overline{x_1} \tag{d}$$

만일 [그림 6-7(b)]와 같이 CD사이의 면적에서 D점에서의 처짐($\overline{x_2}$)는 D점에서 도심까지의 거리)은 식 (e)로 된다.

$$\delta_D = (CD \text{ 사이의 면적}) \times \overline{x_2} \tag{e}$$

(주의) 구하고자 하는 처짐은 BMD선도에다 도심까지의 거리를 곱해야 한다. 또 사이에 있는 면적의 부분도 [그림 6-7]의 예와 같이 어느 부분인지를 잘 알아야 거리를 정확하게 할 수 있다.

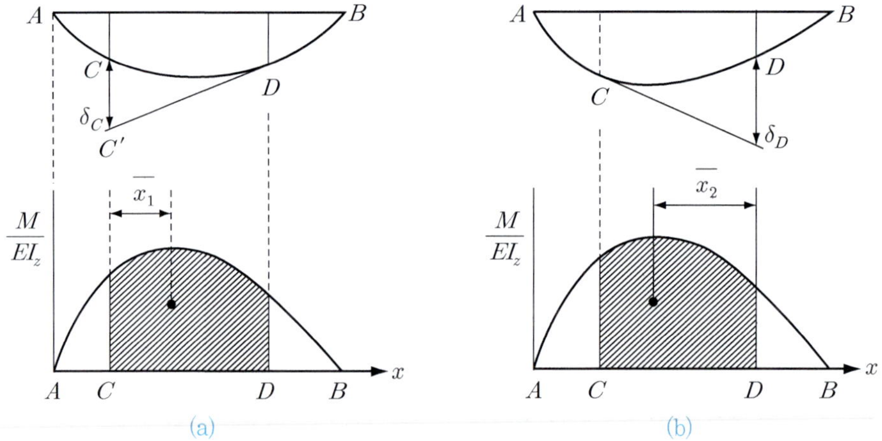

그림 6-7

이상과 같이 면적모멘트법을 이용하면 보의 임의 지점에서 경사각과 처짐을 편리하게 구할 수 있다. 보의 경사각은 면적모멘트 제1정리를 이용하며, [그림 6-6]에서 B점에서의 경사각은 A점의 경사각(θ_A)에서 두 접선이 이루는 사이각(θ)을 뺌으로서 구할 수 있으며 이는 식 (6-17′)와 같다

$$\theta_B = \theta - \theta_A \tag{6-17′}$$

또한 B점에서의 처짐량(y_B)은 [그림 6-6]에서 BB'에서 δ를 빼므로서 구할 수 있으며 이는 식 (6-19′)와 같게 된다.

$$y_B = \theta_A \cdot AB - \delta \tag{6-19'}$$

이와 같은 면적모멘트법은 임의 지점의 경사각과 처짐량을 쉽게 구할 수 있어서 매우 편리한 방법이므로 보의 종류에 따른 응용방법을 아래와 같이 익히도록 하자.

(1) 외팔보의 기본형인 경우

외팔보에서 탄성곡선이 [그림 6-8]의 $\widehat{AB}$와 같게 주어지면 고정단 A는 그 특성으로 $\theta_A = 0$이다. 따라서 B에서의 경사각 θ_B, 처짐량 y_B는 식 (f)와 같다.

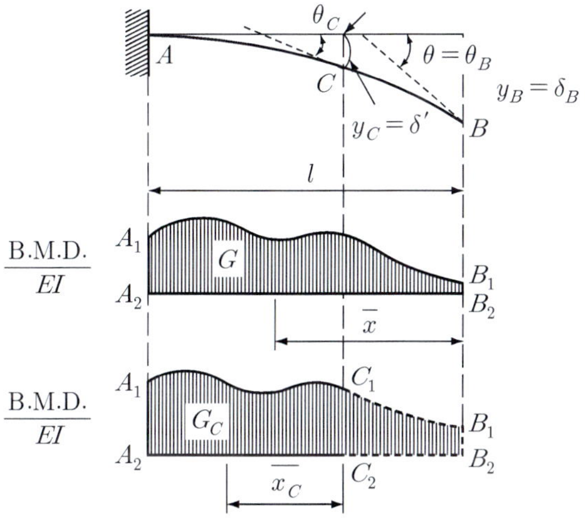

그림 6-8 외팔보의 면적모멘트법

$$\begin{aligned} \theta_B &= (\text{면적 } A_1 A_2 B_2 B_1) \\ y_B &= (\text{면적 } A_1 A_2 B_2 B_1) \cdot \bar{x} \end{aligned} \tag{f}$$

또, C 단면의 θ_c, y_c는 탄성곡선 중 $\widehat{AC}$ 를 생각하여 C를 기준으로 한다. 즉, 식 (6-20)과 같은 θ_C, y_C 를 구할 수 있다.

$$\begin{aligned} \theta_C &= (\text{면적 } A_1 A_2 C_2 C_1) \\ y_C &= (\text{면적 } A_1 A_2 C_2 C_1) \cdot \overline{x_C} \end{aligned} \tag{6-20}$$

단, $\overline{x_C}$는 C 단면에서 면적 $A_1 A_2 C_2 C_1$의 도심까지의 거리이다.

예제 6-9

[그림 9]와 같은 외팔보 AB가 자유단 B 에 집중하중 P를 받는 기본형의 경우 면적 모멘트법으로 자유단과 임의 점C 에서의 경사각 및 처짐을 구하라.

(풀이) 자유단 B에서의 θ_B, y_B는 식 (g)와 같이 구한다.

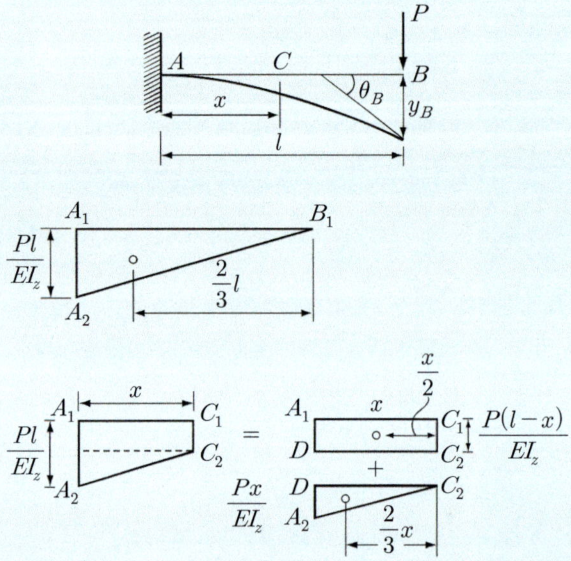

그림 9

$$\therefore \begin{cases} \theta_B = (\text{면적 } A_1 A_2 B_1) \\ \quad = \dfrac{1}{2}\left(\dfrac{Pl}{EI_z}\right)(l) = \dfrac{Pl^2}{2EI_z} \ (= \text{식}(6-5)) \\ y_B = (\text{면적 } A_1 A_2 B_1) \times \bar{x} \\ \quad = \dfrac{1}{2}\left(\dfrac{Pl}{EI_z}\right)(l) \times \dfrac{2}{3}l \\ \quad = \dfrac{Pl^3}{3EI_z} (= \text{식}(6-6)) \end{cases} \tag{g}$$

임의 점 C에서의 θ_C, y_C는 식 (h)와 같이 구한다.

$$\therefore \begin{cases} \theta_C = (\text{면적 } A_1 A_2 C_2 C_1) = \left(\dfrac{1}{2}\right)\left(\dfrac{Pl}{EI_z} + \dfrac{P(l-x)}{EI_z}\right)x = \dfrac{Px}{2EI_z}(2l-x) \ (= \text{식}(6-3)) \\ y_C = (\text{면적 } A_1 DC_2 C_1)\left(\dfrac{x}{2}\right) + (\text{면적 } DA_2 C_2)\left(\dfrac{2}{3}x\right) \end{cases}$$

$$= \frac{P(l-x)}{EI_z}(x)\left(\frac{x}{2}\right) + \left(\frac{1}{2}\right)(x)\left(\frac{Px}{EI_z}\right)\left(\frac{2}{3}x\right) \tag{h}$$

$$= \frac{Px^2}{6EI_z}(3l-x)(= \text{식}(6-4))$$

예제 6-10

[그림 10]과 같은 외팔보 AB에 BC구간만 등분포하중 w_0가 작용할 때 면적모멘트법으로 자유단에서의 경사각 θ_B 및 처짐 y_B를 구하라.

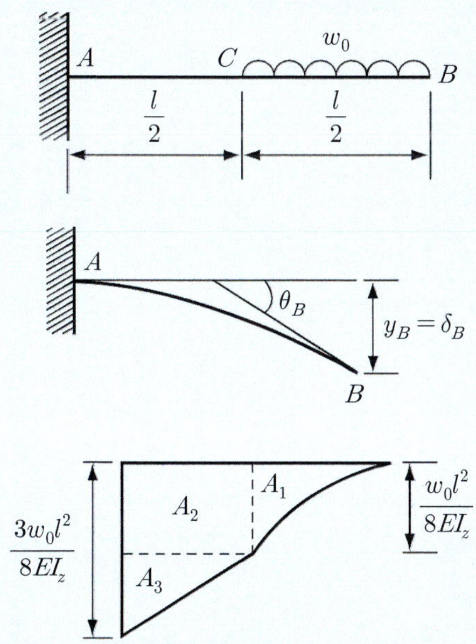

그림 10

풀이 $\dfrac{BMD}{EI_z}$는 BC 구간에서는 포물선, AC 구간은 직선이다. 따라서 이 선도는 식 (i)와 같이 면적 A_1, A_2 및 A_3로 나누어 계산하는 것이 편리하다.

$$\begin{cases} A_1 = \dfrac{1}{3}\left(\dfrac{l}{2}\right)\left(\dfrac{w_0 l^2}{8EI_z}\right) = \dfrac{w_0 l^3}{48\,EI_z} \quad \left(\text{포물형 면적에 관한 공식은 부록 4를 참조}\right) \\ A_2 = \dfrac{\ell}{2}\left(\dfrac{w_0 l^2}{8EI_z}\right) = \dfrac{w_0 l^3}{16\,EI_z} \\ A_3 = \dfrac{1}{2}\left(\dfrac{\ell}{2}\right)\left(\dfrac{w_0 l^2}{4EI_z}\right) = \dfrac{w_0 l^3}{16\,EI_z} \end{cases} \tag{i}$$

그러므로 θ_B, y_B는 식 (j)로 된다.

$$\begin{cases} \theta_B = (A_1 + A_2 + A_3) = \dfrac{7w_0 l^3}{48EI_z} \\ y_B = (A_1\overline{x_1} + A_2\overline{x_2} + A_3\overline{x_3}) \end{cases} \tag{j}$$

여기서 $\overline{x_1}$, $\overline{x_2}$ 및 $\overline{x_3}$는 B에서 각 단면의 도심까지의 거리다.

$$\therefore y_B = \frac{w_0 l^3}{48\,EI_z}\left(\frac{3l}{8}\right) + \frac{w_0 l^3}{16EI_z}\left(\frac{3l}{4}\right) + \frac{w_0 l^3}{16EI_z}\left(\frac{5l}{6}\right) = \frac{41w_0 l^4}{384EI_z}$$

예제 6-11

[그림 11]의 외팔보에서 면적모멘트법으로 θ_B, y_B, θ_C 및 y_C를 구하라.

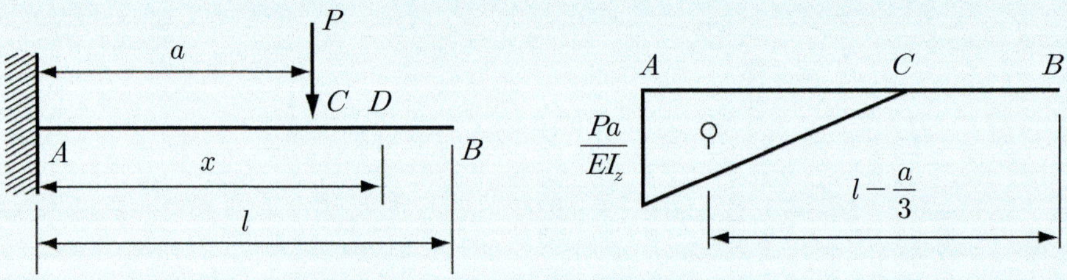

그림 11

풀이 θ_C, y_C는 식 (k)와 같게 된다.

$$\therefore \begin{cases} \theta_c = \dfrac{Pa}{EI_z} \cdot \dfrac{a}{2}, \\ y_c = \dfrac{Pa^2}{2EI_z} \cdot \dfrac{2a}{3} = \dfrac{Pa^3}{3EI_z} \end{cases} \quad \text{(k)}$$

B단면에서 θ_B, y_B는 식 (l)과 같다.

$$\therefore \begin{cases} \theta_B = \theta_C\,(=\text{식}\,(6-7)) \\ y_B = \dfrac{Pa^2}{2EI_z} \cdot \left(l - \dfrac{a}{3}\right)\,(=\text{식}\,(6-7)) \end{cases} \quad \text{(l)}$$

(2) 단순지지보의 기본형의 경우

단순보의 θ, y를 구하는 순서는 외팔보의 경우와 좀 다르고 복잡하므로 두 가지 방법으로 구분하여 설명한다.

① 일반적인 면적모멘트법

[그림 6-9(b)]의 $\widehat{AB}$에서 $\delta_B = \theta_A \cdot l$의 관계가 되므로 θ_A는 식 (m)으로 된다.

$$\theta_A = \delta_B / l \quad \text{(m)}$$

윗 식에서 δ_B는 면적모멘트법의 원리에 따라 [그림 6-9(c)]에서 구한다.

$$\delta_B = \triangle A_1B_1C_1 \cdot \frac{(l+b)}{3} = \frac{Pb(l-b)}{l\,EI_z} \cdot \frac{l}{2} \cdot \frac{(l+b)}{3} = \frac{Pb(l^2-b^2)}{6\,EI_z} \quad \text{(n)}$$

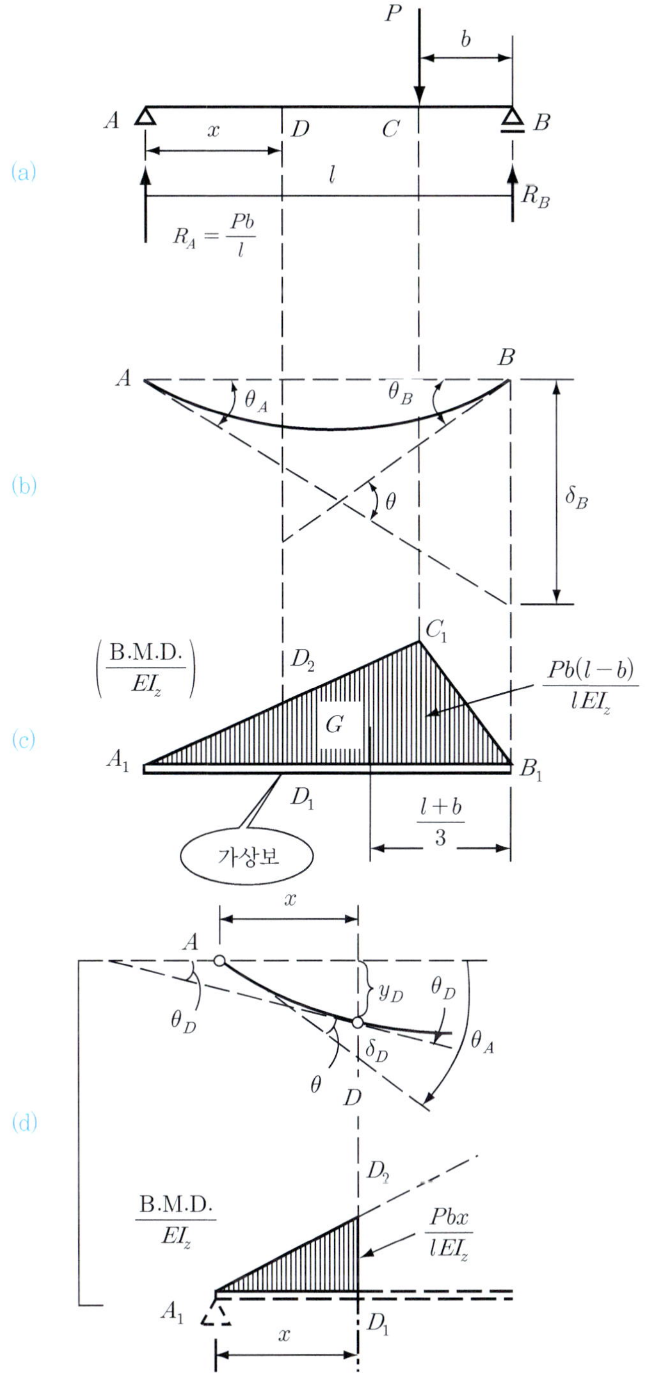

그림 6-9 단순보의 면적모멘트법

이때 $\triangle A_1B_1C_1$의 중심 위치가 점 B에서 변에 따라 $(l+b)/3$이 된다. 이것은 예제 6-12를 참조하면 된다. 따라서 θ_A는 식 (m)으로 구해진다.

$$\therefore \theta_A = \frac{Pb(l^2 - b^2)}{6lEI_z}$$

또, [그림 6-9(b), (c)]에서 θ_B도 얻는다.

$$\therefore \theta_B = \theta - \theta_A = \triangle A_1B_1C_1 - \theta_A$$
$$= \triangle A_1B_1C_1 - \theta_A = \frac{Pb(2l-b)(l-b)}{6lEI_z}$$

단면 D의 θ_D, y_D는 [그림 6-9(d)]를 사용하며, θ는 $\triangle A_1D_1D_2$가 된다.

$$\theta = \triangle A_1D_1D_2 = \left(\frac{Pbx}{lEI_z} \cdot \frac{x}{2}\right) = \frac{Pbx^2}{2lEI_z} \tag{o}$$

또, $\theta_D = \theta_A - \theta$이므로 식 (p)로 된다.

$$\therefore \theta_D = \frac{Pb(l^2 - b^2)}{6lEI_z} - \frac{Pbx^2}{2lEI_z} = \frac{Pb(l^2 - b^2 - 3x^2)}{6lEI_z} (=\text{식 } (6\text{-}11)) \tag{p}$$

또, $DD'(=\delta_D)$는 AD사이에 있는 면적 모멘트이므로 식 (q)로 된다.

$$\delta_D = \triangle A_1D_1D_2 \cdot \frac{x}{3} = \frac{Pbx^2}{2lEI_z} \cdot \frac{x}{3} = \frac{Pbx^3}{6lEI_z} \tag{q}$$

그런데 $y_D = \theta_A \cdot x - \delta_D$이므로 식 (r)로 된다.

$$\therefore y_D = \frac{Pb}{6lEI_z}(l^2 - b^2)x - \frac{Pbx^3}{6lEI_z} = \frac{Pbx}{6lEI_z}(l^2 - b^2 - x^2)\,(=\text{식 } (6\text{-}12)) \tag{r}$$

② 가상보에 의한 방법

θ, y를 구하는데 ①의 일반적인 면적모멘트법과 달리 [그림 6-10](=[그림 6-9(c)])와 같이 새로운 A_1B_1 보 상에 빗금친 BMD/EI_z의 무게가 작용하는 하나의 보를 가상(假想)한다. 즉 **이 가상보**, 혹은 **공액보(conjugate beam) 위에** BMD/EI_z **라는 하중이 놓여 있다고 생각하여 다음과 같이 처리하면 필요한** θ, y**해를 얻을 수 있다.**

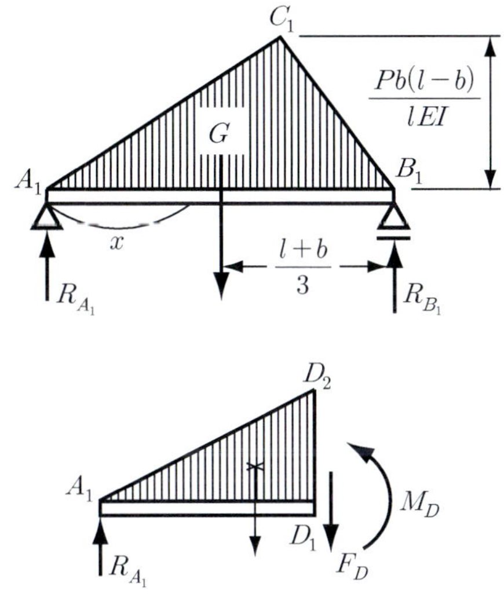

그림 6-10

㉠ [그림 6-10]의 가상보의 반력 R_{A1}를 구하면 θ_A가 된다.

$$\sum M_{B_1} = 0 : R_{A_1} \cdot l - \triangle A_1 B_1 C_1 \cdot \frac{l+b}{3} = 0$$

$$\therefore R_{A_1} = \frac{Pb(l^2 - b^2)}{6lEI_z} = \theta_A$$

또한 가상보의 반력 B를 구하면 θ_B가 구해진다.

㉡ D단면의 경사각 θ_D 는 이 가상보에서 나타낸 FBD상의 D점의 전단력(剪斷力) F_D를 평행방정식을 이용하여 구하면 된다.

$$\sum P_y = 0 : R_{A_1} - \triangle A_1 D_1 D_2 - F_D = 0$$

$$F_D = \frac{1}{EI_z}\left[\frac{Pb(l^2 - b^2)}{6l} - \frac{Pbx^2}{2l}\right]$$

$$= \frac{Pb}{6lEI_z}(l^2 - b^2 - 3x^2) = \theta_D (= \text{식}\ (6-11))$$

㉢ D단면의 처짐 y_D는 이 가상보에서 나타낸 FBD상의 D단면의 굽힘모멘트 M_D를 평형방정식을 이용하여 구하면 된다.

$$\sum M_D = 0:\ M_D - R_{A_1} \cdot x + \triangle A_1 D_1 D_2 \cdot \frac{x}{3} = 0$$

$$M_D = \frac{1}{EI_z}\left[\frac{Pb}{6l}(l^2 - b^2)x - \frac{Pbx^2}{2l} \cdot \frac{x}{3}\right]$$

$$= \frac{Pbx}{6lEI_z}(l^2 - b^2 - x^2) = y_D (= \text{식}\ (6-12))$$

이상 (ㄱ), (ㄴ), (ㄷ)에서 본 바와 같이 **가상보를 사용하는 해법에서는 BMD/EI_z를 도시하고 이것을 하중으로 하는 가상(假想)보에 대한 반력(反力), 전단력(剪斷力), 그리고 굽힘모멘트 등을 풀면 실제의 보에서 생기는 θ_A, θ_x, y_x를 구하게 되는 편리한 방법이다.**

예제 6-12

[그림 12]의 $\triangle A_1B_1C_1$의 도심을 구하라.

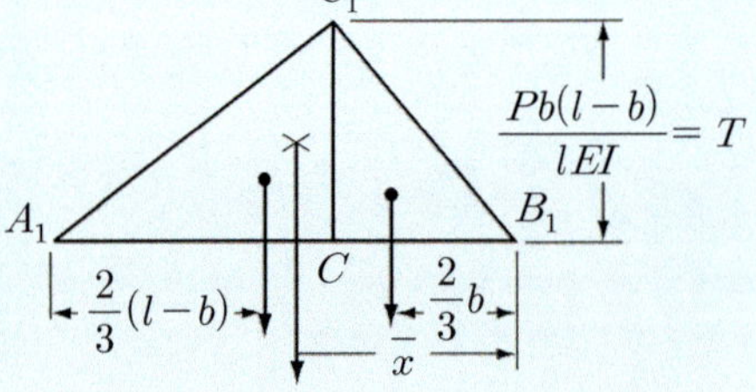

그림 12

(풀이) 삼각형 $A_1B_1C_1$의 B_1에서 도심거리를 $\bar{x}$라 하면 이것은 삼각형 A_1CC_1과 삼각형 CC_1B_1의 각각의 B_1에 대한 도심과는 평형관계가 성립되며, 다음과 같은 식이 성립된다. 단, C_1C의 높이를 T라 놓는다.

$$\triangle A_1C_1C\ \text{면적} \times B_1\text{까지의 거리} = T \times \frac{l-b}{2} \times \left[l - \frac{2}{3}(l-b)\right]$$

$$\triangle CC_1B_1\ \text{면적} \times B_1\text{까지의 거리} = T \times \frac{b}{2} \times \frac{2}{3}b$$

$$\triangle A_1B_1C_1\ \text{면적} \times B_1\text{까지의 거리} = T \times \frac{l}{2} \times \bar{x}$$

$$\sum M_B = 0:\ T \times \frac{l-b}{2} \times \left[l - \frac{2}{3}(l-b)\right] + T \times \frac{b}{2} \times \frac{2}{3}b = T \times \frac{l}{2} \times \bar{x}$$

$$\therefore \bar{x} = \frac{l+b}{3}$$

6-4 특이함수법

3장에서 전단력 F와 분포하중 w_0, 굽힘모멘트 M과 전단력 F 사이의 관계식은 다음과 같이 유도되었다. 즉

$$\frac{dF}{dx} = -w_0, \quad \frac{dM}{dx} = F$$

또한 6-1절의 탄성미분방정식인 $EI_z \dfrac{d^2y}{dx^2} = -M$, $EI_z \dfrac{d^4y}{dx^4} = w_0$의 관계식으로부터 임의 점에서 보의 전단력, 모멘트, 경사각 및 처짐을 구하기 위해서 적분계산을 수행해야 한다. 그러나 보에 작용하는 하중이 구간마다 다른 경우 적분계산은 구간에 따라 달라져야하고, 적분상수 또한 각 구간에 따른 경계조건 및 연속조건에 따라 다르게 처리해야하는 복잡한 계산을 수행해야 한다. 그러나 보의 축을 따라 하중의 변화가 있다 할지라도, 보의 F, M, θ 및 y들을 각각 한 개의 식으로 표시할 수 있다. 이런 방법이 특이함수(singularity function, 特異函數) 법이다. 이 해법은 Clebsh(1862년)와 Macaulay(1919년)에 그 기원을 두고 있다.

불연속함수로서는 Macaulay함수와 특이함수가 있는데 보통 두 가지 모두 특이함수라 부르고, 일반적으로 Macaulay함수는 식 (6-21)로 정의된다.

$$f_n(x) = \langle x-a \rangle^n = \begin{cases} 0 & x \le a \\ (x-a)^n & x \ge a \end{cases} \qquad (6\text{-}21)$$

$$n = 0, 1, 2, 3, \cdots$$

여기서 $< \ >$는 포인트 브래킷(point bracket)로 불연속함수의 기호이며 이 정의에 따라, Macaulay함수는 $x = a$인 점 좌측에서는 값이 영(零)이고, $x = a$의 우측에서는 $(x-a)^n$값을 가진다. 여기서 $x \ge a$인 경우에 $< \ >$이 일반적으로 사용되는 괄호인 ( )로 바뀌는 것에 유의해야 한다. 특히, $n = 0$인 경우는 식 (6-22)로 된다.

$$f_0(x) = \langle x-a \rangle^0 = \begin{cases} 0 & x \le a \\ 1 & x \ge a \end{cases} \qquad (6\text{-}22)$$

이 함수는 $x = a$인 불연속점에서 수직계단 모양을 가지며, $x = a$에서 0과 1의 두 값을

가진다. 식 (6–21)의 n이 $n = -1,\ -2,\ \cdots$일 때의 함수 $f_n(x)$는 식 (6–23)과 같이 정의된다.

$$f_n(x) = \langle x-a \rangle^n = \begin{cases} 0 & x \neq a \\ \pm\infty & x = a \end{cases}$$
$$n = -1, -2, -3, \cdots \tag{6–23}$$

이 식 (6–23)이 특이함수의 식이며 Macaulay 함수 $n \geq 0$ 에 대해 정의되는데 비해 특이함수는 $n < 0$에 대해 정의됨을 유의해야 한다.
다음에는 식 (6–21)과 (6–23)의 적분에 대해 알아보기로 한다.

$$n \geq 0 \text{에 대해서 일반 적분처럼} \int_{-\infty}^{x} \langle x-a \rangle^n dx = \frac{\langle x-a \rangle^{n+1}}{n+1} \tag{6–24}$$

$n = -1$ 과 $n = -2$에 대해서는 특별한 적분법이 규정되었다.

$$\int_{-\infty}^{x} \langle x-a \rangle^{-1} dx = \langle x-a \rangle^0 \cdots \begin{cases} = 1, \text{ 단 } x \geq a\text{일 때} \\ = 0, \text{ 단 } x \leq a\text{일 때} \end{cases} \tag{6–25}$$

$$\int_{-\infty}^{x} \langle x-a \rangle^{-2} dx = \langle x-a \rangle^{-1} \tag{6–26}$$

이 $< x-a >^{-1}$, $< x-a >^{-2}$는 $x = a$점 이외에서는 어디서든지 0이다. 이 특이함수군(family of singularity function)을 [그림 6–11]에 표시한다.
또, [그림 6–12]에는 보에 가장 많이 작용하는 하중에 관한 하중강도함수(load intensity function) $q(x)$를 정리하였다. 이 특이함수법을 적용할 때 보는 좌표 원점에서 좌로 $-\infty$, 우로 $+\infty$로 되어 있다고 가상한다. 여기서 보의 실제부분 ([그림 6–13]의 $\overline{AB}$) 이외에는 하중이 없으며, 따라서 전단력, 굽힘모멘트도 없다고 생각한다.
실세로 문세를 푸는 방법은 보의 부하상태에서 하

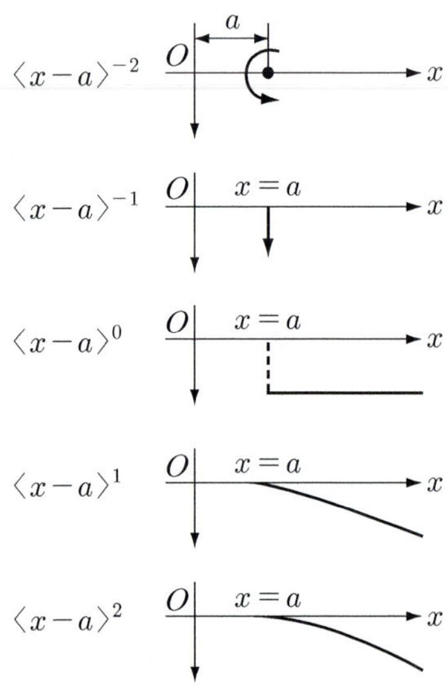

그림 6–11 특이함수군

중강도함수를 [그림 6-12]에서 정하고 이것을 식 (6-27)의 계산으로 F와 M을 각각 구한다.

	하중강도함수	그림도시
한 점의 모멘트	$q(x)=M_0<x-a>^{-2}$	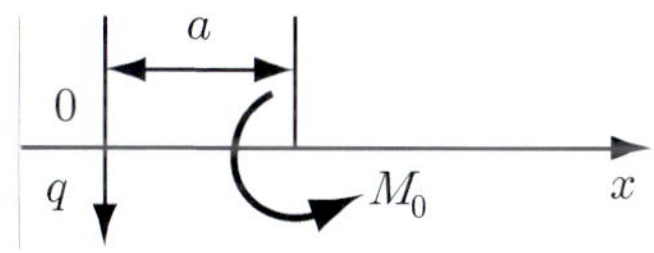
집중하중	$q(x)=P_0<x-a>^{-1}$	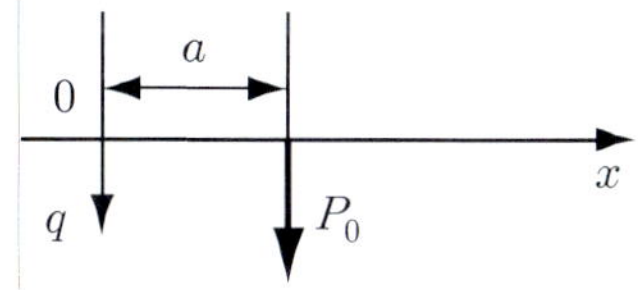
등분포하중	$q(x)=w_0<x-a>^{0}$	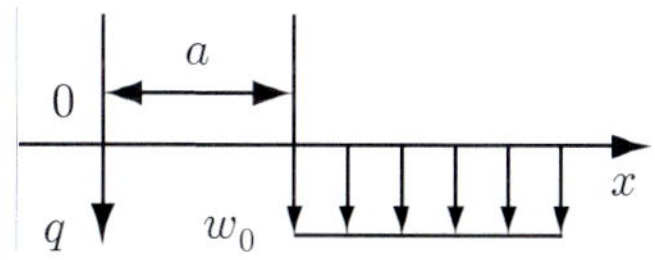
직선으로 변하는 분포하중	$q(x)=\dfrac{dw_0}{dx}<x-a>^{1}$ $=\dfrac{w_0}{x_0}<x-a>^{1}$	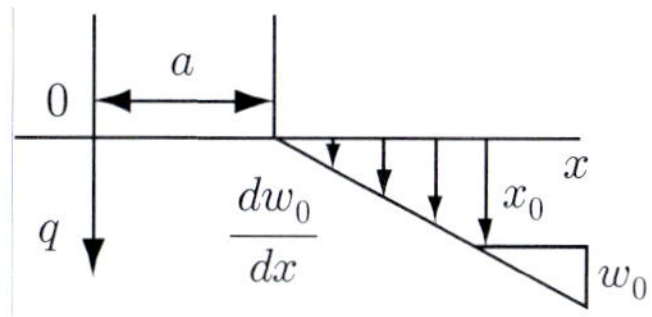
2차 곡선으로 변하는 분포하중	$q(x)=C\dfrac{<x-a>^{2}}{2}$ $=\dfrac{d^2w_0}{dx^2}\cdot\dfrac{1}{2}<x-a>^{2}$	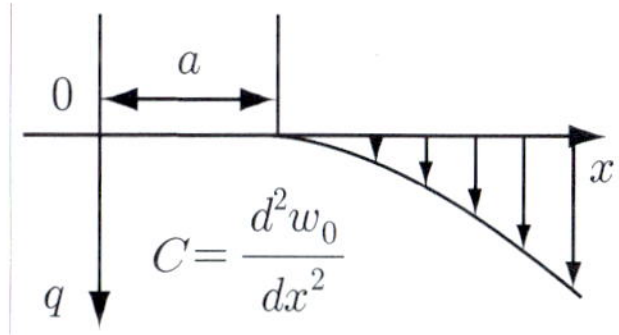

그림 6-12 하중강도함수와 예

$$F=\int_{-\infty}^{x}-q(x)dx,\quad M=\int_{-\infty}^{x}Fdx \qquad (6-27)$$

반력도 이 식에서 구할 수 있지만 평형방정식에서 따로 구하여 식 F와 M에 대입하는 편이 훨씬 간편하다. 따라서 몇 가지의 예제를 통하여 특이함수법을 익혀보자.

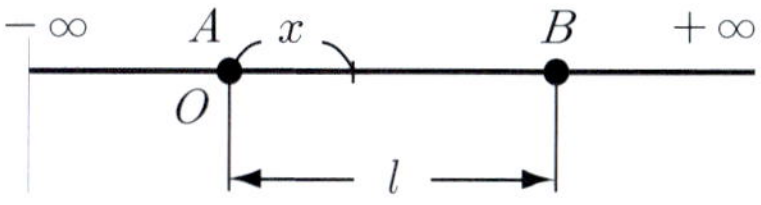

그림 6-13 가상된 보

예제 6-13

[그림 13]의 경우 특이함수법으로 SFD와 BMD를 그려라.

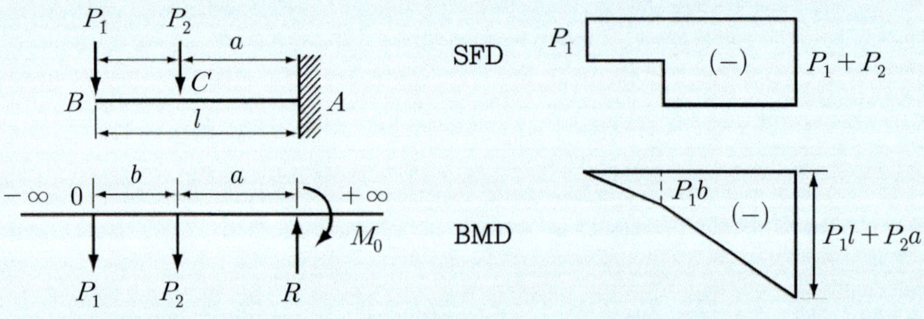

그림 13

풀이 하중강도함수로부터 식 (1)을 얻고, F와 M은 다음과 같다.

$$q(x) = P_1\langle x\rangle^{-1} + P_2\langle x-b\rangle^{-1} - R\langle x-l\rangle^{-1} - M_0\langle x-l\rangle^{-2} \tag{1}$$

$$\begin{cases} F(x) = \int_{-\infty}^{x} -q(x)dx \\ \quad = -P_1\langle x\rangle^0 - P_2\langle x-b\rangle^0 + R\langle x-l\rangle^0 + M_0\langle x-l\rangle^{-1} \\ M(x) = \int_{-\infty}^{x} F(x)dx = -P_1 < x >^1 - P_2 < x-b >^1 + R\langle x-l\rangle^1 + M_0\langle x-l\rangle^0 \end{cases}$$

BC 구간($0 \le x \le b$):

$$\begin{cases} F_{BC} = -P_1 \ (\langle x\rangle^0 = 1\text{이고 이 구간에서는 } x < b\text{이므로 나머지 항은 } 0) \\ M_{BC} = -P_1 \cdot x \end{cases}$$

AC 구간($b \le x \le l$) :

$$\begin{cases} F_{AC} = -P_1 - P_2 \\ M_{BC} = -P_1x - P_2(x-b) \end{cases}$$

반력 R은 A지점의 전단력이므로 F의 식에서 구하거나 또는 평형방정식에서 F와 M_0를 구하면 된다. 또는, SF의 식에서 구할 수 있다. 지점 바로 오른쪽에서는 F 및 $M=0$이다.

$$\begin{cases} F(x) = 0 = -P_1 - P_2 + R \ \ (x = l\text{을 생각}) \\ R = P_1 + P_2 \end{cases}$$

또 같은 $x = l$, 바로 오른쪽에서 구한다.

$$\begin{cases} M(x) = 0 = -P_1l - P_2(l-b) + 0 + M_0 \\ M_0 = P_1l + P_2(l-b) \end{cases}$$

예제 6-14

[그림 14]와 같이 외팔보에 균일분포하중이 부분적으로 작용하는 경우 하중강도함수 $q(x)$를 구하고 SFD와 BMD를 그려라.

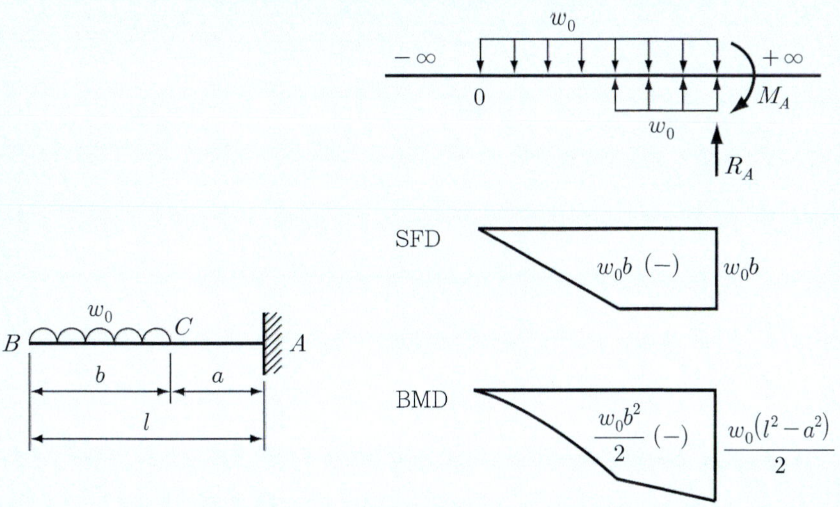

그림 14

풀이 $w_0\langle x\rangle 0$의 하중강도함수는 $x=0$에서부터 ℓ까지 w_0가 계속된다는 뜻이므로 $x=b$부터 $-w_0\langle x-b\rangle^0$을 추가해야 된다. 따라서 $x>b$에서 서로 상쇄되어 $x=b$부터는 문제와 같은 분포하중 w_0가 작용하지 않는 상태로 된다.

$$q(x)=w_0\langle x\rangle^0-w_0\langle x-b\rangle^0-R_A\langle x-l\rangle^{-1}-M_A\langle x-l\rangle^{-2}$$

$$F(x)=\int_{-\infty}^{x}-q(x)dx=-w_0\langle x\rangle^1+w_0\langle x-b\rangle^1+R_A\langle x-l\rangle^0+M_A\langle x-l\rangle^{-1}$$

$$M(x)=\int_{-\infty}^{x}F(x)dx=-\frac{w_0\langle x\rangle^2}{2}+\frac{w_0\langle x-b\rangle^2}{2}+R_A\langle x-l\rangle^1+M_A\langle x-l\rangle^0$$

예로서

BC 구간 $(0\le x\le b)$:

$F_{BC}=-w_0x\cdots$ ($x<b$이므로 나머지 항은 0)

$$M_{BC}=-\frac{w_0}{2}x^2$$

AC 구간 $(b\le x\le l)$:

$F_{AC}=-w_0x+w_0(x-b)$

$$M_{AC}=-\frac{w_0x^2}{2}+\frac{w_0(x-b)^2}{2}$$

예제 6-15

[그림 15]의 단순보의 경우 $q(x)$, $F(x)$, $M(x)$를 구하라.

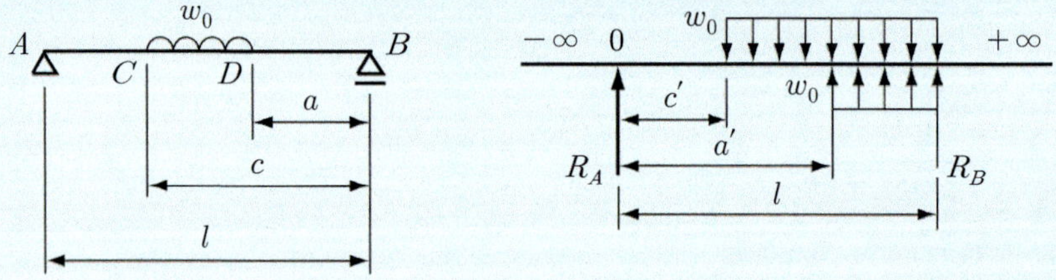

그림 15

풀이 $q(x) = -R_A\langle x\rangle^{-1} + w_0\langle x-c'\rangle^0 - w_0\langle x-a'\rangle^0 - R_B\langle x-l\rangle^{-1}$

$$F(x) = \int_{-\infty}^{x} -q(x)dx = R_A\langle x\rangle^0 - w_0\langle x-c'\rangle^1 + w_0\langle x-a'\rangle^1 + R_B\langle x-l\rangle^0$$

$$M(x) = \int_{-\infty}^{x} F(x)dx = R_A\langle x\rangle^1 - \frac{w_0}{2}\langle x-c'\rangle^2 + \frac{w_0}{2}\langle x-a'\rangle^2 + R_B\langle x-l\rangle^1$$

예제 6-16

단순보에 집중하중이 [그림 16]과 같이 작용할 때 특이함수법으로 θ_A, θ_x, y_x를 구하라.

풀이 [그림 16]의 경우를 SF법으로 해를 구하려면 그림과 같이하여 하중강도함수 $q(x)$의 식을 세운다.

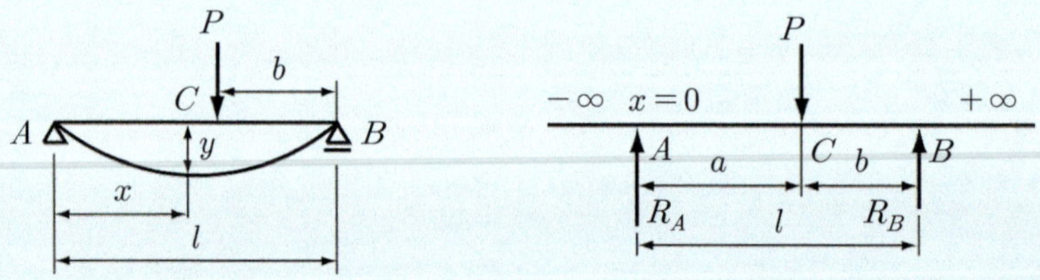

그림 16

$$q(x) = -R_A\langle x\rangle^{-1} + P\langle x-a\rangle^{-1} - R_B\langle x-l\rangle^{-1}$$

$$F(x) = R_A\langle x\rangle^0 - P\langle x-a\rangle^0 + R_B\langle x-l\rangle^0$$

$$M(x) = R_A\langle x\rangle^1 - P\langle x-a\rangle^1 + R_B\langle x-l\rangle^1$$

반력을 구하면 $x = l$의 오른쪽에서는 $F = 0$, $M = 0$이다.

$$\left.\begin{aligned} F(l) &= 0 = R_A - P + R_B \\ M(l) &= 0 = R_A \cdot l - P(l-a) \end{aligned}\right\} \quad R_A = \frac{Pb}{l},\ R_B = \frac{Pa}{l}$$

식 (6-1)인 $EI_z y'' = -M$의 관계를 적용시킨다.

$$EI_z y'' = -R_A\langle x\rangle^1 + P\langle x-a\rangle^1 - R_B\langle x-l\rangle^1$$

여기서부터는 부정적분이 필요하다.

$$EI_z y' = -\frac{R_A}{2}\langle x\rangle^2 + \frac{P}{2}\langle x-a\rangle^2 - \frac{R_B}{2}\langle x-l\rangle^2 + C_1$$

$$EI_z y = -\frac{R_A}{6}\langle x\rangle^3 + \frac{P}{6}\langle x-a\rangle^3 - \frac{R_B}{2}\langle x-l\rangle^3 + C_1 x + C_2$$

적분상수는 보의 특징에서 구한다.

$$\begin{Bmatrix} y(0)=0 \text{ 이므로 } C_2=0 \\ y(l)=0 \text{ 이므로 } 0=-\frac{R_A}{6}l^3+\frac{P}{6}b^3+C_1 l \rightarrow C_1=\frac{Pb}{6l}(l^2-b^2) \end{Bmatrix}$$

적분상수 C_1, C_2를 대입하면 구하고자 하는 식을 얻을 수 있다.

$$\therefore \begin{cases} \theta_A = \dfrac{C_1}{EI_z} = \dfrac{Pb}{6lEI_z}(l^2-b^2) : 6-1\text{절의 단순보의 식 (g)와 동일함} \\ \theta_x = \left(-\dfrac{Pb}{2l}x^2 + C_1\right)\dfrac{1}{EI_z} = \dfrac{Pb}{6lEI_z}(l^2-b^2-3x^2) : \text{식 (6-11)과 동일함} \\ y_x = \left(-\dfrac{Pb}{6l}x^3 + C_1 x\right)\dfrac{1}{EI_z} = \dfrac{Pbx}{6lEI_z}(l^2-b^2-x^2) : \text{식 (6-12)과 동일함} \end{cases}$$

예제 6-17

[그림 17]에서 점 C, D 및 E의 θ, y를 구하라.

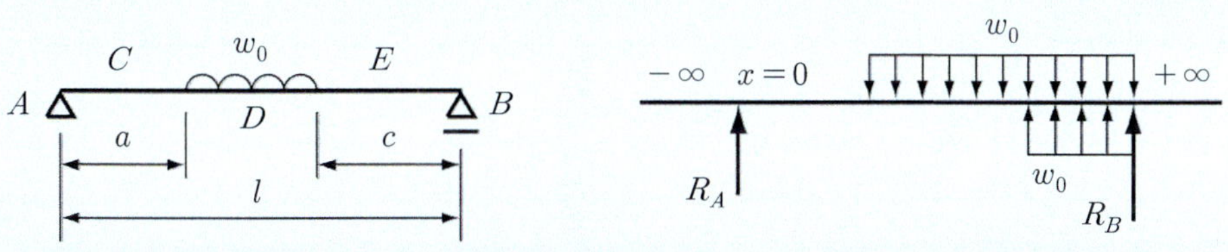

그림 17

풀이 $q(x) = -R_A\langle x\rangle^{-1} + w_0\langle x-a\rangle^0 - w_0\langle x-(l-c)\rangle^0 - R_B\langle x-l\rangle^{-1}$

$$F = R_A\langle x\rangle^0 - w_0\langle x-a\rangle^1 + w_0\langle x-(l-c)\rangle^1 + R_B\langle x-l\rangle^0$$

$$M = R_A\langle x\rangle^1 - \frac{w_0}{2}\langle x-a\rangle^2 + \frac{w_0}{2}\langle x-(l-c)\rangle^2 + R_B\langle x-l\rangle^1$$

$$EI_z y'' = -M = -R_A\langle x\rangle^1 + \frac{w_0}{2}\langle x-a\rangle^2 - \frac{w_0}{2}\langle x-(l-c)\rangle^2 - R_B\langle x-l\rangle^1$$

$$EI_z y' = -\frac{R_A}{2}\langle x\rangle^2 + \frac{w_0}{6}\langle x-a\rangle^3 - \frac{w_0}{6}\langle x-(l-c)\rangle^3 - \frac{R_B}{2}\langle x-l\rangle^2 + C_1$$

$$EI_z y = -\frac{R_A}{6}\langle x\rangle^3 + \frac{w_0}{24}\langle x-a\rangle^4 - \frac{w_0}{24}\langle x-(l-c)\rangle^4 - \frac{R_B}{6}\langle x-l\rangle^3 + C_1 x + C_2$$

$$\left\{\begin{array}{l} y(0)=0 \rightarrow C_2=0 \\ y(l)\ =0 \rightarrow C_1=\dfrac{R_A l^2}{6}-\dfrac{w_0}{24}\dfrac{(l-a)^4}{l}+\dfrac{w_0 c^4}{24l} \\ R_A, R_B \text{는 평형방정식에서 구한다.} \\ R_A=\dfrac{w_0}{2l}\left[(l-a)^2-c^2\right] \end{array}\right\}$$

점 $C\ (0 \le x \le a)$:

$$\theta_C=\frac{1}{EI_z}\left(-\frac{R_A}{2}x^2+C_1\right),\ \ y_C=\frac{1}{EI_z}\left(-\frac{R_A}{6}x^3+C_1x\right)$$

점 $D[\,a \le x \le (l-c)\,]$:

$$\theta_D=\frac{1}{EI_z}\left(-\frac{R_A}{2}x^2+\frac{w_0}{6}(x-a)^3+C_1\right)$$

$$y_D=\frac{1}{EI_z}\left(-\frac{R_A}{6}x^3+\frac{w_0}{24}(x-a)^4+C_1x\right)$$

점 $E[\,(l-c) \le x \le l\,]$:

$$\theta_E=\frac{1}{EI_z}\left(-\frac{R_A}{2}x^2+\frac{w_0}{6}(x-a)^3-\frac{w_0}{6}\{x-(l-c)\}^3+C_1\right)$$

$$y_E=\frac{1}{EI_z}\left(-\frac{R_A}{6}x^3+\frac{w_0}{24}(x-a)^4-\frac{w_0}{24}\{x-(l-c)\}^4+C_1x\right)$$

예제 6-18

[그림 18]에서 θ_A , θ_B , θ_C 및 y_C를 구하라.

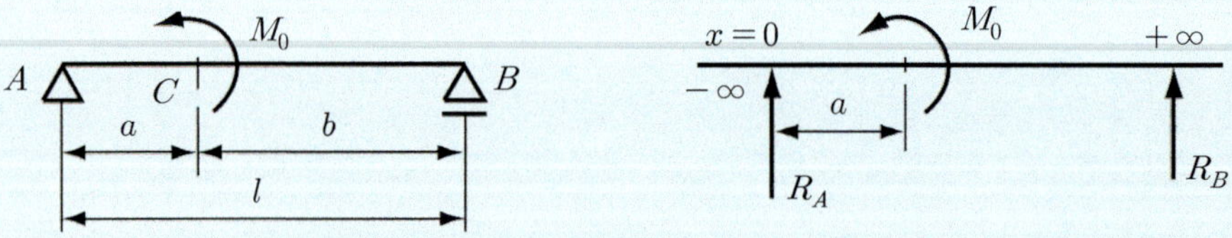

그림 18

(풀이) $q(x)=-R_A\langle x\rangle^{-1}+M_0\langle x-a\rangle^{-2}-R_B\langle x-l\rangle^{-1}$

$$F=R_A\langle x\rangle^0-M_0\langle x-a\rangle^{-1}+R_B\langle x-l\rangle^0$$

$$M=R_A\langle x\rangle^1-M_0\langle x-a\rangle^0+R_B\langle x-l\rangle^1$$

$$EI_z y'=-\frac{R_A}{2}\langle x\rangle^2+M_0\langle x-a\rangle^1-\frac{R_B}{2}\langle x-l\rangle^2+C_1$$

$$EI_z y=-\frac{R_A}{6}\langle x\rangle^3+\frac{M_0}{2}\langle x-a\rangle^2-\frac{R_B}{6}\langle x-l\rangle^3+C_1x+C_2$$

$y(0) = 0 : C_2 = 0$

$y(l) = 0 : C_1 = \dfrac{R_A l^2}{6} - \dfrac{M_0}{2l}(l-a)^2$

R_A, M_0는 평형조건식에서 $R_A = \dfrac{M_0}{l}$, $R_B = -\dfrac{M_0}{l}$ 이다.

$$x = 0 : \theta_A = \frac{C_1}{EI_z} = \frac{M_0}{6lEI_z}(l^2 - 3b^2)$$

$$x = l : \theta_B = \frac{1}{EI_z}\left[-\frac{R_A}{2}l^2 + M_0(l-a) + C_1\right] = \frac{M_0}{6lEI_z}(6lb - 3b^2 - 2l^2)$$

$$x = a : \theta_C = \frac{1}{EI_z}\left(-\frac{R_A}{2}a^2 + C_1\right) = \frac{M_0}{3lEI_z}(3lb - l^2 - 3b^2)$$

$$y_C = \frac{1}{EI_z}\left(-\frac{R_A}{6}a^3 + C_1 a\right) = \frac{M_0 ab}{3lEI_z}(a-b)$$

예제 6-19

[그림 19]에서 중앙단면의 처짐을 구하라.

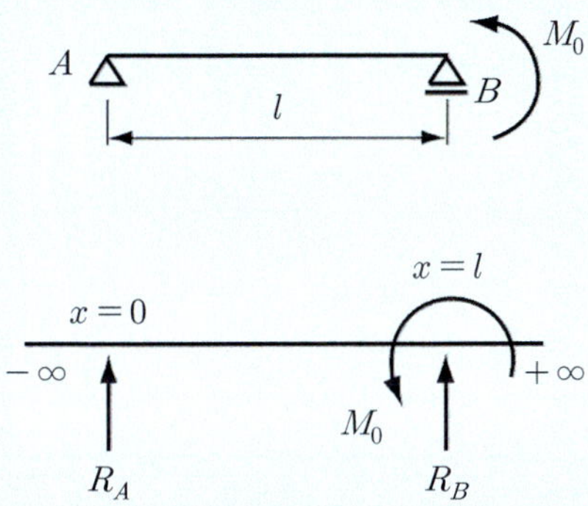

그림 19

풀이 $q = -R_A\langle x\rangle^{-1} + M_0\langle x-l\rangle^{-2} - R_B\langle x-l\rangle^{-1}$

$F = R_A\langle x\rangle^{0} - M_0\langle x-l\rangle^{-1} + R_B\langle x-l\rangle^{0}$

$M = R_A\langle x\rangle^{1} - M_0\langle x-l\rangle^{0} + R_B\langle x-l\rangle^{1}$

$$EI_z y' = -\frac{R_A}{2}\langle x\rangle^2 + M_0\langle x-l\rangle^1 - \frac{R_B}{2}\langle x-l\rangle^2 + C_1$$

$$EI_z y = -\frac{R_A}{6}\langle x\rangle^3 + \frac{M_0}{2}\langle x-l\rangle^2 - \frac{R_B}{6}\langle x-l\rangle^3 + C_1 x + C_2$$

$y(0) = 0 : C_2 = 0$

$y(l) = 0 : C_1 = \dfrac{R_A l^2}{6}$

평행조건에서 $R_A = \frac{M_0}{l}$, $R_B = -\frac{M_0}{l}$

$$x = \frac{l}{2} \rightarrow y_{\frac{1}{2}} = \frac{1}{EI_z}\left[-\frac{R_A}{6}\left(\frac{l}{2}\right)^3 + C_1 x\right] = \frac{M_0 l^2}{16EI_z} (= 6-16)$$

예제 6-20

[그림 20]과 같은 내다지보의 처짐식을 특이함수법으로 구하여라.

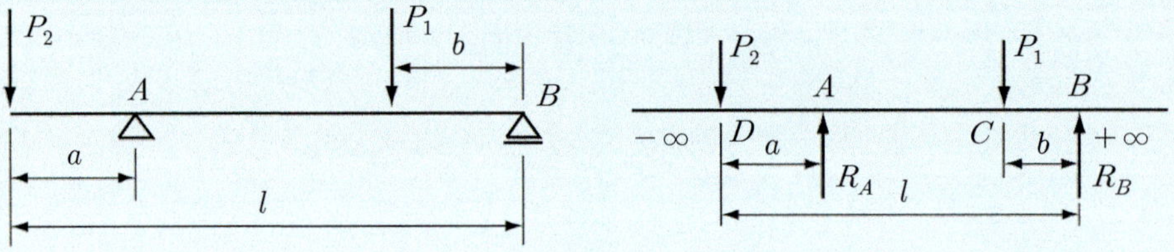

그림 20

풀이 $q(x) = P_2\langle x\rangle^{-1} - R_A\langle x-a\rangle^{-1} + P_1\langle x-(l-b)\rangle^{-1} - R_B\langle x-l\rangle^{-1}$

$$F = -P_2\langle x\rangle^0 + R_A\langle x-a\rangle^0 - P_1\langle x-(l-b)\rangle^0 + R_B\langle x-l\rangle^0$$

$$M = -P_2\langle x\rangle^1 + R_A\langle x-a\rangle^1 - P_1\langle x-(l-b)\rangle^1 + R_B\langle x-l\rangle^1$$

$$EI_z\frac{dy}{dx} = \frac{P_2}{2}\langle x\rangle^2 - \frac{R_A}{2}\langle x-a\rangle^2 + \frac{P_1}{2}\langle x-(l-b)\rangle^2 - \frac{R_B}{2}\langle x-l\rangle^2 + C_1$$

$$EI_z y = \frac{P_2}{6}\langle x\rangle^3 - \frac{R_A}{6}\langle x-a\rangle^3 + \frac{P_1}{6}\langle x-(l-b)\rangle^3 - \frac{R_B}{6}\langle x-l\rangle^3 + C_1 x + C_2$$

상수 C_1, C_2는 점 A, B의 조건을 적용시킨다.

$$y(a) = 0 : 0 = \frac{P_2}{6}a^3 + C_1 a + C_2 \tag{a}$$

$$y(l) = 0 : 0 = \frac{P_2 l^3}{6} - \frac{R_A}{6}(l-a)^3 + \frac{P_1 b^3}{6} + C_1 l + C_2 \tag{b}$$

그리고 평형조건식에서 R_A, R_B를 구하면 C_1, C_2는 구할 수 있다. 따라서 앞서 익힌 각 구간내의 θ, y를 구하면 된다.

6-5 온도에 의한 처짐

1장에서 구속하지 않은 보 또는 봉(棒)에 Δt만큼 온도를 균일하게 증가시키면 일정 비례량 만큼 늘어나는데 이 변화량은 식 (a)와 같이 표시된다.

$$\delta = \alpha(\Delta t)l \tag{a}$$

여기서 α는 열팽창계수, Δt는 온도변화량, l은 봉의 원래길이이다.

보의 높이에 따라 온도가 변하는 경우 보의 변형 거동은 높이에 따라 달라진다. 예를 들어 온도 t_0에 있던 [그림 6-14]의 단순보가 보 아래쪽에 t_2, 보 위쪽에 t_l의 온도변화가 생겼을 때 보의 처짐을 구해 보기로 하자.

단면높이에 따라 온도가 직선적으로 변한다고 가정하면, 보의 요소 dx의 윗부분은 $\alpha(t_1 - t_0)dx$, 아래 부분은 $\alpha(t_2 - t_0)dx$의 길이변화가 생긴다. 즉 점선과 같이 휘게 되는데, 이때 요소 dx부분의 두 단면 사이의 각을 $d\theta$라 하면 식 (b)로 된다.

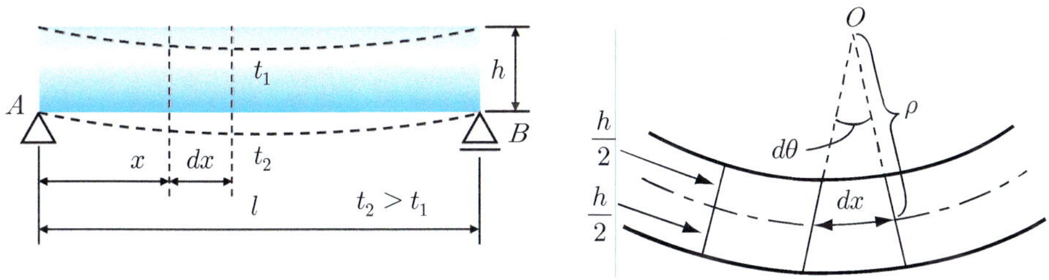

그림 6-14 온도에 의한 보의 처짐

$$h \cdot d\theta = \alpha(t_2 - t_0)dx - \alpha(t_1 - t_0)dx$$

$$\frac{d\theta}{dx} = \frac{\alpha(t_2 - t_1)}{h} \tag{b}$$

그런데 $\frac{1}{\rho} = \frac{d\theta}{dx}$이므로 식 (c)와 같이 된다.

$$\tan\theta \approx \theta = \frac{dy}{dx}, \quad \frac{1}{\rho} = \frac{d^2y}{dx^2} \tag{c}$$

따라서 식 (b), (c)에서 식 (d)가 성립한다.

$$\frac{d^2y}{dx^2} = \frac{\alpha(t_2 - t_1)}{h} \tag{d}$$

보의 탄성곡선에서 아래로 처질 때 식 (e)가 된다.

$$\frac{d^2y}{dx^2} = -\frac{M}{EI_z} \tag{e}$$

여기서 아래로 처지므로 식 (6-28)로 되고, $\alpha(t_2 - t_1)/h$는 M/EI_z에 해당한다.

$$\frac{d^2y}{dx^2} = -\frac{\alpha(t_2 - t_1)}{h} \tag{6-28}$$

식 (6-28)을 적분함으로써 식 (f)와 같은 경사각, 처짐 등을 구할 수 있다.

$$\therefore \begin{cases} \dfrac{dy}{dx} = -\dfrac{\alpha(t_2 - t_1)}{h}x + C_1 \\ y = -\dfrac{\alpha(t_2 - t_1)}{2h}x^2 + C_1x + C_2 \end{cases} \tag{f}$$

또, 구조물의 조건에서 식 (g)의 조건을 얻게 되고 식 (6-29)로 된다.

$$\begin{aligned} &① \ y(0) = 0 : C_2 = 0 \\ &② \ y(l) = 0 : C_1 = \frac{\alpha(t_2 - t_1)}{2h}l \end{aligned} \tag{g}$$

$$\therefore \begin{cases} \dfrac{dy}{dx} = -\dfrac{\alpha(t_2 - t_1)}{2h}(l - 2x) \\ y = -\dfrac{\alpha(t_2 - t_1)x}{2h}(l - x) \end{cases} \tag{6-29}$$

예제 6-21

[그림 21]과 같이 길이 l, 높이 h인 외팔보가 보의 윗면에 온도 t_1 아랫면의 온도 t_2를 받고 있다. 회전각 θ(시계 방향을 +)와 자유단에서의 처짐 y(아래 방향이 +)를 구하라.

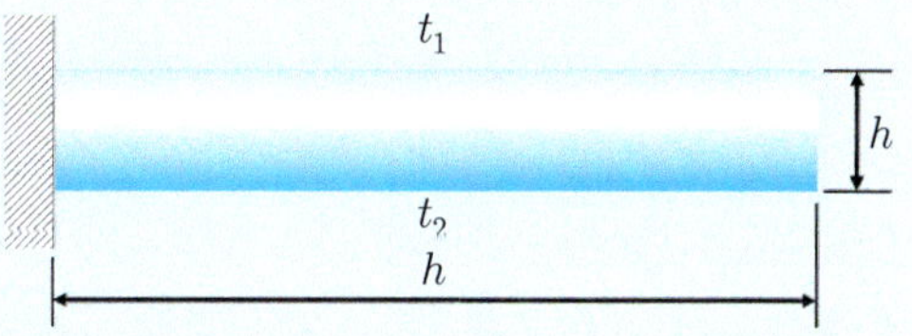

그림 21

풀이 식 (6-28)로부터 구한다.

$$\begin{cases} y'' = -\dfrac{\alpha(t_2 - t_1)}{h} \\ y' = -\dfrac{\alpha(t_2 - t_1)}{h}x + C_1 \\ y \;= -\dfrac{\alpha(t_2 - t_1)}{2h}x^2 + C_1 x + C_2 \end{cases}$$

외팔보의 경계조건 $y'(0) = 0$, $y(0) = 0$로부터 상수를 구하며 이것을 대입하면 자유단에서의 경사각과 처짐은 아래와 같이 구할 수 있다.

$$y'(0) = 0 = C_1 \qquad \therefore C_1 = 0$$

$$y(0) = 0 = C_2 \qquad \therefore C_2 = 0$$

$$\therefore \theta = y'(l) = -\frac{\alpha(t_2 - t_1)}{h}l$$

$$\therefore y(l) = -\frac{\alpha(t_2 - t_1)}{2h}l^2$$

6-6 불균일 단면보의 처짐(선택)

앞에서는 단면이 일정한 보의 처짐을 구했으나 여기서는 단면이 일정하지 않은 균일강도의 보, 다단(多段)보(stepped beam)및 테이퍼진 보(tapered beam)등의 불균일 단면(不均一斷面)보의 처짐을 구하는 방법을 알아보기로 한다.

(1) 균일강도(均一强度)의 보

① 원형단면보 [그림 5-11] : 식 (5-29)에서 $d = d_0 \sqrt[3]{\dfrac{x}{l}}$ 이다.

$$I_z = \frac{\pi d^4}{64} = \frac{\pi}{64}\left(d_0 \sqrt[3]{\frac{x}{l}}\right)^4 = I_0\left(\frac{x}{l}\right)^{4/3}$$

$$\frac{d^2y}{dx^2} = -\frac{M}{EI_z} = \frac{Px}{EI_z} = \frac{Px}{EI_0\left(\frac{x}{l}\right)^{4/3}}$$

$$\frac{dy}{dx} = \frac{Pl^{4/3}}{EI_0}\left(\frac{3}{2}x^{2/3} + C_1\right), \quad y = \frac{Pl^{4/3}}{EI_0}\left(\frac{9}{10}x^{5/3} + C_1x + C_2\right)$$

조건 : $y'(l) = 0$ 및 $y(l) = 0$: $C_1 = -\frac{3}{2}l^{2/3}$, $C_2 = \frac{3}{5}l^{5/3}$

$$y' = \frac{3}{2}\frac{P}{EI_0}l^{4/3}(x^{2/3} - l^{2/3}), \qquad y = \frac{Pl^{4/3}}{EI_0}\left(\frac{9}{10}x^{5/3} - \frac{3}{2}l^{2/3}x + \frac{3}{5}l^{5/3}\right)$$

자유단에서는 $x = 0$: $\theta_B = -\frac{3}{2}\frac{Pl^2}{EI_0}$, $y_B = \frac{3}{5}\frac{Pl^3}{EI_0}$ (a)

② 높이가 일정한 보[그림 5-12] : 식 (5-30)에서 $b = b_0\frac{x}{l}$ 이다.

$$I_z = \frac{bh^3}{12} = \frac{\frac{b_0x}{l}h^3}{12} = I_0\frac{x}{l}, \qquad \frac{d^2y}{dx^2} = \frac{Px}{EI_z} = \frac{Px}{EI_z\frac{x}{l}} = \frac{Pl}{EI_0}$$

이 식을 정리하고 적분상수를 대입한 식은 다음과 같다.

$$y' = -\frac{Pl}{EI_0}(l - x), \quad y = \frac{Pl}{2EI_o}(l - x)^2$$

최대치 θ_A, y_A는 식 (b)와 같고, 좌표의 원점은 자유단에 있다.

$$\therefore \theta_A = -\frac{Pl^2}{EI_0}, \quad y_A = \frac{Pl^3}{2EI_0} \qquad \text{(b)}$$

이 y_A의 값은 균일단면보의 값보다 크며 균일응력 $\sigma = \frac{Pl}{b_0h^2/6}$ 이므로 $y_A = \frac{\sigma l^2}{Eh}$ 임.

(2) 다단보(stepped bar)

여기서는 [그림 6-15]와 같이 2단으로 단면이 변하는 외팔보를 생각하여 미분방정식법으로 해를 구한다. 여러 단(多段)인 경우도 결국 마찬가지가 된다.

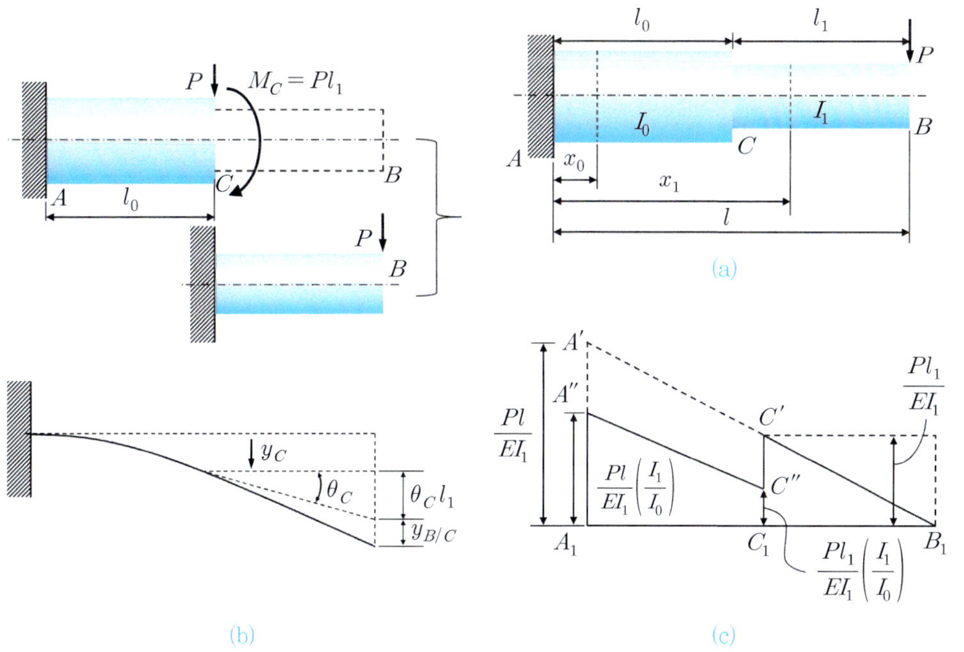

그림 6-15 2단보의 해법

$$I_1 \text{구간 : } EI_1\frac{d^2y_1}{dx_1^2} = P(l - x_1) \tag{1}$$

$$EI_1\frac{dy_1}{dx_1} = P(lx_1 - \frac{x_1^2}{2} + C_1) \tag{2}$$

$$EI_1 y_1 = P\left(\frac{lx_1^2}{2} - \frac{x_1^3}{6} + C_1 x_1 + C_2\right) \tag{3}$$

$$I_0 \text{구간 : } EI_0\frac{d^2y_0}{dx_0^2} = P(l - x_0) \tag{4}$$

$$EI_0\frac{dy_0}{dx_0} = P(lx_0 - \frac{x_0^2}{2} + C_3) \tag{5}$$

$$EI_0 y_0 = P\left(\frac{1}{2}lx_0^2 - \frac{x_0^3}{6} + C_3 x_0 + C_4\right) \tag{6}$$

$$x_0 = 0 : \frac{dy_0}{dx_0} = 0,\ y_0 = 0 \text{ 에서 } C_3 = 0,\ C_4 = 0$$

$x_0 = l_0,\ x_1 = l_0$인 C단면에서는 다음 관계가 성립한다.

$$\frac{dy_0}{dx_0} = \frac{dy_1}{dx_1}$$

단, $y_0 = y_1$이므로 $C_1,\ C_2$는 구해진다.

$$C_1 = \left(ll_0 - \frac{1}{2}l_0^2\right)\left(\frac{I_1}{I_0} - 1\right)$$

$$C_2 = \left(\frac{1}{3}l_0^3 - \frac{1}{2}ll_0^2\right)\left(\frac{I_1}{I_0} - 1\right)$$

따라서 ℓ_1구간에서는 다음 식으로 된다.

$$EI_1\frac{dy_1}{dx_1} = P\left[lx_1 - \frac{1}{2}x_1^2 + \left(ll_0 - \frac{1}{2}l_0^2\right)\left(\frac{I_1}{I_0} - 1\right)\right]$$

$$EI_1y_1 = P\left[\frac{lx_1^2}{2} - \frac{1}{6}x_1^3 + \left(ll_0 - \frac{1}{2}l_0^2\right)\left(\frac{I_1}{I_0} - 1\right)x_1 + \left(\frac{l_0^3}{3} - \frac{ll_0^2}{2}\right)\left(\frac{I_1}{I_0} - 1\right)\right]$$

자유단에서 처짐 $(y_1)_B$는 식 (7)와 같다.

$$\therefore (y_1)_B = \frac{P}{EI_1}\left[\frac{l^3}{3} + \left(\frac{I_1}{I_0} - 1\right)l_0\left(l^2 - ll_0 + \frac{1}{3}l_0^2\right)\right] \tag{7}$$

해법 1

중첩법[그림 6-15(b)]

그림에서 단면 B의 힘 대신 단면 C에 P와 $M_C = Pl_1$이 작용한다고 생각할 수 있다. AC부분은 이 상태로 계산하면 되고, BC부분은 C를 고정단으로 하는 외팔보라 생각하되, AC부분에서 기울어진 C단면을 고정단으로 한 외팔보와 이것을 더해주면 될 것이다. 점 C의 θ_C, y_C는 다음과 같다.

$$\therefore \theta_C = \frac{Pl_0^2}{2EI_0} + \frac{(Pl_1)l_0}{EI_0},\ y_C = \frac{Pl_0^3}{3EI_0} + \frac{(Pl_1)l_0^2}{2EI_0}$$

C단면을 고정단이라고 생각했을 때의 점 B의 처짐 $y_{B/C} = \dfrac{Pl_1^3}{3EI_1}$이다.

이때 점 B의 처짐 y_B는 식 (8)과 같다.

$$\therefore y_B = y_C + \theta_C \cdot l_1 + y_{B/C} = \frac{Pl_0^3}{3EI_0} + \frac{Pl_1 l_0^2}{2EI_0} + \left(\frac{Pl_0^2}{2EI_0} + \frac{Pl_1 l_0}{EI_0}\right) l_1 + \frac{Pl_1^3}{3EI_1} \tag{8}$$

$$= \frac{P}{EI_1}\left[\frac{l_1^3}{3} + \frac{I_1}{I_0} l_0 \left(\frac{l_0^2}{3} + l_1 l_0 + l_1^2\right)\right]$$

식 (8)은 식 (7)에서 $l = l_1 + l_0$로 한 것과 같다. 즉, 식 (8)=식 (7)이다. 예로서 y_B만을 구했지만 임의 단면의 θ, y도 같은 요령으로 구하면 될 것이다.

해법 2

면적모멘트법

[그림 6-15(c)]는 BMD/EI_z를 그린 것인데, l_1구간에서는 M_1/EI_1의 선도가 되고 l_0구간에서는 M_0/EI_0의 선도가 된다. 그런데 l_0구간의 선도는 $M_0/EI_0 = \dfrac{M_0}{EI_1}\left(\dfrac{I_1}{I_0}\right)$로 바꾸어 표현할 수 있다.

즉, M_0/EI_1의 선도에다 I_1/I_0배한 것이 된다 $\overline{(C''A'')}$. 결국 전체를 I_1의 균일단면이라고 생각한 M_1/EI_1 선도인 $\triangle A_1B_1A'$는 ℓ_0구간의 I_0부분이 I_1/I_0배만큼씩 달라져서 선도는 $B_1C'C''A''A_1$이 된다.

예로서 C 단면은 l_1구간에서 Pl_1/EI_1, l_0구간에서는 $\dfrac{Pl_1}{EI_0} = \dfrac{Pl_1}{EI_1}\left(\dfrac{I_1}{I_0}\right)$

즉, l_0구간에서 I_1/I_0배로 변화되고, 또 고정단에서 Pl/EI_0인 관계로 된다.

즉, I_1/I_0배만큼 변화된 값이 된다. 이 수정된 선도 $(B_1C'C''A''A_1)$로서 경사각, 처짐 등을 계산한다. 예를 들어 θ_B와 y_B를 계산해 본다.

$$\therefore \begin{cases} \theta_B = \dfrac{Pl_1}{EI_1} \cdot \dfrac{\ell_1}{2} + \left(\dfrac{Pl_1}{EI_0} + \dfrac{Pl}{EI_0}\right)\dfrac{l_0}{2} = \dfrac{P}{2EI_1}\left[l_1^2 + \dfrac{I_1}{I_0} l_0 (\ell_1 + l)\right] \\ y_B - \dfrac{Pl_1}{EI_1} \cdot \dfrac{l_1}{2} \cdot \dfrac{2l_1}{3} + \dfrac{Pl_0}{EI_0} \cdot \dfrac{l_0}{2}\left(l_1 + \dfrac{2}{3} l_0\right) + \dfrac{Pl_1}{EI_0} l_0 \left(l_1 + \dfrac{l_0}{2}\right) \end{cases}$$

$$= \frac{P}{EI_1}\left[\frac{l_1^3}{3} + \frac{I_1}{I_0} l_0 \left(\frac{l_0^2}{3} + l_1 l_0 + l_1^2\right)\right] \tag{9}$$

예제 6-22

[그림 22(a)]에서 자유단의 처짐을 계산하라.

(풀이) $y_{C_1} = y_B = \frac{Pl^3}{3EI_z} + \frac{Pl^3}{2EI_z}$

(점 C에 있는 P대신 점 B에다 P와 $M_B = Pl$로 바꾸어 놓을 수 있다.)

$$y_{C_2} = \theta_B \cdot l = \frac{1}{EI_z}\left(\frac{Pl^2}{2} + Pl^2\right)l = \frac{3}{2}\frac{Pl^3}{EI_z}$$

$y_{C_3} = \frac{Pl^3}{2EI_z}$ (점 B를 고정할 때 본 BC부분의 점 C의 처짐)

$$\therefore y_C = y_{C_1} + y_{C_2} + y_{C_3} = \frac{Pl^3}{3EI_z} + \frac{Pl^3}{2EI_z} + \frac{3Pl^3}{2EI_z} + \frac{Pl^3}{2EI_z}$$

$$= \frac{17Pl^3}{6EI_z}$$

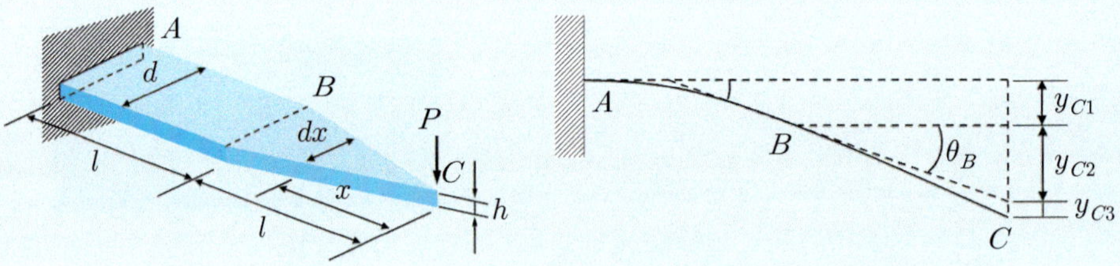

그림 22(a)

(별법) 면적모멘트법 : BC부분의 BMD는 [그림 22(b)]와 같이 사각형이다.

즉 AB부분의 단면 $I_z = \frac{dh^3}{12}$, BC부분의 임의 단면 I는 $I_x = I_z\frac{x}{l}\left(d_x = d\frac{x}{l}\text{이므로}\right)$.

$$\frac{M}{EI_x} = \frac{Px}{EI_x} = \frac{Px}{EI_z} \cdot \frac{l}{x} = \frac{Pl}{EI_z}$$

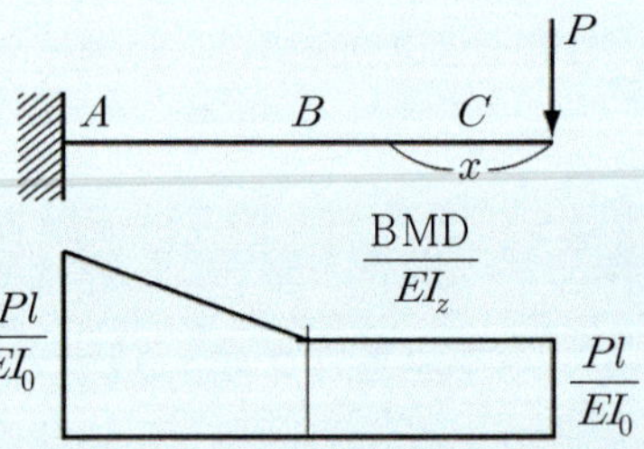

그림 22(b)

$$\therefore \begin{cases} \theta_C = \frac{Pl}{EI_0} \cdot l + \left(\frac{2Pl}{EI_0} + \frac{Pl}{EI_0}\right)\frac{l}{2} = \frac{5Pl^2}{2EI_0} \\ y_C = \frac{Pl}{EI_0}(2l) \cdot l + \frac{Pl}{EI_0} \cdot \frac{l}{2}\left(l + \frac{2}{3}l\right) = \frac{17Pl^3}{6EI_0} \end{cases}$$

연습문제

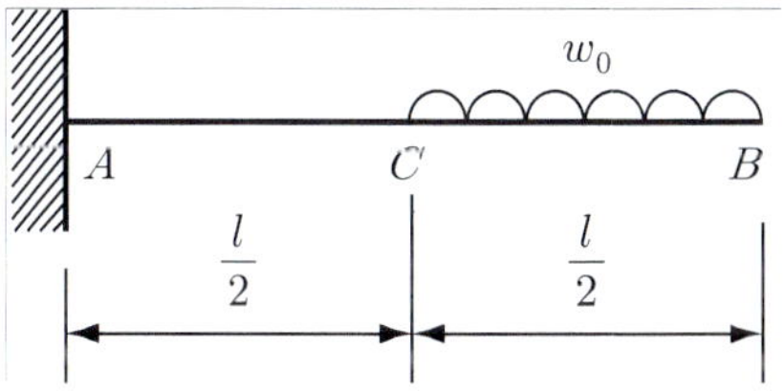

그림 1

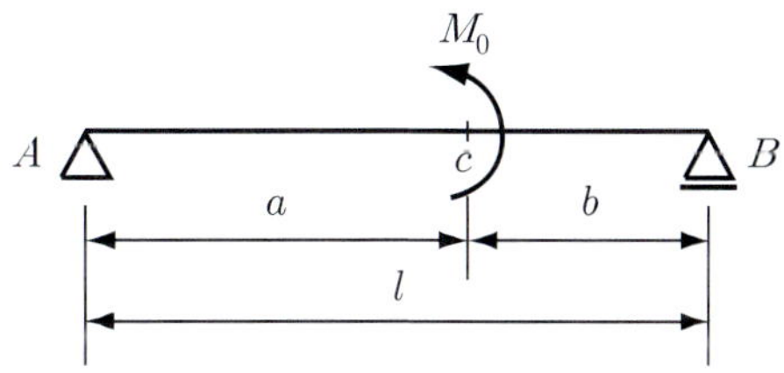

그림 2

6-1 [그림 1]과 같은 외팔보 AB에 균일분포하중 w_0가 BC구간에 작용하고 있다. B점과 C에서의 처짐과 경사각을 구하라.

답: $y_B = \dfrac{41w_0l^4}{384EI}$, $y_C = \dfrac{7w_0l^4}{192EI}$

6-2 [그림 2]와 같이 단순보의 좌측단 A로부터 a만큼 떨어진 곳에 모멘트 M_0를 받고 있다. AB에서의 처짐곡선식을 유도하고 C점에서의 경사각과 처짐을 구하라.

답: $y = \dfrac{M_0x}{6lEI}(6al - 3a^2 - 2l^2 - x^2)(0 \le x \le a)$, $y = \dfrac{M_0}{6lEI}(3a^2l - 3a^2x - 2l^2x + 3lx^2 - x^3)(a \le x \le l)$

6-3 [그림 3]과 같은 등분포하중 w_0을 받는 단순보의 A점에서의 경사각을 구하고 보의 최대 처짐량을 구하라

답: $\theta_A = -\dfrac{11w_0a^3}{6EI_z}$, $y_{\max} = \dfrac{19w_0a^4}{8EI_z}$

6-4 [그림 4]와 같은 분포하중을 받는 외팔보의 자유단에서의 경사각과 처짐을 구하라.

답: $\theta_A = \dfrac{w_0l^3}{24EI_z}$, $y_A = \dfrac{w_0l^4}{30EI_z}$

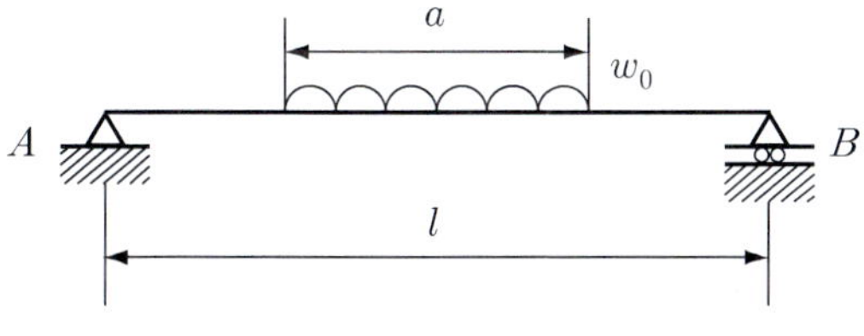

그림 3

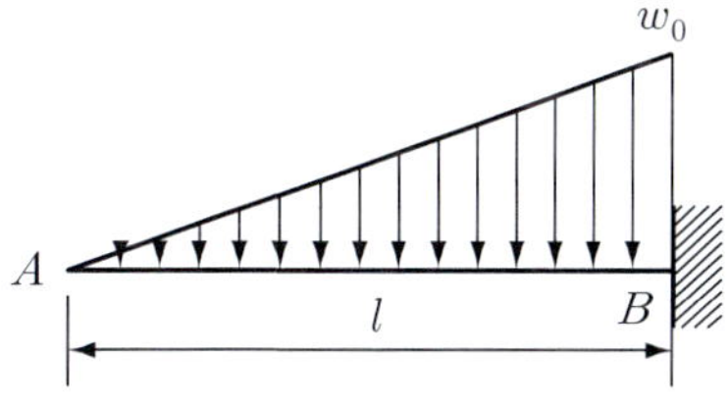

그림 4

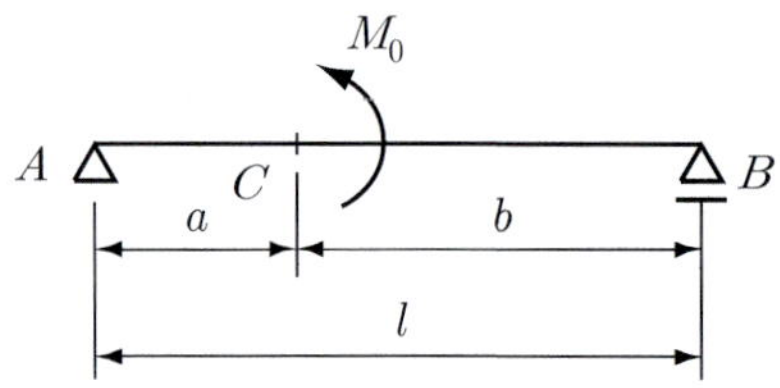

그림 5

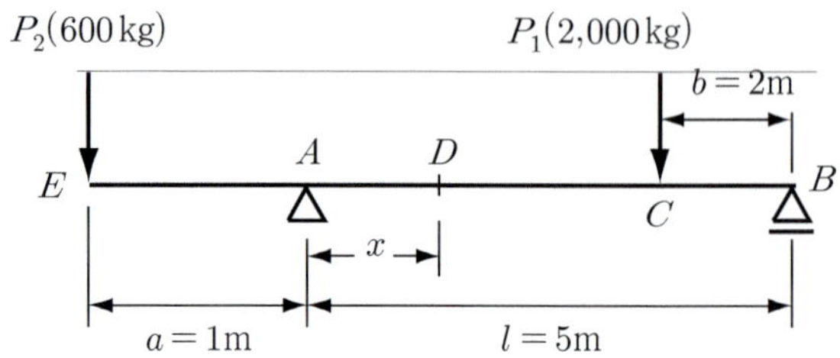

그림 6

6-5 [그림 5]에서 θ_A , θ_B, θ_C 및 y_C를 구하라.

답: $\theta_A = \dfrac{M_0}{6lEI_z}(l^2-3b^2)$, $\theta_B = \dfrac{M_0}{6lEI_z}(6lb-3b^2-2l^2)$, $\theta_C = \dfrac{M_0}{3lEI_z}(3lb-l^2-3b^2)$, $y_C = \dfrac{M_0ab}{3lEI_z}(a-b)$

6-6 [그림 6]의 내다지보의 E점의 처짐을 구하라.

답: $y_E \;=\; \delta_2+\delta_1 = \dfrac{P_2a^3}{3EI_z} - \dfrac{1800a}{EI_z} = -\dfrac{1600}{EI_z}$

6-7 [그림 7]의 외팔보에서 θ_C, y_C, θ_B, y_B 등을 S.F법으로 계산하라.

답: M_0x/EI_z , $M_0x^2/(2EI_z)$, M_0l/EI_z, $M_0l^2/(2EI_z)$

6-8 [그림 8]의 단순보의 양단의 기울기를 S.F법으로 계산하라.

답: $\theta_A = -Pl^2/(81EI_z)$(위로), $\theta_B = -Pl^2/(81EI_z)$(아래로 굽힘)

6-9 [그림 9]의 외팔보 AB에 대한 처짐곡선식을 구하고 B점에서의 경사각 θ_B, 처짐 y_B를 S.F법으로 구하라.

답: $EI_zy = \dfrac{w_0x^2}{24}(6a^2-4ax+x^2) - \dfrac{w_0}{24}\langle x-a\rangle^4$, $\theta_B = \dfrac{w_0a^3}{6EI_z}$, $y_B = \dfrac{w_0a^3}{24EI_z}(4l-a)$

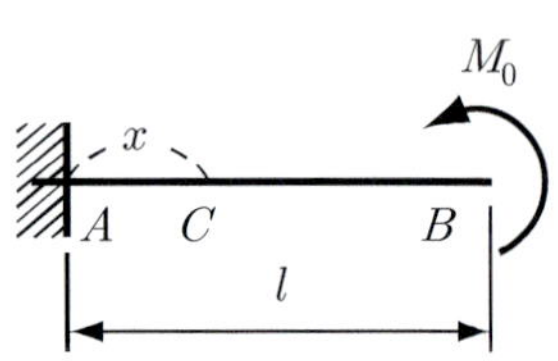

그림 7

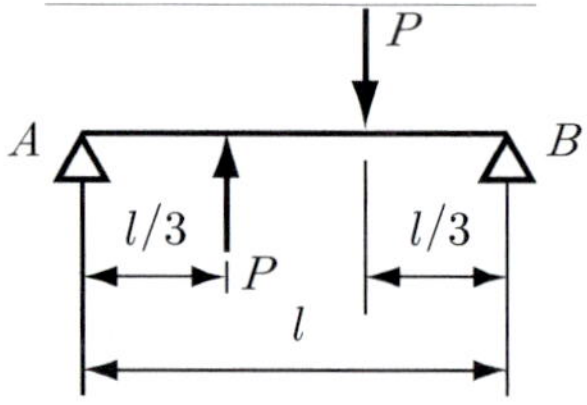

그림 8

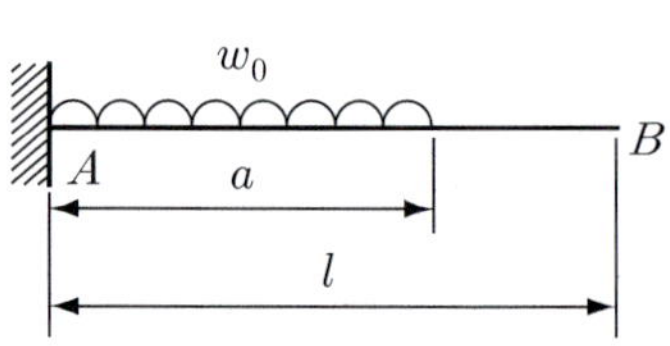

그림 9

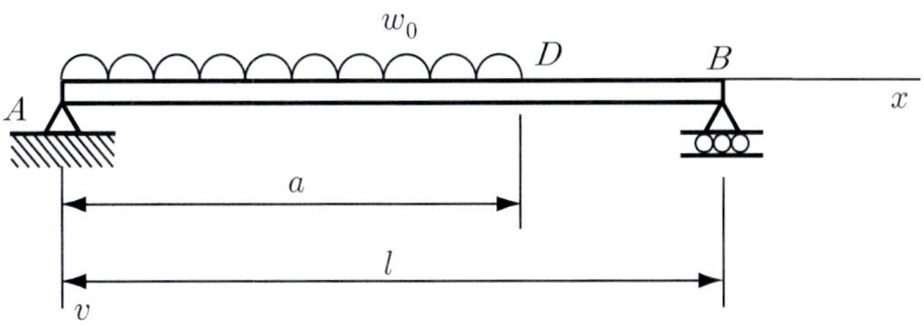

그림 10

6-10 [그림 10]의 단순보에 대한 처짐곡선식을 구하고 B점에서의 경사각 θ_B와 점 D에서의 처짐 y_B를 S.F법으로 구하라.

답: $EIy = \frac{w_0 x}{24l}\left[a^2(2l-a)^2 - 2a(2l-a)x^2 + lx^3\right] - \frac{w_0}{24}\langle x-a\rangle^4$

6-11 [그림 11(a)]와 같이 단면이 변하는 보에서 중앙단면의 처짐을 구하라. 단, $\frac{I_0}{I_1} = 2$ 이다.

답: $y_{\frac{1}{2}} = \frac{3Pl^3}{256EI_1}$

6-12 [그림 11(b)]와 같은 보의 중앙단면의 처짐을 구하라. 단, 보 높이 1cm로 균일하고 $P = 10kg_f$이다.

답: $\frac{11}{16} \times \frac{Pl^3}{48EI_1}$

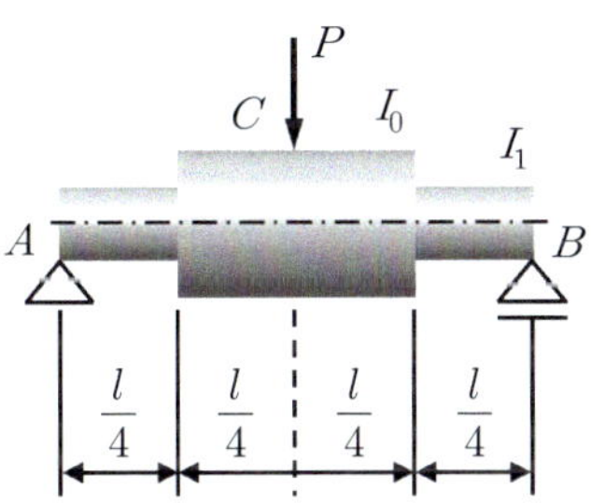

그림 11(a)

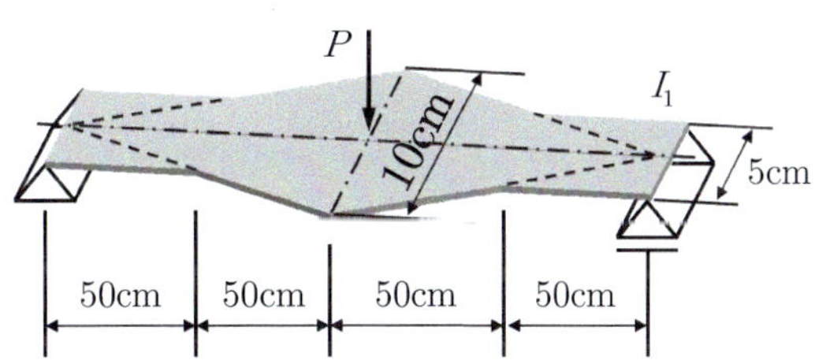

그림 11(b)

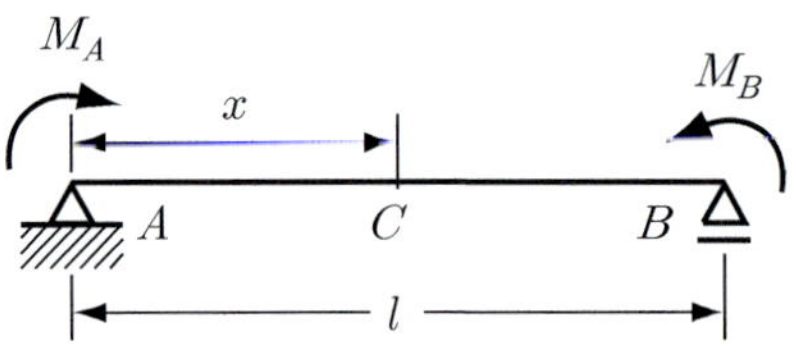

그림 12(a)

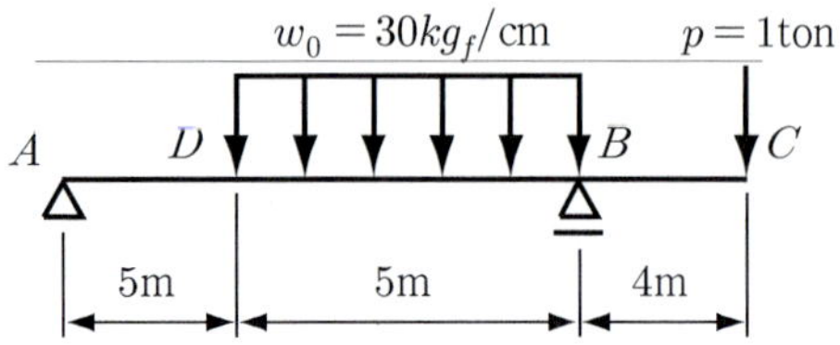

그림 12(b)

6-13 [그림 12(a)]의 단순보 양단에 M_A, M_B의 모멘트가 작용하는 경우 양단의 기울기와 임의 단면에서 기울기 및 처짐을 구하라.

답: $\theta_A = \frac{1}{6EI_z}(2M_A + M_B)$, $\theta_B = -\frac{l}{6EI_z}(M_A + 2M_B)$,

$\theta_C = \frac{M_B}{6lEI_z}(l^2 - 3x^2) + \frac{M_A}{6lEI_z}[l^2 - 3(l-x)^2]$, $y_C = \frac{M_B x}{6lEI_z}(l^2 - x^2) + \frac{M_A(l-x)}{6lEI_z}[l^2 - (l-x)^2]$

6-14 [그림 12(b)]의 내다지보의 C점과 D점에서의 y_C와 y_D를 구하라.

단, $E = 200\,GPa$, $I_z = 118 \times 10^6 \text{mm}^4$

답: $y_C = -0.21$mm, $y_D = 17.2$mm

6-15 [그림 13]의 단순보의 처짐곡선식이 다음과 같다.

$$y = \frac{w_0 \ell^4}{\pi^4 EI_z} sin \frac{\pi x}{\ell}$$

이때 보에 작용하는 하중은 얼마인가?

답: $w_0 \sin\frac{\pi x}{\ell}$

6-16 최대하중의 크기가 w_0인 3각형 분포하중을 받고 있는 [그림 14]의 일단고정보가 있다. 자유단에서의 처짐 y_B와 회전각 θ_B를 구하라.

답: $y_B = \frac{w_0 l^4}{30EI_z}$, $\theta_B = \frac{w_0 l^3}{24EI_z}$

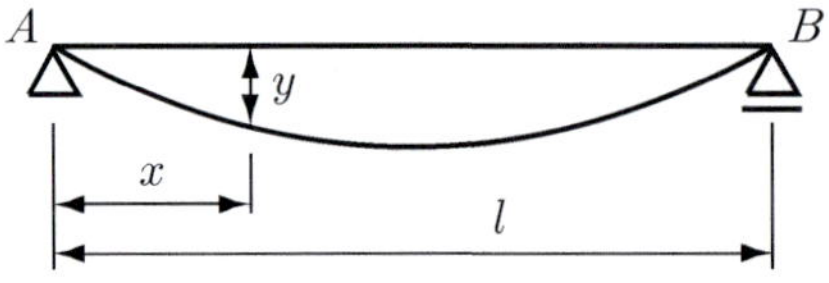

그림 13

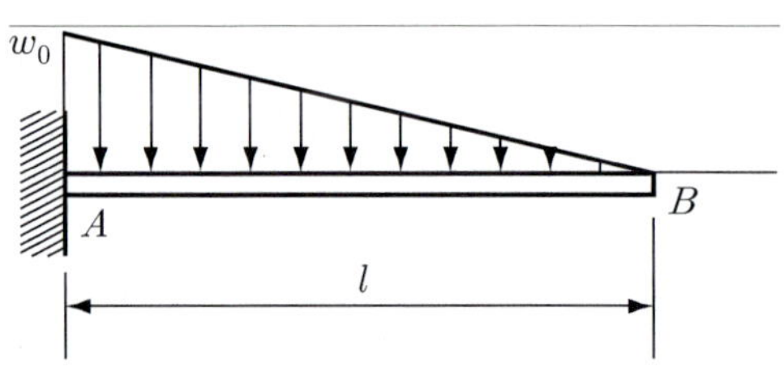

그림 14

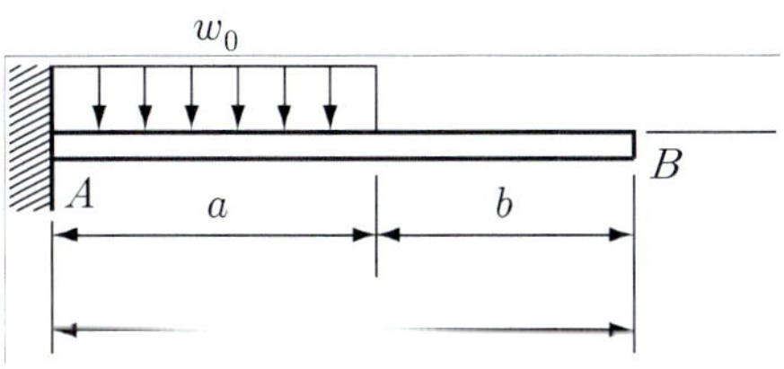

그림 15

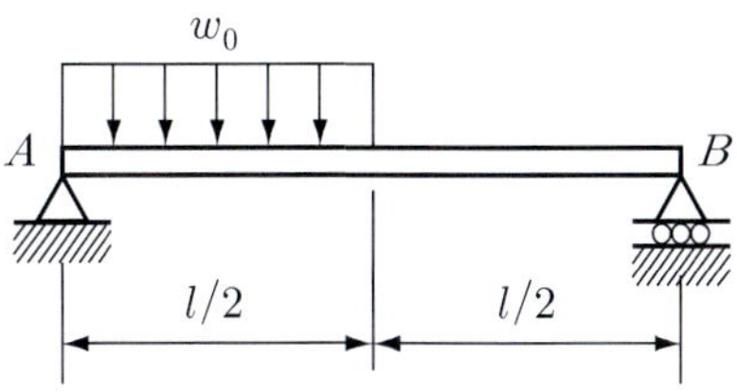

그림 16

6-17 스팬의 일부에 균일분포하중 w_0를 받는 [그림 15]의 일단고정보에 대해 처짐곡선식을 구하라.

답: $y = \frac{w_0 x^2}{24EI_z}(6a^2 - 4ax + x^2)(0 \le x \le a)$, $y = \frac{w_0 a^3}{24EI_z}(4x - a)(a \le x \le l)$

6-18 [그림 16]의 단순보 AB가 스팬 좌측 반(半)에 균일분포하중 w_0를 받을 경우 AC 구간에 대한 기울기 및 처짐곡선식을 유도하라.

답: $y = \frac{w_0 x}{384EI_z}(9\ell^3 - 24\ell x^2 + 16x^3)$, $\theta = \frac{w_0}{384EI_z}(72\ell x^2 + 64x^3 + 9\ell^3)$

※ 문제 [6–19] ~ [6–23]까지를 중첩법으로 풀어라.

6-19 [그림 17]의 구조물에서 B단의 처짐이 0이 되려면 a와 ℓ의 비를 얼마로 할 것인가? 또, B단에서의 최전각이 0이기 위한 a/ℓ의 비를 구하라.

답: $\frac{a}{\ell} = \frac{2}{3}$, $\frac{a}{\ell} = \frac{1}{2}$

6-20 길이의 중앙 1/3부분에 균일분포하중 w_0을 받고 있는 [그림 18]의 일단고정보가 있다. 자유단에서 회전각 θ_B와 처짐 y_B를 구하라.

답: $\theta_B = \frac{7w_0\ell^3}{162EI_z}$, $y_B = \frac{23w_0\ell^4}{648EI_z}$

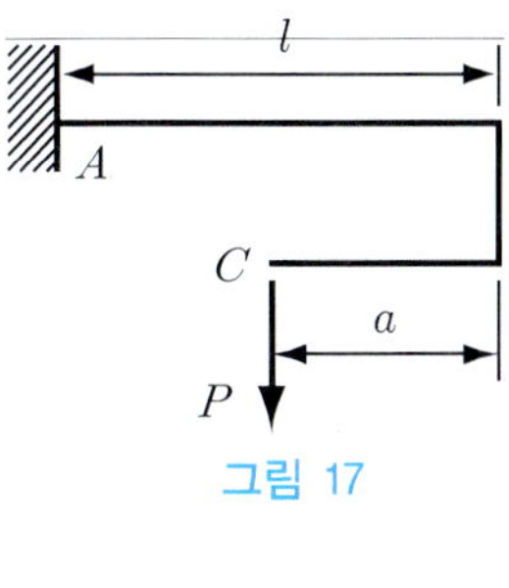

그림 17

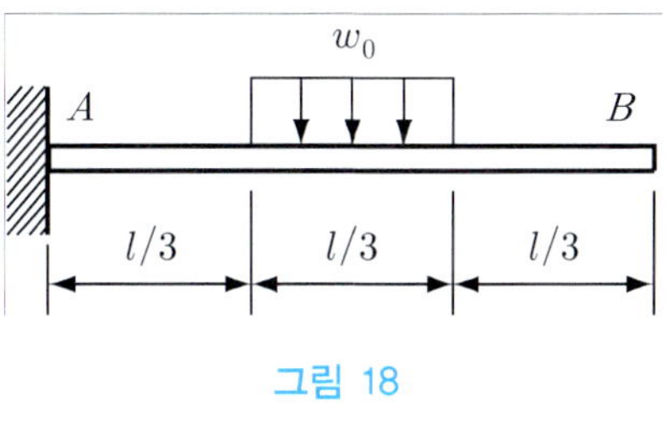

그림 18

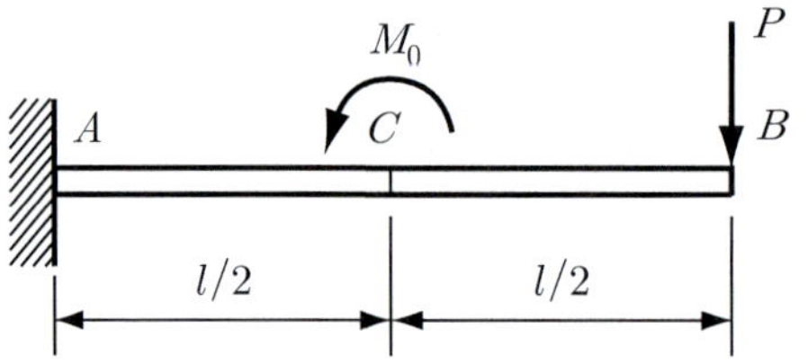

그림 19

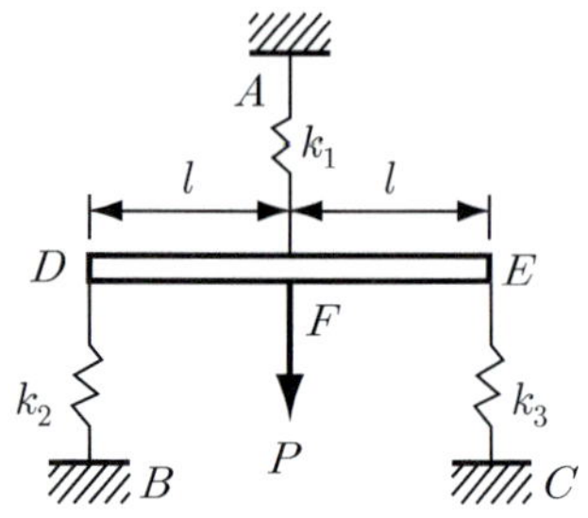

그림 20

6-21 [그림 19]의 일단고정보에서 점 B와 점 C에서의 처짐 y_B와 y_C를 각각 구하라.

답: $y_B = \dfrac{-3M_0\ell^2}{8EI_z} + \dfrac{P\ell^3}{3EI_z}$, $y_C = \dfrac{-M_0\ell^2}{8EI_z} + \dfrac{5P\ell^3}{48EI_z}$

6-22 [그림 20]에서 스프링 AF에 분배되는 힘을 구하라. 단, 보는 탄성보이고 $EI_z = 11.25 \times 10^9$N/mm^{2}이며, $k_1 = 2 \times 10^4$mm, $k_2 = k_3 = 1 \times 10^4$N/mm, $\ell = 150$mm, $P = 1,200$N이다.

답: 800N

6-23 [그림 21]과 같이 외팔보 AB를 같은 재료로 된 외팔보 CD로 보강했을 때 자유단 B의 처짐을 구하라.

답: $\dfrac{P\ell^3}{3EI_z} - \dfrac{X{\ell_1}^2}{6EI_z}(3\ell - \ell_1)$, $X = \dfrac{P(3\ell - \ell_1)}{4\ell_1}$

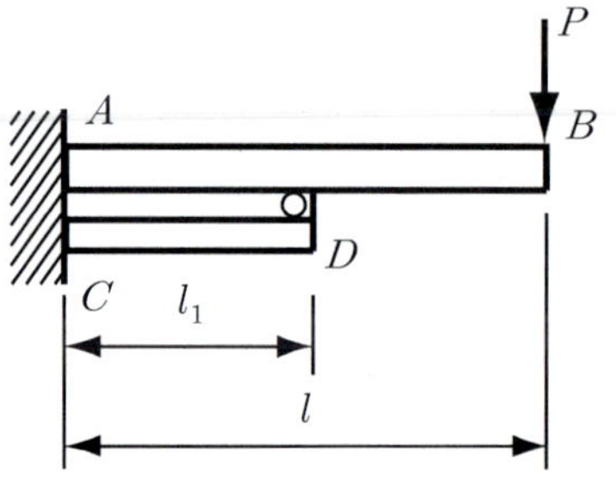

그림 21

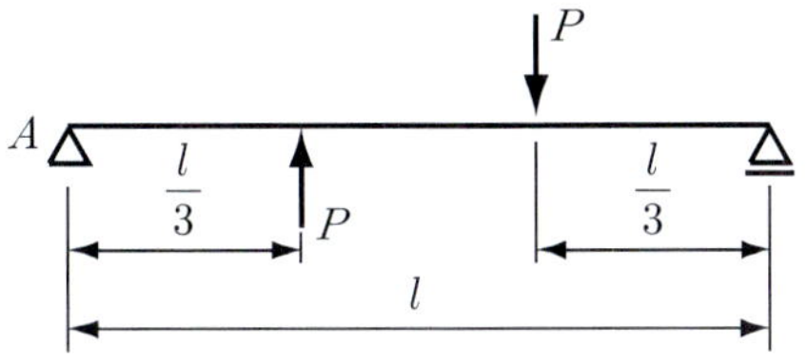

그림 22

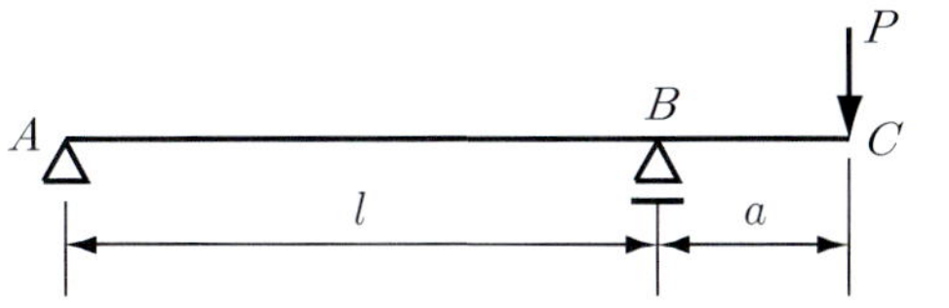

그림 23

※ 문제 [6-24]~[6-31]까지를 면적모멘트법으로 풀어라.

6-24 [그림 22]의 단순보에서 양 지지점의 기울기를 구하라.

답: $\theta_A = \dfrac{-P\ell^2}{81EI_z}$(위로), $\theta_B = \dfrac{P\ell^2}{81EI_z}$(아래로)

6-25 문제 6-20을 다시 면적모멘트법으로 풀어라.

6-26 문제 6-21을 다시 면적모멘트법으로 풀어라.

6-27 [그림 23]의 돌출보의 자유단 C에서의 처짐을 구하라.

답: $y_C = \dfrac{Pa^2}{3EI_z}(\ell + a)$

6-28 돌출보가 [그림 24]와 같이 하중 P와 Q를 받고 있다. 점 C에서의 처짐이 영이기 위한 P/Q의 비를 구하라.

답: $P/Q = 4$

6-29 [그림 25]의 내다지보에 등분포하중이 작용할 때 점 C의 처짐 식을 구하라.

답: $y_C = \dfrac{w_0 a}{24EI_z}(3a^3 + 4a^2b - b^3)$

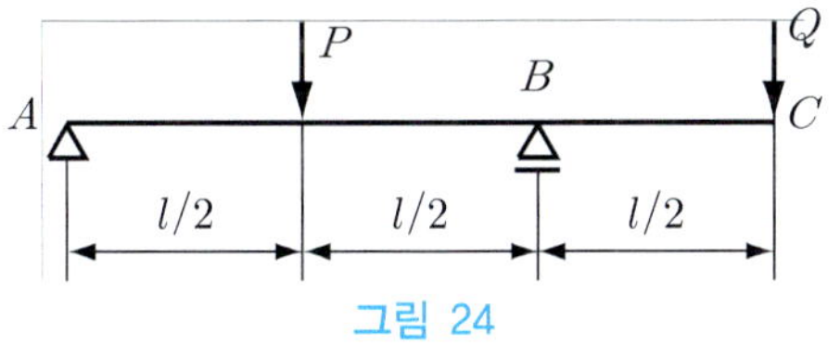

그림 24

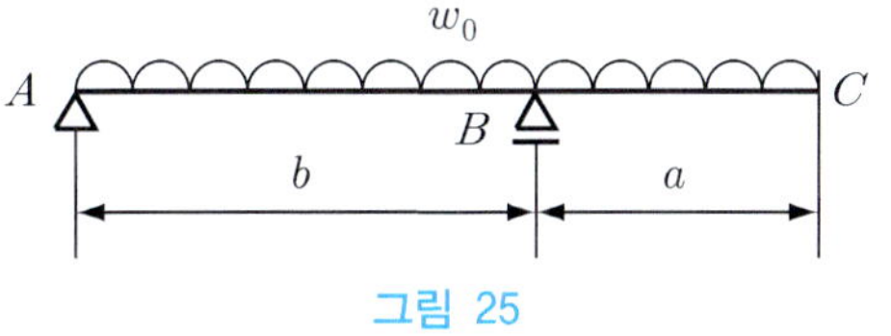

그림 25

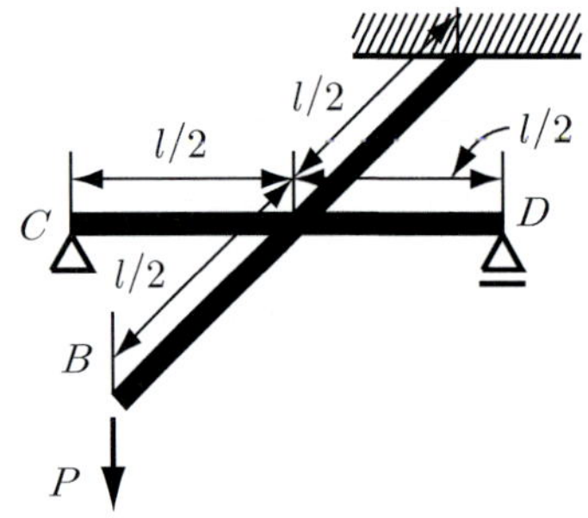

그림 26

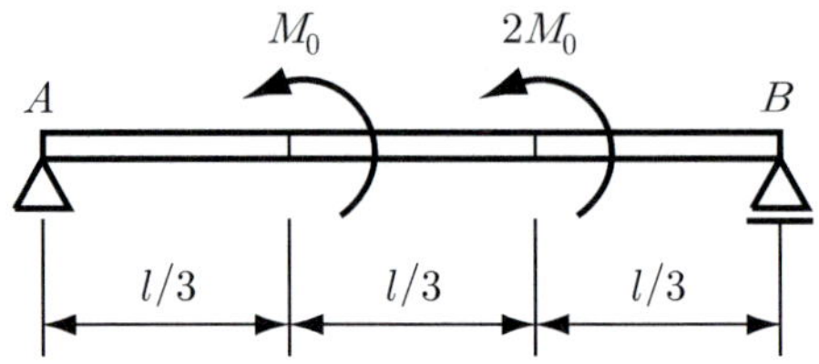

그림 27

6-30 [그림 26]과 같이 단순보(CD) 위에 놓여 있는 외팔보 (AB)의 자유단 B에 하중 P가 걸릴 때, 두 보가 겹치는 점 O의 처짐을 구하라.
단, 보 AB ; E_1, I_1, 보 CD ; E, I

답: $y_0 = \dfrac{\ell^3}{48EI}\dfrac{\dfrac{5P\ell^3}{E_1I_1}}{\left(\dfrac{\ell^3}{EI}+\dfrac{2\ell^3}{E_1I_1}\right)}$

6-31 [그림 27]에 보인 바와 같이 단순보 AB가 모멘트 M_0와 $2M_0$를 받고 있다. 보의 끝단에서의 회전각 θ_A와 θ_B를 구하라.

답: $\theta_A = \dfrac{M_0\ell}{2EI}$, $\theta_B = \dfrac{M_0\ell}{EI}$

※ 문제 [6-32]~[6-35]까지를 특이함수법으로 풀어라.

6-32 문제 6-14을 다시 특이함수법으로 풀어라.

6-33 문제 6-16을 다시 특이함수법으로 풀어라.

6-34 문제 6-20을 다시 특이함수법으로 풀어라.

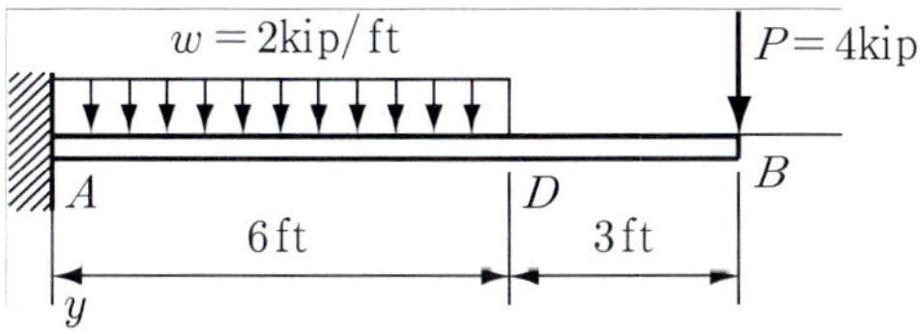

그림 28

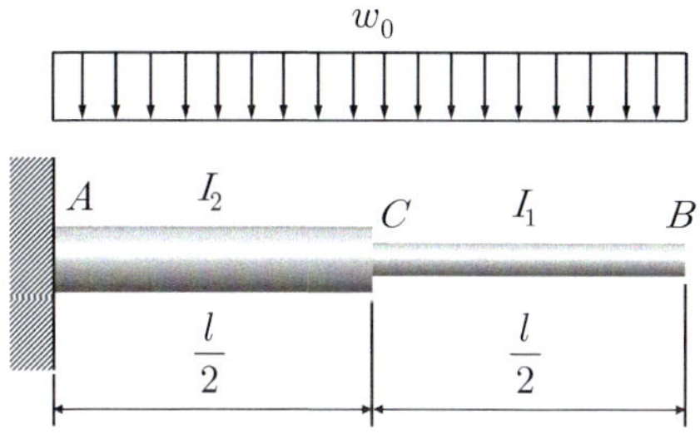

그림 29

6-35 [그림 28]의 자유단에서의 θ_B, y_B를 구하라.

$E=10\times10^3 ksi$, $I=480\,\text{in}^4$

답: $\theta_B = 0.00702 rad$, $y_B = 0.544$ 인치

6-36 [그림 29]의 일단고정보의 자유단 B에서의 처짐 y_B를 구하라. 보는 균일분포하중을 받고 있으며, AC와 CB부분의 관성모멘트는 각각 I_2, I_1이다.

답: $\frac{w_0 \ell^4}{128EI_1}\left(1+\frac{15I_1}{I_2}\right)$

Chapter

7

부정정보

지금까지는 보의 문제를 평형방정식만으로 풀 수 있는 정정보를 취급해 왔는데 평형조건식만으로는 풀리지 않는 부정정보(statically indeterminate beams)를 7장에서 다룬다.

아래에 여러 경우의 예를 들어 설명하겠지만, 부정정량은 양지지단의 조건 등을 고려한 조건식으로부터 구하게 된다.

부정정량을 해결하면 나머지 미지수는 평형방정식으로 계산하여 미지수를 알게 된다. 이 부정정량들을 모두 알게 되면 정정문제가 되고 기본형의 단순보나 외팔보를 응용하여 이미 공부한 대로 미분방정식법, 면적모멘트법, 특이함수법 및 에너지법 등으로 F, M, θ 및 y 등을 계산할 수 있다. 따라서 각 문제에서 어떤 방법으로 풀이하는 것이 가장 편리한가는 스스로 터득해 주길 바란다. 특히 본서에서 도입된 특이함수법은 정정 및 부정정보에 걸쳐 편리한 해법이다.

7-1 중첩법

(1) 양단이 부동힌지로 지지된 보([그림 7-1])

이 경우는 부정정수가 1이다. 따라서 평형조건식 외에 다른 조건식 한 개를 더 세워 주어야 미지수인 반력들이 계산된다. [그림 7-1]에서 양단이 모두 움직이지 않으므로 직선 $\overline{AB}$가 하중을 받고 곡선 $\widehat{AB}$로 될 때 $\widehat{AB}-\overline{AB}=\delta$의 신량을 생기게 하는 수평력 H을 계산하면 된다. 실제로 계산해 보면 매우 적어 실용상 이 문제는 단순보로 취급한다.

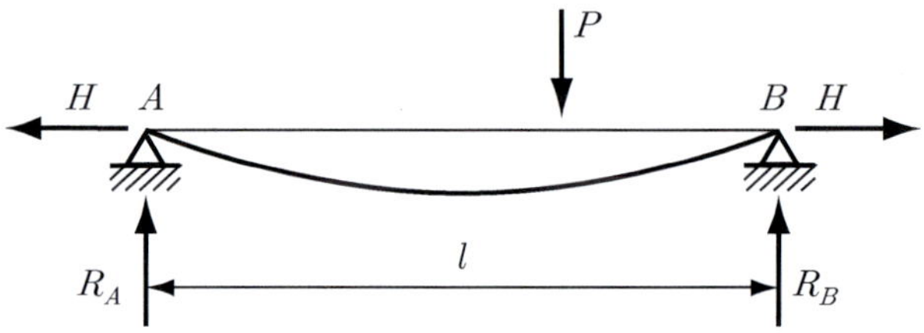

그림 7-1 양단 부동힌지 보

(2) 고정단과 가동힌지단의 보(fixed-simple beam)

[그림 7-2]의 경우 수평력은 없으므로 평형방정식은 두 개의 식 $\sum P_y=0$, $\sum M=0$이고 미지수인 반력은 세 개이므로 한 개의 부정정량이 있다.

이 한 개의 부정정량을 해결하면 정정문제가 되며, 단순히 외팔보나 단순보가 될 것이다. 따라서 이 보를 외팔보의 경우라고 생각하여 푸는 방법과 단순보라고 생각하여 푸는 방법이 있다.

해법 1

외팔보로 푸는 방법

한 개의 부정정량을 R_B라 하면 [그림 7-2(b)]와 같게 된다. [그림 7-2(a)]와 힘의 관계는 같아지나 B지점의 조건까지도 같아야 한다. 즉, 외팔보에서 $y_B=0$의 조건이 만족되면 [그림 7-2(a)]와 꼭 같다고 할 수 있다. R_B를 알아내기 위한 조건식이 바로 $y_B=0$이다.

[P에 의한 B단의 처짐 y_{B1}]

$$y_{B1}=\frac{P(l-b)^2}{6EI_z}(2l+b) \qquad (6-7)$$

[R_B에 의한 B단의 처짐 y_{B2}]

$$y_{B2}=-\frac{R_B l^3}{3EI_z}$$

$$y_B=y_{B1}+y_{B2}$$

$$=\frac{P(l-b)^2}{6EI_z}(2l+b)-\frac{R_B l^3}{3EI_z}=0$$

$$\therefore R_B=\frac{P(l-b)^2}{2l^3}(2l+b) \qquad (7-1)$$

이렇게 부정정량 R_B가 해결되면 미리 알고 있는 P와 R_B가 작용하는 외팔보의 문제로 된다. 따라서 고정단의 R_A, M_A는 평형방정식에서 식 (7-2)와 같이 계산된다.

$$\therefore \begin{cases} R_A=P-R_B=\dfrac{Pb}{2l^3}(3l^2-b^2) \\ M_A=R_B l-P(l-b)=-\dfrac{Pb}{2l^2}(l^2-b^2) \end{cases} \qquad (7-2)$$

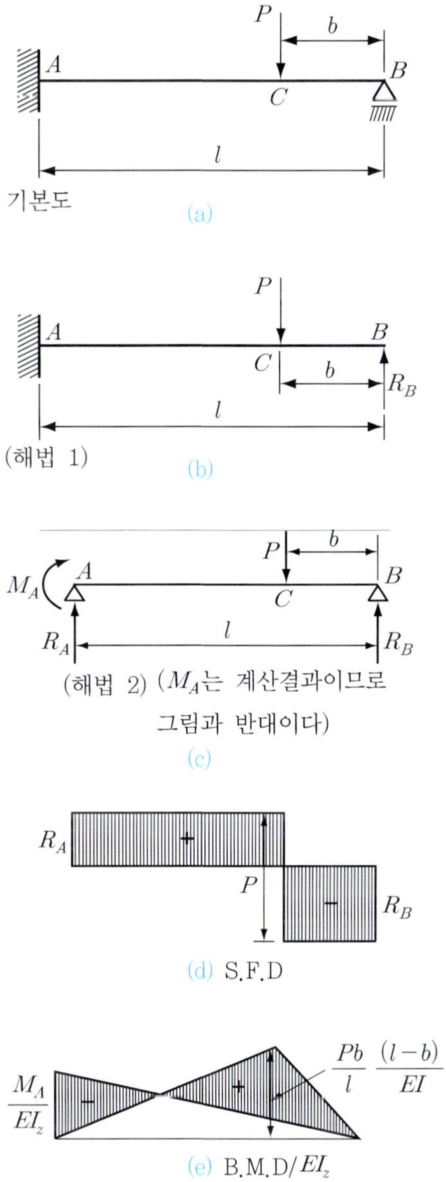

그림 7-2 고정단-가동힌지단의 보

따라서 6장에서 배운 방법으로 F, M_{max}, θ 및 y 등을 구할 수가 있다.

해법 2

단순보로 푸는 방법

부정정량으로써 M_A를 생각하고 A지점은 원래 고정단이므로 항상 $\theta_A = 0$이다. 따라서 [그림 7-2(c)]에서도 이 고정단의 조건이 만족되어야 [그림 7-2(a)]와 같은 상태가 된다. 즉 [그림 7-2(c)]에서 $\theta_A = 0$이 되는 M_A의 값을 찾으면 되는데 이 $\theta_A = 0$이 부정정량 M_A를 구하는 조건식이다.

하중 P에 의한 A지점의 경사각을 θ_{A1}이라면 아래 식이 된다.

$$\theta_{A1} = \frac{Pb}{6lEI_z}(l^2 - b^2)$$

M_A에 의한 A지점의 경사각을 θ_{A2}라 하면 다음 식을 얻는다. 따라서 식 (7-3)이 구해진다.

$$\theta_{A2} = \frac{M_A l}{3EI_z}$$

$$\theta_A = \theta_{A1} + \theta_{A2} = \frac{Pb(l^2 - b^2)}{6lEI_z} + \frac{M_A l}{3EI_z} = 0$$

$$\therefore M_A = -\frac{Pb(l^2 - b^2)}{2l^2} \qquad (7-3)$$

나머지 R_A, R_B는 P, M_A가 이미 알고 있는 값이므로 평형방정식 두 개에서 쉽게 구해진다. 즉, P와 M_A를 받는 단순보의 문제가 되는 것이다. 집중하중이 여러 개 있을 경우에도 그 하나하나에 대해서 계산식을 구하여 대수적으로 합산(중첩)하면 된다.

예제 7-1

[그림 1]과 같이 부분적인 균일분포하중이 작용하는 경우 부정정량 R_A를 구하라.

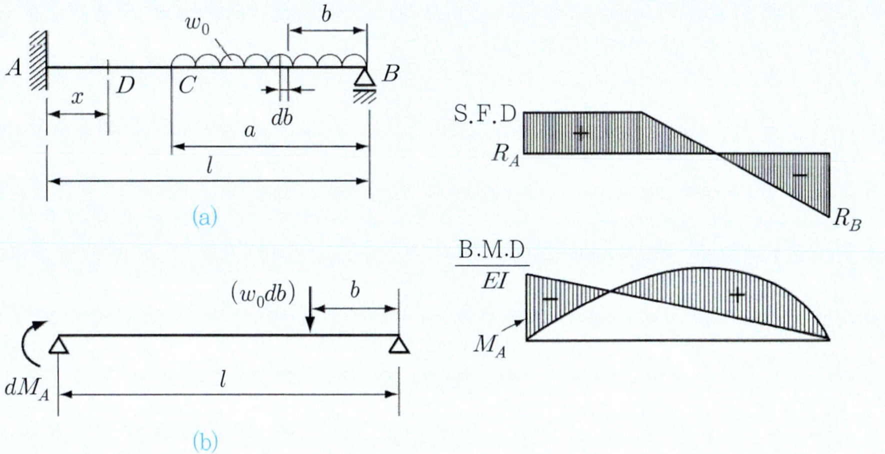

그림 1 중첩법 설명도

풀이 해법 2로 분포하중을 받는 [그림 1(a)]의 경우를 풀 때도 기본도 [그림 7-2(a)]를 생각하면서 중첩해 주면 M_A를 얻을 수 있다. [그림 1(a)]에서 b위치에 미소집중하중 w_0db를 생각하면 [그림 7-2]의 기본도 (a)와 같은 형이 된다. 따라서 이 미소하중에 대한 dM_A는 식 (7-3)에 그대로 이용하면 된다.

$$dM_A = \frac{-(w_0db)b(l^2-b^2)}{2l^2} \rightarrow M_A = \int_0^a \frac{-w_0db \cdot b(l^2-b^2)}{2l^2} = \frac{-w_0a^2}{8l^2}(2l^2-a^2)$$

(분포하중이 $b=0$에서 $b=a$까지 있으므로)

이때 R_A, R_B는 평형조건식에서 구해진다. 예로서 R_A는 다음 관계로 된다.

$$\begin{aligned} R_A &= (\text{분포하중에 의한 반력}) + (M_A\text{로 인한 반력}) \\ &= \frac{w_0a^2}{2l} - \frac{M_A}{l} - \frac{w_0a^2}{2l} + \left[\frac{w_0a^2}{8l^3}(2l^2-a^2)\right] \end{aligned}$$

SFD와 BMD/EI_z도 그림에 나타내었다. θ_D와 y_D는 7장의 해법을 이용하여 각각 구해 보라.

(3) 양단고정보(fixed-end beam)의 경우

이 경우도 단순보나 외팔보의 문제로 바꾸어 놓을 수 있다. 여기서는 단순보로 바꾸어 놓는 방법만 설명한다. 즉, P를 받고 이로 인하여 생기는 고정단모멘트 M_A, M_B를 구하여 P, M_A 및 M_B를 받는 단순보라고 생각하고 이 보에 대한 모든 계산 (F, M, θ 및 y 등)을 하면 이것이 바로 양단고정보에 대한 해답이 된다.

[그림 7-3]의 양단고정보는 부정정량이 두 개가 되며, 집중하중 P가 있는 기본형의 경우로 하고, 고정모멘트 M_A, M_B를 부정정량으로 하여 고정단의 조건인 $\theta_A = 0$, $\theta_B = 0$으로 이 문제의 해를 구하면 된다. 즉, 단순보에 M_A, M_B가 따로 부가되고 이 고정단의 조건이 만족되면 기본도 (a)와 같아지기 때문이다(M_A, M_B는 아직 크기와 방향을 모르지만 방향은 우선 양(+)으로 가정하여 해를 구한다).

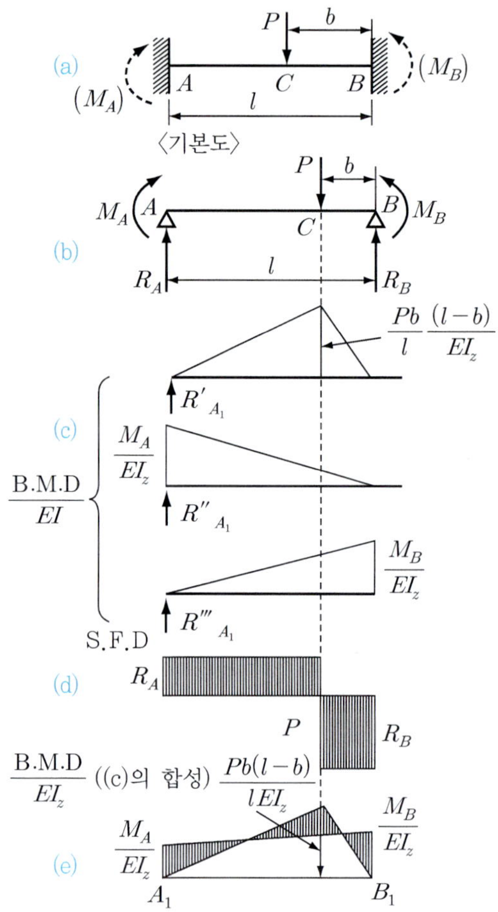

그림 7-3 양단고정보

$\theta_A = 0$, $\theta_B = 0$: [그림 7-3(c)]와 같이 BMD/EI_z를 가상보로 하여 반력을 구하면 된다.

$$\therefore \begin{cases} \theta_A = R_{A_1} = [R'_{A_1} + R''_{A_1} + R'''_{A_1}] \\ \quad = \dfrac{1}{EI_z}\left[\dfrac{Pb}{6l}(l^2 - b^2) + \dfrac{M_A l}{3} + \dfrac{M_B l}{6}\right] = 0 \\ \theta_B = R_{B_1} = [R'_{B_1} + R''_{B_1} + R'''_{B_1}] \end{cases}$$

$$= \frac{1}{EI_z}\left[\frac{Pb}{6l}(l-b)(2l-b) + \frac{M_A l}{6} + \frac{M_B l}{3}\right] = 0$$

이 두 식을 풀어서 부정정량 M_A, M_B를 계산하면 된다.

$$\therefore M_A = -\frac{Pb^2}{l^2}(l-b), \qquad M_B = -\frac{Pb}{l^2}(l-b)^2 \tag{7-4}$$

부호가 음(−)이므로 M_A, M_B의 방향은 기본도 M_A, M_B의 방향과 반대임을 알 수 있다. 이것을 알면 평형방정식에서 반력 R_A, R_B가 구해진다.

$$\therefore \begin{cases} R_A = \dfrac{Pb}{l} - \dfrac{M_A}{l} + \dfrac{M_B}{l} = \dfrac{Pb^2}{l^3}(3l-2b) \\ R_B = \dfrac{P(l-b)^2}{l^3}(l+2b) \end{cases} \tag{7-5}$$

예제 7-2

부분적인 균일분포하중이 [그림 2]와 같이 작용하는 양단고정보의 부정정량을 구하라.

풀이 [그림 2]의 분포하중 경우도 앞에서 다룬 중첩으로 다룰 수 있다. 즉 식 (7-4)로 M_A, M_B를 구하면 다음과 같다. 또 전 길이에 걸쳐 분포하중이 있을 때는 $0 \sim l$까지 적분하면 된다. 경사하중이 있을 경우는 미지반력 6, 평형방정식 3, 따라서 부정정수는 세 개가 되며 하중의 수평분력으로 반력을 따로 구하면 된다.

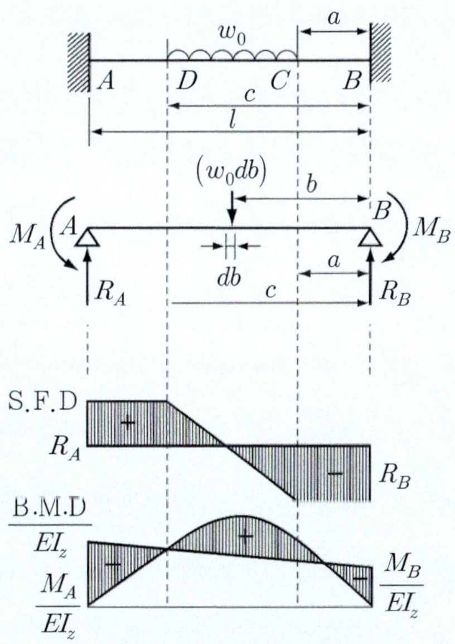

그림 2 양단고정보(중첩법)

$$\therefore \begin{cases} M_A = \displaystyle\int_a^c \frac{(w_0 \cdot db)b^2}{l^2}(l-b) = \frac{w_0}{12l^2}[4l(c^3-a^3) - 3(c^4-a^4)] \\ M_B = \displaystyle\int_a^c \frac{(w_0 \cdot db)b}{l^2}(l-b)^2 = \frac{w_0}{12l^2}[6l^2(c^2-a^2) - 8l(c^3-a^3) + 3(c^4-a^4)] \end{cases}$$

예제 7-3

[그림 3]의 문제에서 처짐의 식을 유도하라.

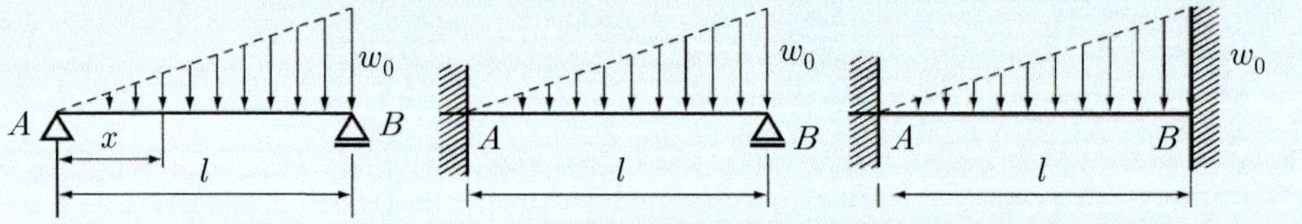

(a) 정정문제 (b) 부정정량 1개 (c) 부정정량 2개

그림 3

풀이 $EI_z\dfrac{d^4y}{dx^4}=w_0(x)=w_0\dfrac{x}{l},\quad EI_z\dfrac{d^3y}{dx^3}=\dfrac{w_0}{2l}x^2+C_1$

$$EI_z\frac{d^2y}{dx^2}=\frac{w_0}{6l}x^3+C_1x+C_2,\quad EI_z\frac{dy}{dx}=\frac{w_0}{24l}x^4+\frac{C_1}{2}x^2+C_2x+C_3$$

$$EI_z\,y=\frac{w_0}{120l}x^5+\frac{C_1}{6}x^3+\frac{C_2}{2}x^2+C_3x+C_4$$

[그림 3(a)]의 경우의 상수는 다음과 같이 구한다.

$$\left.\begin{array}{l} y(0)=0: \\ M(0)=0: \\ y(l)=0: \\ M(l)=0: \end{array}\right\}\left\{\begin{array}{l} C_4=0 \\ C_2=0 \\ C_1=-\dfrac{w_0l}{6} \\ C_3=\dfrac{7w_0l^3}{360} \end{array}\right\}\left\{\begin{array}{l} \dfrac{dy}{dx}=\dfrac{1}{EI_z}\left(\dfrac{w_0x^4}{24l}-\dfrac{w_0l}{12}x^2+\dfrac{7w_0l^3}{360}\right) \\ y=\dfrac{1}{EI_z}\left(\dfrac{w_0x^5}{120l}-\dfrac{w_0lx^3}{36}+\dfrac{7w_0l^3}{360}x\right) \end{array}\right.$$

[그림 3(b)]의 경우의 상수는 다음과 같이 구한다.

$$\begin{array}{r} y(0)=0: \\ \left(\dfrac{dy}{dx}\right)_{x=0}=0: \\ y(l)=0: \\ \left(\dfrac{d^2y}{dx^2}\right)_{x=l}=0: \end{array}\left\{\begin{array}{l} C_4=0 \\ C_3=0 \\ C_1=-\dfrac{9w_0l}{40} \\ C_2=\dfrac{7w_0l^2}{120} \end{array}\right\}$$

$$\left\{\begin{array}{l} \dfrac{dy}{dx}=\dfrac{1}{EI_z}\left(\dfrac{w_0x^4}{24l}-\dfrac{9w_0l}{80}x^2+\dfrac{7w_0l^2}{120}x\right) \\ y=\dfrac{1}{EI_z}\left(\dfrac{w_0x^5}{120l}-\dfrac{3w_0l}{80}x^3+\dfrac{7w_0l^2}{240}x^2\right) \end{array}\right.$$

[그림 3(c)]의 경우의 상수는 다음과 같이 구한다.

$$\left.\begin{aligned} y(0)=0: &\\ \left(\frac{dy}{dx}\right)_{x=0}=0: &\\ y(l)=0: &\\ \left(\frac{dy}{dx}\right)_{x=l}=0: & \end{aligned}\right\} \begin{cases} C_4=0 \\ C_3=0 \\ C_1=-\dfrac{3w_0 l}{20} \\ C_2=\dfrac{w_0 l^2}{30} \end{cases} \left\{ \begin{aligned} \frac{dy}{dx} &= \frac{1}{EI_z}\left(\frac{w_0 x^4}{24l}-\frac{3w_0 l}{40}x^2+\frac{w_0 l^2 x}{30}\right) \\ y &= \frac{1}{EI_z}\left(\frac{w_0 x^5}{120l}-\frac{w_0 l}{40}x^3+\frac{w_0 l^2}{60}x^2\right) \end{aligned}\right.$$

별법 [그림 3(c)]의 경우만 특이함수법으로 풀어보자.

$$q(x)=M_A\langle x\rangle^{-2}-R_A\langle x\rangle^{-1}+\frac{w_0}{l}\langle x\rangle^{1}-R_B\langle x-l\rangle^{-1}-M_B\langle x-l\rangle^{-2}$$

F와 M을 구하여 $EI_z y''=-M$에 대입한다.

$$EI_z y''=M_A\langle x\rangle^0-R_A\langle x\rangle^1+\frac{w_0}{6l}\langle x\rangle^3-R_B\langle x-l\rangle^1-M_B\langle x-l\rangle^0$$

$$EI_z y'=M_A\langle x\rangle^1-\frac{R_A}{2}\langle x\rangle^2+\frac{w_0}{24l}\langle x\rangle^4-\frac{R_B}{2}\langle x-l\rangle^2-M_B\langle x-l\rangle^1+C_1$$

$$EI_z y=\frac{M_A}{2}\langle x\rangle^2-\frac{R_A}{6}\langle x\rangle^3+\frac{w_0}{120l}\langle x\rangle^5-\frac{R_B}{6}\langle x-l\rangle^3-\frac{M_B}{2}\langle x-l\rangle^2+C_1x+C_2$$

$y'(0)=0:\ C_1=0,\ \ y(0)=0:\ C_2=0$

미지수 (M_A, M_B, R_A, R_B)를 구한다.

$$\left.\begin{aligned} &(1)\ \sum P_y=0: R_A+R_B=\frac{w_0 l}{2} \\ &(2)\ \sum M=0: M_A-R_A l+\frac{w_0 l}{2}\cdot\frac{l}{3}-M_B=0 \\ &\quad (B\text{점}) \\ &(3)\ y'(l)=0: 0=M_A l-\frac{R_A}{2}l^2+\frac{w_0}{24}l^3 \\ &(4)\ y(l)=0: 0=\frac{M_A l^2}{2}-\frac{R_A}{6}l^3+\frac{w_0 l^4}{120} \end{aligned}\right\} \therefore \begin{cases} R_A=\dfrac{3w_0 l}{20} \\ R_B=\dfrac{7w_0 l}{20} \\ M_A=\dfrac{w_0 l^2}{30} \\ M_B=\dfrac{w_0 l^2}{20} \end{cases}$$

따라서 기울기와 처짐곡선은 다음과 같이 된다.

$$\therefore \begin{cases} \dfrac{dy}{dx}=\dfrac{1}{EI_z}\left(\dfrac{w_0 l^2}{30}x-\dfrac{3w_0 l}{40}x^2+\dfrac{w_0}{24l}x^4\right) \\ y=\dfrac{1}{EI_z}\left(\dfrac{w_0 l^2}{60}x^2-\dfrac{w_0 l}{40}x^3+\dfrac{w_0}{120l}x^5\right) \end{cases}$$

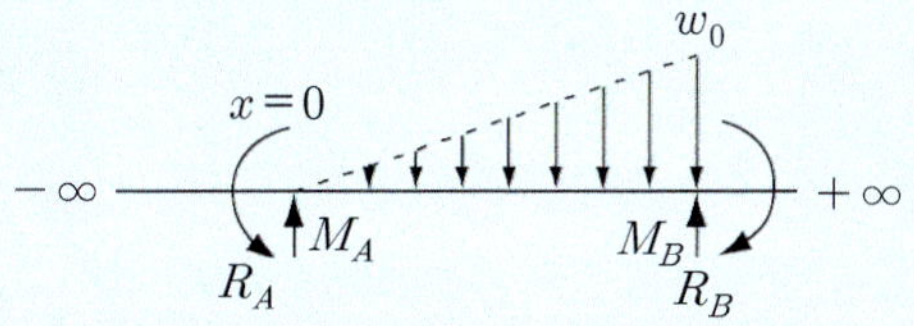

예제 7-4

[그림 4]와 같은 하중이 없는 양단고정보에서 지점 B가 회전 없이 수직으로 δ만큼 이동되었을 때 θ, y식을 구하라.

풀이 하중은 없지만 B점의 처짐 δ가 있는 경우와 같다.

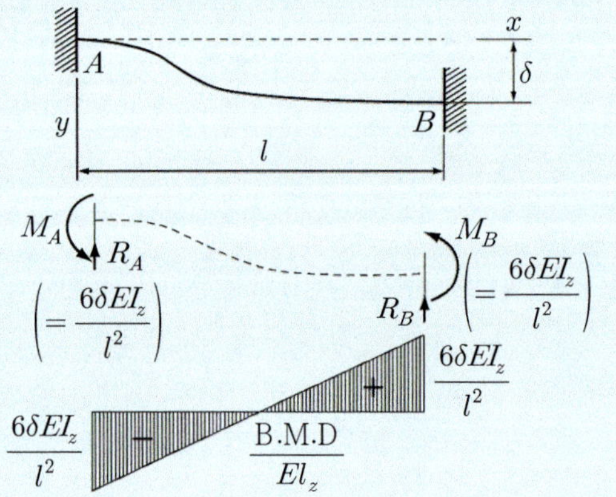

그림 4

$$EI_z\frac{d^4y}{dx^4}=0$$

$$EI_z\frac{d^3y}{dx^3}=C_1$$

$$EI_z\frac{d^2y}{dx^2}=C_1x+C_2=-M$$

$$EI_z\frac{dy}{dx}=\frac{C_1x^2}{2}+C_2x+C_3$$

$$EI_zy=\frac{C_1x^3}{6}+\frac{C_2}{2}x^2+C_3x+C_4$$

적분상수가 4개이므로 조건식 4개를 세운다.

$$\left.\begin{aligned}\left(\frac{dy}{dx}\right)_{x=0}&=0:\\ y(0)&=0:\\ \left(\frac{dy}{dx}\right)_{x=l}&=0:\\ y(l)&=\delta:\end{aligned}\right\}\quad\therefore\quad\left\{\begin{aligned}C_3&=0\\ C_4&=0\\ C_1&=-\frac{12\delta EI_z}{l^3}\\ C_2&=\frac{6\delta EI_z}{l^3}\end{aligned}\right.$$

$$\left\{\begin{aligned}&EI_z\frac{d^3y}{dx^3}=-\frac{12\delta EI_z}{l^3},\qquad EI_z\frac{d^2y}{dx^2}=-\frac{12\delta EI_z}{l^3}x+\frac{6\delta EI_z}{l^2}\\ &EI_z\frac{dy}{dx}=-\frac{6\delta EI_z}{l^3}x^2+\frac{6\delta EI_z}{l^2}x\\ &EI_z\ y=-\frac{2\delta EI_z}{l^3}x^3+\frac{3\delta EI_z}{l^2}x^2\end{aligned}\right.$$

$EI_z\frac{d^3y}{dx^3}=-F$이므로 $F=\frac{12\delta}{l^3}EI_z$

이것은 보 전체에 일정하다. 따라서 반력도 같은 값이다.

또, $EI_z\frac{d^2y}{dx^2}=-M$이므로(M은 + 방향) 위식에서 구한다.

$M=\frac{12\delta EI_z}{l^3}x-\frac{6\delta EI_z}{l^2}$; 모멘트의 일반식

이 식에서

$$x=0:\ M_A=-\frac{6\delta EI_z}{l^2}\ \text{[즉, 반시계방향]}$$

$$x=l:\ M_B=\frac{6\delta EI_z}{l^2}\ \text{[역시 반시계방향(}B\text{지점에 대해서는 +가 됨)]}$$

별법 $S.F.$ 법으로 해를 구해본다.

$$q(x)=-R_A\langle x\rangle^{-1}+M_A\langle x\rangle^{-2}+M_A\langle x-l\rangle^{-2}-R_B\langle x-l\rangle^{-1}$$

F와 M을 구하여 $EIy''=-M$에 대입한다.

$$EI_zy''=-M=-R_A\langle x\rangle^1+M_A\langle x\rangle^0+M_A\langle x-l\rangle^0-R_B\langle x-l\rangle^1$$

$$EI_zy'=-\frac{R_A}{2}\langle x\rangle^2+M_A\langle x\rangle^1+M_B\langle x-l\rangle^1-\frac{R_B}{2}\langle x-l\rangle^2+C_1$$

$$EI_zy=-\frac{R_A}{6}\langle x\rangle^3+\frac{M_A}{2}\langle x\rangle^2+\frac{M_B}{2}\langle x-l\rangle^2-\frac{R_B}{6}\langle x-l\rangle^3+C_1x+C_2$$

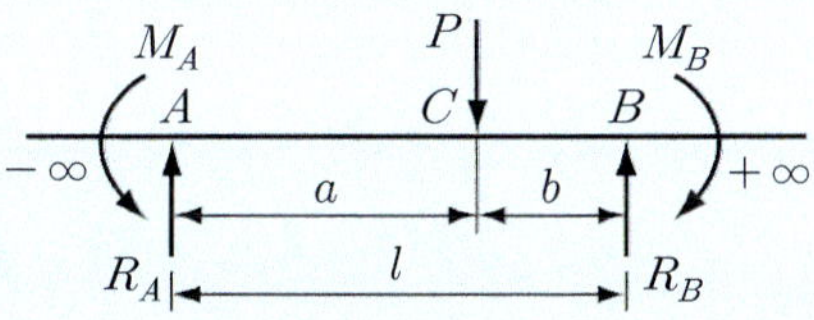

$y'(0)=0:\ C_1=0,\ \ y(0)=0:\ C_2=0$

미지수 (R_A, R_B, M_A, M_B)를 구한다.

(1) $\sum P_y=0:\ R_A+R_B=0$

(2) $\sum M=0:\ -R_Al+M_A+M_B=0$ (B점)

(3) $y'(l)=0:\ -\dfrac{R_A}{2}l^2+M_Al=0$

(4) $y(l)=\delta:\ EI_z\delta=-\dfrac{R_A}{6}l^3+\dfrac{M_A}{2}l^2$

$\therefore$

$$R_A=\frac{12\delta EI_z}{l^3},\quad R_B=-\frac{12\delta EI_z}{l^3},\quad M_A=\frac{6\delta EI_z}{l^2},\quad M_B=\frac{6\delta EI_z}{l^2}$$

임의 단면의 기울기 θ와 처짐 y식은 다음과 같다.

$$\theta=\frac{1}{EI_z}\left[-\frac{R_A}{2}x^2+M_Ax\right]=\frac{6\delta}{l^3}(lx-x^2)$$

$\therefore$

$$y=\frac{1}{EI_z}\left[-\frac{R_A}{6}x^3+\frac{M_A}{2}x^2\right]=\frac{\delta x^2}{l^3}(3l-2x)$$

예제 7-5

[그림 5]와 같이 보의 위가 t_1, 아래가 t_2의 온도로 되었을 때 ($t_2 > t_1$)의 반력을 구하라.

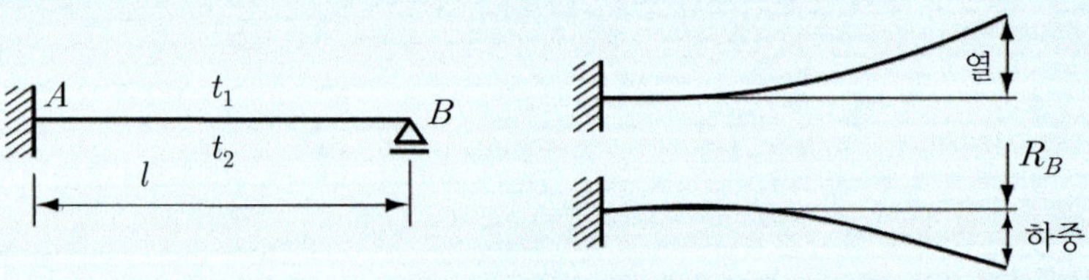

그림 5

풀이 외팔보라고 생각하고 열 때문에 휘어져서 생긴 B단의 처짐을 $(y_B)_H$, 반력 R_B를 하중이라고 생각하여 이것에 대한 B단의 처짐을 $(y_B)_R$라 한다. 열 때문에 휘어지려 하나 반력 R_B로 움직이지 못하게 구속하므로 $(y_B)_H + (y_B)_R = 0$이다.

식 (6-28)로부터 구한다.

$$\frac{dy}{dx} = -\frac{\alpha(t_2 - t_1)}{h}x + C_1,$$

$$y = -\frac{\alpha(t_2 - t_1)}{2h}x^2 + C_1x + C_2$$

고정단의 조건 $x = 0$에서

$dy/dx = 0,\ y = 0 : C_1 = 0,\ C_2 = 0$

$$(y_B)_H = \frac{-\alpha(t_2 - t_1)}{2h}l^2 \text{(-는 위로 휨)},$$

$$(y_B)_R = \frac{R_B l^3}{3EI_z}$$

$$\therefore \left| \begin{aligned} R_B &= \frac{3\alpha(t_2 - t_1)EI_z}{2hl} \\ R_A &= -R_B = -\frac{3\alpha(t_2 - t_1)EI_z}{2hl} \end{aligned} \right.$$

7-2 연속보(continuous beam)

연속보는 부정정보로서 전체 반력수에서 평형방정식의 두 개(수직하중의 경우)를 뺀 것이 부정정량이다. 따라서 이 보를 푸는 순서로는 먼저 **연속된 3지점을 택하여 부정정량만큼의 식을 세운다. 이 3지점으로 된 보를 풀 때 [그림 7-4(c)]와 같이 두 개의 단순보로 해서 해를 구한다.**

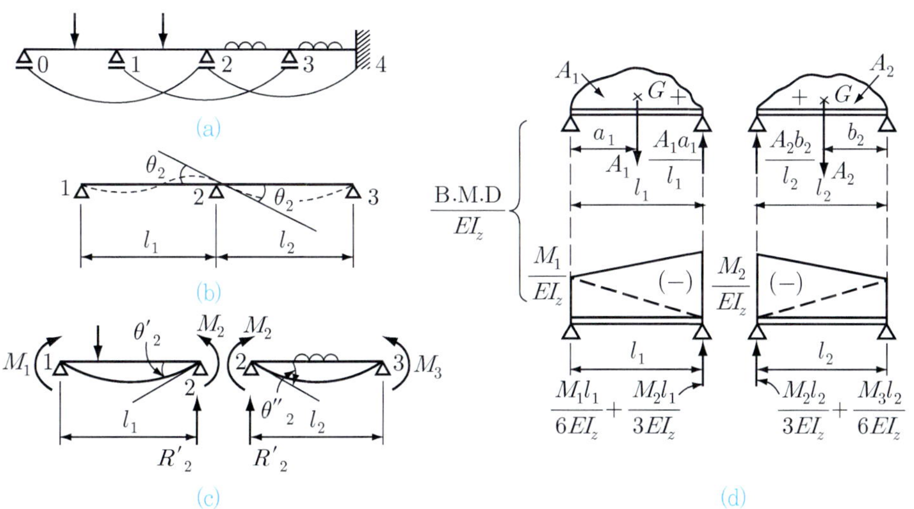

그림 7-4 연속보

[그림 7-4(b)]에서 점 1, 2, 3은 지지점(支持點)이기는 하지만 연속되어 있는 보이므로 다른 임의 단면들과 마찬가지로 굽힘모멘트가 있을 것이다. 이것이 각각 M_1, M_2, M_3라 하는 잉여반력 M이다. 이 M들을 두 단순보에 표시한 것이 [그림 7-4(c)]인데 힘의 관계는 [그림 7-4(c)]와 [그림 7-4(b)]는 같다고 할 수 있다 (단, M의 방향은 아직 모르므로 일단 +로 한다). 그러나 [그림 7-4(c)]와 [그림 7-4(b)]가 완전히 같아지려면, [그림 7-4(b)]의 제2지점의 경사각은 같아야하므로, [그림 7-4(c)]에서 $\theta_2{}'$와 $\theta_2{}''$의 크기는 같다. 이것이 부정정량을 구하기 위한 조건식이다.

$$-\theta_2{}' = \theta_2{}''\text{(각의 방향이 [그림 7-4(c)]에서 서로 다르므로)} \qquad (1)$$

[그림 7-4(d)]에서 외력에 의한 BMD의 면적을 A_1(l_1의 보), A_2(l_2의 보), a_1(1지점에서 중심까지의 거리), b_2(3지점에서 중심까지의 거리), 제2지점의 경사각 $\theta_2{}'$, $\theta_2{}''$은 가상보의

반력을 합산하면 되므로 식 (2), (3)이 구해진다.

$$\theta_2' = \frac{1}{EI_z}\left(\frac{A_1 a_1}{l_1} + \frac{M_1 l_1}{6} + \frac{M_2 l_1}{3}\right) \tag{2}$$

$$\theta_2'' = \frac{1}{EI_z}\left(\frac{A_2 b_2}{l_2} + \frac{M_2 l_2}{3} + \frac{M_3 l_2}{6}\right) \tag{3}$$

따라서 식 (2)과 (3)을 식 (1)에 대입하여 정리하면 식 (7-6)과 같다.

$$-\left(\frac{A_1 a_1}{l_1} + \frac{M_1 l_1}{6} + \frac{M_2 l_1}{3}\right) = \frac{A_2 b_2}{l_2} + \frac{M_2 l_2}{3} + \frac{M_3 l_2}{6}$$

$$M_1 l_1 + 2M_2(l_1 + l_2) + M_3 l_2 = -\frac{6A_1 a_1}{l_1} - \frac{6A_2 b_2}{l_2} \tag{7-6}$$

이 식은 **왼쪽에 미지수(부정정량)** M_1, M_2, M_3**가 포함되어 있고 오른쪽은 순전히 하중에 의한 값이 모여 있어서 쉽게 계산할 수 있는 값으로 이 식을 3모멘트방정식**(three moment equation)이라 한다. 결국 연속된 3지점에서 하나의 조건식이 구해졌다. 연속보 전체로 볼 때 3지점씩을 차례로 택하면 식 (7-6)의 수가 연속보의 중간지점 수만큼 생긴다.
여기에 양 지점의 조건식 (단순지지이면 각각 $M = 0$; 고정단이면 $\theta = 0$ 등)을 세워서 연립방정식을 풀면 부정정량이 계산된다. 이 부정정량이 계산되면 [그림 7-4(c)]와 같은 정정보로 귀착되어 F, M, θ, y 등을 전부 계산할 수 있게 된다. 즉, 단순지지보에 하중과 양단에 모멘트 M_1, M_2, M_3 등이 작용하는 문제가 되는 것이다.
M_1, M_2, M_3가 구해졌을 때 2지점의 반력 R_2를 구하려면 [그림 7-4(c)]에서 1-2보의 2지점의 반력 R_2', 2-3보의 2지점의 반력 R_2''를 구하여 합산하면 된다.

$$R_2 = R_2' + R_2'' \tag{4}$$

$$R_2' = (\text{1-2보의 하중 만에 의한 2지점 반력}) + \frac{M_1}{l_1} - \frac{M_2}{l_1}$$

$$R_2'' = (\text{2-3보의 하중 만에 의한 2지점 반력}) - \frac{M_2}{l_2} + \frac{M_3}{l_2}$$

각 지점의 반력을 구하는 요령은 위와 같다.

예제 7-6

[그림 6]의 연속보의 굽힘모멘트선도를 그려라.

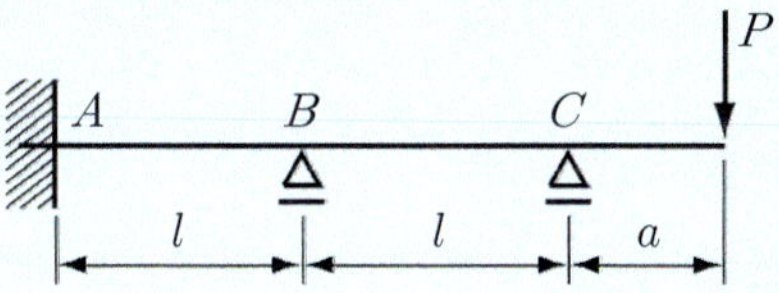

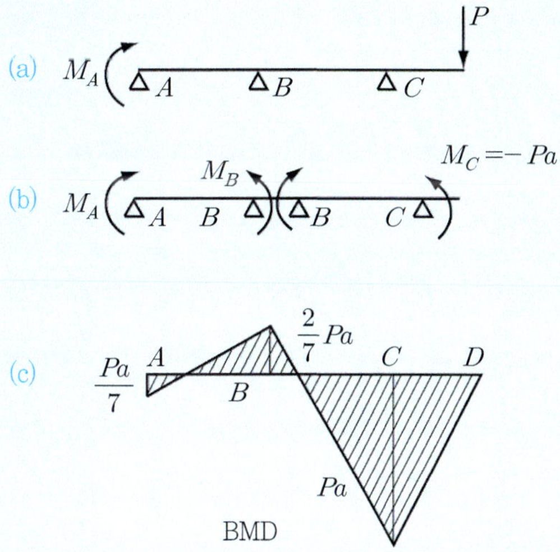

그림 6

풀이 이 문제는 [그림 6(b)]에다 $\theta_A = 0$의 조건을 합한 것과 같다고 볼 수 있다.

이것을 3-모멘트의 식 (7-6)을 써서 풀어본다(다만 P 대신 C지점에 P와 Pa로 대치한다. 이때 P는 C지점 위에 있으므로 반력계산 때 가산해 준다).

[그림 6(b)]를 보면 보 AB, BC 내에 하중이 없어서 A_1, A_2는 모두 0이다.

$M_A l + 2M_B(2l) + M_C l = 0$

$M_C = -Pa$이므로 $M_A + 4M_B - Pa = 0$ (1)

$\theta_A = 0 : \dfrac{M_A l}{3EI_z} + \dfrac{M_B l}{6EI_z} = 0,\ \ 2M_A + M_B = 0$ (2)

식 (1), (2)를 연립하여 풀면 미지수가 구해진다.

$\therefore M_A = -\dfrac{Pa}{7}$(가정했던 것과 반대방향), $M_B = \dfrac{2}{7}Pa,\ M_C = -Pa$

반력을 구해 본다. 그림을 다시 그리면 [그림 6(d)], (부호를 고려하여 그렸음)

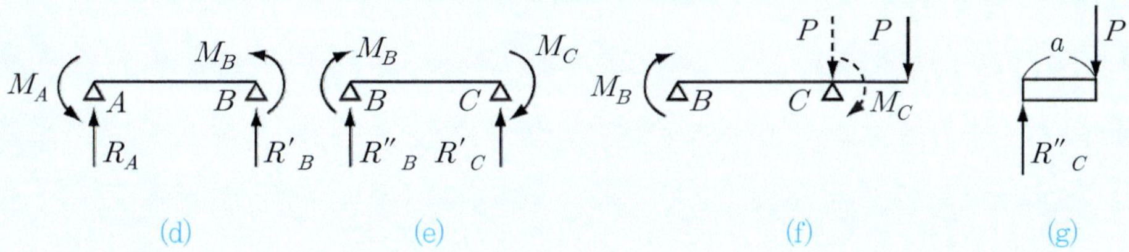

$$M_B=0 \quad \left\{\begin{aligned} &R_A=\frac{M_A}{l}+\frac{M_B}{l}=\frac{Pa}{7l}+\frac{2Pa}{7l}=\frac{3Pa}{7l} \\ &R'_B=-\frac{3Pa}{7l}(=-R_A) \end{aligned}\right\} \qquad \text{[그림 (d)]}$$

$$M_C=0 \quad \left\{\begin{aligned} &R''_B=-\frac{M_B}{l}-\frac{M_C}{l}=-\frac{2Pa}{7l}-\frac{Pa}{l}=-\frac{9Pa}{7l} \\ &R_B=R'_A+R''_A=-\frac{12Pa}{7l} \\ &R_C=-R''_B=\frac{9Pa}{7l} \end{aligned}\right\} \qquad \text{[그림 (e)]}$$

C지점에는 [그림 (f)]와 같이 P 대신 P와 Pa로 바꾸어 놓았기 때문에 R_C계산에서 C지점의 P의 반력을 합해 주어야 한다.

$$\therefore R_C=\frac{9Pa}{7l}+P$$

별법 반력을 구하는 방법

(1) 점 B를 고정단으로 생각한다.

$$M_B=R_C\,l-P(l+a)=\frac{2}{7}Pa$$

$$\therefore R_C=\frac{9Pa}{7l}+P$$

(1)

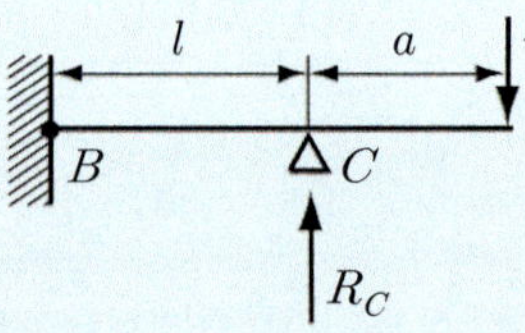

(2) 전체에서

$$M_A=R_Bl+R_C\cdot 2l-P(2l+a)=-\frac{Pa}{7}$$

$$\therefore R_B=-\frac{12Pa}{7l}$$

(2)

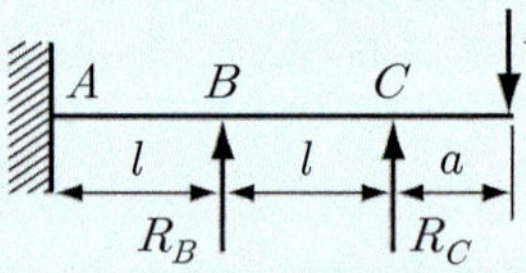

연습문제

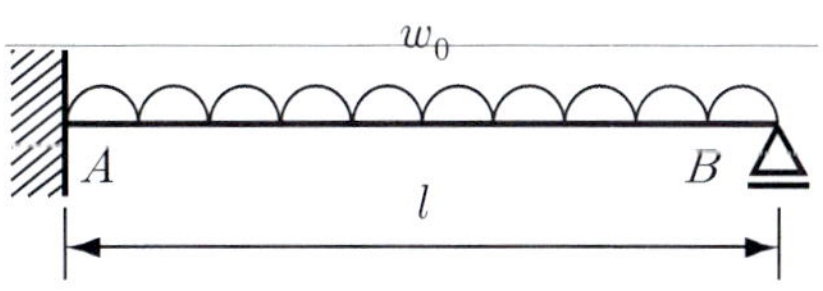

그림 1

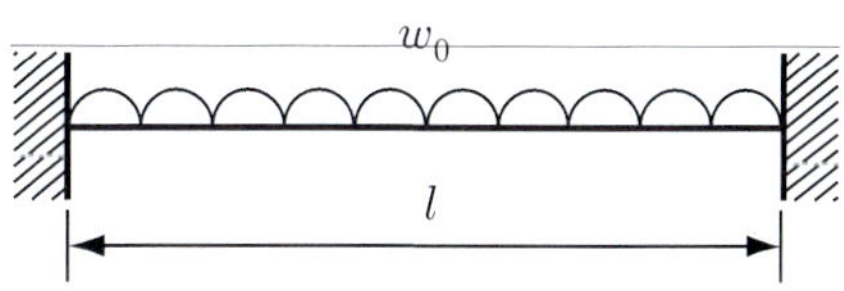

그림 2

7-1 [그림 1]의 일단고정 타단 가동힌지된 보에서 M_A를 부정정량으로 놓고, 처짐곡선의 미분방정식을 이용하여 반력과 처짐곡선의 미분방정식을 구하고 최대 처짐량 $y_{\max}$와 그것이 발생하는 위치를 구하라.

답: $y = \dfrac{w_0 x^2}{48EI_z}(3\ell^2 - 5\ell x + 2x^2)$, $R_A = \dfrac{5}{8}w_0\ell$, $R_B = \dfrac{3}{8}w_0\ell$, $x = 0.5785\ell$ 에서 $y_{\max} = 0.005416\dfrac{w_0\ell^4}{EI_z}$

7-2 [그림 2]의 양단고정보에서 처짐곡선식과 반력을 구하라.

답: $y = \dfrac{w_0 x^2}{24EI_z}(\ell - x)^2$, $R_a = R_b = \dfrac{w_0\ell}{2}$

7-3 문제 7-1에서 보의 반력을 면적모멘트법으로 풀어라.

답: $R_A = \dfrac{5}{8}w_0\ell$, $R_B = \dfrac{3}{8}w_0\ell$, $M_A = \dfrac{w_0\ell^2}{8}$

7-4 [그림 3]과 같이 등분포하중을 받고 있는 연속보의 반력을 구하라.

답: $R_A = \dfrac{w_0\ell}{8}$, $R_B = \dfrac{33}{16}w_0\ell$, $R_C = \dfrac{13}{16}w_0\ell$

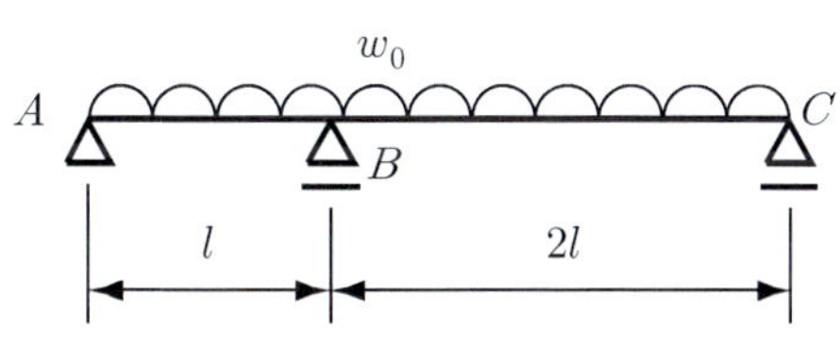

그림 3

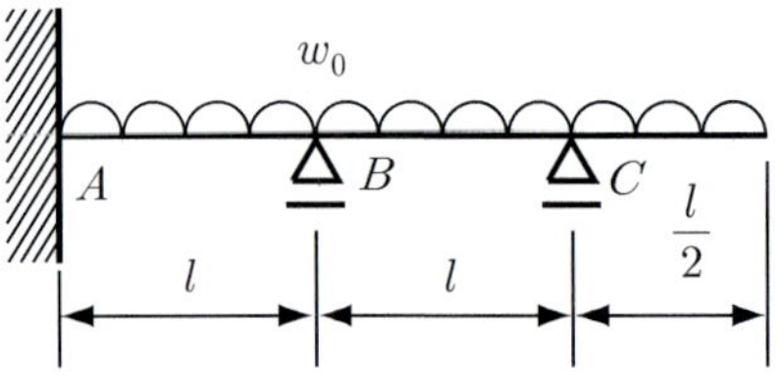

그림 4

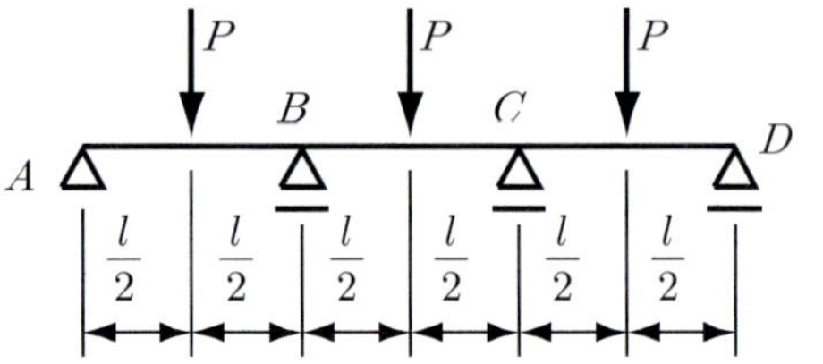

그림 5

7-5 [그림 4]의 연속보에서 M_A, M_B 및 M_C를 구하고 SFD와 BMD를 그려라.

답: $M_A = -\frac{5}{56}w_0\ell^2$, $M_B = -\frac{w_0\ell^2}{14}$, $M_C = -\frac{w_0\ell^2}{8}$

7-6 [그림 5]의 연속보에서 지점 A의 반력 R_A를 구하고 SFD와 BMD를 그려라.

답: $R_A = \frac{7}{20}P$

7-7 [그림 6]에서 처짐곡선식을 유도하고 반력을 구하라.

답: $y = \frac{M_0 x^2}{4\ell EI_z}(\ell - x)$, $R_A = \frac{3}{2}\frac{M_0}{\ell}$, $R_B = -\frac{3}{2}\frac{M_0}{\ell}$

7-8 핀열결된 [그림 7]과 같은 두 외팔보의 연결부에 하중 P가 작용할 때 연결부의 처짐을 구하라. 외팔보 AC는 E_1I_1, BC는 E_2I_2이다.

답: $\frac{P\ell_2^3\ell_1^3}{3(E_1I_1\ell_2^3 + E_2I_2\ell_1^3)}$

7-9 [그림 8]과 같이 힌지가 있는 보의 힌지부의 처짐을 구하라.

답: $\frac{7w_0\ell^4}{384EI_z}$

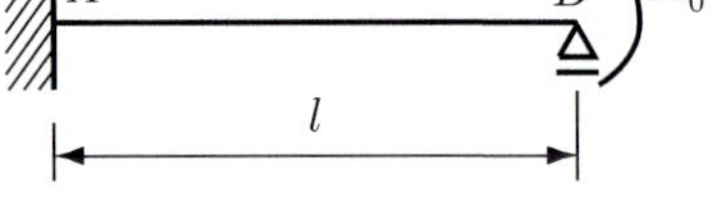

그림 6

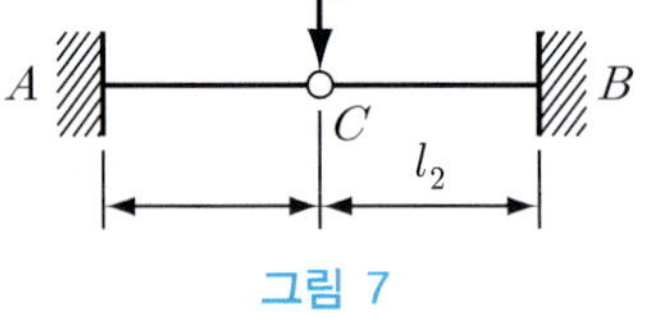

그림 7

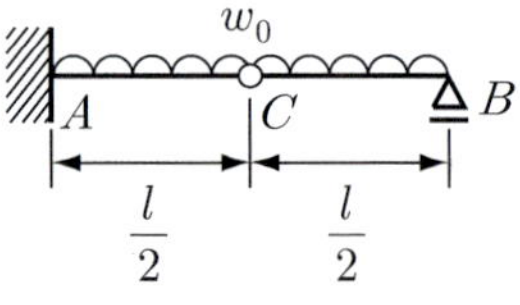

그림 8

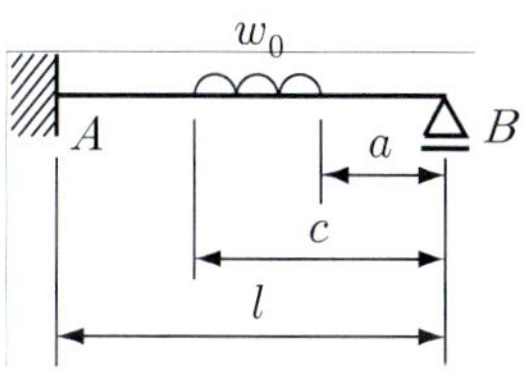

그림 9

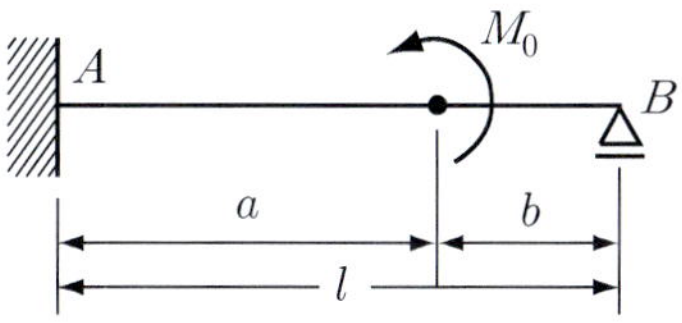

그림 10

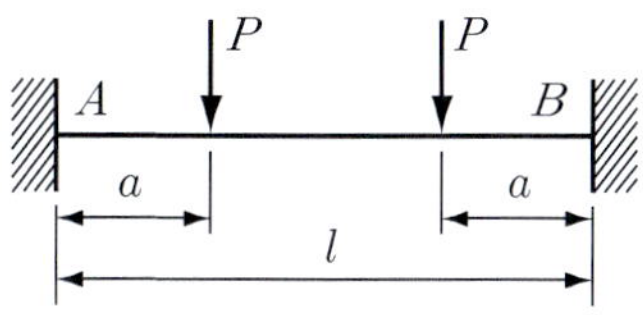

그림 11

7-10 [그림 9]에서 M_A과 R_B를 구하라.

답: $M_A = \frac{w_0}{2\ell^2}\left[\frac{\ell^2(c^2-a^2)}{2} - \frac{(c^4-a^4)}{4}\right]$, $R_B = w_0(c-a) + \frac{w_0}{8\ell^3}(c^4-a^4) - \frac{3w_0}{4\ell}(c^2-a^2)$

7-11 [그림 10]과 같은 보에서 반력 R_A, R_B를 구하고 처짐곡선이 수평이 되기위한 M_0의 위치 a를 구하라. 또 지점 A에 모멘트가 0이 되기 위한 M_0의 위치 b를 구하라. 단, a, b는 지점 A로부터의 거리이다.

7-12 [그림 11]과 같은 양단고정보의 M_A, M_B를 구하고 최대처짐 $y_{\max}$을 구하라.

답: $M_A = M_B = \frac{Pa}{\ell}(\ell - a)$, $y_{\max} = \frac{Pa^2}{24EI_z}(3\ell - 4a)$

7-13 [그림 12]와 같은 보의 반력을 구하고 SFD와 BMD를 그려라.

답: $R_A = \frac{11}{16}P$, $R_B = \frac{21P}{16}$, $M_A = \frac{3P\ell}{16}$

7-14 [그림 13]과 같은 양단고정보에 집중하중이 작용하는 경우 A지점을 $\varDelta$만큼 위로 움직였을 때 A지점의 반력 및 모멘트를 구하라.

답: $R_A = \frac{3Pb^2}{l^2} - \frac{2Pb^3}{l^3} + \frac{12EI_z}{l^3}$, $M_A = \frac{Pb^2}{\ell} - \frac{Pb^3}{\ell^2} + \frac{6EI_z}{\ell^2}$

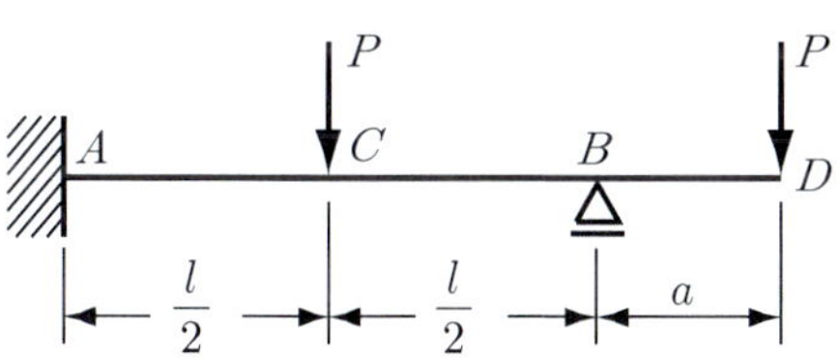

그림 12

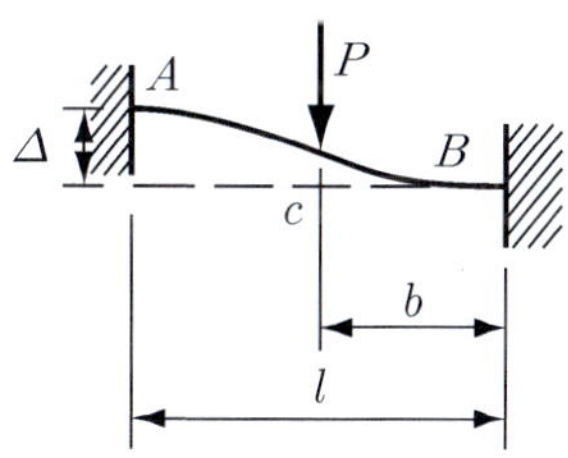

그림 13

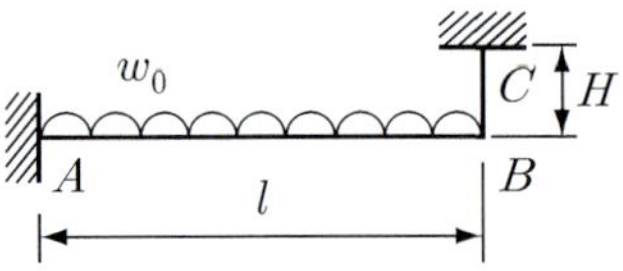

그림 14

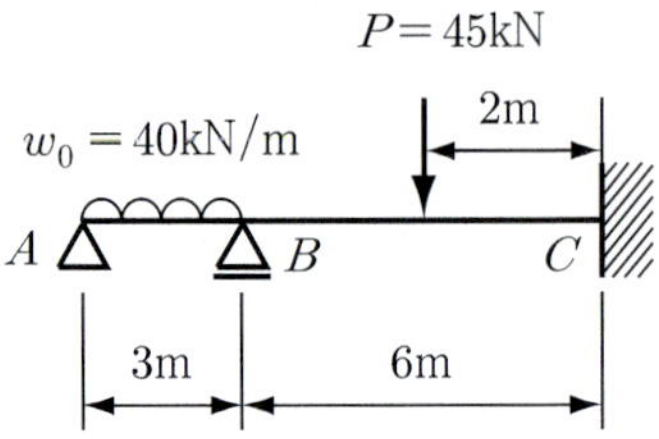

그림 15

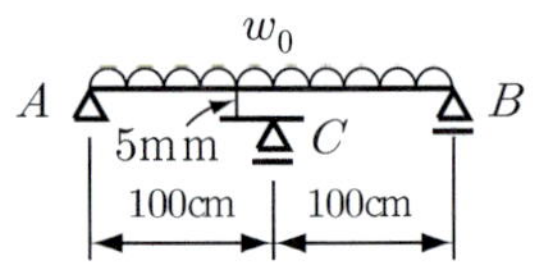

그림 16

7-15 [그림 14]와 같이 외팔보의 자유단이 케이블에 매달려 있다. 하중이 작용하기 전에는 케이블은 팽팽하지만 그 내부에는 응력이 작용하지 않는다. 등분포하중에 의해서 발생된 케이블의 내력 T를 구하라. 단, EI_z는 보의 휨강도, EA는 케이블의 축강도라 가정하라.

답: $T = \dfrac{3w_0 A \ell^4}{8A\ell^3 + 24EI_z}$

7-16 [그림 15]의 연속보에서 M_A, M_C, R_A, R_B 및 R_C를 구하라.

답: M_B=30kN/m, M_C= 35kN/m, R_A= 50kN, R_B= 84.2kN, R_C = 30.8kN

7-17 [그림 16]과 같이 나무보 AB가 양단지지되고 중앙에 5mm의 틈을 두고 또 하나의 지지점이 있어서 w_0 =50kg_f/cm의 등분포하중을 받을 때 중앙지지점의 반력을 구하라. 나무보의 $E = 1 \times 10^5\, kg_f$/cm^{2}이다. 단, $I_z = 20,417$cm^4

답: R_C =125kg_f, R_A = R_B =4,937.5kg_f

7-18 [그림 17]의 3점 지지보의 반력을 구하라.

답: $R_A = -\dfrac{Pb}{4\ell^3}(\ell^2 - b^2)$, $R_B = \dfrac{P(4\ell^3 - 5\ell^2 b + b^3)}{4\ell^3}$, $R_C = \dfrac{Pb(3\ell^2 - b^2)}{2\ell^3}$

7-19 [그림 18]과 같은 보에서 모든 반력을 구하라. 그리고 SFD, BMD를 그려라.

답: $R_A = -\dfrac{3w_0 l}{56}$, $R_B = \dfrac{19w_0 l}{56}$, $R_C = \dfrac{3w_0 l}{14}$, $M_A = -\dfrac{w_0 l^2}{112}$, $M_B = -\dfrac{w_0 l^2}{96}$

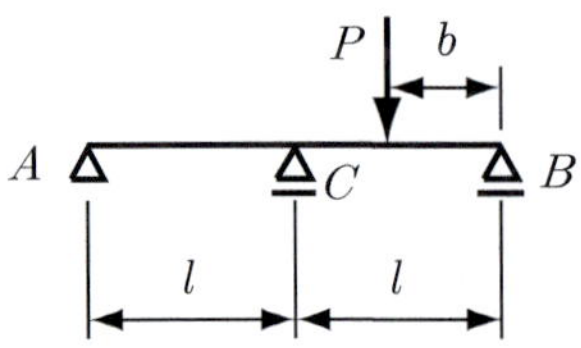

그림 17

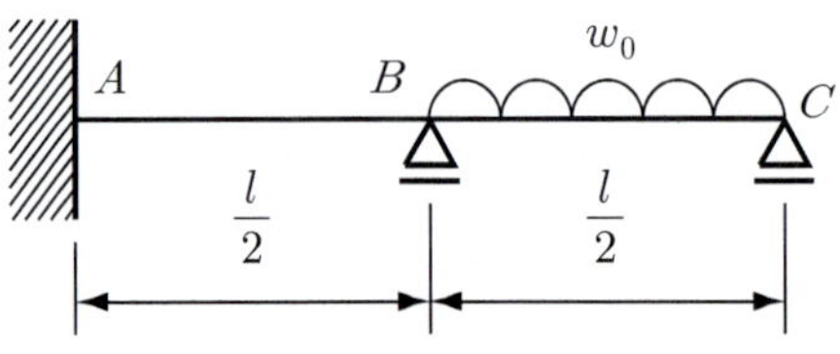

그림 18

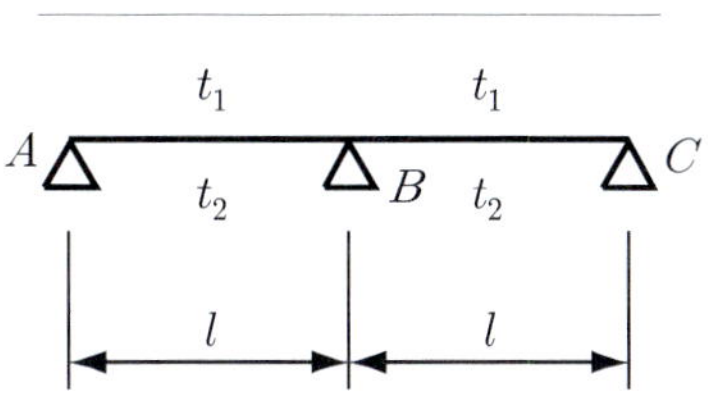

그림 19

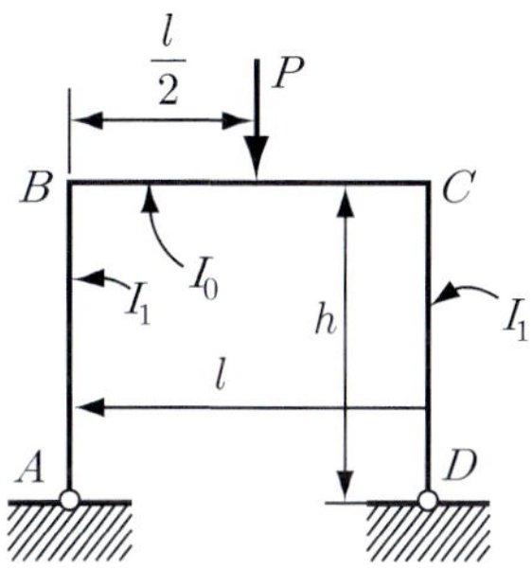

그림 20

7-20 [그림 19]와 같은 3점지지보에서 보의 윗 부분은 온도 t_1, 아랫 부분은 온도 t_2일 때 각 지점의 반력을 구하라($t_2 > t_1$이다). (단, 선팽창계수는 α)

답: $R_A = \dfrac{3EI_z\alpha(t_2-t_1)}{2\ell h}(= R_C)$, $R_B = \dfrac{3EI_z\alpha(t_2-t_1)}{\ell h}$

7-21 [그림 20]과 같이 지점이 힌지로 되어 있는 프레임(frame) 중앙에 하중 P가 작용할 때 부정정량 M_B의 값을 구하라.

답: $M_B = \dfrac{P\ell}{8}\dfrac{1}{1+\dfrac{2}{3}\dfrac{h}{\ell}\dfrac{I_0}{I_1}}$

7-22 두가지 단면으로된 [그림 21]과 같은 양단고정보 $\left(\dfrac{I_0}{I_1}=2\right)$의 경우 고정단의 모멘트를 구하라.

답: $\dfrac{5P\ell}{48}$

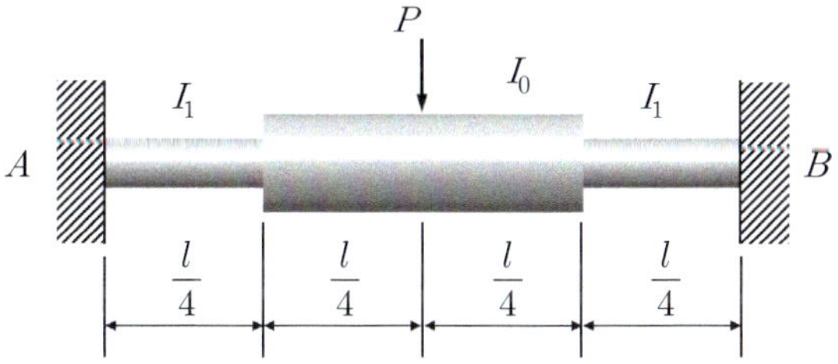

그림 21

Chapter

8

에너지법

탄성체에 하중이 작용하면 하중이 한 일만큼 탄성체 내에 에너지 보존의 법칙에 의하여 내부에너지가 저장된다. 이 에너지를 이용하여 지금까지 공부해 온 힘과 변위와의 관계를 다시 정리하면서 변형에너지법에 의한 해법을 습득하도록 한다. 이 방법은 부정정 구조물에 관한 미지력, 변위계산을 하는데 아주 좋은 방법이 되며 이 책에서 취급하지 않는 어려운 문제들도 대체로 이 에너지법으로 풀어나갈 수 있다.

8-1 탄성에너지

탄성체에 하중이 작용하면 에너지 보존의 법칙에 의하여 하중이 한 일만큼 탄성체 내에 내부에너지로 저장된다. 이 에너지를 이용하여 지금까지 공부해 온 하중과 변위와의 관계를 다시 정리하면서 변형에너지법에 의한 여러 해법을 습득하도록 한다.

[그림 8-1(a)]와 같은 균일단면봉에 인장력을 가하면 비례한도 이하에서는 변형량과 비례한다. 지금 하중 P_1인 정하중을 가했을 때 이에 대응하는 변형량은 δ_1이고 이 상태에서 하중을 dP_1만큼 증가시키면 재료는 $d\delta_1$만큼 더 변형한다. 이때 $d\delta_1$만큼 변하게 한 하중은 P_1+dP_1이므로 이 힘은 $(P_1+dP_1)d\delta_1$의 일을 하게 된다.

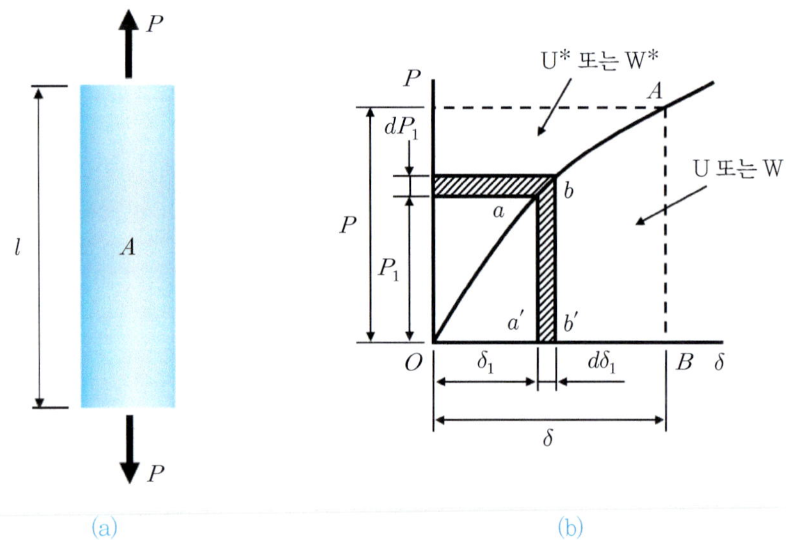

그림 8-1 변형에너지

이 일은 [그림 8-1(b)]의 선도에서 $aa'b'b$의 빗금 친 부분의 면적이며, 하중이 영에서 P까지 커졌을 때 변위(displacement) δ에 대한 일량은 $P\sim\delta$ 곡선 아래의 면적 OAB와 같다. 이 일은 재료 내부에 위치에너지(potential energy)로 저장되며 하중이 제거되면 이 에너지는 재료가 원상태로 복귀되면서 방출된다. 이 위치에너지를 보통 변형에너지라 하고 이를 U라 표시하며 식 (8-1)과 같다.

$$U=\int_0^{\delta}(P_1+dP_1)d\delta_1=\int_0^{\delta}P_1 d\delta_1 \tag{8-1}$$

[그림 8-2(a)]에서와 같이 하중-변위곡선은 그 봉의 단면적 A와 길이 l에 따라 달라진다. 따라서 봉의 치수효과를 제거하여 그 재료의 성질에 초점을 맞추기 위하여 단위체적당 변형에너지, 즉 변형에너지 밀도 u를 고려하면 식 (8-1)로부터 식 (8-2)가 된다.

$$u = \frac{U}{Al} = \int_0^{\delta} \frac{P_1 d\delta_1}{Al}$$

$$\sigma_1 = \frac{P_1}{A},\ \epsilon_1 = \frac{\delta_1}{l} \text{ 이므로} \tag{8-2}$$

$$\therefore u = \int_0^{\epsilon} \sigma_1 d\epsilon_1$$

그러므로 u는 응력-변형률곡선 아래의 면적을 나타낸다.

식 (8-2)에서 $\epsilon_1 = \epsilon_R$(여기서 ϵ_R은 재료가 파단되었을 때의 변형률)일 때의 변형에너지밀도를 인성계수(modulus of toughness, 靭性係數) u_1이라 하고 [그림 8-2(b)]에서와 같이 파단까지의 응력-변형률곡선 하의 면적과 같다.

여기서 인성(toughness, 靭性)이란 재료가 파단되기 전까지 에너지를 흡수할 수 있는 능력을 나타내며, 그 재료의 연성(ductility, 延性)을 판단하는 기준이 된다.

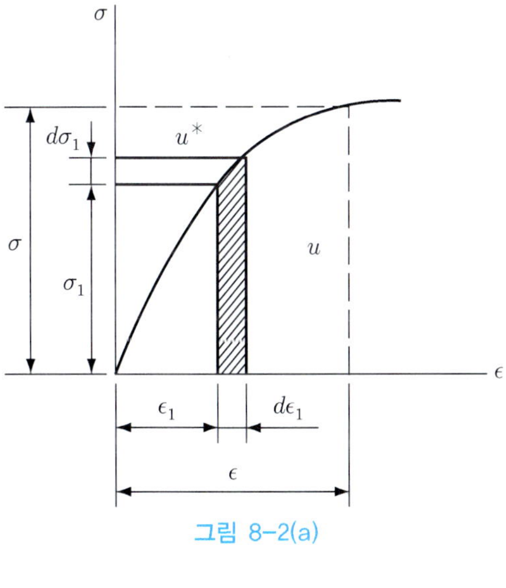

그림 8-2(a)

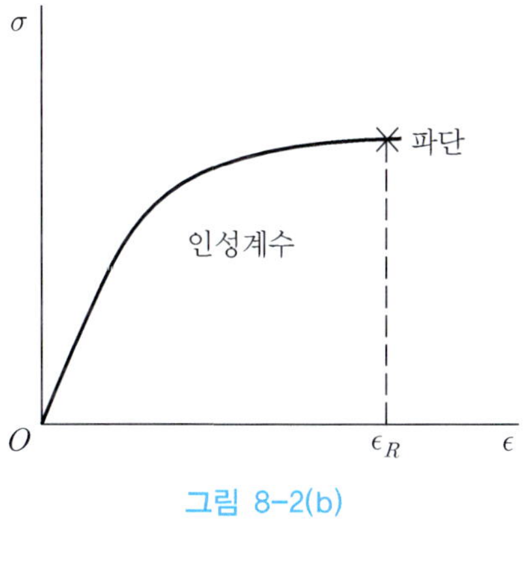

그림 8-2(b)

(1) 인장(압축)의 경우

축하중 P를 받고 있는 봉의 임의 단면에 걸리는 수직응력은 전단면에 걸쳐 균일하게 분포하므로 $\sigma = P/A$이다.

$$U = \frac{AE\delta^2}{2l} = \frac{P\delta}{2} = \frac{P^2 l}{2EA} \tag{8-3}$$

즉 [그림 8-3]과 같이 P가 작용하여 δ가 생긴 인장, 압축의 경우 $U = P\delta/2$이다. 따라서 봉의 치수효과를 제거하여 그 재료의 성질에 초점을 맞추기 위하여 단위체적당의 변형에너지, 즉 변형에너지 밀도 u를 고려해야 한다.

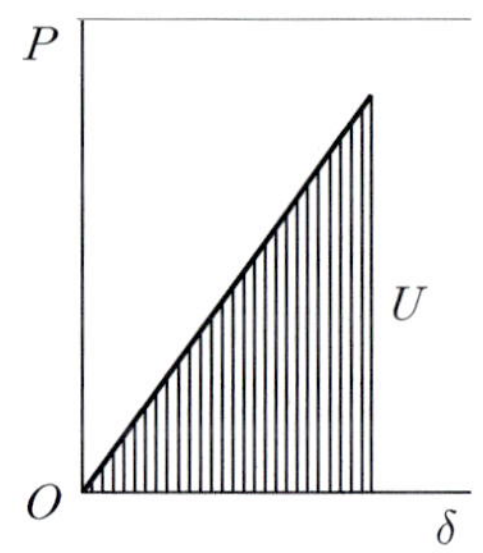

그림 8-3

$$u = \int_0^{\epsilon} E\epsilon_1 d\epsilon_1 = \frac{E\epsilon^2}{2} = \frac{\sigma\epsilon}{2}$$

$$u = \frac{U}{Al} = \frac{\sigma^2}{2E} \tag{8-4}$$

이 식에 σ 대신에 σ_p(비례한도)의 값을 대입하면 탄성상태에서 재료가 가질 수 있는 최대값 u_r이 되는데($u_r = \sigma_p^2/2E$), 이것을 레질리언스 계수(modulus of resilience) 혹은 탄성에너지계수라고 한다.

레질리언스란 재료가 탄성범위 내에서 에너지를 흡수할 수 있는 능력을 말한다 $\left(E = 2.1 \times 10^4 kg_f/\mathrm{mm}^2,\ \sigma_p = 20 kg_f/\mathrm{mm}^2,\ u_r = 9.52 \times 10^{-3} kg_f \cdot \mathrm{mm}/\mathrm{mm}^3\right)$.

(2) 굽힘의 경우

단순보의 지점에서 x위치 떨어진 곳의 순수 굽힘모멘트 M을 받는 보속에 저장되는 탄성에너지를 계산해 보자. [그림 8-4(b)]에서 모멘트가 영(零)에서 M까지 점차로 커질 때 $\theta = Ml/EI_z$이다. 따라서 보속의 탄성에너지 U는 식 (8-5)으로 된다.

$$U = \frac{M\theta}{2} = \frac{M^2 l}{2EI_z} = \frac{EI_z\theta^2}{2l} \tag{8-5}$$

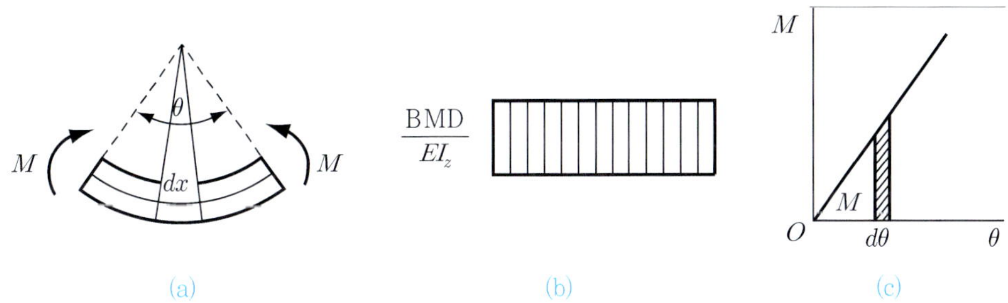

그림 8-4 순수굽힘

(3) 전단의 경우

전단력 F가 작용하여 전단변위 δ가 생긴 경우 저장된 탄성변형에너지는 [그림 8-5]와 같다.

$\delta = \dfrac{Fl}{GA}$의 관계가 있고 비례한도 내에서 $\tau = G\gamma$이므로 위 식은 식 (8-6)으로 된다.

$$u = \frac{G\gamma^2}{2} = \frac{\tau\gamma}{2} = \frac{\tau^2}{2G} \tag{8-6}$$

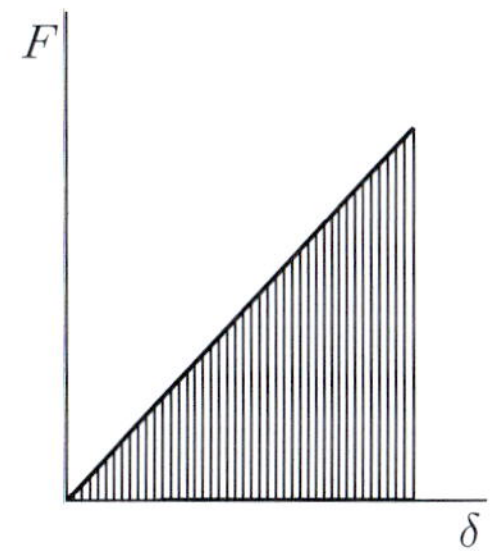

그림 8-5

(4) 비틀림의 경우

[그림 8-6]과 같이 봉 단면이 내부비틀림 T를 받을 때 생긴 에너지는 $U = \dfrac{T\phi}{2}$이다.

$\phi = \dfrac{T\ell}{GI_P}$이므로 식 (8-7)과 같이 된다.

$$U = \frac{T\phi}{2} = \frac{T^2\ell}{2GI_P} = \frac{GI_P\phi^2}{2l} \tag{8-7}$$

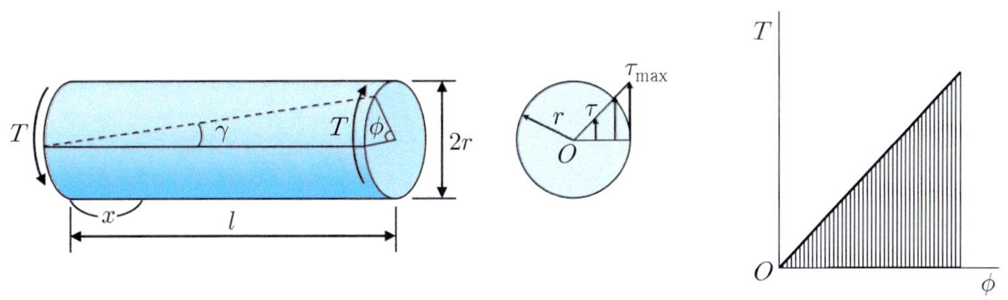

그림 8-6 비틀림

(5) 기본 공식의 정리

이상과 같이 5가지 힘의 종류에 따라 얻어진 기본선도, 기본공식, 탄성변형에너지와 변형에너지밀도를 정리하면 〈표 8-1〉과 같이 요약할 수 있다.

» 표 8-1 에너지법에 의한 여러 공식

힘의 종류	인장, 압축	굽힘	전단	비틀림
기본선도	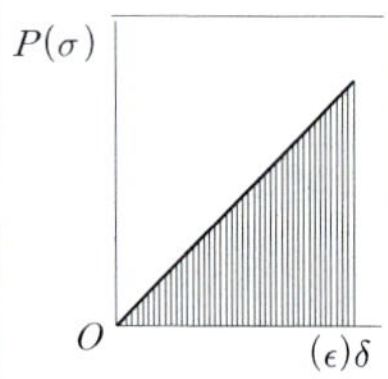	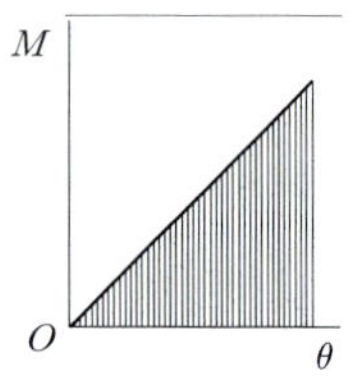	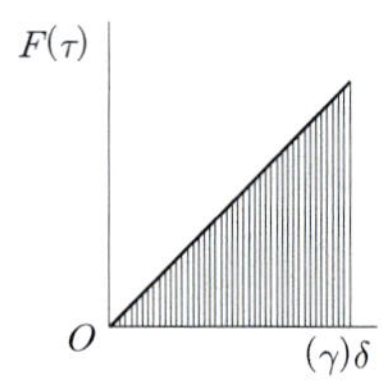	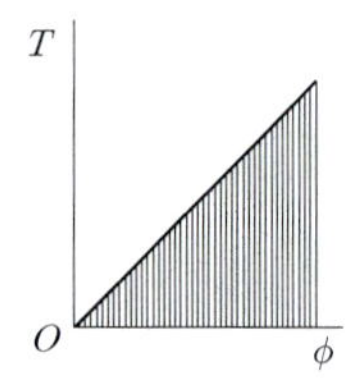
탄성 변형에너지	$U=\frac{P\delta}{2}$ $\left(\delta=\frac{Pl}{AE}\right)$	$U=\frac{M\theta}{2}$ $\left(\theta=\frac{Ml}{EI_z}\right)$	$U=\frac{F\delta}{2}$ $\left(\delta=\frac{Fl}{GA}\right)$	$U=\frac{T\phi}{2}$ $\left(\phi=\frac{Tl}{GI_p}\right)$
다른 형의 에너지 식	$U=\frac{P^2l}{2AE}$ $=\frac{AE\delta^2}{2l}$	$U=\frac{M^2l}{2EI_z}$ $=\frac{EI_z\theta^2}{2l}$	$U=\frac{F^2l}{2GA}$ $=\frac{GA\delta^2}{2l}$	$U=\frac{T^2l}{2GI_p}$ $=\frac{GI_p\phi^2}{2l}$
변형에너지 밀도	$u=\frac{E\epsilon^2}{2}$ $=\frac{\sigma^2}{2E}$		$u=\frac{G\gamma^2}{2}$ $=\frac{\tau^2}{2G}$	$u=\frac{\tau^2}{2G}$ $\left(\tau=\tau_{\max}\frac{\rho}{r}\right)$

예제 8-1

[그림 1]의 원추형 봉이 인장력 P를 받을 때 봉 속에 저장되는 탄성에너지를 계산하라.

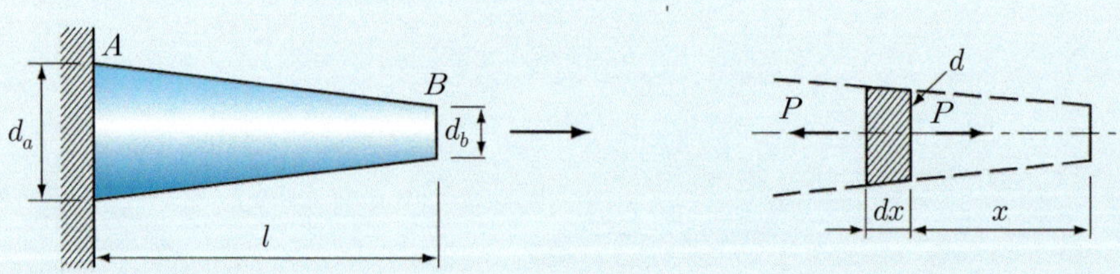

그림 1

풀이 자유단이 x의 원점인 임의 단면의 지름 $d=d_b+\frac{(d_a-d_b)}{l}x$ 식 (8-3)로부터 U를 구한다.

$$U=\int_0^l \frac{P^2dx}{2EA}=\frac{P^2}{2E}\int_0^l \frac{dx}{\pi d^2/4}=\frac{2P^2l}{\pi E d_a d_b}$$

(미소요소 dx부분의 탄성에너지 $dU=\frac{P^2dx}{2EA}$이다)

예제 8-2

[그림 2]와 같이 균질봉이 하중 P를 받을 때 각 봉에 생기는 변형에너지 U를 구하고 서로 비교하여라. 단 [그림 2(a)]는 균일한 직경 d이고 [그림 2(b)], [그림 2(c)]는 그림과 같이 d가 부분적으로 다르다.

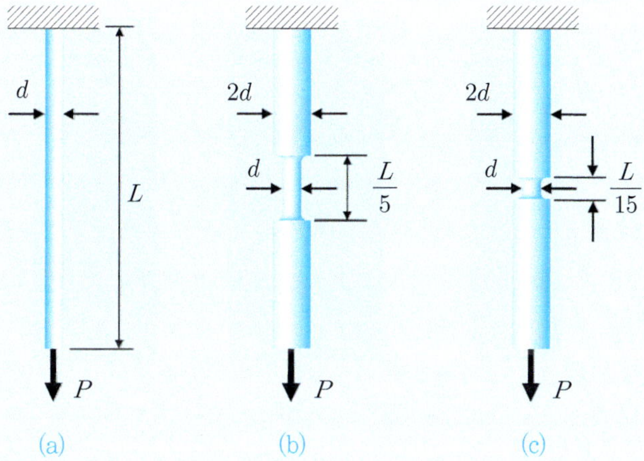

그림 2

풀이 • [그림 2(a)]의 경우 : $\frac{P^2L}{2AE}=U_o$

• [그림 2(b)]의 경우 : $U_1=\frac{P^2\left(\frac{4}{5}L\right)}{2(4A)E}+\frac{P^2\left(\frac{L}{5}\right)}{2AE}=0.4\frac{P^2L}{2AE}=0.4U_0$

• [그림 2(c)]의 경우 : $U_2=\frac{P^2\left(\frac{14}{15}L\right)}{2(4A)E}+\frac{P^2\left(\frac{1}{15}L\right)}{2AE}=0.3\frac{P^2L}{2AE}=0.3U_0$

[그림 2(a), (b), (c)]의 에너지를 비교하면 (a) : (b) : (c)=1 : 0.4 : 0.3이다. 즉 단면의 직경의 차가 클수록, 길이가 짧을수록 저장될 수 있는 변형에너지가 적어짐을 알 수 있다. 이와 같이 흠이 있는 봉은 충격하중을 흡수할 때 비효율적임을 알 수 있다.

예제 8-3

3축 응력상태에서 축적되는 에너지를 구하라.

(풀이) 수직응력을 σ_x, σ_y, σ_z, 수직변형률을 ε_x, ε_y, ε_z라 하면 수직응력에 의한 변형에너지 밀도 u_1은 식 (1)로 된다.

$$u_1 = \frac{1}{2}\sigma_x\varepsilon_x + \frac{1}{2}\sigma_y\varepsilon_y + \frac{1}{2}\sigma_z\varepsilon_z \tag{1}$$

식 (1)을 일반화된 후크법칙에 대입하면 식 (2)와 같다.

$$u_1 = \frac{1}{2E}\{(\sigma_x^2 + \sigma_y^2 + \sigma_z^2) - 2\nu(\sigma_x\sigma_y + \sigma_y\sigma_z + \sigma_z\sigma_x)\} \tag{2}$$

한편, 전단응력에 의한 변형에너지밀도 u_2는 식 (3)으로 된다.

$$u_2 = \frac{1}{2G}(\tau_{xy}^2 + \tau_{yz}^2 + \tau_{zx}^2) \tag{3}$$

재료 내 임의 점에 있어서의 단위체적당의 변형에너지 u는 u_1과 u_2의 합이다.

$$u = \frac{1}{2E}\{(\sigma_x^2 + \sigma_y^2 + \sigma_z^2) - 2\nu(\sigma_x\sigma_y + \sigma_y\sigma_z + \sigma_z\sigma_x)\} + \frac{1}{2G}(\tau_{xy}^2 + \tau_{yz}^2 + \tau_{zx}^2)$$

예제 8-4

[그림 3]의 L형 외팔보에 축적되는 탄성에너지를 계산하라.

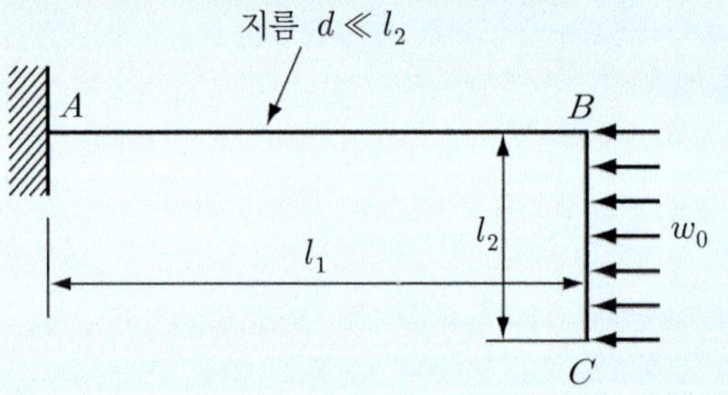

그림 3

(풀이) 분포하중 w_0에 의한 BC부재의 저장에너지

$$U_{BC} = \int_0^{l_2} \frac{M^2 dx}{2EI_z} = \int_0^{l_2} \frac{\left(\frac{w_0 x^2}{2}\right)^2 dx}{2EI_z} = \frac{8w_0^2 l_2^5}{5E\pi d^4}$$

AB부분의 B단면에는 $M_B = \dfrac{w_0 l_2^2}{2}$의 굽힘모멘트와 $w_0 l_2$의 힘이 있다.

$$U_{AB} = \int_0^{l_1} \frac{M_B^2 dx}{2EI_z} + \frac{(w_0 l_2)^2 l_1}{2AE} = \int_0^{l_1} \frac{\left(\frac{w_0 l_2^2}{2}\right)^2 dx}{2EI_z} + \frac{w_0^2 l_2^2 l_1}{2AE} = \frac{8w_0^2 l_2^4 l_1}{E\pi d^4} + \frac{2w_0^2 l_2^2 l_1}{E\pi d^2}$$

전체탄성에너지 U는 다음과 같다.

$$\therefore U = U_{BC} + U_{AB} = \frac{8w_0^2 l_2^5}{5E\pi d^4} + \frac{8w_0^2 l_2^4 l_1}{E\pi d^4} + \frac{2w_0^2 l_2^2 l_1}{E\pi d^2} = \frac{2w_0^2 l_2^2}{E\pi d^2}\left(\frac{4l_2^3}{5d^2} + \frac{4l_2^2}{d^2} l_1 + l_1\right)$$

8-2 충격

이 절은 Hooke의 법칙의 가정 중 정하중이 아닌 경우이다. 즉 물체가 높은 곳에서 낙하하여 구조물에 부딪치면 구조물은 낙하물체에 의하여 충격(impact, 衝擊)을 받게 된다. 지금 무게 W인 물체가 h만큼의 높이에서 자유 낙하될 때 무게 W인 물체의 위치에너지가 전부 그 구조물의 변형에너지로 변한다고 가정하며, 충격 시에 발생하는 에너지 손실을 무시한다.

[그림 8-7]과 같이 낙하물체(W의 무게)를 정적(static)으로 구조물에 놓았을 때의 구조물의 처짐을 δ_{st}, 낙하물체가 높이 h에서 떨어질 때 생기는 충격에 의한 구조물의 처짐량을 δ_{im} 구조물에 생기게 하는 어떤 정하중을 생각하여 P라고 하면(즉, W가 높이 h에서 떨어지는 충격을 정하중으로 바꾸어 놓은 값), 이때 $\delta_{im} = \dfrac{Pl}{AE}$로 쓸 수 있다. 또한 정하중에 의한 처짐 $\delta_{st} = \dfrac{Wl}{AE}$이므로 식 (a)로 된다.

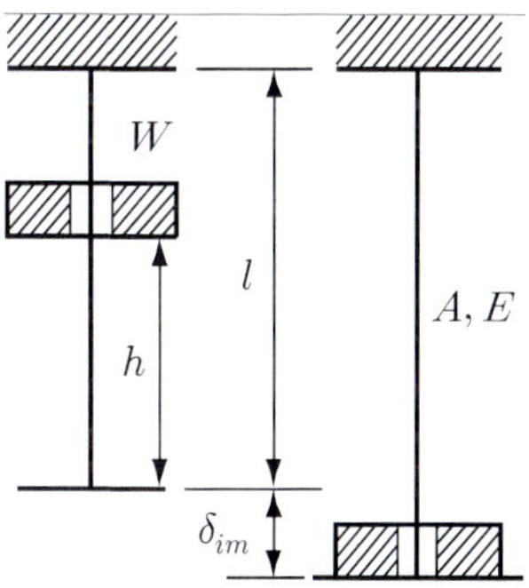

그림 8-7 충격하중

$$\frac{l}{AE} = \frac{\delta_{st}}{W} = \frac{\delta_{im}}{P} \tag{a}$$

즉, $P = W(\delta_{im}/\delta_{st})$의 관계가 성립한다. 따라서 외부에너지 [$W$에 의한 일, 즉 $W(h+\delta_{im})$]와 구조물의 변형에너지는 같아야 하므로 다음 식 (b)로 된다.

$$W(h+\delta_{im}) = \frac{P\delta_{im}}{2} = \frac{\delta_{im}^2}{2\delta_{st}} W$$

$$h + \delta_{im} - \delta_{im}{}^2/(2\delta_{st}) \tag{b}$$

$$\therefore\ \delta_{im}^2 - 2\delta_{im} \cdot \delta_{st} - 2h \cdot \delta_{st} = 0$$

식 (b)의 근을 풀어서 +에 해당하는 값을 취하면 식 (c)로 된다.

$$\therefore\ \delta_{im} = \delta_{st} + \sqrt{\delta_{st}^2 + 2h\delta_{st}} = \delta_{st}\left(1 + \sqrt{1 + \frac{2h}{\delta_{st}}}\right) \tag{c}$$

또는

$$P = W\left(1 + \sqrt{1 + \frac{2h}{\delta_{st}}}\right) \tag{8-8}$$

이들 식에서 $\left(1 + \sqrt{1 + \frac{2h}{\delta_{st}}}\right)$를 충격계수(impact factor)라고 하며 결국 환산된 정하중 P를 이용해서 이 충격문제를 풀어 나간다. 식 (c)에서 식 (8-9)를 얻을 수 있다.

$$h \gg \delta_{st}\ ;\ \delta_{im} \fallingdotseq \sqrt{2h\delta_{st}} \tag{8-9}$$

$$h \ll \delta_{st}\ ;\ \delta_{im} \fallingdotseq 2\delta_{st}$$

여기서 $\delta_{im} = 2\delta_{st}$가 되는 충격하중의 특별한 경우를 생각해 보면 하중이 초기 속도가 0인 상태에서 봉재에 갑자기 작용하는 경우를 들 수 있다. 즉, [그림 8-7]에서 W의 무게를 손으로 잡은 채 가만히 내려 플렌지 위에 닿게 한 다음 손을 갑자기 떼었다고 가정하자. 이 경우 봉재가 늘어나기 시작하는 순간의 운동에너지는 0이지만, 이 문제는 정하중이 작용하는 경우와는 전혀 다르다. 즉 하중이 갑자기 작용하는 경우 봉재의 변형과 봉재내의 초기응력은 0이지만, 갑자기 작용한 하중의 무게 때문에 봉재에 변형을 일으키게 된다. 그런데 이때 질량은 변위 δ_{st}가 일어나는 동안 얻게 되는 운동에너지를 갖게 되기 때문에 이 속도가 봉재의 저항력에 의해 0이 될 때까지 아래쪽 방향의 운동을 계속하게 된다. 이런 조건하에서의 최대 처짐은 식 (c)에서 h를 0으로 놓음으로써 얻어진다. 즉, 식 (8-10)으로 된다.

$$\delta_{im} = 2\delta_{st} \tag{8-10}$$

따라서 **갑자기 작용하는 하중은 정하중에 의한 처짐의 최소한 2배가 되는 처짐을 일으킨다는 것을 알 수 있다.**

봉재 내의 최대응력은 응력분포가 전 길이를 통하여 균일하다고 가정한다면, 최대 신장량으로부터 계산될 수 있다. 물론 이 조건은 근사적인 것이며 실제로는 봉재 내의 길이방향의 응력파(stress wave)가 존재하여 균일하지는 않다. 그러나 균일응력이 분포한다고 가정하여 봉 속의 응력을 구해보기로 한다.

(1) 축방향 충격의 경우

[그림 8-7]에서 봉의 자중을 무시하고 봉 끝에 있는 원판이 낙하하중을 받을 때 봉 속의 응력 σ_{im}은 식 (8-8)의 환산된 정하중 P를 단면적 A로 나누면 식 (8-11)로 된다.

$$\sigma_{im} = \frac{P}{A} = \frac{W}{A}\left(1+\sqrt{1+\frac{2h}{\delta_{st}}}\right) = \sigma_{st}\left(1+\sqrt{1+\frac{2h}{\delta_{st}}}\right) \qquad (8-11)$$

즉 σ_{im}는 δ_{im}에 충격계수를 곱해주면 된다.

(2) 보에 대한 충격하중

[그림 8-8]의 단순보의 경우에서도 마찬가지로 식 (8-8)과 굽힘응력의 식으로 구한다.

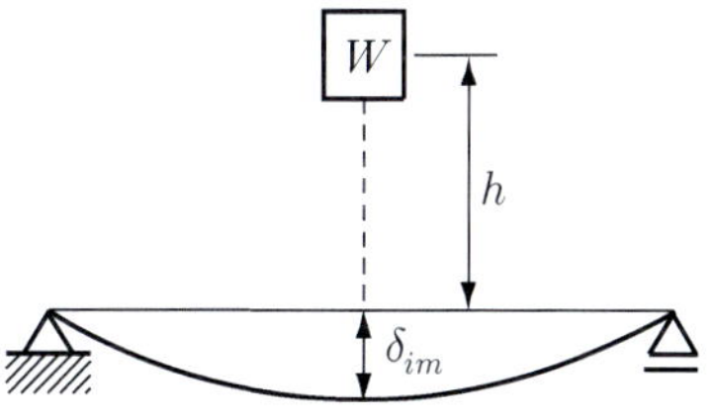

그림 8-8

$$\sigma_{st} = \frac{M}{Z} = \frac{Wl}{4Z},$$

$$\sigma_{im} = \frac{Pl}{4Z} = \frac{Wl}{4Z}\left(1+\sqrt{1+\frac{2h}{\delta_{st}}}\right) = \sigma_{st}\left(1+\sqrt{1+\frac{2h}{\delta_{st}}}\right) \qquad (8-12)$$

예제 8-5

200N의 물체가 100mm 높이에서 스프링상수 $1\times10^5\mathrm{N/m}$ 인 스프링 위에 떨어질 때 스프링의 최대처짐을 구하라.

(풀이) 스프링상수 $k=1\times10^5\mathrm{N/m}$ 이므로 다음과 같이 구한다.

$$\therefore \begin{cases} \delta_{st} = \dfrac{W}{k} = \dfrac{200}{1\times10^5} = 0.002(\mathrm{m}) \\ \delta_{\mathrm{im}} = 0.002\left(1+\sqrt{1+\dfrac{2\times0.1}{0.002}}\right) = 0.022(\mathrm{m}) = 22(\mathrm{mm}) \end{cases}$$

예제 8-6

[그림 4]와 같이 단순보가 낙하하중을 받을 때 보의 처짐과 최대굽힘응력을 구하라.
단면은 50×50(mm²)의 사각단면이고 $E=200$GPa, $W=150$N, $\ell=1$m, $h=75$mm이다.

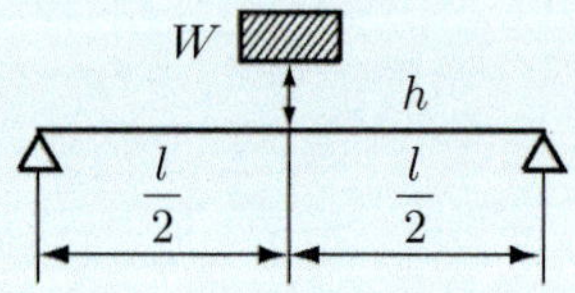

그림 4

풀이

$$\delta_{st}=\frac{Wl^3}{48EI_z}=\frac{150\times 1^3}{48\times 200\times 10^9\times\dfrac{(50)^4\times(10^{-3})^4}{12}}=3\times 10^{-5}(\mathrm{m})$$

$$\delta_{im}=3\times 10^{-5}\left(1+\sqrt{1+\frac{2\times 0.075}{3\times 10^{-5}}}\right)=0.00215(\mathrm{m})$$

$$\sigma_{im}=\frac{Wl}{4Z}\left(1+\sqrt{1+\frac{2h}{\delta_{st}}}\right)=1.8\times 10^6\left(1+\sqrt{1+\frac{2\times 0.075}{3\times 10^{-5}}}\right)=129\times 10^6\mathrm{Pa}=129\mathrm{MPa}$$

$$\left[\begin{array}{l}\sigma_{st}=\dfrac{Wl}{4Z}=\dfrac{150\times 1\times 6\times 10^6}{4\times 125}=1.8\times 10^6\ Pa\\ Z=\dfrac{bh^2}{6}=\dfrac{5^3\times(100^{-1})^3}{6}=\dfrac{125\times 10^{-6}}{6}\\ \dfrac{W\delta_{st}}{2}=U=2\displaystyle\int_0^{\frac{l}{2}}\dfrac{\left(\dfrac{W}{2}x\right)^2dx}{2EI_z}=\dfrac{W^2l^3}{96EI_z}\rightarrow\delta_{st}=\dfrac{Wl^3}{48EI_z}\end{array}\right]$$

즉 δ_{im}는 δ_{st} 보다 72배나 크고, σ_{im}는 σ_{st} 보다 72배가 크다. 따라서 충격의 영향은 대단히 크다.

예제 8-7

[그림 5]와 같이 질량 m이 속도 v로써 외팔보의 자유단에 부딪쳐 δ만큼의 변위를 일으켰을 때 이 봉 속의 응력을 구하라.

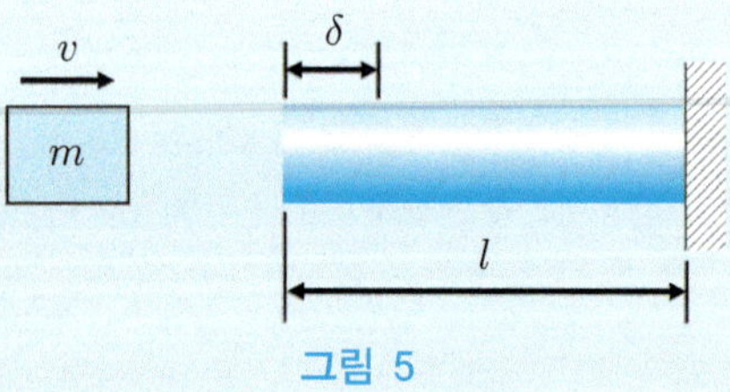

그림 5

풀이 충격이 일어나는 순간 질량의 운동에너지가 봉 속의 변형에너지로 변환되었다고 가정한다.

$$\frac{1}{2}mv^2=\frac{AE\delta^2}{2l}\ (\text{식 (8-3)으로부터})$$

$$\therefore\ \delta=\sqrt{\frac{mv^2l}{AE}}$$

$$\therefore\ \sigma=\frac{E\delta}{l}=\sqrt{\frac{mv^2E}{Al}}$$

8-3 카스틸리아노의 정리 및 변형 에너지

(1) 크라페이론(Clapayron) 정리

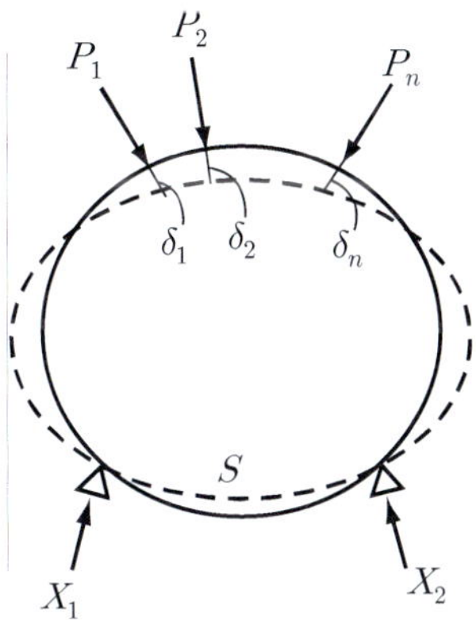

그림 8-9

인장(압축), 전단, 비틀림, 굽힘 등에서 외부에너지는 그 전부가 내부 에너지로 저장된다. [그림 8-9]에서 물체 S가 P_1, P_2, $\cdots$, P_n의 정하중을 받을 때 그 반력을 X_1, X_2, $\ldots X_n$, 또 하중을 받고 점선과 같이 변형했다면 작용점에서 각 하중방향의 변위를 δ_1, δ_2, $\cdots$, δ_n 이라고 할 때 각 하중들은 이들 변위에 대하여 일을 하게 되며 식 (8-13)과 같이 변형에너지로서 내부에 저장된다.

$$U=\frac{1}{2}P_1\delta_1+\frac{1}{2}P_2\delta_2+\cdots+\frac{1}{2}P_n\delta_n=\frac{1}{2}\sum_{i=1}^{n}P_i\delta_i \qquad (8-13)$$

이를 크라페이론(Clapayron)정리라 한다.

이 식에서

(1) 변위 δ는 모든 하중에 의해서 생긴 것이며,

(2) 힘의 작용순서에 관계없이 최종적으로 그림과 같은 상태로 되면 내부에 저장된 에너지는 같으며,

(3) 반력은 변위가 없으므로 일(work)을 하지 못한다.

이 식에서 P는 일반적으로 인장, 압축에서는 $\frac{1}{2}P\delta$, 비틀림에서는 $\frac{1}{2}T\phi$, 굽힘에서는 $\frac{1}{2}M\theta$, 전단에서는 $\frac{1}{2}F\delta$가 된다.

가령 [그림 8-10]과 같은 보에 P와 M_B가 작용할 때 P와 δ, M_B와 θ_B가 짝이 되어 U의 식은 다음과 같다. 여기서 δ는 P와 M_B에 의한변위, θ_B는 P와 M_B에 의한 변위이다.

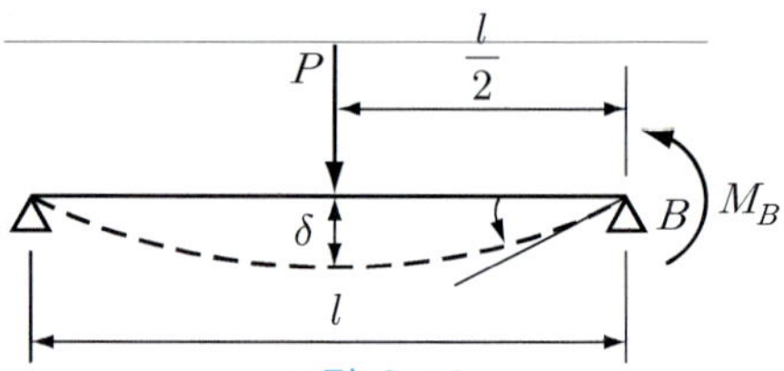

그림 8-10

$$U = \frac{P\delta}{2} + \frac{M_B\theta_B}{2} = \frac{1}{2}P\left(\frac{Pl^3}{48EI_z} + \frac{M_B l^2}{16EI_z}\right) + \frac{1}{2}M_B\left(\frac{Pl^2}{16EI_z} + \frac{M_B l}{3EI_z}\right)$$

(2) 카스틸리아노(Castigliano)의 정리

[그림 8-9]와 식 (8-13)에서와 같이 $P_1, P_2, \cdots, P_n$가 작용할 때 U의 탄성에너지가 저장되는데, 이때 임의 외력 P_i를 미소하중 dP_i 증가시켰을 때 내부에너지를 U'이라 하면 내부에너지의 증가는 $\frac{\partial U}{\partial P_i}dP_i$가 된다($\frac{\partial U}{\partial P_i}$는 증가율).

$$U' = U + \frac{\partial U}{\partial P_i}dP_i \tag{1}$$

내부에너지는 부하의 순서에는 상관없이 저장되므로 위의 순서를 바꾸어도 같은 U'가 될 것이다. 이번에는 dP_i를 먼저 작용시킨 다음에 $P_1, \cdots, P_n$을 작용시키면 미소량의 2차량은 $\frac{1}{2}dP_i \cdot d\delta_i$는 무시되고, dP_i는 먼저 작용되었으므로 다른 하중들이 작용될 때는 0에서 dP_i까지 점차로 커지는 힘이 아니고, dP_i가 이미 있을 때 P_i의 방향으로 다른 힘들 때문에 δ_i의 변위가 생겨 $dP_i \cdot \delta_i$의 일을 하게 된 것이다.

$$U' = dP_i \cdot \delta_i + U \tag{2}$$

따라서 식 (1)=식 (2)에서 식 (8-14)으로 된다.

$$\frac{\partial U}{\partial P_i}dP_i = dP_i \cdot \delta_i$$

$$\therefore \delta_i = \frac{\partial U}{\partial P_i} \rightarrow \delta = \frac{\partial U}{\partial P} \tag{8-14}$$

이 식은 '**탄성체 내에 저장된 에너지를 어떤 하중으로 미분한 값은 그 힘이 있는 곳에서 하중의 방향으로 변위가 된다.**'는 의미이며, 이를 **카스틸리아노의 제 2정리**(the 2nd theorem of Castigliano)이다($\theta = \frac{\partial U}{\partial M}$, $\phi = \frac{\partial U}{\partial T}$, $\delta = \frac{\partial U}{\partial F}$ 등).

따라서 이 정리는 선형탄성거동을 하는 구조물에서만 적용될 수 있다. 또 선형뿐만이 아니라 비선형에도 적용될 수 있는 또 다른 정리인, **카스틸리아노의 제 1정리**(the 1st theorem of Castigliano)는 '**물체 내에 저장된 에너지를 변위로 미분한 값은 그 변위가 있는 곳에서 하중이 된다.**'는 의미로 식 (8-15)와 같다.

$$P_i = \frac{\partial U}{\partial \delta_i} \rightarrow P = \frac{\partial U}{\partial \delta} \qquad (8-15)$$

(3) 가상하중법

만약 하중이 작용하지 않는 점의 변위를 구하고자 할 때는 변위에 대응하는 가상적인 하중을 구조물에 작용시켜 카스틸리아노의 제 2정리를 사용하면 구할 수 있다. 따라서 최종식에서 가상하중을 0으로 놓음으로써 실제하중으로 인한 변위를 얻는 방법을 **가상하중법**(virtual load method, 假想荷重法)이라 한다.

(4) 단위하중법

하중 P_i에 대응하는 처짐 δ_i를 구하기 위하여 P_i에 대한 U의 편도함수를 취함으로써 간단히 구할 수 있다.

$$\delta_i = \frac{\partial U}{\partial P_i} = \frac{\partial}{\partial P_i} \int \frac{M^2 dx}{2EI_z} = \int \frac{M}{EI_z} \frac{\partial M}{\partial P_i} dx$$

여기서 편도함수 $\frac{\partial M}{\partial P_i}$는 하중 P_i의 단위 값에 의해 생기는 굽힘모멘트 M의 값을 나타낸다. 이는 구하고자 하는 변위에 대응하는 단위하중($P=1$)으로 인해 구조물에 생기는 굽힘모멘트이다. 따라서 구하고자 하는 변위는 다음과 같이 된다.

$$\delta = \int \frac{MM_1}{EI_z} dx \left(M_1 = \frac{\partial M}{\partial P} \right) \qquad (8-16)$$

이 방법을 **단위하중법**(unit load method, 單位荷重法)이라 한다.

예제 8-8

[그림 6]과 같은 외팔보 자유단에 집중하중 P와 모멘트 M_0가 동시에 작용할 때 자유단의 경사각 및 처짐을 에너지법으로 구하라.

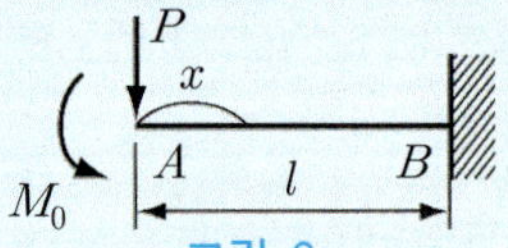

그림 6

(풀이) 전단력의 영향이 적어서 이를 무시하고 굽힘만 생각하여 변형에너지를 구한다. θ_A는 M_0로 미분하고, y_A는 P로 미분하여 구한다. FBD에서 M은 다음과 같이 구할 수 있다.

$$M=-(M_0+Px),\ \frac{\partial M}{\partial M_0}=-1,\ \frac{\partial M}{\partial P}=-x$$

$$\theta_A=\frac{1}{EI_z}\int M\frac{\partial M}{\partial M_0}dx=\frac{1}{EI_z}\int_0^l(M_0+Px)(1)dx=\frac{M_0 l}{EI_z}+\frac{Pl^2}{2EI_z}$$

$$y_A=\frac{1}{EI_z}\int_0^l M\frac{\partial M}{\partial P}dx=\frac{1}{EI_z}\int_0^l(M_0+Px)x\,dx=\frac{M_0 l^2}{2EI_z}+\frac{Pl^3}{3EI_z}$$

예제 8-9

[그림 7]과 같이 외팔보 자유단의 경사각을 에너지법으로 구하라.

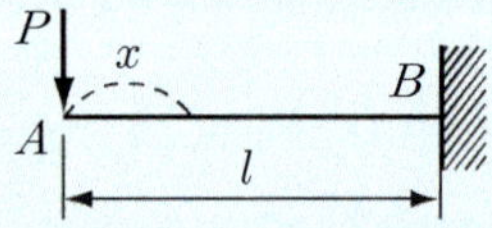

그림 7

(풀이) 경사각에 대응하는 모멘트가 자유단에는 없으므로 식 (8-14)을 적응할 수 없다. 따라서 다음과 같은 2가지 방식을 택하면

(1) 단위하중법 : 자유단에 1의 모멘트를 걸어준다.

$M=-Px$, $M_1=-1$(단위하중에 대한 굽힘모멘트)

$$\theta_A=\int_o^l\frac{M\cdot M_1}{EI_z}dx=\int_0^l\frac{(-Px)(-1)}{EI_z}$$

$$=\frac{Pl^2}{2EI_z}$$

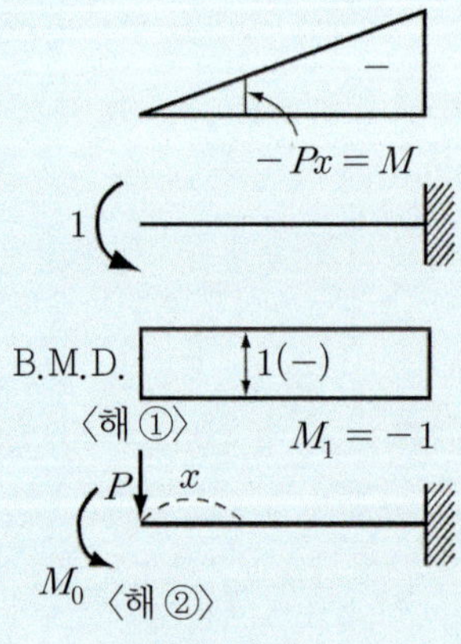

(2) 가상하중법 : M_o가 작용하는 것으로 가상한다.

$$M=-(Px+M_0),\ \frac{\partial M}{\partial M_0}=-1$$

$$\theta_A = \left(\frac{\partial U}{\partial M_0}\right)_{M_0=0} = \int_0^l \frac{-(Px+M_0)}{EI_z}(-1)dx$$

$$= \int_0^l \frac{Px}{EI_z}dx = \frac{Pl^2}{2EI_z}$$

예제 8-10

[그림 8]의 외팔보의 자유단에 하중 P가 작용할 때 임의 단면 (b의 거리)의 처짐과 기울기를 구하라.

풀이 (1) [그림 8(a)]와 같이 가상하중 Q을 적용시켜 δ_C를 구해본다.

$$\left.\begin{aligned} M_{BC} &= -Px, \quad \frac{\partial M_{BC}}{\partial Q} = 0 \\ M_{CA} &= -Px - Q(x-b), \quad \frac{\partial M_{CA}}{\partial Q} = -(x-b) \end{aligned}\right\}$$

(a)

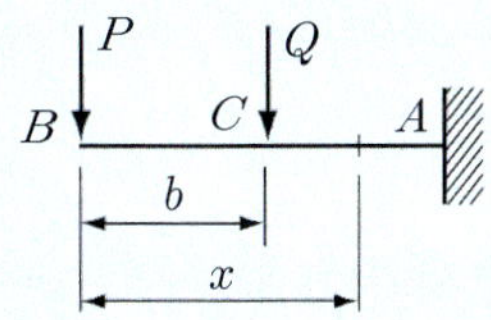

(CA구간만 생각하면 된다.)

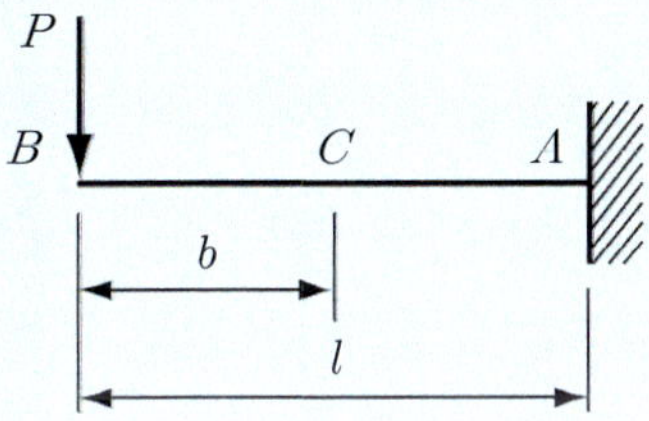

(b)

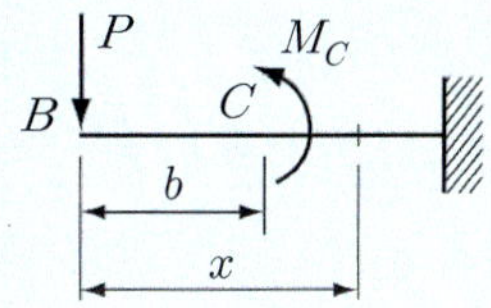

그림 8

$$\delta_C = \left(\frac{\partial U}{\partial Q}\right)_{Q=0} = \int_0^b \frac{M_{BC}\cdot\dfrac{\partial M_{BC}}{\partial Q}dx}{EI_z} + \int_b^l \frac{M_{CA}\cdot\dfrac{\partial M_{CA}}{\partial Q}dx}{EI_z}$$

$$= \int_b^l \frac{[Px+Q(x-b)](x-b)}{EI_z}dx = \int_{b(Q=0)}^l \frac{Px(x-b)dx}{EI_z}$$

$$= \frac{P(2l^3-3bl^2+b^3)}{6EI_z}$$

(2) [그림 8(b)]와 같이 θ_C를 구하기 위하여 M_C를 가상한다.

$$\theta_C = \left(\frac{\partial U}{\partial M_C}\right)_{M_0=0} = \int\left(M\cdot\frac{\partial M}{\partial M_C}\right)\frac{dx}{EI_Z}$$

$$M_{BC} = -Px, \ \frac{\partial M_{CB}}{\partial M_C} = 0, \ M_{CA} = -Px - M_c, \ \frac{\partial M_{CA}}{\partial M_c} = -1$$

$$\theta_C = \int_b^l \frac{(-Px-M_C)(-1)dx}{EI_Z} = \int_b^l \frac{Px\cdot dx}{EI_Z} = \frac{P(l^2-b^2)}{2EI_Z}$$

예제 8-11

[그림 9]와 같은 단순보에 P가 작용할 때 D단면의 기울기를 탄성에너지법 중의 가상하중법으로 풀어라.

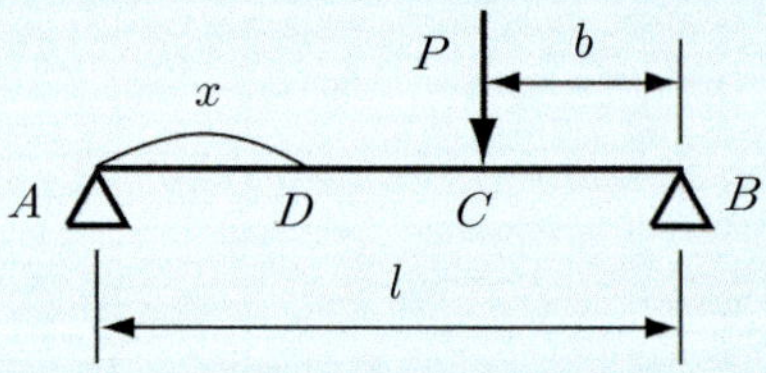

그림 9

(풀이) P밖에 없어 문제를 풀 수 없기 때문에 가상하중 M_0를 걸어주고, P와 M_0가 같이 있을 때의 M값들을 각 구간마다 FBD에서 평형방정식으로 구한다.

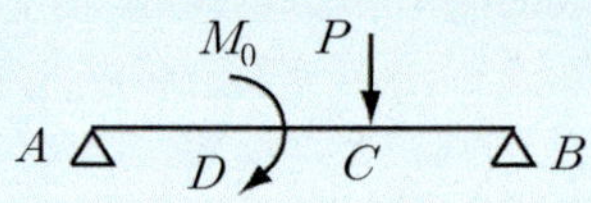

$$R_A=\frac{Pb}{l}-\frac{M_0}{l},\ R_B=\frac{P(l-b)}{l}+\frac{M_0}{l}$$

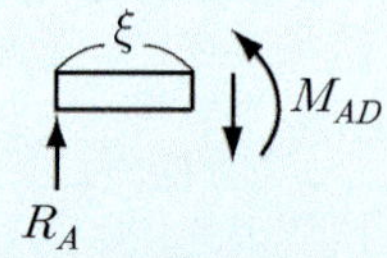

AD구간$(0\le\xi\le x)$:

$$M_{AD}=R_A\xi=\left(\frac{Pb}{l}-\frac{M_0}{l}\right)\xi,\quad \frac{\partial M_{AD}}{\partial M_0}=-\frac{\xi}{l}$$

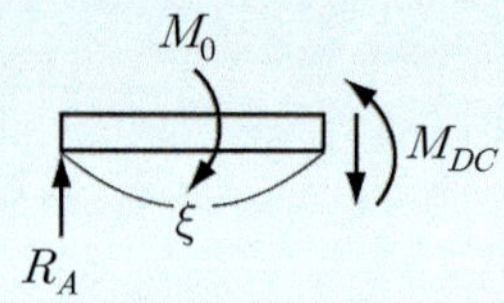

DC구간$(x\le\xi\le l-b)$:

$$M_{DC}=R_A\xi+M_0=\left(\frac{Pb}{l}-\frac{M_0}{l}\right)\xi+M_0,$$

$$\frac{\partial M_{DC}}{\partial M_0}=1-\frac{\xi}{l}$$

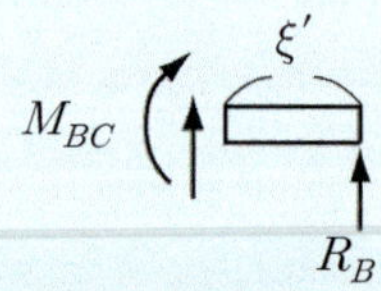

BC구간$(0\le\xi'\le b)$:

$$M_{BC}=R_B\cdot\xi'=\left[\frac{P(l-b)}{l}+\frac{M_0}{l}\right]\xi',\quad \frac{\partial M_{BC}}{\partial M_0}=\frac{\xi'}{l}$$

$$\theta_D=\left(\frac{\partial U}{\partial M_0}\right)_{M_0=0}$$

$$=\int_0^x\frac{M_{AD}\cdot M_{AD\cdot 1}\cdot d\xi}{EI_Z}+\int_x^{l-b}\frac{M_{DC}\cdot M_{DC\cdot 1}\cdot d\xi}{EI_Z}+\int_0^b\frac{M_{BC}\cdot M_{BC\cdot 1}\cdot d\xi'}{EI_Z}$$

$$=\int_0^x\frac{\left(\frac{Pb}{l}-\frac{M_0}{l}\right)\xi\left(-\frac{\xi}{l}\right)d\xi}{EI_Z}+\int_x^{l-b}\frac{\left[\left(\frac{Pb}{l}-\frac{M_0}{l}\right)\xi+M_0\right]\left(1-\frac{\xi}{l}\right)d\xi}{EI_Z}$$

$$+\int_0^b\frac{\left[\frac{P(l-b)}{l}+\frac{M_0}{l}\right]\xi'\left(\frac{\xi'}{l}\right)d\xi'}{EI_Z}=\frac{Pb}{6lEI_Z}(l^2-b^2-3x^2)(=\text{식 }(6-11))$$

예제 8-12

[그림 10]과 같이 4분원의 외팔보에서 보 중앙에 M_0의 모멘트가 걸릴 때 자유단의 수직변위를 구하라.

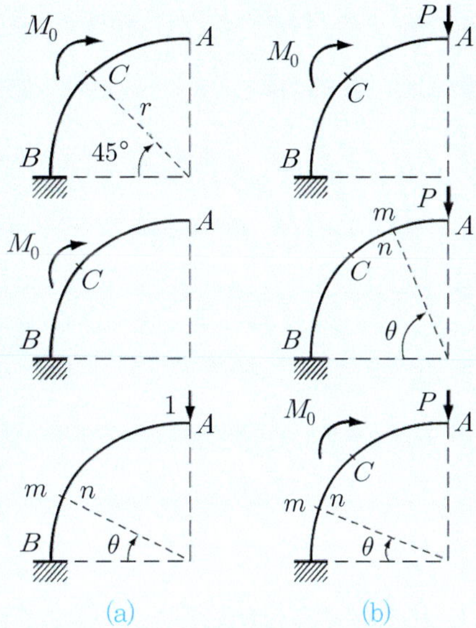

그림 10

풀이 (1) 단위하중법 : [그림 10(a)].

BC구간의 굽힘모멘트는

$M_{BC} = -M_0$

다음 단위하중만을 변위를 구하려는 곳에 걸어준다. 이때 임의 단면 mn에서 구한다.

$M_1 = -1 \cdot r\cos\theta$

$$\delta_A = \frac{1}{EI_z}\int_0^{\frac{\pi}{4}} M_{BC} \cdot M_1 \cdot rd\theta$$

$$= \frac{1}{EI_z}\int_0^{\frac{\pi}{4}} (-M_0)(-r\cos\theta)rd\theta$$

$$= \frac{M_0 r^2}{\sqrt{2}\,EI_z}$$

(2) 가상하중법 : [그림 10(b)].

$$AC \text{ 구간} : M_{AC} = -Pr\cos\theta, \quad \frac{\partial M_{AC}}{\partial P} = -r\cos\theta$$

$$BC \text{ 구간} : M_{BC} = -Pr\cos\theta' - M_0, \quad \frac{\partial M_{BC}}{\partial P} = -r\cos\theta'$$

$$\delta_A = \left(\frac{\partial U}{\partial P}\right)_{P=0}$$

$$= \frac{1}{EI_Z}\int_{AC} M_{AC} \cdot \frac{\partial M_{AC}}{\partial P} r \cdot d\theta + \frac{1}{EI_Z}\int_{BC} M_{BC} \cdot \frac{\partial M_{BC}}{\partial P} \cdot rd\theta'$$

$$= \frac{1}{EI_Z}\int_{AC} (-Pr\cos\theta)(-r\cos\theta)rd\theta + \frac{1}{EI_Z}\int_{BC} (-Pr\cos\theta' - M_0)(-r\cos\theta')rd\theta'$$

$$= \frac{1}{EI_Z}\int_{BC} M_0 r^2 \cos\theta'\, d\theta'$$

$$= \frac{1}{EI_Z}\int_0^{\frac{\pi}{4}} M_0 r^2 \cos\theta'\, d\theta' = \frac{M_0 r^2}{\sqrt{2}\,EI_Z}$$

(5) 최소일의 정리

[그림 8-9]에서 반력 X_1, X_2에 관하여 카스틸리아노의 정리를 적용시키면 지지점에는 변위가 없으므로 식 (8-17)이 된다.

$$\frac{\partial U}{\partial X_1} = 0, \quad \frac{\partial U}{\partial X_2} = 0 \tag{8-17}$$

이것은 카스틸리아노의 제 2정리의 응용이며 함수 U를 최소로 하는 식이라고 하여 **최소일의 정리**(theorem of the least work)라고 한다. 이 식으로 X_1, X_2의 반력이 계산되며 부정정문제에서 미지의 부정정량을 구할 때 편리하게 응용된다.

예로서 [그림 8-11]과 같이 잉여부재를 절단하여 정정구조물을 만들고 절단부내에 X라는 (잉여부재에 실제로 생기는 내력) 힘을 정정구조물에 작용시켜 문제를 풀어나간다. 다만 계산방법으로써 X대신 1의 하중을 주어 정정구조물 각 부재의 내력을 구하고 X배 해주면 처음부터 X하중으로 계산하는 것과 같다.

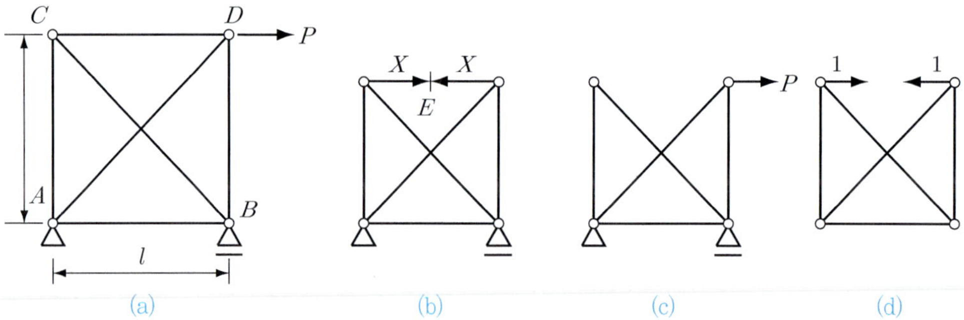

그림 8-11 부정정 구조물

예제 8-13

[그림 11]와 같은 보에서 반력들을 구하라.

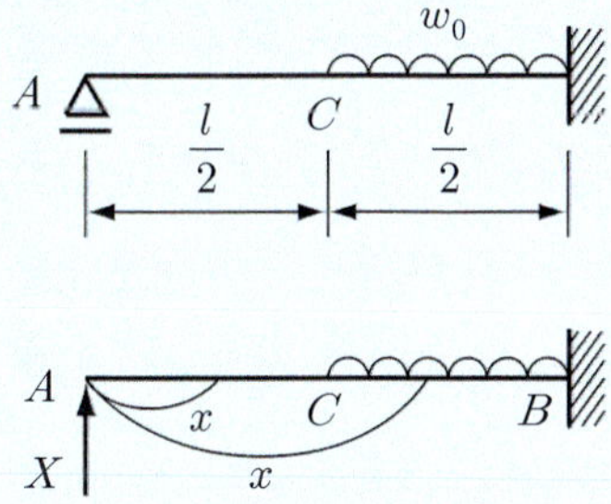

그림 11

풀이 (1) 외팔보로 취급한 경우[그림 11(a)]

AC구간 : $M_{AC} = Xx,\ \ \dfrac{\partial M_{AC}}{\partial X} = x$

BC구간 :

$$M_{BC} = Xx - \frac{w_0}{2}\left(x - \frac{l}{2}\right)^2,\ \ \frac{\partial M_{BC}}{\partial X} = x$$

$$\frac{\partial U}{\partial X} = \frac{1}{EI_Z}\int_0^{\frac{l}{2}}(Xx)xdx + \frac{1}{EI_Z}\int_{\frac{l}{2}}^{l}\left[Xx - \frac{w_0}{2}\left(x - \frac{l}{2}\right)^2\right]xdx = 0$$

$$\frac{Xl^3}{3} - \frac{7}{384}w_0 l^4 = 0,\ \ X = \frac{7}{128}w_0 l\,(=R_A)$$

$$\therefore R_B = \frac{w_0 l}{2} - \frac{7}{128}w_0 l = \frac{57}{128}w_0 l$$

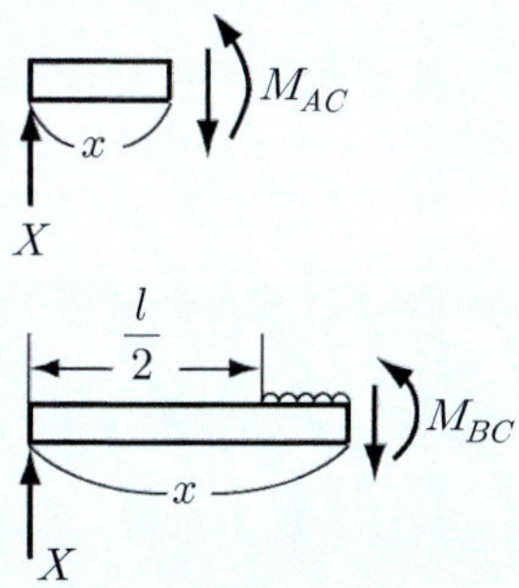

그림 11(a)

(2) 단순보라고 생각하는 경우[그림 11(b)]

$$R_A = \frac{w_0 l}{8} + \frac{M_B}{l},\ \ R_B = \frac{3w_0 l}{8} - \frac{M_B}{l}$$

AC 구간$\left(0 < x \le \dfrac{l}{2}\right)$:

$$M_{AC} = R_A \cdot x = \left(\frac{w_0 l}{8} + \frac{M_B}{l}\right)x,\ \ \frac{\partial M_{AC}}{\partial M_B} = \frac{x}{l}$$

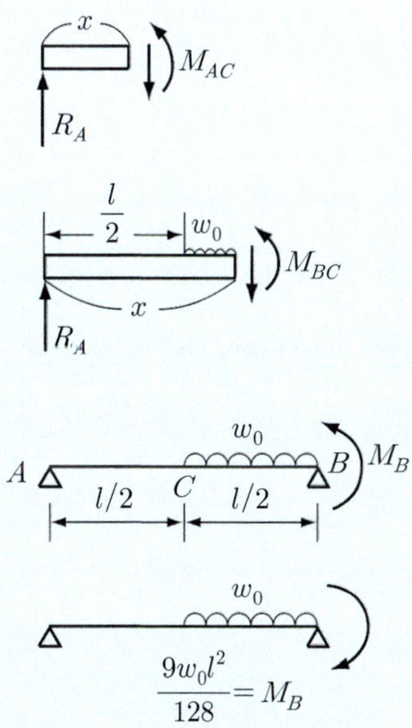

그림 11(b)

BC 구간$(\frac{l}{2} < x \le l)$:

$$M_{BC} = R_A \cdot x - \frac{w_0}{2}\left(x - \frac{l}{2}\right)^2, \ \frac{\partial M_{BC}}{\partial M_B} = \frac{x}{l}$$

최소일의 정리로부터 구한다.

$$\frac{\partial U}{\partial M_B} = \int_0^{\frac{l}{2}} \frac{M_{AC}\frac{\partial M_{AC}}{\partial M_B}dx}{EI_Z} + \int_{\frac{l}{2}}^{l} \frac{M_{BC}\frac{\partial M_{BC}}{\partial M_B}dx}{EI_Z}$$

$$= \frac{1}{EI_Z}\left\{\begin{aligned} &\int_0^{\frac{l}{2}}\left(\frac{w_0 l}{8} + \frac{M_B}{l}\right)x\left(\frac{x}{l}\right)dx \\ &+ \int_{\frac{l}{2}}^{l}\left[\left(\frac{w_0 l}{8} + \frac{M_B}{l}\right)x - \frac{w_0}{2}\left(x - \frac{l}{2}\right)^2\right]\left(\frac{x}{l}\right)dx \end{aligned}\right\} = 0$$

$M_B = -\frac{9}{128}w_0 l^2$($M_B$의 방향이 그림과 반대)

$$\therefore R_A = \frac{w_0 l}{8} - \frac{M_B}{l} = \frac{w_0 l}{8} - \frac{9w_0 l}{128} = \frac{7w_0 l}{128}, \ R_B = -\frac{57}{128}w_0 l$$

예제 8-14

[그림 12]와 같은 3점지지보의 부정정량의 값을 에너지법으로 구하라.

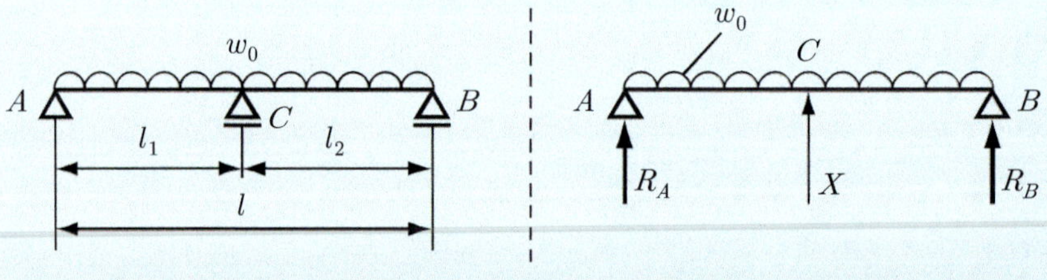

그림 12

(풀이) 부정정수 1이므로, C지점의 반력을 부정정량 X로 푼다. 즉 점 C에 처짐이 없도록 X하중이 작용하는 단순보라고 생각하면 된다.

AC 구간$(0 \le x \le l_1)$:

$$R_A = \frac{w_0 l}{2} - \frac{Xl_2}{l}, \ M_1 = R_A x - \frac{w_0 x^2}{2} = \frac{w_0 l}{2}x - \frac{Xl_2}{l}x - \frac{w_0 x^2}{2}$$

BC 구간$(0 \le x \le l_2)$:

$$R_B = \frac{w_0 l}{2} - \frac{Xl_1}{l}, \ M_2 = R_B x - \frac{w_0 x^2}{2} = \frac{w_0 l}{2}x - \frac{Xl_1}{l}x - \frac{w_0 x^2}{2}$$

$$\frac{\partial U}{\partial X}=\int_0^{l_1}\frac{(\frac{w_0 l}{2}x-\frac{Xl_2}{l}x-\frac{w_0x^2}{2})(-\frac{l_2}{l}x)}{EI_Z}dx$$

$$+\int_0^{l_2}\frac{(\frac{w_0 l}{2}x-\frac{Xl_1}{l}x-\frac{w_0x^2}{2})(-\frac{l_1}{l}x)}{EI_Z}dx=0$$

$$X=\frac{lw_0}{8l_1l_2}(l^2+l_1l_2)$$

$l_1=l_2$인 경우 $\quad\therefore X=\frac{5}{8}lw_0$

예제 8-15

두께가 얇은 원환에 수직 지름방향으로 [그림 13]과 같이 하중을 가할 때 처짐을 계산하여라.

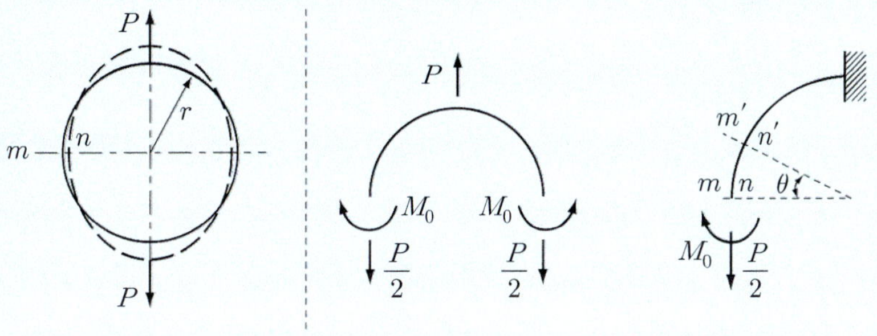

그림 13

풀이 대칭이므로 4분원만 생각한다. [그림 13(b)]와 같이 mn단면에는 인장력 $\frac{P}{2}$와 모멘트 M_0는 부정정량이다. $\frac{\partial U}{\partial M_0}=0$ (회전이 없으므로)

$$M=M_0-\frac{P}{2}r(1-\cos\theta),\quad \frac{\partial M}{\partial M_0}=M_1=1$$

$$\frac{\partial U}{\partial M_0}=\int_0^{\frac{\pi}{2}}\frac{MM_1}{EI_Z}rd\theta=\frac{1}{EI_Z}\int_0^{\frac{\pi}{2}}\left[M_0-\frac{P}{2}r(1-\cos\theta)\right](1)r\cdot d\theta=0$$

$$\therefore M_0=\frac{\mathrm{Pr}}{2}\left(1-\frac{2}{\pi}\right)=0.182\mathrm{Pr}$$

$$M=\frac{\mathrm{Pr}}{2}\left(\cos\theta-\frac{2}{\pi}\right)$$

M_{max}은 $\theta=\frac{\pi}{2}$되는 곳, 즉 P의 작용점이다.

$$\therefore M_{max} = -\frac{Pr}{\pi} = -0.318Pr$$

여기서 −는 곡률을 크게 하는(처음보다 더 굽히게 하는)방향의 굽힘모멘트라는 뜻이다.

M_0와 M_{max}의 크기와 방향을 고려하면 [그림 13(a)]의 점선과 같이 됨을 알 수 있다.

원환의 수직방향의 지름의 증가는 다음과 같다.

$$\delta_V = \frac{\partial U}{\partial P} = 4\frac{1}{EI_Z}\int_0^{\frac{\pi}{2}} M \cdot M_1 \cdot rd\theta$$

$$= \frac{4}{EI_Z}\int_0^{\frac{\pi}{2}} \frac{Pr}{2}(\cos\theta - \frac{2}{\pi}) \cdot \frac{r}{2}(\cos\theta - \frac{2}{\pi})rd\theta$$

$$= (\frac{\pi}{4} - \frac{2}{\pi})\frac{Pr^3}{EI_Z} = 0.149\frac{Pr^3}{EI_Z}$$

수평지름의 증가 δ_H는 가상하중법으로(물론 단위하중법도 된다) 가상하중 Q를 수평으로 가하여 [그림 13(b)]에서 힘 Q가 추가된다.

$$\therefore \delta_H = \left(\frac{\partial U}{\partial Q}\right)_{Q=0} \text{에서 } \delta_H = \left(\frac{2}{\pi} - \frac{1}{2}\right)\frac{Pr^3}{EI_Z} = 0.137\frac{Pr^3}{EI_Z}$$

연습문제

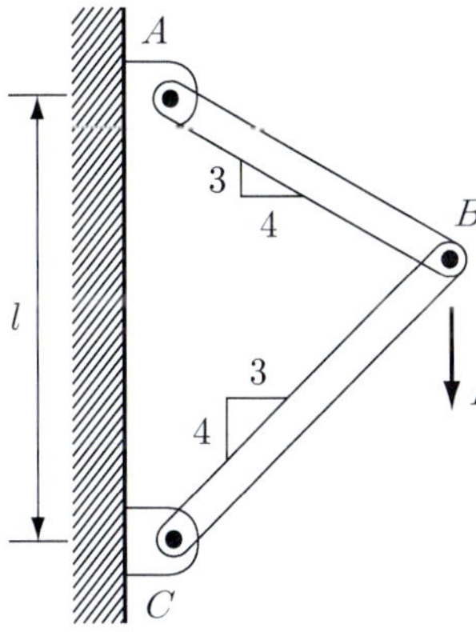

그림 1

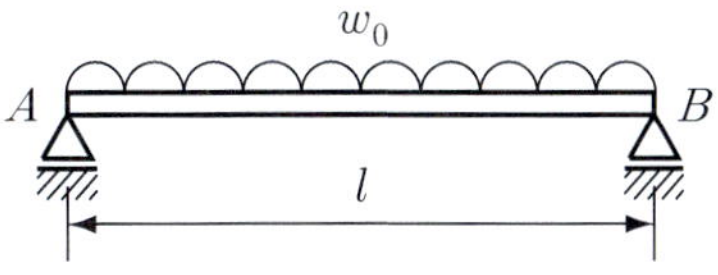

그림 2

8-1 [그림 1]과 같은 구조물이 B점에서 수직으로 하중 P가 작용한다. 각 부재들은 같은 재료이고 단면적은 A이다. 이 구조물 전체의 변형에너지를 구하라.

답: $U = 0.364\dfrac{P^2\ell}{AE}$

8-2 [그림 2]와 같이 등분포하중을 받고 있는 단순도의 변형에너지를 구하라.

답: $\dfrac{{w_0}^2\ell^5}{240EI_z}$

8-3 보의 길이 ℓ인 단순보에 하중 P가 작용할 때 임의 단면의 처짐을 가상하중법으로 풀어라.

답: $y = \dfrac{Pbx}{6\ell EI_Z}(\ell^2 - b^2 - x^2)$

8-4 위의 문제를 단위하중법으로 풀어라.

8-5 [그림 3]과 같은 가는 반원보가 있어서 중앙에 하중 P를 받을 때 B지점의 수평이동량을 구하라.

답: $\dfrac{\mathrm{Pr}^3}{2EI_Z}$

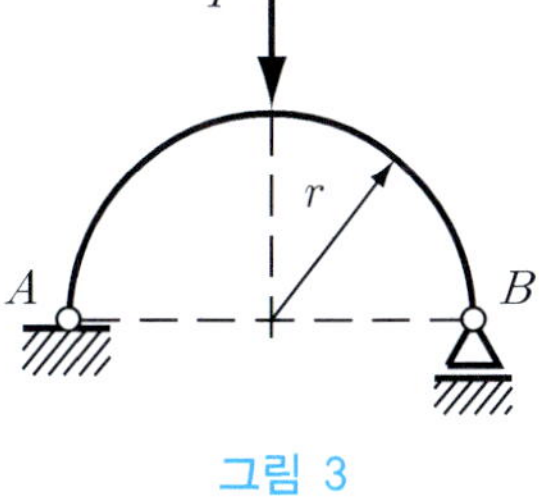

그림 3

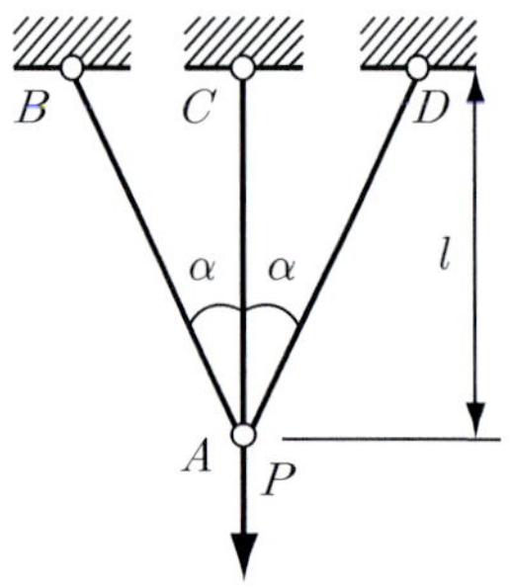

그림 4

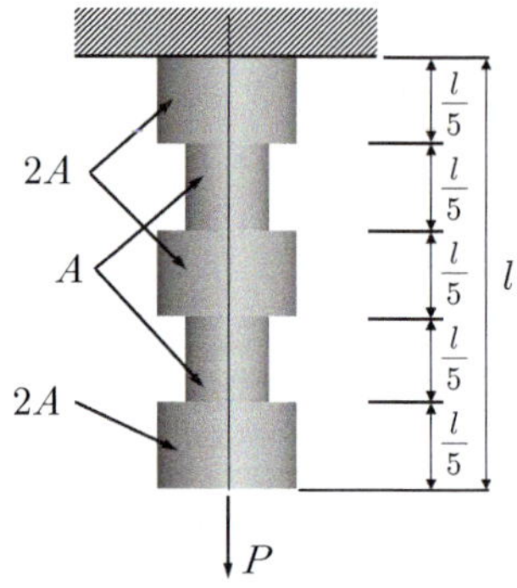

그림 5

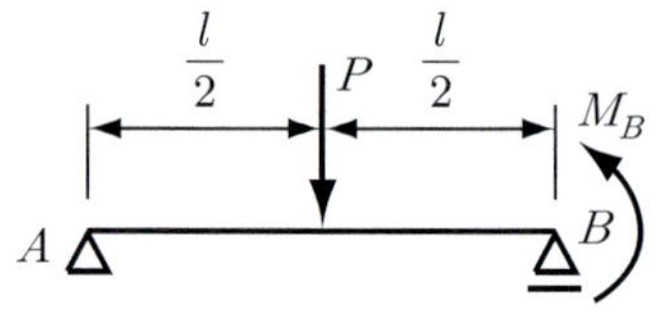

그림 6

8-6 [그림 4]와 같이 세 개의 막대가 점 A에서 핀 연결될 때 각 막대의 축력을 최소일의 정리로 계산하라.

단, 각 막대의 E와 단면적 A는 같다고 한다.

답: 부재 : AC: $P/(1+2\cos^3\alpha)$, 부재 : AB와 AD: $\dfrac{P}{2\cos\alpha}\left(1-\dfrac{1}{1+2\cos^3\alpha}\right)$

8-7 P 하중을 받고 있는 [그림 5]의 원형단면 봉의 탄성에너지를 구하라.

답: $\dfrac{7P^2\ell}{20AE}$

8-8 끝에 디스크가 달려 있는 비틀림 진자가 270°의 회전진동을 하고 있다. 이것의 비틀림축은 길이 25cm, 지름 1mm이고, $G=8\times10^5\,kg_f/\text{cm}^2$일 때 비틀림축에 축적되는 에너지를 계산하라.

답: 3.48kg_f/m

8-9 단순보 중앙에 집중하중 P와 한 쪽 지점에 모멘트 M_B가 [그림 6]과 같이 작용할 때 이 보 내에 저장되는 변형에너지를 구하라.

답: $\dfrac{\ell}{96EI_Z}(P^2\ell^2+6PM_B\ell+16M_B^2)$

8-10 강철로 된 축이 길이 5m, 지름 250mm인데 2m까지는 중실축이고 나머지 3m는 내경 200mm인 속이 빈 중공축이다. 이 축의 최대전단응력 400kg_f/cm^2가 될 때의 비틀림에너지와 이때의 비틀림각을 구하라. 단, $G=8\times10^5\,kg_f/\text{cm}^2$

답: 6,049kg_f/cm, 0.0167rad

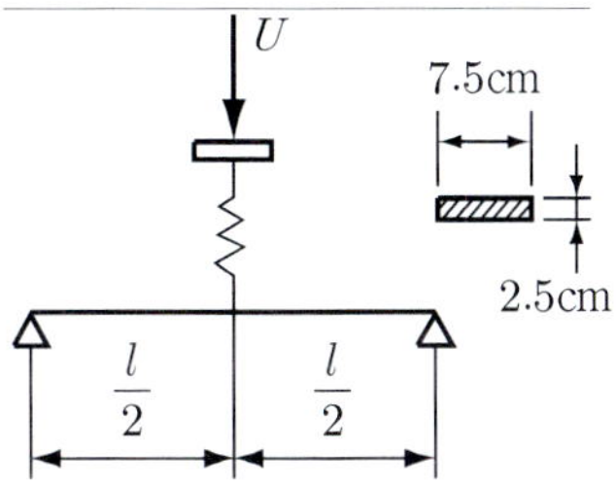

그림 7

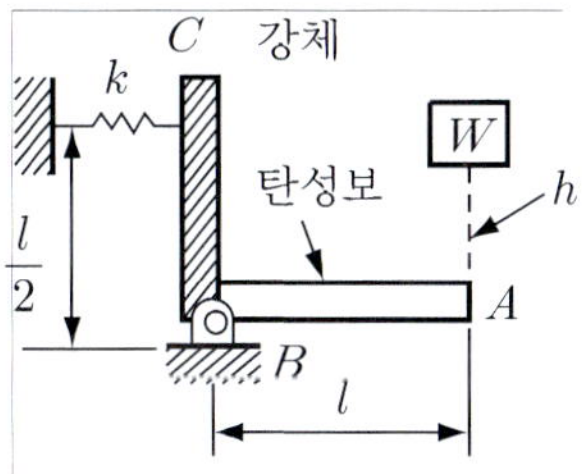

그림 8

8-11 [그림 7]과 같이 보 위에 스프링이 있는 경우 스프링(스프링상수 20kg_f/cm)이 90kg_f/cm의 에너지를 흡수한다면 나무보($E=1\times10^5\,kg_f$/cm^2)는 얼마의 에너지를 흡수할 것인가? $\ell=1$m이다.

답: 38.83kg_f/cm

8-12 단면적이 10cm^{2}인 철재봉이 인장부재일 때 축방향의 하중에 의한 에너지 1,000kg_f/cm를 흡수할 수 있는 최소의 길이를 구하라. 허용인장응력은 600kg_f/cm^2, 또 탄성계수는 $2\times10^6 kg_f$/cm^{2}이다.

답: 1,111cm

8-13 [그림 8]과 같이 굽힘강성 EI_Z인 보 AB에 강체 BC가 고정되어 있다. 스프링상수 k가 $6EI_Z/\ell^3$이고 점 B는 힌지로 되어 있다. W가 높이 h에서 낙하할 때 자유단 A의 처짐을 구하라.

답: $\delta_A=\dfrac{\ell^3}{EI_Z}\left(W+\sqrt{W^2+\dfrac{2hWEI_Z}{\ell^3}}\right)$

8-14 [그림 9]에서 5kN이 50mm의 높이에서 낙하할 때 A보 ($E=70$GPa, $b=100$mm, $h=25$mm) 및 스프링 ($k=20$kN/m)에 흡수되는 탄성에너지를 구하라(힌트 : δ를 생기게 하는 상당 정하중을 이용하라).

답: $U_A=0.64\text{J}$, $U_B=2.49\text{J}$, $U_S=1.01\text{J}$

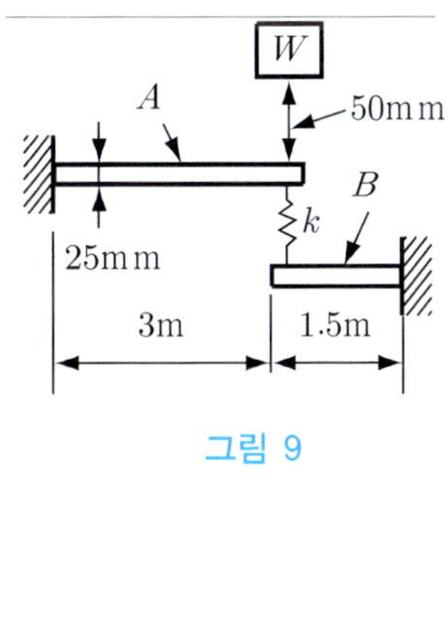

그림 9

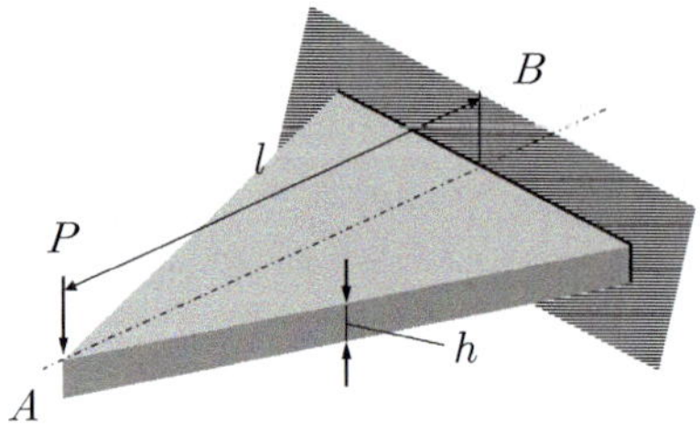

그림 10

8-15 [그림 10]의 외팔보에서 자유단의 처짐을 탄성에너지법으로 풀어라(h: 일정, 폭 b: 직선으로 변한다).

답: $\frac{6P\ell^3}{EBh^3}$

8-16 단순보에 등분포하중 w_0가 작용하는 경우 중앙단면의 처짐을 탄성에너지법으로 풀어라.

답: $\frac{5w_0\ell^4}{384EI_Z}$

8-17 [그림 11]과 같은 트러스 ABC가 있다. 두 봉은 같은 축강도 EA를 가지며 부재 AB의 길이 ℓ일 때, 조인트 B의 수평변위를 D_1(우방향이 정), 수직변위를 D_2(하방향을 정)이라고 할 때,

(a) D_1 D_2의 함수로 구조물의 변형에너지 U를 구하라.

(b) 카스틸리아노의 제1정리를 이용하여 변위 D_1 D_2를 구하라.

8-18 반지름 r인 가는 4분원의 곡선보 자유단에 [그림 12]와 같이 수직하중이 걸릴 때 자유단의 수평 및 수직변형을 구하라.

답: $\delta_V = \frac{\pi Pr^3}{4EI_Z}$, $\delta_H = \frac{Pr^3}{2EI_Z}$

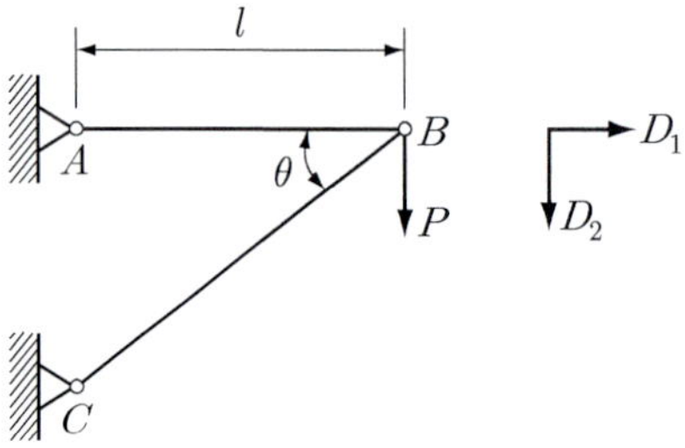

그림 11

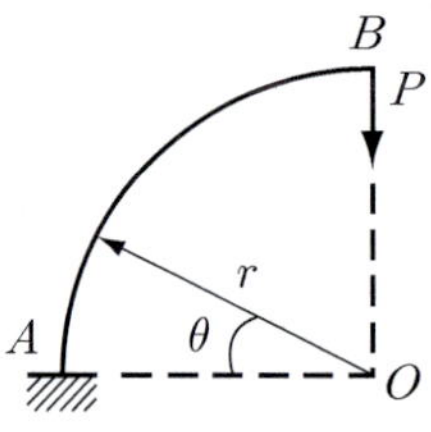

그림 12

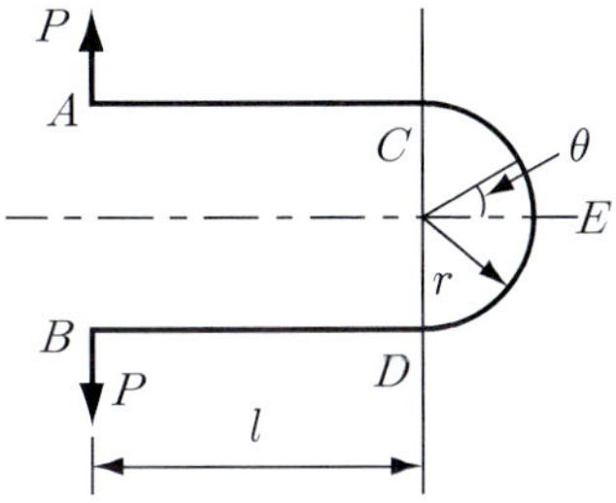

그림 13

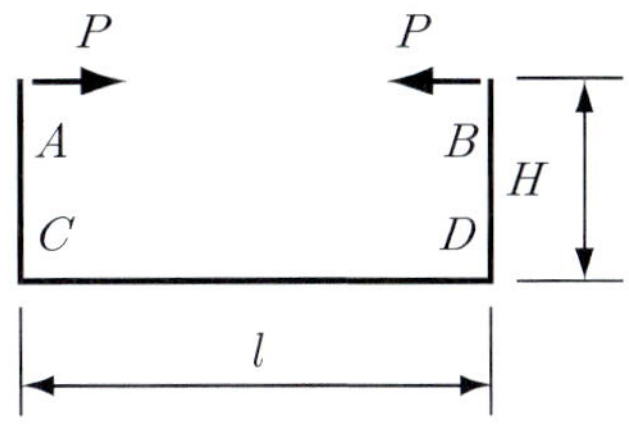

그림 14

8-19 [그림 13]과 같이 직선부분 AC, BC 부분과 반원 CD를 가지는 가는 봉의 A, B 양 자유단의 하중 P가 작용할 때 AB의 간격이 얼마나 벌어질 것인가?

답: $\frac{2P}{EI_Z}\left(\frac{\ell^3}{3}+\frac{\pi}{2}r\ell^2+2\ell r^2+\frac{\pi}{4}r^3\right)$

8-20 [그림 14]와 같이 ㄷ형 구조물에 있어서 각 부분의 단면이 균일하다고 할 때 A와 B 사이의 거리의 변화량을 구하라.

답: $\frac{2PH^3}{3EI_Z}+\frac{PH^2\ell}{EI_Z}$

8-21 [그림 15]와 같은 수직보는 수평의 분포하중을, 수평보는 자유단에 집중하중을 받고 있을 때 자유단 A의 수직변위를 구하라(전단의 영향은 무시함).

답: $\frac{P\ell^3}{3EI_Z}+\frac{P\ell^3H}{EI_Z}+\frac{w_0\ell H^3}{6EI_Z}+\frac{PH}{AE}$

8-22 위의 문제 8-18에서 수평변위량을 구하라.

답: $\frac{P\ell H^2}{2EI_Z}+\frac{w_0H^4}{8EI_Z}$

8-23 [그림 16]의 보에서 B 지점의 반력을 탄성에너지법으로 구하라.

답: $\frac{3}{8}w_0\ell$

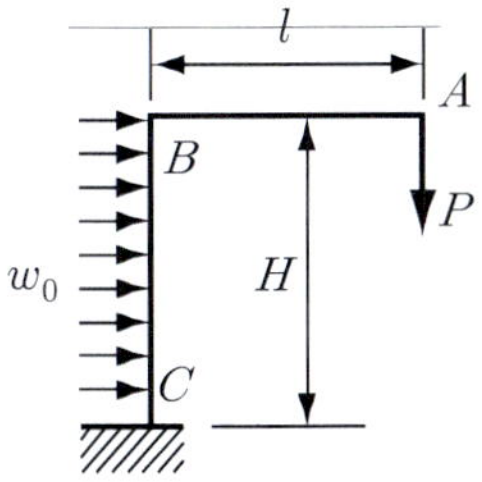

그림 15

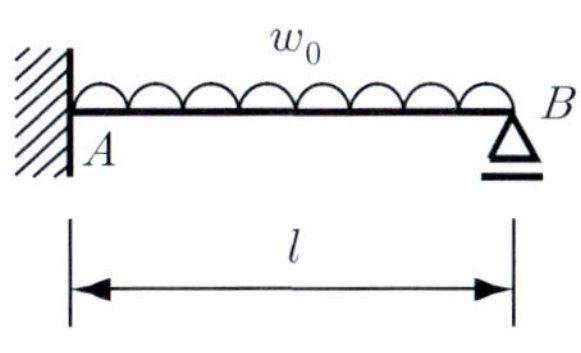

그림 16

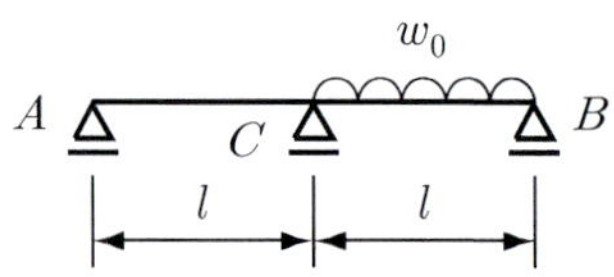

그림 17

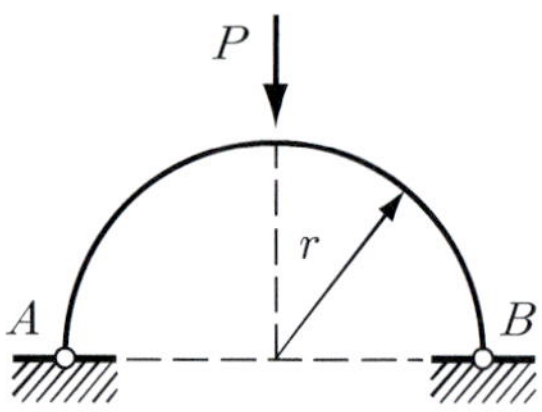

그림 18

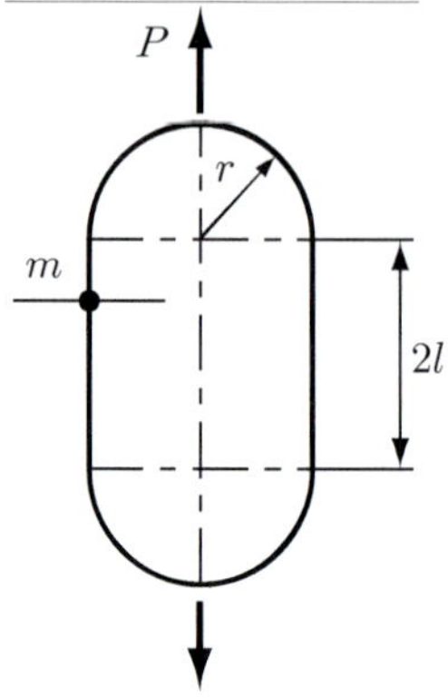

그림 19

8-24 카스틸리아노의 정리를 이용하여 [그림 17]의 3점지지보의 반력들을 구하라.

답: $R_A = -\frac{1}{16}w_0\ell,\ R_B = \frac{7}{16}w_0\ell,\ R_C = \frac{5}{8}w_0\ell$

8-25 반원으로 된 [그림 18]의 양단힌지보의 중앙에 P하중을 받을 때 수평반력을 최소일의 정리로 풀어라.

답: $H = \frac{P}{\pi}$

8-26 [그림 19]와 같은 가는 링크가 P하중을 받을 때 굽힘모멘트의 식을 구하라.

답: $M = \frac{\Pr^2}{2}\frac{(\pi-2)}{(2\ell+\pi r)} - \frac{\Pr}{2}(1-\cos\theta)$

8-27 [그림 20]과 같이 무게 W인 물체가 벽면 위에 놓여져 있으며, 단면적 A, 탄성계수 E인 유연한 줄의 한쪽 끝이 이 물체에 매어져 있고, 다른쪽 끝은 벽면에 단단히 매어져 있다. 이 물체를 벽면으로 밀어내어 줄의 전 길이를 자유롭게 낙하시켰을 때, 줄에 발생하는 최대응력 σ_{im}를 구하는 식을 유도하라. 줄이 물체를 정지시켰을 때 줄은 탄성적으로 늘어난다고 가정한다.

답: $\sigma_{im} = \frac{W}{A}\left(1+\sqrt{1+\frac{2AE}{W}}\right)$

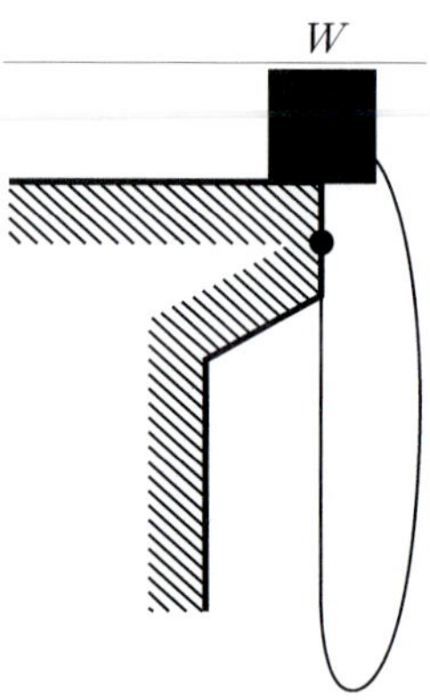

그림 20

8-28 [그림 21]과 같이 무게 4,000lb인 물체가 높이 1ft로부터, 길이 20ft이고 지름 12in 이며 하단(下端)이 고정된 나무기둥 위로 낙하한다. $E=1.5\times10^6$psi이며 물체가 기둥 위에서 튀어 오르지 않는다고 가정할 때, 기둥에 발생하는 최대압축응력 σ_{im}를 구하라.

답: $\sigma_{im}=2,340$psi

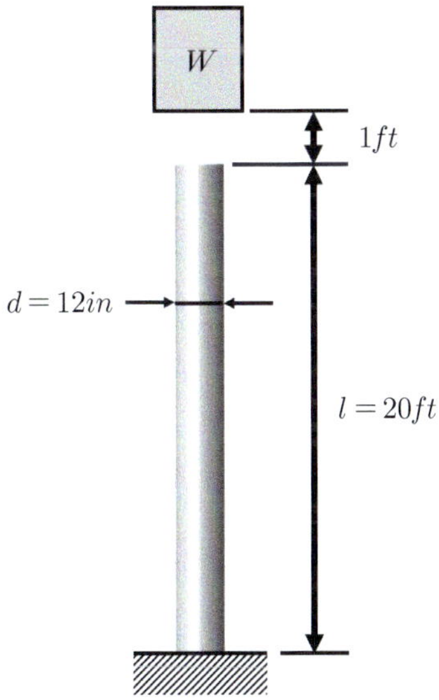

그림 21

Chapter 9

기둥

보가 구조물의 필수적인 중요한 구성요소임은 재료역학을 배우면서 충분히 납득할 수 있었을 것이다. 보와 더불어 구조물의 중요한 구성요소는 보를 지지하는 기둥이다. 본 장에서는 압축을 받는 기둥의 설계에 유용하게 사용되는 오일러 공식(Euler's formular)을 배우고 세장비(slenderness ratio)에 의한 기둥의 분류에 관한 지식을 익힌다.

9-1 편심하중

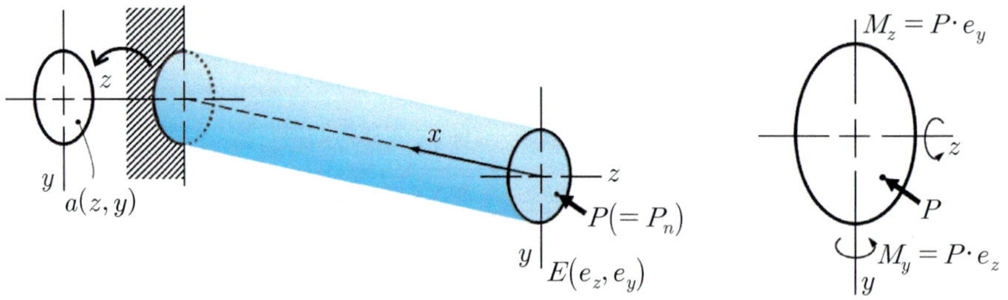

그림 9-1 편심하중을 받는 경우

[그림 9-1]의 경우는 편심하중(eccentric axial load, 偏心荷重)을 받는 경우로서 점 E가 착력점일 때 e_y, e_z를 편심거리라 한다. 이때 점 E의 하중 P_n 대신 도심에 같은 P_n와 모멘트로 바꾸어 놓을 수 있는데 이 모멘트를 분해한 것이 M_z, M_y가 된다. 따라서 [그림 9-1]의 임의 단면의 점 $a(z, y)$의 응력은 식 (9-1)로 된다.

$$\sigma_a = -\frac{P_n}{A} - \frac{M_y}{I_y} z - \frac{M_z}{I_z} y = -\frac{P_n}{A} - \frac{P_n \cdot e_z}{I_y} z - \frac{P_n \cdot e_y}{I_z} y \tag{9-1}$$

관성반지름을 r_{gz}, r_{gy}라 하면 이 식은 식 (9-2)로 된다.

$$r_{gz}^2 = \frac{I_z}{A}, \quad r_{gy}^2 = \frac{I_y}{A}$$

$$\sigma_a = -\frac{P_n}{A}\left(1 + \frac{e_z}{r_{gy}^2} \cdot z + \frac{e_y}{r_{gz}^2} \cdot y\right) \tag{9-2}$$

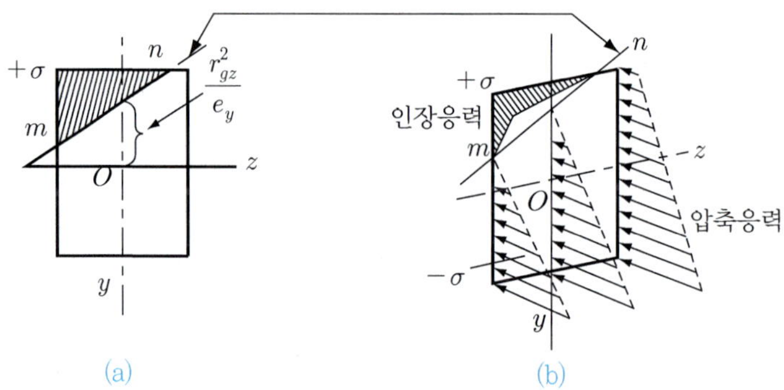

그림 9-2 영응력선의 정의

이렇게 축방향 하중을 받는 기둥을 단주(short strut)라고 한다. 또한 콘크리트(concrete)와 같이 인장에 약한 기둥에 대해서는 인장응력이 단면 내에 생기지 않도록 주의해야 한다. 이를 위해서 [그림 9-2]와 같이 $+\sigma$와 $-\sigma$의 경계선인 영응력선(zero stress line, 零應力線)이 단면 밖으로 나가야 한다. 우선 영응력선의 위치는 식 (9-2)에서 $\sigma_a = 0$ 으로 하여 얻어진다.

$$1 + \frac{e_z}{r_{gy}^2} z + \frac{e_y}{r_{gz}^2} y = 0 \tag{9-3}$$

식 (9-3)은 직선인데 단면 위에 그리려면 식 (9-4)의 조건이 되어야 한다.

$$\left.\begin{aligned} z = 0 : y &= -\frac{r_{gz}^2}{e_y} \\ y = 0 : z &= -\frac{r_{gy}^2}{e_z} \end{aligned}\right\} \tag{9-4}$$

즉, 이 점을 좌표 상에 정하고 연결하면 된다(즉 [그림 9-2]의 mn선). 만일 주축 위에 P하중이 있을 때는 [그림 9-3]과 같이 y축 상에 있을 때 $z = 0$이므로 아래 식으로 된다.

$$y = -\frac{r_{gz}^2}{e_y}$$

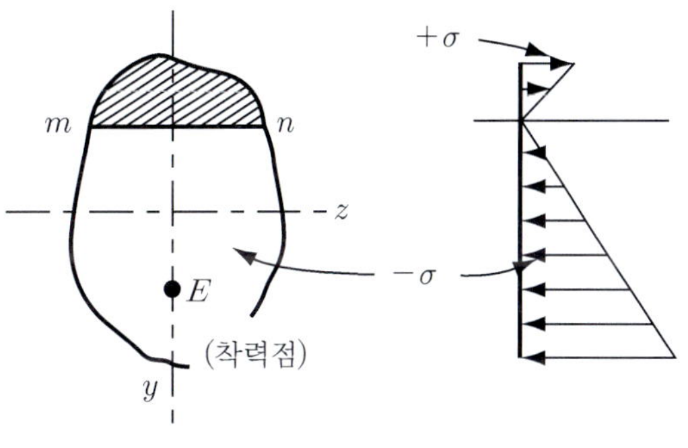

그림 9-3 영응력선의 예(P가 y축 상에 있을 때)

이 식이 영응력선의 위치가 되며 [그림 9-3]상의 z축에 나란한 직선 mn이 된다. $b \times h$의 사각형단면에서 착력점 반대쪽 끝에 (점 B, 이 점의 좌표는 $y = -h/2$, $z = -b/2$) 영응력선이 위치하도록 하려면 식 (9-3)에서 식 (9-5)으로 된다.

$$1 + \frac{-\frac{b}{2}}{\frac{b^2}{12}} e_z + \frac{-\frac{h}{2}}{\frac{h^2}{12}} e_y = 0 \quad \left(r_{gz}^2 = \frac{I_z}{A} = \frac{bh^3/12}{bh} = \frac{h^2}{12}\right)$$

$$1-\frac{6}{b}e_z-\frac{6}{h}e_y=0 \tag{9-5}$$

이 e_x, e_y에 관한 직선의 식을 단면에 그려보면 된다.

$$e_y=0 : e_z=\frac{b}{6}, \quad e_z=0 : e_y=\frac{h}{6}$$

이것은 [그림 9-4]의 (a)에서 ab선이 되는데 이 선상에 하중이 있으면 영응력선은 점 B를 통하여 항상 단면 밖에 점선(mn)과 같이 있게 된다. 마찬가지로 점 C, D 및 A에 대등하는 착력점은 $\overline{ad}$, $\overline{dc}$ 및 $\overline{cb}$가 되어 마름모를 형성 한다. 이 **마름모 $abcd$ 속에 착력점이 있으면 영응력선은 단면 내에는 없고, 단면 밖으로 나가게 된다. 이 마름모를 사각형 단면의 핵(core of section)이라 한다.**

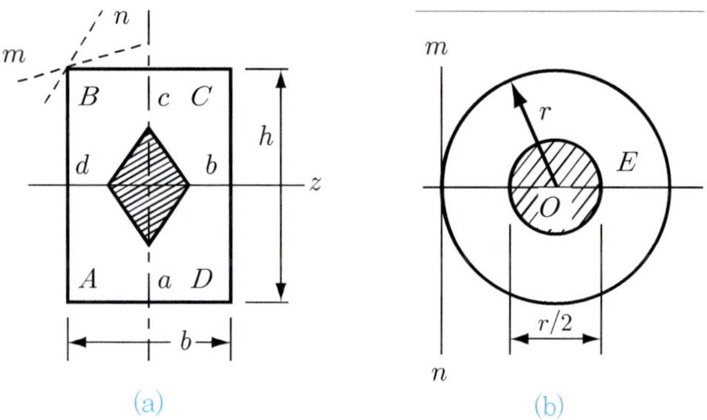

그림 9-4 단면의 핵

예제 9-1

중실 원형단면에서 단면의 핵을 구하라.

풀이 원형단면의 중심을 지나는 수직축은 대칭이므로 식 (1)이 된다.

$$r_g^2=\frac{I}{A}=\frac{\pi d^4}{64}\Big/\frac{\pi d^2}{4}=\frac{d^2}{16}=\frac{r^2}{4} \tag{1}$$

즉, 영응력선 mn이 바깥둘레 위에 있으려면 $z=-r$, 따라서 식 (2)가 성립된다.

$$e_y=-\frac{r_g^2}{y}=-\frac{r^2/4}{-r}=\frac{r}{4} \tag{2}$$

이때 단면의 핵은 $r/2$을 지름으로 하는 원이 된다. [그림 9-4(b)]에서 원형일 때는 착력점이 E에 있을 때 영응력선은 mn 선상에 온다. 따라서 원형일 때는 $r/2$인 원형이 [그림 9-4(b)]와 같이 단면의 핵이 된다.

예제 9-2

중공 원형단면(中空圓形斷面)에서 단면의 핵을 구하라.

풀이 [그림 1]과 같은 중공 원형단면인 경우도 중실 원형 단면과 마찬가지로 단면 자체가 단면 중심을 지나는 수직축에 대칭이므로 식 (1)로 된다.

$$r_g^2 = \frac{I}{A} = \frac{\frac{\pi}{4}(r_2^4 - r_1^4)}{\pi(r_2^2 - r_1^2)} = \frac{r_2^2 + r_1^2}{4} \tag{1}$$

영응력선 mn이 단면의 바깥둘레 위에 있으려면 $z = -r_2$이어야 한다. 따라서 식 (2)가 단면의 핵이다.

$$e_z = -\frac{r_g^2}{z} = -\frac{\frac{1}{4}(r_2^2 + r_1^2)}{-r_2} = \frac{(r_2^2 + r_1^2)}{4r_2} \tag{2}$$

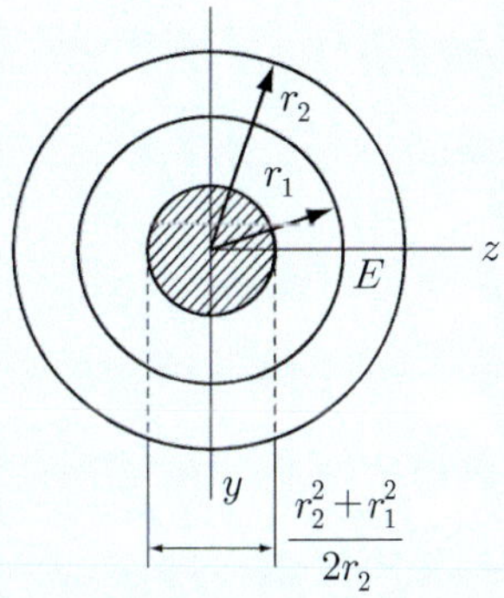

그림 1

예제 9-3

중실 정 삼각단면에서 단면의 핵을 구하라.

풀이 먼저 I_Z를 구하고, 식 (9-2)를 이용해서 $\gamma_{gz}{}^2$를 구하면, 식 (1)이 된다.

$$I_Z = \frac{bh^3}{36} = \frac{\sqrt{3}\,a^4}{96},$$

$$\gamma_{gz}{}^2 = \frac{\frac{\sqrt{3}\,a^4}{96}}{\frac{\sqrt{3}\,a^2}{4}} = \frac{a^2}{24} \tag{1}$$

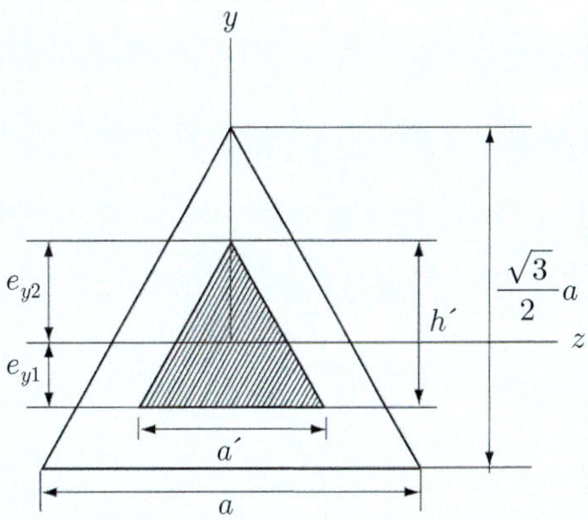

그림 2

[그림 2]와 같이 단면이 비 대칭축인 경우 z축을 중심으로 e_y가 e_{y1}, e_{y2}로 나뉘므로 (9-4)를 이용하여 식 (2)를 풀어낸다.

$$z = 0 : y = -\frac{\gamma_{gz}{}^2}{e_y}$$

$$y_1 = \frac{a}{\sqrt{3}} : e_{y1} = -\frac{\sqrt{3}}{24}a,\ \ y_2 = -\frac{a}{2\sqrt{3}} : e_{y2} = \frac{\sqrt{3}}{12}a \tag{2}$$

따라서 식 (3)이 단면의 핵의 밑변과 높이의 길이가 된다.

$$h' = \frac{\sqrt{3}}{8}a = \frac{\sqrt{3}}{2}a',\ \ a' = \frac{a}{4} \tag{3}$$

9-2 기둥의 안정성

단면의 크기에 비하여 길이가 길고 압축을 받는 부재를 장주(long column, 長柱) 또는 기둥이라고 한다. 기둥의 안정거동을 고찰하기 위해 양단이 힌지로 연결된 가늘고 긴 기둥을 생각한다. 이 기둥은 앞서 배운 단순지지 보와 같은 경우로서 기둥을 해석할 때 기본형이 된다. 이 기본형의 기둥에서 이상적인 기둥(ideal column)의 거동을 알아보자. 즉, 축방향 압축력 P는 길이 방향과 일치하고 단면의 도심을 통해 작용하며 기둥 자체는 완전히 곧은 상태로서 Hooke의 법칙을 만족하는 선형 탄성재료로 만들어져 있는 기둥을 취급한다. xy 평면은 대칭평면이며, 기둥의 어떠한 굽힘도 이 xy 평면 내에서 발생한다고 가정한다. P의 값이 작을 때 기둥은 곧은 상태를 유지하고 축방향 압축력만 받는다. 이 곧은 보를 안정(stable, 安定)하다고 하며, 기둥이 다른 외력에 의해 굽혀도 곧은 상태로 되돌아간다는 것을 의미한다.

장주에서는 축방향 압축력 P가 어떤 값에 이르렀을 때 단면의 압축응력이 탄성한계 내에 있어도 기둥이 안정을 잃고 갑자기 커다란 굽힘변형이 생겨 좌굴(buckling, 挫屈)현상이 일어난다. 이 좌굴을 일으키는 최소의 압축력을 그 기둥에 대한 임계하중(critical load) 또는 좌굴하중 P_{cr}이라하며 아래와 같이 요약할 수 있다.

$P < P_{cr}$ 이면 안정평형 상태

$P = P_{cr}$ 이면 중립평형 상태

$P > P_{cr}$ 이면 불안정상태, 좌굴 발생

9-3 오일러 공식(양단이 힌지로 된 기본형 기둥)

임계하중과 좌굴된 기둥의 처진 모양 [그림 9-5(b)]를 결정하기 위해서 식 (7-1)과 같은 보의 처짐곡선에 대한 미분방정식을 이용한다. **이 방정식은 좌굴이 일어날 때 보에서와 같이 기둥에 굽힘이 발생하여 굽힘모멘트가 생기기 때문에 기둥에도 적용할 수 있다.**
식 (7-1)을 [그림 9-5(c)]와 같이 기본형 기둥의 자유물체도에 적용한다. 즉 지지점 A에서 x만큼 떨어진 거리에서 기둥을 자르면 정역학적 평형상태로부터 축력 P와 굽힘모멘트 M $(= P \cdot y)$이 단면에 작용한다는 것을 알 수 있다. 그러므로 미분방정식 (7-1)은 식 (9-6)과 같이 된다.

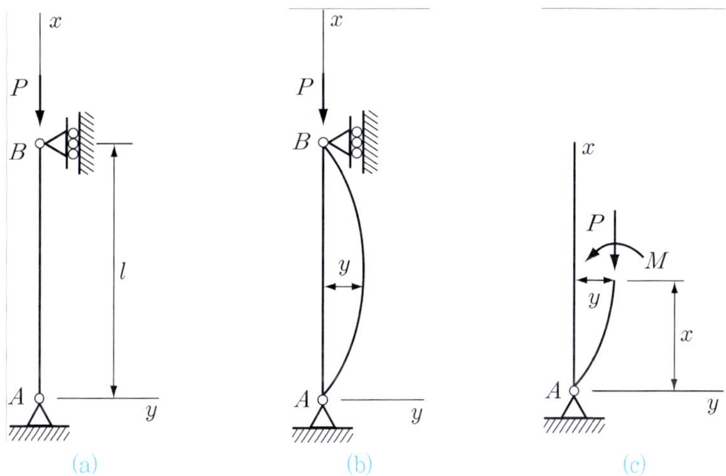

그림 9-5 양단이 힌지로 된 기본형 기둥

$$EIy'' = -M = -Py \text{ 혹은 } EIy'' + Py = 0 \tag{9-6}$$

EI는 좌굴이 일어나는 평면이라고 가정한 xy평면 내의 굽힘에 대한 휨강도(flexural rigidity)이다. 식을 간단화하기 위하여 식 (9-7)을 사용하면 식 (9-6)은 식 (9-8)로 된다.

$$k^2 = \frac{P}{EI} \tag{9-7}$$

$$y'' + k^2 y = 0 \tag{9-8}$$

식 (9-8)의 미분방정식의 일반해는 식 (9-9)이다.

$$y = C_1 \sin kx + C_2 \cos kx \tag{9-9}$$

C_1, C_2는 기둥의 경계조건(혹은 양단조건)으로부터 계산되는 상수이다. 적분상수를 구하기 위해 [그림 9-5]와 같은 양단의 경계조건을 이용한다.

$$y(0) = 0, \quad y(l) = 0$$

첫 번째 조건으로부터 $C_2 = 0$, 그리고 두 번째 조건으로부터 식 (a)가 구해진다.

$$C_1 \sin kl = 0 \tag{a}$$

위의 식을 만족하기 위해서는 $C_1 = 0$ 혹은 $\sin kl = 0$가 되어야 한다. 만일 $C_1 = 0$이면 처짐 y도 역시 0이 되며 이 경우 기둥은 곧은 상태를 유지한다. 이러한 경우 식 (a)는 kl의 어떠한 값에 대해서도 만족한다. 그러므로 축하중 P 또한 임의 값을 가질 수 있다
식 (a)를 만족하는 또 하나의 다른 경우는 다음 식이다.

$$\sin kl = 0$$

이 식은 $kl = 0, \pi, 2\pi, \cdots$일 때 성립한다. $kl = 0$에서는 $P = 0$이 되므로 풀이로서의 의미가 없다. 그러므로 풀이는 식 (b)와 같다.

$$kl = n\pi, \quad n = 1, 2, 3, \cdots \tag{b}$$

따라서 식 (9-7)으로부터 식 (c)를 얻는다.

$$P = \frac{n^2 \pi^2 EI}{l^2}, \quad n = 1, 2, 3, \cdots \tag{c}$$

식 (a)로부터 기둥의 최소임계하중(smallest critical load)은 $n = 1$일 때 다음과 같이 주어진다.

$$P_{cr} = \frac{\pi^2 EI}{l^2} \tag{9-10}$$

이 임계하중에 대한 식을 **오일러 식**(Euler's formula) 또는 **오일러의 기둥공식**이라 한다. 이에 대응하는 좌굴된 모양은 [그림 9-6]과 같이 예시된다.

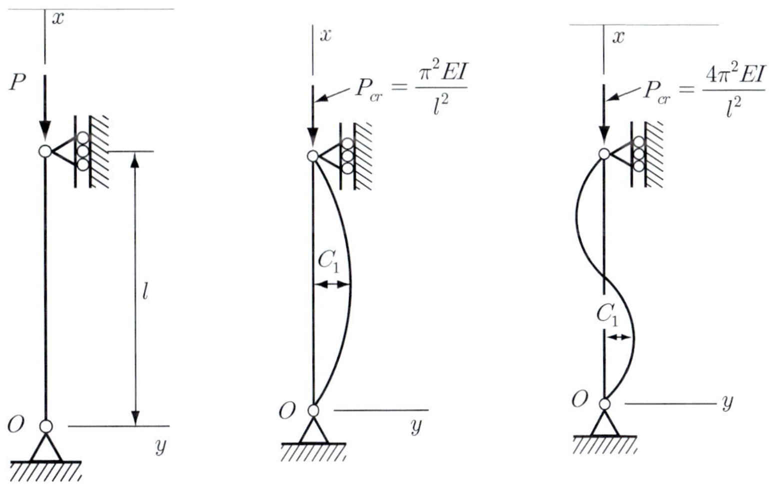

그림 9-6 양단 핀 연결된 기본형 기둥의 좌굴형태

$$y = C_1 \sin\frac{\pi x}{l} \tag{9-11}$$

상수 C_1은 기둥의 중앙에서의 처짐을 나타내며 정(+) 또는 부(−)의 값을 가진다. $n = 2$일 때의 형식곡선이 [그림 9-6(c)]에 그려져 있으며. n의 자승에 비례하며 좌굴된 모양의 반파형(half-wave)의 수는 n과 같음을 알 수 있다.

장주의 단면적을 단면의 관성반지름 $r(r^2 = I/A)$로 할 때 식 (9-10)에서 식 (9-12)로 되며 좌굴응력을 구할 수 있다.

$$\sigma_{cr} = \frac{P_{cr}}{A} = \frac{\pi^2 EAr^2}{Al^2} = \frac{\pi^2 E}{(l/r)^2} \tag{9-12}$$

여기서 l/r을 기둥의 세장비(slenderness ratio, 細長比)라 한다. 따라서 식 (9-12)로부터 임계응력(좌굴응력)은 재료의 탄성계수에 비례하고 세장비의 제곱에 반비례함을 알 수 있다. 이 식을 곡선으로 표시한 것을 [그림 9-7]과 같이 **오일러 곡선**(Euler curve) 또는 **좌굴곡선**이라 한다.

좌굴은 비례한도 이하에서 일어나므로 오일러 곡선은 비례한도(σ_P) 이하의 부분(BC)만 유효하다. 즉 세장비 $l/r = \pi\sqrt{E/\sigma_p}$이 B_1보다 큰 부분이 장주가 되고 또 오일러의 식을 적용할 수 있다. 그림에서 B_1은 장주와 단주(short strut, 短柱)와의 한계가 된다.

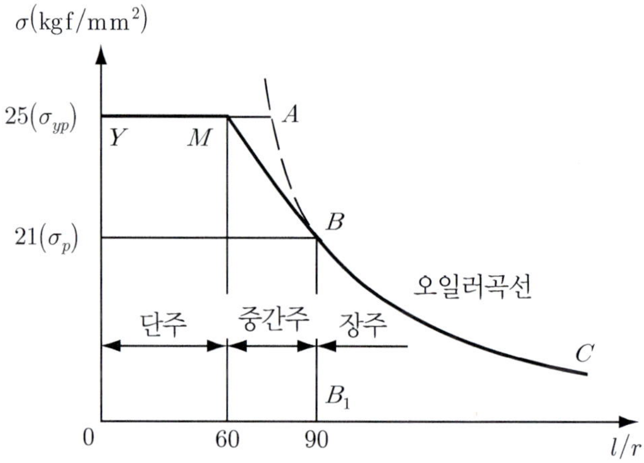

그림 9-7 오일러곡선(양단힌지의 기본형인 경우로 숫자는 연강의 예)

장주영역에서는 곡선 BC가 각각 l/r에 해당하는 위험응력(σ_{cr})이 되어 비례한도보다 낮은 응력에서 좌굴이 일어남을 알 수 있고, l/r이 B_1 이하($l/r < \pi\sqrt{E/\sigma_P}$)인 **단주는 좌굴이 없는 기둥**을 말하는 것이다.

또 단주에는 최대응력(σ_{max})을 정하여 설계의 기준으로 하는데 가령 연성재료의 기둥에서는 이 σ_{max}으로는 항복점 σ_{yp}를, 취성재료에서는 최후강도(압축응력) σ_u로 한다. 그런데 l/r이 점 B_1 이하의 영역에서 점 B_1 근처의 선도를 보면 오일러곡선이 σ_{yp}이하 또는 근처이기 때문에 좌굴도 일어날 수 있어서 B에서 점선으로 연결된 BM구간은 단주와 구별하여 중간주(中間柱, medium column)라 한다.

[그림 9-7]에 숫자로 표시된 자료는 연강의 양단힌지 기둥의 예이다. 여기서 $l/r \fallingdotseq 90$보다 l/r이 크면 장주, 60~90 정도가 중간주, 그 이하가 좌굴이 생기지 않는 단주영역이다. 즉 장주영역은 BC곡선, 단주영역은 YM선, 중간주의 영역에서는 우선 M과 B를 연결해 본 MB선을 적용시킨다.

따라서 그림 상에서 $YMBC$선이 기둥의 최대응력으로서 연강의 기둥설계의 기준이 되는 곡선이다.

예제 9-3

정사각형 단면을 갖는 길이 2m의 양단힌지로 된 기둥이 있다. $E = 12.5\text{GPa}$, $\sigma_{al} = 12\text{MPa}$(압축에 대한 허용응력)이고 좌굴에 대한 오일러의 임계하중을 계산할 때의 안전계수는 2.5이다. 만약 기둥이 다음의 하중을 안전하게 지지할 때의 단면적의 크기를 결정하라.

(a) 100kN의 하중

(b) 200kN의 하중

풀이 (a) 100kN의 하중을 받을 때, 안전계수 $n = 2.5$이므로

$P_{cr} = 2.5(100\text{kN}) = 250\text{kN}$, $l = 2\text{m}$, $E = 12.5\text{GPa}$

오일러 식 (9-10)으로부터 다음과 같이 구한다.

$$I = \frac{P_{cr} l^2}{\pi^2 E} = \frac{(250\times 10^3\text{N})(2\text{m})^2}{\pi^2(12.5\times 10^9 Pa)} = 8.106\times 10^{-6}\text{m}^4$$

$$\therefore\ I = \frac{a^4}{12} = 8.106\times 10^{-6}\text{m}^4 \quad \therefore\ \text{a} = 99.3\text{mm} \approx 100\text{mm}$$

기둥의 수직응력을 조사해보면 된다.

$$\sigma = \frac{P}{A} = \frac{100\text{kN}}{(0.1\text{m})^2} = 10\text{MPa}$$

따라서 $\sigma < \sigma_{al}$이므로 100mm×100mm의 단면적이 허용된다.

(b) 200kN의 하중을 받을 때,

$P_{cr} = 2.5(200\text{kN}) = 500\text{kN}$

$$I = \frac{P_{cr} l^2}{\pi^2 E} = \frac{(500\times 10^3\text{N})(2\text{m})^2}{\pi^2(12.5\times 10^9 Pa)} = 16.21\times 10^{-6}\text{m}^4$$

$$I = \frac{a^4}{12} = 16.21\times 10^{-6}\text{m}^4,\ \text{a} = 118.1\text{mm}$$

수직응력 : $\sigma = \dfrac{P}{A} = \dfrac{200\text{kN}}{(0.1181\text{m})^2} = 14.34\text{MPa}$

따라서 $\sigma > \sigma_{al}$이므로 $a = 118.1\text{mm}$의 치수는 부적합하다. 이 경우에는 압축에 대한 저항을 기초로 단면적을 선택해야만 한다.

$$A = \frac{P}{\sigma_{al}} = \frac{200\text{kN}}{12\text{MPa}} = 16.67\times 10^{-3}\text{m}^2$$

$$\therefore\ a^2 = 16.67\times 10^{-3}\text{m}^2,\ \text{a} = 129.1\text{mm}$$

따라서 130mm×130mm의 단면적이 선택되어야 한다.

9-4 다른 지지단의 기둥

(1) 하단고정, 상단자유단인 기둥

이런 특수한 형태의 기둥은 오일러(1744년)에 의해 처음으로 해석되었다. [그림 9-8(b)]에서 굽힘모멘트는 다음 식과 같다.

$$M = -P(\delta - y)$$

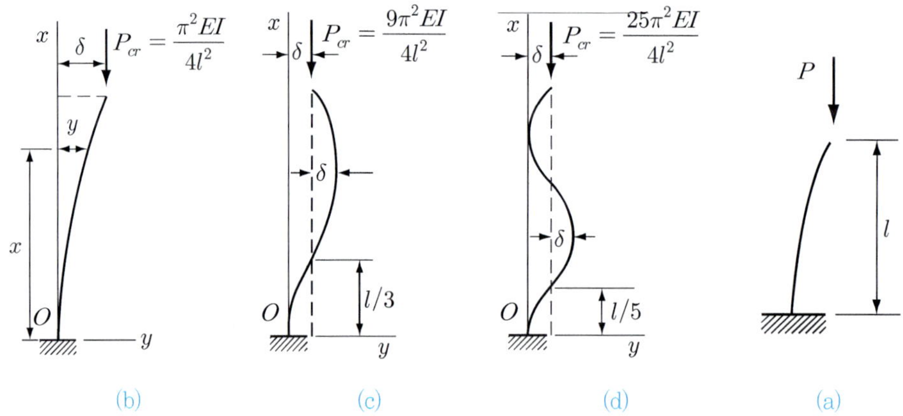

그림 9-8 하단이 고정이고 상단이 자유단인 기둥

처짐곡선의 미분방정식은 식 (a)와 같다.

$$EI\,y'' = -M = P(\delta - y) \tag{a}$$

$k^2 = P/EI$를 이용해서 식 (a)를 다음과 같이 쓸 수 있다.

$$y'' + k^2 y = k^2 \delta \tag{b}$$

위 식은 상수계수를 갖는 2계 선형미분방정식이며 일반해는 식 (c)와 같다.

$$y = C_1 \sin kx + C_2 \cos kx + \delta \tag{c}$$

식 (c)는 세 개의 미지수를 포함하므로 세 개의 경계조건이 필요하다. 즉,

i) $y(0) = 0 \qquad \therefore C_2 = -\delta$

ii) $y'(0) = 0$

$y' = C_1 k \cos kx - C_2 k \sin kx|_{x=0} = 0 \qquad \therefore C_1 = 0$

C_1, C_2의 값을 일반해에 대입하여 처짐곡선의 식을 구하면 다음과 같다.

$$y = \delta(1 - \cos kx) \tag{d}$$

윗 식은 처짐곡선의 모양은 나타내지만 처짐의 폭은 미지수로 남아 있다.

iii) $y(\ell) = \delta$

이 조건을 이용해서 식 (d)로부터 다음 관계를 얻는다.

$$\delta \cos kl = 0 \tag{e}$$

위 식으로부터 $\delta = 0$ 혹은 $\cos kl = 0$이 되어야 한다. 만일 $\delta = 0$이면, 기둥의 처짐은 존재 하지 않게 되어 좌굴은 발생하지 않는다. 이러한 경우 식 (e)는 어떠한 값 kl에 대해서도 성립하므로 하중 P의 값은 어떤 값이라도 가질 수 있음을 의미한다.
또 다른 조건은 $\cos kl = 0$이 되는 것이다. 이 경우 식 (e)는 처짐 δ의 값에 관계없이 성립하며, 따라서 δ는 미지수로 남게 되고 임의 (미소)값을 가질 수 있게 된다.
$\cos kl = 0$이라는 조건으로부터 식 (f)가 성립하며 임계하중에 대한 공식은 식 (g)와 같다.

$$kl = \frac{n\pi}{2} \qquad n = 1, 3, 5, \cdots \tag{f}$$

$$P_{cr} = \frac{n^2\pi^2 EI}{4l^2} \qquad n = 1, 3, 5, \cdots \tag{g}$$

또한 좌굴된 형식곡선은 식 (d)에서 다음 식으로 주어진다.

$$y = \delta(1 - \cos\frac{n\pi x}{2l}) \qquad n = 1, 3, 5, \cdots \tag{h}$$

최소임계하중 ($n=1$)만이 실제적인 관심이 있는 하중으로서 다음과 같다. 즉

$$P_{cr}=\frac{\pi^2 EI}{4l^2} \tag{i}$$

이에 대응하는 좌굴곡선은 다음과 같으며 [그림 9-8(b)]에 나타내었다.

$$y=\delta\left(1-\cos\frac{\pi x}{2l}\right) \tag{j}$$

여러 가지 지지단의 조건을 가진 기둥에 대한 임계하중은 유효(有效)길이(effective length)의 개념을 도입함으로써 핀 연결된 기둥의 임계하중과 관련지을 수 있다. 하단이 고정단이고 상단이 자유단([그림 9-9(a)])인 기둥의 처짐곡선을 살펴보자.

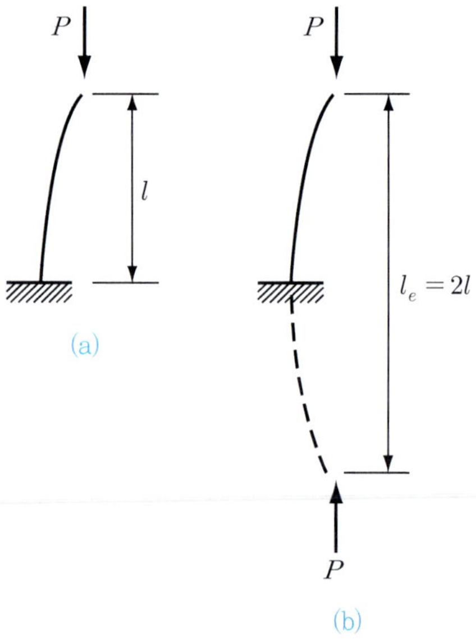

그림 9-9 하단이 고정이고 상단이 자유단인 기둥의 유효길이

이 기둥은 하나의 정현곡선의 1/4에 해당하는 곡선의 형태로 좌굴되어 있다. 처짐곡선을 확정하면([그림 9-9(b)]) 양단 핀 연결된 기둥의 처짐곡선은 정현곡선의 반파형이 된다. 유효길이 l_e는 양단 힌지로 된 기둥의 등가길이 또는 처짐곡선의 변곡점 사이의 거리가 된다. 그러므로 고정-자유단 기둥에서의 유효길이는 다음과 같다.

$$l_e=2l \tag{k}$$

유효길이는 양단 핀 연결된 기둥의 등가길이이므로 임계하중에 대한 일반 공식도 다음과 같이 쓸 수 있다.

$$P_{cr} = \frac{\pi^2 EI}{l_e^2} \tag{9-13}$$

위 식에 $l_e = 2l$을 대입함으로써 고정-자유단 기둥([그림 9-8])에 대한 임계하중을 구할 수 있다. 유효길이는 유효길이계수(effective length factor) α의 항으로 다음과 같이 쓸 수 있다.

$$l_e = \alpha l \tag{9-14}$$

그러므로 임계하중은 다음과 같이 된다.

$$P_{cr} = \frac{\pi^2 EI}{(\alpha l)^2} \tag{9-15}$$

계수 α의 값은 하단고정단 상단자유단인 기둥에 대해서 2, 양단 힌지로 된 기둥에 대하여 1의 값을 가진다.

(2) 양단고정단 기둥

기둥의 양단은 서로 자유롭게 상하로 움직인다고 가정한다. 그러면 축하중 P가 상단에 가해지면 동일한 크기의 반력이 하단에 생긴다. 좌굴이 발생하면서 반모멘트 M_0도 역시 양단에 발생한다([그림 9-10(b)]). 좌굴에 제 1형식 곡선은 양단으로부터 $l/4$거리에 변곡전을 갖는 삼각함수곡선이다. 그러므로 벼곡점 사이의 길이와 같은 유효길이는 다음과 같다.

$$l_e = \frac{l}{2} \tag{1}$$

식 (1)을 식 (9-13)에 대입하면 임계하중은 다음과 같이 된다.

$$P_{cr} = \frac{4\pi^2 EI}{l^2} \tag{2}$$

양단 고정단 기둥의 임계하중은 양단 힌지로 된 기둥보다 4배 크다는 것을 알 수 있다. 이러한 결과는 미분방정식을 풀어서 구할 수도 있다.

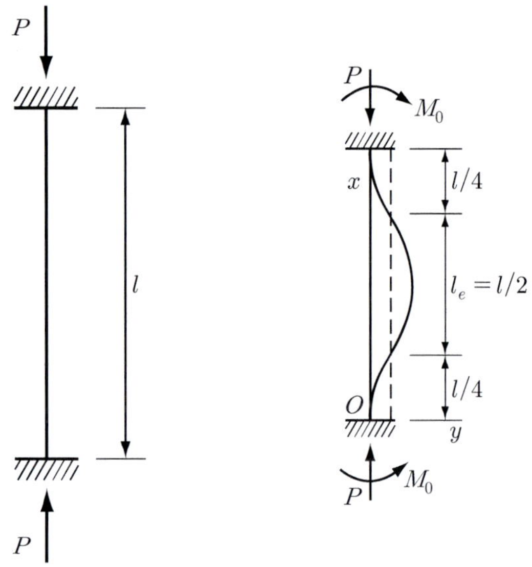

그림 9-10 양단 고정단 기둥의 유효길이

(3) 하단고정단 상단힌지로 된 기둥

이 경우의 임계하중과 좌굴형식곡선은 변곡점의 위치가 분명하지 않기 때문에 좌굴형식곡선([그림 9-11(b)])의 고찰에 의해서 결정할 수 없다. 그러므로 P_{cr}을 구하기 위해서 미분방정식을 풀어야 한다. 기둥이 좌굴을 일으키면 양단에 수평반력 R과 하단에 반모멘트 M_0가 생기며 다음 식이 성립한다.

$$M_0 = Rl \tag{1}$$

하단으로부터 x만큼 떨어진 거리에서 좌굴된 기둥의 굽힘모멘트는 아래식이 된다.

$$M = Py - R(l - x) \tag{2}$$

앞의 해석과 같은 방법으로 다음 미분방정식을 얻는다.

$$y'' + k^2 y = \frac{R}{EI}(l - x) \tag{3}$$

여기서 $k^2 = P/EI$이다.

위 미분방정식의 일반해는 식 (4)와 같고 세 개의 미지상수(C_1, C_2, R)을 갖는다.

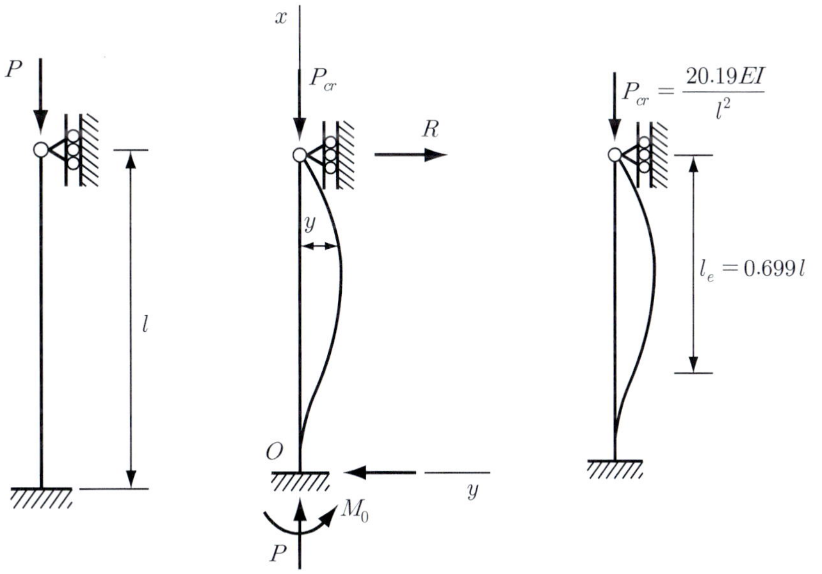

(a) (b) (c)

그림 9-11 하단고정 상단힌지로 된 기둥

$$y = C_1 \sin kx + C_2 \cos kx + \frac{R}{P}(l - x) \tag{4}$$

상수를 처리하기 위한 세 개의 경계조건은 다음과 같다.

$$y(0) = 0, \quad y'(0) = 0, \quad y(l) = 0$$

이들 경계조건을 식 (4)을 대입하면 다음 식을 얻는다.

$$C_2 + \frac{Rl}{P} = 0, \quad C_1 k - \frac{R}{P} = 0, \quad C_1 \tan kl + C_2 = 0 \tag{5}$$

$C_1 = C_2 = R = 0$을 취하면 이들 세 식은 만족하지만 이러한 경우는 무용해가 되어 처짐이 존재하지 않는다. 따라서 처음 두 방정식으로부터 R을 소거하면 된다.

$$C_1 kl + C_2 = 0$$

또는 $C_2 = -C_1 kl$이 된다. C_2에 대한 위 식을 식 (5)에 세 번째 방정식에 대입하면 좌굴방정식을 얻게 된다. 즉,

$$kl = \tan kl \tag{6}$$

이 좌굴방정식은 초월함수방정식(transcendental equation, 超越函數方程式)이므로 직접적으로 해결되지 않는다. 그러나 kl의 값은 방정식의 근을 찾는 프로그램을 가진 계산기를 사용해서 시행착오법(trial and error method)으로 구할 수 있다. 식 (6)을 만족하는 영이 아닌 최소의 kl 값은 다음과 같다.

$$kl = 4.4934$$

이에 대응하는 임계하중은 식 (7)과 같다.

$$P_{cr} = \frac{20.19\,EI}{l^2} = \frac{2.046\,\pi^2 EI}{l^2} \tag{7}$$

식 (7)을 9–4절의 식 (9–13)과 비교해서 구하면 식 (8)과 같다.

$$l_e = 0.699\,l \approx 0.7\,l \tag{8}$$

이 길이는 좌굴곡선 상에서 힌지로부터 변곡점까지의 거리([그림 9–11(c)])이다. 좌굴형식곡선의 방정식을 $C_2 = -C_1 kl$과 $R/P = kC_1$을 일반해(식 (4))에 대입하여 구하면 식 (9)이 된다.

$$y = C_1\left[\sin kx - kl\cos kx + k(l - x)\right] \tag{9}$$

여기서 $k = 4.4934/l$ 이 된다. 괄호 안의 항은 좌굴된 기둥의 처짐에 대한 형식곡선을 나타내지만 처짐 폭은 C_1이 임의 값(y가 미소하다는 가정 하에서)을 가질 수 있기 때문에 미지수로 남아 있다.

이상 본문을 통하여 접한 여러 조건의 기둥에 대한 유효길이 l_e는 [그림 9–12]와 같이 요약된다.

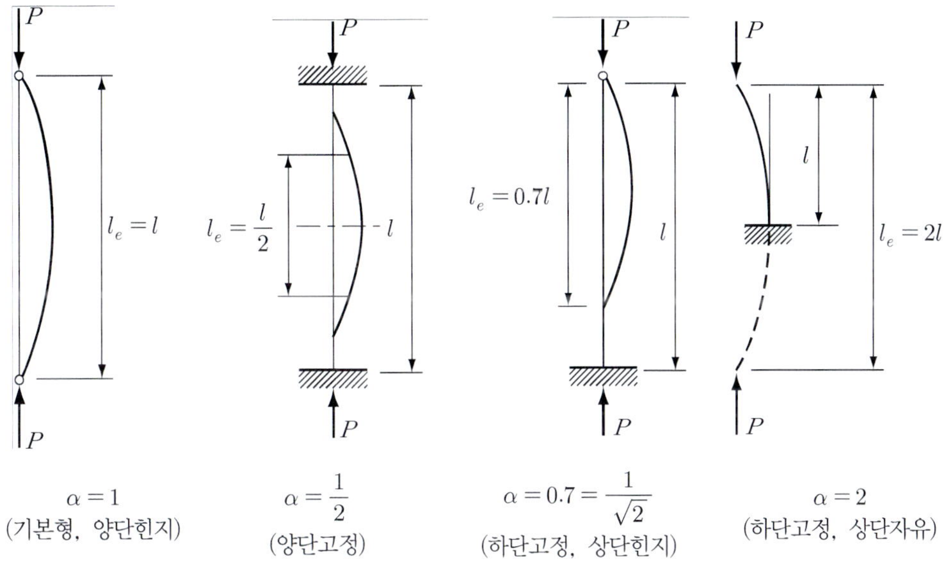

그림 9-12 각 기둥에 지점조건계수 α와 유효길이 l_e

9-5 *secant* 공식(선택)

9-3절에서 단면의 도심에 축하중 P가 작용하는 기본형 기둥에 대해서 고찰했다. 그러한 경우 기둥은 임계하중에 도달할 때까지 곧은 상태를 유지한다. 본 절에서는 하중이 축방향으로부터 작은 편심거리 e만큼 떨어진 곳에 작용하는 경우를 고려한다. 하중의 크기가 작은 경우일지라도 편심에 의해서 하중 P는 기둥에 굽힘이 생기게 한다. 그러므로 하중이 가해질 때부터 기둥은 처지게 되고 P가 증가함에 따라 점차적으로 처짐도 증가하게 된다. 이런 상황 하에서 기둥의 허용하중(allowable load)은 임계하중보다는 처짐의 크기나 굽힘응력에 의해서 결정된다.

이러한 기둥을 해석하기 위해 [그림 9-13(a)]와 같은 기둥에 압축하중이 편심거리 e만큼 떨어진 곳에 작용하는 경우를 고려한다.

하중 P가 점진적으로 증가함에 따라 기둥이 구부러지기 시작하고 임의의 P값에 대한 처짐곡선은 그림 [그림 9-13(b)]와 같다. [그림 9-13(b)]와 같이 좌표축 x와 y를 선택하고 상단의 처짐을 을 δ로 표시하면 x로 정의 된 임의의 단면에서의 굽힘 모멘트는 다음과 같다.

$$M_x = P(\delta + e - y) \tag{a}$$

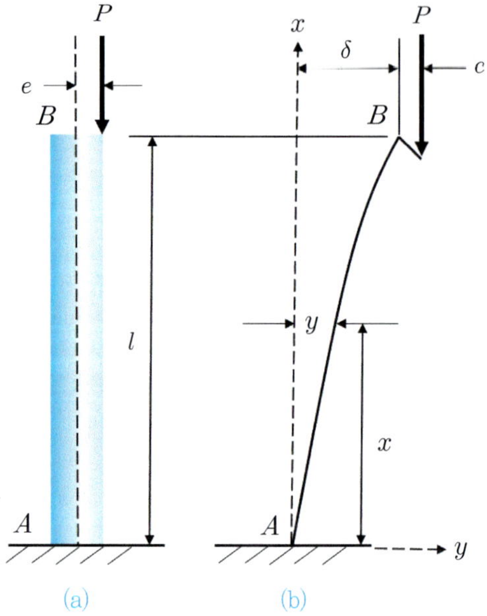

그림 9-13 편심하중을 받는 기둥

여기서 y는 기둥의 축으로부터 측정된 횡방향의 처짐이며 재료의 탄성 한계 이내의 작은 처짐 대한 탄성곡선의 미분방정식은 다음과 같다.

$$EI\frac{d^2y}{dx^2} = P(\delta + e - y) \qquad \text{(b)}$$

양변을 EI로 나누고 다음과 같은 표기법을 사용한다.

$$k^2 = \frac{P}{EI} \qquad \text{(c)}$$

식 (b)는 다음과 같은 형태로 표현된다.

$$\frac{d^{2y}}{dx^2} + k^2y = k^2(\delta + e) \qquad \text{(d)}$$

이 식은 9-4(c) 식과 유사하고 해는 다음과 같다.

$$y = C_1\sin kx + C_2\cos kx + \delta + e \qquad \text{(e)}$$

x가 0일 경우 $y=0$, $dy/dx=0$이고 C_1과 C_2는 다음과 같다.

$$C_1 = 0, \qquad C_2 = -(\delta + e)$$

식 (e)는 다음과 같이 표현된다.

$$y = (\delta + e)(1 - \cos kx) \tag{f}$$

이것은 처짐 곡선 AB가 1/4 코사인파의 형태임을 보여준다.
$x=l$일 때 상단 B의 처짐은 $y=\delta$이다. 이 값을 식 (f)에 대입하면 다음을 얻는다.

$$\delta = e\left(\frac{1-\cos kl}{\cos kl}\right) \tag{9-16}$$

주어진 편심량 e에 대하여 이 방정식은 처짐 δ와 $k = \sqrt{P/EI}$으로부터 정의되는 하중 P 사이의 관계를 나타낸다.
$e=0$을 취하면 $kl < \pi/2$인 임의의 값 즉, $P < P_{cr}\,(P_{cr} = \pi^2 EI/4l^2)$인 값에 대해 $\delta = 0$임을 알 수 있다. $kl = \pi/2$일 때 즉, $P = P_{cr}$일 때, 처짐은 불확실하게 되고 어떠한 작은 값을 가질 수 있다. 그러나 $e > 0$인 임의의 작은 값에 대해 식 (9-16)은 $P < P_{cr}$일 때 δ에 대해 명확한 값을 제공하고 P가 P_{cr}에 접근할 때 δ가 무한히 증가함을 보인다. 식 (9-16)에 의해 표현되는 하중-처짐 관계는 비선형적이고 [그림 9-14]로 나타낼 수 있다. $e=0$인 경우 하중-처짐곡선은 두 개의 직선 OAB로 표시된다. $P < P_{cr}$에 대해서는 처짐이 발생하지 않고 $P = P_{cr}$에서는 처짐이 불확실하다.

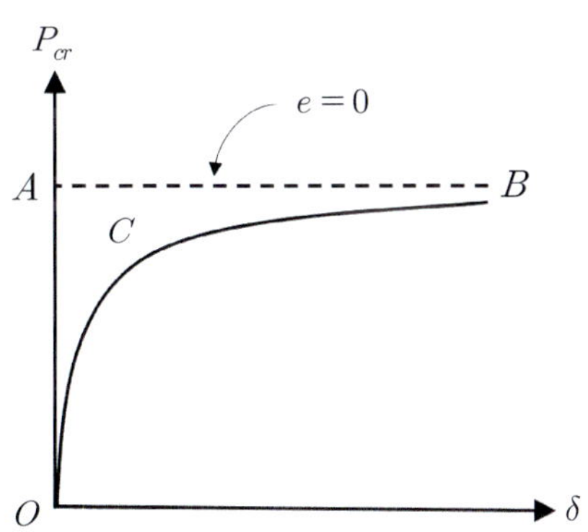

그림 9-14 기둥의 편심과 $P-\delta$곡선

$e > 0$이지만 작은 경우 하중–처짐 관계는 곡선 OCB로 표시된다. 하중이 작을 경우 처짐은 천천히 증가하지만 하중이 임계값에 가까워지면 급격히 증가하고 무한대로 발산한다. 그래프를 통해 P가 증가함에 따라 처짐 δ가 증가하는 것을 알 수 있으나 이 관계는 비선형적이다. 그러므로 한 개 이상의 하중에 의한 처짐을 계산하기 위해서 중첩의 원리를 이용할 수 없다. $kl \ll \pi/2$ 즉, $P \ll P_{cr}$인 작은 값들에 대해 다음을 가정할 수 있다.

$$\cos kl \approx 1 - \frac{(kl)^2}{2}$$

식 (10–9)에 대입하면 다음 식을 얻는다.

$$\delta \approx e\frac{(kl)^2/2}{1-(kl)^2/2} \approx e\frac{(kl)^2}{2}$$

$k = \sqrt{P/EI}$ 이므로 다음 식으로 표현된다.

$$\delta \approx \frac{(Pe)l^2}{2EI} \tag{g}$$

앞서 언급 한 내용은 [그림 9.15]와 같이 편심하중을 받는 양단이 핀으로 고정된 기둥에 적용할 수 있다.

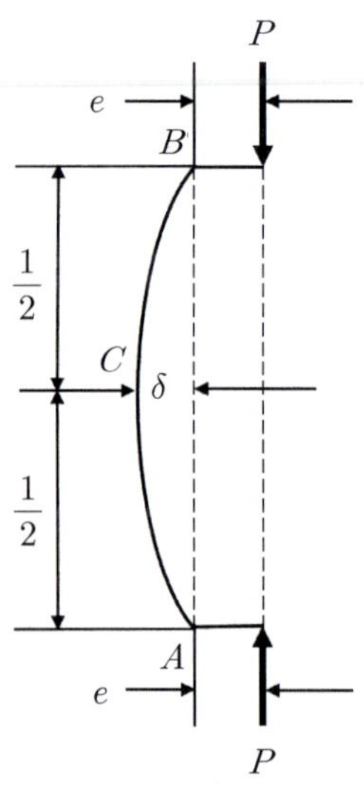

그림 9–15 기둥의 편심과 $P-\delta$곡선

대칭 조건으로부터 C점의 접선은 수직이고 기둥의 반은 [그림 9-13] 조건과 동일하다. 따라서 식 (9-16)의 l을 $l/2$로 대체하면 C점의 처짐 δ는 다음과 같다.

$$\delta = e\left(\frac{1-\cos\frac{kl}{2}}{\cos\frac{kl}{2}}\right) = e\left[\sec\frac{kl}{2}-1\right] \tag{h}$$

여기서 l은 양단이 핀으로 된 기둥의 전체길이이다.
[그림 9-13]의 최대 굽힘모멘트는 C점에서 발생하고 크기는 다음과 같다.

$$M_{\max} = P(\delta + e) \tag{i}$$

식 (h)를 (i)에 대입하면 다음과 같다.

$$M_{\max} = Pe\ \sec\left(\frac{kl}{2}\right) \tag{j}$$

C점의 오목한쪽(압축응력을 받는 쪽)에 해당하는 최대 압축 응력은 다음과 같다.

$$\sigma_{\max} = \frac{P}{A} + \frac{M_{\max}C}{I} \tag{k}$$

(k)식에 (j)식을 대입하고 단면의 회전 반경 $r = \sqrt{I/A}$ 를 이용하여 표현하면 다음과 같다.

$$\sigma_{\max} = \frac{P}{A}\left[1 + \frac{eC}{r^2}sec\left(\frac{kl}{2}\right)\right] \tag{9-17}$$

$k = \sqrt{P/EI}$ 이므로 다음과 같이 표현된다.

$$\sigma_{\max} = \frac{P}{A}\left[1 + \frac{eC}{r^2}sec\left(\frac{l}{2r}\sqrt{\frac{P}{AE}}\right)\right] \tag{9-18}$$

식 (9-18)은 편심 하중을 받는 기둥에 대한 *secant* 공식(secant formula)이라고 한다. 이 식은 이 기둥의 최대 압축응력이 평균 압축응력 P/A, 편심비(eccentricity ratio) eC/r^2, 세장비(slenderness ratio) l/r의 함수임을 보여 준다. 만약 기둥이 짧고 하중 P가 작으면

$\sec kl/2 \approx 1$이 되고 식 (9-17)은 다음 식으로 간단해진다.

$$\sigma_{max} = \frac{P}{A}\left(1 + \frac{eC}{r^2}\right) \tag{9-17}$$

만약 $\sigma_{max} = \sigma_y$ 로 놓으면 항복이 발생할 때의 평균 압축 응력을 계산할 수 있다. 따라서 식 (9-18)은 다음과 같은 같이 표현될 수 있다.

$$\frac{P_y}{A} = \frac{\sigma_y}{1 + \frac{eC}{r^2} sec\left(\frac{l}{2r}\sqrt{\frac{P}{AE}}\right)} \tag{9-19}$$

시컨트 공식을 유용하게 사용하기 위해서 [그림 9-16]과 같이 그래프로 나타내었다.

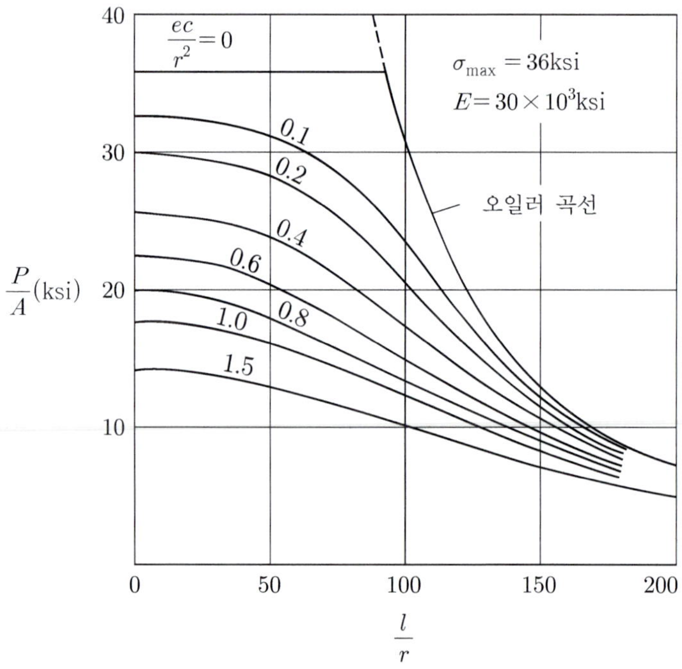

그림 9-16 $\sigma_{max} = 36\,ksi$, $E = 30 \times 10^3\,ksi$에 대한 *secant* 공식의 예

위 그래프는 최대응력 $\sigma_{max} = 36\,ksi$ 와 탄성계수 $E = 30 \times 10^3\,ksi$ 를 갖는 강(steel)에 대한 그림이다. 가로축은 세장비 l/r이고 세로축은 평균압축응력 P/A로 나타내었다. 곡선은 여러 가지 편심비에 대해서 그렸다. 물론 *secant* 공식은 후크의 법칙을 이용해서 유도했기

때문에 최대응력이 재료의 비례한도보다 작은(혹은 같은) 경우에만 성립한다.

편심거리 e가 0일 때 *secant* 공식은 적용할 수 없다. 그 대신 도심 축하중을 받는 이상기둥에 대해서 논의했으므로 최대하중은 임계하중이 되며 이에 대응하는 임계응력은 식(9-12)와 같다. 그러나 *secant* 공식은 e가 0으로 접근함에 따라 Euler 곡선으로 접근하며 수평선을 긋는다. 즉, 그래프상의 수평선과 Euler 곡선은 편심거리 e가 0으로 접근함에 따라 *secant* 곡선의 한계치를 나타낸다.

secant 공식(식 9-18)과 임계응력에 대한 식 (9-12)은 모두 다른 지지점 조건을 갖는 기둥에 대해서도 기둥 길이 l을 유효길이 l_e로 대치시킴으로써 사용할 수 있다.

[그림 9-16]에서 기둥의 부하능력(load-carrying capacity)은 세장비가 증가할수록, 중앙 부분에서 현저하게 감소한다. 그러므로 가늘고 긴 기둥은 단주보다 더 불안정하다. 또한 위 그림은 편심거리가 증가할 때 하중수용능력이 감소한다는 것도 나타내는데 이러한 현상은 장주(long column)보다 단주에서 비교적 더 크게 나타난다.

secant 공식에서 하중 P는 이상 선형탄성조건하에서 최대응력 σ_{max}을 일으키는 하중이다. 보통 설계상에서는 σ_{max}에 항복응력 σ_y와 같은 한계 응력값을 대입한다. 이에 대응하는 P의 값은 최대응력을 일으키는 축하중이다.

secant 공식이 기둥에 대해 이론적인 해석의 표현이지만 하중의 편심거리 e가 정확히 알려지지 않기 때문에 실제 설계에 사용할 때는 어려움이 발생한다. 그러므로 이 공식을 모든 결함을 고려하여 편심비에 적당한 값을 택하여 도심 축하중을 받는다고 가정하여 기둥의 설계에 이용하는 것이 바람직하다. 그러나 편심비는 결함의 종류를 아는 정확한 이론적인 방법이 없기 때문에 실험결과에 기준하여야 한다.

예를 들어 구조용 강으로 된 양단 힌지기둥 설계에서 보통 사용되는 $eC/r^2 = 0.25$이다. 이와같이 도심 축하중을 받는 기둥에 대한 *secant* 공식의 이용은 안전계수를 증가시킴으로써 단순히 결함에 대한 허용치를 고려하기 보다는 결함의 영향을 설명하는 근거가 되는 방법이다. 사용방법은 l/r, A, E와 함께 *secant* 공식에 대입한다. σ_{max}의 값에 재료의 항복응력(혹은 비례한도)을 넣는다. 그리고는 항복을 일으키는 하중 P_y에 대해서 *secant* 공식을 푼다. 이렇게 해서 구한 하중은 항상 기둥의 임계하중 P_{cr}보다 작은 값이다. 기둥의 허용하중은 안전계수 n으로 나눈 값과 같으며 적당한 n값은 2이다.

예제 9-5

길이 8ft인 하단고정 상단자유단인 기둥의 단면은 [그림 3]와 같이 튜브형으로 되어 있는 경우를 고려하자.

(a) 오일러 공식을 사용하여 안전계수 $n=2$인 기둥에 대한 허용편심하중과 그에 대한 수직응력을 구하라.

(b) 허용하중의 기둥의 축선에서 $e = 0.75\,\mathrm{in}$에 작용할 때 기둥의 자유단의 수평변위와 최대수직응력을 구하라. 단, $E=29\times10^6\,\mathrm{psi}$

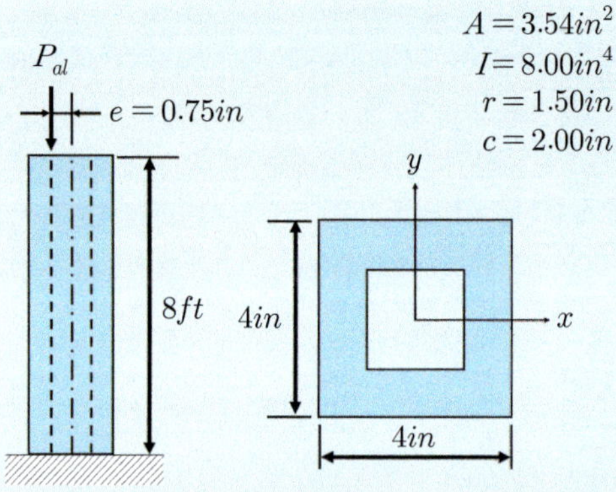

그림 3

풀이 유효길이 : $l_e = 2(8\,\mathrm{ft}) = 16\,\mathrm{ft} = 192\,\mathrm{in}$

임계하중 : 오일러 식으로부터

$$P_{cr} = \frac{\pi^2 EI}{l_e^2} = \frac{\pi^2(29\times10^6\,\mathrm{psi})(8.00\,\mathrm{in}^4)}{(192\,)^2} = 62.1\mathrm{kips}$$

(a) 허용하중과 응력(안전계수 $n=2$)

$$P_{a1} = \frac{P_{cr}}{n} = \frac{63.1\,\mathrm{kips}}{2} = 31.1\,\mathrm{kips}$$

$$\sigma = \frac{P_{a1}}{A} = \frac{31.1\,\mathrm{kips}}{3.54\,\mathrm{in}^2} = 8.79\,\mathrm{ksi}$$

(b) 편심하중

$$k = \sqrt{\frac{P}{EI}},\ P_{cr} = \frac{\pi^2 EI}{l_e^2}$$

$y_{\max}$는 식 (9-17)에서 구하고, 최대수직응력은 식 (9-19)로부터 구한다.

$$y_{\max} = e\left[\sec\left(\frac{kl}{2}\right) - 1\right] = e\left[\sec\left(\frac{\pi}{2}\sqrt{\frac{P}{P_{cr}}}\right) - 1\right] = (0.75\,\mathrm{in})\left[\sec\left(\frac{\pi}{2\sqrt{2}}\right) - 1\right]$$

$$= 0.939\,\mathrm{in}$$

$$\sigma_{\max} = \frac{P}{A}\left[1 + \frac{eC}{r^2}\sec\left(\frac{\pi}{2}\sqrt{\frac{P}{P_{cr}}}\right)\right] = (8.79\mathrm{ksi})[1 + (0.667\times2.252)] = 22.0\,\mathrm{ksi}$$

9-6 기둥의 설계공식

기둥에 관해서는 많은 경험식들이 있는데 장주 영역에서는 오일러 공식을 적용하고, 중간주 영역에시 적용되는 식들을 아레에서 몇 개만 소개하기로 한다.

(1) 고든-랭킨(Gordon-Rankine)의 공식([그림 9-7]의 BM구간)

$$\sigma_{cr} = \frac{\sigma_r}{1+a\left(\frac{l}{r}\right)^2} \tag{9-20}$$

여기서 l : 실제길이

σ_r : 압축항복응력(연성재료), 최후강도(취성재료)

a : 상수

연강 : $\sigma_r = 3,400 kg_f/\text{cm}^2$, $a = \frac{1}{7,500}$, $\ell/r < 90$ (공식의 적용범위)

주철 : $\sigma_r = 5,600 kg_f/\text{cm}^2$, $a = \frac{1}{1,600}$, $\ell/r < 80$ (공식의 석용범위)

목재 : $\sigma_r = 500 kg_f/\text{cm}^2$, $a = \frac{1}{750}$, $\ell/r < 60$ (공식의 적용범위)

(2) 테트마이어의 직선공식(straight line formula of Tetmajor)

$$\sigma_{cr} = \sigma_r\left(1 - a\frac{l}{r}\right) \tag{9-21}$$

여기서 a : 실험상수(연강 : 0.00368, 목재 : 0.00626)

(3) 존슨의 포물선공식(parabolic formula of Johnson)

$$\sigma_{cr} = c - d\left(\frac{l}{r}\right)^2 \tag{9-22}$$

여기서 c : 실험상수, $c = \sigma_{yp}$(항복점 응력)

d : 실험상수, $d = \sigma_{yp}^2 \alpha^2/(4\pi^2 \mathrm{E})$,

α : 유효길이계수[식 (9-14)]

이 공식의 적용범위는 $\sigma_{yp}/2 \le \sigma_{cr} \le \sigma_{yp}$, l/r의 한계치는 다음과 같다.

$$l/r = \pi\sqrt{2E/(\alpha^2 \sigma_{yp})}$$

(4) A.I.S.C.(American Institute of Steel Construction) 추천공식

탄성계수 $E = 29\times10^3\,\mathrm{ksi}\,(=200\times10^3\,\mathrm{MPa})$가 되는 강에 적용

단, l_e : 유효(수정)길이, n : 안전계수

$$\frac{P_{al}}{A} = \frac{1}{n}\left[\sigma_{yp} - \frac{\sigma_{yp}}{2C_c^2}\left(\frac{l_e}{r}\right)^2\right](=\sigma_{a1})\ \mathrm{MPa}(\text{혹은 프사이})$$
$$C_e^2 = 2\pi^2 E/\sigma_{yp},\quad n = \frac{5}{3} + \frac{3}{8}\frac{(l_e/r)}{C_c} - \frac{(l_e/r)^3}{8C_c^3} \tag{9-23}$$

$0 \le \frac{l_e}{r} \le C_c$, l_e/r가 120 이하에서 쓰인다.

l_e/r가 120이 넘는 장주 영역에서는

$$\left.\begin{aligned}\frac{P_{al}}{A} &= \frac{1}{n}\left[\frac{\pi^2 E}{(l_e/r)^2}\right](=\sigma_{a\ell})\,\mathrm{psi}\\ \sigma_{a\ell} &= 1.03\times10^6/(\ell/\mathrm{r})^2\,\mathrm{MPa}\end{aligned}\right\}\ (\text{단, } n = 1.92) \tag{9-24}$$

(5) AASHTO(the American Association of State Highway and Transportation Officials) 추천공식

탄성계수 $E = 29\times10^3\mathrm{ksi}$의 구조용강에 적용

$$\frac{P_{a\ell}}{A} = 15{,}000 - \frac{1}{3}\left(\frac{l_e}{r}\right)^2\mathrm{psi}$$
$$0 \le \frac{l_e}{r} \le 140 \tag{9-25}$$

(6) Secant 공식을 수정하여 실험적 사실을 고려한 계산방법을 AISC(미국철강구조협회)가 제안한 식이 있다. 이것은 압축력과 굽힘작용을 받는 기둥에 적용되며(편심하중 또는 편심이 될 것으로 예측되는 경우, 사실상 모든 경우), 최대압축응력은 양단힌지 P와 양단모멘트 M을 받는 경우.

$$\sigma_{\max} = \frac{P}{A} + \frac{M}{Z} \tag{9-26}$$

δ는 중앙단면의 처짐인데 δ로 인한 굽힘($P\delta$)은 일단 무시하고 뒤에 보상한다. $\sigma_{\max}$로 위식의 양변을 나눈다.

$$\frac{P/A}{\sigma_{\max}} + \frac{M/Z}{\sigma_{\max}} = 1$$

이러한 식 이외에도 많은 경험공식들이 있지만 편람 및 핸드북 등에 미루고 여기서는 다만 기초개념을 공부하는 데 그치기도 한다.

[그림 9-16]에는 위의 실험공식들을 비교하려 나타내고 있다. ① 오일러 공식($n=2$인 경우), ② 포물선공식, ③ 고든-랭킨공식, ④ Secant공식(편심비 0.2, $n=2$인 경우)이며 ⑤ 직선공식을 나타내고 있다.

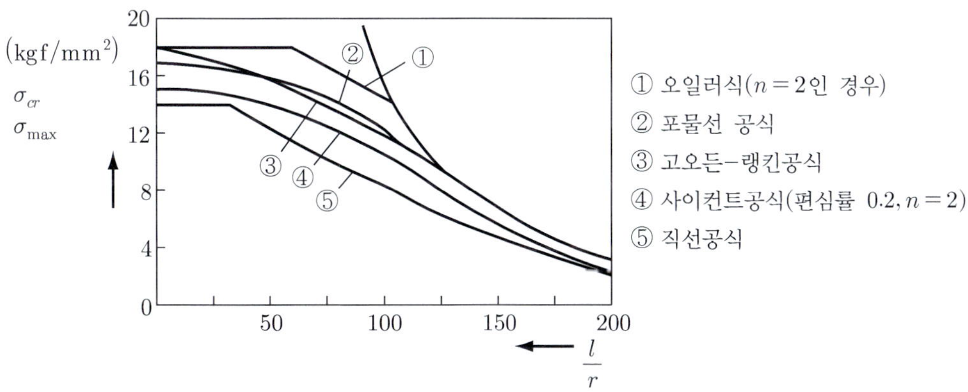

그림 9-16 각 실험공식들의 비교

예제 9-6

900kN의 하중을 받는 길이 4.5m의 양단힌지의 철재기둥을 설계하라. 단, $\sigma_{yp}=$ 345MPa이며 AISC 추천공식을 이용하라.

(풀이) AISC추천공식으로 시행착오법으로 푼다.

(1) 첫 시도 : $l_e/r=0$인 가장 쉬운 가정을 해 본다(단면은 미정).

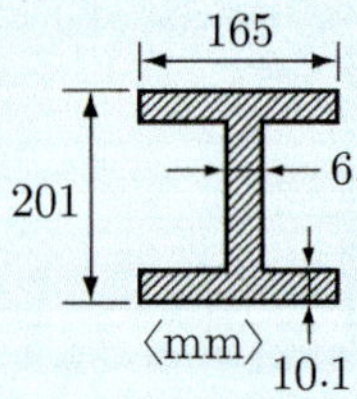

관성반경 $r_{\min}=40.8\text{mm}$

$I=7.58\text{mm}^4$(최소)

$\frac{I}{y}=Z=91.8\text{mm}^3$

$A=4555\text{mm}^2$

$$n=\frac{5}{3},\quad \sigma_{a\ell}=\frac{345}{n}=207\text{MPa}$$

$$A=\frac{P}{\sigma_{a\ell}}=\frac{900\times10^3}{207}=4{,}350\text{mm}^2$$

표(재료표)에서 그림과 같은 $W200\times36$을 택해 본다.

$$C_c=\frac{\sqrt{2\pi^2E}}{\sigma_{yp}}=\sqrt{\frac{2\pi^2\times200\times10^3}{345}}=107<\frac{l_e}{r}=110\cdots\text{식 (9-23)의 범주}$$

여기서 식 (9-24)에 의하여 $\sigma_{al}=\frac{1.03\times10^6}{(110)^2}=85.1\text{MPa}$

이것은 207MPa보다 작다. 다시 다른 단면을 골라 지금까지의 방법을 되풀이한다.

(2) 두 번째 시도 : $\sigma_{al}=85.1\text{MPa}$, 이것으로 단면을 계산하면

$$A=\frac{900{,}000}{85.1}=10{,}600(\text{mm}^2)$$

이것에 가까운 단면을 선택해 보면, $W200\times86$이다. 이것은

$$r_{\min}=53.2\text{mm},\quad \frac{l_e}{r}=\frac{4{,}500}{53.2}=84.6<C_c$$

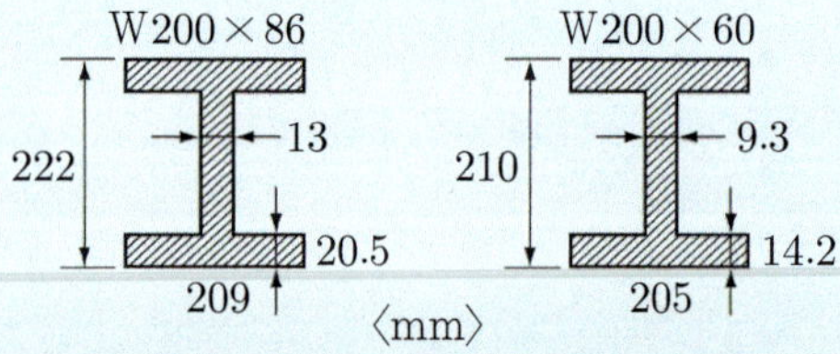

$I=31.2$(최소) $Z=299$　　　$I=20.4$(최소) $Z=199$

식 (9-23)에서

$$n=\frac{5}{3}+\frac{3(84.6)}{(8\times107)}-\frac{(84.6)^2}{(8\times107^3)}=1.90$$

$$\sigma_{al}=\left[1-\frac{(84.6)^2}{(2\times107^2)}\right]\frac{345}{1.9}=125(\text{MPa})$$

$$A=\frac{900{,}000}{125}=7{,}200(\text{mm}^2)$$

이 단면적은 $W200\times60$의 단면과 같다. 이 단면의 $r_{\min}=51.8\text{mm}$이며, 이 단면으로 계산한 축하중은 926kN이다. 이것은 문제를 가장 가깝게 만족시키므로 이 단면을 선택한다.

연습문제

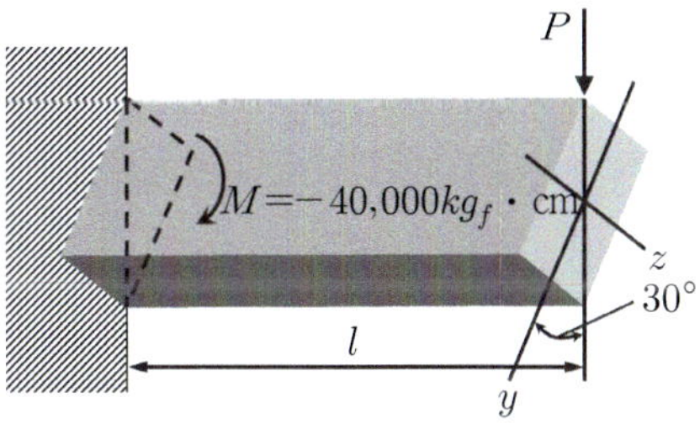

그림 1

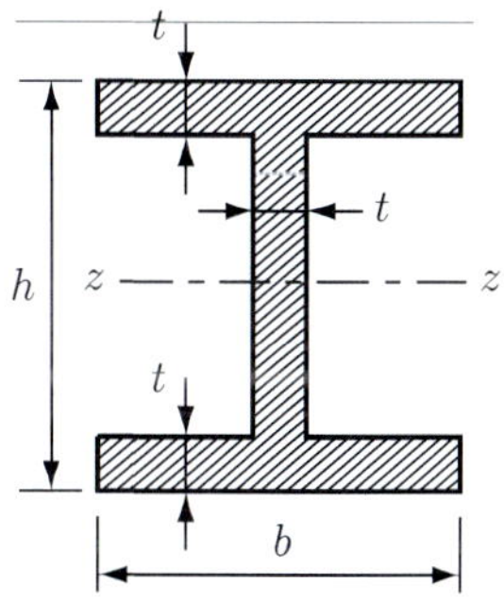

그림 2

9-1 [그림 1]과 같은 사각형단면(높이 20cm ×폭 10cm)의 외팔보가 주축에 대하여 30° 기울어져 하중을 받고 있다. 고정단 단면의 굽힘모멘트가 $M = -40{,}000\,kg_f$/cm 일 때 최대굽힘응력과 O응력선, 즉 중립축의 위치를 찾아라.

답: $\sigma_{max} = 112\,kg_f$/cm^2, $66°35'$, 반시계방향

9-2 [그림 2]의 I형 단면의 핵을 구하라.

9-3 정사각형단면 $(b \times b)$의 봉이 [그림 3]과 같이 $m-n$에서 단면적이 줄었을 때 하중 P에 의한 이 mn단면 $(b \times \frac{3b}{4})$의 최대인장응력을 구하라.

9-4 [그림 4]와 같이 기계부속품이 힘을 받을 때 A, B점의 수직응력을 계산하라.

답: 594kg_f/cm^2(인장), 678.9kg_f/cm^2(압축)

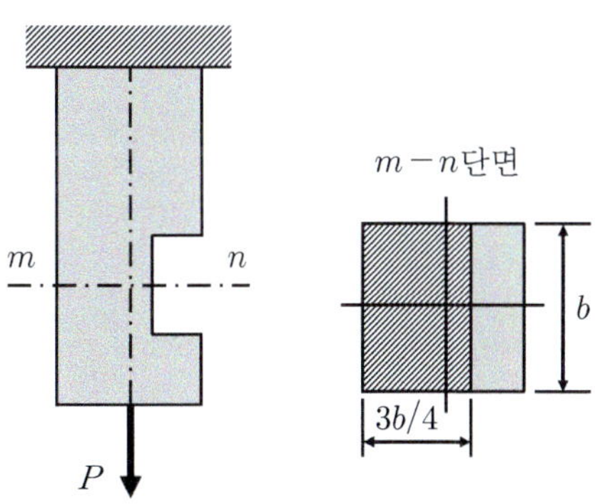

그림 3

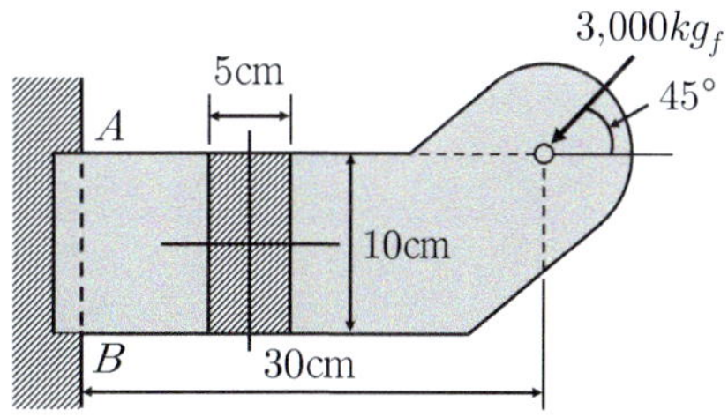

그림 4

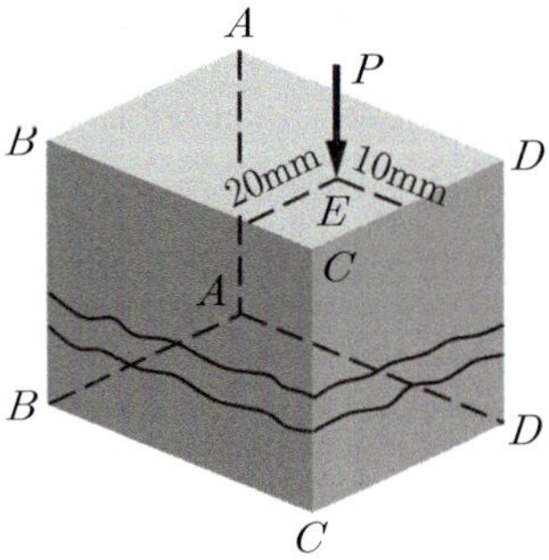

그림 5

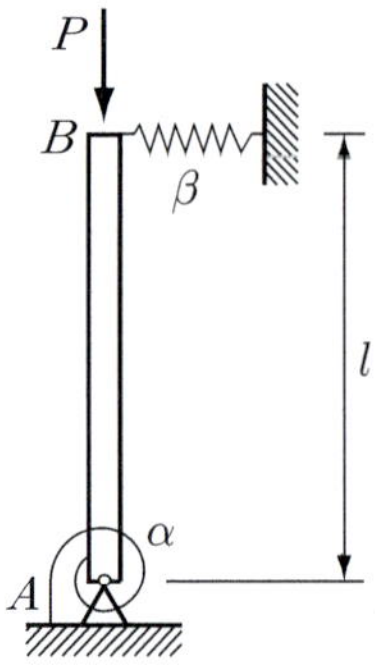

그림 6

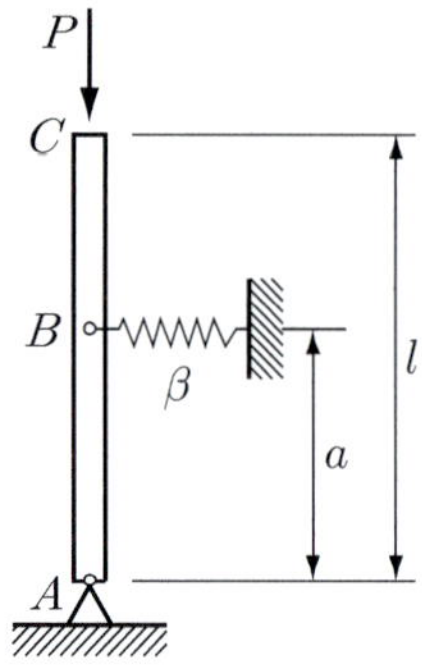

그림 7

9-5 [그림 5]와 같이 50×50(cm^2)인 사각형단면의 콘크리트 기둥이 점 E에 $P=5$톤의 하중이 있을 때 네 귀의 수직응력을 구하라.

답: $\sigma_A = 2.8kg_f/\text{cm}^2$ (인장), $\sigma_B = 0.4kg_f/\text{cm}^2$(인장), $\sigma_C = 6.8kg_f/\text{cm}^2$ (압축), $\sigma_D = 4.4kg_f/\text{cm}^2$ (압축)

9-6~9-7

[그림 6], [그림 7]에서와 같은 봉-스프링계의 임계하중 P_{cr}을 결정하라.

답: $P_{cr} = \beta l + \frac{\alpha}{\ell}, P_{cr} = \frac{\beta\alpha^2}{\ell}$

9-8 길이 135cm, $E = 2.1 \times 10^6 kg_f/\text{cm}^2$의 연강으로 된 원기둥이 8.5톤의 압축력을 받을 때 안전지름을 오일러 공식으로 계산하여라. 양단은 핀연결이고 안전계수는 3.5이다.

답: 4.8cm

9-9 4cm×4cm인 정사각형단면을 가지는 목재기둥의 양단이 핀으로 연결되어 압축력을 받을 때 오일러 공식을 적용할 수 있는 것은 기둥의 길이가 얼마 이상일 때인가? 목재에서는 오일러의 공식은 $\ell/r > 100$에서 적용된다.

답: $\ell > 115\text{cm}$

9-10 일단고정, 타단지지된 길이 250cm의 원형단면의 강제기둥이 20톤의 압축력을 받을 때 좌굴이 생기는 d의 한계값은 얼마 정도인가? 단, $E = 2.1 \times 10^6 kg_f/\text{cm}^2$이다.

답: d=50mm

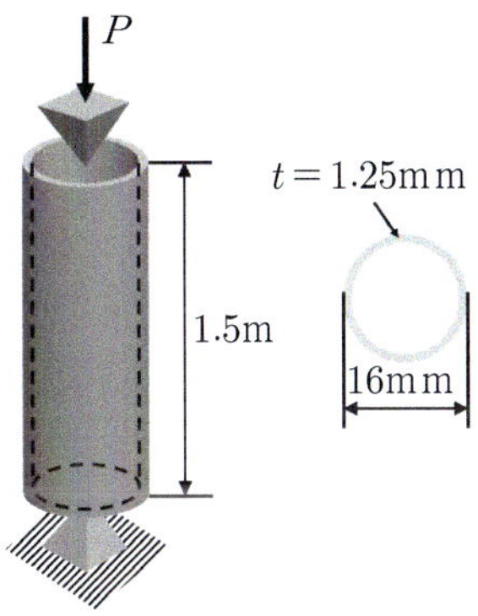

그림 8

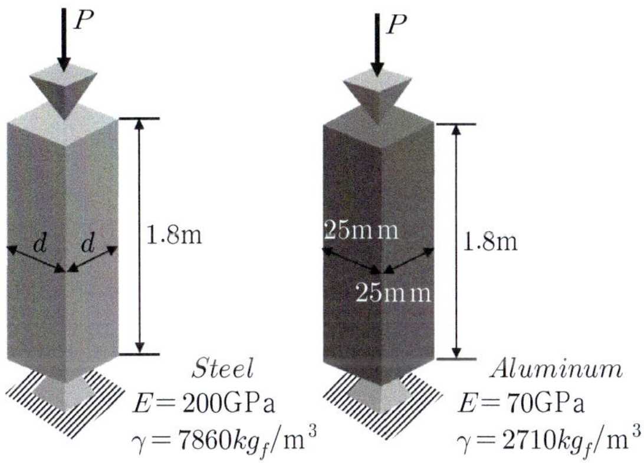

그림 9

9-11 [그림 8]과 같이 길이 1.5m, 외경 16mm, 두께 1.25mm인 알루미늄 튜브가 압축을 받을 때, 임계하중을 구하여라. 단, $E=70$GPa이다.

답: 487N

9-12 [그림 9]와 같은 강과 알루미늄 기둥에 대하여 두 기둥이 동일한 중량을 갖기 위한 치수 d를 구하여라. 또한 각 기둥에 대하여 임계하중을 구하여라.

답: $d=14.7$mm, $P_{cr.steel}=23.7$kN, $P_{cr.aluminum}=6.94$kN

9-13 [그림 10-1]과 같이 단면의 직경이 40mm이고 유효길이가 2m인 부재가 압축을 받고 있다. 부재의 중량을 25% 감소시키기 위해 [그림 10-2]와 같이 단면을 중공원형 단면으로 바꾸었다. 이 때, 다음을 구하여라. 단, $E=105$GPa이다. (a) 임계하중의 감소율 (b) 중공원형 단면의 임계하중

답: (a) 6.3%, (b) 30.521kN

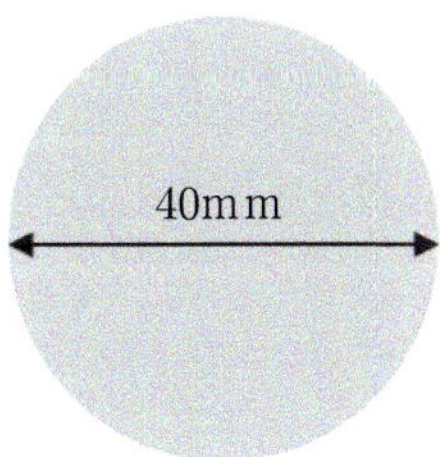

그림 10-1

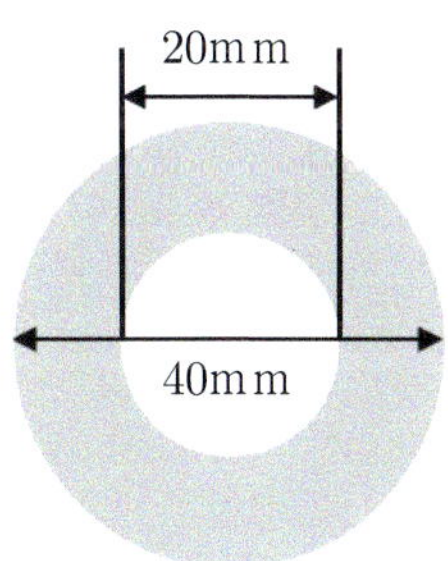

그림 10-2

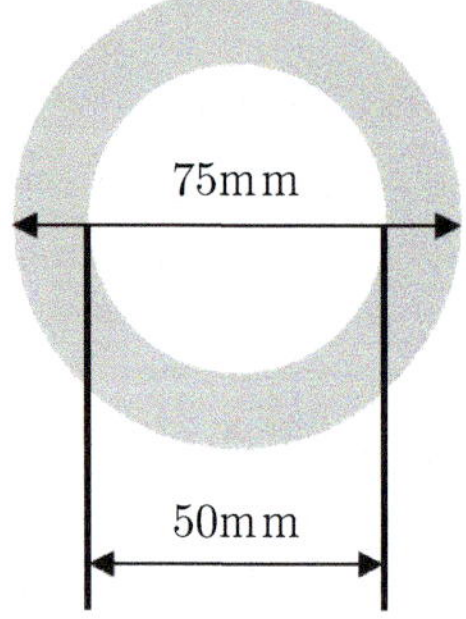

그림 11-1

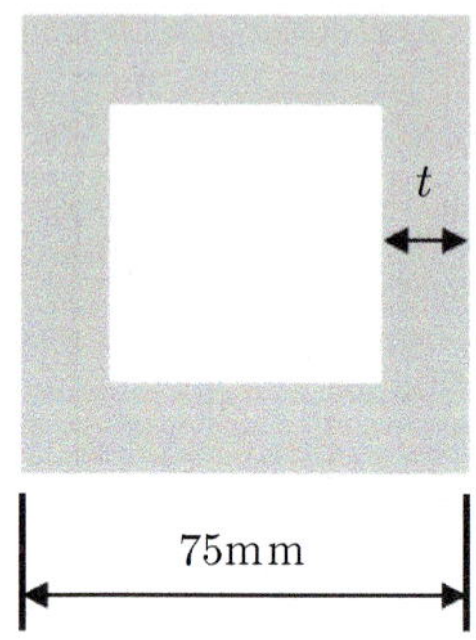

그림 11-2

9-14 [그림 11-1]과 [그림 11-2]의 단면적을 갖는 유효길이가 1.8m인 기둥이 압축을 받고 있다. 이 때, 다음을 구하여라. 단, $E=100$GPa이다.

(a) 중공 원형 단면과 동일한 단면적을 갖기 위한 중공 사각단면의 두께 t

(b) 각 기둥의 임계하중

답: $t=9.34$mm, $P_1=380$kN, $P_2=548$kN

9-15 [그림 12]는 각각의 지지조건에 따른 기둥을 보여준다. (a) 기둥 (1)의 직경이 20mm이고 압축하중 7.5kN을 받을 때, 좌굴에 대한 안전계수를 구하여라. (b) 또한 나머지 (2)~(5)에 대하여 (1)과 동일한 안전계수를 갖기 위한 직경을 구하여라. 단, $E=200$GPa이다.

답: (a) 2.55 (b) $d_2=28.3$mm, $d_3=14.14$mm, $d_4=16.73$mm, $d_5=20$mm

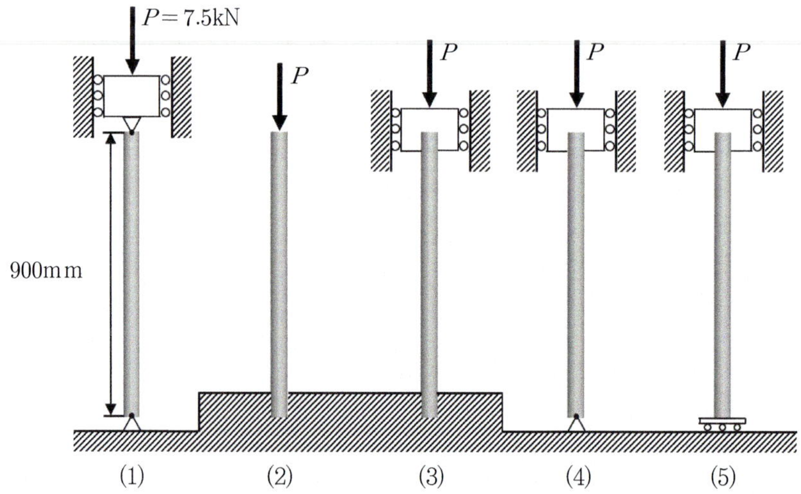

그림 12

Chapter 10

재료의 기계적 성질과 설계 조건식

재료에 관한 힘의 관계, 응력과 변형 등을 공부해 왔는데, 이것을 기본으로 하는 재료의 성질을 알지 못하면 실용성이 없는 공부가 된다. 즉, 재료의 항복조건을 우선 알아야 되겠고 부하 관계와 힘의 상태에 따른 재료거동 등을 파악하고 피로 및 파괴역학 등을 공부해야 설계에 임할 수 있게 된다.

10-1 금속재료의 기계적 성질

(1) 시효경화(age_hardening)

앞에서 언급한 가공경화(strain hardening)는 재료의 고유한 성질이며, 온도 또는 시간에 따라서도 변한다. 예로서 [그림 10-1]과 같이 인장시험 중에 하중을 제거시켜 바로 재부하하면 가공경화는 변하지 않고 [그림 10-1(a)]와 같이 곡선이 연속된다. 그러나 하중을 제거시킨 후에 오랜 시간 후에 다시 하중을 걸면 $\sigma-\epsilon$ 선도는 [그림 10-1(b)]와 같이 불연속이 되며 응력이 증가한다. **이렇게 시간이 경과됨에 따라 가공경화가 몹시 달라지는 현상, 즉 시간에 따라 재료의 강도가 증가하고 인성이 떨어지는 현상을 시효경화라고 한다.**

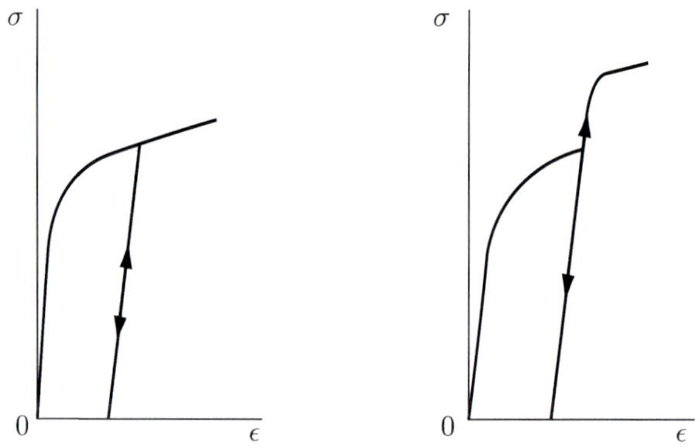

(a) (b)

그림 10-1

실험에서 밝혀진 바에 의하면 일반적으로 금속재료에서 항복점(σ_{yp}), 인장강도(σ_u), 소성변형저항 및 가공경화 등은 인장속도(변형속도)와 온도에 따라 달라진다. 예로서 연강의 경우 실험하는 온도가 높을수록 항복점, 인장강도 및 소성변형저항 등이 낮아지고 변형률 속도가 클수록 그 값들이 커진다.

(2) 바우싱거 효과(Bauschinger effect)

[그림 10-2]에서 처음 인장력을 가해서 항복점 σ_{yp} 인점 1을 지나 점 2까지 인장했다가 하중을 없애면 22′가 된다. 여기서 압축력을 가하면 압축의 항복점 3에서 압축의 소성변

형이 시작되어 2′34가 되고 다시 하중을 없애면 44′가 된다. 또 인장력을 가하면 4′56으로 되는데 2′3의 크기가 σ'_{yp}, 4′5의 크기가 σ''_{yp}일 때, σ'_{yp}, σ''_{yp}의 절대값이 σ_{yp}보다 작아지는 현상, 즉 인장의 항복응력은 가공경화에 의하여 상승하지만, 압축의 항복응력이 저하하는 현상을 바우싱거 효과라고 하며 응력이 인장압축의 순서로 반복하여 걸릴 때는 항상 존재한다. 이와 같이 인장압축하중이 반복되면 루프(loop)가 되는데 이것을 **히스테리시스 루프**(hysteresis loop)라 한다.

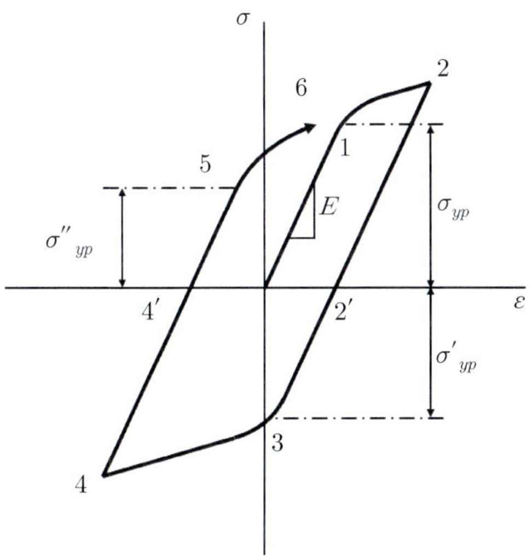

그림 10-2

(3) 피로(fatigue)

피로(fatigue, 疲勞)는 구조물 및 기기파괴의 중요한 원인(약 60~80%를 차지함)으로 분석되고 있다. 따라서 동적하중을 반복하여 받는 기계부재의 설계에는 이 피로현상을 방시시켜야 하므로 피로현싱 지식을 배우는 것이 대단히 중요히다.

이 피로는 재료의 가장 약한 부분 혹은 표면결함에 응력집중현상이 생겨 파괴의 핵이 되는 피로균열(fatigue crack)이 생기게 된다. 이렇게 되면 균열선단에는 더욱 큰 응력이 집중되어 균열이 서서히 진전되고, 어느 정도 성장되면 잔존단면이 작아짐과 더불어 순간적으로 인장 파괴되기 때문에 대형사고로 유발되는 경우가 많다. [그림 10-3]은 반복응력(repeated stress)에 의한 균열의 성장과 피로파면을 스케치하여 나타낸 것이며 외견상 매끈하며 조개껍질의 무늬모양인 비치마크의 형태를 주로 나타낸다.

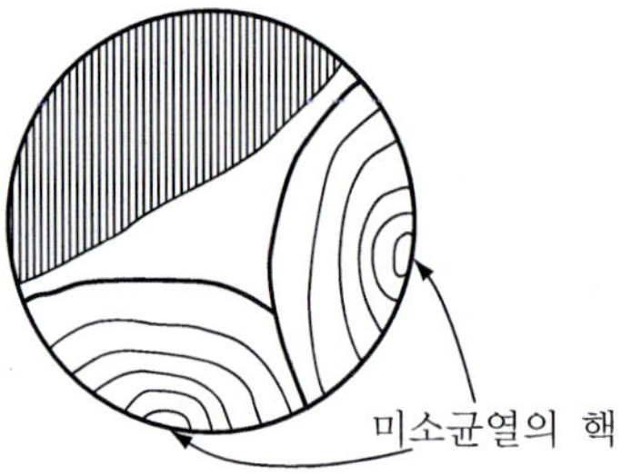

그림 10-3 피로파면의 약도

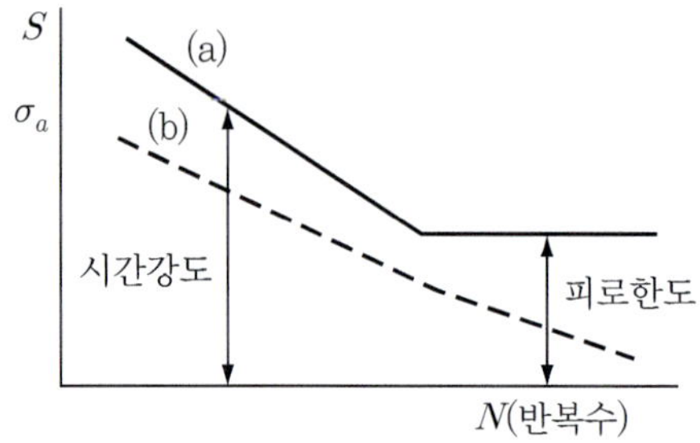

그림 10-4 $S-N$곡선

(a) $S-N$곡선

피로로 파괴될 때에는 반복응력이 진폭이 정적 인장강도나 탄성한계보다 작아도 파괴된다. 어떤 한도 이상의 일정한 응력진폭 σ_a로 어떤 반복 횟수(피로수명) N번 파괴되는 관계를 [그림 10-4] 곡선과 같은 $S-N$곡선으로 나타내며 뵐러(Wöhler)곡선이라 한다.

탄소강은 보통 반복수가 약 10^7회에서 [그림 10-4]상의 (a)선과 같이 곡선의 수평부분이 뚜렷이 나타난다. 이때의 응력을 피로한도(fatigue limit) 혹은 내구한도(endurance limit, 耐久限度)라 한다.

알루미늄합금과 동합금과 같은 비철금속재료에 있어서는 그림상의 (b)곡선과 같이 10^7회를 넘어도 명확한 피로한도가 나타나지 않는다. 따라서 피로한도는 없는 것이지만, 10^7회의 피로한도 또는 10^6회의 피로한도 등으로 부를 때가 있다. 이와 같이 $S-N$ 곡선의 경사부의 응력진폭을 시간강도라 하고, 그 반복수 N를 기록할 필요가 있다. 따라서 피로한도와 시간강도를 피로강도(fatigue strength, 疲勞强度)라 한다.

외력이 작용하지 않아도 온도변화를 받아 생기는 재료의 팽창 혹은 수축이 재료 내부에서 구속되면 이에 따른 변형량이 열응력으로 발생하고 반복되면 재료가 피로된다. 이 열응력(thermal stress, 熱應力)이 재료의 항복점을 넘으면 부재는 소성변형(plastic deformation)이 생기고, 열 사이클에 따라 피로되어 파괴된다.

(b) 피로강도에 미치는 주요 요인

① 노치가 있는 부분의 피로강도

반복하중을 받으면 노치부는 응력이 집중되므로 노치가 없는 평활재보다 낮은 응력에서 피로파괴가 일어나며 [그림 10-5]와 같이 피로한도가 저하된다.

노치가 없는 평활시험편(A_0의 단면적을 가진)의 피로한도 σ_{w0}와 노치가 있는 시험편의 피로한도 σ_w의 비를 식 (10-1)과 같이 피로노치계수라고 한다. 이것은 노치부분의 피로한도가 낮아지는 정도를 나타내는 계수이다.

$$K_n = \frac{\sigma_{w0}}{\sigma_w} \tag{10-1}$$

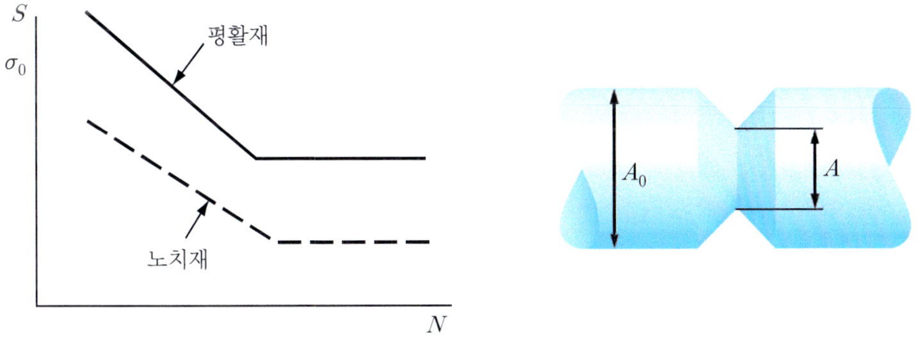

그림 10-5 평활재와 노치재의 S-N 곡선

② 치수효과

같은 재료로 된 상사형 시험편들 사이에는 피로한도에 차이가 있다. 이것을 치수효과(size effect)라고 하며 굽힘응력을 받는 경우 이 효과가 크게 나타난다. 일반적으로 부재의 치수가 커질수록 피로한도는 낮아진다.

③ 열처리나 상온가공 등으로 피로한도가 증가되고, 표면을 적당히 압연하면 잔류응력에 의하여 피로한도가 증가된다. 작은 강구를 충돌시켜서 표면을 경화시키는 쇼트 피닝(shot peening)로서도 피로강도는 증가된다. 이 원인은 표면의 가공경화와 압축잔류응력의 형성에 의한다. 이 외에 질화, 침탄, 고주파 열처리 등의 표면처리도 피로강도 상승에 큰 효과가 있다.

④ 재료가 부식 분위기 속에서 반복하중을 받으면 피로한도가 크게 저하하며, 이를 부식피로(corrosion fatigue)라 한다. 또한 이 경우에는 시간에도 큰 영향을 받아서 $S-N$ 곡선의 피로한도를 나타내는 수평부가 나타나지 않는 경우가 많다. 부식 분위기 속에 일정응력이 걸려 있으면 균열은 쉽게 진전하는 성질이 있는데 이를 응력부식균열(stress corrosion cracking, SCC)이라 한다.

(c) 누적손상법칙(cumulative damage law)

기계 및 구조물에 작용하는 하중은 일정진폭하중의 반복과는 달리 불규칙한 변동하중 혹은 실동하중을 받는 경우가 보통이다. 따라서 불규칙 변동하중에 대한 피로강도 혹은 피로수명을 고려할 필요가 있다. 가장 널리 사용되는 것으로 마이너(Miner)법칙(혹은 Palmgren–Miner 법칙)이라는 선형누적손상법칙이 있다.

이것은 σ_1, σ_2, $\cdots$ σ_m의 응력이 단독으로 작용할 때의 피로파단수를 N_1, N_2, $\cdots$ N_m라 하면, 응력이 변동할 때의 각 응력반복수가 각각 n_1, n_2, $\cdots$ n_m때는 각 응력단에 $\frac{n_1}{N_1}$, $\frac{n_2}{N_2}\cdots$ 만큼의 손상이 생기므로 실제의 파괴는 식 10-2와 같이 표현할 수 있다.

$$\sum_{i=1}^{m}\frac{n_i}{N_i}=\frac{n_1}{N_1}+\frac{n_2}{N_2}+\cdots+\frac{n_m}{N_m}=1 \tag{10-2}$$

즉 각각의 손상이 합하여 1이 될 때 피로파괴한다고 가정하는 것이다.

10-2 항복조건

1장에서 인장시험편(예컨대 원형단면의)을 축방향으로 정하였을 때 σ의 크기가 재료의 단축 인장항복응력치에 달하면 항복함을 보았으나 축응력 외에 비틀림을 가했을 때는 시험판은 전단응력 τ도 아울러 받게 되므로 소위 조합응력상태(또는 다축응력상태)에 놓이게 되어 축응력이 단축항복응력치에 이르기 전에도 항복될 수 있다. 이와 같이 여러 가지 가능한 응력의 조합상태하에서의 탄성변형의 한계, 즉 항복개시에 관한 가설을 항복조건(yield criterion)이라 한다. 다시 말하면 소성변형이 발생하는가, 안하는가는 항복조건으로 판정할 수 있다. 항복조건은 당연히 실험으로 뒷받침되어야 한다.

재료가 등방성을 유지하면 소성항복은 오직 3개의 주응력의 크기에만 의존되며 그들의 방향에는 무관하다.[1] 따라서 항복조건은 일반적으로 다음 꼴로 표시된다.

1) 항복현상은 물성의 한 현상이므로 설정하는 좌표계의 방향에는 의존되지 않는다. 또 등방성을 가정하면 어떤 응력성분의 기여도 대등하여야 한다.

$$g_1(I_1, I_2, I_3) = 0 \tag{10-3}$$

여기서 I_1, I_2, I_3는 응력텐서 σ_{ij}의 불변량들이다.

보통 금속의 소성가공에서 겪게 되는 정도의 정수압력의 크기에서는 금속의 압축성은 매우 작다는 것이 알려져 있다. 따라서 이러한 범위내에서는 정수응력은 인장이건 압축이건 또한 단독으로 작용하건 조합응력상태에 중첩되어 작용하건 금속의 항복에는 관계가 없는 것으로 가정할 수 있다.[2)]

따라서 식 (10-3)은 편차응력텐서 σ'_{ij}의 불변량들로 다음과 같이 표시된다.

$$g_2(I'_2 I'_3) = 0 \tag{10-4}$$

여기서 $I'_1 = 0$이다(정의에 의하여).

한편 I_3'는 응력의 지향, 즉 인장이나 압축이냐에 따라 부호가 바뀌므로 만약 등방성의 조건으로서 항복조건의 방향의존성도 배제하면 I_3'는 짝수의 차수로 포함되어야 한다. 이리되면 Bauschinger효과는 무시된 셈이 된다.

I_2'의 정의에 의하면 g_2는 항상 I_2'의 우함수라는 조건을 만족한다. 이하에서 대표적인 항복조건을 설명한다.

(1) Von Mises의 항복조건

Von Mises는 10-4식의 가장 간단한 꼴로서 편차응력텐서의 2차불변량 I_2'가 재료에 따라 일정한 값 k^2에 달하면 항복이 일어난다는 항복조건을 제안하였다. 이를 때로 Huber-Mises의 항복조건이라고도 부른다. 응력텐서 σ_{ij}의 일반좌표성분으로 표시하면 Von Mises[3)]항복조건은 응력의 제2불변량(I_2') 식 (10-5)와 같다.

$$I_2' = \left[\left\{(\sigma_x - \sigma_y)^2 + (\sigma_y - \sigma_z)^2 + (\sigma_z - \sigma_x)^2\right\}/6\right] + \left(\tau_{xy}^2 + \tau_{yz}^2 + \tau_{zx}^2\right) = k^2 \tag{10-5}$$

2) 예컨대 금속덩어리를 깊은 바다속에 가져가도(가령 1000기압도 넘는 수압을 받는) 비록 금속이 납과 같은 무른 금속이라도 소성변형이 생기지 않는다. 보통 금속에서는 1만기압 이하의 정수압이면 항복은 정수응력과는 관계가 없다고 생각해도 무방하다.

3) Von Mises가 이 항복조건을 제안한 것이 1913년이나 이미 1904년 Huber가 제창한 바 있다는 사실이 밝혀져 이렇게 부르기도 한다.

또는 주응력성분들로 표시하면 식 (10−6)과 같다.

$$I_2' = \{(\sigma_1 - \sigma_2)^2 + (\sigma_2 - \sigma_3)^2 + (\sigma_3 - \sigma_1)^2\}/6 = k^2 \quad (10-6)$$

항복조건은 응력의 어떠한 조합에 대하여도 성립되어야 하므로 재료의 정수치 k는 단순한 응력상태로부터 결정할 수가 있다. 즉, 먼저 단축인장의 항복상태에서는 단축인장항복응력을 Y라 하면 $\sigma_1 = Y, \sigma_2 = \sigma_3 = 0$이므로 이를 10−6식에 대입하면

$$\begin{aligned} &\{(Y-0)^2 + 0 + (0-Y)^2\} = 6k^2 \\ &2Y^2 = 6k^2 \\ &k = \frac{Y}{\sqrt{3}} \end{aligned} \quad (10-7)$$

한편 순수전단의 경우는 순수전단항복응력을 k'라 하면 $\sigma_1 = -\sigma_3 = k'$, 중간주응력 $\sigma_2 = 0$이므로 이들은 (10−6)식에 대입하면

$$\begin{aligned} &k'^2 + k'^2 + (-2k')^2 = 6k^2 \\ &6k'^2 = 6k^2 \\ &k = k' \end{aligned}$$

가 되어 결국 Von Mises조건식의 정수치 k는 재료의 순수전단항복응력치에 같음을 안다. 이리하여 Von Mises 항복조건에 의하면 (10−7)식으로 순수전단항복응력은 단축인장항복응력의 $\frac{1}{\sqrt{3}}$배가 된다.

식 (10−6)은 결국

$$\begin{aligned} &I_2' = k^2 = \frac{Y^2}{3} \\ &\therefore 3I_2' = Y^2 \\ &\sqrt{3}\,(I_2')^{\frac{1}{2}} = Y \end{aligned} \quad (10-8)$$

여기서 좌변을 $\bar{\sigma}$로 쓰고 이를 상당응력(또는 유효응력 : equivalent stress or effective stress)이라 부른다. 즉

$$\bar{\sigma} = \sqrt{\frac{1}{2}\{(\sigma_1-\sigma_2)^2+(\sigma_2-\sigma_3)^2+(\sigma_3-\sigma_1)^2\}} \tag{10-9}$$

따라서 Von Mises조건은

$$\bar{\sigma} = Y \tag{10-10}$$

즉, 상당응력 $\bar{\sigma}$가 재료의 단축인장항복응력 Y에 달하면 항복이 일어난다고 생각한 것이다. 일반좌표성분으로 표시하면 (10-9)식은 다음과 같다.

$$\bar{\sigma} = \sqrt{\frac{1}{2}\{(\sigma_x-\sigma_y)^2+(\sigma_y-\sigma_z)^2+(\sigma_z-\sigma_x)^2+6(\tau_{xy}^2+\tau_{yz}^2+\tau_{zx}^2)\}} \tag{10-11}$$

상당응력 $\bar{\sigma}$가 일정치 Y에 달할 때 항복이 시작된다는 Von Mises의 항복조건은 Hencky 등에 의하여 "전단변형률에너지가 일정치에 달하면 항복이 일어난다"는 물리적해석이 부여되었다. 이리하여 Von Mises의 항복조건을 전단변형률에너지설(shearing strain energy theory)라고 부를 때가 있다.

(2) Treca의 항복조건

Von Mises의 항복조건과 아울러 가장 대표적인 항복조건은 Treca의 항복조건이다. 1864년에 Treca는 재료의 전단응력 최대치가 어떤 일정치에 달하면 항복이 일어난다고 주장하였다. 전단응력의 최대치는 대수학적최대주응력과 최소주응력의 차의 1/2로 주어진다. 즉 $\sigma_1 \geq \sigma_2 \geq \sigma_3$라고 가정하면 최대전단응력치 τ_{max}는

$$\tau_{max} = \frac{1}{2}(\sigma_1-\sigma_3) \tag{10-12}$$

따라서 Treca항복조건은 $\sigma_1 \geq \sigma_2 \geq \sigma_3$일 때

$$\sigma_1-\sigma_3 = \text{constant} \tag{10-13}$$

로 표시된다.

(3) $\sigma-\epsilon$ 선도의 이상화와 극한설계

응력-변형률선도에서 배운 바와 같이 탄성변형은 응력과 변형률의 사이에는 선형적인 비례관계가 성립하지만 소성변형에는 영구변형 때문에 비례 혹은 선형의 관계를 기대할 수 없다. 이와 같은 **비선형성(nonlinearity, 非線形性)의 재료 특성을 특징하는 역학의 한 분야를 소성**(plasticity, 塑性)이라 한다.

소성변형은 일반적으로 대단히 변형량이 크고, 응력과 변형률관계가 복잡하므로 실제문제에 이 소성변형을 그대로 적용한다는 것은 거의 불가능하다. 따라서 물체의 복잡한 변형을 수리적으로 간략하게 취급하기 위하여 각 문제의 조건에 맞추어 응력-변형률 조건을 다음과 같이 이상화하며, 이 방법에 의해서도 만족할 만한 실용적인 해를 얻을 수 있기 때문에 많은 기술자들이 강구조물을 설계할 때는 탄성설계보다 다음에 설명하는 극한설계법의 개념을 사용하기도 한다.

(a) 가공경화(work hardening)를 무시한 이상화

어떤 재료이든지 정도의 차이는 있지만, 항복점 이후에는 가공경화 현상이 존재하는데 이러한 성질을 무시하여 탄성역과 소성역의 두 영역으로 가정하면 [그림 10-6]과 같이 된다. 즉, 작용하는 하중이 항복점보다 낮으면 완전탄성체(perfectly elastic body, 完全彈性體)이고, 그 응력이 항복점에 도달하는 순간부터 재료의 항복이 무한히 계속되는 완전소성체(perfectly plastic body, 完全塑性體)인 비경화탄소성체가 된다.

구조물의 재료로 널리 사용되는 연강과 구조용강은 인장시험하면 큰 소성변형이 생기는데 [그림 10-6]과 같이 이상화하여 극한설계(limit design)에 이용하게 된다. 또한 [그림 10-7]의 강완전소성체(rigid-perfectly plastic body, 剛完全塑性體)는 탄성변형률이 소성변형률에 비하여 대단히 작아서 탄성변형률을 무시한 것이다. 즉, 항복응력

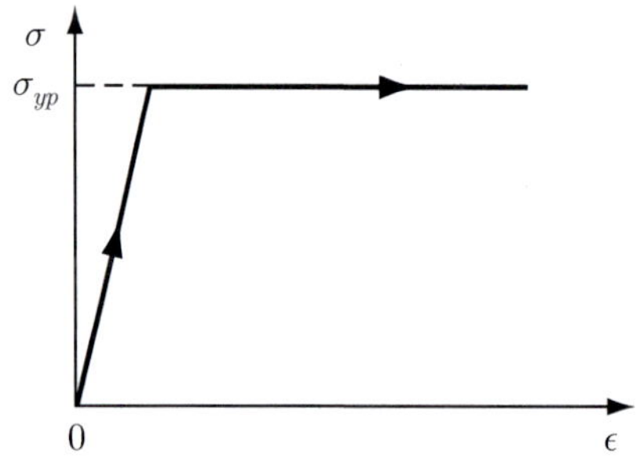

그림 10-6 이상화의 예

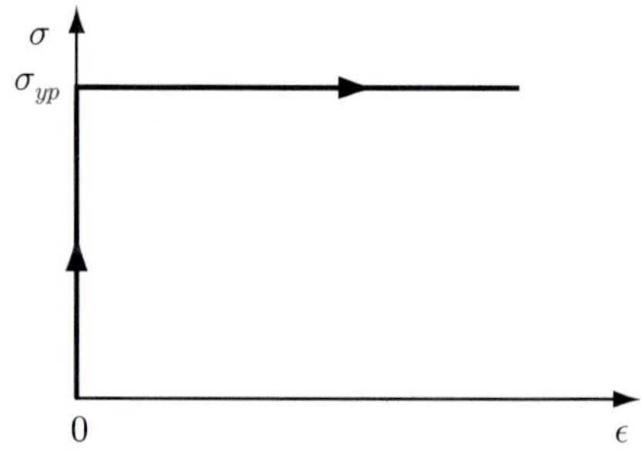

그림 10-7

이하에서는 무한히 큰 탄성계수 E를 가진 강체(rigidity, 剛體)라 가정하고, 소성역은 [그림 10-6]과 같이 비경화인 완전소성체로 가정한 경우이다. 이 방법은 탄성변형을 무시할 수 있을 정도로 큰 변형량을 가진 소성해석(plastic analysis)에 쓰인다.

(b) 선형적인 가공경화를 인정하는 이상화

재료에 따라서는 가공경화를 완전히 무시할 수가 없어서 항복점 이후에는 소성변형이 선형적인 경화특성을 지닌 것으로 가정하는 경우이다. 이때 기울기는 재료특성에 따라 다르지만 대변형 이후에는 잘 맞지 않는 경우가 많다. [그림 10-8]과 같이 항복점 이하에서 탄성체이면 탄선형 경화소성체(elastic-plastic body, linear strain hardening, 彈線形硬化塑性體)이고 탄성영역을 무시하면 [그림 10-9]와 같은 강선형 경화소성체(rigid-plastic body, linear strain hardening)로 된다.

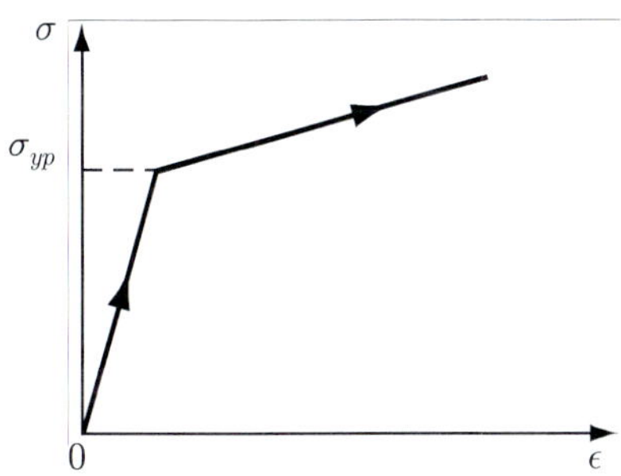

그림 10-8

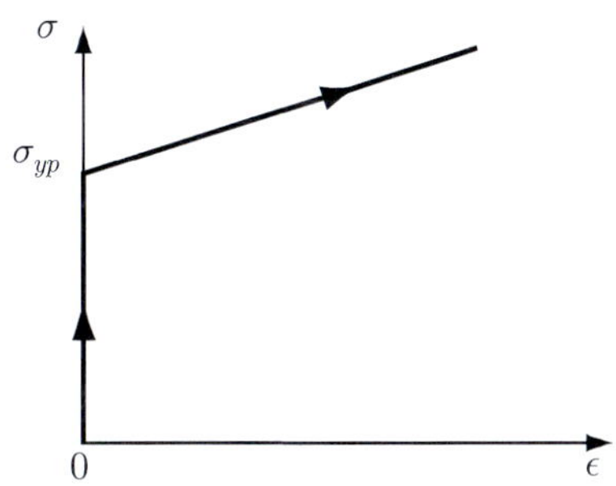

그림 10-9

(c) 비선형가공경화를 인정하는 이상화

일반적으로 항복점 이후의 소성변형에서는 그 형상이 복잡하므로 간단하게 수식화하기란 어렵다. 그러나 소성변형의 진행과 더불어 저항이 증가하는 가공경화 혹은 변형률경화를 식 (10-14)로 표시한다.

$$\sigma = k\epsilon_p{}^n \tag{10-14}$$

이때 σ는 응력, ϵ_p는 소성변형률(plastic strain)이며, σ와 ϵ을 양대수좌표로 취할 때의 경사 n을 가공경화지수(strain hardening exponent, 加工硬化指數), k는 강도계수(strength coefficient, 强度係數)라 한다. 이렇게 비선형 가공경화를 인정하는 이상화는 실제의 소성변형에 가장 가깝지만 반대로 문제의 해를 구하는데 대단히 어렵고 복잡한 과정을 거쳐야 한다. [그림 10-10]을 탄비선형 경화소성체(elastic-plastic body, non-linear strain hardening)라 하고, [그림 10-11]을 강비선형 경화소성체(rigid-plastic body, non-linear strain hardening)라 한다.

이상과 같이 물체의 소성변형을 수리적으로 나타내기 위하여 응력-변형률 조건을 단순화시킨 이상화의 종류를 설명하였다. 이와 같은 응력-변형률 선도의 이상화를 극한설계(limit design, 極限設計) 혹은 소성해석(plastic analysis, 塑性解析)이라 하고 구조물의 부정정문제를 포함한 골조구조의 봉, 기둥 등의 요소설계 등에 널리 사용된다.

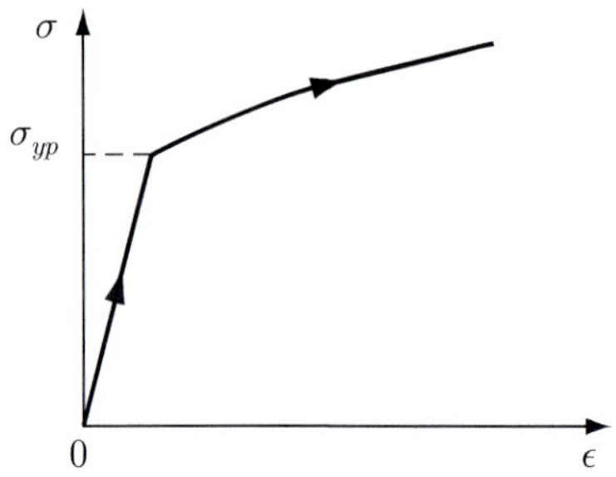

그림 10-10

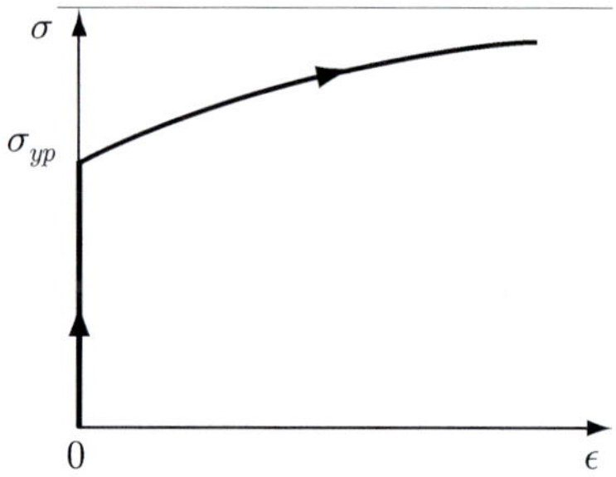

그림 10-11

특히 위의 6가지 이상화 중에 [그림 10-6]은 원리가 간단하므로 설계할 때 가장 널리 사용된다. 따라서 극한설계의 개념을 알기위하여 다음과 같이 예를 들어서 설명하기로 한다.

예제 10-1

[그림 1]과 같이 한 끝 C에서 힌지로 저지된 길이 l인 강체봉 CD를 두 개의 서로 다른 연직강선에 의하여 수평하게 된다. 이 봉의 다른 끝 D에 수직하중 P가 작용할 때 이 두 강선에 생기는 인장력 S_A와 S_B를 구하라. 또, 극한설계에 의하여 극한하중을 구하라.

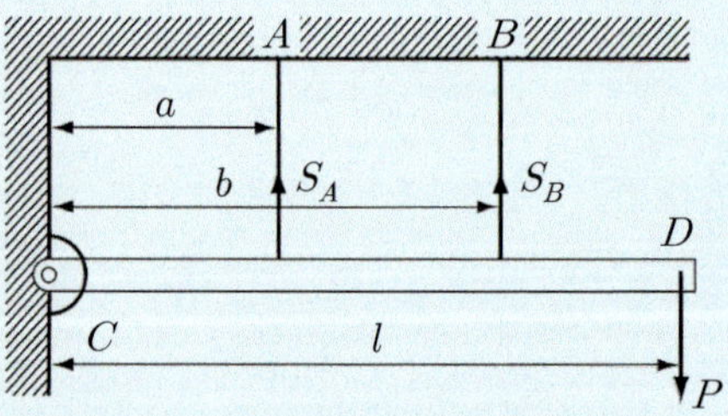

그림 1

풀이 힌지 C에 대한 봉 CD의 모멘트를 생각한다. 봉 CD의 자중을 무시하면 식 (a)로 된다.

$$S_A a + S_B b = Pl \tag{a}$$

식 (a)는 미지수가 2개이지만 이 구조물은 다른 평형방정식을 적용할 수 없으므로 부정정문제이다. 따라서 구소물이 탄성변형을 하는 것으로 가정하여 기하학적인 비례관계에서 구하면 식 (b)로 된다.

$$\frac{\delta_A}{\delta_B} = \frac{a}{b} \tag{b}$$

따라서 후크 법칙을 적용하면 다음 결과를 얻는다.

$$\therefore S_A = \frac{Pal}{a^2 + b^2},\ S_B = \frac{Pbl}{a^2 + b^2}$$

따라서 $S_B : S_A = b : a$의 비율로 S_B쪽이 큰 힘을 받고 있다.

그런데 P를 점차 증가시키면 강선 B쪽은 먼저 항복점에 도달하지만 강선 A쪽은 아직 항복점 이하의 응력을 받고 있다. 하중을 더욱 증가시키면 드디어 강선 A쪽도 항복점에 도달하게 된다. 이때의 하중을 이 구조물의 극한하중 P_L이며 실제로 작용할 하중의 안전계수 n배만큼 더 큰 하중을 받도록 구조물을 설계하는 기법이 극한설계이다.

재료가 항복점인 소성역에 도달하게 되면 극한설계에서는 [그림 10-6]과 같이 응력의 크기와 변형과는 무관하게 되므로 힘의 평형관계만 고려하는 정정문제로 변하게 된다. 따라서 본 예제의 극한하중 P_L은 다음과 같이 쉽게 구할 수 있다.

$$S_A = S_B = \sigma_{yp} \cdot A$$

$$P_L l = \sigma_{yp} \cdot Aa + \sigma_{yp} \cdot Ab$$

$$\therefore P_L = \frac{\sigma_{yp} A(a+b)}{l} \tag{c}$$

예제 10-2

좌우대칭인 [그림 2]의 구조물에서 단면적 $A = 10\text{mm}^2$, $\sigma_{yp} = 30kg_f/\text{mm}^2$으로 모두 같을 때 극한하중 P_L을 구하라.

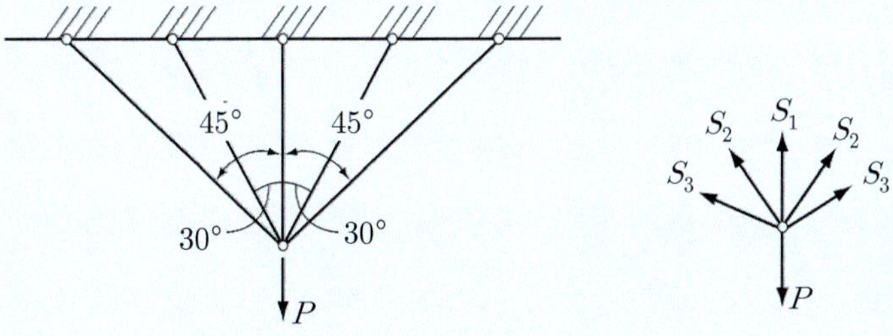

그림 2

풀이 집합점의 힘의 평형에서(좌우대칭이므로 중앙봉의 축력 S_1, 30°봉의 축력을 S_2, 45° 봉의 축력을 S_3라 하지.)

$\sum P_y = 0 : S_1 + 2S_2 \cos 30° + 2S_3 \cos 45° = P$

P가 점점 커져서, 결국 전 부재가 σ_{yp}를 받게 될 때 이 구조물은 붕괴된다. 즉,

$S_1 + \sqrt{3}\, S_2 + \sqrt{2}\, S_3 = P$

$\sigma_{yp} \cdot A(1 + \sqrt{3} + \sqrt{2}) = P_L$

$\therefore P_L = 1{,}244(kg_f)$

예제 10-3

[그림 3]과 같이 줄 BC와 CD의 단면적은 $10\,\text{mm}^2$, $\sigma_{yp} = 40\,kg_f/\text{mm}^2$일 때 부재 CE가 좌굴하중 Q=3,000kg_f의 압축을 받을 수 있는 극한하중 P_L을 구하라. 단, 보 AB는 강체이며, 길이 CD= 5cm, DB=7.2cm이다.

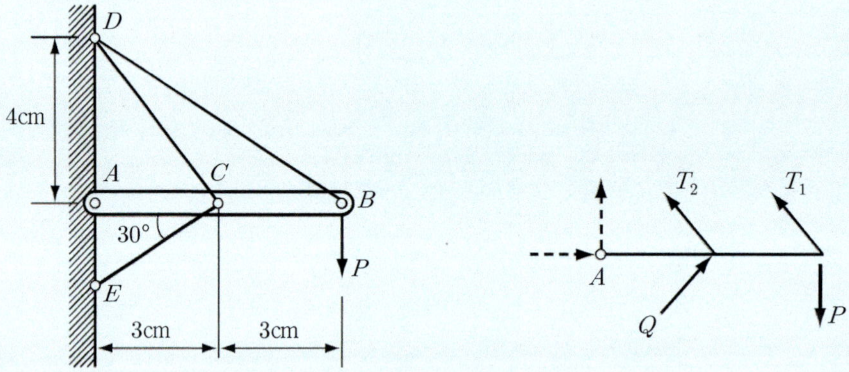

그림 3

풀이 $\sum M_A = 0 : P \times 6 - \left(T_1 \times \frac{4}{7.2}\right) \times 6 - \left(T_2 \times \frac{4}{5}\right) \times 3 - \left(Q \times \frac{1}{2}\right) \times 3 = 0$

$P = T_1 \times \frac{4}{7.2} + T_2 \times \frac{4}{5} \times \frac{1}{2} + Q \times \frac{1}{2} \times \frac{1}{2}$

$P_L = \sigma_{yp} A\left(\frac{4}{7.2} + \frac{2}{5}\right) + 3{,}000 \times \frac{1}{4} = 1{,}132.2(kg_f)$

(4) 탄 · 소성굽힘

(a) 원리

순수굽힘을 받는 탄 · 소성재료인 보에 굽힘모멘트 M이 적은 동안에는 최대응력은 σ_{yp} 보다 적으며, [그림 10-12(a)]와 같이 선형응력분포를 갖는 탄성굽힘상태이다. 이 경우 중립축은 단면의 도심을 통과하며, 굽힘응력 $\sigma = \dfrac{My}{I_z}$ 이고, 곡률은 $\dfrac{M}{EI_z}$ 이다. 이 결과는 [그림 10-12(b)]와 같이 보의 끝단응력이 항복응력에 이르게 될 때의 모멘트를 항복(降伏)모멘트(yield moment)라 한다. 즉, 식 (10-15)로 된다.

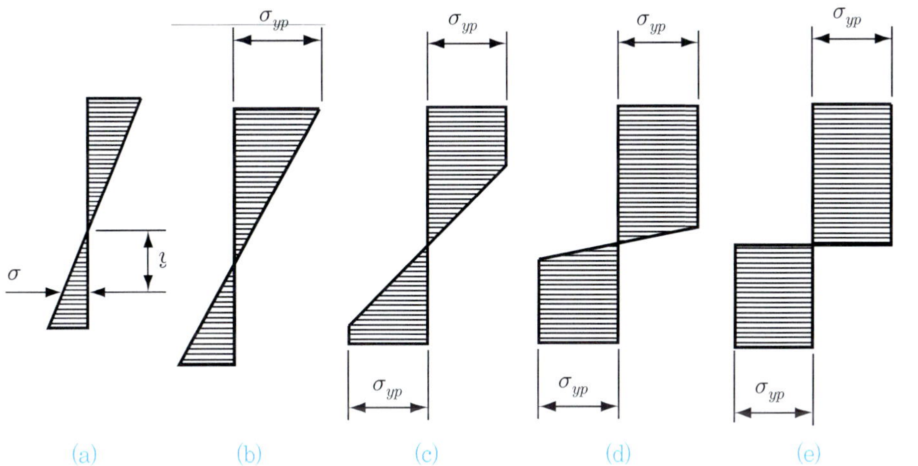

그림 10-12 탄소성 굽힘의 응력분포

$$M_{yp} = \frac{\sigma_{yp} I_z}{c} = \sigma_{yp} Z \tag{10-15}$$

예를 들어 사각형 단면보에서는 식 (10-16)으로 된다.

$$M_{yp} = \frac{\sigma_{yp} b h^2}{6} \tag{10-16}$$

여기서 b는 폭이고 h는 높이이다.

만약 보에 항복모멘트 M_{yp}보다 큰 굽힘모멘트가 작용한다면 단면의 끝의 변형률은 계속 증가할 것이므로 최대변형률은 항복변형률 ϵ_{yp}를 초과할 것이다. 그러나 이상화된 탄 ·

완전소성 재료의 성질 때문에 최대응력은 일정한 σ_{yp}를 그대로 유지할 것이다. 이때의 응력조건은 [그림 10-12(c)]와 같다. 이런 조건하에서는 보의 상하 바깥부분은 소성상태로 되고, 반면에 중립축 부근의 중심부분만이 탄성상태에 머무르게 된다.

여기서 굽힘모멘트를 더 증가시키면 소성영역이 중립축 쪽으로 확장되어 [그림 10-12(e)]의 상태까지 이르고 탄성영역은 거의 없다. 이 경우 극한저항모멘트(ultimate moment resisting capacity)에 이르게 되므로, [그림 10-12(e)]와 같이 두 개의 사각형으로 구성된 극한응력분포로 이상화시킬 수 있다. 이 응력분포에 해당하는 모멘트를 소성모멘트(plastic moment) M_p라 하고, 이 크기를 결정하는 것은 매우 중요하다.

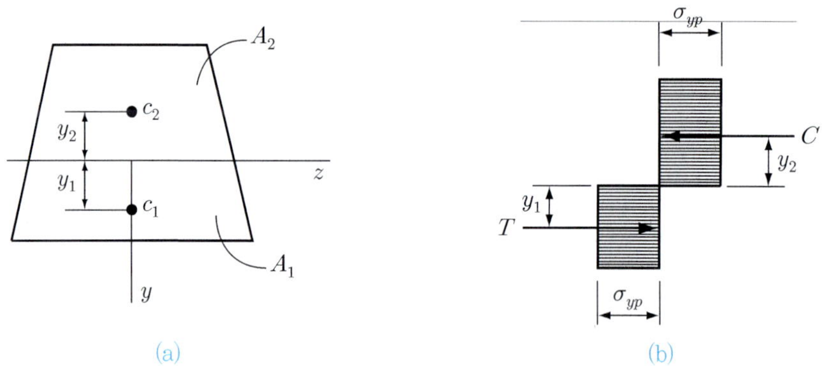

그림 10-13 M_p의 결정

[그림 10-13(a)]와 같은 단면의 중립축의 위치를 구하고, 또 M_p와 단면의 소성계수를 구해보자. 단면의 중립축 하부면적 A_1, 단면에 작용하는 인장력 T는 $\sigma_{yp}A_1$, 중립축 상부의 압축력 C는 $\sigma_{yp}A_2$가 된다. 따라서 식 (a), (b)가 된다.

$$T - C = 0 \text{ 또는 } A_1 = A_2 \tag{a}$$

$$A_1 = A_2 = \frac{A}{2} \tag{b}$$

M_p를 취급할 때의 중립축이란 일반적으로 선형탄성굽힘 때와 다르다. 예를 들면 [그림 10-13(a)]와 같이 사다리꼴 단면에서는 중립축이 탄성의 경우보다 소성의 경우에 약간 밑에 있게 된다. 물론 사각형이나 WF(wide flange)단면 같이 두 주축에 대칭일 때는 중립축의 위치가 탄성의 경우나 소성의 경우와 동일하다.

[그림 10-13(b)]의 C 와 T에 대한 중립축에 관한 모멘트를 취하면 소성모멘트 M_p를 구할 수 있다.

$$M_p = T\,y_1 + C\,y_2 \tag{c}$$

여기서 y_1과 y_2는 중립축으로부터 면적 A_1, A_2의 도심 c_1, c_2 까지 거리이다. T와 C는 $\dfrac{\sigma_{yp}A}{2}$이므로 식 (10-17)이 된다.

$$M_p = \frac{\sigma_{yp}A(y_1 + y_2)}{2} \tag{10-17}$$

탄성굽힘의 식 (10-15)와 마찬가지로 식 (10-17)도 다음과 같이 표시할 수 있다.

$$\begin{aligned} M_p &= \sigma_{yp}Z_p \\ Z_p &= \frac{A(y_1 + y_2)}{2} \end{aligned} \tag{10-18}$$

이 Z_p를 단면의 소성계수(plastic modulus, 塑性係數)라 한다. 기하학적으로 설명하면 소성계수란 중립축 상·하 부분의 각 면적의 중립축에 대한 면적모멘트의 합이다. 어떤 보의 소성모멘트 M_p와 항복모멘트 M_{yp}과의 비는 식 (10-19)와 같이 단면형상의 함수가 되는데, 이것을 보통 형상계수(shape factor, 形狀係數) f라 한다.

$$f = \frac{M_p}{M_{yp}} = \frac{Z_p}{Z} \tag{10-19}$$

예제 10-4

높이 h이고, 폭 b인 사각형단면 보의 형상계수 f를 구하라.

풀이 소성계수 Z_P는 다음과 같이 된다.

$$Z_p = \frac{bh}{2}\left(\frac{h}{4} + \frac{h}{4}\right) = \frac{bh^2}{4}$$

또 탄성하의 단면계수는 $Z = \dfrac{bh^2}{6}$이므로 형상계수는 $f = 3/2$로 된다.

그러므로 사각형단면에서는 소성모멘트가 항복모멘트보다 50% 더 크다.

예제 10-5

원형단면에서 f를 구하여 탄성과 소성의 특징을 비교하여라.

풀이 $A=\pi r^2,\ y_1=y_2=\dfrac{4r}{3\pi}$

- 소성모멘트 : $M_P=\sigma_{yp}\left(\dfrac{4r^3}{3}\right)$
- 항복모멘트 : $M_{yp}=\sigma_{yp}Z \quad \left(Z=\dfrac{\pi r^3}{4}\right)$

여기서 $f=\dfrac{M_P}{M_{yp}}=\dfrac{16}{(3\pi)}\fallingdotseq 1.7$이 되어 소성모멘트 M_P 쪽이 항복모멘트가 70% 만큼을 알 수 있다.

이상의 예제와 같이 단면이 주어지면 중립면의 위치 및 M_P가 구해진다. 보가 붕괴되는데 필요한 수만큼의 소성힌지(M_P가 생기는 단면)가 생기며 이렇게 되는 최소의 외력이 극한하중(limit load) P_L이 된다.

(b) 정정 구조물의 극한하중

[그림 10-14(a)]에서는 P가 점점 증가될 때 BC 부재의 **축력**($S_{BC}=\dfrac{\sqrt{3}}{2}P,\ S_{AC}=\dfrac{P}{2}$)이 크므로 먼저 σ_{yp}에 도달하여 BC부재가 붕괴되는 동시에 구조물 전체가 붕괴된다. 이때의 하중이 P_L이다. [그림 10-14(b)]의 보에서 M_{max}이 생기는 C 단면의 응력이 제일 크므로 C 단면 전체가 가장 먼저 소성상태로 되어 보가 붕괴된다.

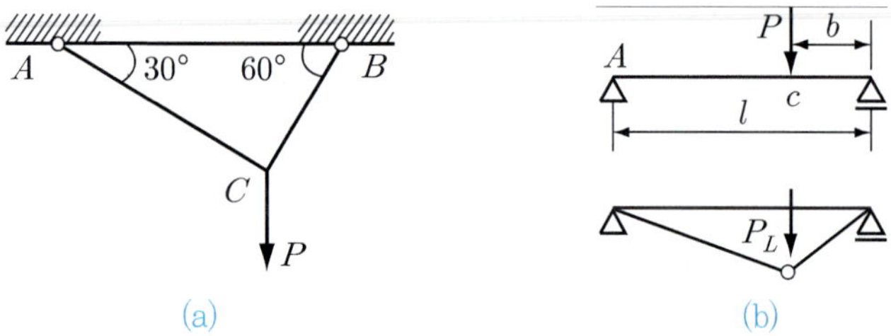

그림 10-14

(c) 부정정 구조물의 극한하중

[그림 10-15]에서 보 AC는 강체, 부재 B_1B와 C_1C의 축력을 P_1, P_2, 지점 A에서의 반력을 R_A라고 할 때, 평형조건식인 두 식에 미지수는 3이므로 부정정량은 1이다.

$$\sum P_y = 0 \ : R_A + P_1 + P_2 = P$$

$$\sum M_A = 0 : P_1 l_1 + P_2 l_2 - Pa = 0$$

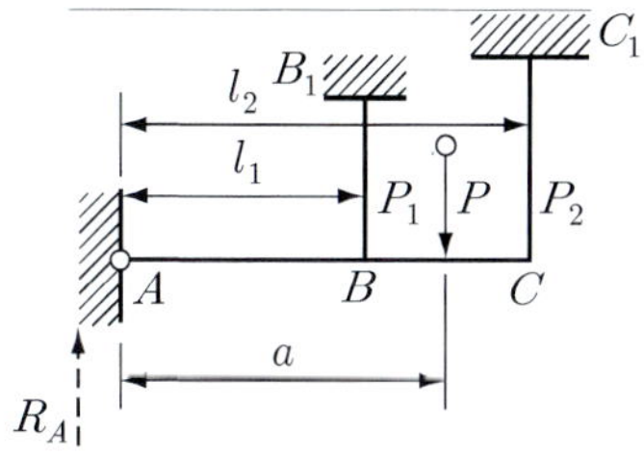

그림 10-15

따라서 두 개의 부재가 붕괴되면 구조물은 붕괴된다. 가령 부재 C_1C가 제일 먼저 항복점에 도달하여 소성 상태로 되더라도 구조물은 정정구조물이 되어 계속 힘을 받을 수 있다. 나중에 나머지 부재 B_1B가 붕괴되면 전체가 붕괴된다.

예제 10-6

[그림 4]의 외팔보에서 P_L을 구하라.

풀이 외팔보에서 P가 점점 커질 때 맨 먼저 M이 가장 큰 고정단 A에서 소성힌지가 되어 이 보는 붕괴된다.

$M_P = P_L \cdot l$

$P_L = \dfrac{M_p}{l}$

$P_{a\ell} = \dfrac{P_L}{n}$ 이 하중의 허용값,

이것을 계산하는데 극한 설계의 목적이 있다.

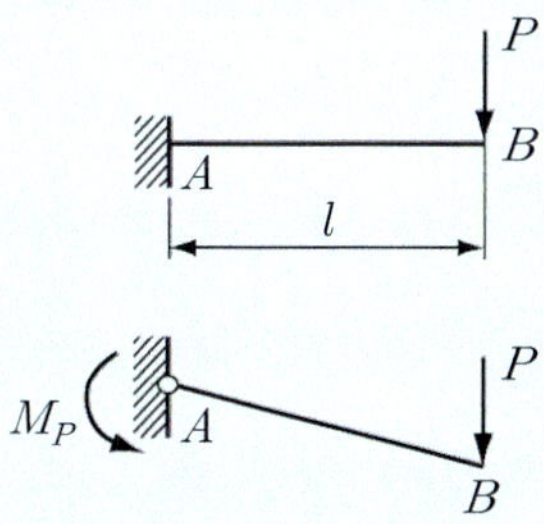

그림 4

예제 10-7

[그림 5]의 부정정보에서 극한 등분포 하중을 구하라.

풀이 부정정량 1이므로 두 곳에서 소성힌지가 되면 붕괴된다. BMD를 그려보면 굽힘모멘트가 가장 큰 곳이 두 곳이다. M_A와 M_D인데 M_D의 곳은 알 수 없어서 구해봐야 한다. 지금 M_A가 M_p로 되었을 때 구해보자.

$R_B = \dfrac{w_0 l}{2} - \dfrac{M_p}{l}$

임의 단면의 M_D는 다음 식과 같다

$M_D = R_B x - \dfrac{w_0 x^2}{2} = \dfrac{w_0 l}{2} x - \dfrac{M_p}{l} x - \dfrac{w_0 x^2}{2}$

$\dfrac{dM_D}{dx} = \dfrac{w_0 l}{2} - \dfrac{M_p}{l} - w_0 x = 0, \ x = \dfrac{l}{2} - \dfrac{M_p}{w_0 l}$

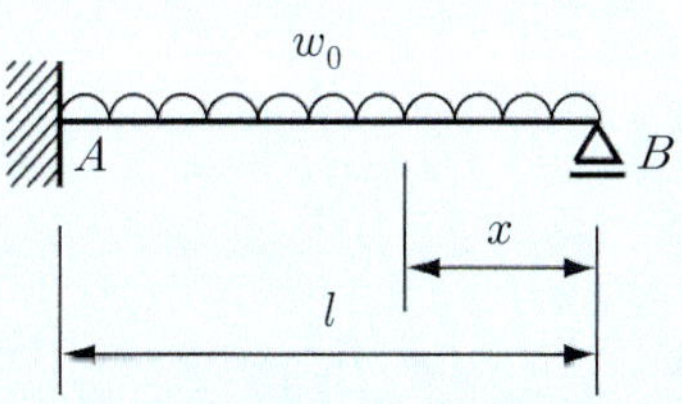

그림 5

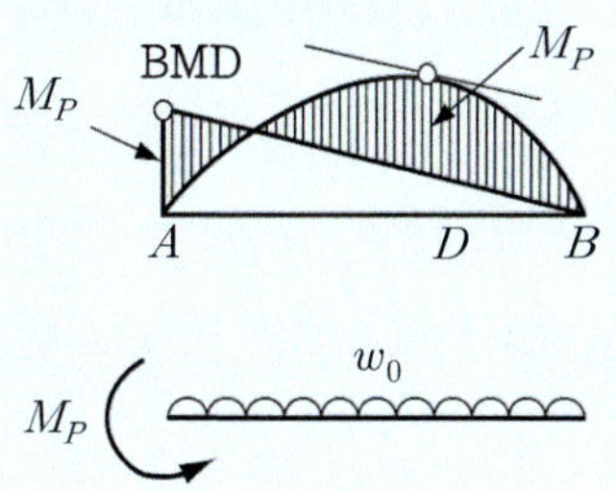

$$M_{\max} = M_D = \frac{w_0 l}{2}\left(\frac{l}{2} - \frac{M_p}{w_0 l}\right) - \frac{M_p}{l}\left(\frac{l}{2} - \frac{M_p}{w_0 l}\right) - \frac{w_0}{2}\left(\frac{l}{2} - \frac{M_p}{w_0 l}\right)^2$$

이 M_D마저 M_p가 되면 이 보는 붕괴된다.

$M_D = M_p$에서(이때의 w_0가 w_L이다.)

$$\therefore W_L = \frac{M_p}{l^2}(6 + 4\sqrt{2}) = 11.66\frac{M_p}{l^2}$$

예제 10-8

[그림 6]의 양단고정보에서 P_L을 구하라.

풀이 부정정량 2이므로 세 곳이 소성힌지가 되면 이 보는 붕괴된다. BMD를 그려보면 굽힘모멘트가 큰 곳은 A, B 및 C 단면. 즉 M_A, M_B 및 M_C가 M_p에 도달할 때 P를 P_L로 한다.

$$M_C = \frac{Pb(l-b)}{l} - \frac{M_A b}{l} - \frac{M_B(l-b)}{l}$$

$$M_p = \frac{P_L b(l-b)}{l} - \frac{M_p b}{l} - \frac{M_p(l-b)}{l}$$

$$\therefore P_L = \frac{2M_p l}{b(l-b)}$$

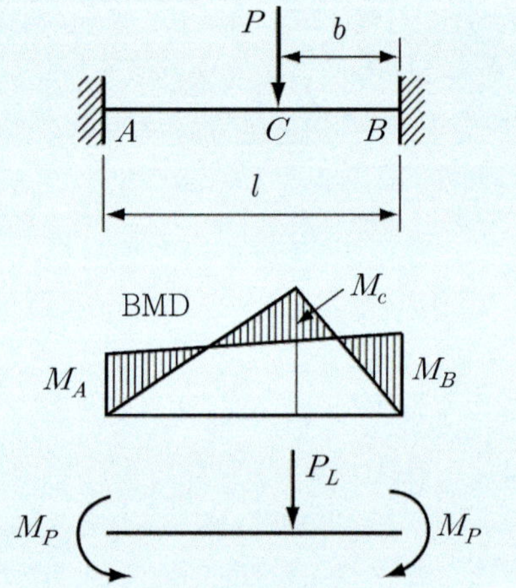

그림 6

별법 외력이 하는 외부일이 소성힌지가 되면서 이루어지는 일이 같다고 놓으면 P_L이 풀린다. 소성힌지가 되는 순간(붕괴될 때) 그림에서 외력이 한 일은(소성변위는 탄성변위와 달리 아주 크므로) $P_L \cdot \delta_c$.

소성힌지가 될 때 소성모멘트가 이루는 힘을 점 A에서 $M_p\theta_A$, 점 B에서 $M_p\theta_B$, 점 C에서 $M_p\theta$가 된다. 따라서 외부일과 내부일은 다음과 같다.

$$P_L \cdot \delta_c = M_p\theta_A + M_p\theta + M_p\theta_B$$

$$= M_p\left[\frac{\delta_c}{l-b} + \left(\frac{\delta_c}{l-b} + \frac{\delta_c}{b}\right) + \frac{\delta_c}{b}\right]$$

$$= \frac{2M_p l \cdot \delta_c}{b(l-b)}$$

$$\therefore P_L = \frac{2M_p l}{b(l-b)}$$

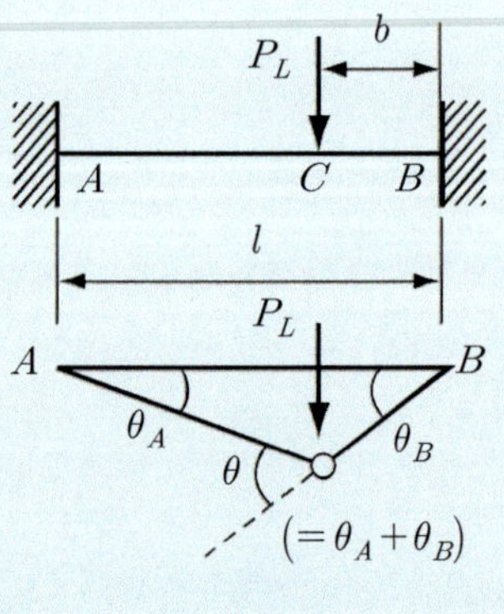

그림 6(a)

예제 10-9

[그림 7]과 같이 원형단면 봉이 비틀림을 받을 때 극한 비틀림모멘트 T_L을 구하라.

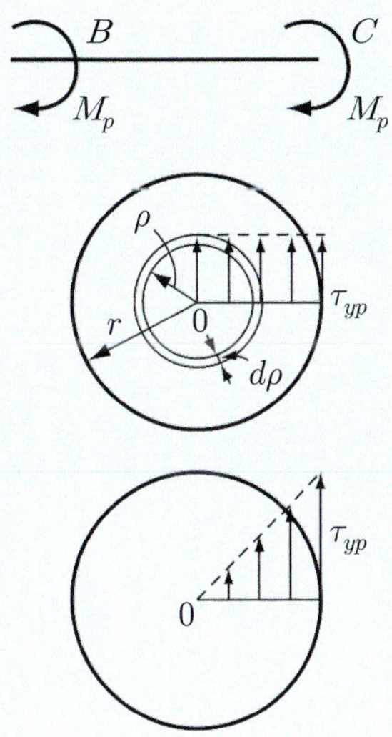

그림 7

풀이 한 단의 단면 전체가 τ_{yp}로 되면 붕괴된다.

$$T_L = \int_0^r (\tau_{yp} \cdot dA)\rho = \int_0^r 2\pi\rho^2 d\rho \tau_{yp}$$

$$= \frac{2\pi r^3}{3}\tau_{yp} = \frac{4}{3}\frac{I_p}{r}\tau_{yp}$$

$$< dA = 2\pi\rho \cdot d\rho >$$

$\tau_{\max} = \tau_{yp}$가 되는 탄성에서의 최대 비틀림모멘트 T는 T_L이 T보다 33.3%가 더 크다는 것을 알 수 있다.

$$T = \frac{I_p}{r}\tau_{yp}$$

10-3 파손이론

파단(rupture)은 큰 응력을 받아서 물체가 절단되는 것을 말하며, 파괴(fracture)는 재료에 균열이 생겨 이것이 성장되어 가다가 파단이 되는 현상을 말한다. 주철이나 유리같이 뚜렷한 소성변형없이 파단되는 것을 취성파괴(brittle fracture)이라 하고, 국부적인 단면수축(necking)인 소성변형이 생기면서 파괴하는 것을 연성파괴(ductile fracture)라고 한다. 재료가 파괴되지 않아도 크게 변형되어 쓸모없이 되었을 때 파손(failure)되었다고 한다. 또한, 소성변형이 시작되면 탄성파손(elastic failure)을 일으켰다고 한다.

단축인장 또는 압축을 받을 때의 거동이 알려져 있는 재료에 대하여 조합응력을 받을때의 파괴, 또는 파손의 조건을 정하는데 여러 학설들이 있는 바, 이 중 몇 가지만 소개한다.

(1) 최대주응력설(maximum stress theory)(Rankine 제안)

한 점에 생기는 주응력($\sigma_1 > \sigma_2 > \sigma_3$라고 가정) 중 최대응력이 식 (10-20)같이 그 재료의 단축인장의 항복점(σ_{yp})에 이르거나

$$\sigma_1 = \sigma_{yp} \tag{10-20}$$

또는 최소응력이 단축압력의 항복점(σ'_{yp})에 이르렀을 때

$$\sigma_3 = \sigma'_{yp} \tag{10-21}$$

그 요소에서 항복이 시작되고, 또한 σ_1, σ_3가 인장강도(인장의 최후강도) σ_u 또는 압축강도(σ'_u)에 이르면 파괴된다는 것이다.

$$\sigma_1 = \sigma_u,\ \ \sigma_3 = \sigma'_u \tag{10-22}$$

이 학설은 취성재료에는 잘 맞지만 연성재료에는 잘 맞지 않는다. $\sigma_2 = 0$인 경우 [그림 10-16]과 같이 표시된다.

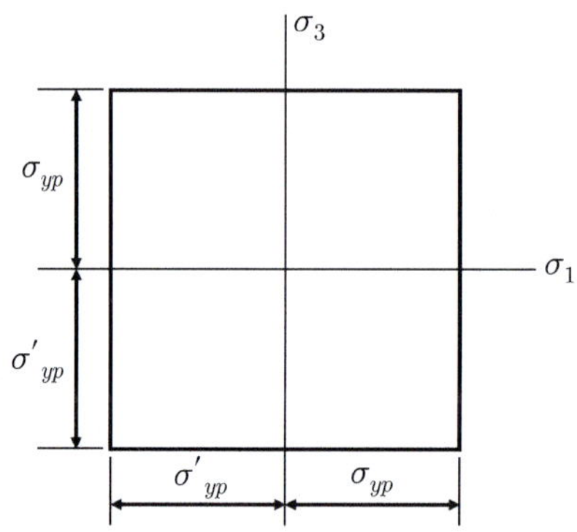

그림 10-16 최대주응력설

(2) 최대주변형률설(maximum strain theory)(Saint-Venant 제안)

주응력 σ_1, σ_2, σ_3에 대해서 주변형률은 식 (10-23)과 같다.

$$\begin{aligned} \epsilon_1 &= \frac{1}{E}\left[\sigma_1 - \nu(\sigma_2 + \sigma_3)\right] \\ \epsilon_2 &= \frac{1}{E}\left[\sigma_2 - \nu(\sigma_3 + \sigma_1)\right] \\ \epsilon_3 &= \frac{1}{E}\left[\sigma_3 - \nu(\sigma_1 + \sigma_2)\right] \end{aligned} \tag{10-23}$$

이 ϵ_1이 단축인장 때의 항복점에 해당하는 변형률과 같을 때 또는 최소변형률(수축률)이 압축 때의 탄성파손의 한계값(σ'_{yp})일 때 이 요소는 항복이 시작된다고 생각한다. 즉 연성재료에 대하여 다음과 같다.

$$\begin{aligned} \epsilon_1 &= \frac{\sigma_{yp}}{E}, \ \sigma_{yp} = [\sigma_1 - \nu(\sigma_2 + \sigma_3)] \ \text{또는} \ \sigma_{yp} = [\sigma_3 - \nu\sigma_1] \\ \epsilon_3 &= \frac{\sigma'_{yp}}{E}, \ \sigma'_{yp} = [\sigma_3 - \nu(\sigma_1 + \sigma_2)] \ \text{또는} \ \sigma'_{yp} = [\sigma_1 - \nu\sigma_3] \end{aligned} \tag{10-24}$$

식 (10-24)에서 $\sigma_2 = 0$의 경우를 [그림 10-17]에 나타낸다.

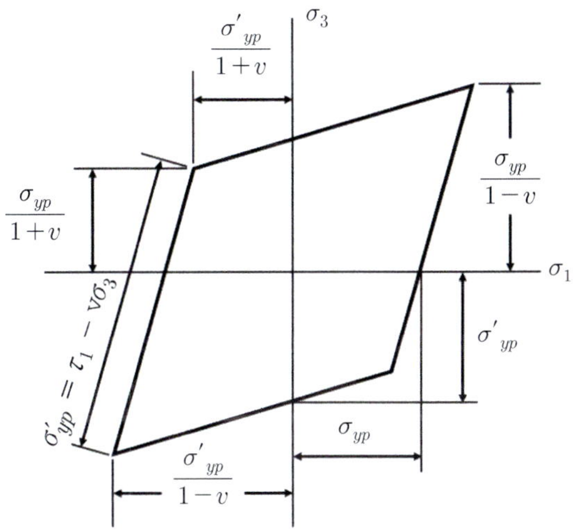

그림 10-17 최대주변형률설

(3) 최대전단응력설(maximum shear stress theory)(Tresca 및 Columb 제안)

단축인장을 받는 봉의 축방향응력을 σ_{yp}라 하면, 최대전단응력은 축과 45°로 된 면에 생기고 $\tau_{\max} = \frac{\sigma_{yp}}{2}$이므로, 이 최대전단응력은 전단항복점 τ_{yp}에 달하면 항복하고 전단강도 τ_u에 달하면 파괴된다고 생각하는 것이다. 이 설에 의하면 항복점 및 파괴는 인장과 압축과 같다. 지금 $\sigma_1 > \sigma_2 > \sigma_3$이면 식 (10-25)가 성립된다.

$$\left.\begin{aligned} &\tau_{yp} = \frac{1}{2}[\sigma_1 - \sigma_3] = \frac{1}{2}\sigma_{yp} \\ &\sigma_{yp} = \sigma_1 - \sigma_3 \text{일 때 항복} \\ &\sigma_u = \sigma_1 - \sigma_3 \text{일 때 파괴} \end{aligned}\right\} \qquad (10\text{-}25)$$

$\sigma_2 = 0$일 때 [그림 10-18]과 같이 된다. 이것을 연신율 25% 이상의 연성재료에 대하여 실험결과와 거의 일치하기 때문에 강도설계에 잘 사용된다. 반면 연신율 5~25%의 중간 연성재료에는 최대주응력설과 최대전단응력설의 양쪽이 고려된다.

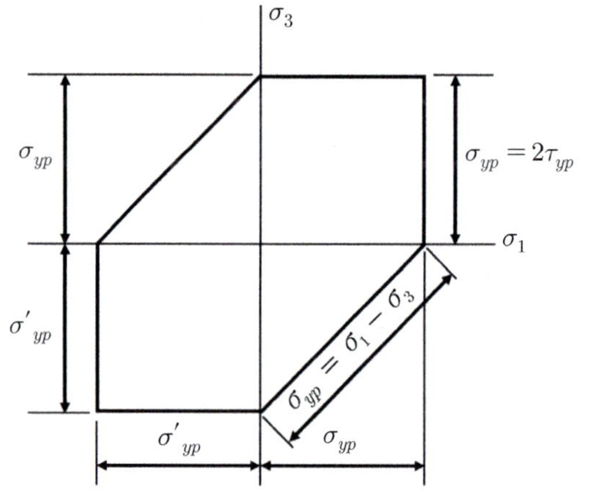

그림 10-18 최대전단응력설

(4) 최대전단변형에너지설(Huber가 제안, Von Mises 및 Hencky가 개발시켜 보통 Von Mises-Hencky설이라 함)

전단변형 에너지 u_d의 값이 재료의 단축인장에서 항복점에 이르렀을 때의 순수전단변형 에너지의 값과 같아지면 항복이 시작된다고 가정한다.

이 식을 유도하기 위하여 x, y, z축을 주응력방향과 일치시키면 단위체적당의 에너지 u는 다음 식으로 된다.

$$u = \frac{1}{2E}\left\{\left(\sigma_1^2 + \sigma_2^2 + \sigma_3^2\right) - 2v\left(\sigma_1\sigma_2 + \sigma_2\sigma_3 + \sigma_3\sigma_1\right)\right\}$$

$$\sigma_1 = \sigma_2 = \sigma_3 = \sigma_m \left[\text{또는 } \frac{1}{3}(\sigma_1 + \sigma_2 + \sigma_3)\right]$$

σ_m은 평균응력이라고 할 때의 에너지를 u_m이라 하면 u_m은 식(10–26)과 같고 체적변화에 소요되는 에너지이다.

$$u_m = \frac{3(1-2v)}{2E}\sigma_m^2 \text{ 또는 } \frac{(1-2v)}{6E}(\sigma_1+\sigma_2+\sigma_3)^2 \qquad (10-26)$$

u_d는 u에서 u_m을 뺀 값이므로 이것이 파손에 관계된다고 가정한 것이다(단, 주응력 σ_1, σ_2만이 있을 때 최대 전단응력은 $\tau_1 = \frac{(\sigma_1-\sigma_2)}{2}$, 마찬가지로 $\tau_2 = \frac{(\sigma_2-\sigma_3)}{2}$, $\tau_3 = \frac{(\sigma_3-\sigma_1)}{2}$).

$$\begin{aligned} u_d = u - u_m &= \frac{1+\nu}{6E}\left[(\sigma_1-\sigma_2)^2+(\sigma_2-\sigma_3)^2+(\sigma_3-\sigma_1)^2\right] \\ &= \frac{1}{3G}\left\{(\tau_1^2+\tau_2^2+\tau_3^2)\right\} \end{aligned} \qquad (10-27)$$

이 u_d는 형상변화에 요하는 에너지로서 전단변형률에너지(shear strain energy)가 된다. 이 때 단축인장이 항복되는 조건은 $\sigma_1 = \sigma_{yp}$이고 $\sigma_2 = \sigma_3 = 0$이다. 이 때의 에너지는 윗식에서 식 (10–28)로 되어 식 (10–29)으로 정리되면 파손조건이 된다.

$$u_d = \frac{1+v}{6E}\left(2\sigma_{yp}^2\right) \qquad (10-28)$$

$$(\sigma_1-\sigma_2)^2+(\sigma_2-\sigma_3)^2+(\sigma_3-\sigma_1)^2 = 2\sigma_{yp}^2 \qquad (10-29)$$

평면응력 $\sigma_2 = 0$인 경우 $\sigma_1^2 - \sigma_1 \cdot \sigma_3 + \sigma_3^2 = \sigma_{yp}^2$로 되어 식 (10–30)로 된다.

$$\left(\frac{\sigma_1}{\sigma_{yp}}\right)^2 - \left(\frac{\sigma_1}{\sigma_{yp}}\right)\left(\frac{\sigma_3}{\sigma_{yp}}\right) + \left(\frac{\sigma_3}{\sigma_{yp}}\right)^2 = 1 \qquad (10-30)$$

이 식은 타원형을 나타내며 [그림 10–19]와 같고 연성재료에 대한 항복조건식으로 널리 쓰인다.

이상의 1~4의 학설을 그림으로 비교한 것이 [그림 10–20]이다. 정사각형 1234는 최대응력설, 평행사변형 5678은 최대변형률설, 육각형 $A1BA'3B'A$는 최대전단응력설,

타원 $A1BA'3B'A$는 전단탄성에너지설에 의한 항복조건을 표시하고 있다. 각 학설 사이에는 다소 차이가 있지만, 각 도형에 공통되는 내측 부분의 항복조건에서는 항복이 일어나지 않는다.

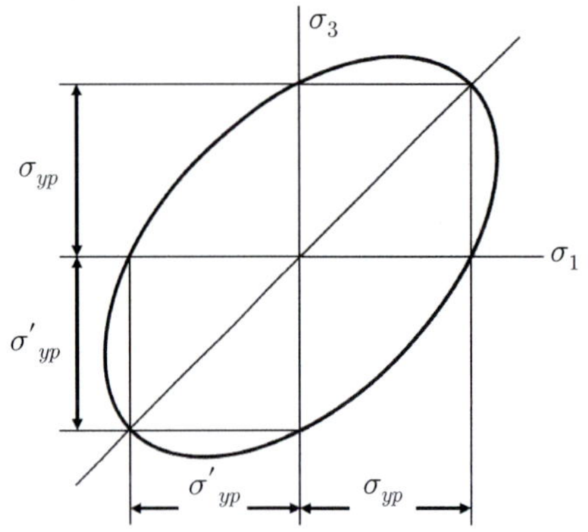

그림 10-19 전단변형에너지설

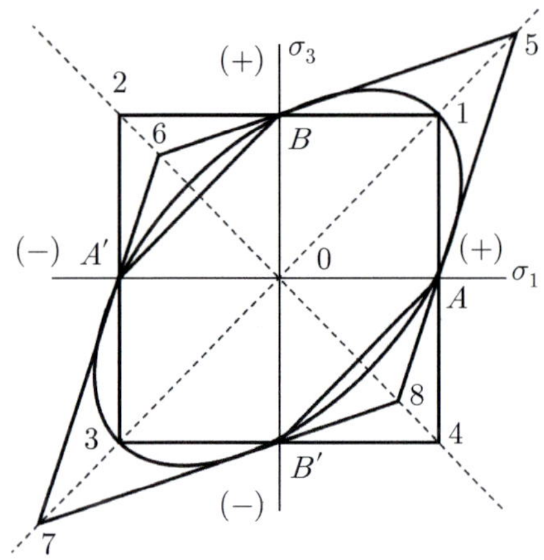

그림 10-20 각 학설의 비교

10-4 잔류응력

탄성한계를 넘는 응력을 받는 재료는 하중을 제거해도 약간의 영구변형이 생겨 원상태로 돌아가지 않고 영구변형을 일으키게 된다. 이때문에 탄성을 받고 있던 부분도 하중제거 후에 원래 길이로 되돌아가려는 작용을 막게 되며 잔류응력(residual stress, 殘留應力)이 남게 된다. 그러나 초기의 비탄성굽힘에 의한 응력을 알아도 잔류응력의 형태를 결정하기란 상당히 어렵다.

보에 생기는 잔류응력을 예로 들어 보자. 굽힘모멘트 M으로 인하여 탄성을 지나 소성이 생긴 보의 응력분포는 [그림 10-21(a)]와 같다. 이 보의 하중을 제거하면 [그림 10-21(b)]와 같이 보는 직선으로 후크법칙을 따르는 탄성작용을 일으키면서 제거된다.

이와 같이 초기의 비탄성굽힘응력과 선형제하응력을 중첩한 것이 하중제거 후 보에 남는 응력이 될 것이다. 이 잔류응력은 [그림 10-21(c)]와 같게 되고, 그 값은 [그림 10-21(a), (b)]의 응력의 대수화를 구하면 얻어진다. 예를 들어 보 하단의 잔류응력은 $\sigma_r = \sigma_1 + \sigma_2$이다. 그림에서 σ_2는 음의 값이고, 절대치가 σ_1보다 크므로 σ_r도 음의 압축잔류응력(compressive residual stress)이 될 것이다.

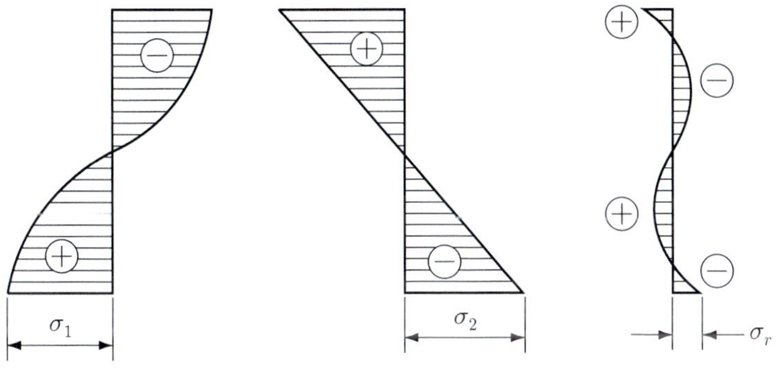

그림 10-21 비탄성 보의 잔류응력의 형성과정

이와 같이 잔류응력이란 구조물이 하중을 받았다가 제거한 후에 남는 응력이다. 구조용 압연강과 같이 생산 제작과정에서 생기는 잔류응력도 있다. 즉 압연, 불균일한 가열 및 냉각 때문에 사용 전에 이미 구조용 보에는 응력이 존재하게 된다. 이런 응력을 잔류응력 또는 초기응력(initial stress)이라 하는데, 그 값은 10~15ksi에 이르는 수도 있다. 이 잔류응력을 없애려면 어닐링(annealing)과 같은 열처리를 해야 한다.

10-5 안전계수(선택)

허용응력(allowable stress, 許容應力)을 정하는 기본사항은 재료의 인장강도, 항복점, 피로강도, 크리프강도 등인데 이런 재료의 강도들을 기준강도(응력)라 하고 이 기준강도와 허용응력과의 비를 안전계수(factor of safety, 安全係數)라 한다.

$$\text{안전계수} = \frac{\text{기준강도(응력)}}{\text{허용(사용)응력}} > 1 \tag{10-31}$$

허용응력을 생각하는 이유는 결국 부재에 걸리는 하중의 크기, 종류, 온도, 부식분위기 등의 외적조건을 고려함이다.

(1) 기준강도

다음과 같이 경우에 따라 달리 생각한다.

① **정하중에 대한 최후강도** 취성재료에 정하중이 걸릴 때 최후강도(인장강도) σ_u를 기준강도로 생각한다.

② **연성재료에 정하중이 걸리는 경우** 탄성파손의 한계인 항복점 σ_{yp}를 기준강도로 생각한다.

③ **한계변형을 일으키는 응력** 부재가 어떤 정해진 변형값을 넘으면 곤란할 때(예로서 밀링 커터가 붙어 있는 축은 어떤 정해진 값 이상 처지면 안 된다) 그 한계변형에 대한 응력을 기준강도로 한다. 변형에는 탄성변형, 소성변형, 피로변형, 크리프변형 등이 있다.

④ **좌굴에 관한 위험응력** 좌굴에는 탄성좌굴, 소성좌굴, 크리프 좌굴 등이 있는데 좌굴이 일어날 때의 응력을 기준강도로 생각한다.

⑤ **붕괴하중** 극한설계 또는 소성설계 계산에서는 붕괴하중을 기준으로 생각한다.

⑥ **피로강도** 반복하중이 걸릴 때의 부재의 피로한도를 기준강도로 한다.

⑦ **크리프 강도** 고온에서 정하중을 받을 때는 크리프한도 또는 크리프한도 또는 크리프 파단응력을 기준강도로 한다.

(2) 허용(사용)응력

① 연성재료가 정하중을 받는 경우

단조 또는 압연된 재료 등에는 기준강도(응력)로서 σ_{yp}를 적용함은 앞에서도 언급하였다. 여러 가지 조합응력이 생길 때는 최대전단설 또는 전단탄성에너지설 등이 적용될 수 있으므로 허용응력을 σ_{al}, 안전계수를 n으로 할 때 다음 식으로 된다.

$$\sigma_{al} = \frac{\sigma_{yp}}{n} \geq \sigma_1 - \sigma_3$$

$$\sigma_{al} = \frac{\sigma_{yp}}{n} \geq \frac{1}{\sqrt{2}} \sqrt{(\sigma_1 - \sigma_2)^2 + (\sigma_2 - \sigma_3)^3 + (\sigma_3 - \sigma_1)^2}$$

② 취성재료가 정하중을 받는 경우

최대주응력이 인장응력이라면 기준강도로서는 인장강도(응력) σ_u를 취하고 최대응력설을 적용하면 다음과 같다.

$$\sigma_1 \leq \sigma_{al} = \frac{\sigma_u}{n}$$

③ 반복하중을 받는 경우

피로한도를 안전계수로 나눈 값을 허용응력으로 한다. 목적에 따라서는 시간강도를 택하는 경우가 있다.

$$\sigma_{al} = \frac{\sigma_w}{n}$$

④ 고온에서 정하중을 받는 경우

크리프한도를 기준강도로 하며 안전계수로 나누면 된다.

이상 여러 경우를 검토해 보았지만 더욱 자세한 것은 설계편람 또는 핸드북에서 찾아보면 된다.

(3) 안전계수

하중은 정확히 산출하기 어렵고, 재료강도의 불균일, 치수효과, 노치효과, 열처리 및 표면 다듬질 등의 영향, 마모, 부식 등을 고려하여 안전율을 정해야 한다.

Cardullo는 안전계수를 식 (9-28)으로 표시하였고 다음과 같이 정하고 있다.

$$n = a \times b \times c \qquad (10-32)$$

a : 정하중일 때는 최후강도와 항복점과의 비(탄성파손 이내에서 취급하기 위하여), 반복하중의 경우에는 인장(최후)강도와 피로강도와의 비

b : 충격계수 : $b = 1$(정하중)

가벼운 충격 : $b = 1.25 \sim 1.5$(예 레일의 이음부분이 차량에 의한 충격과 같은 가벼운 충격하중)

강한충격 : $b = 2 \sim 3$ (예 단조기계의 받침대와 같은 강한 충격하중)

c : 재료의 재질적 결함(불순물의 편석, 핀 홀, 흠 같은 것), 생각 못했던 열응력의 발생, 하중의 견적이 정확치 못하거나, 갑자기 어떤 큰 하중이 걸리는 것 등을 고려하여 정하는 계수

응력의 견적이 정확할 때 $c = 1.5$(연강 등의 연성재료)

$c = 2$(주철 등의 취성재료)

연습문제

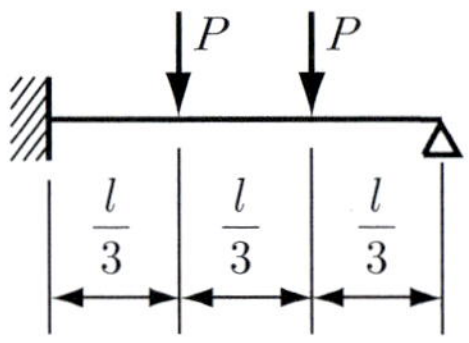

그림 1

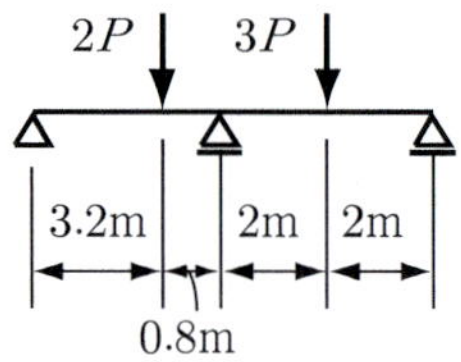

그림 2

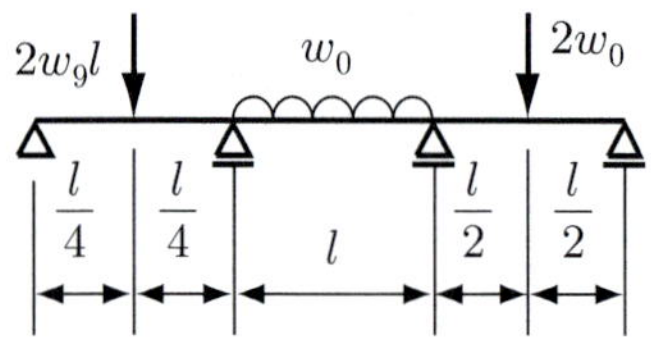

그림 3

10-1 [그림 1]의 부정정보의 극한하중을 구하라.

답: $\frac{4M_p}{\ell}$

10-2 [그림 2]의 3점지지보의 극한하중을 구하라. 보의 단면은 사각형(19.7cm×39.4cm)이며, 보의 항복점 $\sigma_{yp} = 15\text{MPa}$이다(자중무시).

답: 57kN

10-3 [그림 3]의 연속보에서 최대소성모멘트를 구하라.

답: $\frac{w_0\ell^3}{3}$

10-4 [그림 4]의 3점지지보의 극한하중을 구하라.

답: $\frac{6M_p}{\ell}$

10-5 [그림 5]의 구조물에서 극한하중을 구하라.

답: $\frac{2M_p}{\ell}$

10-6 [그림 6]과 같은 연속보의 극한하중을 구하라.

답: $\frac{6M_p}{\ell}$

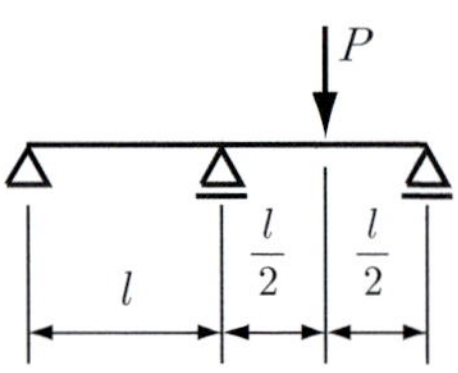

그림 4

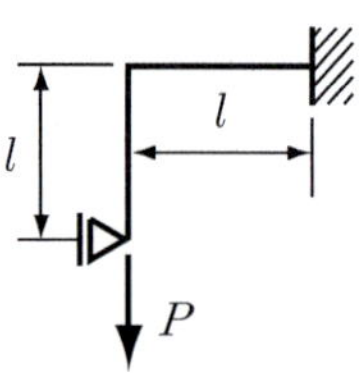

그림 5

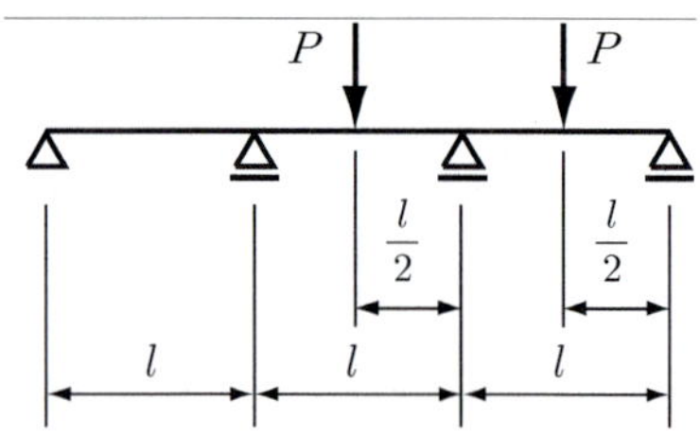

그림 6

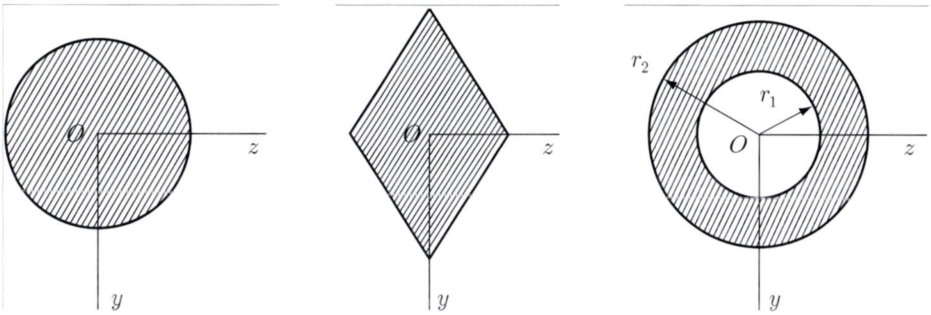

그림 7 그림 8 그림 9

10-7 [그림 7]과 같은 원형단면보의 형상계수 f를 구하라.

답: $f = \dfrac{16}{3\pi} \approx 1.70$

10-8 [그림 8]과 같은 마름모꼴 단면의 형상계수 f를 구하라.

답: $f = 2$

10-9 [그림 9]와 같은 (a) 외경 r_2, 내경 r_1인 중공원형 단면의 형상계수 f를 구하라. (b) 만일 이 관의 두께가 매우 얇다면 형상계수 f는 얼마이겠는가?

답: $f = \dfrac{16 r_2 (r_2^3 - r_1^3)}{3\pi (r_2^4 - r_1^4)}$, $f = \dfrac{4}{\pi} \approx 1.27$

부록

1 단위환산표, 희랍문자, SI단위의 명칭

단위환산표

양	공학단위		SI단위		영국계단위	
길이	25.40 1	(mm)	0.02540 0.001	(m)	1 0.03937	(in)
힘	0.4536 1	(kg_f)	4.448 9.807	(N)	1 2.205	(lb)
응력 압력	0.7031 1	(kg_f/mm^2)	6.895 9.807	(Mpa)	1 1.422	(ksi)
에너지	0.10197 1	(kg_f · m)	1 9.807	(J)	0.7376 7.2336	(lb · ft)
일	2.7778×10^{-7} 1	(kW · h)	1 3.6×10^6	(J)	0.7376 2.6409×10^6	(lb · ft)
동력	1.0197×10^{-1} 1	(kg_f · m/s)	1 9.807	(W)	0.7376 7.2336	(lb · ft/s)
	1.3596×10^{-3} 1	(PS)	1 7.355×10^2	(W)	0.7376 542.5	(lb · ft/s)
질량	1.0197×10^{-1} 1	(kg_f · s^2/m)	1 9.807	(kg_f)	0.06857 0.67203	(slug=lb · s^2/ft)

단, 1MPa=10^{6}Pa, Pa=N/m^2, 1ksi=10^3, lb/in^2=10^{3}psi

그리스(희랍)문자

A	α	Alpha	N	ν	Nu
B	β	Bêta	Ξ	ξ	Xi
Γ	γ	Gamma	O	o	Omicron
Δ	δ	Delta	Π	π	Pi
E	ϵ	Epsilon	P	ρ	Rho
Z	ζ	Zêta	Σ	σ	Sigma
H	η	Eta	T	τ	Tau
Θ	θ	Thêta	Y	υ	Upsilon
I	ι	Iôta	Φ	ϕ	Phi
K	κ	Kappa	X	χ	Chi
Λ	λ	Lambda	Ψ	ψ	Psi
M	μ	Mu	Ω	ω	Omega

SI단위의 명칭

Prefix	Symbol	Multiplication factor
tera	T	10^{12}=1 000 000 000 000
giga	G	10^{9}=1 000 000 000
mega	M	10^{6}=1 000 000
kilo	k	10^{3}=1 000
hecto	h	10^{2}=100
deka	da	10^{1}=10
deci	d	10^{-1}=0.1
centi	c	10^{-2}=0.01
milli	m	10^{-3}=0.001
micro	μ	10^{-6}=0.000 001
nano	n	10^{-9}=0.000 000 001
pico	p	10^{-12}=0.000 000 000 001

2 재료의 여러 가지 성질(상온)

재료 \ 성질 (단위)	비중 공학단위 kg_f/mm^3 $(\times10^{-7})$	비중 SI 단위 KN/m^3	탄성계수 공학단위 kg_f/mm^2 $(\times10^4)$	탄성계수 SI 단위 GPa	전단 탄성계수 공학단위 kg_f/mm^2 $(\times10^4)$	전단 탄성계수 SI 단위 GPa	푸아송비	강도* 공학단위 kg_f/mm^2	강도* SI 단위 MPa	열팽창계수 10^{-6}/℃
주철(gray cast iron)	71.43	70	0.92	90	0.39	38	0.2	17.34	170(σ_u)	12
탄소강	78.57	77	2.04	200	0.81	79	0.27	21.43~54.08	210~530	12
스테인리스강	78.57	77	2.04	200	0.79	77	0.3	21.43~112.24	210~1110	17
알루미늄합금	27.55	27	0.71	70	0.27	26	0.33	14.28~51.02	140~500	23
황동	84.69	83	1.02	100	0.38	37	0.35	34.69~48.98	340~480	20
동(copper)	89.80	88	1.22	120	0.45	44	0.35	28.57~35.71	280~350	17
망간합금	18.97	18	0.46	45	0.17	17	0.35	15.30~122.45	150~300	27
티탄철합금	44.90	44	1.12	110	0.42	41	0.34	97.96~122.45	960~1200	8.8
텅스텐탄화물	163.27	160	7.04	690			0.24	459.18	4500(σ_c)	4.0
콘크리트	24.49	24	0.21	21			0.15	3.47	34(σ_c)	11
유리(96% 실리카)	21.43	21	0.70	69			0.19	1.418	14	0.8
화강암	27.55	27	0.17~0.78	17~76				17.34~24.49	170~240(σ_c)	
흑연(중간입자)	27.55	27	0.12	12				3.98	39(σ_c)	1.3
얼음(0℃)	9.18	9	0.09~0.10	8.9~9.9			0.31~0.36			50
수정	22.45	22	0.73	72	0.32	31	0.16	>112.24	>1100(σ_c)	0.55
PVC(폴리염화비닐)	14.29	14	0.014~0.042	1.4~4.1				3.47~6.32	34~62(σ_c)	150~180
천연고무	12.25	12					0.5	3.06	30(σ_c)	130~200
미송(더글라스 전나무)	5.41	5.3	0.12	12				0.84	8.3(σ_{al})	
편백 · 노송나무	3.67	3.6	0.056	5.5				0.48	4.7(σ_{al})	
합성수지(폴리에틸렌)	9.18	9	0.001~0.011	0.1~11			0.45	0.77~3.47	7.6~34	100~160

* 강도 : 표시가 없는 데이터는 0.2% 인장항복점이며, σ_u는 인장강도, σ_c는 압축강도, σ_{al}은 허용응력을 나타낸다.

3 여러 가지 단면의 I와 Z

단면	I_z	$Z\left(\text{단면계수}=\dfrac{I_z}{y}\right)$
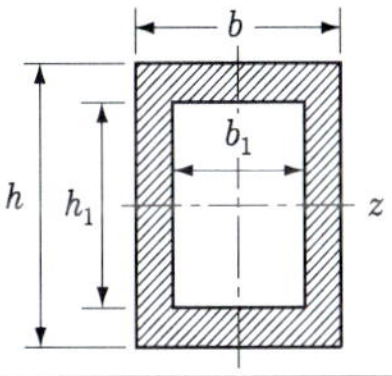	$\dfrac{1}{12}\left[bh^3-b_1h_1^3\right]$	$\dfrac{1}{6h}\left[bh^3-b_1h_1^3\right]$
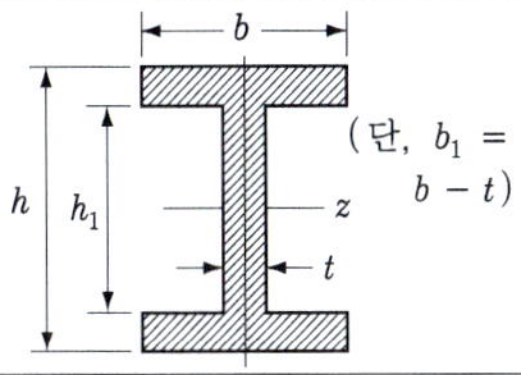	$\dfrac{1}{12}\left[bh^3-b_1h_1^3\right]$	$\dfrac{1}{6h}\left[bh^3-b_1h_1^3\right]$
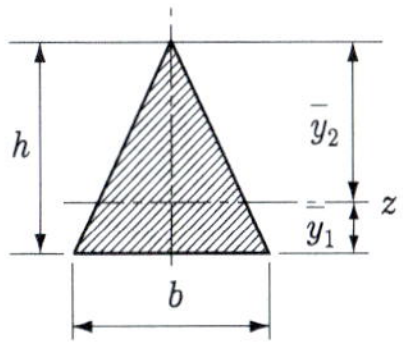	$\dfrac{bh^3}{36}$	$Z_1=\dfrac{bh^2}{12},\ Z_2=\dfrac{bh^2}{24}$
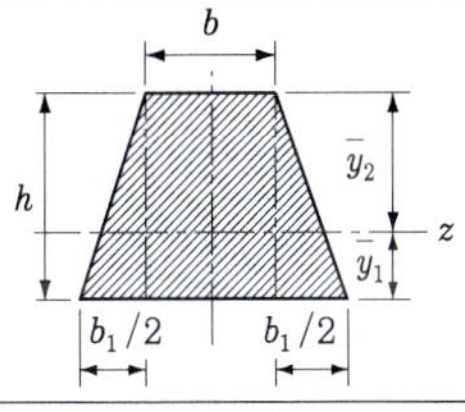	$\dfrac{6b^2+6bb_1+b_1^2}{36(2b+b_1)}h^3$	$\bar{y}_1=\dfrac{h(3b+b_1)}{3(2b+b_1)},\ \bar{y}_2=\dfrac{h(3b+2b_1)}{3(2b+b_1)}$ $Z_1=\dfrac{I_z}{\bar{y}_1},\ Z_2=\dfrac{I_z}{\bar{y}_2}$
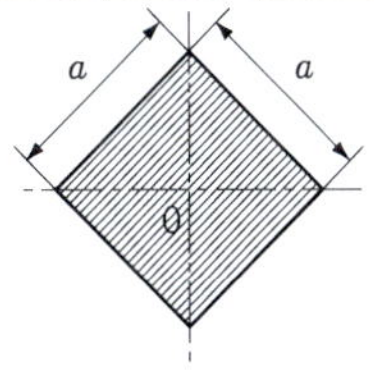	$\dfrac{a^4}{12}$	$\dfrac{\sqrt{2}\,a^3}{12}$
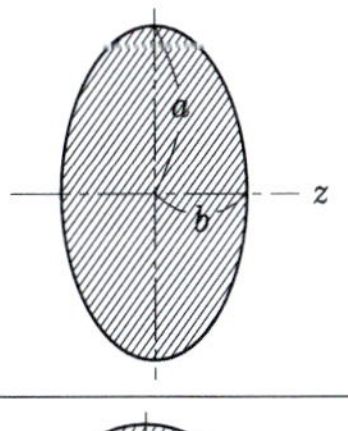	$\dfrac{\pi a^3 b}{4}$	$\dfrac{\pi a^3 b}{4}$
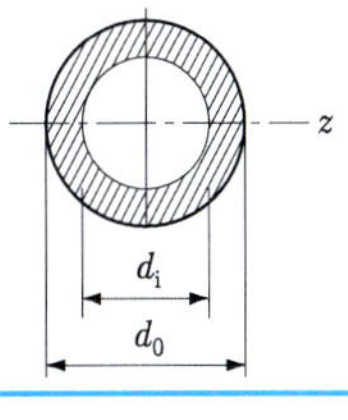	$\dfrac{\pi}{64}\left[d_0^4-d_i^4\right]$	$\dfrac{\pi}{32}\left[\dfrac{d_0^4-d_i^4}{d_0}\right]$

4 여러 형상의 기하학적인 성질

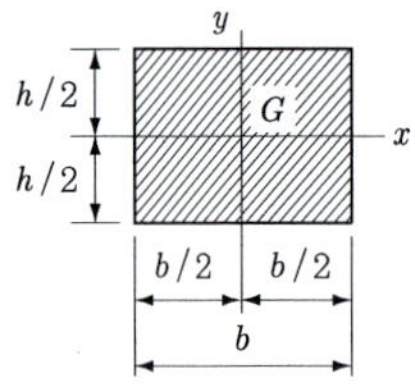

$A = bh$

$I_x = bh^3/12$

$I_y = b^3h/12$

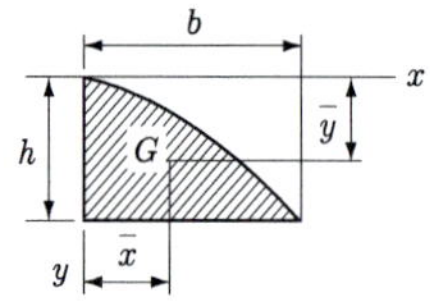

$y = kx^2 = (h/b^2)x^2$

$A = 2bh/3$

$\bar{x} = 3b/8$

$\bar{y} = 3h/5$

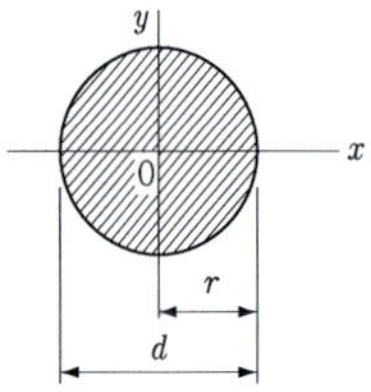

$A = \pi r^2 = \pi d^2/4$

$I_x = I_y = \pi r^4/4$

$= \pi d^4/64$

$I_p = \pi r^4/2 = \pi d^4/32$

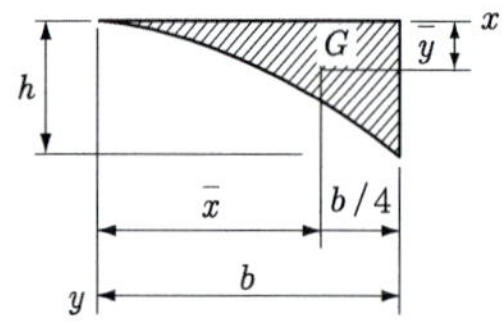

$y = kx^2 = (h/b^2)x^2$

$A = bh/3$

$\bar{x} = 3b/4$

$\bar{y} = 3h/10$

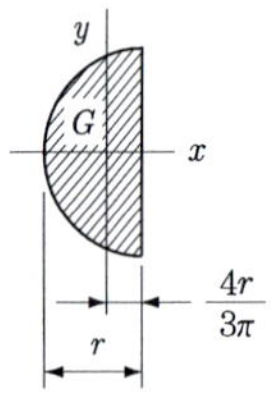

$A = \pi r^2/2$

$I_x = \pi r^4/8$

$I_y = \pi r^4\left(\dfrac{1}{8} - \dfrac{8}{9\pi^2}\right)$

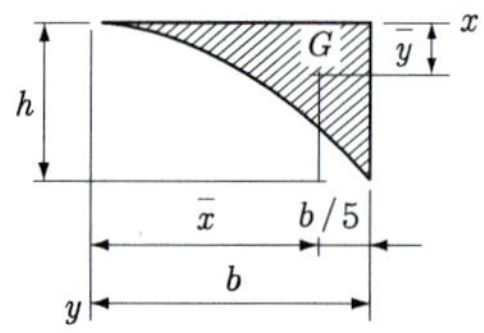

$y = kx^3 = (h/b^3)x^3$

$A = bh/4$

$\bar{x} = 4b/5$

$\bar{y} = 2h/7$

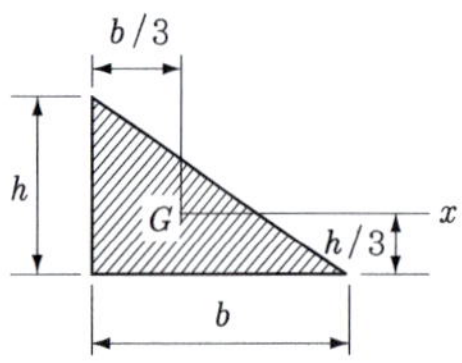

$A = bh$

$I_x = bh^3/36$

$I_y = hb^3/36$

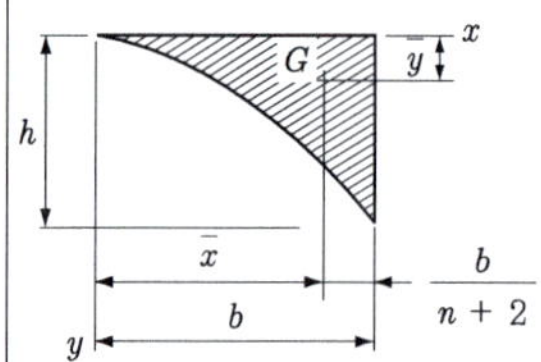

$y = kx^n = (h/b^n)x^n$

$A = \dfrac{bh}{n+1}$

$\bar{x} = \dfrac{n+1}{n+2}b$

$\bar{y} = \dfrac{n+1}{2(2n+1)}h$

5 형강의 규격표의 예

채널(channel) 형강의 치수표

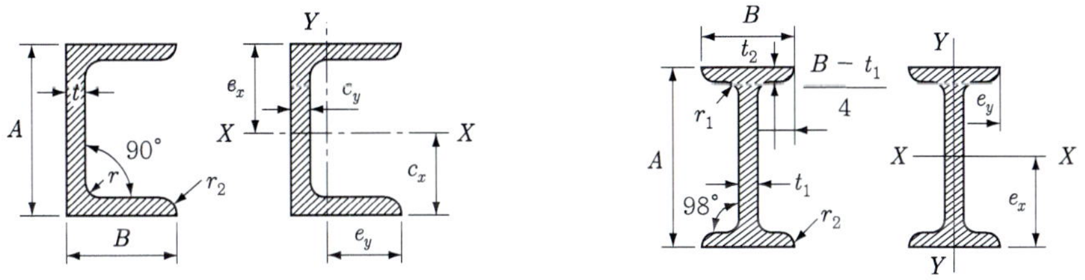

치수[mm]					단면적	중량 $[kg_f/m]$	C_y [cm]	2차 모멘트 $[cm^4]$		2차 반지름 [cm]		단면계수 $[cm^3]$	
$A \times B$	t_1	t_2	r_1	r_2	$a = mm^2$			I_x	I_y	r_x	r_y	Z_x	Z_y
75×40	5	7	8	4	882	6.62	1.27	75.9	12.4	2.93	1.19	20.2	4.54
100×50	5	7.5	8	4	1192	9.36	1.55	189	26.9	3.93	1.50	37.8	7.82
150×70	6	8.5	9	4.5	2009	15.8	2.04	721	89.1	5.99	2.11	96.2	18.0
150×75	6.5	10	10	5	2371	18.6	2.31	864	122	6.04	2.27	115	23.6
150×75	8	11.5	13	6.5	2785	21.9	2.31	981	140	5.93	2.24	131	26.9
150×75	10	13.5	17	8.5	3331	26.1	2.32	1130	161	5.82	2.20	150	31.2
150×90	9	14	16	8	3685	28.9	3.01	1330	271	6.00	2.71	177	45.2
180×75	10	13.5	17.5	8.5	3637	28.6	2.16	1740	172	6.93	2.17	194	32.2
180×90	10	15.5	19	9.5	4375	34.3	2.86	2220	315	7.12	2.68	246	51.3
200×80	9	13.5	16	8	3784	29.7	2.31	2310	210	7.81	2.36	231	36.9
200×90	10	15.5	19	9.5	4575	35.9	2.75	2840	327	7.88	2.67	284	52.3
230×80	12	17.5	24.5	12	5299	41.6	2.26	4040	273	8.73	2.27	351	47.6
250×90	11	14.5	17	8.5	5117	40.2	2.39	4690	342	9.57	2.58	375	51.7
280×100	11.5	16	18	9	6137	48.2	2.68	7150	515	10.8	2.90	510	70.4
300×90	12	18	14	7	5679	44.6	2.41	8434	413	11.4	2.52	562	62.7

치수[mm]					단면적	중량 $[kg_f/m]$	2차 모멘트 $[cm^4]$		2차 반지름 [cm]		단면계수 $[cm^3]$	
$A \times B$	t_1	t_2	r_1	r_2	$a = mm^2$		I_x	I_y	r_x	r_y	Z_x	Z_y
75×75	5	8	7	3.5	1518	11.9	146	48.3	3.10	1.78	38.9	12.9
100×57	5	8	7	3.5	1643	12.9	283	48.3	4.15	1.72	56.5	12.9
150×57	5.5	9.5	9	4.5	2183	17.1	820	59.1	6.13	1.65	109	15.8
180×100	6	10	10	5	3006	23.6	1670	141	7.46	2.17	186	28.2
200×100	7	10	10	5	3306	26.0	2180	142	8.11	2.07	218	28.4
200×150	9	16	15	7.5	6416	50.4	4490	771	8.37	3.47	449	103
230×100	7.5	11.5	11	5.5	3908	30.7	3350	168	9.25	2.07	291	33.5
250×125	7.5	12.5	12	6	4879	38.3	5190	345	10.3	2.66	415	55.2
300×150	8	13	12	6	6158	48.3	9500	600	12.4	3.12	633	80.0
350×150	12	24	25	12.5	11110	87.2	22500	1230	14.2	3.33	1280	164
400×150	10	18	17	8.5	9173	72.0	24000	887	16.2	3.11	1200	118
450×175	11	20	19	9.5	11680	91.7	39200	1550	18.3	3.64	1740	177
500×190	15	30	32	16	18470	145.0	31200	3120	20.2	4.11	3030	328
600×190	13	25	25	12.5	16940	133.0	98200	2540	24.1	3.87	3270	390
600×190	16	35	38	19	22450	176.0	130000	3700	24.0	4.06	4330	276

H형강 혹은 WF형강의 치수표

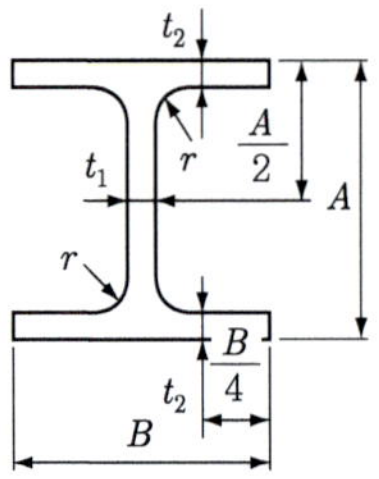

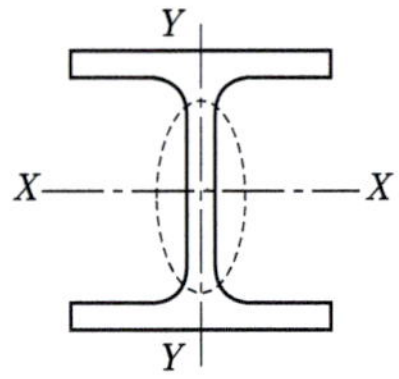

호칭 치수	치수[mm]				단면적 [cm^2]	중량 [kg_f/m]	2차 모멘트 [cm^4]		2차 반지름 [cm]		단면계수 [cm^3]	
	$A \times B$	t_1	t_2	r			I_x	I_y	r_x	r_y	Z_x	Z_y
100×50	100×50	4	6	7	9.94	7.8	163	12.6	4.05	1.13	32.6	5.04
100×100	100×100	6	8	10	21.90	17.2	383	134	4.18	2.47	76.5	26.7
100×100	100×100	5	7	8	18.85	14.8	339	117	4.24	2.49	67.8	23.4
125×60	125×60	4.5	6.5	8	13.39	10.5	343	23.6	5.06	1.33	54.9	7.86
125×125	125×125	5	7	8	23.60	18.5	683	228	5.38	3.11	109	36.5
125×125	125×125	6.5	9	0	30.31	23.8	847	293	5.29	3.11	136	47.0
150×75	150×75	5	7	8	17.85	14.0	666	49.5	6.11	1.66	88.8	13.2
150×100	148×100	6	9	11	26.84	21.1	1020	151	6.17	2.37	138	30.1
150×150	150×150	7	10	11	40.14	31.5	1640	563	6.39	3.75	219	75.1
175×90	175×90	5	8	9	23.04	18.1	1210	97.5	7.26	2.06	139	21.7
175×175	175×175	7.5	11	12	51.21	40.2	2880	984	7.50	4.38	330	112
200×100	200×100	5.5	8	11	27.16	21.3	1840	134	8.24	2.22	184	26.8
200×150	194×150	6	9	13	39.01	30.6	2690	507	8.30	3.61	277	67.6
200×200	200×200	8	12	13	63.53	49.9	4720	1600	8.62	5.02	472	160
250×125	250×125	6	9	12	37.66	29.6	4050	294	10.4	2.79	324	47.0
250×250	250×250	9	14	16	92.18	72.4	10800	3650	10.8	6.29	867	292
300×150	300×150	6.5	9	13	46.78	36.7	7210	508	12.4	3.29	481	67.7
300×200	294×200	8	12	18	72.38	56.8	11300	1600	12.5	4.71	771	160
300×300	300×300	10	15	18	119.8	94.0	20400	6750	13.1	7.41	1360	450
350×175	350×175	7	11	14	63.14	49.6	13600	984	14.7	3.95	775	112
350×250	940×250	9	14	20	101.5	79.7	21700	3650	14.6	6.00	1280	292
350×350	350×350	12	19	20	173.9	136	40300	13600	15.2	8.84	2300	776
400×200	400×200	8	13	16	84.12	66.0	23700	1740	16.8	4.54	1190	174
400×300	390×360	10	16	22	136.0	107	38700	7210	16.9	7.28	1980	481
400×400	400×400	13	21	22	218.7	172	66600	22400	17.5	10.1	3330	1120
450×200	450×200	9	14	18	96.76	76.0	33500	1870	18.6	4.40	1490	187
450×300	440×300	11	18	24	157.4	124	56100	8110	18.9	7.18	2550	541
500×200	500×200	10	16	20	114.2	89.7	47800	2140	20.5	4.33	1910	214
500×300	488×300	11	18	26	163.5	128	71000	8110	20.8	7.04	2910	541
600×200	600×200	11	17	22	134.4	106	77600	2280	24.0	4.12	2590	228
600×300	588×300	12	20	28	192.5	151	118000	9020	24.8	6.85	4020	601
600×300	594×302	14	23	28	222.4	175	137000	10600	24.9	6.90	4620	701
700×300	700×300	13	24	28	235.5	185	201000	10800	29.3	6.78	5760	722
700×300	708×302	15	28	28	273.6	215	237000	12900	29.4	6.86	6700	853
800×300	800×300	14	26	28	267.4	210	292000	11700	33.0	6.62	7290	782
800×300	808×302	16	30	28	307.6	241	339000	13800	33.2	6.70	8400	915
900×300	900×300	16	28	28	309.8	243	411000	12600	36.4	6.39	9140	843
900×300	912×302	18	34	28	364.0	286	498000	15700	37.0	6.56	10900	1040

앵글(angle) 등변 형강의 치수표

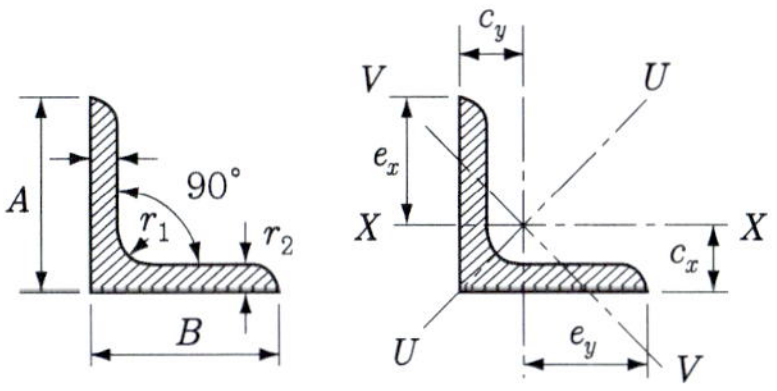

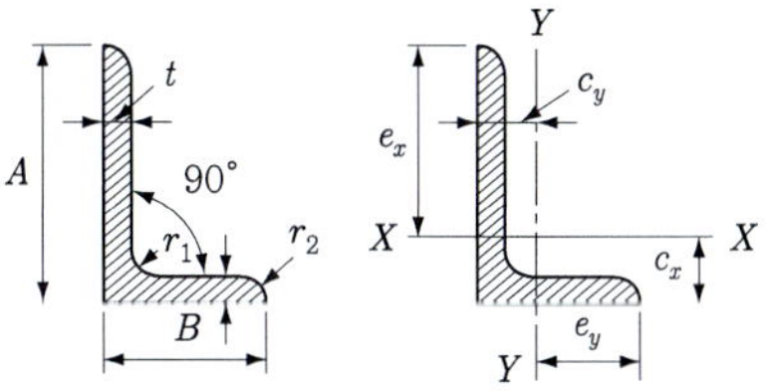

치수[mm]				단면적 $a=$ [mm²]	중량 [kg_f/m]	중심의 위치 m	2차 모멘트 [cm⁴]	2차 반지름 [cm]			단면계수 mm³
$A \times B$	t	r_1	r_2			$C_x=C_y$	$I_x=I_y$	$r_x=r_y$	r_x	r_y	$Z_x=Z_y$
20×20	3	4	2	112.7	0.885	0.60	0.39	0.59	0.74	0.38	0.28
25×25	3	4	2	142.7	1.12	0.72	0.80	0.75	0.94	0.48	0.45
30×30	3	4	2	172.7	1.36	0.85	1.42	0.91	1.14	0.58	0.66
35×35	5	4.5	3	323.5	2.56	1.04	3.53	1.04	1.31	0.67	1.44
40×40	5	4.5	3	375.5	2.95	1.71	5.42	1.20	1.51	0.77	1.91
45×45	6	6.5	4.5	504.4	3.96	1.32	9.00	1.34	1.68	0.86	0.83
50×50	6	6.5	4.5	564.4	4.43	1.44	12.6	1.50	1.88	0.96	3.55
60×60	5	6.5	3	580.2	4.55	1.66	19.6	1.84	2.32	1.18	4.52
65×65	6	8.5	4	752.7	5.91	1.81	29.4	1.98	2.49	1.27	6.27
70×70	6	8.5	4	812.7	6.38	1.94	37.1	2.14	2.69	1.37	7.33
75×75	9	8.5	6	1269	9.96	2.17	64.4	2.25	2.84	1.45	12.1
80×80	9	8.5	6	1359	10.7	2.30	79.2	2.41	3.04	1.55	13.9
90×90	7	10	5	1222	9.59	2.46	93.0	2.76	3.48	1.77	14.2
100×100	10	10	7	1900	14.9	2.83	175	3.03	3.83	1.95	24.4
150×150	15	14	10	4274	33.6	4.24	888	4.56	5.75	2.92	82.6
200×200	20	17	12	7600	59.7	5.67	2820	6.09	7.68	3.90	197

치수[mm]				단면적 $a=$ [mm²]	중량 [kg_f/m]	중심의 위치 [cm]		2차 모멘트 [cm⁴]		2차 반지름 [cm]		단면계수 [cm³]	
$A \times A$	t	r_1	r_2			C_x	C_y	I_x	I_y	r_x	r_y	z_x	z_y
40×20	3	5	2	174.7	1.37	1.41	0.44	2.81	0.47	1.27	0.52	1.09	0.30
50×35	4	6.5	3	329.2	2.58	1.58	0.85	8.08	3.25	1.57	0.99	2.36	1.23
60×50	5	6.5	3	530.2	4.16	1.79	1.30	18.5	11.7	1.87	1.47	4.40	3.16
65×50	7	6.5	4.5	756.4	5.94	2.07	1.33	30.6	15.6	2.01	1.44	6.90	4.25
70×60	8	8.5	6	976.1	7.66	2.14	1.65	44.4	29.8	2.13	1.75	9.13	6.85
75×50	10	8.5	6	1150	9.03	2.58	1.35	61.4	21.4	2.31	1.36	12.5	5.85
75×65	10	8.5	6	1300	10.2	2.34	1.82	67.3	46.5	2.27	1.89	13.0	9.99
80×60	10	8.5	6	1300	10.2	2.62	1.63	78.7	37.4	2.46	1.70	14.6	8.55
80×70	9	8.5	6	1269	9.96	2.43	1.93	75.8	53.8	2.44	2.06	13.6	10.6
90×60	6	8.5	4	872.7	6.85	2.88	1.40	71.5	25.6	2.86	1.71	11.7	5.57
90×75	9	8.5	6	1404	11.0	2.75	2.01	109	68.1	2.78	2.20	17.4	12.4
90×80	10	10	7	1600	12.6	2.71	2.21	121	89.1	2.74	2.36	19.1	15.4
100×65	9	10	7	1404	11.0	3.31	1.59	138	45.6	3.14	1.80	20.6	9.28
100×75	10	10	7	1650	13.0	3.18	1.94	159	76.1	3.11	2.15	23.3	13.7
125×90	10	10	7	2050	16.1	3.95	2.22	318	138	3.94	2.59	37.2	20.4
150×90	9	12	6	2094	16.4	4.96	2.00	484	133	4.81	2.52	43.2	19.0
150×100	12	12	8.5	2856	22.4	4.88	2.41	624	229	5.08	2.15	63.4	36.2

6 보의 처짐, 경사각의 정리

경우	하중과 지지점 (보의길이 l)	일반식	끝단의 기울기	최대처짐량
1	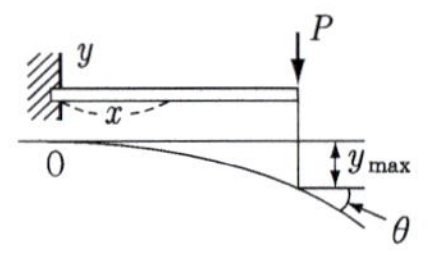	$\theta = \dfrac{Px}{2EI}(2l-x)$ $y = \dfrac{Px^2}{6EI}(3l-x)$	$\theta = \dfrac{Pl^2}{2EI}$	$y_{\max} = \dfrac{Pl^3}{3EI}$
2	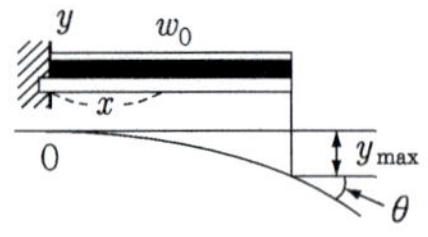	$\theta = \dfrac{w_0 x}{6EI}$ $(3l^2-3lx+x^2)$ $y = \dfrac{w_0 x^2}{24EI}$ $(6l^2-4lx+x^2)$	$\theta = \dfrac{w_0 l^3}{6EI}$	$y_{\max} = \dfrac{w_0 l^4}{8EI}$
3	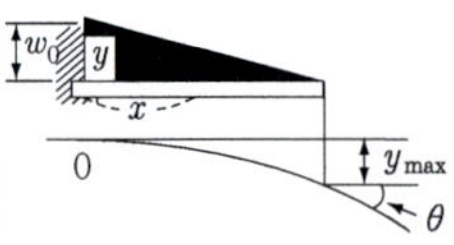	$\theta = \dfrac{w_0 x}{24lEI}$ $(4l^3-6l^2x+4lx^2-x^3)$ $y = \dfrac{w_0 x^2}{120lEI}(10l^3-$ $10l^2x+5lx^2-x^3)$	$\theta = \dfrac{w_0 l^3}{24EI}$	$y_{\max} = \dfrac{w_0 l^4}{30EI}$
4	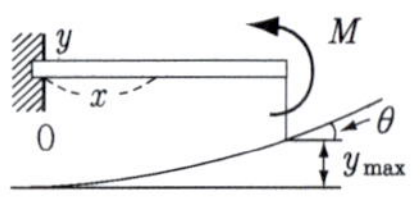	$\theta = -\dfrac{Mx}{EI}$ $y = -\dfrac{Mx^2}{2EI}$	$\theta = -\dfrac{Ml}{EI}$	$y_{\max} = -\dfrac{Ml^2}{2EI}$
5	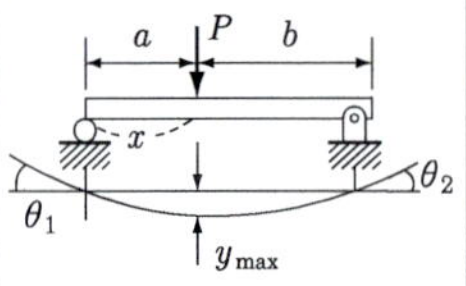	$\theta = \dfrac{Pb}{6lEI}$ $(l^2-b^2-3x^2)$ $y = \dfrac{Pbx}{6lEI}$ $(l^2-b^2-x^2)$ $0 \le x \le a$	$\theta_1 = \dfrac{Pb(l^2-b^2)}{6lEI}$ $x=0$ $\theta_2 = \dfrac{Pa(l^2-a^2)}{6lEI}$ $x=1$	$y_{\max} = \dfrac{Pb(3l^2-4b^2)}{48EI}$ $x = \sqrt{\dfrac{(l^2-b^2)}{3}}$ $y_{x=\frac{1}{2}} = \dfrac{Pl^3}{48EI}$
6	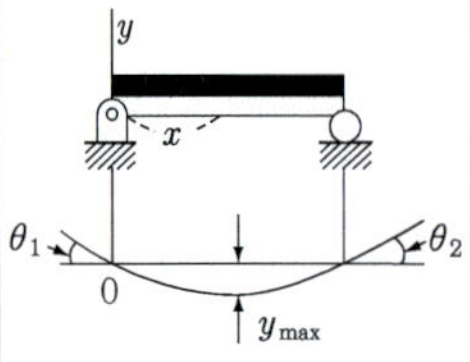	$\theta = \dfrac{w_0}{24EI}$ $(l^3-6lx^2+4x^3)$ $y = \dfrac{w_0 x}{24EI}$ $(l^3-2lx^2+x^3)$	$\theta_1 = \dfrac{w_0 l^3}{24EI}$ $x=0$ $\theta_2 = -\dfrac{w_0 l^3}{24EI}$ $x=1$	$y_{\max} = \dfrac{5w_0 l^4}{384EI}$ $x = \dfrac{1}{2}$

7	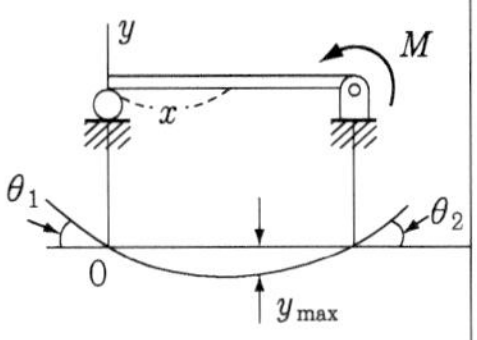	$\theta=\dfrac{M}{6lEI}(l^2-3x^2)$ $y=\dfrac{Mx}{6lEI}(l^2-x^2)$	$\theta_1=\dfrac{Ml}{6EI}$ $x=0$ $\theta_2=-\dfrac{Ml}{3EI}$ $x=1$	$y_{\max}=\dfrac{Ml^2}{9\sqrt{3}\,EI}$ $x=\dfrac{1}{\sqrt{3}}$ $y_{x=\frac{1}{2}}=\dfrac{Ml^2}{16EI}$
8	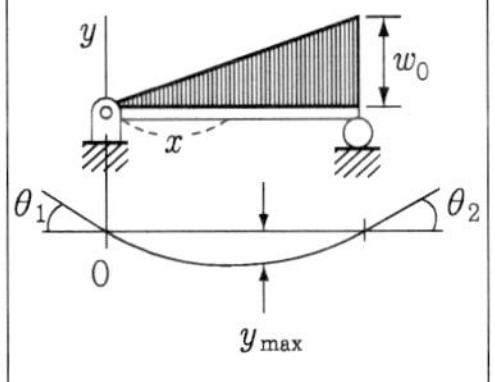	$\theta=\dfrac{w_0}{360lEI}$ $(7l^4-30l^2x^2+15x^4)$ $y=\dfrac{w_0x}{360lEI}$ $(7l^4-10l^2x^2+3x^4)$	$\theta_1=\dfrac{7w_0l^3}{360EI}$ $x=0$ $\theta_2=\dfrac{w_0l^3}{45EI}$ $x=1$	$y_{\max}=0.00652\dfrac{w_0l^4}{EI}$ $x_1=0.5193l$ $y_{x=\frac{1}{2}}=\dfrac{5w_0l^4}{768EI}$
9	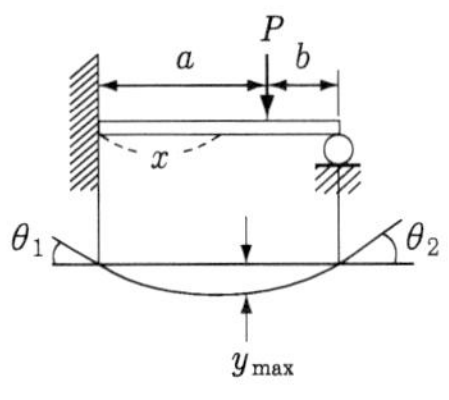	$\theta=\dfrac{Pb^2}{4EI}$ $\left[\dfrac{a}{l}-\dfrac{(2l+a)}{l^3}x^3\right]$ $y=\dfrac{Pb^2}{12EI}$ $\left[\dfrac{3ax}{l}-\dfrac{(2l+a)x^3}{l^3}\right]$ $0<x<a$	$\theta_1=\dfrac{Pab^2}{4lEI}$ $x=0$	$y_{\max}=\dfrac{Pa^2b^3(3l+a)}{12EIl^3}$ $x=a$
10	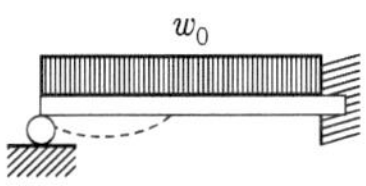	$\theta=\dfrac{w_0l^3}{48EI}$ $\left(1-\dfrac{9x^2}{l^2}+\dfrac{8x^3}{l^3}\right)$ $y=\dfrac{w_0l^4}{48EI}$ $\left(\dfrac{x}{l}-\dfrac{3x^3}{l^4}+\dfrac{2x^4}{l^4}\right)$	$\theta_1=\dfrac{w_0l^3}{48EI}$ $x=0$	$y_{\max}=\dfrac{w_0l^4}{184.6EI}$ $x=0.4215l$ $y_{x=\frac{1}{2}}=\dfrac{w_0l^4}{192EI}$
11	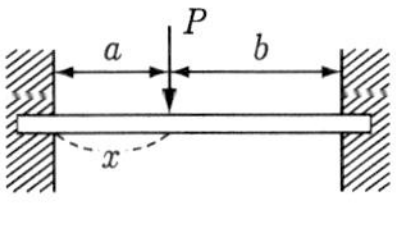	$\theta=\dfrac{Pb^2x}{2lEI}$ $\left[\dfrac{2a}{l}-\dfrac{(3a+b)}{l^2}x\right]$ $y=\dfrac{Pb^2x^2}{6lEI}$ $\left[\dfrac{3a}{l}-\dfrac{(3a+b)}{l^2}x\right]$ $0<x<a$	$\theta_{x=a}=\dfrac{Pa^2b^2(a-b)}{2l^3EI}$	$y_{\max}=\dfrac{2Pa^3b^2}{3EI(3a+b)^2}$ $x=\dfrac{2al}{3a+b}$ $y_{x=\frac{1}{2}}=\dfrac{Pb^2(3a-b)}{48EI}$
12	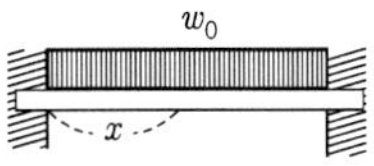	$\theta=\dfrac{w_0l^2x}{12EI}$ $\left(1-\dfrac{x}{l}\right)\left(1-\dfrac{2x}{l}\right)$ $y=\dfrac{w_0l^2x^2}{24EI}\left(1-\dfrac{x}{l}\right)^2$		$y_{\max}=\dfrac{w_0l^4}{384EI}$ $x=\dfrac{1}{2}$

7 응력집중계수의 예

노치 모양	응력집중계수

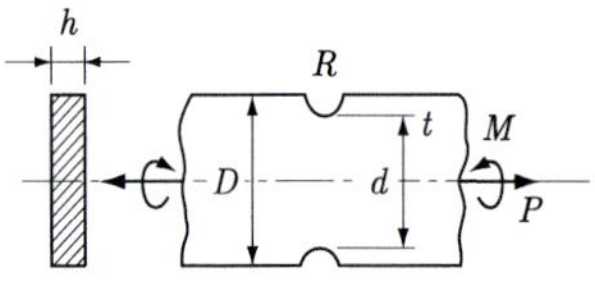

〈D/d = 1.05의 예〉
U형 노치

그림 1

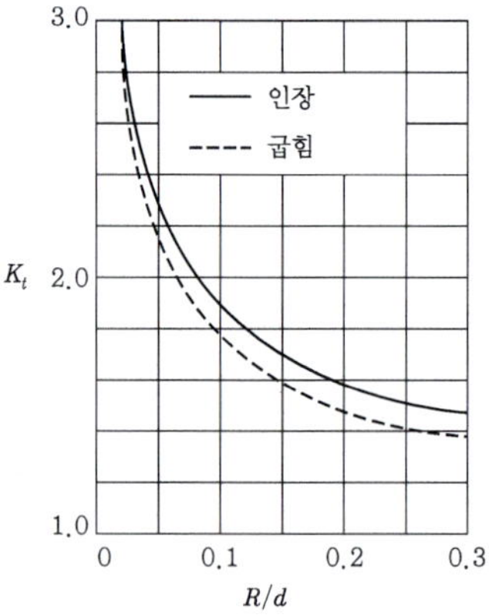

그림 1

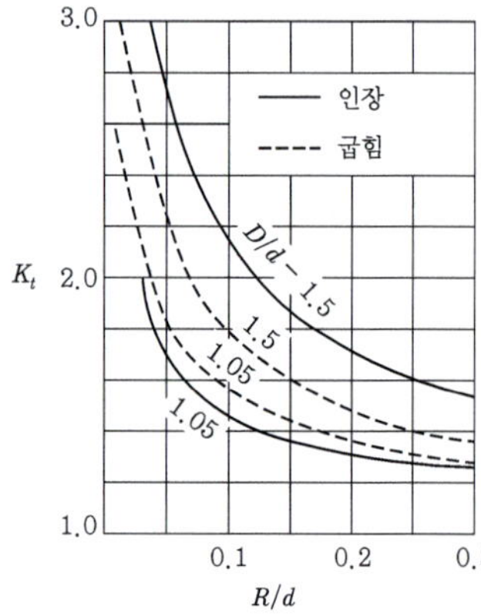

그림 2

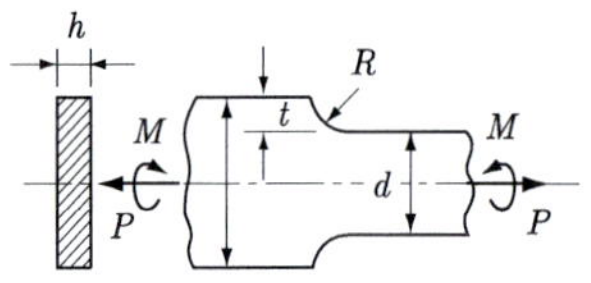

단이 있는 평판

그림 2

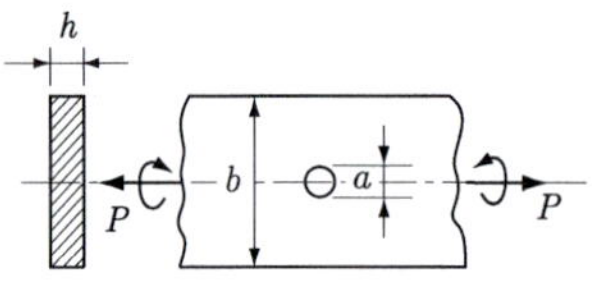

구멍이 있는 평판

그림 3

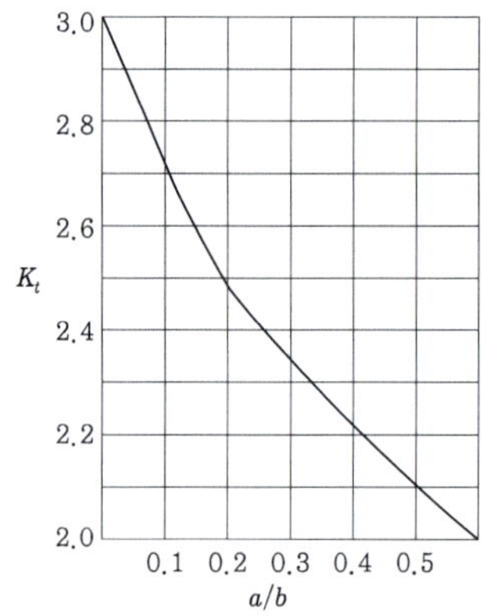

그림 3

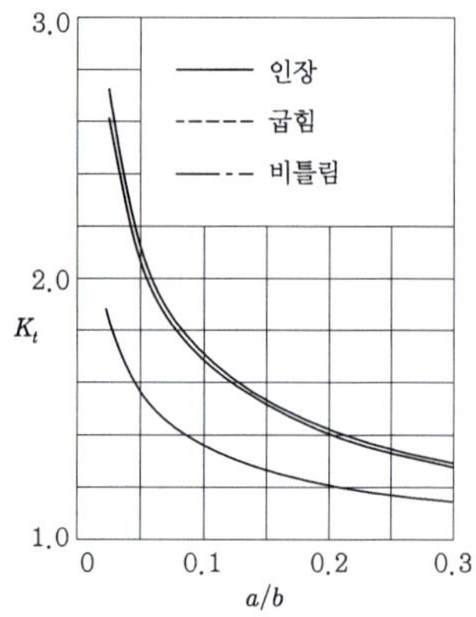

그림 4

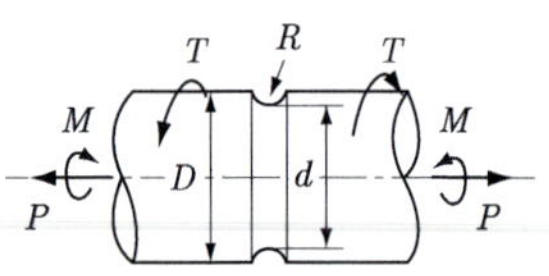

〈D/d = 1.05의 예〉
축에 U형 홈이 있는 경우

그림 4

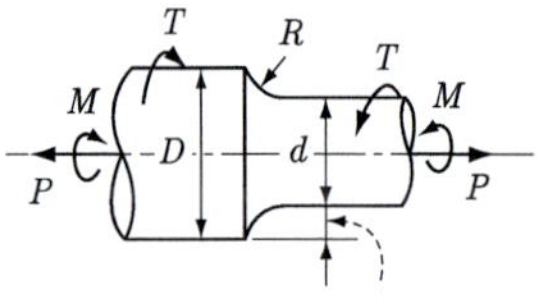

단이 있는 축

그림 5

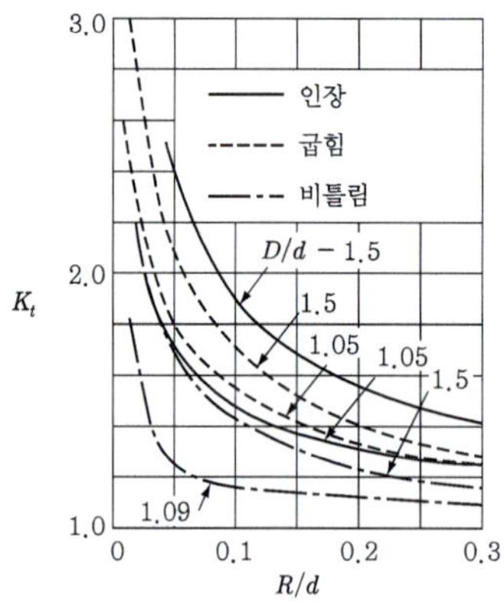

그림 5

8 경도 환산표 및 인장강도와의 관계

비커스 (Vickers) 경도	브리넬 (Brinell) 경도 10/3000	록웰(Rockwell) 경도		쇼어 (Shore) 경도	인장강도 (근사치) (kg_f/mm^2)
		A	C		
940		85.6	68.0	97	
920		85.3	67.5	96	
900		85.0	67.0	95	
880		84.7	66.4	93	
860		84.4	65.9	92	
840		84.1	65.3	91	
820		83.8	64.7	90	
800		83.4	64.0	88	
780		83.0	63.3	87	
760		82.6	62.5	86	
740		82.2	61.8	84	
720		81.8	61.0	83	
700		81.3	60.1	81	
690		81.1	59.7		
680		80.8	59.2	80	232
670		80.6	58.8		228
660		80.3	58.3	79	224
650		80.0	57.8		221
640		79.8	57.3	77	217
630		79.5	56.8		214
620		79.2	56.3	75	210
610		78.9	55.7		207
600		78.6	55.2	74	203
590		78.4	54.7		200
580		78.0	54.1	72	196
570		77.8	53.6		193
560		77.4	53.0	71	189
550	505	77.0	52.3		186
540	496	76.7	51.7	69	183
530	488	76.4	51.1		179
520	480	76.1	50.5	67	176
510	473	75.7	49.8		173
500	465	75.3	49.1	66	169
490	456	74.9	48.4		165
480	448	74.5	47.7	64	162
470	441	74.1	46.9		158
460	433	73.6	46.1	62	155
450	425	73.3	45.3		151
440	415	72.8	44.5	59	148
430	405	72.3	43.6		144
420	397	71.8	42.7	97	141

비커스 (Vickers) 경도	브리넬 (Brinell) 경도 10/3000	록웰(Rockwell) 경도			쇼어 (Shore) 도	인장강도 (근사치) (kg_f/mm^2)
		A	B	C		
410	388	71.4		41.8		137
400	379	70.8		40.8	55	134
390	369	70.3		39.8		130
380	360	69.8	110.0	38.8	52	127
370	350	69.2		37.7		123
360	341	68.7	109.0	36.6	50	120
350	331	68.1		35.5		117
340	322	67.6	108.0	34.4	47	113
330	313	67.0		33.3		110
320	303	66.4	107.0	32.2	45	106
310	294	65.8		31.0		103
300	284	65.2	105.5	29.8	42	99
295	280	64.8		29.2		98
290	275	64.5	104.5	28.5	41	96
285	270	64.2		27.8		94
280	265	63.8	103.5	27.1	40	92
275	261	63.5		36.4		91
270	256	63.1	102.0	25.6	38	89
265	252	62.7		24.8		87
260	247	62.4	101.0	24.0	37	85
255	243	62.0		23.1		84
250	238	61.6	99.5	22.2	36	82
245	233	61.2		21.3		80
240	228	60.7	98.1	20.3	34	78
230	219		96.7	18.0	33	75
220	209		95.0	15.7	32	71
210	200		93.4	13.4	30	68
200	190		91.4	11.0	29	65
190	181		89.5	8.5	28	62
180	171		87.1	6.0	26	59
170	162		85.0	3.0	25	56
160	152		81.7	0.0	24	53
150	143		78.7		22	50
140	133		75.0		21	46
130	124		71.2		20	44
120	114		66.7			40
110	105		62.3			
100	95		56.2			
95	90		52.0			
90	86		48.0			
85	81		41.0			

찾아보기

저자 소개

조해용

충북대학교 기계공학부

김범준

오산대학교 기계과

서창민

경북대학교 기계공학부

재료역학

발 행 일	2020년 3월 20일
저 자	조해용 · 김범준 · 서창민
발 행 인	최 봉 조
발 행 처	진샘미디어
주 소	서울시 은평구 연서로 5길 28 부호아파트 102동 상가 5호
전 화	02)353-4421 / FAX 02)353-4431
홈페이지	www.jinsaem.co.kr
신고번호	제311-2005-000025호
ISBN	979-11-88791-35-4 93550

정가 28,000원